Berechnung von Drehstromnetzen

Bernd R. Oswald

Berechnung von Drehstromnetzen

Berechnung stationärer und nichtstationärer Vorgänge mit Symmetrischen Komponenten und Raumzeigern

3., korrigierte und erweiterte Auflage

Mit 107 Abbildungen, 65 Tabellen und 34 durchgerechneten Beispielen

Bernd R. Oswald
Institut für Elektrische Energiesysteme
Leibniz Universität Hannover
Hannover, Deutschland

ISBN 978-3-658-14404-3 ISBN 978-3-658-14405-0 (eBook)
DOI 10.1007/978-3-658-14405-0

Die Deutsche Nationalbibliothek verzeichnet diese Publikation in der Deutschen Nationalbibliografie; detaillierte bibliografische Daten sind im Internet über http://dnb.d-nb.de abrufbar.

Springer Vieweg

Gedruckt auf säurefreiem und chlorfrei gebleichtem Papier

Springer Vieweg ist Teil von Springer Nature
Die eingetragene Gesellschaft ist Springer Fachmedien Wiesbaden GmbH
Die Anschrift der Gesellschaft ist: Abraham-Lincoln-Strasse 46, 65189 Wiesbaden, Germany

Vorwort zur dritten Auflage

Die dritte Auflage ist erweitert um Ausführungen zur Berechnung unsymmetrischer Leistungsflüsse und zum zyklischen Auskreuzen der Schirme bei Einleiterkabeln, dem sog. Cross-Bonding.

Unsymmetrien im Drehstromnetz entstehen durch unsymmetrische Einspeisungen und oder unsymmetrische Abnahmen, sowie durch unsymmetrische Betriebsmittel. Unsymmetrische Einspeisungen und oder Abnahmen kommen insbesondere im Niederspannungsnetz z. B. durch die einpolige Einspeisung von Photovoltaikanlagen oder die ungleichmäßige Aufteilung der Leiter eines Drehstromsystems auf die einpolig angeschlossenen Abnehmer vor. Unsymmetrische Betriebsmittel sind unverdrillte Freileitungen und Einleiterkabel in ebener Legung. Sie weisen unterschiedliche Impedanzen und Admittanzen in den drei Leitern auf. Durch den zunehmenden Anteil von Kabeln in der Hochspannungsebene macht sich auch deren Unsymmetrie im Leistungsfluss bemerkbar. Durch zyklisches Auskreuzen der Leiterschirme werden bei deren beidseitiger Erdung die Schirmströme und die damit verbundenen Stromwärmeverluste reduziert.

Die Ausführungen werden wie schon in den vorherigen Auflagen durch Beispiele und die Auflistung vollständiger MATLAB-Files für die dreipolige Leistungsflussberechnung nach dem Knotenpunkt- und Newton-Verfahren, mit denen auch die Beispiele durchgerechnet wurden, ergänzt.

Hannover, Mai 2017 B.R. Oswald

Vorwort zur zweiten Auflage

Mit dem zunehmenden Ausbau von Erzeugern auf der Grundlage regenerativer Energien einerseits und der Stilllegung von konventionellen Kraftwerken andererseits ist eine Anpassung der Netze an die veränderten Kraftwerksstandorte und Leistungsflüsse dringend erforderlich. Allein für das deutsche Übertragungsnetz werden notwendige Leitungszubauten von mehreren tausend Kilometer Länge prognostiziert. Daneben bedarf es eines umfangreichen Ausbaus und einer grundlegenden Rekonstruktion der Verteilnetze, bis hin zu den sogenannten Smart Grids, die durch informationstechnische Vernetzung der dezentralen Erzeuger und Abnehmer in der Lage sein sollen, einen möglichst regionalen Leistungsausgleich herzustellen. Gleichzeitig steigen durch die schwankende Einspeisung aus Wind- und Solarenergieanlagen die Anforderungen an die Netzbetriebsführung zur Aufrechterhaltung der Versorgungssicherheit und Energiequalität. Da Speicher der erforderlichen Kapazität nicht zur Verfügung stehen, sind besondere unter dem Begriff Energiemanagement zusammengefasste Maßnahmen wie z. B. die Vorhaltung von schneller Regelleistung, Redispatch und Engpassmanagement notwendig.

Vor diesem Hintergrund sind Fragen der Netzberechnung nach wie vor aktuell. Auch wenn heute dafür leistungsfähige kommerzielle Computerprogramme zur Verfügung stehen, ist es dennoch wichtig, die zu Grunde liegenden mathematischen Modelle mit ihren Abstraktionen und Vereinfachungen zu kennen, um die Eingabedaten richtig aufzubereiten und die Ergebnisse kritisch bewerten zu können. Andererseits eröffnet die Kenntnis der mathematischen Modelle den Studierenden oder in der Praxis tätigen Ingenieuren die Möglichkeit, das ein oder andere spezielle Problem unter Nutzung beispielsweise von MATLAB selbst zu lösen, ohne aufwändigere Computerprogramme bemühen zu müssen. Als Beispiel hierfür sind im Anhang MATLAB-Files für die Leistungsfluss- und Kurzschlussstromberechnung angegeben.

Das vorliegende Buch enthält die wichtigsten Grundlagen der Berechnung von Drehstromnetzen in systematischer knotenorientierter Form (siehe das Vorwort zur ersten Auflage). Die Ausführungen sind durch zahlreiche durchgerechnete Beispiele ergänzt. Die zweite Auflage wurde um zwei Abschnitte zur Fehlerberechnung mit dem Überlagerungsverfahren sowie um ein Kapitel zur Netzzustandsschätzung erweitert. Damit wurde ein Bezug zu der insbesondere im Planungsstadium unentbehrlichen Kurzschlussstromberechnung nach den Normen IEC und DIN EN 60909-0 hergestellt, während die Kenntnis des Netzzustandes Voraussetzung ist für die Überwachung des Betriebszustandes sowie für präventive Ausfall- und Kurzschlusssimulationen zur Gewährleistung eines sicheren Netzbetriebes auch bei unvorhersehbaren Störungen.

Der Verfasser dankt den aufmerksamen Lesern, die zur Beseitigung von Druckfehlern in der ersten Auflage beigetragen haben.

Hannover, im Oktober 2012 B.R. Oswald

Vorwort zur ersten Auflage

Die Netze der elektrischen Energieversorgung sind mit Ausnahme der Bahnstromversorgung und einiger weniger Hochspannungsgleichstrom-Übertragungen Drehstromnetze verschiedener Spannungsebenen.

Drehstromnetze weisen die Besonderheit auf, dass ihre Leiter induktiv, kapazitiv und resistiv gekoppelt sind, wodurch das Rechnen in Leiterkoordinaten erschwert wird.

Für symmetrisch aufgebaute Betriebsmittel kann durch eine parameterunabhängige Modaltransformation eine Entkopplung der so eingeführten modalen Größen oder Komponenten erzielt werden, die eine wesentliche Vereinfachung im Berechnungsablauf darstellt.

Der mathematische Hintergrund für die modalen Komponenten wird in Kap. 1 dargelegt und es wird gezeigt, dass sich sämtliche gebräuchliche modale Komponenten auf eine einzige Transformationsmatrix zurückführen lassen.

Die am weitesten verbreitenden modalen Komponenten sind die Symmetrischen Komponenten. Sie stellen Zeigergrößen dar und werden in den Kap. 4, 5, 6 und 7 für die Berechnung stationärer und quasistationärer Vorgänge mit Grundschwingungsfrequenz verwendet.

Das Pendant zu den Symmetrischen Komponenten im Frequenzbereich sind im Zeitbereich die Raumzeigerkomponenten. Sie werden in den Kap. 8, 9 und 10 über die bisher bevorzugte Anwendung auf die Modelle der rotierenden elektrischen Maschinen hinaus vorteilhaft für die Berechnung von transienten Vorgängen im Drehstromnetz angewendet.

Während sich für die Berechnung stationärer und quasistationärer Vorgänge mit Zeigergrößen im Frequenzbereich das im Kap. 3 beschriebene Knotenpunktverfahren (KPV) bestens bewährt hat, fehlte bisher ein ähnlich einfach zu handhabendes Rechenverfahren für die Berechnung von transienten Vorgängen im Zeitbereich.

Mit dem in Kap. 9 vorgestellten Erweiterten Knotenpunktverfahren (EKPV) wird diese Lücke geschlossen. Das EKPV ermöglicht die Aufstellung eines Netzgleichungssystems in Form eines Algebro-Differentialgleichungssystems ausschließlich unter Verwendung der Knotenpunktsätze analog zum gewöhnlichen KPV. Das Algebro-Differentialgleichungssystem kann in ein reines Differentialgleichungs-System überführt werden, anhand dessen auch die Berechnung der Netzeigenwerte möglich ist, ohne das mühselige

Aufstellen des vollständigen Zustandsdifferential-Gleichungssystems mit Hilfe von Knotenpunkt- *und* Maschensätzen vornehmen zu müssen.

Im Hinblick auf das KPV und das EKPV werden die mathematischen Modelle der Betriebsmittel (Generatoren, Transformatoren, Leitungen (Kabel und Freileitungen), Motoren und sonstige Abnehmer) in einheitlicher systematischer Darstellung durch Stromgleichungen für die Berechnung sowohl im Frequenz- als auch im Zeitbereich in den Kap. 2 und 8 hergeleitet.

Für die Berechnung von Fehlern (Kurzschlüsse und Unterbrechungen) wird im Kap. 6 mit dem Fehlermatrizenverfahren (FMV) ein äußerst einfacher einheitlicher Algorithmus für alle Fehlerkonstellationen (Einfach- und Mehrfachfehler in beliebiger Kombination) vorgestellt, der sowohl auf das Knotenspannungs-Gleichungssystem des KPV als auch das Algebro-Differentialgleichungssystem des EKPV angewendet werden kann. Auf die Beschreibung der speziellen Verfahren zur Kurzschlussstromberechnung nach den Normen DIN VDE 0102 und IEC 60909 wurde dagegen bewusst verzichtet, da diese im Buch Oeding/Oswald „Elektrische Kraftwerke und Netze“ [3] ausführlich dargelegt sind.

Das Buch ist entstanden aus Vorlesungen zur Netzberechnung, die ich an der TU Dresden, der TH Leipzig, der Universität Rostock und der Universität Hannover gehalten und im Laufe der Zeit inhaltlich immer stärker auf eine systematische knotenorientierte Betrachtungsweise ausgerichtet habe. Dabei sind fast selbstverständlich das EKPV und das FMV entstanden. Für das Studium des Buches werden die Grundlagen der Elektrotechnik, insbesondere die komplexe Rechnung und die Grundzüge der Matrizenrechnung, die sich in ihrer kompakten Form für die verkürzte Beschreibung von Drehstromnetzen besonders anbietet, vorausgesetzt. Um die Beispielrechnungen nachvollziehen zu können, sind Grundkenntnisse von MATLAB nützlich.

Abschließend ist es mir ein Bedürfnis, an dieser Stelle allen meinen früheren Assistenten und Doktoranden, denen ich nicht nur Betreuer sein durfte, sondern von denen ich auch eine Vielzahl von Anregungen erhalten habe, herzlich für die Bereicherung meines Berufslebens, in dem ich mich glücklicherweise zum größten Teil der Forschung und Lehre widmen konnte, zu danken.

Hannover, 2008 B.R. Oswald

Inhaltsverzeichnis

1 Symmetrische Komponenten und Raumzeiger

In Drehstromnetzen treten Kopplungen zwischen den einzelnen Leiter- und Stranggrößen auf. Ein Beispiel hierfür ist die induktive und kapazitive Verkettung von Leitungsgrößen.

Durch die Einführung so genannter *modaler* Komponenten, von denen die Symmetrischen Komponenten und Raumzeigerkomponenten wichtige Sonderfälle darstellen, werden im Bereich der modalen Komponenten entkoppelte Gleichungssysteme erhalten. Innerhalb der Komponentensysteme ist dann eine einpolige Rechnung möglich, die mit weniger Aufwand und einem Gewinn an Übersichtlichkeit verbunden ist. Im Folgenden wird ausgehend von dem allgemeinen Ansatz zur Einführung modaler Größen näher auf die praktisch bedeutsamen Symmetrischen Komponenten und Raumzeiger eingegangen.

1.1 Modaltransformation

Die Einführung der modalen Komponenten erfolgt durch eine Transformationsmatrix mit der die Drehstromgrößen (Spannungen, Ströme, Flussverkettungen u. a.) durch drei neue, noch zu bestimmende, modale Größen ersetzt werden. Die allgemeine Form der Transformationsbeziehung ist:

$$\begin{bmatrix} g_{L1} \\ g_{L2} \\ g_{L3} \end{bmatrix} = \begin{bmatrix} \underline{t}_{11} & \underline{t}_{12} & \underline{t}_{13} \\ \underline{t}_{21} & \underline{t}_{22} & \underline{t}_{23} \\ \underline{t}_{31} & \underline{t}_{32} & \underline{t}_{33} \end{bmatrix} \begin{bmatrix} \underline{g}_{m1} \\ \underline{g}_{m2} \\ \underline{g}_{m3} \end{bmatrix} \tag{1.1a}$$

mit der Kurzform:

$$\boldsymbol{g}_L = \underline{\boldsymbol{T}}_m \underline{\boldsymbol{g}}_m \tag{1.1b}$$

B.R. Oswald, *Berechnung von Drehstromnetzen*, DOI 10.1007/978-3-658-14405-0_1

Abb. 1.1 Leitungsabschnitt mit resistiver und induktiver Verkettung ($i = 1, 2, 3$)

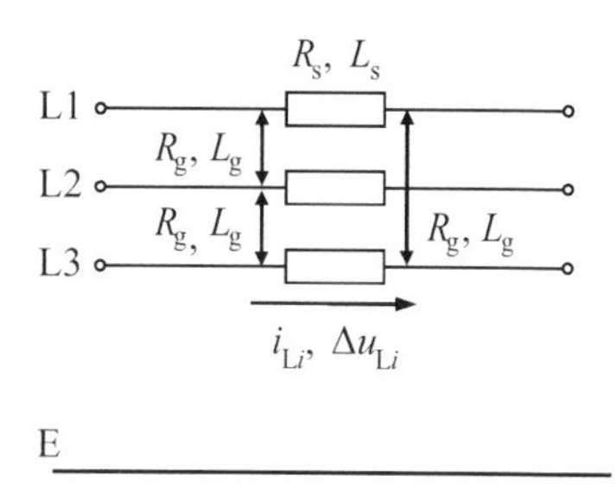

In Gl. 1.1 ist $\underline{\boldsymbol{T}}_{\mathrm{m}}$ die Transformationsmatrix, $\boldsymbol{g}_{\mathrm{L}}$ der Vektor der Drehstromgrößen (Spannungen, Ströme u. a.) und $\underline{\boldsymbol{g}}_{\mathrm{m}}$ der Vektor der modalen Größen. Die Elemente der Transformationsmatrix und die modalen Größen sind im allgemeinen Fall komplex, können in speziellen Fällen aber auch reell und zeitabhängig sein.

Die Transformationsbeziehung, Gl. 1.1, muss auch umkehrbar sein:

$$\begin{bmatrix} \underline{g}_{\mathrm{m1}} \\ \underline{g}_{\mathrm{m2}} \\ \underline{g}_{\mathrm{m3}} \end{bmatrix} = \begin{bmatrix} \underline{t}_{11} & \underline{t}_{12} & \underline{t}_{13} \\ \underline{t}_{21} & \underline{t}_{22} & \underline{t}_{23} \\ \underline{t}_{31} & \underline{t}_{32} & \underline{t}_{33} \end{bmatrix}^{-1} \begin{bmatrix} g_{\mathrm{L1}} \\ g_{\mathrm{L2}} \\ g_{\mathrm{L3}} \end{bmatrix} \tag{1.2a}$$

$$\underline{\boldsymbol{g}}_{\mathrm{m}} = \underline{\boldsymbol{T}}_{\mathrm{m}}^{-1}\, \boldsymbol{g}_{\mathrm{L}} \tag{1.2b}$$

Im Folgenden soll die Modaltransformation am Beispiel des induktiv verketteten Leitungsabschnitts in Abb. 1.1 dargestellt werden. Dabei wird vorausgesetzt, dass die Leitung symmetrisch aufgebaut oder durch Verdrillung symmetriert wurde. Unter dieser Bedingung sind die Selbstinduktivitäten und die Widerstände der Leiter-Erde-Schleifen (Index s) und die Gegeninduktivitäten der Leiter-Erde-Schleifen (Index g) jeweils untereinander gleich, so dass die L- und R-Matrix in den folgenden Gln. 1.3 diagonal-zyklisch symmetrisch sind (s. auch Abschn. 2.1).

Mit den Bezeichnungen in Abb. 1.1 ergibt sich folgendes Gleichungssystem für den Leitungsabschnitt:

$$\begin{bmatrix} L_{\mathrm{s}} & L_{\mathrm{g}} & L_{\mathrm{g}} \\ L_{\mathrm{g}} & L_{\mathrm{s}} & L_{\mathrm{g}} \\ L_{\mathrm{g}} & L_{\mathrm{g}} & L_{\mathrm{s}} \end{bmatrix} \begin{bmatrix} \dot{i}_{\mathrm{L1}} \\ \dot{i}_{\mathrm{L2}} \\ \dot{i}_{\mathrm{L3}} \end{bmatrix} + \begin{bmatrix} R_{\mathrm{s}} & R_{\mathrm{g}} & R_{\mathrm{g}} \\ R_{\mathrm{g}} & R_{\mathrm{s}} & R_{\mathrm{g}} \\ R_{\mathrm{g}} & R_{\mathrm{g}} & R_{\mathrm{s}} \end{bmatrix} \begin{bmatrix} i_{\mathrm{L1}} \\ i_{\mathrm{L2}} \\ i_{\mathrm{L3}} \end{bmatrix} = \begin{bmatrix} \Delta u_{\mathrm{L1}} \\ \Delta u_{\mathrm{L2}} \\ \Delta u_{\mathrm{L3}} \end{bmatrix} \tag{1.3a}$$

$$\boldsymbol{L}\, \dot{\boldsymbol{i}}_{\mathrm{L}} + \boldsymbol{R}\, \boldsymbol{i}_{\mathrm{L}} = \Delta \boldsymbol{u}_{\mathrm{L}} \tag{1.3b}$$

Im ersten Schritt werden die Drehstromgrößen mit Hilfe der Gl. 1.1 durch die modalen Komponenten ersetzt, wobei hier zunächst vorausgesetzt werden soll, dass die Transformationsmatrix keine zeitabhängigen Elemente besitzt:

$$
\begin{bmatrix} L_s & L_g & L_g \\ L_g & L_s & L_g \\ L_g & L_g & L_s \end{bmatrix}
\begin{bmatrix} \underline{t}_{11} & \underline{t}_{12} & \underline{t}_{13} \\ \underline{t}_{21} & \underline{t}_{22} & \underline{t}_{23} \\ \underline{t}_{31} & \underline{t}_{32} & \underline{t}_{33} \end{bmatrix}
\begin{bmatrix} \dot{\underline{i}}_{m1} \\ \dot{\underline{i}}_{m2} \\ \dot{\underline{i}}_{m3} \end{bmatrix}
+ \begin{bmatrix} R_s & R_g & R_g \\ R_g & R_s & R_g \\ R_g & R_g & R_s \end{bmatrix}
\begin{bmatrix} \underline{t}_{11} & \underline{t}_{12} & \underline{t}_{13} \\ \underline{t}_{21} & \underline{t}_{22} & \underline{t}_{23} \\ \underline{t}_{31} & \underline{t}_{32} & \underline{t}_{33} \end{bmatrix}
\begin{bmatrix} \underline{i}_{m1} \\ \underline{i}_{m2} \\ \underline{i}_{m3} \end{bmatrix}
= \begin{bmatrix} \underline{t}_{11} & \underline{t}_{12} & \underline{t}_{13} \\ \underline{t}_{21} & \underline{t}_{22} & \underline{t}_{23} \\ \underline{t}_{31} & \underline{t}_{32} & \underline{t}_{33} \end{bmatrix}
\begin{bmatrix} \Delta\underline{u}_{m1} \\ \Delta\underline{u}_{m2} \\ \Delta\underline{u}_{m3} \end{bmatrix}
\tag{1.4a}
$$

$$
\boldsymbol{L}\underline{\boldsymbol{T}}_{m}\dot{\underline{\boldsymbol{i}}}_{m} + \boldsymbol{R}\underline{\boldsymbol{T}}_{m}\underline{\boldsymbol{i}}_{m} = \underline{\boldsymbol{T}}_{m}\Delta\underline{\boldsymbol{u}}_{m} \tag{1.4b}
$$

Im zweiten Schritt wird die Gl. 1.4 von links mit der inversen Transformationsmatrix $\underline{\boldsymbol{T}}_{m}^{-1}$ multipliziert. Man erhält unter Beachtung von $\underline{\boldsymbol{T}}_{m}^{-1}\underline{\boldsymbol{T}}_{m} = \boldsymbol{E}$:

$$
\begin{bmatrix} \underline{t}_{11} & \underline{t}_{12} & \underline{t}_{13} \\ \underline{t}_{21} & \underline{t}_{22} & \underline{t}_{23} \\ \underline{t}_{31} & \underline{t}_{32} & \underline{t}_{33} \end{bmatrix}^{-1}
\begin{bmatrix} L_s & L_g & L_g \\ L_g & L_s & L_g \\ L_g & L_g & L_s \end{bmatrix}
\begin{bmatrix} \underline{t}_{11} & \underline{t}_{12} & \underline{t}_{13} \\ \underline{t}_{21} & \underline{t}_{22} & \underline{t}_{23} \\ \underline{t}_{31} & \underline{t}_{32} & \underline{t}_{33} \end{bmatrix}
\begin{bmatrix} \dot{\underline{i}}_{m1} \\ \dot{\underline{i}}_{m2} \\ \dot{\underline{i}}_{m3} \end{bmatrix}
+ \begin{bmatrix} \underline{t}_{11} & \underline{t}_{12} & \underline{t}_{13} \\ \underline{t}_{21} & \underline{t}_{22} & \underline{t}_{23} \\ \underline{t}_{31} & \underline{t}_{32} & \underline{t}_{33} \end{bmatrix}^{-1}
\begin{bmatrix} R_s & R_g & R_g \\ R_g & R_s & R_g \\ R_g & R_g & R_s \end{bmatrix}
\begin{bmatrix} \underline{t}_{11} & \underline{t}_{12} & \underline{t}_{13} \\ \underline{t}_{21} & \underline{t}_{22} & \underline{t}_{23} \\ \underline{t}_{31} & \underline{t}_{32} & \underline{t}_{33} \end{bmatrix}
\begin{bmatrix} \underline{i}_{m1} \\ \underline{i}_{m2} \\ \underline{i}_{m3} \end{bmatrix}
= \begin{bmatrix} \Delta\underline{u}_{m1} \\ \Delta\underline{u}_{m2} \\ \Delta\underline{u}_{m3} \end{bmatrix}
\tag{1.5a}
$$

$$
\underline{\boldsymbol{T}}_{m}^{-1}\boldsymbol{L}\underline{\boldsymbol{T}}_{m}\dot{\underline{\boldsymbol{i}}}_{m} + \underline{\boldsymbol{T}}_{m}^{-1}\boldsymbol{R}\underline{\boldsymbol{T}}_{m}\underline{\boldsymbol{i}}_{m} = \Delta\underline{\boldsymbol{u}}_{m} \tag{1.5b}
$$

Die Transformationsmatrix $\underline{\boldsymbol{T}}_{m}$ soll nun so bestimmt werden, dass die Matrizen $\underline{\boldsymbol{T}}_{m}^{-1}\boldsymbol{L}\underline{\boldsymbol{T}}_{m}$ und $\underline{\boldsymbol{T}}_{m}^{-1}\boldsymbol{R}\underline{\boldsymbol{T}}_{m}$ zu Diagonalmatrizen werden. Aufgrund des gleichen Aufbaus der L- und R-Matrix genügt es dabei nur eine der beiden zu betrachten. Am Beispiel der L-Matrix lautet also die Forderung:

$$
\underline{\boldsymbol{T}}_{m}^{-1}\boldsymbol{L}\underline{\boldsymbol{T}}_{m} = \boldsymbol{L}_{m} = \mathrm{diag}(L_1 L_2 L_3) \tag{1.6}
$$

in der die Diagonalmatrix $\boldsymbol{L}_{m}$ die so genannte modale Induktivitätsmatrix ist. Ihre Elemente sind die *Eigenwerte* oder *Eigeninduktivitäten* L_i der Induktivitätsmatrix.

Multipliziert man Gl. 1.6 von links mit $\underline{\boldsymbol{T}}_{m}$

$$
\boldsymbol{L}\underline{\boldsymbol{T}}_{m} = \underline{\boldsymbol{T}}_{m}\boldsymbol{L}_{m}
$$

und schreibt $\underline{\boldsymbol{T}}_\mathrm{m} = [\ \underline{\boldsymbol{t}}_1 \quad \underline{\boldsymbol{t}}_2 \quad \underline{\boldsymbol{t}}_3\ ]$ spaltenweise, so erhält man drei Gleichungssysteme für die Bestimmung der drei *Spaltenvektoren* $\underline{\boldsymbol{t}}_i$ der Transformationsmatrix:

$$(\boldsymbol{L} - L_i \boldsymbol{E})\, \underline{\boldsymbol{t}}_i = \mathbf{o} \tag{1.7}$$

Die homogene Gl. 1.7 hat nur nichttriviale Lösungen für

$$\det(\boldsymbol{L} - L_i \boldsymbol{E}) = 0 \tag{1.8}$$

Aus der Gl. 1.8 erhält man für die Eigenwerte (Eigeninduktivitäten)

$$L_1 = L_2 = L_\mathrm{s} - L_\mathrm{g} \tag{1.9}$$

$$L_3 = L_\mathrm{s} + 2L_\mathrm{g} \tag{1.10}$$

Die Eigenwerte werden nun nacheinander in Gl. 1.7 eingesetzt. Mit $L_1 = L_\mathrm{s} - L_\mathrm{g}$ ergibt sich für $\underline{\boldsymbol{t}}_1$:

$$\begin{bmatrix} L_\mathrm{g} & L_\mathrm{g} & L_\mathrm{g} \\ L_\mathrm{g} & L_\mathrm{g} & L_\mathrm{g} \\ L_\mathrm{g} & L_\mathrm{g} & L_\mathrm{g} \end{bmatrix} \begin{bmatrix} \underline{t}_{11} \\ \underline{t}_{21} \\ \underline{t}_{31} \end{bmatrix} = \begin{bmatrix} 0 \\ 0 \\ 0 \end{bmatrix} \tag{1.11}$$

Die Gl. 1.11 liefert in jeder Zeile lediglich die Bedingung

$$\underline{t}_{11} + \underline{t}_{21} + \underline{t}_{31} = 0 \tag{1.12}$$

Ebenso liefert die Gl. 1.11 mit $L_2 = L_1 = L_\mathrm{s} - L_\mathrm{g}$ für $\underline{\boldsymbol{t}}_2$ die Bedingung:

$$\underline{t}_{12} + \underline{t}_{22} + \underline{t}_{32} = 0 \tag{1.13}$$

Mit $L_3 = L_\mathrm{s} + 2L_\mathrm{g}$ erhält man aus Gl. 1.7 für $\underline{\boldsymbol{t}}_3$:

$$\begin{bmatrix} -2L_\mathrm{g} & L_\mathrm{g} & L_\mathrm{g} \\ L_\mathrm{g} & -2L_\mathrm{g} & L_\mathrm{g} \\ L_\mathrm{g} & L_\mathrm{g} & -2L_\mathrm{g} \end{bmatrix} \begin{bmatrix} \underline{t}_{13} \\ \underline{t}_{23} \\ \underline{t}_{33} \end{bmatrix} = \begin{bmatrix} 0 \\ 0 \\ 0 \end{bmatrix} \tag{1.14}$$

Die Gl. 1.14 ist erfüllt für alle

$$\underline{t}_{13} = \underline{t}_{23} = \underline{t}_{33} \tag{1.15}$$

Mit den Gln. 1.12, 1.13 und 1.15 kann für die Transformationsmatrix folgende allgemeine Form angegeben werden:

$$\underline{\boldsymbol{T}}_\mathrm{m} = \begin{bmatrix} \underline{t}_{11} & \underline{t}_{12} & \underline{t}_{13} \\ \underline{t}_{21} & \underline{t}_{22} & \underline{t}_{13} \\ -\underline{t}_{11} - \underline{t}_{21} & -\underline{t}_{12} - \underline{t}_{22} & \underline{t}_{13} \end{bmatrix} \tag{1.16}$$

Jede reguläre Transformationsmatrix, deren erste und zweite Spalte Null ergibt und deren letzte Spalte gleiche Elemente enthält, ist demzufolge geeignet, eine diagonal-zyklisch symmetrische 3 × 3-Matrix zu diagonalisieren (auf ihre Eigenwerte zu transformieren).

Die Gl. 1.16 eröffnet prinzipiell die Möglichkeit eine Vielzahl von Transformationsmatrizen zu konstruieren. In der Berechnungspraxis haben jedoch nur wenige Formen Bedeutung erlangt. Sie beruhen alle auf der folgenden Form mit den Drehern $\underline{a} = e^{j2\pi/3}$ und $\underline{a}^2 = e^{j4\pi/3}$ in der ersten und zweiten Spalte $(1 + \underline{a} + \underline{a}^2 = 0)$ und unterscheiden sich lediglich durch die Wahl der freien Faktoren $\underline{k}_1$, $\underline{k}_2$ und $\underline{k}_3$ an den Spalten:

$$\underline{\boldsymbol{T}}_{\mathrm{m}} = \begin{bmatrix} \underline{k}_1 & \underline{k}_2 & \underline{k}_3 \\ \underline{k}_1\underline{a}^2 & \underline{k}_2\underline{a} & \underline{k}_3 \\ \underline{k}_1\underline{a} & \underline{k}_2\underline{a}^2 & \underline{k}_3 \end{bmatrix} = \begin{bmatrix} 1 & 1 & 1 \\ \underline{a}^2 & \underline{a} & 1 \\ \underline{a} & \underline{a}^2 & 1 \end{bmatrix} \begin{bmatrix} \underline{k}_1 & & \\ & \underline{k}_2 & \\ & & \underline{k}_3 \end{bmatrix} = \underline{\boldsymbol{T}}_{\mathrm{M}}\underline{\boldsymbol{K}}_{\mathrm{m}} \quad (1.17)$$

Mit Gl. 1.17 nimmt die allgemeine Transformationsbeziehung, Gl. 1.1a die folgende Form an:

$$\begin{bmatrix} \underline{g}_{\mathrm{L}1} \\ \underline{g}_{\mathrm{L}2} \\ \underline{g}_{\mathrm{L}3} \end{bmatrix} = \begin{bmatrix} 1 & 1 & 1 \\ \underline{a}^2 & \underline{a} & 1 \\ \underline{a} & \underline{a}^2 & 1 \end{bmatrix} \begin{bmatrix} \underline{k}_1 & & \\ & \underline{k}_2 & \\ & & \underline{k}_3 \end{bmatrix} \begin{bmatrix} \underline{g}_{\mathrm{m}1} \\ \underline{g}_{\mathrm{m}2} \\ \underline{g}_{\mathrm{m}3} \end{bmatrix} \quad (1.18a)$$

$$\underline{\boldsymbol{g}}_{\mathrm{L}} = \underline{\boldsymbol{T}}_{\mathrm{M}}\underline{\boldsymbol{K}}_{\mathrm{m}}\underline{\boldsymbol{g}}_{\mathrm{m}} \quad (1.18b)$$

Die freien Faktoren können auch den modalen Komponenten zuordnet werden, womit man die Grundform der praktisch wichtigen Transformationen erhält:

$$\begin{bmatrix} \underline{g}_{\mathrm{L}1} \\ \underline{g}_{\mathrm{L}2} \\ \underline{g}_{\mathrm{L}3} \end{bmatrix} = \begin{bmatrix} 1 & 1 & 1 \\ \underline{a}^2 & \underline{a} & 1 \\ \underline{a} & \underline{a}^2 & 1 \end{bmatrix} \begin{bmatrix} \underline{k}_1\underline{g}_{\mathrm{m}1} \\ \underline{k}_2\underline{g}_{\mathrm{m}2} \\ \underline{k}_3\underline{g}_{\mathrm{m}3} \end{bmatrix} = \begin{bmatrix} 1 & 1 & 1 \\ \underline{a}^2 & \underline{a} & 1 \\ \underline{a} & \underline{a}^2 & 1 \end{bmatrix} \begin{bmatrix} \underline{g}_{\mathrm{M}1} \\ \underline{g}_{\mathrm{M}2} \\ \underline{g}_{\mathrm{M}3} \end{bmatrix} \quad (1.19a)$$

$$\underline{\boldsymbol{g}}_{\mathrm{L}} = \underline{\boldsymbol{T}}_{\mathrm{M}}\underline{\boldsymbol{K}}_{\mathrm{m}}\underline{\boldsymbol{g}}_{\mathrm{m}} = \underline{\boldsymbol{T}}_{\mathrm{M}}\underline{\boldsymbol{g}}_{\mathrm{M}} \quad (1.19b)$$

Die inverse Beziehung zu Gl. 1.19 ist:

$$\begin{bmatrix} \underline{g}_{\mathrm{M}1} \\ \underline{g}_{\mathrm{M}2} \\ \underline{g}_{\mathrm{M}3} \end{bmatrix} = \begin{bmatrix} \underline{k}_1\underline{g}_{\mathrm{m}1} \\ \underline{k}_2\underline{g}_{\mathrm{m}2} \\ \underline{k}_3\underline{g}_{\mathrm{m}3} \end{bmatrix} = \frac{1}{3} \begin{bmatrix} 1 & \underline{a} & \underline{a}^2 \\ 1 & \underline{a}^2 & \underline{a} \\ 1 & 1 & 1 \end{bmatrix} \begin{bmatrix} \underline{g}_{\mathrm{L}1} \\ \underline{g}_{\mathrm{L}2} \\ \underline{g}_{\mathrm{L}3} \end{bmatrix} \quad (1.20a)$$

$$\underline{\boldsymbol{g}}_{\mathrm{M}} = \underline{\boldsymbol{K}}_{\mathrm{m}}\underline{\boldsymbol{g}}_{\mathrm{m}} = \underline{\boldsymbol{T}}_{\mathrm{M}}^{-1}\underline{\boldsymbol{g}}_{\mathrm{L}} \quad (1.20b)$$

wobei noch gilt:

$$\underline{\boldsymbol{T}}_{\mathrm{M}}^{-1} = \frac{1}{3}\underline{\boldsymbol{T}}_{\mathrm{M}}^{\mathrm{T}*} \quad (1.21)$$

An der Gl. 1.19 wird deutlich, dass sich eine Vielzahl von Transformationsbeziehungen mit einer einzigen Transformationsmatrix $\underline{\boldsymbol{T}}_{\mathrm{M}}$ darstellen lassen. Die Matrix $\underline{\boldsymbol{K}}_{\mathrm{m}}$ ist eine

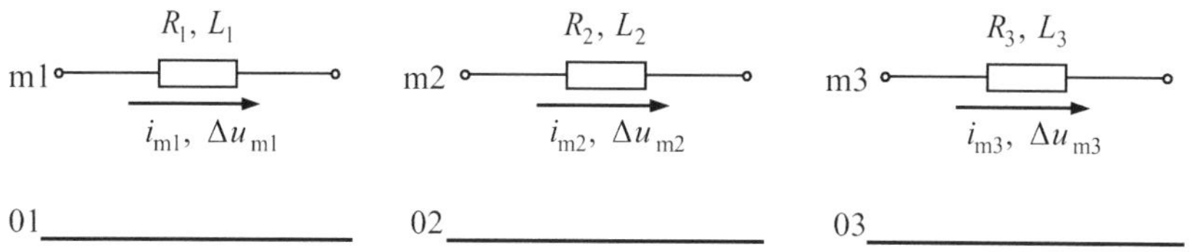

Abb. 1.2 Ersatzschaltungen für die modalen Komponenten der Gl. 1.23a

Diagonalmatrix mit den freien Faktoren $\underline{k}_1$, $\underline{k}_2$ und $\underline{k}_3$. Für $\underline{\boldsymbol{K}}_\mathrm{m} = \boldsymbol{E}$ (Einheitsmatrix) erhält man die Grundform $\underline{\boldsymbol{g}}_\mathrm{M}$ der modalen Größen, aus dem sich alle weiteren Formen gemäß

$$\underline{\boldsymbol{g}}_\mathrm{m} = \underline{\boldsymbol{K}}_\mathrm{m}^{-1}\underline{\boldsymbol{g}}_\mathrm{M} \tag{1.22}$$

ableiten.

Aus der Gl. 1.20 folgt noch, dass bei Anwendung auf die (reellen) Momentanwerte, die zweite modale Größe stets konjugiert komplex zur Ersten ist, da die zweite Zeile der inversen Transformationsmatrix konjugiert komplex zur ersten Zeile ist.

Mit einer Transformationsmatrix vom Typ der Gl. 1.17 mit konstanten Faktoren $\underline{k}_1$, $\underline{k}_2$ und $\underline{k}_3$ erhält die Gl. 1.5 die angestrebte entkoppelte Form:

$$\begin{bmatrix} L_1 & & \\ & L_2 & \\ & & L_3 \end{bmatrix} \begin{bmatrix} \dot{\underline{i}}_\mathrm{m1} \\ \dot{\underline{i}}_\mathrm{m2} \\ \dot{\underline{i}}_\mathrm{m3} \end{bmatrix} + \begin{bmatrix} R_1 & & \\ & R_2 & \\ & & R_3 \end{bmatrix} \begin{bmatrix} \underline{i}_\mathrm{m1} \\ \underline{i}_\mathrm{m2} \\ \underline{i}_\mathrm{m3} \end{bmatrix} = \begin{bmatrix} \Delta\underline{u}_\mathrm{m1} \\ \Delta\underline{u}_\mathrm{m2} \\ \Delta\underline{u}_\mathrm{m3} \end{bmatrix} \tag{1.23a}$$

$$\boldsymbol{L}_\mathrm{m}\dot{\underline{\boldsymbol{i}}}_\mathrm{m} + \boldsymbol{R}_\mathrm{m}\underline{\boldsymbol{i}}_\mathrm{m} = \Delta\underline{\boldsymbol{u}}_\mathrm{m} \tag{1.23b}$$

mit

$$\boldsymbol{L}_\mathrm{m} = \underline{\boldsymbol{T}}_\mathrm{m}^{-1}\boldsymbol{L}\underline{\boldsymbol{T}}_\mathrm{m} \quad \text{und} \quad \boldsymbol{R}_\mathrm{m} = \underline{\boldsymbol{T}}_\mathrm{m}^{-1}\boldsymbol{R}\underline{\boldsymbol{T}}_\mathrm{m}$$

Zur Gl. 1.23 können die drei entkoppelten Ersatzschaltungen in Abb. 1.2 angegeben werden.

1.2 Symmetrische Komponenten

Die Symmetrischen Komponenten sind ein wichtiger Spezialfall der modalen Komponenten. Sie werden zur Entkopplung von Zeigergleichungen verwendet und stellen somit selbst Zeiger dar[1]. Ihre Komponenten werden, wie noch erläutert wird, als Mitkomponente (Index 1), Gegenkomponente (Index 2) und Nullkomponente (Index 0) bezeichnet.

[1] Mit Zeiger werden die ruhenden Effektivwertzeiger bezeichnet.

Zwischen den Zeigern $\underline{G} = G e^{j\varphi_g}$ der Drehstromgrößen ($\underline{G} = \underline{U}, \underline{I}, \underline{\Psi}$) und den Symmetrischen Komponenten (Index S) bestehen die folgenden Transformationsbeziehungen:

$$\begin{bmatrix} \underline{G}_{L1} \\ \underline{G}_{L2} \\ \underline{G}_{L3} \end{bmatrix} = \begin{bmatrix} 1 & 1 & 1 \\ \underline{a}^2 & \underline{a} & 1 \\ \underline{a} & \underline{a}^2 & 1 \end{bmatrix} \begin{bmatrix} \underline{G}_1 \\ \underline{G}_2 \\ \underline{G}_0 \end{bmatrix} \tag{1.24a}$$

$$\underline{\boldsymbol{g}}_L = \underline{\boldsymbol{T}}_S \underline{\boldsymbol{g}}_S \tag{1.24b}$$

und

$$\begin{bmatrix} \underline{G}_1 \\ \underline{G}_2 \\ \underline{G}_0 \end{bmatrix} = \frac{1}{3} \begin{bmatrix} 1 & \underline{a} & \underline{a}^2 \\ 1 & \underline{a}^2 & \underline{a} \\ 1 & 1 & 1 \end{bmatrix} \begin{bmatrix} \underline{G}_{L1} \\ \underline{G}_{L2} \\ \underline{G}_{L3} \end{bmatrix} \tag{1.25a}$$

$$\underline{\boldsymbol{g}}_S = \underline{\boldsymbol{T}}_S^{-1} \underline{\boldsymbol{g}}_L \tag{1.25b}$$

Die Transformationsmatrix der Symmetrischen Komponenten:

$$\underline{\boldsymbol{T}}_S = \begin{bmatrix} 1 & 1 & 1 \\ \underline{a}^2 & \underline{a} & 1 \\ \underline{a} & \underline{a}^2 & 1 \end{bmatrix} \tag{1.26}$$

entspricht der Grundform $\underline{\boldsymbol{T}}_M$ der Transformationsmatrix (s. Gl. 1.17 mit $\underline{\boldsymbol{K}}_m = \boldsymbol{E}$).

Um die Bezeichnung der Symmetrischen Komponenten als Mit-, Gegen- und Nullkomponente zu erklären, wird die Gl. 1.24 wie folgt geschrieben:

$$\begin{aligned} \begin{bmatrix} \underline{G}_{L1} \\ \underline{G}_{L2} \\ \underline{G}_{L3} \end{bmatrix} &= \begin{bmatrix} \underline{G}_1 \\ \underline{a}^2\underline{G}_1 \\ \underline{a}\underline{G}_1 \end{bmatrix} + \begin{bmatrix} \underline{G}_2 \\ \underline{a}\underline{G}_2 \\ \underline{a}^2\underline{G}_2 \end{bmatrix} + \begin{bmatrix} \underline{G}_0 \\ \underline{G}_0 \\ \underline{G}_0 \end{bmatrix} \\ &= \begin{bmatrix} \underline{G}_{1L1} \\ \underline{G}_{1L2} \\ \underline{G}_{1L3} \end{bmatrix} + \begin{bmatrix} \underline{G}_{2L1} \\ \underline{G}_{2L2} \\ \underline{G}_{2L3} \end{bmatrix} + \begin{bmatrix} \underline{G}_{0L1} \\ \underline{G}_{0L2} \\ \underline{G}_{0L3} \end{bmatrix} \end{aligned} \tag{1.27a}$$

$$\underline{\boldsymbol{g}}_L = \underline{\boldsymbol{g}}_{1L} + \underline{\boldsymbol{g}}_{2L} + \underline{\boldsymbol{g}}_{0L} \tag{1.27b}$$

In Gl. 1.27 ist jede Drehstromgröße auf der linken Seite durch die Überlagerung von drei Komponenten auf der rechten Seite dargestellt.

Die jeweils in einem Vektor zusammengefassten Komponenten bilden die so genannten Symmetrischen Systeme und werden deshalb Symmetrische Komponenten genannt. Das erste Symmetrische System mit den Indizes 1Li ($i = 1, 2, 3$) heißt Mitsystem, weil es die gleiche Phasenfolge L1, L2, L3 wie ein symmetrisches Drehstromsystem aufweist

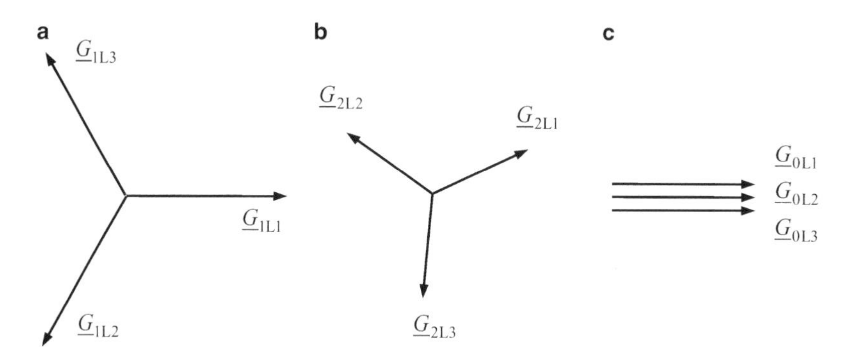

Abb. 1.3 Mit-, Gegen- und Nullsystem von Drehstromgrößen

(mit der Phasenfolge des normalen Drehstromsystems „mitgeht", Abb. 1.3a). Das zweite der Symmetrischen Systeme mit den Indizes $2\mathrm{L}i$ hat eine zum Mitsystem gegenläufigen Phasenfolge L1, L3, L2 und wird deshalb Gegensystem genannt (Abb. 1.3b). Das dritte Symmetrische System (Indizes $0\mathrm{L}i$) nennt man Nullsystem, weil die Phasenverschiebung seiner Komponenten Null ist (Abb. 1.3c).

Die jeweils erste Symmetrische Komponente in Gl. 1.27 ist mit der Komponente für den Leiter L1 identisch. Man nennt deshalb den Leiter L1 auch den Bezugsleiter der Symmetrischen Komponenten und die Transformationsmatrix nach Gl. 1.26 mit den Einsen in der ersten Zeile die *bezugsleiter-invariante* Transformationsmatrix der Symmetrischen Komponenten. Der Zusatz L1 im Index wird meist weggelassen (s. die Gln. 1.24a und 1.25a).

Ein symmetrisches Drehstromsystem wird allein durch ein Mitsystem repräsentiert. Das Mitsystem wird deshalb auch Hauptsystem genannt, während das Gegen- und Nullsystem, die im symmetrischen Fall nicht auftreten, als Nebensysteme bezeichnet werden.

Der anschaulichen Vorstellung, dass man jeden Zustand im Drehstromnetz durch die Überlagerung eines Mit-, Gegen- und Nullsystems wie mit Gl. 1.27 beschrieben, darstellen kann, verdanken die Symmetrischen Komponenten ihre praktische Bedeutung.

Für jedes Betriebsmittel können aus dem gesonderten Verhalten gegenüber jedem der Symmetrischen Systeme einpolige Mit-, Gegen- und Nullsystemersatzschaltungen angegeben werden, die zu den kompletten Ersatzschaltungen für das Mit-, Gegen- und Nullsystem des Netzes zusammengefügt werden können, wobei die Ersatzschaltung für das Mitsystem mit der Strang- oder Leiterersatzschaltung des symmetrischen Drehstromnetzes identisch ist. Solange keine Unsymmetriezustände auftreten, sind die Ersatzschaltungen der Symmetrischen Komponenten nicht gekoppelt, so dass die passiven Gegen- und Nullsysteme nicht zur Geltung kommen.

Für die komplexe Drehstromscheinleistung gilt ausgedrückt durch die Drehstromgrößen:

$$\underline{S} = \underline{U}_{\mathrm{L1}}\underline{I}_{\mathrm{L1}}^{*} + \underline{U}_{\mathrm{L2}}\underline{I}_{\mathrm{L2}}^{*} + \underline{U}_{\mathrm{L3}}\underline{I}_{\mathrm{L3}}^{*} = \underline{\boldsymbol{u}}_{\mathrm{L}}^{\mathrm{T}}\underline{\boldsymbol{i}}_{\mathrm{L}}^{*} \tag{1.28}$$

Ersetzt man die Drehstromgrößen durch die Symmetrischen Komponenten mit Hilfe der Gl. 1.24, so erhält man unter Beachtung von $\underline{\boldsymbol{T}}_\mathrm{S}^\mathrm{T} = 3\underline{\boldsymbol{T}}_\mathrm{S}^{-1*}$:

$$\underline{S} = \underline{\boldsymbol{u}}_\mathrm{S}^\mathrm{T}\underline{\boldsymbol{T}}_\mathrm{S}^\mathrm{T}\underline{\boldsymbol{T}}_\mathrm{S}^*\underline{\boldsymbol{i}}_\mathrm{S}^* = 3\underline{\boldsymbol{u}}_\mathrm{S}^\mathrm{T}\underline{\boldsymbol{i}}_\mathrm{S}^* = 3\left(\underline{U}_1\underline{I}_1^* + \underline{U}_2\underline{I}_2^* + \underline{U}_0\underline{I}_0^*\right) = 3\underline{S}_\mathrm{S} \tag{1.29}$$

Aus der Gl. 1.29 ist ersichtlich, dass der mit den Symmetrischen Komponenten analog zu Gl. 1.28 gebildete Klammerausdruck $\underline{S}_\mathrm{S}$ nicht mit der Leistung nach Gl. 1.28 übereinstimmt. Das liegt daran, dass für die freien Faktoren $\underline{k}_1 = \underline{k}_2 = \underline{k}_3 = 1$ gewählt wurde. Transformationsmatrizen bei denen die Bedingung $\underline{S}_\mathrm{S} = \underline{S}$ nicht erfüllt ist, werden *leistungsvariant* genannt.

In der Literatur findet man auch die leistungsinvariante Form der Symmetrischen Komponenten mit $\underline{k}_1 = \underline{k}_2 = \underline{k}_3 = 1/\sqrt{3}$, für die $\underline{\boldsymbol{T}}_\mathrm{S}^{-1} = \underline{\boldsymbol{T}}_\mathrm{S}^{\mathrm{T}*}$ gilt [1–3].

Zur Gl. 1.3 gehört im stationären Zustand die Zeigergleichung:

$$\mathrm{j}\omega\begin{bmatrix} L_\mathrm{s} & L_\mathrm{g} & L_\mathrm{g} \\ L_\mathrm{g} & L_\mathrm{s} & L_\mathrm{g} \\ L_\mathrm{g} & L_\mathrm{g} & L_\mathrm{s} \end{bmatrix}\begin{bmatrix} \underline{I}_\mathrm{L1} \\ \underline{I}_\mathrm{L2} \\ \underline{I}_\mathrm{L3} \end{bmatrix} + \begin{bmatrix} R_\mathrm{s} & R_\mathrm{g} & R_\mathrm{g} \\ R_\mathrm{g} & R_\mathrm{s} & R_\mathrm{g} \\ R_\mathrm{g} & R_\mathrm{g} & R_\mathrm{s} \end{bmatrix}\begin{bmatrix} \underline{I}_\mathrm{L1} \\ \underline{I}_\mathrm{L2} \\ \underline{I}_\mathrm{L3} \end{bmatrix} = \begin{bmatrix} \Delta\underline{U}_\mathrm{L1} \\ \Delta\underline{U}_\mathrm{L2} \\ \Delta\underline{U}_\mathrm{L3} \end{bmatrix} \tag{1.30}$$

Die Elemente der beiden Matrizen können zu Impedanzen zusammengefasst werden, womit Gl. 1.30 übergeht in:

$$\begin{bmatrix} \underline{Z}_\mathrm{s} & \underline{Z}_\mathrm{g} & \underline{Z}_\mathrm{g} \\ \underline{Z}_\mathrm{g} & \underline{Z}_\mathrm{s} & \underline{Z}_\mathrm{g} \\ \underline{Z}_\mathrm{g} & \underline{Z}_\mathrm{g} & \underline{Z}_\mathrm{s} \end{bmatrix}\begin{bmatrix} \underline{I}_\mathrm{L1} \\ \underline{I}_\mathrm{L2} \\ \underline{I}_\mathrm{L3} \end{bmatrix} = \begin{bmatrix} \Delta\underline{U}_\mathrm{L1} \\ \Delta\underline{U}_\mathrm{L2} \\ \Delta\underline{U}_\mathrm{L3} \end{bmatrix} \tag{1.31a}$$

$$\underline{\boldsymbol{Z}}\underline{\boldsymbol{i}}_\mathrm{L} = \Delta\underline{\boldsymbol{u}}_\mathrm{L} \tag{1.31b}$$

Die Diagonalelemente der Impedanzmatrix in Gl. 1.31 sind die Selbstimpedanzen der Leiter-Erde-Schleifen der Leitung und die Nichtdiagonalelemente die Gegenimpedanzen zwischen den Leiter-Erde-Schleifen (s. Abschn. 2.1).

Die Transformation der Gl. 1.31 in Symmetrische Komponenten führt auf die entkoppelte Form mit den Eigenwerten der Impedanzmatrix auf der Diagonalen der modalen Impedanzmatrix[2]:

$$\begin{bmatrix} \underline{Z}_1 & 0 & 0 \\ 0 & \underline{Z}_2 & 0 \\ 0 & 0 & \underline{Z}_0 \end{bmatrix}\begin{bmatrix} \underline{I}_1 \\ \underline{I}_2 \\ \underline{I}_0 \end{bmatrix} = \begin{bmatrix} \Delta\underline{U}_1 \\ \Delta\underline{U}_2 \\ \Delta\underline{U}_0 \end{bmatrix} \tag{1.32a}$$

$$\underline{\boldsymbol{Z}}_\mathrm{S}\underline{\boldsymbol{i}}_\mathrm{S} = \Delta\underline{\boldsymbol{u}}_\mathrm{S} \tag{1.32b}$$

$$\text{mit}\quad \underline{\boldsymbol{Z}}_\mathrm{S} = \underline{\boldsymbol{T}}_\mathrm{S}^{-1}\underline{\boldsymbol{Z}}_\mathrm{S}\underline{\boldsymbol{T}}_\mathrm{S} = \mathrm{diag}(\underline{Z}_1\underline{Z}_2\underline{Z}_0)$$

[2] Entsprechend der Zuordnung zu den Komponenten in Gl. 1.32 bezeichnet man die Eigenimpedanzen als Mit- Gegen- und Nullimpedanz und gibt ihnen die Indizes 1, 2 und 0 der Symmetrischen Komponenten. Durch die Bezeichnung des Mit- und Gegensystems mit dem Index 1 bzw. 2 ändert sich dadurch die Bezeichnung der ersten und zweiten Eigenimpedanz zwar nicht, die Indizes 1 und 2 bekommen aber eine andere Bedeutung.

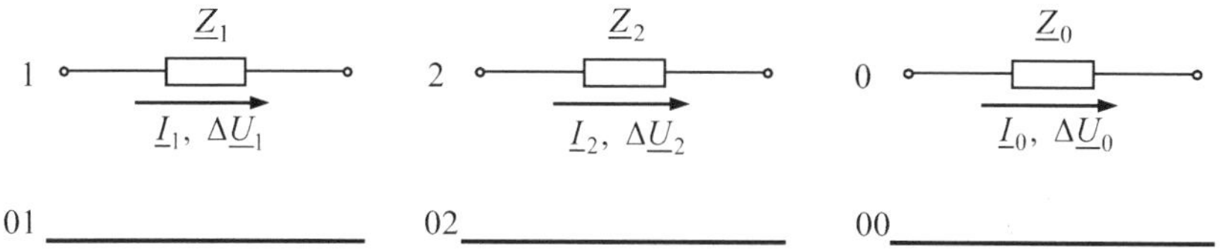

Abb. 1.4 Ersatzschaltungen für die Symmetrischen Komponenten der Gl. 1.32a

Aufgrund der gleichen Struktur der Z-Matrix ergeben sich deren Eigenwerte (Eigenimpedanzen) analog zu denen der diagonal-zyklisch symmetrischen L- und R-Matrix in Abschn. 1.1 (s. Gl. 1.9 und 1.10):

$$\underline{Z}_1 = \underline{Z}_2 = \underline{Z}_s - \underline{Z}_g \quad \text{sowie} \quad \underline{Z}_0 = \underline{Z}_s + 2\underline{Z}_g \tag{1.33}$$

In der Literatur werden das Mit- und Gegensystem und die entsprechenden Eigenimpedanzen auch mit den Indizes + und − oder p und n, letztere abgeleitet von positive-sequence system und negative-sequence system, gekennzeichnet.

Zur Gl. 1.32 können die drei entkoppelten Ersatzschaltungen in Abb. 1.4 angegeben werden.

1.3 Raumzeiger

Raumzeiger sind komplexe modale Komponenten. Sie dienen zur Entkopplung von Momentanwertgrößen im Drehstromsystem und werden deshalb auch komplexe Momentanwerte genannt [4]. Ursprünglich wurden die Raumzeiger nur zur Untersuchung von Erscheinungen in elektrischen Maschinen herangezogen. Inzwischen werden sie aber mehr und mehr auch zur Untersuchung von Ausgleichsvorgängen in Drehstromnetzen herangezogen.

1.3.1 Raumzeigerkomponenten in ruhenden Koordinaten

Die Raumzeigerkomponenten in ruhenden Koordinaten bestehen aus dem Raumzeiger $\underline{g}_s$ (Index s von space phasor), dem konjugiert komplexen Raumzeiger $\underline{g}_s^*$ und einem reellen doppelten Nullsystem $g_h = 2g_0$.

Die Transformationsbeziehungen zwischen den Momentanwerten des Drehstromsystems und den Raumzeigerkomponenten sind:

$$\begin{bmatrix} g_{L1} \\ g_{L2} \\ g_{L3} \end{bmatrix} = \frac{1}{2} \begin{bmatrix} 1 & 1 & 1 \\ \underline{a}^2 & \underline{a} & 1 \\ \underline{a} & \underline{a}^2 & 1 \end{bmatrix} \begin{bmatrix} \underline{g}_s \\ \underline{g}_s^* \\ g_h \end{bmatrix} \tag{1.34a}$$

$$\underline{\boldsymbol{g}}_L = \underline{\boldsymbol{T}}_s \underline{\boldsymbol{g}}_s \tag{1.34b}$$

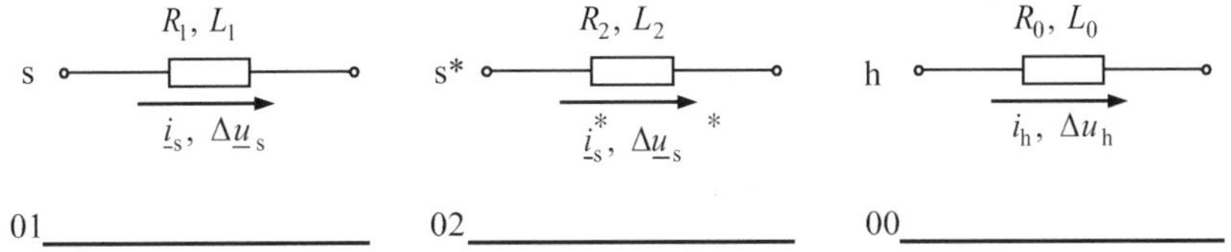

Abb. 1.5 Ersatzschaltungen der Raumzeigerkomponenten nach Gl. 1.36

und

$$\begin{bmatrix} \underline{g}_{\mathrm{s}} \\ \underline{g}_{\mathrm{s}}^{*} \\ g_{\mathrm{h}} \end{bmatrix} = \frac{2}{3} \begin{bmatrix} 1 & \underline{\mathrm{a}} & \underline{\mathrm{a}}^2 \\ 1 & \underline{\mathrm{a}}^2 & \underline{\mathrm{a}} \\ 1 & 1 & 1 \end{bmatrix} \begin{bmatrix} g_{\mathrm{L1}} \\ g_{\mathrm{L2}} \\ g_{\mathrm{L3}} \end{bmatrix} \tag{1.35a}$$

$$\underline{\boldsymbol{g}}_{\mathrm{s}} = \underline{\boldsymbol{T}}_{\mathrm{s}}^{-1} \underline{\boldsymbol{g}}_{\mathrm{L}} \tag{1.35b}$$

Die als Beispiel dienende Gl. 1.3 lautet in Raumzeigerkomponenten:[3]

$$\begin{bmatrix} L_1 & & \\ & L_2 & \\ & & L_0 \end{bmatrix} \begin{bmatrix} \dot{\underline{i}}_{\mathrm{s}} \\ \dot{\underline{i}}_{\mathrm{s}}^{*} \\ \dot{i}_{\mathrm{h}} \end{bmatrix} + \begin{bmatrix} R_1 & & \\ & R_2 & \\ & & R_0 \end{bmatrix} \begin{bmatrix} \underline{i}_{\mathrm{s}} \\ \underline{i}_{\mathrm{s}}^{*} \\ i_{\mathrm{h}} \end{bmatrix} = \begin{bmatrix} \Delta \underline{u}_{\mathrm{s}} \\ \Delta \underline{u}_{\mathrm{s}}^{*} \\ \Delta u_{\mathrm{h}} \end{bmatrix} \tag{1.36a}$$

$$\boldsymbol{L}_{\mathrm{m}} \dot{\underline{\boldsymbol{i}}}_{\mathrm{s}} + \boldsymbol{R}_{\mathrm{m}} \underline{\boldsymbol{i}}_{\mathrm{s}} = \Delta \underline{\boldsymbol{u}}_{\mathrm{s}} \tag{1.36b}$$

Die Ersatzschaltung der entkoppelten Raumzeigerkomponenten ist in Abb. 1.5 dargestellt.

Durch die Anwendung der komplexen Transformationsmatrix $\underline{\boldsymbol{T}}_{\mathrm{s}}$ auf die reellen Drehstromgrößen ist die zweite Zeile auf der rechten Seite der Gl. 1.35a konjugiert komplex zur ersten Zeile. Die zweite Raumzeigerkomponente muss deshalb zwangsläufig der konjugiert komplexe Raumzeiger sein.

Die Transformationsmatrix $\underline{\boldsymbol{T}}_{\mathrm{s}}$ in Gl. 1.34 entspricht der Gl. 1.17 für $\underline{k}_1 = \underline{k}_2 = \underline{k}_3 = 1/2$. Sie unterscheidet sich von der Transformationsmatrix $\underline{\boldsymbol{T}}_{\mathrm{S}}$ der Symmetrischen Komponenten lediglich um den Faktor $1/2$, was durch die Einführung der doppelten Nullsystemgrößen g_{h} erzielt wurde. Die sonst gleiche Form der Raumzeigertransformationsmatrix mit der der Symmetrischen Komponenten hat den Vorteil, dass bei der Berechnung von Fehlervorgängen die Fehlerbedingungen und der Algorithmus von den Symmetrischen Komponenten übernommen werden können (s. Kap. 10).

[3] Die zum doppelten Nullsystem gehörenden Eigenwerte L_3 und R_3 werden im Folgenden in Anlehnung an die Bezeichnung von $\underline{Z}_3$ bei den Symmetrischen Komponenten mit dem Index 0 gekennzeichnet.

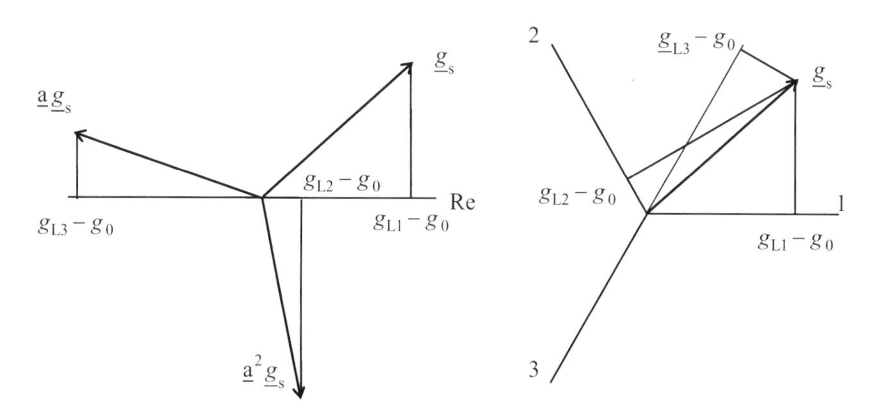

Abb. 1.6 Bildung der Leitergrößen aus dem Raumzeiger

Aus der Gl. 1.34 folgt:

$$g_{L1} = \frac{1}{2}\left(\underline{g}_s + \underline{g}_s^* + g_h\right) = \mathrm{Re}\left(\underline{g}_s\right) + g_0 \tag{1.37}$$

$$g_{L2} = \frac{1}{2}\left(\underline{a}^2\underline{g}_s + \underline{a}\underline{g}_s^* + g_h\right) = \frac{1}{2}\left[\underline{a}^2\underline{g}_s + \left(\underline{a}^2\underline{g}_s\right)^* + g_h\right] = \mathrm{Re}\left(\underline{a}^2\underline{g}_s\right) + g_0 \tag{1.38}$$

$$g_{L2} = \frac{1}{2}\left(\underline{a}\underline{g}_s + \underline{a}^2\underline{g}_s^* + g_h\right) = \frac{1}{2}\left[\underline{a}\underline{g}_s + \left(\underline{a}\underline{g}_s\right)^* + g_h\right] = \mathrm{Re}\left(\underline{a}\underline{g}_s\right) + g_0 \tag{1.39}$$

Die Gln. 1.37 bis 1.39 stellen anschaulich die Rücktransformation in die Leitergrößen durch Realteilbildung des Raumzeigers und des um $\underline{a}^2$ und $\underline{a}$ vorgedrehten Raumzeigers dar. Anstelle der Raumzeigerdrehung kann man auch drei um jeweils 120° verdrehte Achsen 1, 2 und 3 für die Leiter L1, L2 und L3 in der komplexen Ebene einführen und die Projektion des Raumzeigers auf diese vornehmen (s. Abb. 1.6).

Die Zerlegung des Raumzeigers in seinen Real- und Imaginärteil ergibt die so genannten αβ- oder Diagonalkomponenten [2, 4, 5]:

$$\underline{g}_s = g_\alpha + \mathrm{j}g_\beta \tag{1.40}$$

Drückt man die Raumzeigerkomponenten durch den Real- und Imaginärteil des Raumzeigers und ein Nullsystem wie in der folgenden Gl. 1.41 aus

$$\begin{bmatrix} \underline{g}_s \\ \underline{g}_s^* \\ g_h \end{bmatrix} = \begin{bmatrix} 1 & \mathrm{j} & 0 \\ 1 & -\mathrm{j} & 0 \\ 0 & 0 & 2 \end{bmatrix} \begin{bmatrix} g_\alpha \\ g_\beta \\ g_0 \end{bmatrix} \tag{1.41}$$

und setzt diese Beziehung in Gl. 1.34 ein, so erhält man den Zusammenhang zwischen den Drehstromgrößen und den $\alpha\beta 0$-Komponenten:

$$\begin{bmatrix} g_{L1} \\ g_{L2} \\ g_{L3} \end{bmatrix} = \frac{1}{2} \begin{bmatrix} 1 & 1 & 1 \\ \underline{a}^2 & \underline{a} & 1 \\ \underline{a} & \underline{a}^2 & 1 \end{bmatrix} \begin{bmatrix} 1 & j & 0 \\ 1 & -j & 0 \\ 0 & 0 & 2 \end{bmatrix} \begin{bmatrix} g_\alpha \\ g_\beta \\ g_0 \end{bmatrix}$$
$$= \frac{1}{2} \begin{bmatrix} 2 & 0 & 2 \\ \underline{a} + \underline{a}^2 & j\left(\underline{a}^2 - \underline{a}\right) & 2 \\ \underline{a} + \underline{a}^2 & j\left(\underline{a} - \underline{a}^2\right) & 2 \end{bmatrix} \begin{bmatrix} g_\alpha \\ g_\beta \\ g_0 \end{bmatrix} \tag{1.42}$$

und ausmultipliziert:

$$\begin{bmatrix} g_{L1} \\ g_{L2} \\ g_{L3} \end{bmatrix} = \begin{bmatrix} 1 & 0 & 1 \\ -\frac{1}{2} & \frac{\sqrt{3}}{2} & 1 \\ -\frac{1}{2} & -\frac{\sqrt{3}}{2} & 1 \end{bmatrix} \begin{bmatrix} g_\alpha \\ g_\beta \\ g_0 \end{bmatrix} \tag{1.43}$$

Die Umkehrung der Gl. 1.43 liefert:

$$\begin{bmatrix} g_\alpha \\ g_\beta \\ g_0 \end{bmatrix} = \frac{1}{3} \begin{bmatrix} 2 & -1 & -1 \\ 0 & \sqrt{3} & -\sqrt{3} \\ 1 & 1 & 1 \end{bmatrix} \begin{bmatrix} g_{L1} \\ g_{L2} \\ g_{L3} \end{bmatrix} \tag{1.44}$$

1.3.2 Raumzeigerkomponenten in rotierenden Koordinaten

Bei der Modellierung von elektrischen Maschinen verwendet man Raumzeiger $\underline{g}_r$ in rotierenden Koordinaten (Index r). Die Transformation des Raumzeigers $\underline{g}_s$ in rotierende Koordinaten erfolgt durch die Drehtransformation:

$$\underline{g}_s = \underline{g}_r e^{j\vartheta} \tag{1.45}$$

wobei der Winkel ϑ der Drehwinkel zwischen der reellen Achse α des ruhenden und der reellen Achse des rotierenden Koordinatensystems ist. Ersetzt man den Raumzeiger und den konjugiert komplexen Raumzeiger in Gl. 1.34 mit Hilfe der Gl. 1.45, so erhält man:

$$\begin{bmatrix} g_{L1} \\ g_{L2} \\ g_{L3} \end{bmatrix} = \frac{1}{2} \begin{bmatrix} 1 & 1 & 1 \\ \underline{a}^2 & \underline{a} & 1 \\ \underline{a} & \underline{a}^2 & 1 \end{bmatrix} \begin{bmatrix} e^{j\vartheta} \underline{g}_r \\ e^{-j\vartheta} \underline{g}_r^* \\ g_h \end{bmatrix} \tag{1.46}$$

und nach Heranziehen der Exponentialfunktionen an die erste und zweite Spalte der Matrix:

$$\begin{bmatrix} g_{L1} \\ g_{L2} \\ g_{L3} \end{bmatrix} = \frac{1}{2} \begin{bmatrix} e^{j\vartheta} & e^{-j\vartheta} & 1 \\ \underline{a}^2 e^{j\vartheta} & \underline{a} e^{-j\vartheta} & 1 \\ \underline{a} e^{j\vartheta} & \underline{a}^2 e^{-j\vartheta} & 1 \end{bmatrix} \begin{bmatrix} \underline{g}_r \\ \underline{g}_r^* \\ g_h \end{bmatrix} \tag{1.47}$$

oder

$$\begin{bmatrix} g_{L1} \\ g_{L2} \\ g_{L3} \end{bmatrix} = \frac{1}{2} \begin{bmatrix} e^{j\vartheta} & e^{-j\vartheta} & 1 \\ e^{j(\vartheta - 2\pi/3)} & e^{-j(\vartheta - 2\pi/3)} & 1 \\ e^{j(\vartheta + 2\pi/3)} & e^{-j(\vartheta + 2\pi/3)} & 1 \end{bmatrix} \begin{bmatrix} \underline{g}_r \\ \underline{g}_r^* \\ g_h \end{bmatrix} \tag{1.48a}$$

$$\underline{\boldsymbol{g}}_L = \underline{\boldsymbol{T}}_r \underline{\boldsymbol{g}}_r \tag{1.48b}$$

Die Umkehrbeziehung zu Gl. 1.47 bzw. 1.48 ist:

$$\begin{aligned} \begin{bmatrix} \underline{g}_r \\ \underline{g}_r^* \\ g_h \end{bmatrix} &= \frac{2}{3} \begin{bmatrix} e^{-j\vartheta} & \underline{a} e^{-j\vartheta} & \underline{a}^2 e^{-j\vartheta} \\ e^{j\vartheta} & \underline{a}^2 e^{j\vartheta} & \underline{a} e^{j\vartheta} \\ 1 & 1 & 1 \end{bmatrix} \begin{bmatrix} g_{L1} \\ g_{L2} \\ g_{L3} \end{bmatrix} \\ &= \frac{2}{3} \begin{bmatrix} e^{-j\vartheta} & e^{-j(\vartheta - 2\pi/3)} & e^{-j(\vartheta + 2\pi/3)} \\ e^{j\vartheta} & e^{j(\vartheta - 2\pi/3)} & e^{j(\vartheta + 2\pi/3)} \\ 1 & 1 & 1 \end{bmatrix} \begin{bmatrix} g_{L1} \\ g_{L2} \\ g_{L3} \end{bmatrix} \end{aligned} \tag{1.49a}$$

$$\underline{\boldsymbol{g}}_r = \underline{\boldsymbol{T}}_r^{-1} \underline{\boldsymbol{g}}_L \tag{1.49b}$$

Die Transformationsmatrix in Gl. 1.47 entspricht der Gl. 1.17 mit $\underline{k}_1 = \frac{1}{2} e^{j\vartheta}$, $\underline{k}_2 = \underline{k}_1^*$ und $\underline{k}_3 = \frac{1}{2}$. Im Gegensatz zu den bisher angegebenen Transformationsmatrizen ist die Transformationsmatrix in Gl. 1.47 bei zeitlich veränderlichem Winkel zeitabhängig.

Die Transformation der Beispielgleichung, Gl. 1.3, in rotierende Raumzeigerkoordinaten ergibt deshalb:

$$\boldsymbol{L}_m \dot{\underline{\boldsymbol{i}}}_r + \left(\boldsymbol{R}_m + \underline{\boldsymbol{T}}_r^{-1} \boldsymbol{L} \dot{\underline{\boldsymbol{T}}}_r \right) \underline{\boldsymbol{i}}_r = \Delta \underline{\boldsymbol{u}}_r \tag{1.50}$$

Mit

$$\underline{\boldsymbol{T}}_r^{-1} \boldsymbol{L} \dot{\underline{\boldsymbol{T}}}_r = \underline{\boldsymbol{T}}_r^{-1} \boldsymbol{L} \underline{\boldsymbol{T}}_r \underline{\boldsymbol{T}}_r^{-1} \dot{\underline{\boldsymbol{T}}}_r = \boldsymbol{L}_m \underline{\boldsymbol{T}}_r^{-1} \dot{\underline{\boldsymbol{T}}}_r \tag{1.51}$$

und

$$\underline{\boldsymbol{T}}_r^{-1} \dot{\underline{\boldsymbol{T}}}_r = \begin{bmatrix} j\dot{\vartheta} & & \\ & -j\dot{\vartheta} & \\ & & 0 \end{bmatrix} \tag{1.52}$$

lautet die ausführliche Form der Gl. 1.50

$$\begin{bmatrix} L_1 & & \\ & L_2 & \\ & & L_0 \end{bmatrix} \begin{bmatrix} \dot{\underline{i}}_r \\ \dot{\underline{i}}_r^* \\ \dot{i}_h \end{bmatrix} + \begin{bmatrix} R_1 + j\dot{\vartheta} L_1 & & \\ & R_2 - j\dot{\vartheta} L_2 & \\ & & R_0 \end{bmatrix} \begin{bmatrix} \underline{i}_r \\ \underline{i}_r^* \\ i_h \end{bmatrix} = \begin{bmatrix} \Delta \underline{u}_r \\ \Delta \underline{u}_r^* \\ \Delta u_h \end{bmatrix} \tag{1.53}$$

Zum gleichen Ergebnis kommt man natürlich auch, wenn man in Gl. 1.36 die Raumzeigerkomponenten mit Hilfe der Gl. 1.45 ersetzt.

In einem so genannten Synchron- oder Netzkoordinatensystem, das mit konstanter Winkelgeschwindigkeit $\omega_0 = 2\pi f$ entsprechend der Netzfrequenz f rotiert, ist $\dot{\vartheta} = \omega_0$, womit in Gl. 1.53 die Mit- und Gegensystemreaktanzen (hier $X_2 = X_1$) erscheinen.

$$\begin{bmatrix} L_1 & & \\ & L_2 & \\ & & L_0 \end{bmatrix} \begin{bmatrix} \dot{\underline{i}}_\mathrm{r} \\ \dot{\underline{i}}_\mathrm{r}^* \\ \dot{i}_\mathrm{h} \end{bmatrix} + \begin{bmatrix} R_1 + \mathrm{j}X_1 & & \\ & R_2 - \mathrm{j}X_2 & \\ & & R_0 \end{bmatrix} \begin{bmatrix} \underline{i}_\mathrm{r} \\ \underline{i}_\mathrm{r}^* \\ i_\mathrm{h} \end{bmatrix} = \begin{bmatrix} \Delta\underline{u}_\mathrm{r} \\ \Delta\underline{u}_\mathrm{r}^* \\ \Delta u_\mathrm{h} \end{bmatrix} \tag{1.54}$$

In der so genannten Zweiachsentheorie der Synchronmaschine wird ein fest mit dem Läufer verbundenes Koordinatensystem verwendet (s. Abschn. 8.4). Die mit d-Achse bezeichnete reelle Achse dieses Läuferkoordinatensystems fällt mit der Symmetrieachse (Längsachse) des unsymmetrisch aufgebauten Läufers zusammen. Die mit q-Achse (Querachse) bezeichnete imaginäre Achse des Läuferkoordinatensystems ist in Drehrichtung um $\pi/2$ gegenüber der d-Achse gedreht.[4]

Zwischen den Raumzeigerkomponenten und den dq0-Komponenten besteht die zu Gl. 1.41 analoge Beziehung:

$$\begin{bmatrix} \underline{g}_\mathrm{r} \\ \underline{g}_\mathrm{r}^* \\ g_\mathrm{h} \end{bmatrix} = \begin{bmatrix} 1 & \mathrm{j} & 0 \\ 1 & -\mathrm{j} & 0 \\ 0 & 0 & 2 \end{bmatrix} \begin{bmatrix} g_\mathrm{d} \\ g_\mathrm{q} \\ g_0 \end{bmatrix} \tag{1.55}$$

Eingesetzt in Gl. 1.48 ergibt sich mit dem Läuferdrehwinkel $\vartheta = \vartheta_\mathrm{L}$:

$$\begin{bmatrix} g_\mathrm{L1} \\ g_\mathrm{L2} \\ g_\mathrm{L3} \end{bmatrix} = \frac{1}{2} \begin{bmatrix} \mathrm{e}^{\mathrm{j}\vartheta_\mathrm{L}} & \mathrm{e}^{-\mathrm{j}\vartheta_\mathrm{L}} & 1 \\ \mathrm{e}^{\mathrm{j}(\vartheta_\mathrm{L}-2\pi/3)} & \mathrm{e}^{-\mathrm{j}(\vartheta_\mathrm{L}-2\pi/3)} & 1 \\ \mathrm{e}^{\mathrm{j}(\vartheta_\mathrm{L}+2\pi/3)} & \mathrm{e}^{-\mathrm{j}(\vartheta_\mathrm{L}+2\pi/3)} & 1 \end{bmatrix} \begin{bmatrix} 1 & \mathrm{j} & 0 \\ 1 & -\mathrm{j} & 0 \\ 0 & 0 & 2 \end{bmatrix} \begin{bmatrix} g_\mathrm{d} \\ g_\mathrm{q} \\ g_0 \end{bmatrix} \tag{1.56}$$

und ausmultipliziert:

$$\begin{bmatrix} g_\mathrm{L1} \\ g_\mathrm{L2} \\ g_\mathrm{L3} \end{bmatrix} = \begin{bmatrix} \cos\vartheta_\mathrm{L} & -\sin\vartheta_\mathrm{L} & 1 \\ \cos(\vartheta_\mathrm{L} - 2\pi/3) & -\sin(\vartheta_\mathrm{L} - 2\pi/3) & 1 \\ \cos(\vartheta_\mathrm{L} + 2\pi/3) & -\sin(\vartheta_\mathrm{L} + 2\pi/3) & 1 \end{bmatrix} \begin{bmatrix} g_\mathrm{d} \\ g_\mathrm{q} \\ g_0 \end{bmatrix} \tag{1.57}$$

Die Umkehrbeziehung lautet:

$$\begin{bmatrix} g_\mathrm{d} \\ g_\mathrm{q} \\ g_0 \end{bmatrix} = \frac{2}{3} \begin{bmatrix} \cos\vartheta_\mathrm{L} & \cos(\vartheta_\mathrm{L} - 2\pi/3) & \cos(\vartheta_\mathrm{L} + 2\pi/3) \\ -\sin\vartheta_\mathrm{L} & -\sin(\vartheta_\mathrm{L} - 2\pi/3) & -\sin(\vartheta_\mathrm{L} + 2\pi/3) \\ 1/2 & 1/2 & 1/2 \end{bmatrix} \begin{bmatrix} g_\mathrm{L1} \\ g_\mathrm{L2} \\ g_\mathrm{L3} \end{bmatrix} \tag{1.58}$$

Die Transformationsbeziehungen nach den Gln. 1.57 und 1.58 werden in der Maschinentheorie auch Park-Transformation genannt.

[4] Die Lage der q-Achse wird in manchen Literaturstellen auch in entgegen gesetzter Richtung angenommen.

1.4 Zusammenhang zwischen Raumzeiger und Zeiger

Im stationären Zustand können die sinusförmigen Drehstromgrößen durch Zeiger dargestellt werden. Sie ergeben sich aus dem Realteil von rotierenden Amplitudenzeigern[5]:

$$g_{L1} = \hat{g}_{L1}\cos\left(\omega_0 t + \varphi_{gL1}\right) = \mathrm{Re}\left\{\underline{\hat{g}}_{L1}\right\} = \mathrm{Re}\left\{\hat{g}_{L1}\mathrm{e}^{\mathrm{j}\left(\omega_0 t + \varphi_{gL1}\right)}\right\} \quad (1.59)$$

$$g_{L2} = \hat{g}_{L2}\cos\left(\omega_0 t + \varphi_{gL2}\right) = \mathrm{Re}\left\{\underline{\hat{g}}_{L2}\right\} = \mathrm{Re}\left\{\hat{g}_{L2}\mathrm{e}^{\mathrm{j}\left(\omega_0 t + \varphi_{gL2}\right)}\right\} \quad (1.60)$$

$$g_{L3} = \hat{g}_{L3}\cos\left(\omega_0 t + \varphi_{gL3}\right) = \mathrm{Re}\left\{\underline{\hat{g}}_{L3}\right\} = \mathrm{Re}\left\{\hat{g}_{L3}\mathrm{e}^{\mathrm{j}\left(\omega_0 t + \varphi_{gL3}\right)}\right\} \quad (1.61)$$

oder

$$\begin{bmatrix} g_{L1} \\ g_{L2} \\ g_{L3} \end{bmatrix} = \frac{1}{2}\begin{bmatrix} \underline{\hat{g}}_{L1} \\ \underline{\hat{g}}_{L2} \\ \underline{\hat{g}}_{L3} \end{bmatrix} + \frac{1}{2}\begin{bmatrix} \underline{\hat{g}}^*_{L1} \\ \underline{\hat{g}}^*_{L2} \\ \underline{\hat{g}}^*_{L3} \end{bmatrix} \quad (1.62a)$$

$$\underline{\boldsymbol{g}}_L = \frac{1}{2}\underline{\hat{\boldsymbol{g}}}_L + \frac{1}{2}\underline{\hat{\boldsymbol{g}}}^*_L \quad (1.62b)$$

Die Amplitudenzeiger der Leitergrößen werden mit Hilfe der Gl. 1.24, die nach Erweiterung auf beiden Seiten mit $\sqrt{2}\mathrm{e}^{\mathrm{j}\omega_0 t}$ auch für die Amplitudenzeiger gilt, durch die Amplitudenzeiger der Symmetrischen Komponenten ersetzt:

$$\underline{\boldsymbol{g}}_L = \frac{1}{2}\underline{\boldsymbol{T}}_S\underline{\hat{\boldsymbol{g}}}_S + \frac{1}{2}\underline{\boldsymbol{T}}^*_S\underline{\hat{\boldsymbol{g}}}^*_S \quad (1.63)$$

Mit Gl. 1.35 folgt schließlich für den Zusammenhang zwischen den Raumzeigerkomponenten und den Amplitudenzeigern der Symmetrischen Komponenten (beachte die Indizes klein s und groß S):

$$\underline{\boldsymbol{g}}_s = \underline{\boldsymbol{T}}_s^{-1}\underline{\boldsymbol{g}}_L = \frac{1}{2}\underline{\boldsymbol{T}}_s^{-1}\underline{\boldsymbol{T}}_S\underline{\hat{\boldsymbol{g}}}_S + \frac{1}{2}\underline{\boldsymbol{T}}_s^{-1}\underline{\boldsymbol{T}}^*_S\underline{\hat{\boldsymbol{g}}}^*_S = \underline{\hat{\boldsymbol{g}}}_S + \frac{1}{2}\underline{\boldsymbol{T}}_s^{-1}\underline{\boldsymbol{T}}^*_S\underline{\hat{\boldsymbol{g}}}^*_S \quad (1.64a)$$

und ausführlich:

$$\begin{bmatrix} \underline{g}_s \\ \underline{g}^*_s \\ g_h \end{bmatrix} = \begin{bmatrix} \underline{\hat{g}}_1 \\ \underline{\hat{g}}_2 \\ \underline{\hat{g}}_0 \end{bmatrix} + \begin{bmatrix} \underline{\hat{g}}^*_2 \\ \underline{\hat{g}}^*_1 \\ \underline{\hat{g}}^*_0 \end{bmatrix} = \begin{bmatrix} \hat{g}_1\mathrm{e}^{\mathrm{j}\left(\omega_0 t + \varphi_{g1}\right)} \\ \hat{g}_2\mathrm{e}^{\mathrm{j}\left(\omega_0 t + \varphi_{g2}\right)} \\ \hat{g}_0\mathrm{e}^{\mathrm{j}\left(\omega_0 t + \varphi_{g0}\right)} \end{bmatrix} + \begin{bmatrix} \hat{g}_2\mathrm{e}^{-\mathrm{j}\left(\omega_0 t + \varphi_{g2}\right)} \\ \hat{g}_1\mathrm{e}^{-\mathrm{j}\left(\omega_0 t + \varphi_{g1}\right)} \\ \hat{g}_0\mathrm{e}^{-\mathrm{j}\left(\omega_0 t + \varphi_{g0}\right)} \end{bmatrix} \quad (1.64b)$$

Aus Gl. 1.64b ist ersichtlich: Für ein symmetrisches Drehstromsystem (Mitsystem) ist der Raumzeiger mit dem rotierenden Amplitudenzeiger des Mitsystems der Symmetrischen

[5] Zur Unterscheidung von den Raumzeigern sind die Amplitudenzeiger mit einen Dach auf dem Symbol versehen.

Komponenten identisch. Da dieser im symmetrischen Fall wiederum mit dem rotierenden Amplitudenzeiger für den Bezugsleiter L1 übereinstimmt, gilt im symmetrischen stationären Fall (und nur dann):

$$\underline{g}_{\mathrm{s}} = \underline{\hat{g}}_1 = \underline{\hat{g}}_{\mathrm{L1}} = \hat{g}_{\mathrm{L1}} \mathrm{e}^{\mathrm{j}(\omega_0 t + \varphi_{\mathrm{gL1}})} = \sqrt{2} G_{\mathrm{L1}} \mathrm{e}^{\mathrm{j}\varphi_{\mathrm{gL1}}} \cdot \mathrm{e}^{\mathrm{j}\omega_0 t} = \sqrt{2} \underline{G}_{\mathrm{L1}} \mathrm{e}^{\mathrm{j}\omega_0 t} \tag{1.65}$$

Speziell für $t = 0$ gilt:

$$\underline{g}_{\mathrm{s}}(0) = \sqrt{2} \underline{G}_{\mathrm{L1}} \tag{1.66}$$

Nach der Gl. 1.66 kann man sehr einfach die Anfangswerte der Raumzeiger zu Beginn eines Ausgleichsvorganges mit der gewohnten komplexen Rechnung ermitteln.

Ein gegenläufiges Drehstromsystem (Gegensystem) bringt einen invers mit ω_0 rotierenden Raumzeiger konstanter Amplitude hervor. Ein Nullsystem trägt nicht zum Raumzeiger bei.

Die Transformation der Gl. 1.64 in mit beliebiger konstanter Winkelgeschwindigkeit rotierende Koordinaten ergibt:

$$\begin{aligned}
\begin{bmatrix} \underline{g}_{\mathrm{r}} \\ \underline{g}_{\mathrm{r}}^* \\ g_{\mathrm{h}} \end{bmatrix} &= \begin{bmatrix} \underline{\hat{g}}_1 \mathrm{e}^{-\mathrm{j}\vartheta} \\ \underline{\hat{g}}_2 \mathrm{e}^{\mathrm{j}\vartheta} \\ \underline{\hat{g}}_0 \end{bmatrix} + \begin{bmatrix} \underline{\hat{g}}_2^* \mathrm{e}^{-\mathrm{j}\vartheta} \\ \underline{\hat{g}}_1^* \mathrm{e}^{\mathrm{j}\vartheta} \\ \underline{\hat{g}}_0^* \end{bmatrix} \\
&= \begin{bmatrix} \hat{g}_1 \mathrm{e}^{\mathrm{j}(\omega_0 t + \varphi_{\mathrm{g1}})} \mathrm{e}^{-\mathrm{j}\vartheta} \\ \hat{g}_2 \mathrm{e}^{\mathrm{j}(\omega_0 t + \varphi_{\mathrm{g2}})} \mathrm{e}^{\mathrm{j}\vartheta} \\ \underline{\hat{g}}_0 \end{bmatrix} + \begin{bmatrix} \hat{g}_2 \mathrm{e}^{-\mathrm{j}(\omega_0 t + \varphi_{\mathrm{g2}})} \mathrm{e}^{-\mathrm{j}\vartheta} \\ \hat{g}_1 \mathrm{e}^{-\mathrm{j}(\omega_0 t + \varphi_{\mathrm{g1}})} \mathrm{e}^{\mathrm{j}\vartheta} \\ \underline{\hat{g}}_0^* \end{bmatrix}
\end{aligned} \tag{1.67}$$

Speziell im mit $\vartheta = \omega_0 t + \vartheta_0$ rotierenden Synchron- oder Netzkoordinatensystem nimmt Gl. 1.67 die folgende Form an:

$$\begin{bmatrix} \underline{g}_{\mathrm{n}} \\ \underline{g}_{\mathrm{n}}^* \\ g_{\mathrm{h}} \end{bmatrix} = \begin{bmatrix} \hat{g}_1 \mathrm{e}^{\mathrm{j}(\varphi_{\mathrm{g1}} - \vartheta_0)} \\ \hat{g}_2 \mathrm{e}^{\mathrm{j}(2\omega_0 t + \varphi_{\mathrm{g2}} + \vartheta_0)} \\ \underline{\hat{g}}_0 \end{bmatrix} + \begin{bmatrix} \hat{g}_2 \mathrm{e}^{-\mathrm{j}(2\omega_0 t + \varphi_{\mathrm{g2}} + \vartheta_0)} \\ \hat{g}_1 \mathrm{e}^{-\mathrm{j}(\varphi_{\mathrm{g1}} - \vartheta_0)} \\ \underline{\hat{g}}_0^* \end{bmatrix} \tag{1.68}$$

und nach Einführung von (ruhenden) Zeigern:

$$\begin{bmatrix} \underline{g}_{\mathrm{n}} \\ \underline{g}_{\mathrm{n}}^* \\ g_{\mathrm{h}} \end{bmatrix} = \sqrt{2} \begin{bmatrix} \underline{G}_1 \mathrm{e}^{-\mathrm{j}\vartheta_0} \\ \underline{G}_2 \mathrm{e}^{\mathrm{j}(2\omega_0 t + \vartheta_0)} \\ \underline{G}_0 \mathrm{e}^{\mathrm{j}\omega_0 t} \end{bmatrix} + \sqrt{2} \begin{bmatrix} \underline{G}_2^* \mathrm{e}^{-\mathrm{j}(2\omega_0 t + \vartheta_0)} \\ \underline{G}_1^* \mathrm{e}^{\mathrm{j}\vartheta_0} \\ \underline{G}_0^* \mathrm{e}^{-\mathrm{j}\omega_0 t} \end{bmatrix} \tag{1.69}$$

Nach Gl. 1.69 ist der Raumzeiger eines Mitsystems im Netzkoordinatensystem konstant und gegenüber dem Zeiger des Mitsystems um den Anfangsdrehwinkel des Koordinatensystems gegenüber der reellen Achse des Zeigerkoordinatensystems verschoben. Der

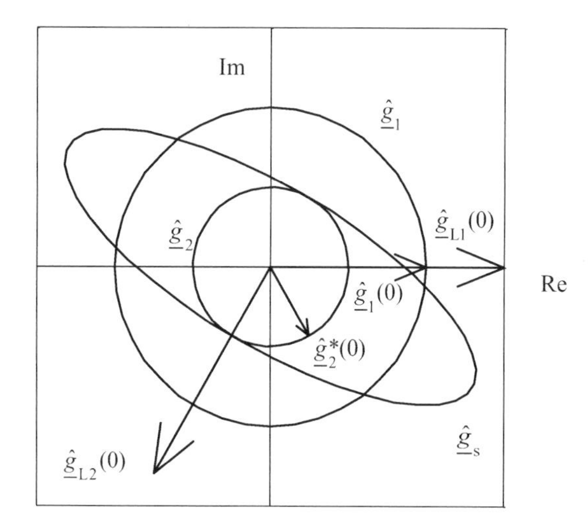

Abb. 1.7 Ortskurve des Raumzeigers für ein unsymmetrisches Drehstromsystem mit $g_{L1} = \hat{g}_{L1} \cos \omega t$, $g_{L2} = \hat{g}_{L1} \cos(\omega t - 2\pi/3)$, $g_{L3} = 0$

Raumzeiger eines Gegensystems rotiert in Netzkoordinaten mit doppelter Winkelgeschwindigkeit in negativer Richtung. Die Ortskurve des Raumzeigers, gebildet aus einem Mit- und Gegensystem, ist eine Ellipse (s. Abb. 1.7).

Für $\dot{\underline{i}}_r$ erhält man aus der ersten Zeile in der Gl. 1.54:

$$(R_1 + jX_1)\,\dot{\underline{i}}_r = \underline{Z}_1 \dot{\underline{i}}_r = \Delta\underline{u}_r \tag{1.70}$$

Für ein Mitsystem hat die Raumzeigergleichung in Netzkoordinaten die gleiche Form wie die Zeigergleichung für das Mitsystem (s. die erste Zeile von Gl. 1.32).

2 Betriebsmittelgleichungen in Symmetrischen Komponenten

In diesem Kapitel werden die Gleichungen von Freileitungen, Kabel, Transformatoren, Generatoren, Motoren, Lasten, Drosselspulen und Kondensatoren in Symmetrischen Komponenten ausgehend von den Gleichungen für die Drehstromgrößen hergeleitet und Ersatzschaltungen für die Symmetrischen Komponenten angegeben.

Die folgenden ausführlichen Herleitungen sollen auf Einfachleitungen und Zweiwicklungstransformatoren beschränkt bleiben. Die Gleichungen von Doppel- oder Vierfachleitungen sowie Dreiwicklungstransformatoren können nach der gleichen Vorgehensweise erhalten werden.

Um die angestrebte Entkopplung der Gleichungen für die Symmetrischen Komponenten zu erzielen, muss vorausgesetzt werden, dass die Betriebsmittel symmetrisch aufgebaut sind. Bis auf Freileitungen und Einleiterkabel ist diese Voraussetzung durch die konstruktive Ausführung der Betriebsmittel gegeben. Die Unsymmetrie von Freileitungen und Einleiterkabel kann durch Verdrillen und Auskreuzen weitgehend ausgeglichen werden. Im Folgenden wird von auf diese Weise symmetrierten Leitungen ausgegangen.

Die Ersatzschaltungen der Symmetrischen Komponenten von Einfachleitungen, Zweiwicklungstransformatoren, Längsdrosselspulen und Reihenkondensatoren sind Vierpole, zu denen sich, abgesehen von Transformatoren mit phasendrehenden Schaltgruppen, T- oder Π-Ersatzschaltbilder angeben lassen.

Die Ersatzschaltungen der Symmetrischen Komponenten von Generatoren und Motoren sind aktive Zweipole mit Spannungs- oder Stromquelle, die der Lasten, Paralleldrosselspulen und -kondensatoren dagegen passive Zweipole in Form von Impedanzen oder Admittanzen.

Im Hinblick auf die Verknüpfung der Betriebsmittel untereinander im Netz mit Hilfe des Knotenpunktverfahrens ist es zweckmäßig, von den Vierpolersatzschaltungen die Π-Ersatzschaltung und von den Zweipolersatzschaltungen die Stromquellenersatzschaltung und die Admittanzform den anderen Varianten vorzuziehen.

B.R. Oswald, *Berechnung von Drehstromnetzen*, DOI 10.1007/978-3-658-14405-0_2

2.1 Leitungen

Freileitungen weisen über der gesamten Länge eine induktive und kapazitive Verkettung auf. Die exakten Leitungsgleichungen enthalten deshalb so genannte verteilte Parameter, von denen insbesondere der Widerstands- und Induktivitätsbelag frequenzabhängig sind.

Für Berechnungen im Anwendungsgebiet der Symmetrischen Komponenten (stationäre und quasistationäre Vorgänge mit Grundfrequenz) kann man aber konstante Frequenz (Betriebsfrequenz) voraussetzen und vereinfachte Leitungsmodelle zu Grunde legen, bei denen die induktive und kapazitive Verkettung getrennt durch konstante konzentrierte Induktivitäten und Kapazitäten in Form von Kettenschaltungen berücksichtigt werden. Für die üblichen Leitungslängen genügt es sogar, die konzentrierten induktiven und kapazitiven Elemente in Form einer T- oder Π-Ersatzschaltung anzuordnen. Beide Formen der Ersatzschaltung sind annähernd gleichwertig. In der knotenorientierten Berechnungspraxis bevorzugt man die jedoch die Π-Ersatzschaltung, weil sie keinen inneren Knoten hat.

Die folgenden Gleichungen gelten sowohl für Freileitungen als auch Kabel. Beide Leitungsformen unterscheiden sich in der Ersatzschaltung lediglich durch die Größenordnung ihrer Parameter.

Für die Spannungen und Ströme an einer beliebigen Stelle x der Leitung gilt im Frequenzbereich bei fester Betriebsfrequenz die folgende lineare Differentialgleichung:

$$\frac{\mathrm{d}}{\mathrm{d}x}\left[\begin{array}{c} \underline{U}_{\mathrm{L}1x} \\ \underline{U}_{\mathrm{L}2x} \\ \underline{U}_{\mathrm{L}3x} \\ \hline \underline{I}_{\mathrm{L}1x} \\ \underline{I}_{\mathrm{L}2x} \\ \underline{I}_{\mathrm{L}3x} \end{array}\right] = \left[\begin{array}{ccc|ccc} 0 & & & \underline{Z}'_{\mathrm{L}11} & \underline{Z}'_{\mathrm{L}12} & \underline{Z}'_{\mathrm{L}13} \\ & 0 & & \underline{Z}'_{\mathrm{L}21} & \underline{Z}'_{\mathrm{L}22} & \underline{Z}'_{\mathrm{L}23} \\ & & 0 & \underline{Z}'_{\mathrm{L}31} & \underline{Z}'_{\mathrm{L}32} & \underline{Z}'_{\mathrm{L}33} \\ \hline \underline{Y}'_{\mathrm{L}11} & \underline{Y}'_{\mathrm{L}12} & \underline{Y}'_{\mathrm{L}13} & 0 & & \\ \underline{Y}'_{\mathrm{L}21} & \underline{Y}'_{\mathrm{L}22} & \underline{Y}'_{\mathrm{L}23} & & 0 & \\ \underline{Y}'_{\mathrm{L}31} & \underline{Y}'_{\mathrm{L}32} & \underline{Y}'_{\mathrm{L}33} & & & 0 \end{array}\right] \left[\begin{array}{c} \underline{U}_{\mathrm{L}1x} \\ \underline{U}_{\mathrm{L}2x} \\ \underline{U}_{\mathrm{L}3x} \\ \hline \underline{I}_{\mathrm{L}1x} \\ \underline{I}_{\mathrm{L}2x} \\ \underline{I}_{\mathrm{L}3x} \end{array}\right] \quad (2.1\mathrm{a})$$

$$\frac{\mathrm{d}}{\mathrm{d}x}\begin{bmatrix} \underline{\boldsymbol{u}}_{\mathrm{L}x} \\ \underline{\boldsymbol{i}}_{\mathrm{L}x} \end{bmatrix} = \begin{bmatrix} \mathbf{0} & \underline{\boldsymbol{Z}}'_{\mathrm{LL}} \\ \underline{\boldsymbol{Y}}'_{\mathrm{LL}} & \mathbf{0} \end{bmatrix} \begin{bmatrix} \underline{\boldsymbol{u}}_{\mathrm{L}x} \\ \underline{\boldsymbol{i}}_{\mathrm{L}x} \end{bmatrix} \quad (2.1\mathrm{b})$$

Mit den Leiter-Erde-Schleifenimpedanzen[1]:

$$\underline{Z}'_{\mathrm{L}ii} = R'_{\mathrm{L}i} + R'_{\mathrm{E}} + \mathrm{j}X'_{\mathrm{L}ii} \quad (2.2)$$

den gegenseitigen Leiter-Erde-Schleifenimpedanzen:

$$\underline{Z}'_{\mathrm{L}ik} = R'_{\mathrm{E}} + \mathrm{j}X'_{\mathrm{L}ik} \quad k \neq i \quad (2.3)$$

den Leiter-Selbstadmittanzen:

$$\underline{Y}'_{\mathrm{L}ii} = G'_{\mathrm{L}ii} + \mathrm{j}\omega C'_{\mathrm{L}ii} \quad (2.4)$$

[1] Bei den mit einem Strich versehenen Größen handelt es sich um längenbezogene Größen (Beläge).

und den Leiter-Gegenadmittanzen:

$$\underline{Y}'_{\mathrm{L}ik} = G'_{\mathrm{L}ik} + \mathrm{j}\omega C'_{\mathrm{L}ik} \quad k \neq i \tag{2.5}$$

Unter der Voraussetzung gleicher Leiter-Erde-Schleifenimpedanzen, gleicher gegenseitiger Leiter-Erde-Schleifenimpedanzen, sowie gleicher Leiter-Selbstadmittanzen und gleicher Leiter-Gegenadmittanzen durch Verdrillung der Leitung wird:

$$\begin{aligned} \underline{Z}'_{\mathrm{L}ii} &= \underline{Z}'_{\mathrm{Ls}} \\ \underline{Z}'_{\mathrm{L}ik} &= \underline{Z}'_{\mathrm{Lg}} \\ \underline{Y}'_{\mathrm{L}ii} &= \underline{Y}'_{\mathrm{Ls}} \\ \underline{Y}'_{\mathrm{L}ik} &= \underline{Y}'_{\mathrm{Lg}} \end{aligned}$$

so dass die Impedanz- und Admittanzmatrizen in Gl. 2.1 diagonal-zyklisch symmetrisch werden. Die Transformation der Gl. 2.1 in Symmetrische Komponenten führt dann auf die gewünschte Entkopplung der Symmetrischen Komponenten (s. Abschn. 1.2):

$$\frac{\mathrm{d}}{\mathrm{d}x}\begin{bmatrix} \underline{\boldsymbol{u}}_{\mathrm{S}x} \\ \underline{\boldsymbol{i}}_{\mathrm{S}x} \end{bmatrix} = \begin{bmatrix} \mathbf{0} & \underline{\boldsymbol{T}}_{\mathrm{S}}^{-1}\underline{\boldsymbol{Z}}'_{\mathrm{LL}}\underline{\boldsymbol{T}}_{\mathrm{S}} \\ \underline{\boldsymbol{T}}_{\mathrm{S}}^{-1}\underline{\boldsymbol{Y}}'_{\mathrm{LL}}\underline{\boldsymbol{T}}_{\mathrm{S}} & \mathbf{0} \end{bmatrix}\begin{bmatrix} \underline{\boldsymbol{u}}_{\mathrm{S}x} \\ \underline{\boldsymbol{i}}_{\mathrm{S}x} \end{bmatrix} = \begin{bmatrix} \mathbf{0} & \underline{\boldsymbol{Z}}'_{\mathrm{S}} \\ \underline{\boldsymbol{Y}}'_{\mathrm{S}} & \mathbf{0} \end{bmatrix}\begin{bmatrix} \underline{\boldsymbol{u}}_{\mathrm{S}x} \\ \underline{\boldsymbol{i}}_{\mathrm{S}x} \end{bmatrix} \tag{2.6a}$$

und ausführlich:

$$\frac{\mathrm{d}}{\mathrm{d}x}\begin{bmatrix} \underline{U}_{1x} \\ \underline{U}_{2x} \\ \underline{U}_{0x} \\ \hline \underline{I}_{1x} \\ \underline{I}_{2x} \\ \underline{I}_{0x} \end{bmatrix} = \left[\begin{array}{ccc|ccc} 0 & & & \underline{Z}'_1 & & \\ & 0 & & & \underline{Z}'_2 & \\ & & 0 & & & \underline{Z}'_0 \\ \hline \underline{Y}'_1 & & & 0 & & \\ & \underline{Y}'_2 & & & 0 & \\ & & \underline{Y}'_0 & & & 0 \end{array}\right]\begin{bmatrix} \underline{U}_{1x} \\ \underline{U}_{2x} \\ \underline{U}_{0x} \\ \hline \underline{I}_{1x} \\ \underline{I}_{2x} \\ \underline{I}_{0x} \end{bmatrix} \tag{2.6b}$$

mit den Impedanzbelägen des Mit-, Gegen- und Nullsystems:

$$\underline{Z}'_1 = \underline{Z}'_2 = \underline{Z}'_{\mathrm{Ls}} - \underline{Z}'_{\mathrm{Lg}} = R'_1 + \mathrm{j}X'_1 \tag{2.7}$$

$$\underline{Z}'_0 = \underline{Z}'_{\mathrm{Ls}} + 2\underline{Z}'_{\mathrm{Lg}} = R'_0 + \mathrm{j}X'_0 \tag{2.8}$$

und den Admittanzbelägen des Mit-, Gegen- und Nullsystems:

$$\underline{Y}'_1 = \underline{Y}'_2 = \underline{Y}'_{\mathrm{Ls}} - \underline{Y}'_{\mathrm{Lg}} = G'_1 + \mathrm{j}\omega C'_1 \tag{2.9}$$

$$\underline{Y}'_0 = \underline{Y}'_{\mathrm{L}ii} + 2\underline{Y}'_{\mathrm{L}ik} = G'_0 + \mathrm{j}\omega C'_0 \tag{2.10}$$

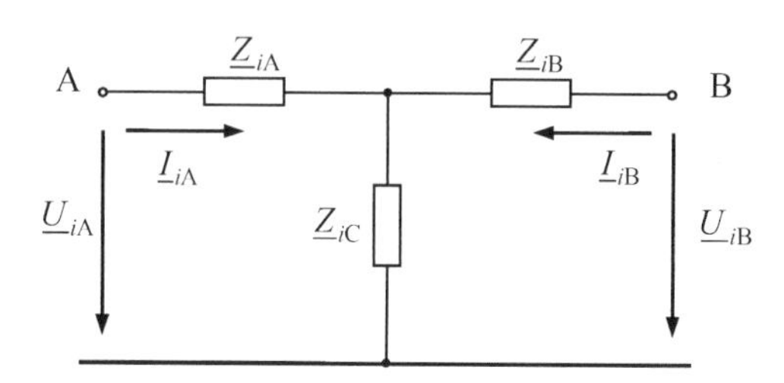

Abb. 2.1 T-Ersatzschaltungen für die Symmetrischen Komponenten der Einfachleitung mit verteilten Parametern ($i = 1, 2, 0$)

Die Lösung der Gl. 2.6 liefert für die Symmetrischen Komponenten ($i = 1, 2, 0$) der Spannungen und Ströme an den Leitungsklemmen A und B:

$$\begin{bmatrix} \underline{U}_{i\,\mathrm{A}} \\ \underline{U}_{i\,\mathrm{B}} \end{bmatrix} = \begin{bmatrix} \underline{Z}_{i\,\mathrm{w}} \coth\left(\underline{\gamma}_i l\right) & \underline{Z}_{i\,\mathrm{w}} \sinh^{-1}\left(\underline{\gamma}_i l\right) \\ \underline{Z}_{i\,\mathrm{w}} \sinh^{-1}\left(\underline{\gamma}_i l\right) & \underline{Z}_{i\,\mathrm{w}} \coth\left(\underline{\gamma}_i l\right) \end{bmatrix} \begin{bmatrix} \underline{I}_{i\,\mathrm{A}} \\ \underline{I}_{i\,\mathrm{B}} \end{bmatrix} \tag{2.11}$$

und

$$\begin{bmatrix} \underline{I}_{i\,\mathrm{A}} \\ \underline{I}_{i\,\mathrm{B}} \end{bmatrix} = \begin{bmatrix} \underline{Y}_{i\,\mathrm{w}} \coth\left(\underline{\gamma}_i l\right) & -\underline{Y}_{i\,\mathrm{w}} \sinh^{-1}\left(\underline{\gamma}_i l\right) \\ -\underline{Y}_{i\,\mathrm{w}} \sinh^{-1}\left(\underline{\gamma}_i l\right) & \underline{Y}_{i\,\mathrm{w}} \coth\left(\underline{\gamma}_i l\right) \end{bmatrix} \begin{bmatrix} \underline{U}_{i\,\mathrm{A}} \\ \underline{U}_{i\,\mathrm{B}} \end{bmatrix} \tag{2.12}$$

mit dem Wellenwiderstand bzw. Wellenleitwert für jede Komponente:

$$\underline{Z}_{i\,\mathrm{w}} = \sqrt{\frac{\underline{Z}_i'}{\underline{Y}_i'}} = \sqrt{\frac{R_i' + \mathrm{j}X_i'}{G_i' + \mathrm{j}\omega C_i'}} = \frac{1}{\underline{Y}_{i\,\mathrm{w}}} \tag{2.13}$$

und dem Fortpflanzungsmaß für jede Komponente:

$$\underline{\gamma}_i = \sqrt{\underline{Z}_i' \underline{Y}_i'} = \sqrt{\left(R_i' + \mathrm{j}X_i'\right)\left(G_i' + \mathrm{j}\omega C_i'\right)} \tag{2.14}$$

Zu den Gln. 2.11 und 2.12 können die T- und Π-Ersatzschaltungen in den Abb. 2.1 und 2.2 angegeben werden.

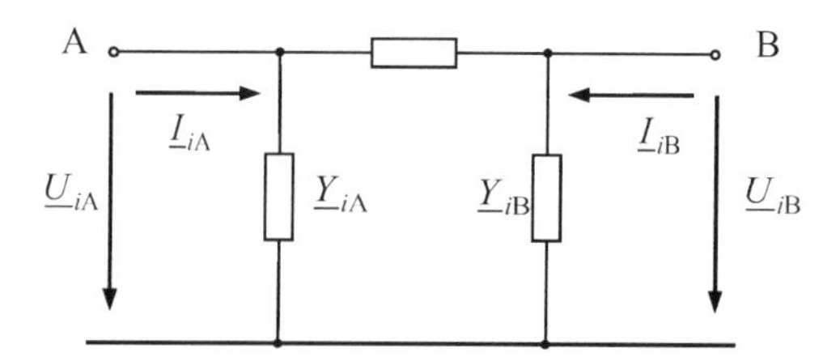

Abb. 2.2 Π-Ersatzschaltungen für die Symmetrischen Komponenten der Einfachleitung mit verteilten Parametern ($i = 1, 2, 0$)

Die Impedanzelemente der T-Ersatzschaltungen ergeben sich aus Gl. 2.11 zu:

$$\underline{Z}_{i\mathrm{A}} = \underline{Z}_{i\mathrm{B}} = \underline{Z}_{i\mathrm{w}} \frac{\cosh\left(\underline{\gamma}_i l\right) - 1}{\sinh\left(\underline{\gamma}_i l\right)} \tag{2.15}$$

$$\underline{Z}_{i\mathrm{C}} = \underline{Z}_{i\mathrm{w}} \frac{1}{\sinh\left(\underline{\gamma}_i l\right)} \tag{2.16}$$

Die Admittanzen der Π-Ersatzschaltungen ergeben sich aus Gl. 2.12 zu:

$$\underline{Y}_{i\mathrm{A}} = \underline{Y}_{i\mathrm{B}} = \underline{Y}_{i\mathrm{w}} \frac{\cosh\left(\underline{\gamma}_i l\right) - 1}{\sinh\left(\underline{\gamma}_i l\right)} \tag{2.17}$$

$$\underline{Y}_{i\mathrm{C}} = \underline{Y}_{i\mathrm{w}} \frac{1}{\sinh\left(\underline{\gamma}_i l\right)} \tag{2.18}$$

Fasst man die Symmetrischen Komponenten aus den Gln. 2.11 und 2.12 wieder zu je einer Matrizengleichung zusammen und führt allgemeine Bezeichnungen für die Impedanz- und Admittanzelemente ein, so erhält man die Leitungsgleichungen in der folgenden allgemeinen Form als Spannungsgleichung:

$$\left[\begin{array}{c} \underline{U}_{1\mathrm{A}} \\ \underline{U}_{2\mathrm{A}} \\ \underline{U}_{0\mathrm{A}} \\ \hline \underline{U}_{1\mathrm{B}} \\ \underline{U}_{2\mathrm{B}} \\ \underline{U}_{0\mathrm{B}} \end{array}\right] = \left[\begin{array}{ccc|ccc} \underline{Z}_{1\mathrm{AA}} & & & \underline{Z}_{1\mathrm{AB}} & & \\ & \underline{Z}_{2\mathrm{AA}} & & & \underline{Z}_{2\mathrm{AB}} & \\ & & \underline{Z}_{0\mathrm{AA}} & & & \underline{Z}_{0\mathrm{AB}} \\ \hline \underline{Z}_{1\mathrm{BA}} & & & \underline{Z}_{1\mathrm{BB}} & & \\ & \underline{Z}_{2\mathrm{BA}} & & & \underline{Z}_{2\mathrm{BB}} & \\ & & \underline{Z}_{0\mathrm{BA}} & & & \underline{Z}_{0\mathrm{BB}} \end{array}\right] \left[\begin{array}{c} \underline{I}_{1\mathrm{A}} \\ \underline{I}_{2\mathrm{A}} \\ \underline{I}_{0\mathrm{A}} \\ \hline \underline{I}_{1\mathrm{B}} \\ \underline{I}_{2\mathrm{B}} \\ \underline{I}_{0\mathrm{B}} \end{array}\right] \tag{2.19a}$$

$$\begin{bmatrix} \underline{\boldsymbol{u}}_{\mathrm{SA}} \\ \underline{\boldsymbol{u}}_{\mathrm{SB}} \end{bmatrix} = \begin{bmatrix} \underline{\boldsymbol{Z}}_{\mathrm{SAA}} & \underline{\boldsymbol{Z}}_{\mathrm{SAB}} \\ \underline{\boldsymbol{Z}}_{\mathrm{SBA}} & \underline{\boldsymbol{Z}}_{\mathrm{SBB}} \end{bmatrix} \begin{bmatrix} \underline{\boldsymbol{i}}_{\mathrm{SA}} \\ \underline{\boldsymbol{i}}_{\mathrm{SB}} \end{bmatrix} \tag{2.19b}$$

oder als Stromgleichung:

$$\left[\begin{array}{c} \underline{I}_{1\mathrm{A}} \\ \underline{I}_{2\mathrm{A}} \\ \underline{I}_{0\mathrm{A}} \\ \hline \underline{I}_{1\mathrm{B}} \\ \underline{I}_{2\mathrm{B}} \\ \underline{I}_{0\mathrm{B}} \end{array}\right] = \left[\begin{array}{ccc|ccc} \underline{Y}_{1\mathrm{AA}} & & & \underline{Y}_{1\mathrm{AB}} & & \\ & \underline{Y}_{2\mathrm{AA}} & & & \underline{Y}_{2\mathrm{AB}} & \\ & & \underline{Y}_{0\mathrm{AA}} & & & \underline{Y}_{0\mathrm{AB}} \\ \hline \underline{Y}_{1\mathrm{BA}} & & & \underline{Y}_{1\mathrm{BB}} & & \\ & \underline{Y}_{2\mathrm{BA}} & & & \underline{Y}_{2\mathrm{BB}} & \\ & & \underline{Y}_{0\mathrm{BA}} & & & \underline{Y}_{0\mathrm{BB}} \end{array}\right] \left[\begin{array}{c} \underline{U}_{1\mathrm{A}} \\ \underline{U}_{2\mathrm{A}} \\ \underline{U}_{0\mathrm{A}} \\ \hline \underline{U}_{1\mathrm{B}} \\ \underline{U}_{2\mathrm{B}} \\ \underline{U}_{0\mathrm{B}} \end{array}\right] \tag{2.20a}$$

$$\begin{bmatrix} \underline{\boldsymbol{i}}_{\mathrm{SA}} \\ \underline{\boldsymbol{i}}_{\mathrm{SB}} \end{bmatrix} = \begin{bmatrix} \underline{\boldsymbol{Y}}_{\mathrm{SAA}} & \underline{\boldsymbol{Y}}_{\mathrm{SAB}} \\ \underline{\boldsymbol{Y}}_{\mathrm{SBA}} & \underline{\boldsymbol{Y}}_{\mathrm{SBB}} \end{bmatrix} \begin{bmatrix} \underline{\boldsymbol{u}}_{\mathrm{SA}} \\ \underline{\boldsymbol{u}}_{\mathrm{SB}} \end{bmatrix} \tag{2.20b}$$

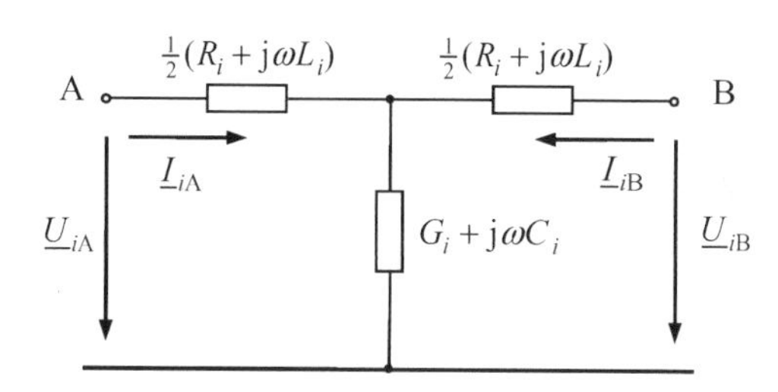

Abb. 2.3 T-Ersatzchaltungen für die Symmetrischen Komponenten der Einfachleitung mit konzentrierten Parametern ($i = 1, 2, 0$)

Leitungen für die $\gamma_i l \ll 1$ ($i = 1, 2, 0$) gilt, werden als kurze Leitungen bezeichnet. Für sie können die folgenden Näherungen eingeführt werden:

$$\sinh\left(\underline{\gamma}_i l\right) \approx \underline{\gamma}_i l \tag{2.21}$$

$$\cosh\left(\underline{\gamma}_i l\right) \approx 1 + \frac{1}{2}\left(\underline{\gamma}_i l\right)^2 \tag{2.22}$$

Damit gehen die Elemente der Ersatzschaltungen in den Abb. 2.1 und 2.2 über in:

$$\underline{Z}_{iA} = \underline{Z}_{iB} = \frac{1}{2}\underline{Z}_{iw}\underline{\gamma}_i l = \frac{1}{2}\underline{Z}'_i l = \frac{1}{2}\underline{Z}_i = \frac{1}{2}(R_i + jX_i) \tag{2.23}$$

$$\underline{Z}_{iC} = \underline{Z}_{iw}\frac{1}{\underline{\gamma}_i l} = \frac{1}{\underline{Y}'_i l} = \frac{1}{\underline{Y}_i} = \frac{1}{G_i + j\omega C_i} \tag{2.24}$$

$$\underline{Y}_{iA} = \underline{Y}_{iB} = \frac{1}{2}\underline{Y}_{iw}\underline{\gamma}_i l = \frac{1}{2}\underline{Y}'_i l = \frac{1}{2}\underline{Y}_i = \frac{1}{2}(G_i + j\omega C_i) \tag{2.25}$$

$$\underline{Y}_{iC} = \underline{Y}_{iw}\frac{1}{\underline{\gamma}_i l} = \frac{1}{\underline{Z}'_i l} = \frac{1}{\underline{Z}_i} = \frac{1}{R_i + j\omega L_i} \tag{2.26}$$

Mit den konzentrierten Schaltelementen nach den Gln. 2.23 bis 2.26 ergeben sich die in der Praxis üblichen Ersatzschaltungen in den Abb. 2.3 und 2.4.[2]

Eine andere Möglichkeit zu den vereinfachten Ersatzschaltungen in den Abb. 2.3 und 2.4 zu kommen, besteht darin, den Differentialquotient in Gl. 2.6 durch den Differenzenquotienten anzunähern. Man erhält so für die Ströme und Spannungen über einem

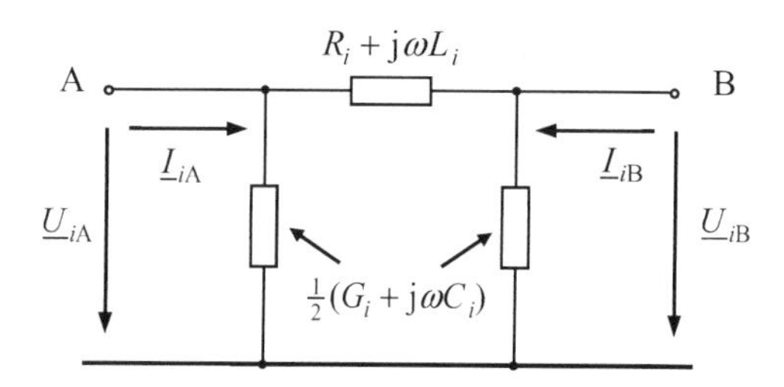

Abb. 2.4 Π-Ersatzschaltungen für die Symmetrischen Komponenten der Einfachleitung mit konzentrierten Parametern ($i = 1, 2, 0$)

[2] In der Praxis ist es üblich die Längsglieder als Impedanzen und die Querglieder als Admittanzen zu bezeichnen.

Leitungsabschnitt Δx:

$$\frac{1}{\Delta x}\begin{bmatrix} \Delta\underline{U}_{1x} \\ \Delta\underline{U}_{2x} \\ \Delta\underline{U}_{0x} \end{bmatrix} = \begin{bmatrix} \underline{Z}'_1 & & \\ & \underline{Z}'_2 & \\ & & \underline{Z}'_0 \end{bmatrix} \begin{bmatrix} \underline{I}_{1x} \\ \underline{I}_{2x} \\ \underline{I}_{0x} \end{bmatrix} \tag{2.27}$$

$$\frac{1}{\Delta x}\begin{bmatrix} \Delta\underline{I}_{1x} \\ \Delta\underline{I}_{2x} \\ \Delta\underline{I}_{0x} \end{bmatrix} = \begin{bmatrix} \underline{Y}'_1 & & \\ & \underline{Y}'_2 & \\ & & \underline{Y}'_0 \end{bmatrix} \begin{bmatrix} \underline{U}_{1x} \\ \underline{U}_{2x} \\ \underline{U}_{0x} \end{bmatrix} \tag{2.28}$$

Die längenbezogenen Impedanzen und Admittanzen in den Gln. 2.27 und 2.28 sind dann auf die Länge Δx des entsprechenden Leitungsabschnittes bezogen.

Bei der T-Ersatzschaltung werden die quer zur Leitung abfließenden Ströme konzentriert am inneren Knoten C in der Mitte angenommen. Aus Gl. 2.28 folgt für diesen Fall:

$$\begin{aligned} \begin{bmatrix} \underline{I}_{1C} \\ \underline{I}_{2C} \\ \underline{I}_{0C} \end{bmatrix} &= \begin{bmatrix} \underline{I}_{1A} \\ \underline{I}_{2A} \\ \underline{I}_{0A} \end{bmatrix} + \begin{bmatrix} \underline{I}_{1B} \\ \underline{I}_{2B} \\ \underline{I}_{0B} \end{bmatrix} = l \begin{bmatrix} \underline{Y}'_1 & & \\ & \underline{Z}'_2 & \\ & & \underline{Z}'_0 \end{bmatrix} \begin{bmatrix} \underline{U}_{1C} \\ \underline{U}_{2C} \\ \underline{U}_{0C} \end{bmatrix} \\ &= \begin{bmatrix} \underline{Y}_{1C} & & \\ & \underline{Y}_{1C} & \\ & & \underline{Y}_{1C} \end{bmatrix} \begin{bmatrix} \underline{U}_{1C} \\ \underline{U}_{2C} \\ \underline{U}_{0C} \end{bmatrix} \end{aligned} \tag{2.29}$$

Der Spannungsabfall zwischen den Klemmen A und B wird je zur Hälfte auf die Abschnitte A-C und C-B aufgeteilt, für die sich aus Gl. 2.27 ergibt:

$$\begin{aligned} \begin{bmatrix} \underline{U}_{1A} \\ \underline{U}_{2A} \\ \underline{U}_{0A} \end{bmatrix} - \begin{bmatrix} \underline{U}_{1C} \\ \underline{U}_{2C} \\ \underline{U}_{0C} \end{bmatrix} &= \frac{l}{2} \begin{bmatrix} \underline{Z}'_1 & & \\ & \underline{Z}'_2 & \\ & & \underline{Z}'_0 \end{bmatrix} \begin{bmatrix} \underline{I}_{1A} \\ \underline{I}_{2A} \\ \underline{I}_{0A} \end{bmatrix} \\ &= \begin{bmatrix} \underline{Z}_{1A} & & \\ & \underline{Z}_{2A} & \\ & & \underline{Z}_{0A} \end{bmatrix} \begin{bmatrix} \underline{I}_{1A} \\ \underline{I}_{2A} \\ \underline{I}_{0A} \end{bmatrix} \end{aligned} \tag{2.30}$$

und

$$\begin{aligned} \begin{bmatrix} \underline{U}_{1B} \\ \underline{U}_{2B} \\ \underline{U}_{0B} \end{bmatrix} - \begin{bmatrix} \underline{U}_{1C} \\ \underline{U}_{2C} \\ \underline{U}_{0C} \end{bmatrix} &= \frac{l}{2} \begin{bmatrix} \underline{Z}'_1 & & \\ & \underline{Z}'_2 & \\ & & \underline{Z}'_0 \end{bmatrix} \begin{bmatrix} \underline{I}_{1B} \\ \underline{I}_{2B} \\ \underline{I}_{0B} \end{bmatrix} \\ &= \begin{bmatrix} \underline{Z}_{1B} & & \\ & \underline{Z}_{2B} & \\ & & \underline{Z}_{0B} \end{bmatrix} \begin{bmatrix} \underline{I}_{1B} \\ \underline{I}_{2B} \\ \underline{I}_{0B} \end{bmatrix} \end{aligned} \tag{2.31}$$

Setzt man die aus Gl. 2.29 erhaltenen Spannungen $\underline{U}_{i\mathrm{C}}$ in die Gln. 2.30 und 2.31 ein, so erhält man Gl. 2.19 mit den Elementen:

$$\underline{Z}_{i\mathrm{AA}} = \underline{Z}_{i\mathrm{BB}} = \underline{Z}_{i\mathrm{A}} + \frac{1}{\underline{Y}_{i\mathrm{C}}} = \underline{Z}_{i\mathrm{A}} + \underline{Z}_{i\mathrm{C}} \tag{2.32}$$

$$\underline{Z}_{i\mathrm{AB}} = \underline{Z}_{i\mathrm{BA}} = \underline{Z}_{i\mathrm{C}} \tag{2.33}$$

Bei der Π-Ersatzschaltung wird dem Längszweig die gesamte induktive Verkettung zugewiesen. Aus Gl. 2.27 folgt mit $\Delta x = l$:

$$\begin{aligned}\begin{bmatrix}\underline{U}_{1\mathrm{A}}\\ \underline{U}_{2\mathrm{A}}\\ \underline{U}_{0\mathrm{A}}\end{bmatrix} - \begin{bmatrix}\underline{U}_{1\mathrm{B}}\\ \underline{U}_{2\mathrm{B}}\\ \underline{U}_{0\mathrm{B}}\end{bmatrix} &= l \begin{bmatrix}\underline{Z}'_1 & & \\ & \underline{Z}'_2 & \\ & & \underline{Z}'_0\end{bmatrix} \begin{bmatrix}\underline{I}_{1\mathrm{AB}}\\ \underline{I}_{2\mathrm{AB}}\\ \underline{I}_{0\mathrm{AB}}\end{bmatrix}\\ &= \begin{bmatrix}\underline{Z}_{1\mathrm{AB}} & & \\ & \underline{Z}_{2\mathrm{AB}} & \\ & & \underline{Z}_{0\mathrm{AB}}\end{bmatrix} \begin{bmatrix}\underline{I}_{1\mathrm{AB}}\\ \underline{I}_{2\mathrm{AB}}\\ \underline{I}_{0\mathrm{AB}}\end{bmatrix}\end{aligned} \tag{2.34}$$

und

$$\begin{aligned}\begin{bmatrix}\underline{U}_{1\mathrm{B}}\\ \underline{U}_{2\mathrm{B}}\\ \underline{U}_{0\mathrm{B}}\end{bmatrix} - \begin{bmatrix}\underline{U}_{1\mathrm{A}}\\ \underline{U}_{2\mathrm{A}}\\ \underline{U}_{0\mathrm{A}}\end{bmatrix} &= l \begin{bmatrix}\underline{Z}'_1 & & \\ & \underline{Z}'_2 & \\ & & \underline{Z}'_0\end{bmatrix} \begin{bmatrix}\underline{I}_{1\mathrm{BA}}\\ \underline{I}_{2\mathrm{BA}}\\ \underline{I}_{0\mathrm{BA}}\end{bmatrix}\\ &= \begin{bmatrix}\underline{Z}_{1\mathrm{BA}} & & \\ & \underline{Z}_{2\mathrm{BA}} & \\ & & \underline{Z}_{0\mathrm{BA}}\end{bmatrix} \begin{bmatrix}\underline{I}_{1\mathrm{BA}}\\ \underline{I}_{2\mathrm{BA}}\\ \underline{I}_{0\mathrm{BA}}\end{bmatrix}\end{aligned} \tag{2.35}$$

Die quer zur Leitung abfließenden Ströme werden je zur Hälfte auf die beiden Leitungsklemmen aufgeteilt. Aus Gl. 2.28 folgt mit $\Delta x = l/2$:

$$\begin{bmatrix}\underline{I}_{1\mathrm{A}}\\ \underline{I}_{2\mathrm{A}}\\ \underline{I}_{0\mathrm{A}}\end{bmatrix} - \begin{bmatrix}\underline{I}_{1\mathrm{AB}}\\ \underline{I}_{2\mathrm{AB}}\\ \underline{I}_{0\mathrm{AB}}\end{bmatrix} = \frac{l}{2}\begin{bmatrix}\underline{Y}'_1 & 0 & 0\\ 0 & \underline{Y}'_2 & 0\\ 0 & 0 & \underline{Y}'_0\end{bmatrix}\begin{bmatrix}\underline{U}_{1\mathrm{A}}\\ \underline{U}_{2\mathrm{A}}\\ \underline{U}_{0\mathrm{A}}\end{bmatrix} = \begin{bmatrix}\underline{Y}_{1\mathrm{A}} & 0 & 0\\ 0 & \underline{Y}_{2\mathrm{A}} & 0\\ 0 & 0 & \underline{Y}_{0\mathrm{A}}\end{bmatrix}\begin{bmatrix}\underline{U}_{1\mathrm{A}}\\ \underline{U}_{2\mathrm{A}}\\ \underline{U}_{0\mathrm{A}}\end{bmatrix} \tag{2.36}$$

$$\begin{bmatrix}\underline{I}_{1\mathrm{B}}\\ \underline{I}_{2\mathrm{B}}\\ \underline{I}_{0\mathrm{B}}\end{bmatrix} - \begin{bmatrix}\underline{I}_{1\mathrm{BA}}\\ \underline{I}_{2\mathrm{BA}}\\ \underline{I}_{0\mathrm{BA}}\end{bmatrix} = \frac{l}{2}\begin{bmatrix}\underline{Y}'_1 & 0 & 0\\ 0 & \underline{Y}'_2 & 0\\ 0 & 0 & \underline{Y}'_0\end{bmatrix}\begin{bmatrix}\underline{U}_{1\mathrm{B}}\\ \underline{U}_{2\mathrm{B}}\\ \underline{U}_{0\mathrm{B}}\end{bmatrix} = \begin{bmatrix}\underline{Y}_{1\mathrm{B}} & 0 & 0\\ 0 & \underline{Y}_{2\mathrm{B}} & 0\\ 0 & 0 & \underline{Y}_{0\mathrm{B}}\end{bmatrix}\begin{bmatrix}\underline{U}_{1\mathrm{B}}\\ \underline{U}_{2\mathrm{B}}\\ \underline{U}_{0\mathrm{B}}\end{bmatrix} \tag{2.37}$$

mit

$$\begin{bmatrix} \underline{I}_{1BA} \\ \underline{I}_{2BA} \\ \underline{I}_{0BA} \end{bmatrix} = \begin{bmatrix} \underline{I}_{1AB} \\ \underline{I}_{2AB} \\ \underline{I}_{0AB} \end{bmatrix} \quad \text{und} \quad \begin{bmatrix} \underline{Y}_{1A} & 0 & 0 \\ 0 & \underline{Y}_{2A} & 0 \\ 0 & 0 & \underline{Y}_{0A} \end{bmatrix} = \begin{bmatrix} \underline{Y}_{1B} & 0 & 0 \\ 0 & \underline{Y}_{2B} & 0 \\ 0 & 0 & \underline{Y}_{0B} \end{bmatrix} \tag{2.38}$$

Aus den Gln. 2.35 bis 2.38 folgt wieder Gl. 2.20 mit den Elementen:

$$\underline{Y}_{i\,AB} = -\frac{1}{\underline{Z}_{i\,AB}} = \underline{Y}_{i\,BA} = -\frac{1}{\underline{Z}_{i\,BA}} \tag{2.39}$$

$$\underline{Y}_{i\,AA} = \underline{Y}_{i\,A} + \frac{1}{\underline{Z}_{i\,AB}} = \underline{Y}_{i\,BB} = \underline{Y}_{i\,B} + \frac{1}{\underline{Z}_{i\,BA}} \tag{2.40}$$

In den vorstehenden Gleichungen ist die Wirkung von Erdseilen und geerdeten Kabelschirmen nicht berücksichtigt. Da Erdseile und geerdete Kabelschirme lediglich die Nullsystemparameter beeinflussen, behalten die angegeben Gleichungen und Ersatzschaltungen auch für Freileitungen mit Erdseilen und Kabel mit geerdeten Schirmen ihre Form mit entsprechend modifizierten Nullsystemparametern bei [2].

Die hier nochmals wiedergegebene Gl. 2.20

$$\begin{bmatrix} \underline{\boldsymbol{i}}_{SA} \\ \underline{\boldsymbol{i}}_{SB} \end{bmatrix} = \begin{bmatrix} \underline{\boldsymbol{Y}}_{SAA} & \underline{\boldsymbol{Y}}_{SAB} \\ \underline{\boldsymbol{Y}}_{SBA} & \underline{\boldsymbol{Y}}_{SBB} \end{bmatrix} \begin{bmatrix} \underline{\boldsymbol{u}}_{SA} \\ \underline{\boldsymbol{u}}_{SB} \end{bmatrix}$$

ist die Grundform der Leitungsgleichungen für die Verknüpfung mit anderen Betriebsmitteln nach dem Knotenpunktverfahren.

2.2 Transformatoren

Ausgehend von den Beziehungen zwischen den Wicklungsgrößen auf jedem Schenkel und den Beziehungen zwischen den Wicklungs- und Klemmengrößen für die verschiedenen Schaltungsmöglichkeiten werden für die wichtigsten Schaltgruppen der Zweiwicklungstransformatoren die Ersatzschaltungen für die Symmetrischen Komponenten hergeleitet.

Auf der Grundlage der Ersatzschaltungen wird für jedes System der Symmetrischen Komponenten eine in der Form einheitliche Vierpolgleichung für die Klemmenströme angegeben. Die Form der Vierpolgleichungen entspricht der Gl. 2.20 für die Einfachleitungen.

2.2.1 Beziehungen zwischen den Wicklungsgrößen

Für jeden Wicklungsstrang i $(i = 1, 2, 3)$ auf einem der drei Schenkel in Abb. 2.5 gilt folgender von den Einphasentransformatoren bekannter Zusammenhang zwischen den

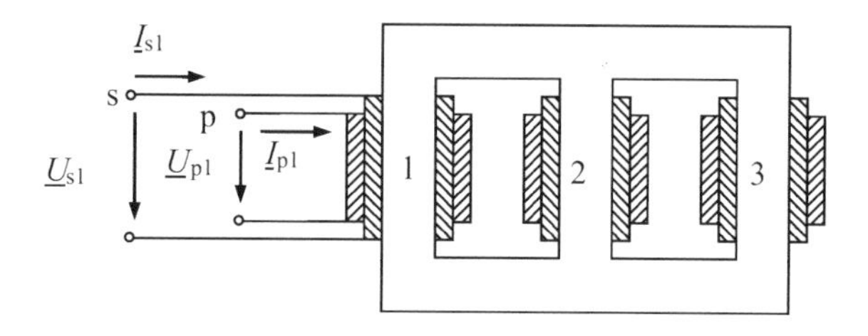

Abb. 2.5 Anordnung der Primär- und Sekundärwicklungen beim Dreischenkeltransformator

Wicklungsgrößen der Primärseite[3] (Index p) und der Sekundärseite (s), wenn die Größen der Sekundärseite mit dem Windungszahlverhältnis

$$n = \frac{w_\mathrm{p}}{w_\mathrm{s}} \tag{2.41}$$

auf die Primärseite umgerechnet werden:

$$\underline{U}_{\mathrm{p}i} = \underline{Z}_{\sigma\mathrm{p}}\underline{I}_{\mathrm{p}i} + \underline{U}_{\mathrm{hp}i} \tag{2.42}$$

$$n\underline{U}_{\mathrm{s}i} = n^2\underline{Z}_{\sigma\mathrm{s}}\frac{1}{n}\underline{I}_{\mathrm{s}i} + n\underline{U}_{\mathrm{hs}i} \tag{2.43}$$

mit:

$$n\underline{U}_{\mathrm{hs}i} = \underline{U}_{\mathrm{hp}i} \tag{2.44}$$

$$\underline{Z}_{\sigma\mathrm{p}} = R_\mathrm{p} + \mathrm{j}X_{\sigma\mathrm{p}} \tag{2.45}$$

$$\underline{Z}_{\sigma\mathrm{s}} = R_\mathrm{s} + \mathrm{j}X_{\sigma\mathrm{s}} \tag{2.46}$$

Die Hauptfeldspannungen ergeben sich aus dem Produkt der Magnetisierungsimpedanz mit den Magnetisierungsströmen

$$\underline{U}_{\mathrm{hp}i} = \underline{Z}_\mathrm{mp}\underline{I}_{\mathrm{mp}i} = \underline{Z}_\mathrm{mp}\left(\underline{I}_{\mathrm{p}i} + \frac{1}{n}\underline{I}_{\mathrm{s}i}\right) \tag{2.47}$$

Die primärseitige Magnetisierungsimpedanz $\underline{Z}_\mathrm{mp}$ besteht aus der Parallelschaltung des Eisenverlustwiderstandes R_Fep und der Hauptfeldreaktanz X_hp:

$$\underline{Z}_\mathrm{mp} = \frac{\mathrm{j}X_\mathrm{hp}R_\mathrm{Fep}}{R_\mathrm{Fep} + \mathrm{j}X_\mathrm{hp}} \approx \mathrm{j}X_\mathrm{hp} \tag{2.48}$$

[3] Die Zuordnung der Begriffe Primär- und Sekundärseite zu Oberspannungs- und Unterspannungsseite ist nicht eindeutig. Hier sollen Primärseite und Oberspannungsseite identisch sein.

Die Gleichungen der drei Wicklungsstränge werden in einer Matrizengleichung zusammengefasst:

$$\left[\begin{array}{c} \underline{U}_{p1} \\ \underline{U}_{p2} \\ \underline{U}_{p3} \\ \hline n\underline{U}_{s1} \\ n\underline{U}_{s2} \\ n\underline{U}_{s3} \end{array}\right] = \left[\begin{array}{ccc|ccc} \underline{Z}_{p} & & & \underline{Z}_{mp} & & \\ & \underline{Z}_{p} & & & \underline{Z}_{mp} & \\ & & \underline{Z}_{p} & & & \underline{Z}_{mp} \\ \hline \underline{Z}_{mp} & & & n^2\underline{Z}_{s} & & \\ & \underline{Z}_{mp} & & & n^2\underline{Z}_{s} & \\ & & \underline{Z}_{mp} & & & n^2\underline{Z}_{s} \end{array}\right] \left[\begin{array}{c} \underline{I}_{p1} \\ \underline{I}_{p2} \\ \underline{I}_{p3} \\ \hline \underline{I}_{s1}/n \\ \underline{I}_{s2}/n \\ \underline{I}_{s3}/n \end{array}\right] \quad (2.49)$$

mit

$$\underline{Z}_{p} = \underline{Z}_{\sigma p} + \underline{Z}_{mp} \quad (2.50)$$

$$n^2\underline{Z}_{s} = n^2\underline{Z}_{\sigma s} + n^2\underline{Z}_{ms} = n^2\underline{Z}_{\sigma s} + \underline{Z}_{mp} \quad (2.51)$$

Aufgrund der Diagonalform der Untermatrizen behält die Gl. 2.49 auch nach Transformation in die Symmetrischen Komponenten ihre Form bei:

$$\left[\begin{array}{c} \underline{U}_{1p} \\ \underline{U}_{2p} \\ \underline{U}_{0p} \\ \hline n\underline{U}_{1s} \\ n\underline{U}_{2s} \\ n\underline{U}_{0s} \end{array}\right] = \left[\begin{array}{ccc|ccc} \underline{Z}_{1p} & & & \underline{Z}_{1mp} & & \\ & \underline{Z}_{2p} & & & \underline{Z}_{2mp} & \\ & & \underline{Z}_{0p} & & & \underline{Z}_{0mp} \\ \hline \underline{Z}_{1mp} & & & n^2\underline{Z}_{1s} & & \\ & \underline{Z}_{2mp} & & & n^2\underline{Z}_{2s} & \\ & & \underline{Z}_{0mp} & & & n^2\underline{Z}_{0s} \end{array}\right] \left[\begin{array}{c} \underline{I}_{1p} \\ \underline{I}_{2p} \\ \underline{I}_{0p} \\ \hline \underline{I}_{1s}/n \\ \underline{I}_{2s}/n \\ \underline{I}_{0s}/n \end{array}\right] \quad (2.52)$$

Für die symmetrischen Impedanzen in Gl. 2.52 gilt:

$$\underline{Z}_{1mp} = \underline{Z}_{2mp} = \underline{Z}_{mp} \quad (2.53)$$

$$\underline{Z}_{1p} = \underline{Z}_{2p} = \underline{Z}_{\sigma p} + \underline{Z}_{1mp} \quad (2.54)$$

$$n^2\underline{Z}_{1s} = n^2\underline{Z}_{2s} = n^2\underline{Z}_{\sigma s} + \underline{Z}_{1mp} \quad (2.55)$$

$$\underline{Z}_{0p} = \underline{Z}_{\sigma p} + \underline{Z}_{0mp} \quad (2.56)$$

$$n^2\underline{Z}_{0s} = n^2\underline{Z}_{\sigma s} + \underline{Z}_{0mp} \quad (2.57)$$

Die Impedanzen des Nullsystems hängen von der Kernbauart des Transformators ab. Drehstrombänke und Fünfschenkeltransformatoren haben einen freien magnetischen Rückschluss, längs dessen der durch ein Stromnullsystem hervorgerufene Magnetfluss (Nullfluss) den gleichen magnetischen Widerstand wie der von einem Mit- oder Gegensystem verursachte Magnetfluss vorfindet, so dass für diese Transformatoren wie für das Mit- und Gegensystem $\underline{Z}_{0mp} = \underline{Z}_{1mp}$ gilt.

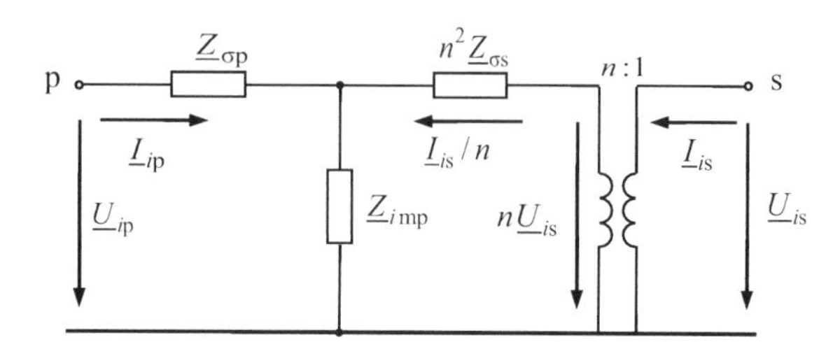

Abb. 2.6 T-Ersatzschaltungen für die Symmetrischen Komponenten ($i = 1, 2, 0$) der Wicklungsgrößen

Bei Dreischenkeltransformatoren muss sich der Nullfluss zwangsweise über Luft schließen, wobei er einem größeren magnetischen Widerstand ausgesetzt ist. Folglich ist die Hauptfeldreaktanz des Nullsystems bei Dreischenkeltransformatoren deutlich kleiner als die des Mit- und Gegensystems. Man rechnet mit der Größenordnung:

$$X_{0\mathrm{hp}} = (3\ldots5) \times (X_{\sigma\mathrm{p}} + n^2 X_{\sigma\mathrm{s}}) \tag{2.58}$$

Dem entsprechend ist bei Dreischenkeltransformatoren mit einer anderen Magnetisierungsimpedanz im Nullsystem als im Mit- und Gegensystem zu rechnen:

$$\underline{Z}_{0\mathrm{mp}} = \frac{\mathrm{j}X_{0\mathrm{hp}}R_{\mathrm{Fep}}}{R_{\mathrm{Fep}} + \mathrm{j}X_{0\mathrm{hp}}} \tag{2.59}$$

Zu Gl. 2.52 können die entkoppelten Ersatzschaltungen der Symmetrischen Komponenten mit den reellen Übertragern für das Windungzahlverhältnis in Abb. 2.6 angegeben werden:

2.2.2 Beziehungen zwischen den Wicklungs- und Klemmengrößen

Der Zusammenhang zwischen den Wicklungs- und Klemmengrößen hängt von der Schaltung der Wicklungen ab. Man unterscheidet zwischen Sternschaltung, Dreieckschaltung und Zickzackschaltung.

Sternschaltung

Die Abb. 2.7 zeigt die Sternschaltung einer Wicklungsseite (W = p, s) mit Erdung des Sternpunktes über eine Impedanz $\underline{Z}_{\mathrm{M}}$.

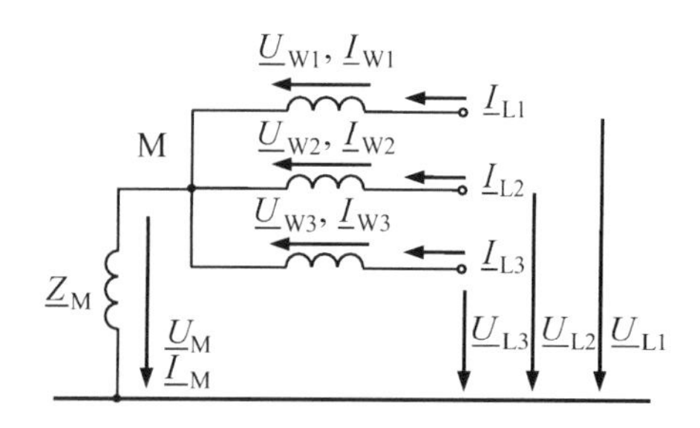

Abb. 2.7 Zusammenhang zwischen Wicklungs- und Klemmengrößen in Sternschaltung

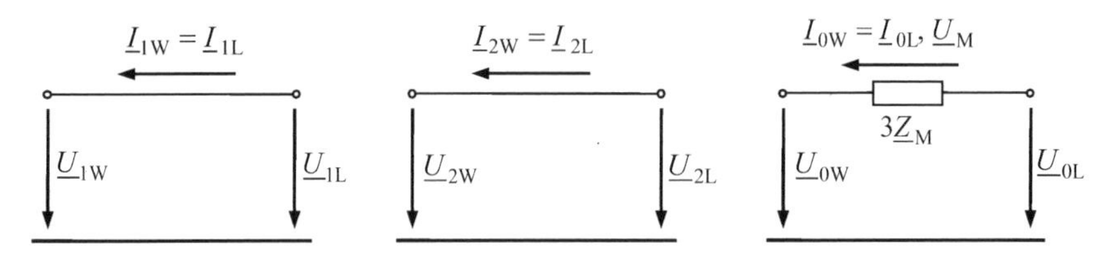

Abb. 2.8 Zusammenhang zwischen den der Symmetrischen Komponenten der Wicklungs- und Klemmengrößen bei der Sternschaltung der Wicklung

Die Wicklungsströme sind gleich den Klemmenströmen:

$$\begin{bmatrix} \underline{I}_{W1} \\ \underline{I}_{W2} \\ \underline{I}_{W3} \end{bmatrix} = \begin{bmatrix} \underline{I}_{L1} \\ \underline{I}_{L2} \\ \underline{I}_{L3} \end{bmatrix} \tag{2.60}$$

Aus den Maschensätzen über die Wicklungen und Erde in Abb. 2.7 folgt:

$$\begin{bmatrix} \underline{U}_{W1} \\ \underline{U}_{W2} \\ \underline{U}_{W3} \end{bmatrix} = \begin{bmatrix} \underline{U}_{L1} \\ \underline{U}_{L2} \\ \underline{U}_{L3} \end{bmatrix} - \begin{bmatrix} \underline{U}_{M} \\ \underline{U}_{M} \\ \underline{U}_{M} \end{bmatrix} \tag{2.61}$$

Ist der Sternpunkt geerdet, so gilt:

$$\underline{U}_{M} = \underline{Z}_{M}(\underline{I}_{L1} + \underline{I}_{L2} + \underline{I}_{L3}) \tag{2.62}$$

Die Transformation der Gln. 2.60 bis 2.62 in Symmetrische Komponenten ergibt:

$$\begin{bmatrix} \underline{I}_{1W} \\ \underline{I}_{2W} \\ \underline{I}_{0W} \end{bmatrix} = \begin{bmatrix} \underline{I}_{1L} \\ \underline{I}_{2L} \\ \underline{I}_{0L} \end{bmatrix} \tag{2.63}$$

$$\begin{bmatrix} \underline{U}_{1W} \\ \underline{U}_{2W} \\ \underline{U}_{0W} \end{bmatrix} = \begin{bmatrix} \underline{U}_{1L} \\ \underline{U}_{2L} \\ \underline{U}_{0L} \end{bmatrix} - \begin{bmatrix} 0 \\ 0 \\ \underline{U}_{M} \end{bmatrix} \tag{2.64}$$

$$\underline{U}_{M} = 3\underline{Z}_{M}\underline{I}_{0L} \tag{2.65}$$

In Abb. 2.8 ist der durch die Gln. 2.63 bis 2.65 beschriebene Zusammenhang zwischen den Wicklungs- und Klemmengrößen dargestellt.

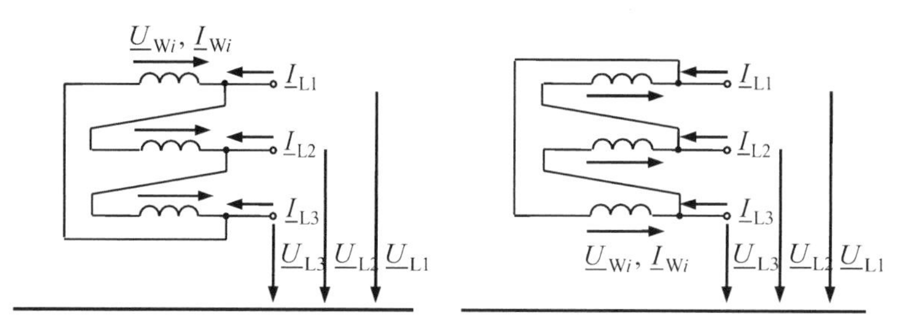

Abb. 2.9 Zusammenhang zwischen Wicklungs- und Klemmengrößen bei der Dreieckschaltung der Wicklung ($i = 1, 2, 3$)

Dreieckschaltung

Die Abb. 2.9 zeigt zwei mögliche Dreieckschaltungen der Wicklungen.

Aus den Maschenumläufen und Knotenpunktsätzen in Abb. 2.9 links erhält man:

$$\begin{bmatrix} \underline{U}_{W1} \\ \underline{U}_{W2} \\ \underline{U}_{W3} \end{bmatrix} = \begin{bmatrix} -1 & 0 & 1 \\ 1 & -1 & 0 \\ 0 & 1 & -1 \end{bmatrix} \begin{bmatrix} \underline{U}_{L1} \\ \underline{U}_{L2} \\ \underline{U}_{L3} \end{bmatrix} \tag{2.66}$$

$$\begin{bmatrix} \underline{I}_{L1} \\ \underline{I}_{L2} \\ \underline{I}_{L3} \end{bmatrix} = \begin{bmatrix} -1 & 1 & 0 \\ 0 & -1 & 1 \\ 1 & 0 & -1 \end{bmatrix} \begin{bmatrix} \underline{I}_{W1} \\ \underline{I}_{W2} \\ \underline{I}_{W3} \end{bmatrix} \tag{2.67}$$

Die Symmetrischen Komponenten zu den Gln. 2.66 und 2.67 sind:

$$\begin{aligned} \begin{bmatrix} \underline{U}_{1W} \\ \underline{U}_{2W} \\ \underline{U}_{0W} \end{bmatrix} &= \begin{bmatrix} \underline{a} - 1 & 0 & 0 \\ 0 & \underline{a}^2 - 1 & 0 \\ 0 & 0 & 0 \end{bmatrix} \begin{bmatrix} \underline{U}_{1L} \\ \underline{U}_{2L} \\ \underline{U}_{0L} \end{bmatrix} \\ &= \sqrt{3} \begin{bmatrix} e^{j5\pi/6} & 0 & 0 \\ 0 & e^{-j5\pi/6} & 0 \\ 0 & 0 & 0 \end{bmatrix} \begin{bmatrix} \underline{U}_{1L} \\ \underline{U}_{2L} \\ \underline{U}_{0L} \end{bmatrix} = \begin{bmatrix} \underline{m}_5 & 0 & 0 \\ 0 & \underline{m}_5^* & 0 \\ 0 & 0 & 0 \end{bmatrix} \begin{bmatrix} \underline{U}_{1L} \\ \underline{U}_{2L} \\ \underline{U}_{0L} \end{bmatrix} \end{aligned} \tag{2.68}$$

$$\begin{aligned} \begin{bmatrix} \underline{I}_{1L} \\ \underline{I}_{2L} \\ \underline{I}_{0L} \end{bmatrix} &= \begin{bmatrix} \underline{a}^2 - 1 & 0 & 0 \\ 0 & \underline{a} - 1 & 0 \\ 0 & 0 & 0 \end{bmatrix} \begin{bmatrix} \underline{I}_{1W} \\ \underline{I}_{2W} \\ \underline{I}_{0W} \end{bmatrix} \\ &= \sqrt{3} \begin{bmatrix} e^{-j5\pi/6} & 0 & 0 \\ 0 & e^{j5\pi/6} & 0 \\ 0 & 0 & 0 \end{bmatrix} \begin{bmatrix} \underline{I}_{1W} \\ \underline{I}_{2W} \\ \underline{I}_{0W} \end{bmatrix} = \begin{bmatrix} \underline{m}_5^* & 0 & 0 \\ 0 & \underline{m}_5 & 0 \\ 0 & 0 & 0 \end{bmatrix} \begin{bmatrix} \underline{I}_{1W} \\ \underline{I}_{2W} \\ \underline{I}_{0W} \end{bmatrix} \end{aligned} \tag{2.69}$$

Der Index 5 an $\underline{m}_5$ zeigt an, dass die Mitsystemspannung $\underline{U}_{1W}$ in Gl. 2.68 um $5 \times 30° = 150°$ gegenüber der Klemmenspannung $\underline{U}_{1L}$ voreilt.

Für die Schaltung in Abb. 2.9 rechts gilt:

$$\begin{bmatrix} \underline{U}_{W1} \\ \underline{U}_{W2} \\ \underline{U}_{W3} \end{bmatrix} = \begin{bmatrix} -1 & 1 & 0 \\ 0 & -1 & 1 \\ 1 & 0 & -1 \end{bmatrix} \begin{bmatrix} \underline{U}_{L1} \\ \underline{U}_{L2} \\ \underline{U}_{L3} \end{bmatrix} \tag{2.70}$$

$$\begin{bmatrix} \underline{I}_{L1} \\ \underline{I}_{L2} \\ \underline{I}_{L3} \end{bmatrix} = \begin{bmatrix} -1 & 0 & 1 \\ 1 & -1 & 0 \\ 0 & 1 & -1 \end{bmatrix} \begin{bmatrix} \underline{I}_{1W} \\ \underline{I}_{2W} \\ \underline{I}_{0W} \end{bmatrix} \tag{2.71}$$

und für die Symmetrischen Komponenten:

$$\begin{aligned} \begin{bmatrix} \underline{U}_{1W} \\ \underline{U}_{2W} \\ \underline{U}_{0W} \end{bmatrix} &= \begin{bmatrix} \underline{a}^2 - 1 & 0 & 0 \\ 0 & \underline{a} - 1 & 0 \\ 0 & 0 & 0 \end{bmatrix} \begin{bmatrix} \underline{U}_{1L} \\ \underline{U}_{2L} \\ \underline{U}_{0L} \end{bmatrix} \\ &= \sqrt{3} \begin{bmatrix} e^{-j5\pi/6} & 0 & 0 \\ 0 & e^{j5\pi/6} & 0 \\ 0 & 0 & 0 \end{bmatrix} \begin{bmatrix} \underline{U}_{1L} \\ \underline{U}_{2L} \\ \underline{U}_{0L} \end{bmatrix} = \begin{bmatrix} \underline{m}_5^* & 0 & 0 \\ 0 & \underline{m}_5 & 0 \\ 0 & 0 & 0 \end{bmatrix} \begin{bmatrix} \underline{U}_{1L} \\ \underline{U}_{2L} \\ \underline{U}_{0L} \end{bmatrix} \end{aligned} \tag{2.72}$$

$$\begin{aligned} \begin{bmatrix} \underline{I}_{1L} \\ \underline{I}_{2L} \\ \underline{I}_{0L} \end{bmatrix} &= \begin{bmatrix} \underline{a} - 1 & 0 & 0 \\ 0 & \underline{a}^2 - 1 & 0 \\ 0 & 0 & 0 \end{bmatrix} \begin{bmatrix} \underline{I}_{1W} \\ \underline{I}_{2W} \\ \underline{I}_{0W} \end{bmatrix} \\ &= \sqrt{3} \begin{bmatrix} e^{j5\pi/6} & 0 & 0 \\ 0 & e^{-j5\pi/6} & 0 \\ 0 & 0 & 0 \end{bmatrix} \begin{bmatrix} \underline{I}_{1W} \\ \underline{I}_{2W} \\ \underline{I}_{0W} \end{bmatrix} = \begin{bmatrix} \underline{m}_5 & 0 & 0 \\ 0 & \underline{m}_5^* & 0 \\ 0 & 0 & 0 \end{bmatrix} \begin{bmatrix} \underline{I}_{1W} \\ \underline{I}_{2W} \\ \underline{I}_{0W} \end{bmatrix} \end{aligned} \tag{2.73}$$

Die Gln. 2.68 und 2.69 sowie 2.72 und 2.73 lassen sich mit den allgemeinen Bezeichnungen $\underline{m}_1$ und $\underline{m}_2$ für die Phasendrehung und Betragsänderung im Mit- und Gegensystem in den folgenden zwei Gleichungen zusammenfassen:

$$\begin{bmatrix} \underline{U}_{1W} \\ \underline{U}_{2W} \\ \underline{U}_{0W} \end{bmatrix} = \begin{bmatrix} \underline{m}_1 & 0 & 0 \\ 0 & \underline{m}_2 & 0 \\ 0 & 0 & 0 \end{bmatrix} \begin{bmatrix} \underline{U}_{1L} \\ \underline{U}_{2L} \\ \underline{U}_{0L} \end{bmatrix} \tag{2.74}$$

$$\begin{bmatrix} \underline{I}_{1L} \\ \underline{I}_{2L} \\ \underline{I}_{0L} \end{bmatrix} = \begin{bmatrix} \underline{m}_1^* & 0 & 0 \\ 0 & \underline{m}_2^* & 0 \\ 0 & 0 & 0 \end{bmatrix} \begin{bmatrix} \underline{I}_{1W} \\ \underline{I}_{2W} \\ \underline{I}_{0W} \end{bmatrix} \tag{2.75}$$

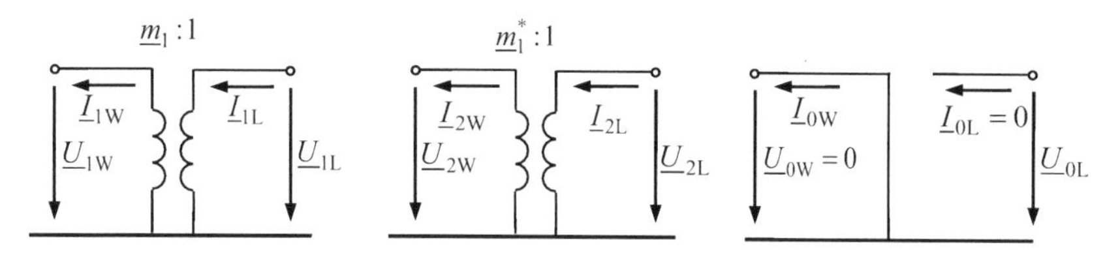

Abb. 2.10 Beziehungen zwischen den Symmetrischen Komponenten der Wicklungs- und Klemmengrößen bei Dreieckschaltung der Wicklung

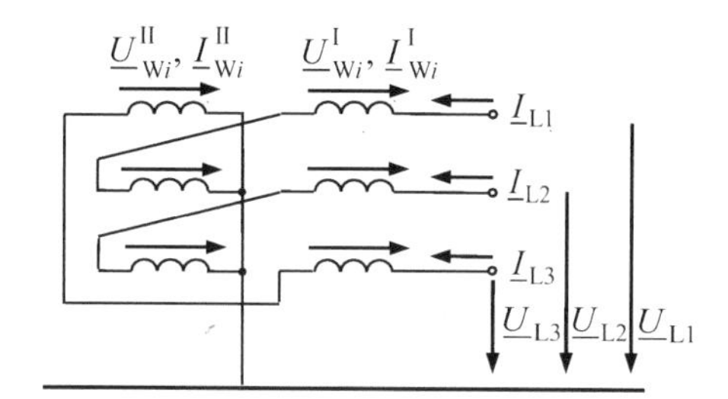

Abb. 2.11 Zusammenhang zwischen Wicklungs- und Klemmengrößen bei Zickzackschaltung

In Abb. 2.10 sind die Beziehungen der Gln. 2.74 und 2.75 durch ideale Übertrager mit den komplexen Übersetzungsverhältnissen $\underline{m}_1$ und $\underline{m}_2$ im Mit- und Gegensystem dargestellt. Aus den letzten Zeilen der Gln. 2.74 und 2.75 folgt, dass die Dreieckwicklung im Nullsystem kurzgeschlossen und der Klemmenstrom Null ist.

Zickzackschaltung

Bei der Zickzackschaltung ist jeder Wicklungsstrang in zwei Hälften I und II geteilt und auf zwei Schenkel verteilt angeordnet. Die Abb. 2.11 zeigt eine mögliche Form der Zickzackschaltung.

Die Maschenumläufe und Knotenpunktsätze der Schaltung in Abb. 2.11 liefern:

$$\begin{bmatrix} \underline{U}_{L1} \\ \underline{U}_{L2} \\ \underline{U}_{L3} \end{bmatrix} = -\begin{bmatrix} \underline{U}_{W1}^{I} \\ \underline{U}_{W2}^{I} \\ \underline{U}_{W3}^{I} \end{bmatrix} + \begin{bmatrix} 0 & 1 & 0 \\ 0 & 0 & 1 \\ 1 & 0 & 0 \end{bmatrix} \begin{bmatrix} \underline{U}_{W1}^{II} \\ \underline{U}_{W2}^{II} \\ \underline{U}_{W3}^{II} \end{bmatrix} \tag{2.76}$$

$$\begin{bmatrix} \underline{I}_{L1} \\ \underline{I}_{L2} \\ \underline{I}_{L3} \end{bmatrix} = -\begin{bmatrix} \underline{I}_{W1}^{I} \\ \underline{I}_{W2}^{I} \\ \underline{I}_{W3}^{I} \end{bmatrix} \tag{2.77}$$

$$\begin{bmatrix} \underline{I}_{W1}^{I} \\ \underline{I}_{W2}^{I} \\ \underline{I}_{W3}^{I} \end{bmatrix} = \begin{bmatrix} 0 & 0 & 1 \\ 1 & 0 & 0 \\ 0 & 1 & 0 \end{bmatrix} \begin{bmatrix} \underline{I}_{L1} \\ \underline{I}_{L2} \\ \underline{I}_{L3} \end{bmatrix} \tag{2.78}$$

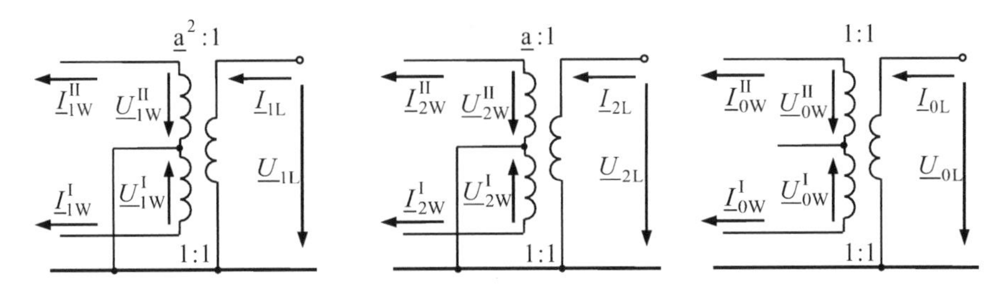

Abb. 2.12 Beziehungen zwischen den Symmetrischen Komponenten der Wicklungs- und Klemmengrößen bei Zickzackschaltung

und für die Symmetrischen Komponenten:

$$\begin{bmatrix} \underline{U}_{1L} \\ \underline{U}_{2L} \\ \underline{U}_{0L} \end{bmatrix} = - \begin{bmatrix} \underline{U}^{I}_{1W} \\ \underline{U}^{I}_{2W} \\ \underline{U}^{I}_{0W} \end{bmatrix} + \begin{bmatrix} \underline{a}^2 & 0 & 0 \\ 0 & \underline{a} & 0 \\ 0 & 0 & 1 \end{bmatrix} \begin{bmatrix} \underline{U}^{II}_{1W} \\ \underline{U}^{II}_{2W} \\ \underline{U}^{II}_{0W} \end{bmatrix} \tag{2.79}$$

$$\begin{bmatrix} \underline{I}^{I}_{1W} \\ \underline{I}^{I}_{2W} \\ \underline{I}^{I}_{0W} \end{bmatrix} = - \begin{bmatrix} \underline{I}_{1L} \\ \underline{I}_{2L} \\ \underline{I}_{0L} \end{bmatrix} \tag{2.80}$$

$$\begin{bmatrix} \underline{I}^{II}_{1W} \\ \underline{I}^{II}_{2W} \\ \underline{I}^{II}_{0W} \end{bmatrix} = \begin{bmatrix} \underline{a} & 0 & 0 \\ 0 & \underline{a}^2 & 0 \\ 0 & 0 & 1 \end{bmatrix} \begin{bmatrix} \underline{I}_{1L} \\ \underline{I}_{2L} \\ \underline{I}_{0L} \end{bmatrix} \tag{2.81}$$

Aus der Addition der Gln. 2.80 und 2.81 erhält man:

$$\begin{bmatrix} \underline{I}^{I}_{1W} + \underline{I}^{II}_{1W} \\ \underline{I}^{I}_{2W} + \underline{I}^{II}_{2W} \\ \underline{I}^{I}_{0W} + \underline{I}^{II}_{0W} \end{bmatrix} = \begin{bmatrix} \underline{a} - 1 & 0 & 0 \\ 0 & \underline{a}^2 - 1 & 0 \\ 0 & 0 & 0 \end{bmatrix} \begin{bmatrix} \underline{I}_{1L} \\ \underline{I}_{2L} \\ \underline{I}_{0L} \end{bmatrix} = \begin{bmatrix} \underline{m}_5 & 0 & 0 \\ 0 & \underline{m}^*_5 & 0 \\ 0 & 0 & 0 \end{bmatrix} \begin{bmatrix} \underline{I}_{1L} \\ \underline{I}_{2L} \\ \underline{I}_{0L} \end{bmatrix} \tag{2.82}$$

Auf der Grundlage der Gln. 2.79 und 2.82 lassen sich die Schaltungen in Abb. 2.12 angeben.

2.2.3 Ersatzschaltungen für die Symmetrischen Komponenten

Durch die Möglichkeiten der Stern- Dreieck- oder Zickzackschaltung der Wicklungen entstehen die Schaltgruppen der Transformatoren. Die Bezeichnung der Schaltgruppen erfolgt durch Kennbuchstaben für die Art der Schaltung der Wicklungen und eine Kennzahl k, die angibt, um das wie vielfache von $\pi/6 = 30°$ die Mitsystemspannung der Oberspannungsseite der der Unterspannungsseite bei Leerlauf vorauseilt. Die Kennbuchstaben sind aus der Tab. 2.1 ersichtlich.

Tab. 2.1 Kennbuchstaben der Schaltgruppe

Schaltung	Stern	Dreieck	Zickzack
Oberspannungsseite	Y	D	Z
Unterspannungsseite	y	d	z

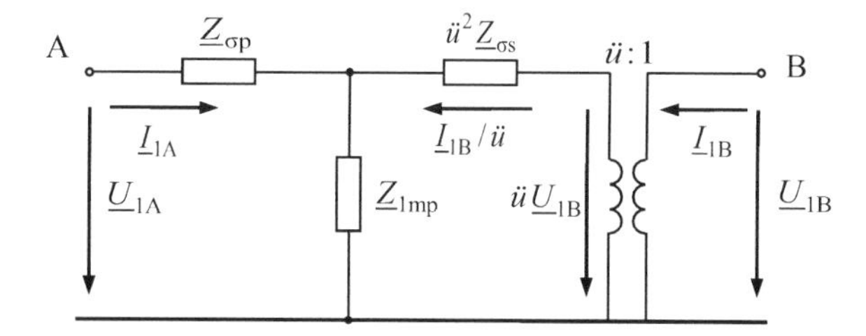

Abb. 2.13 Mitsystem-ersatzschaltung für die Schaltgruppe Yy0 mit auf die Oberspannungsseite (A) umgerechneten Unterspannungsgrößen (B)

Von der Vielzahl der möglichen Schaltgruppen werden in Deutschland und im europäischen Ausland die vier Schaltgruppen Yy0, Yd5, Dy5 und Yz5 bevorzugt. Im Folgenden werden deren Ersatzschaltungen für die Symmetrischen Komponenten hergeleitet. Die Klemmen der Oberspannungsseite (Primärseite) werden mit A und die der Unterspannungsseite (Sekundärseite) mit B bezeichnet.

Schaltgruppe Yy0

Beide Seiten sind im Stern geschaltet. Für das Mit- und Gegensystem sind die Klemmengrößen auf beiden Seiten mit den Wicklungsgrößen identisch (Abb. 2.8). Folglich entsprechen die Klemmenersatzschaltungen für das Mit- und Gegensystem in Abb. 2.13 der Ersatzschaltung für die Wicklungsgrößen in Abb. 2.6.

Das Spannungsübersetzungsverhältnis ist für alle drei Komponenten reell und dem Windungszahlverhältnis gleich.

$$\ddot{u}_{1\mathrm{Yy0}} = \ddot{u}_{2\mathrm{Yy0}} = \ddot{u}_{0\mathrm{Yy0}} = \ddot{u} = n = \frac{w_\mathrm{p}}{w_\mathrm{s}} = \frac{U_\mathrm{rOS}}{U_\mathrm{rUS}} \tag{2.83}$$

Für das Nullsystem gilt auf beiden Seiten unter der Annahme endlicher Sternpunktimpedanzen:

$$\underline{U}_{0\mathrm{A}} = \underline{U}_{0\mathrm{p}} + \underline{U}_{\mathrm{MA}} = \underline{U}_{0\mathrm{p}} + 3\underline{Z}_{\mathrm{MA}}\underline{I}_{0\mathrm{A}} \tag{2.84}$$

$$\underline{U}_{0\mathrm{B}} = \underline{U}_{0\mathrm{s}} + \underline{U}_{\mathrm{MB}} = \underline{U}_{0\mathrm{s}} + 3\underline{Z}_{\mathrm{MB}}\underline{I}_{0\mathrm{B}} \tag{2.85}$$

Durch Ergänzen der Wicklungsersatzschaltung (Abb. 2.6) entsprechend den Gln. 2.84 und 2.85 oder nach Abb. 2.8, ergibt sich die Nullsystemersatzschaltung in Abb. 2.14a. Rechnet man die Sternpunkt-Erde-Impedanz auf der Seite B noch auf die Oberspannungsseite um, so erhält man die Ersatzschaltung in Abb. 2.14b.

Im Nullsystem liegen die Sternpunkt-Erde-Impedanzen im Längszweig in Reihe mit den Streuimpedanzen. Ist ein Sternpunkt nicht geerdet ($Z_\mathrm{M} \rightarrow \infty$), so entsteht an der

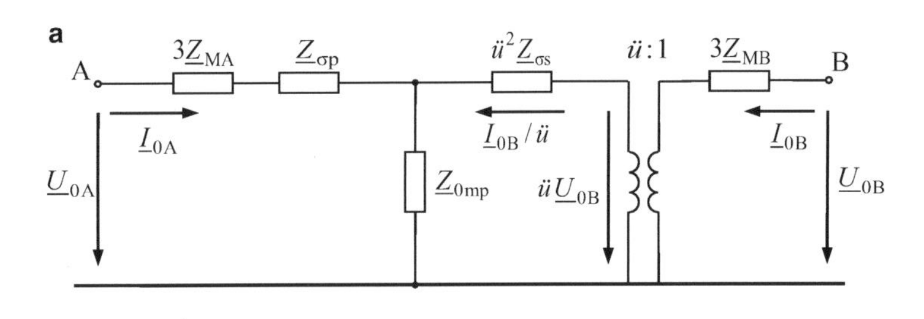

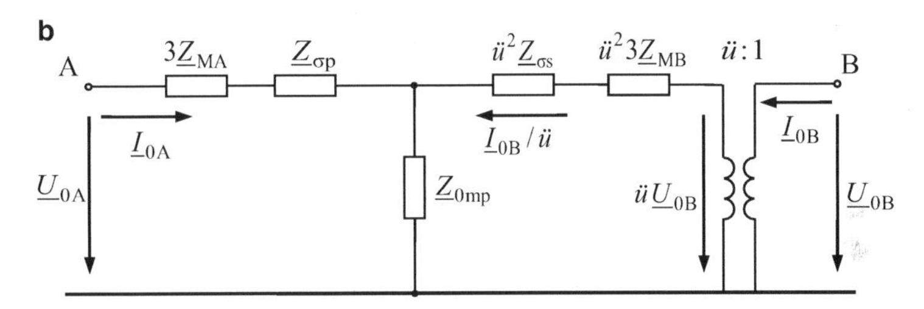

Abb. 2.14 Nullsystemersatzschaltungen für die Schaltgruppe Yy0 mit auf die Oberspannungsseite umgerechneten Unterspannungsgrößen **a** mit $\underline{Z}_{\mathrm{MB}}$ auf der Unterspannungsseite **b** $\underline{Z}_{\mathrm{MB}}$ auf die Oberspannungsseite umgerechnet

betreffenden Stelle in der Ersatzschaltung eine Unterbrechung, über der die Sternpunkt-Erde-Spannung liegt. Sobald ein Sternpunkt nicht geerdet ist, kann der Transformator kein Nullsystem mehr übertragen.

Schaltgruppe Yd5

Die Oberspannungsseite ist im Stern geschaltet, die Unterspannungsseite im Dreieck. Im Mit- und Gegensystem sind die Klemmengrößen auf der Seite A mit den Wicklungsgrößen identisch. Zwischen den Wicklungs- und Klemmengrößen auf der Unterspannungsseite vermitteln die Gln. 2.74 und 2.75 mit $\underline{m}_1 = \underline{m}_5$.

$$\underline{U}_{1\mathrm{s}} = \underline{m}_5 \underline{U}_{1\mathrm{B}} = \sqrt{3}\underline{U}_{1\mathrm{B}} \mathrm{e}^{\mathrm{j}5\pi/6} \tag{2.86}$$

$$\underline{I}_{1\mathrm{s}} = \frac{1}{\underline{m}_5^*}\underline{I}_{1\mathrm{B}} = \frac{1}{\sqrt{3}}\underline{I}_{1\mathrm{B}} \mathrm{e}^{\mathrm{j}5\pi/6} \tag{2.87}$$

Für das Mitsystem ist die Wicklungsersatzschaltung (Abb. 2.6) ist auf der Seite B um einen komplexen Übertrager mit dem Übersetzungsverhältnis $\underline{m}_5$ zu ergänzen (Abb. 2.15a).

Durch Zusammenfassen der Übertrager wie in Abb. 2.15b erhält man ein komplexes Übersetzungsverhältnis:

$$\underline{\ddot{u}}_{1\mathrm{Yd5}} = n \cdot \underline{m}_5 = \frac{w_\mathrm{p}}{w_\mathrm{s}}\sqrt{3}\mathrm{e}^{\mathrm{j}5\pi/6} = \ddot{u}\mathrm{e}^{\mathrm{j}5\pi/6} \tag{2.88}$$

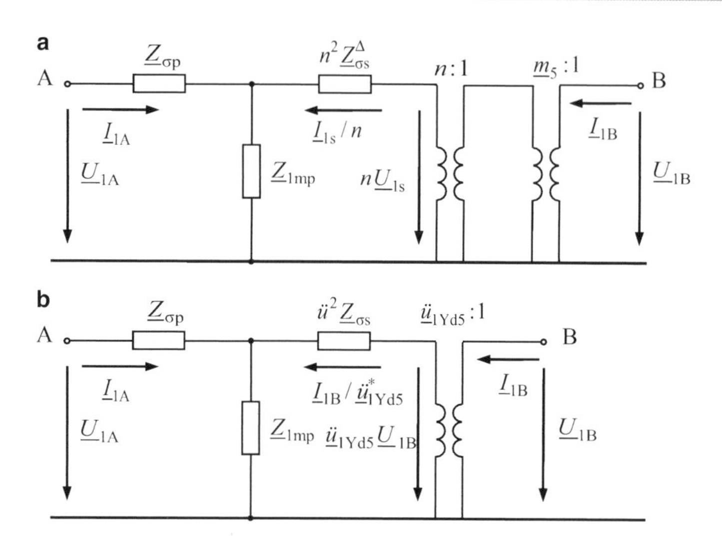

Abb. 2.15 Mitsystemersatzschaltung der Schaltgruppe Yd5 mit auf die Oberspannungsseite umgerechneten Impedanzen **a** mit getrennten Übertragern n und $\underline{m}_5$ **b** mit komplexem Übersetzungsverhältnis $\underline{\ddot{u}}_{1Yd5}$ und äquivalenter Sternschaltungsimpedanz $\underline{Z}_{\sigma s}$

mit dem Betrag

$$\ddot{u} = \sqrt{3}\frac{w_p}{w_s} = \frac{U_{rOS}}{U_{rUS}} \tag{2.89}$$

Die Ersatzschaltung für das Gegensystem entspricht der des Mitsystems jedoch mit dazu konjugiert komplexem Übersetzungsverhältnis

$$\underline{\ddot{u}}_{2Yd5} = \underline{\ddot{u}}_{1Yd5}^* = n \cdot \underline{m}_5^* = \ddot{u}e^{-j5\pi/6} \tag{2.90}$$

Die Nullsystemersatzschaltung in Abb. 2.16 folgt aus der Wicklungsersatzschaltung (Abb. 2.6) mit den Bedingungen für die Sternschaltung auf der Oberspannungsseite entsprechend Abb. 2.8 und den der Dreieckschaltung auf der Unterspannungsseite in

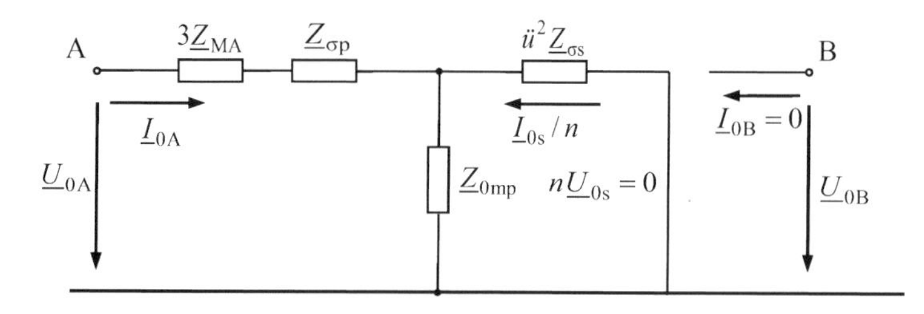

Abb. 2.16 Nullsystemersatzschaltung der Schaltgruppe Yd5 mit auf die Oberspannungsseite umgerechneten Impedanzen

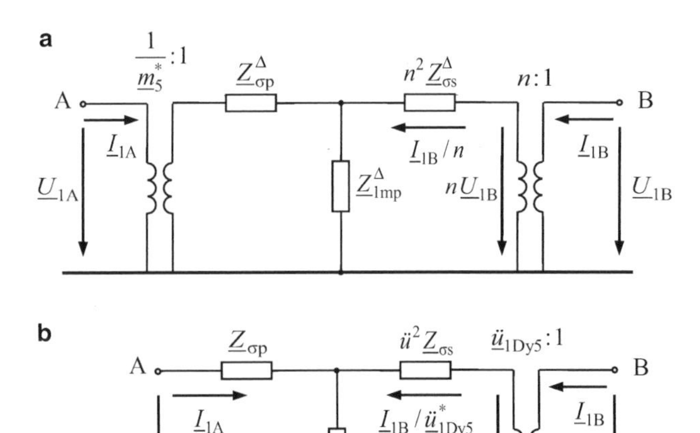

Abb. 2.17 Mitsystemersatzschaltung der Schaltgruppe Dy5 mit auf die Oberspannungsseite umgerechneten Impedanzen **a** mit getrennten Übertragern n und $1/\underline{m}_5^*$ **b** mit komplexem Übersetzungsverhältnis $\underline{\ddot{u}}_1$

Abb. 2.10. Die im Dreieck geschaltete Unterspannungswicklung ist kurzgeschlossen, so dass sie bei oberspannungsseitig eingeprägtem Nullsystem eine Gegendurchflutung aufbringen kann. Ein Nullsystem kann weder auf der Unterspannungsseite eingeprägt werden, noch zwischen Unter- und Oberspannungsseite übertragen werden.

Schaltgruppe Dy5

Die Oberspannungsseite ist im Dreieck geschaltet, die Unterspannungsseite im Stern. Im Mit- und Gegensystem sind die Klemmen- und Wicklungsgrößen auf der Unterspannungsseite B identisch. Auf der Oberspannungsseite gilt den Gln. 2.74 und 2.75 entsprechend

$$\underline{U}_{1\mathrm{A}} = \frac{1}{\underline{m}_1}\underline{U}_{1\mathrm{p}} = \frac{1}{\underline{m}_5^*}\underline{U}_{1\mathrm{p}} = \frac{1}{\sqrt{3}}\mathrm{e}^{\mathrm{j}5\pi/6}\underline{U}_{1\mathrm{p}} \tag{2.91}$$

$$\underline{I}_{1\mathrm{A}} = \underline{m}_1^*\underline{I}_{1\mathrm{p}} = \underline{m}_5\underline{I}_{1\mathrm{p}} = \sqrt{3}\mathrm{e}^{\mathrm{j}5\pi/6}\underline{I}_{1\mathrm{p}} \tag{2.92}$$

Durch Anfügen eines komplexen Übertragers mit dem Übersetzungsverhältnis $1/\underline{m}_5^* : 1$ an die Oberspannungsseite der Wicklungsersatzschaltung nach Abb. 2.6 entsteht die Mitsystemersatzschaltung mit den Klemmengrößen in Abb. 2.17a. Es ist zu beachten, dass die Wicklungsgrößen der Unterspannungsseite zunächst mit dem Windungszahlverhältnis $n = w_\mathrm{p}/w_\mathrm{s}$ auf die im Dreieck geschaltete Oberspannungsseite umgerechnet sind. Demzufolge stellen die Impedanzen $\underline{Z}_{\sigma\mathrm{p}}^\Delta$, $\underline{Z}_{\sigma\mathrm{s}}^\Delta$ und $\underline{Z}_{1\mathrm{m}}^\Delta$ (und ebenso im Gegen- und Nullsystem) Dreieckschaltungsgrößen dar.

Durch Umrechnung der Impedanzen in äquivalente Sternschaltungsimpedanzen (ohne oberen Index) und Zusammenfassen der Übertrager erhält man die Mitsystemersatzschal-

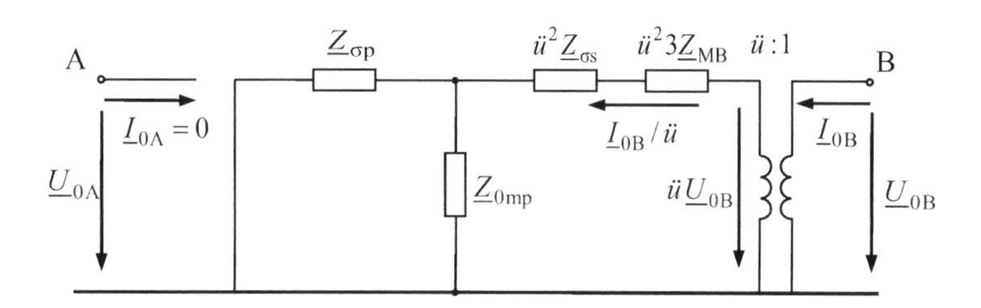

Abb. 2.18 Nullsystemersatzschaltung der Schaltgruppe Dy5 mit auf die Oberspannungsseite umgerechneten Impedanzen

tung in Abb. 2.17b mit dem komplexen Übersetzungsverhältnis

$$\underline{\ddot{u}}_{1\mathrm{Dy5}} = n \cdot \frac{1}{\underline{m}_5^*} = \frac{w_\mathrm{p}}{\sqrt{3}w_\mathrm{s}}\mathrm{e}^{\mathrm{j}5\pi/6} = \ddot{u}\mathrm{e}^{\mathrm{j}5\pi/6} \tag{2.93}$$

$$\ddot{u} = \frac{w_\mathrm{p}}{\sqrt{3}w_\mathrm{s}} = \frac{U_\mathrm{rOS}}{U_\mathrm{rUS}} \tag{2.94}$$

Die Ersatzschaltung für das Gegensystem entspricht der des Mitsystems in Abb. 2.17b jedoch mit

$$\underline{\ddot{u}}_{2\mathrm{Dy5}} = \underline{\ddot{u}}_{1\mathrm{Dy5}}^* \tag{2.95}$$

Die in Abb. 2.18 angegebene Nullsystemersatzschaltung ergibt sich analog zu der der Schaltgruppe Yd5 in Abb. 2.16 durch Vertauschen der Wicklungsseiten. Das Übersetzungsverhältnis ist

$$\ddot{u}_{0\mathrm{Dy5}} = \ddot{u} \tag{2.96}$$

Schaltgruppe Yz5

Die Oberspannungswicklung ist im Stern geschaltet und die Unterspannungswicklung als Zickzackschaltung ausgeführt. Durch die Aufteilung der Unterspannungswicklungen in je zwei Teilwicklungen müssen die Gln. 2.42 und 2.43 für die Wicklungsgrößen entsprechend erweitert werden. Für jede Symmetrische Komponente ($i = 1, 2, 0$) gilt dann bei Umrechnung der beiden Wicklungshälften I und II auf die Oberspannungsseite mit

$$n = \frac{w_\mathrm{p}}{w_\mathrm{s}/2} = 2\frac{w_\mathrm{p}}{w_\mathrm{s}} \tag{2.97}$$

$$\underline{U}_{i\mathrm{p}} = \underline{Z}_{\sigma\mathrm{p}}\underline{I}_{i\mathrm{p}} + \underline{U}_{i\mathrm{hp}} \tag{2.98}$$

$$n\underline{U}_{i\mathrm{s}}^\mathrm{I} = n^2\underline{Z}_{\sigma\mathrm{s}}^\mathrm{I}\frac{1}{n}\underline{I}_{i\mathrm{s}}^\mathrm{I} + \underline{U}_{i\mathrm{hp}} \tag{2.99}$$

$$n\underline{U}_{i\mathrm{s}}^\mathrm{II} = n^2\underline{Z}_{\sigma\mathrm{s}}^\mathrm{II}\frac{1}{n}\underline{I}_{i\mathrm{s}}^\mathrm{II} + \underline{U}_{i\mathrm{hp}} \tag{2.100}$$

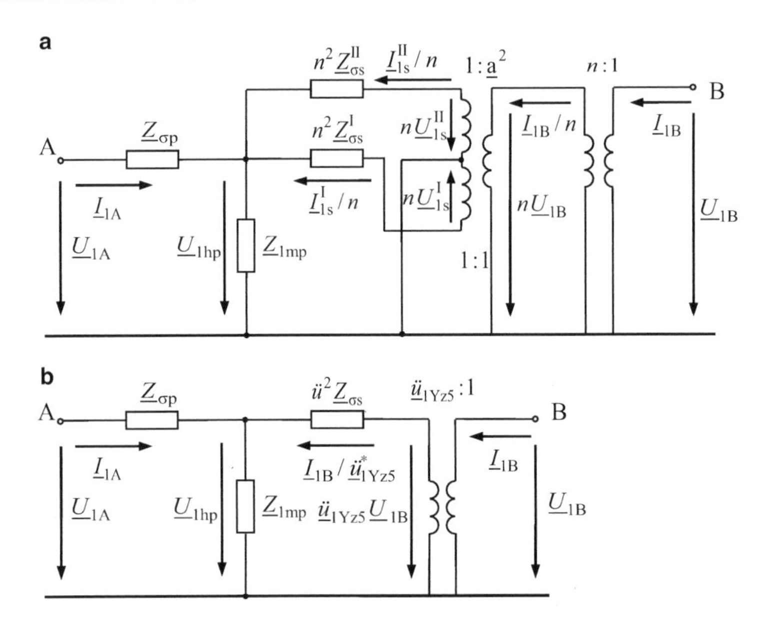

Abb. 2.19 Mitsystemersatzschaltungen der Schaltgruppe Yz5 mit auf die Oberspannungsseite umgerechneten Impedanzen **a** mit getrennten Übertragern **b** mit komplexem Übersetzungsverhältnis

Der Gl. 2.79 entsprechend folgt für das Mitsystem:

$$n\underline{U}_{1B} = -n\underline{U}^{I}_{1s} + \underline{a}^2 n\underline{U}^{II}_{1s} = -n^2\underline{Z}^{I}_{\sigma s}\frac{1}{n}\underline{I}^{I}_{1s} + n^2\underline{Z}^{II}_{\sigma s}\underline{a}^2\frac{1}{n}\underline{I}^{II}_{1s} + (\underline{a}^2 - 1)\underline{U}_{1hp} \quad (2.101)$$

oder:

$$n\underline{U}_{1B} = -n\underline{U}^{I}_{1s} + \underline{a}^2 n\underline{U}^{II}_{1s} = -n^2\underline{Z}^{I}_{\sigma s}\frac{1}{n}\underline{I}^{I}_{1s} + n^2\underline{Z}^{II}_{\sigma s}\frac{1}{\underline{a}n}\underline{I}^{II}_{1s} + (\underline{a}^2 - 1)\underline{U}_{1hp} \quad (2.102)$$

Dieser Zusammenhang ist in der Ersatzschaltung in Abb. 2.19a mit einem idealen Dreiwicklungsübertrager dargestellt.

Weiter folgt aus der Gl. 2.102 mit den Gln. 2.80 und 2.81 sowie $\underline{Z}^{I}_{\sigma s} + \underline{Z}^{II}_{\sigma s} = \underline{Z}_{\sigma s}$ und $\underline{a}^2 - 1 = \underline{m}^*_5$:

$$n\underline{U}_{1B} = n^2\underline{Z}_{\sigma s}\frac{\underline{I}_{1B}}{n} + \underline{m}^*_5\underline{U}_{1hp} \quad (2.103)$$

bzw.:

$$\frac{n}{\underline{m}^*_5}\underline{U}_{1B} = \frac{n^2}{\underline{m}_5\underline{m}^*_5}\underline{Z}_{\sigma s}\frac{\underline{m}_5}{n}\underline{I}_{1B} + \underline{U}_{1hp} \quad (2.104)$$

Nach Einführung des komplexen Übersetzungsverhältnisses für das Mitsystem:

$$\underline{\ddot{u}}_{1Yz5} = n \cdot \frac{1}{\underline{m}^*_5} = \frac{2w_p}{\sqrt{3}w_s}e^{j5\pi/6} = \ddot{u}e^{j5\pi/6} \quad (2.105)$$

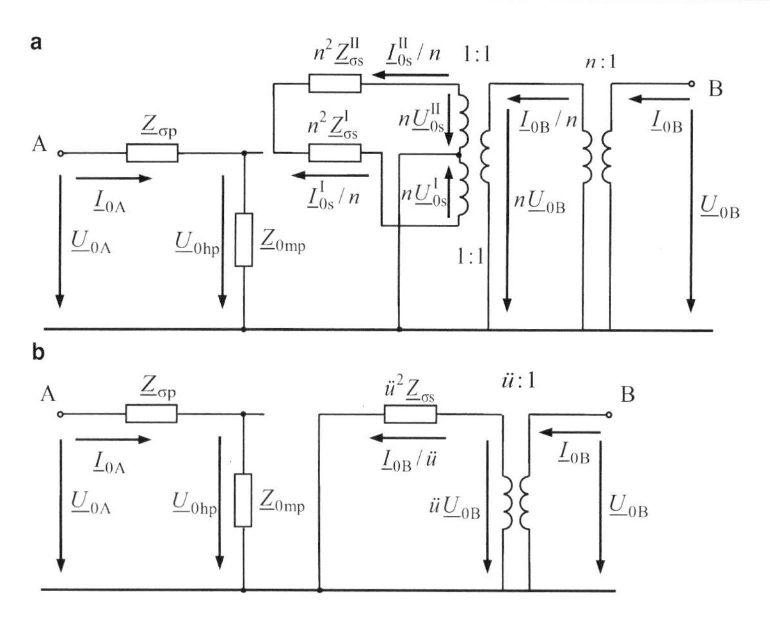

Abb. 2.20 Nullsystemersatzschaltung der Schaltgruppe Yz5 **a** mit Wicklungsgrößen **b** mit auf die Oberspannungsseite umgerechneten Impedanzen

ergibt sich schließlich:

$$\underline{ü}_{1\mathrm{Yz5}}\underline{U}_{1\mathrm{B}} = ü^2\underline{Z}_{\sigma\mathrm{s}}\frac{1}{\underline{ü}_{1\mathrm{Yz5}}^*}\underline{I}_{1\mathrm{B}} + \underline{U}_{1\mathrm{hp}} \tag{2.106}$$

und somit die Ersatzschaltung in Abb. 2.19b.

Die Ersatzschaltung für das Gegensystem entspricht wieder der des Mitsystems jedoch mit

$$\underline{ü}_{2\mathrm{Yz5}} = \underline{ü}_{1\mathrm{Yz5}}^* = ü\mathrm{e}^{-\mathrm{j}5\pi/6} \tag{2.107}$$

Für das Nullsystem erhält man nach den Gln. 2.79 bis 2.81:

$$n\underline{U}_{0\mathrm{B}} = -n\underline{U}_{0\mathrm{s}}^{\mathrm{I}} + n\underline{U}_{0\mathrm{s}}^{\mathrm{II}} = -n^2\underline{Z}_{\sigma\mathrm{s}}^{\mathrm{I}}\frac{1}{n}\underline{I}_{0\mathrm{s}}^{\mathrm{I}} + n^2\underline{Z}_{\sigma\mathrm{s}}^{\mathrm{II}}\frac{1}{n}\underline{I}_{0\mathrm{s}}^{\mathrm{II}} = n^2\underline{Z}_{\sigma\mathrm{s}}\frac{1}{n}\underline{I}_{0\mathrm{B}} \tag{2.108}$$

$$\frac{1}{n}\underline{I}_{0\mathrm{s}}^{\mathrm{I}} + \frac{1}{n}\underline{I}_{0\mathrm{s}}^{\mathrm{II}} = 0 \tag{2.109}$$

Zu den Gln. 2.108 und 2.109 gehört die Ersatzschaltung in Abb. 2.20a mit der Unterbrechung auf der Sekundärseite. Gemäß der Gl. 2.109 tragen die Sekundärströme in Summe nicht zur Magnetisierung bei.

Multipliziert man die Gl. 2.108 noch mit $1/\sqrt{3}$ und nimmt auf der rechten Seite noch eine Erweiterung um $\sqrt{3}$ im Zähler und Nenner vor, so erhält man:

$$ü\underline{U}_{0\mathrm{B}} = ü^2\underline{Z}_{\sigma\mathrm{s}}\frac{1}{ü}\underline{I}_{0\mathrm{B}} \tag{2.110}$$

mit dem Übersetzungsverhältnis für das Nullsystem:

$$ü_{0\mathrm{Yz5}} = ü = \frac{2w_\mathrm{p}}{\sqrt{3}w_\mathrm{s}} \tag{2.111}$$

Zu der Gl. 2.110 lässt sich die Ersatzschaltung in Abb. 2.20b angeben.

2.2.4 Stromgleichungen für die Symmetrischen Komponenten ohne Übertrager

Die in den vorangegangenen Abschnitten angegebenen Ersatzschaltungen mit Übertragern für die Umrechnung der Größen der Seite B auf die Seite A (oder umgekehrt) sind für die Berechnung größerer Netze und damit als Grundlage für Computerprogramme ungeeignet, weil man sämtliche Netzgrößen der Seite B umrechnen und später bei der Ausgabe wieder zurückrechnen muss. Sind auf der Seite B weitere Transformatoren angeschlossen, so kann sich die Umrechnung ggf. über mehrere Spannungsebenen erstrecken.

Um diese Prozedur zu vermeiden, werden im Folgenden Gleichungen mit Originalklemmenströmen und -spannungen für jede Seite hergeleitet. Ausgangspunkt sind die Ersatzschaltungen für die Symmetrischen Komponenten im Abschn. 2.2.3.

Mit- und Gegensystem

Die Mit- und Gegensystemersatzschaltungen haben für alle Schaltgruppen die in Abb. 2.21 dargestellte Form. Die des Gegensystem unterscheidet sich von der des Mitsystem nur durch das Übersetzungsverhältnis, für das $\underline{ü}_2 = \underline{ü}_1^*$ gilt.

Aus Abb. 2.21 erhält man für die Klemmenströme nach dem Knotenpunktverfahren, zunächst noch mit umgerechneten Größen der Seite B:

$$\begin{bmatrix} \underline{I}_{1\mathrm{A}} \\ \underline{ü}_1^{*-1}\underline{I}_{1\mathrm{B}} \\ \hline 0 \end{bmatrix} = \left[\begin{array}{cc|c} \underline{Y}_{1\mathrm{A}} & 0 & -\underline{Y}_{1\mathrm{A}} \\ 0 & \underline{Y}_{1\mathrm{B}} & -\underline{Y}_{1\mathrm{B}} \\ \hline -\underline{Y}_{1\mathrm{A}} & -\underline{Y}_{1\mathrm{B}} & \underline{Y}_{1\mathrm{A}} + \underline{Y}_{1\mathrm{B}} + \underline{Y}_{1\mathrm{m}} \end{array}\right] \begin{bmatrix} \underline{U}_{1\mathrm{A}} \\ \underline{ü}_1\underline{U}_{1\mathrm{B}} \\ \hline \underline{U}_{1\mathrm{h}} \end{bmatrix} \tag{2.112}$$

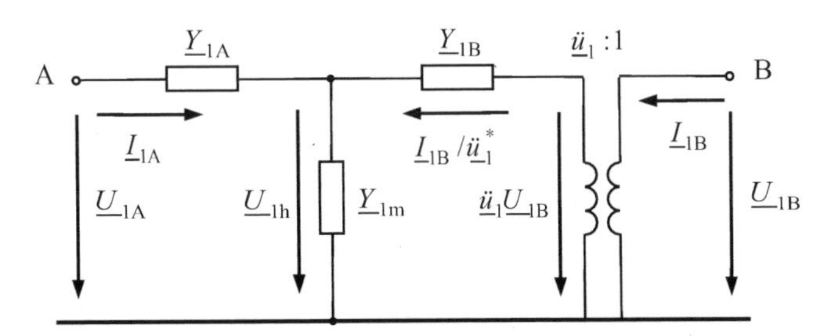

Abb. 2.21 Allgemeine Form der Mitsystemersatzschaltungen der Zweiwicklungstransformatoren mit auf die Primärseite umgerechneten Sekundärgrößen

Tab. 2.2 Elemente der Mit-, Gegen- und Nullersatzschaltungen des Transformators

Komponente	Schaltgruppe	$\underline{Y}_{i\mathrm{A}}$	$\underline{Y}_{i\mathrm{B}}$	$\underline{Y}_{i\mathrm{m}}$
Mit- und Gegensystem	alle	$1/\underline{Z}_{\sigma\mathrm{p}}$	$1/\underline{Z}'_{\sigma\mathrm{s}}$	$1/\underline{Z}_{1\mathrm{m}}$
Nullsystem	Yy0	$1/(\underline{Z}_{\sigma\mathrm{p}} + 3\underline{Z}_{\mathrm{MA}})$	$1/(\underline{Z}'_{\sigma\mathrm{s}} + 3\underline{Z}'_{\mathrm{MB}})$	$1/\underline{Z}_{0\mathrm{m}}$
	Yd5	$1/(\underline{Z}_{\sigma\mathrm{p}} + 3\underline{Z}_{\mathrm{MA}})$	$1/\underline{Z}'_{\sigma\mathrm{s}}$	$1/\underline{Z}_{0\mathrm{m}}$
	Yz5	$1/(\underline{Z}_{\sigma\mathrm{p}} + 3\underline{Z}_{\mathrm{MA}})$	$1/\underline{Z}'_{\sigma\mathrm{s}}$	$1/\underline{Z}_{0\mathrm{m}}$
	Dy5	$1/\underline{Z}_{\sigma\mathrm{p}}$	$1/(\underline{Z}'_{\sigma\mathrm{s}} + 3\underline{Z}'_{\mathrm{MB}})$	$1/\underline{Z}_{0\mathrm{m}}$
		$\underline{Z}'_{\sigma\mathrm{s}} = \ddot{u}^2\underline{Z}_{\sigma\mathrm{s}},\quad \underline{Z}'_{\mathrm{MB}} = \ddot{u}^2\underline{Z}_{\mathrm{MB}}$		

und nach Elimination der Hauptfeldspannung:

$$\begin{bmatrix} \underline{I}_{1\mathrm{A}} \\ \underline{\ddot{u}}_1^{*-1}\underline{I}_{1\mathrm{B}} \end{bmatrix} = \frac{1}{\underline{Y}_{1\mathrm{A}} + \underline{Y}_{1\mathrm{B}} + \underline{Y}_{1\mathrm{m}}} \begin{bmatrix} \underline{Y}_{1\mathrm{A}}(\underline{Y}_{1\mathrm{B}} + \underline{Y}_{1\mathrm{m}}) & -\underline{Y}_{1\mathrm{A}}\underline{Y}_{1\mathrm{B}} \\ -\underline{Y}_{1\mathrm{B}}\underline{Y}_{1\mathrm{A}} & \underline{Y}_{1\mathrm{B}}(\underline{Y}_{1\mathrm{A}} + \underline{Y}_{1\mathrm{m}}) \end{bmatrix} \begin{bmatrix} \underline{U}_{1\mathrm{A}} \\ \underline{\ddot{u}}_1\underline{U}_{1\mathrm{B}} \end{bmatrix} \tag{2.113}$$

mit den für die Seite A bereitgestellten Admittanzen $\underline{Y}_{1\mathrm{A}}$, $\underline{Y}_{1\mathrm{B}}$ und $\underline{Y}_{1\mathrm{m}}$, deren Bedeutung aus der Tab. 2.2 ersichtlich ist.

Durch die Einführung von Admittanzen kann in einem Rechenprogramm auch leicht der Fall der Vernachlässigung des Magnetisierungsstromes durch Nullsetzen der Admittanz $\underline{Y}_{1\mathrm{m}}$ berücksichtigt werden.

Zieht man in Gl. 2.113 das Übersetzungsverhältnis und den dazu konjugiert komplexen Ausdruck in die Admittanzmatrix hinein, so erhält man die angestrebte Stromgleichung mit Originalgrößen:

$$\begin{aligned} \begin{bmatrix} \underline{I}_{1\mathrm{A}} \\ \underline{I}_{1\mathrm{B}} \end{bmatrix} &= \frac{1}{\underline{Y}_{1\mathrm{A}} + \underline{Y}_{1\mathrm{B}} + \underline{Y}_{1\mathrm{m}}} \begin{bmatrix} \underline{Y}_{1\mathrm{A}}(\underline{Y}_{1\mathrm{B}} + \underline{Y}_{1\mathrm{m}}) & -\underline{\ddot{u}}_1\underline{Y}_{1\mathrm{A}}\underline{Y}_{1\mathrm{B}} \\ -\underline{\ddot{u}}_1^*\underline{Y}_{1\mathrm{B}}\underline{Y}_{1\mathrm{A}} & \ddot{u}^2\underline{Y}_{1\mathrm{B}}(\underline{Y}_{1\mathrm{A}} + \underline{Y}_{1\mathrm{m}}) \end{bmatrix} \begin{bmatrix} \underline{U}_{1\mathrm{A}} \\ \underline{U}_{1\mathrm{B}} \end{bmatrix} \\ &= \begin{bmatrix} \underline{Y}_{1\mathrm{AA}} & \underline{Y}_{1\mathrm{AB}} \\ \underline{Y}_{1\mathrm{BA}} & \underline{Y}_{1\mathrm{BB}} \end{bmatrix} \begin{bmatrix} \underline{U}_{1\mathrm{A}} \\ \underline{U}_{1\mathrm{B}} \end{bmatrix} \end{aligned} \tag{2.114}$$

Bei Vernachlässigung des Magnetisierungsstromes vereinfacht sich Gl. 2.114 mit $\underline{Y}_{1\mathrm{m}} = 0$ zu:

$$\begin{bmatrix} \underline{I}_{1\mathrm{A}} \\ \underline{I}_{1\mathrm{B}} \end{bmatrix} = \frac{\underline{Y}_{1\mathrm{A}}\underline{Y}_{1\mathrm{B}}}{\underline{Y}_{1\mathrm{A}} + \underline{Y}_{1\mathrm{B}}} \begin{bmatrix} 1 & -\underline{\ddot{u}}_1 \\ -\underline{\ddot{u}}_1^* & \ddot{u}^2 \end{bmatrix} \begin{bmatrix} \underline{U}_{1\mathrm{A}} \\ \underline{U}_{1\mathrm{B}} \end{bmatrix} = \underline{Y}_{1\mathrm{AB}} \begin{bmatrix} 1 & -\underline{\ddot{u}}_1 \\ -\underline{\ddot{u}}_1^* & \ddot{u}^2 \end{bmatrix} \begin{bmatrix} \underline{U}_{1\mathrm{A}} \\ \underline{U}_{1\mathrm{B}} \end{bmatrix} \tag{2.115}$$

mit:

$$\underline{Y}_{1\mathrm{AB}} = 1/(\underline{Z}_{\sigma\mathrm{p}} + \underline{Z}'_{\sigma\mathrm{s}})$$

Die Admittanzmatrix in Gl. 2.115 ist singulär, da die für Ströme $\underline{I}_{1\mathrm{B}} = -\underline{\ddot{u}}_1^*\underline{I}_{1\mathrm{A}}$ gilt.

Analog zu Gl. 2.114 erhält man für das Gegensystem mit $\underline{ü}_2 = \underline{ü}_1^*$:

$$\begin{bmatrix} \underline{I}_{2A} \\ \underline{I}_{2B} \end{bmatrix} = \frac{1}{\underline{Y}_{1A} + \underline{Y}_{1B} + \underline{Y}_{1m}} \begin{bmatrix} \underline{Y}_{1A}(\underline{Y}_{1B} + \underline{Y}_{1m}) & -\underline{ü}_2 \underline{Y}_{1A} \underline{Y}_{1B} \\ -\underline{ü}_2^* \underline{Y}_{1B} \underline{Y}_{1A} & ü^2 \underline{Y}_{1B}(\underline{Y}_{1A} + \underline{Y}_{1m}) \end{bmatrix} \begin{bmatrix} \underline{U}_{2A} \\ \underline{U}_{2B} \end{bmatrix}$$
$$= \begin{bmatrix} \underline{Y}_{2AA} & \underline{Y}_{2AB} \\ \underline{Y}_{2BA} & \underline{Y}_{2BB} \end{bmatrix} \begin{bmatrix} \underline{U}_{2A} \\ \underline{U}_{2B} \end{bmatrix} \tag{2.116}$$

Nullsystem

Für die Elemente der Ersatzschaltungen in Abschn. 2.2.3 werden die Admittanzen $\underline{Y}_{0A}$, $\underline{Y}_{0B}$ und $\underline{Y}_{0m}$ nach Tab. 2.2 eingeführt. Sie hängen im Gegensatz zum Mit- und Gegensystem von der Schaltgruppe, der Art der Sternpunkterdung und der Kernbauart ab. Ist der Sternpunkt einer Seite nicht geerdet, so wird die betreffende Impedanz $\underline{Z}_{Mi}$ $(i = \mathrm{A, B})$ unendlich groß und die betreffende Admittanz $\underline{Y}_{0i}$ Null. Für Transformatoren mit freiem magnetischem Rückschluss (Drehstrombänke und Fünfschenkeltransformatoren) kann $\underline{Y}_{0m} = \underline{Y}_{1m}$ gesetzt werden.

Mit den $\underline{Y}_{0A}$, $\underline{Y}_{0B}$ und $\underline{Y}_{0m}$ lässt sich auf dem gleichen Weg wie für das Mit- und Gegensystems eine einheitliche Gleichung für die Klemmenströme des Nullsystems, jedoch mit von der Schaltgruppe abhängigen Admittanzelementen, formulieren:

$$\begin{bmatrix} \underline{I}_{0A} \\ \underline{I}_{0B} \end{bmatrix} = \begin{bmatrix} \underline{Y}_{0AA} & \underline{Y}_{0AB} \\ \underline{Y}_{0BA} & \underline{Y}_{0BB} \end{bmatrix} \begin{bmatrix} \underline{U}_{0A} \\ \underline{U}_{0B} \end{bmatrix} \tag{2.117}$$

Schließlich werden die Gln. 2.115 bis 2.117 noch zusammengefasst zu:

$$\left[\begin{array}{c} \underline{I}_{1A} \\ \underline{I}_{2A} \\ \underline{I}_{0A} \\ \hline \underline{I}_{1B} \\ \underline{I}_{2B} \\ \underline{I}_{0B} \end{array}\right] = \left[\begin{array}{ccc|ccc} \underline{Y}_{1AA} & & & \underline{Y}_{1AB} & & \\ & \underline{Y}_{2AA} & & & \underline{Y}_{2AB} & \\ & & \underline{Y}_{0AA} & & & \underline{Y}_{0AB} \\ \hline \underline{Y}_{1BA} & & & \underline{Y}_{1BB} & & \\ & \underline{Y}_{2BA} & & & \underline{Y}_{2BB} & \\ & & \underline{Y}_{0BA} & & & \underline{Y}_{0BB} \end{array}\right] \left[\begin{array}{c} \underline{U}_{1A} \\ \underline{U}_{2A} \\ \underline{U}_{0A} \\ \hline \underline{U}_{1B} \\ \underline{U}_{2B} \\ \underline{U}_{0B} \end{array}\right] \tag{2.118a}$$

$$\begin{bmatrix} \underline{\boldsymbol{i}}_{SA} \\ \underline{\boldsymbol{i}}_{SB} \end{bmatrix} = \begin{bmatrix} \underline{\boldsymbol{Y}}_{SAA} & \underline{\boldsymbol{Y}}_{SAA} \\ \underline{\boldsymbol{Y}}_{SAA} & \underline{\boldsymbol{Y}}_{SAA} \end{bmatrix} \begin{bmatrix} \underline{\boldsymbol{u}}_{SA} \\ \underline{\boldsymbol{u}}_{SB} \end{bmatrix} \tag{2.118b}$$

Die Admittanzelemente $\underline{Y}_{i\mathrm{AA}}$, $\underline{Y}_{i\mathrm{AB}}$, $\underline{Y}_{i\mathrm{BA}}$ und $\underline{Y}_{i\mathrm{BB}}$ sind in der Tab. 2.3 zu entnehmen.

Die Nullelemente in den Admittanzmatrizen der Schaltgruppen mit Dreieck- oder Zickzackschaltung einer Wicklungsseite weisen darauf hin, dass diese Schaltgruppen keinen

Tab. 2.3 Elemente der Mit-, Gegen- und Nullersatzschaltungen des Transformators

Komponente	SG	$\underline{Y}_{i\,\mathrm{AA}}$	$\underline{Y}_{i\,\mathrm{AB}}$	$\underline{Y}_{i\,\mathrm{BA}}$	$\underline{Y}_{i\,\mathrm{BB}}$
Mitsystem	alle	$\frac{\underline{Y}_{1\mathrm{A}}(\underline{Y}_{1\mathrm{B}}+\underline{Y}_{1\mathrm{m}})}{\underline{Y}_{1\mathrm{A}}+\underline{Y}_{1\mathrm{B}}+\underline{Y}_{1\mathrm{m}}}$	$-\frac{\underline{ü}_1\underline{Y}_{1\mathrm{A}}\underline{Y}_{1\mathrm{B}}}{\underline{Y}_{1\mathrm{A}}+\underline{Y}_{1\mathrm{B}}+\underline{Y}_{1\mathrm{m}}}$	$-\frac{\underline{ü}_1^*\underline{Y}_{1\mathrm{A}}\underline{Y}_{1\mathrm{B}}}{\underline{Y}_{1\mathrm{A}}+\underline{Y}_{1\mathrm{B}}+\underline{Y}_{1\mathrm{m}}}$	$\frac{ü^2\underline{Y}_{1\mathrm{B}}(\underline{Y}_{1\mathrm{A}}+\underline{Y}_{1\mathrm{m}})}{\underline{Y}_{1\mathrm{A}}+\underline{Y}_{1\mathrm{B}}+\underline{Y}_{1\mathrm{m}}}$
Gegensystem	alle	$\frac{\underline{Y}_{1\mathrm{A}}(\underline{Y}_{1\mathrm{B}}+\underline{Y}_{1\mathrm{m}})}{\underline{Y}_{1\mathrm{A}}+\underline{Y}_{1\mathrm{B}}+\underline{Y}_{1\mathrm{m}}}$	$-\frac{\underline{ü}_2\underline{Y}_{1\mathrm{A}}\underline{Y}_{1\mathrm{B}}}{\underline{Y}_{1\mathrm{A}}+\underline{Y}_{1\mathrm{B}}+\underline{Y}_{1\mathrm{m}}}$	$-\frac{\underline{ü}_2^*\underline{Y}_{1\mathrm{A}}\underline{Y}_{1\mathrm{B}}}{\underline{Y}_{1\mathrm{A}}+\underline{Y}_{1\mathrm{B}}+\underline{Y}_{1\mathrm{m}}}$	$\frac{ü^2\underline{Y}_{1\mathrm{B}}(\underline{Y}_{1\mathrm{A}}+\underline{Y}_{1\mathrm{m}})}{\underline{Y}_{1\mathrm{A}}+\underline{Y}_{1\mathrm{B}}+\underline{Y}_{1\mathrm{m}}}$
Nullsystem	Yy0	$\frac{\underline{Y}_{0\mathrm{A}}(\underline{Y}_{0\mathrm{B}}+\underline{Y}_{0\mathrm{m}})}{\underline{Y}_{0\mathrm{A}}+\underline{Y}_{0\mathrm{B}}+\underline{Y}_{0\mathrm{m}}}$	$-\frac{ü\underline{Y}_{0\mathrm{A}}\underline{Y}_{0\mathrm{B}}}{\underline{Y}_{0\mathrm{A}}+\underline{Y}_{0\mathrm{B}}+\underline{Y}_{0\mathrm{m}}}$	$-\frac{ü\underline{Y}_{0\mathrm{A}}\underline{Y}_{0\mathrm{B}}}{\underline{Y}_{0\mathrm{A}}+\underline{Y}_{0\mathrm{B}}+\underline{Y}_{0\mathrm{m}}}$	$\frac{ü^2\underline{Y}_{0\mathrm{B}}(\underline{Y}_{0\mathrm{A}}+\underline{Y}_{0\mathrm{m}})}{\underline{Y}_{0\mathrm{A}}+\underline{Y}_{0\mathrm{B}}+\underline{Y}_{0\mathrm{m}}}$
	Yd5	$\frac{\underline{Y}_{0\mathrm{A}}(\underline{Y}_{0\mathrm{B}}+\underline{Y}_{0\mathrm{m}})}{\underline{Y}_{0\mathrm{A}}+\underline{Y}_{0\mathrm{B}}+\underline{Y}_{0\mathrm{m}}}$	0	0	0
	Yz5	$1/(\underline{Z}_{\sigma\mathrm{p}}+3\underline{Z}_{\mathrm{MA}})$	0	0	$ü^2\underline{Y}_{0\mathrm{B}}$
	Dy5	0	0	0	$\frac{ü^2\underline{Y}_{0\mathrm{B}}(\underline{Y}_{0\mathrm{A}}+\underline{Y}_{0\mathrm{m}})}{\underline{Y}_{0\mathrm{A}}+\underline{Y}_{0\mathrm{B}}+\underline{Y}_{0\mathrm{m}}}$

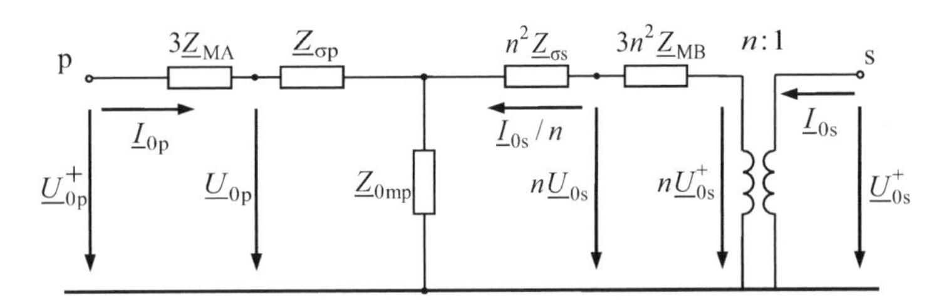

Abb. 2.22 Erweiterte Nullsystemersatzschaltung der Wicklungsgrößen mit Sternpunkt-Erde-Impedanzen

Nullstrom übertragen können. Bei den Schaltgruppen mit Sternschaltung einer Wicklungsseite werden die Eingangsadmittanz und die Übertragungsadmittanzen Null, wenn der entsprechende Sternpunkt nicht geerdet ist. Bei der Schaltgruppe Yy0 werden alle Admittanzen in Tab. 2.3 Null wenn beide Sternpunkte nicht geerdet sind. Der Transformator hat dann auf beiden Seiten eine unendlich große Eingangsimpedanz. Sobald ein Sternpunkt nicht geerdet ist, kann ein Nullstrom nicht übertragen werden.

Die Gl. 2.118 ist die Grundform der Transformatoren für die Verknüpfung mit anderen Elementen nach dem Knotenpunktverfahren. Sie entspricht in ihrem Aufbau der Grundgleichung 2.20 für die Leitungen.

Eine andere Möglichkeit der Herleitung der Transformatorgleichungen besteht in der Verwendung von Schaltungsmatrizen für die Verbindung der Wicklungsgrößen mit den Klemmengrößen. Diese Methode kann einheitlich für alle Schaltgruppen, die keine Zickzackschaltung aufweisen, angewendet werden.

In Hinblick auf eine Sternschaltung der Wicklungen mit geerdetem Sternpunkt wird im Nullsystem jeder Wicklungsseite zunächst eine endliche dreifache Sternpunktimpedanz zugeordnet, die nur dann von Null verschieden ist, wenn die betreffende Wicklung in der speziellen Schaltgruppe auch tatsächlich im Stern geschaltet ist (Abb. 2.22). Ist der Sternpunkt einer Seite nicht geerdet, so wird die betreffende Sternpunktimpedanz unendlich groß, wodurch im Nullsystemersatzschaltbild auf der entsprechenden Seite eine Unterbrechung entsteht.

Mit den zusätzlichen Sternpunktimpedanzen im Nullsystem nimmt die Gl. 2.52 folgende Form an.

$$\begin{bmatrix} \underline{U}_{1p} \\ \underline{U}_{2p} \\ \underline{U}_{0p}^{+} \\ \hline n\underline{U}_{1s} \\ n\underline{U}_{2s} \\ n\underline{U}_{0s}^{+} \end{bmatrix} = \left[\begin{array}{ccc|ccc} \underline{Z}_{1p} & & & \underline{Z}_{1mp} & & \\ & \underline{Z}_{2p} & & & \underline{Z}_{2mp} & \\ & & \underline{Z}_{0p}^{+} & & & \underline{Z}_{0mp} \\ \hline \underline{Z}_{1mp} & & & n^2\underline{Z}_{1s} & & \\ & \underline{Z}_{2mp} & & & n^2\underline{Z}_{2s} & \\ & & \underline{Z}_{0mp} & & & n^2\underline{Z}_{0s}^{+} \end{array}\right] \begin{bmatrix} \underline{I}_{1p} \\ \underline{I}_{2p} \\ \underline{I}_{0p} \\ \hline \underline{I}_{1s}/n \\ \underline{I}_{2s}/n \\ \underline{I}_{0s}/n \end{bmatrix} \tag{2.119}$$

Tab. 2.4 Elemente der Mit- Gegen- und Nullersatzschaltungen des Transformators

Komponente	$\underline{Y}_{i\mathrm{pp}}$	$\underline{Y}_{i\mathrm{ps}} = \underline{Y}_{i\mathrm{sp}}$	$\underline{Y}_{i\mathrm{ss}}$
Mit- und Gegensystem	$\dfrac{\underline{Y}_{\sigma\mathrm{p}}(\underline{Y}_{\sigma\mathrm{s}} + \underline{Y}_{1\mathrm{m}})}{\underline{Y}_{\sigma\mathrm{p}} + \underline{Y}_{\sigma\mathrm{s}} + \underline{Y}_{1\mathrm{m}}}$	$-\dfrac{\underline{Y}_{\sigma\mathrm{p}}\underline{Y}_{\sigma\mathrm{s}}}{\underline{Y}_{\sigma\mathrm{p}} + \underline{Y}_{\sigma\mathrm{s}} + \underline{Y}_{1\mathrm{m}}}$	$\dfrac{\underline{Y}_{\sigma\mathrm{s}}(\underline{Y}_{\sigma\mathrm{p}} + \underline{Y}_{1\mathrm{m}})}{\underline{Y}_{\sigma\mathrm{p}} + \underline{Y}_{\sigma\mathrm{s}} + \underline{Y}_{1\mathrm{m}}}$
	$\underline{Y}_{\sigma\mathrm{p}} = 1/\underline{Z}_{\sigma\mathrm{p}}, \quad \underline{Y}_{\sigma\mathrm{s}} = 1/(n^2\underline{Z}_{\sigma\mathrm{s}}), \quad \underline{Y}_{1\mathrm{m}} = 1/\underline{Z}_{1\mathrm{m}}$		
Nullsystem	$\dfrac{\underline{Y}_{\sigma\mathrm{p}}^{+}(\underline{Y}_{\sigma\mathrm{s}}^{+} + \underline{Y}_{0\mathrm{m}})}{\underline{Y}_{\sigma\mathrm{p}}^{+} + \underline{Y}_{\sigma\mathrm{s}}^{+} + \underline{Y}_{0\mathrm{m}}}$	$-\dfrac{\underline{Y}_{\sigma\mathrm{p}}^{+}\underline{Y}_{\sigma\mathrm{s}}^{+}}{\underline{Y}_{\sigma\mathrm{p}}^{+} + \underline{Y}_{\sigma\mathrm{s}}^{+} + \underline{Y}_{0\mathrm{m}}}$	$\dfrac{\underline{Y}_{\sigma\mathrm{s}}^{+}(\underline{Y}_{\sigma\mathrm{p}}^{+} + \underline{Y}_{0\mathrm{m}})}{\underline{Y}_{\sigma\mathrm{p}}^{+} + \underline{Y}_{\sigma\mathrm{s}}^{+} + \underline{Y}_{0\mathrm{m}}}$
	$\underline{Y}_{\sigma\mathrm{p}}^{+} = 1/(\underline{Z}_{\sigma\mathrm{p}} + 3\underline{Z}_{\mathrm{MA}}), \quad \underline{Y}_{\sigma\mathrm{s}}^{+} = 1/(n^2\underline{Z}_{\sigma\mathrm{s}} + 3n^2\underline{Z}_{\mathrm{MB}}), \quad \underline{Y}_{0\mathrm{m}} = 1/\underline{Z}_{0\mathrm{m}}$		

mit den erweiterten Nullimpedanzen und -spannungen:

$$\underline{Z}_{0\mathrm{p}}^{+} = \underline{Z}_{0\mathrm{p}} + 3\underline{Z}_{\mathrm{MA}} = \underline{Z}_{\sigma\mathrm{p}} + 3\underline{Z}_{\mathrm{MA}} + \underline{Z}_{0\mathrm{mp}} = \underline{Z}_{\sigma\mathrm{p}}^{+} + \underline{Z}_{0\mathrm{mp}} \tag{2.120}$$

$$\underline{Z}_{0\mathrm{s}}^{+} = \underline{Z}_{0\mathrm{s}} + 3\underline{Z}_{\mathrm{MB}} = \underline{Z}_{\sigma\mathrm{s}} + 3\underline{Z}_{\mathrm{MB}} + \underline{Z}_{0\mathrm{mp}} = \underline{Z}_{\sigma\mathrm{s}}^{+} + \underline{Z}_{0\mathrm{mp}} \tag{2.121}$$

$$\underline{U}_{0\mathrm{p}}^{+} = \underline{U}_{0\mathrm{p}} + 3\underline{Z}_{\mathrm{MA}}\underline{I}_{0\mathrm{p}} \tag{2.122}$$

$$\underline{U}_{0\mathrm{s}}^{+} = \underline{U}_{0\mathrm{s}} + 3\underline{Z}_{\mathrm{MB}}\underline{I}_{0\mathrm{s}} \tag{2.123}$$

Die Umstellung der Gl. 2.119 nach den Wicklungsströmen ergibt:

$$\left[\begin{array}{c} \underline{I}_{1\mathrm{p}} \\ \underline{I}_{2\mathrm{p}} \\ \underline{I}_{0\mathrm{p}} \\ \hline \underline{I}_{1\mathrm{s}}/n \\ \underline{I}_{2\mathrm{s}}/n \\ \underline{I}_{0\mathrm{s}}/n \end{array}\right] = \left[\begin{array}{ccc|ccc} \underline{Y}_{1\mathrm{pp}} & & & \underline{Y}_{1\mathrm{ps}} & & \\ & \underline{Y}_{2\mathrm{pp}} & & & \underline{Y}_{2\mathrm{ps}} & \\ & & \underline{Y}_{0\mathrm{p}} & & & \underline{Y}_{0\mathrm{ps}} \\ \hline \underline{Y}_{1\mathrm{sp}} & & & \underline{Y}_{1\mathrm{ss}} & & \\ & \underline{Y}_{2\mathrm{sp}} & & & \underline{Y}_{2\mathrm{ss}} & \\ & & \underline{Y}_{0\mathrm{sp}} & & & \underline{Y}_{0\mathrm{ss}} \end{array}\right] \left[\begin{array}{c} \underline{U}_{1\mathrm{p}} \\ \underline{U}_{2\mathrm{p}} \\ \underline{U}_{0\mathrm{p}}^{+} \\ \hline n\underline{U}_{1\mathrm{s}} \\ n\underline{U}_{2\mathrm{s}} \\ n\underline{U}_{0\mathrm{s}}^{+} \end{array}\right] \tag{2.124a}$$

mit der Kurzform:

$$\begin{bmatrix} \underline{\boldsymbol{i}}_{\mathrm{Sp}} \\ n^{-1}\underline{\boldsymbol{i}}_{\mathrm{Ss}} \end{bmatrix} = \begin{bmatrix} \underline{\boldsymbol{Y}}_{\mathrm{Spp}} & \underline{\boldsymbol{Y}}_{\mathrm{Sps}} \\ \underline{\boldsymbol{Y}}_{\mathrm{Ssp}} & \underline{\boldsymbol{Y}}_{\mathrm{Sss}} \end{bmatrix} \begin{bmatrix} \underline{\boldsymbol{u}}_{\mathrm{Sp}}^{+} \\ n\underline{\boldsymbol{u}}_{\mathrm{Ss}}^{+} \end{bmatrix} \tag{2.124b}$$

und den in Tab. 2.4 zusammengestellten Admittanzelementen. Dabei ist zu beachten, dass die Admittanzen der Wicklungen je nach Schaltung Stern- oder Dreiecksgrößen darstellen können. Die Admittanzen einer Wicklung in Dreieckschaltung sind um ein Drittel kleiner als die der äquivalenten Sternschaltung.

Tab. 2.5 Schaltmatrizen für die Schaltgruppen Yy0, Yd5 und Dy5

Schaltgruppe	Yy0	Yd5	Dy5
$\underline{\boldsymbol{K}}_{\mathrm{SA}}$	$\begin{bmatrix} 1 & & \\ & 1 & \\ & & 1 \end{bmatrix}$	$\begin{bmatrix} 1 & & \\ & 1 & \\ & & 1 \end{bmatrix}$	$\begin{bmatrix} \underline{m}_5 & & \\ & \underline{m}_5^* & \\ & & 0 \end{bmatrix}$
$\underline{\boldsymbol{K}}_{\mathrm{SB}}$	$\begin{bmatrix} 1 & & \\ & 1 & \\ & & 1 \end{bmatrix}$	$\begin{bmatrix} \underline{m}_5^* & & \\ & \underline{m}_5 & \\ & & 0 \end{bmatrix}$	$\begin{bmatrix} 1 & & \\ & 1 & \\ & & 1 \end{bmatrix}$

Die im Abschn. 2.2.2 angegebenen Zusammenhänge zwischen den Wicklungs- und Klemmengrößen lassen sich mit Schaltungsmatrizen allgemein wie folgt formulieren.

$$\begin{bmatrix} \underline{\boldsymbol{i}}_{\mathrm{SA}} \\ \underline{\boldsymbol{i}}_{\mathrm{SB}} \end{bmatrix} = \begin{bmatrix} \underline{\boldsymbol{K}}_{\mathrm{SA}} & \mathbf{0} \\ \mathbf{0} & \underline{\boldsymbol{K}}_{\mathrm{SB}} \end{bmatrix} \begin{bmatrix} \underline{\boldsymbol{i}}_{\mathrm{Sp}} \\ \underline{\boldsymbol{i}}_{\mathrm{Ss}} \end{bmatrix} \tag{2.125}$$

$$\begin{bmatrix} \underline{\boldsymbol{u}}_{\mathrm{Sp}}^{+} \\ \underline{\boldsymbol{u}}_{\mathrm{Ss}}^{+} \end{bmatrix} = \begin{bmatrix} \underline{\boldsymbol{K}}_{\mathrm{SA}}^{*} & \mathbf{0} \\ \mathbf{0} & \underline{\boldsymbol{K}}_{\mathrm{SB}}^{*} \end{bmatrix} \begin{bmatrix} \underline{\boldsymbol{u}}_{\mathrm{SA}} \\ \underline{\boldsymbol{u}}_{\mathrm{SB}} \end{bmatrix} \tag{2.126}$$

Die Schaltungsmatrizen sind in der Tab. 2.5 für die Vorzugsschaltgruppen außer der Schaltgruppe Yz5 angegeben.

Nach Einsetzen der Gln. 2.125 und 2.126 in die Gl. 2.124 erhält man wieder die allgemeine Form der Transformatorgleichung (Gl. 2.118).

$$\begin{aligned} \begin{bmatrix} \underline{\boldsymbol{i}}_{\mathrm{SA}} \\ \underline{\boldsymbol{i}}_{\mathrm{SB}} \end{bmatrix} &= \begin{bmatrix} \underline{\boldsymbol{K}}_{\mathrm{SA}}\underline{\boldsymbol{K}}_{\mathrm{SA}}^{*}\underline{\boldsymbol{Y}}_{\mathrm{Spp}} & n\underline{\boldsymbol{K}}_{\mathrm{SA}}\underline{\boldsymbol{K}}_{\mathrm{SB}}^{*}\underline{\boldsymbol{Y}}_{\mathrm{Sps}} \\ n\underline{\boldsymbol{K}}_{\mathrm{SB}}\underline{\boldsymbol{K}}_{\mathrm{SA}}^{*}\underline{\boldsymbol{Y}}_{\mathrm{Ssp}} & n^2\underline{\boldsymbol{K}}_{\mathrm{SB}}\underline{\boldsymbol{K}}_{\mathrm{SB}}^{*}\underline{\boldsymbol{Y}}_{\mathrm{Sss}} \end{bmatrix} \begin{bmatrix} \underline{\boldsymbol{u}}_{\mathrm{SA}} \\ \underline{\boldsymbol{u}}_{\mathrm{SB}} \end{bmatrix} \\ &= \begin{bmatrix} \underline{\boldsymbol{Y}}_{\mathrm{SAA}} & \underline{\boldsymbol{Y}}_{\mathrm{SAB}} \\ \underline{\boldsymbol{Y}}_{\mathrm{SBA}} & \underline{\boldsymbol{Y}}_{\mathrm{SBB}} \end{bmatrix} \begin{bmatrix} \underline{\boldsymbol{u}}_{\mathrm{SA}} \\ \underline{\boldsymbol{u}}_{\mathrm{SB}} \end{bmatrix} \end{aligned} \tag{2.127}$$

Die Elemente der Untermatrizen sind aus der Tab. 2.6 ersichtlich.

2.2.5 Bestimmung der Ersatzschaltungsparameter

Die Elemente der Ersatzschaltung für die Primärseite erhält man aus der Kurzschlussspannung u_{k}, den Wicklungs- und Leerlaufverlusten P_{Vkr} und P_{Vlr}, sowie dem bezogenen

Tab. 2.6 Admittanzmatrizen für die Schaltgruppen Yy0, Yd5 und Dy5

SG	$\underline{\boldsymbol{Y}}_{SAA}$	$\underline{\boldsymbol{Y}}_{SAB}$	$\underline{\boldsymbol{Y}}_{SBA}$	$\underline{\boldsymbol{Y}}_{SBB}$
Yy0	$\begin{bmatrix} \underline{Y}_{1pp} & & \\ & \underline{Y}_{2pp} & \\ & & \underline{Y}_{0pp} \end{bmatrix}$	$n \begin{bmatrix} \underline{Y}_{1ps} & & \\ & \underline{Y}_{2ps} & \\ & & \underline{Y}_{0ps} \end{bmatrix}$	$n \begin{bmatrix} \underline{Y}_{1sp} & & \\ & \underline{Y}_{2sp} & \\ & & \underline{Y}_{0sp} \end{bmatrix}$	$n^2 \begin{bmatrix} \underline{Y}_{1ss} & & \\ & \underline{Y}_{2ss} & \\ & & \underline{Y}_{0ss} \end{bmatrix}$
Yd5[a]	$\begin{bmatrix} \underline{Y}_{1pp} & & \\ & \underline{Y}_{2pp} & \\ & & \underline{Y}_{0pp} \end{bmatrix}$	$n \begin{bmatrix} \underline{m}_5 \underline{Y}_{1ps} & & \\ & \underline{m}_5^* \underline{Y}_{2ps} & \\ & & 0 \end{bmatrix}$	$n \begin{bmatrix} \underline{m}_5^* \underline{Y}_{1sp} & & \\ & \underline{m}_5 \underline{Y}_{2sp} & \\ & & 0 \end{bmatrix}$	$3n^2 \begin{bmatrix} \underline{Y}_{1ss} & & \\ & \underline{Y}_{2ss} & \\ & & \underline{Y}_{0ss} \end{bmatrix}$
Dy5[b]	$\begin{bmatrix} 3\underline{Y}_{1pp}^{\Delta} & & \\ & 3\underline{Y}_{2pp}^{\Delta} & \\ & & 0 \end{bmatrix}$	$\frac{n}{3} \begin{bmatrix} \underline{m}_5 3\underline{Y}_{1ps}^{\Delta} & & \\ & \underline{m}_5^* 3\underline{Y}_{2ps}^{\Delta} & \\ & & 0 \end{bmatrix}$	$\frac{n}{3} \begin{bmatrix} \underline{m}_5^* 3\underline{Y}_{1sp}^{\Delta} & & \\ & \underline{m}_5 3\underline{Y}_{2sp}^{\Delta} & \\ & & 0 \end{bmatrix}$	$\frac{n^2}{3} \begin{bmatrix} 3\underline{Y}_{1ss}^{\Delta} & & \\ & 3\underline{Y}_{1ss}^{\Delta} & \\ & & 3\underline{Y}_{1ss}^{\Delta} \end{bmatrix}$

[a] Die Sekundärwicklung ist im Dreieck geschaltet. Die Umrechnung ihrer Streuimpedanz auf die Primärwicklung erfolgt in Tab. 2.4 mit n^2. Geht man von der äquivalenten Sterngröße aus, so ist diese mit $ü^2$ auf die Primärseite umzurechnen. Gewöhnlich wird $n^2 \underline{Z}_{\sigma s,\,\mathrm{Dreieck}} = ü^2 \underline{Z}_{\sigma s,\,\mathrm{Stern}} = \underline{Z}_{\sigma p,\,\mathrm{Stern}}$ gesetzt.

[b] Die Sekundärwicklung ist im Stern geschaltet und wird mit n^2 auf die im Dreieck geschaltete Primärwicklung umgerechnet. Folglich stellen alle nach Tab. 2.4 berechneten Admittanzen Dreiecksgrößen dar. Da üblicherweise mit Sterngrößen (dreifacher Admittanzwert) gerechnet wird, wurde überall der Faktor 3 an die Elemente herangezogen. Rechnet man von vornherein in Tab. 2.4 mit Sterngrößen und dann mit $ü^2$ anstelle n^2, so entfällt der Faktor 3 an den Admittanzen.

Leerlaufstrom i_1 und den Bemessungsgrößen (Index r) wie folgt:

$$\left|\underline{Z}_{\sigma p} + \ddot{u}^2 \underline{Z}_{\sigma s}\right| = Z_{Tp} = u_k \frac{U_{rTOS}^2}{S_{rT}}$$

$$R_p + \ddot{u}^2 R_s = R_{Tp} = \frac{P_{Vkr}}{3I_{rTp}^2} = \frac{P_{Vkr}}{S_{rT}} \cdot \frac{U_{rTOS}^2}{S_{rT}}$$

$$X_{\sigma p} + \ddot{u}^2 X_{\sigma s} = X_{Tp} = \sqrt{Z_{Tp}^2 - R_{Tp}^2} = \frac{Z_{Tp}}{\sqrt{1 + (R_{Tp}/X_{Tp})^2}}$$

$$Z_{mp} = \sqrt{R_{Fep}^2 + X_{hp}^2} = \frac{1}{i_1} \cdot \frac{U_{rTOS}^2}{S_{rT}}$$

$$R_{Fep} = \frac{U_{rTOS}^2}{P_{Vlr}}$$

$$X_{mp} = \sqrt{Z_{mp}^2 - R_{Fep}^2}$$

R_{Tp} und X_{Tp} werden gewöhnlich je zur Hälfte auf die Primär- und Sekundärseite aufgeteilt:

$$R_p = \ddot{u}^2 R_s = \frac{1}{2} R_{Tp}$$

$$X_{\sigma p} = \ddot{u}^2 X_{\sigma s} = \frac{1}{2} X_{Tp}$$

2.3 Generatoren, Motoren und Ersatznetze

Die Gleichungen der Symmetrischen Komponenten der Generatoren (Synchron- und Asynchrongeneratoren), Motoren (Synchron- und Asynchronmotoren) und Ersatznetze (über- oder unterlagerte Netzäquivalente) sind Zweipolgleichungen entweder in Form von Spannungs- oder Stromgleichungen.

Die Spannungsgleichungen unter stationären und quasistationären Bedingungen werden für die Synchronmaschinen in den Abschn. 8.4.4 bis 8.4.6 und für die Asynchronmaschinen in den Abschn. 8.5.4 und 8.5.6 ausführlich hergeleitet. Sie haben die folgende, auch für die Ersatznetze gültige, allgemeine Form und bilden die Ersatzschaltungen in Abb. 2.23.

$$\underline{U}_1 = (R_1 + \mathrm{j}X_1)\underline{I}_1 + \underline{U}_{1q} = \underline{Z}_1\underline{I}_1 + \underline{U}_{1q} \tag{2.128}$$

$$\underline{U}_2 = (R_2 + \mathrm{j}X_2)\underline{I}_2 = \underline{Z}_2\underline{I}_2 \tag{2.129}$$

$$\underline{U}_0 = (R_0 + \mathrm{j}X_0)\underline{I}_0 = \underline{Z}_0\underline{I}_0 \tag{2.130}$$

Unter der Voraussetzung symmetrisch aufgebauter Maschinen kommen Spannungsquellen nur im Mitsystem vor.

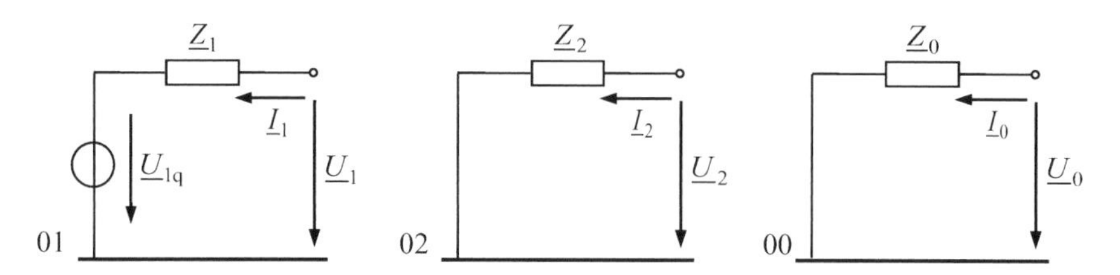

Abb. 2.23 Ersatzschaltungen für die Generatoren, Motoren und Ersatznetze in Symmetrischen Komponenten mit Impedanzen und Quellenspannung im Mitsystem

In der Tab. 2.7 sind die im stationären und quasistationären Zustand wirksamen Quellenspannungen und die zugehörigen Impedanzen des Mitsystems nochmals zusammengestellt.

Innere Zustandsvariable sind bei der Synchronmaschine die d,q-Komponenten der Läuferflussverkettungen, die Läuferwinkelgeschwindigkeit und der Läuferpositionswinkel. Bei der Asynchronmaschine bilden der Raumzeiger der Läuferflussverkettung und die Läuferwinkelgeschwindigkeit den inneren Zustandsvektor.

Die Quellenspannungen stellen die Schnittstelle zwischen den Zustandsgleichungen und dem Netzgleichungssystem (s. Kap. 3) und dar. Sie müssen während der zeitschrittweisen Simulation quasistationärer Zustände in jedem Zeitschritt durch parallele Lösung der Zustandsgleichungen aktualisiert werden.

Die Spannungsgleichungen der Ersatznetze enthält für jeden Zustand eine nach Betrag und Winkel konstante Quellenspannung.

Eine Übersicht über die Gegen- und Nullimpedanzen gibt die Tab. 2.8.

Für die Verknüpfung zum Netzgleichungssystem mit Hilfe der Knotenpunktsätze sind Stromgleichungen besser geeignet. Man erhält sie aus den Gln. 2.128 bis 2.130 durch

Tab. 2.7 Mitsystemimpedanzen und Quellenspannungen der Generatoren, Motoren und Netze

Betriebsmittel	Zustand	$\underline{Z}_1 = R_1 + \mathrm{j}X_1$	$\underline{U}_{1q}$	Bemerkungen
Synchrongeneratoren und -motoren (Abschn. 8.4)	quasistationär	$R_a + \mathrm{j}X''_d$	$\underline{U}''_1 = f(z_L)$	z_L Läuferzustandsvariable
		$R_a + \mathrm{j}X'_d$	$\underline{U}'_1 = U'_1(0)e^{\mathrm{j}\delta'_1}$	gültig im ersten Sekundenbereich
	stationär	$R_a + \mathrm{j}X_d$	$\underline{U}_p = U_p e^{\mathrm{j}\delta_p}$	$U_p = f(I_f)$
Asynchrongeneratoren und -motoren (Abschn. 8.5)	quasistationär	$R_S + \mathrm{j}X'_S$	$\underline{U}'_1 = f(z_L)$	z_L Läuferzustandsvariable
	stationär	$\underline{Z}_1 = \underline{Z}_1(s)$		schlupfabhängig s. Gl. 8.273
Ersatznetze	quasistationär und stationär	$R_{1N} + \mathrm{j}X_{1N}$	$\underline{U}_{1N} = \text{const.}$	konstante innere Netzspannung

Tab. 2.8 Gegen- und Nullsystemimpedanzen der Generatoren, Motoren und Netze

Betriebsmittel	$\underline{Z}_2 = R_2 + \mathrm{j}X_2$	$\underline{Z}_0 = R_0 + \mathrm{j}X_0$
Synchrongeneratoren und Synchronmotoren	$R_a + \frac{1}{4}\left(k_f^2 R_f + k_D^2 R_D + k_Q^2 R_Q\right) + \frac{\mathrm{j}}{2}\left(X_d'' + X_q''\right)$	$R_a + 3R_M + \mathrm{j}\,(X_{0a} + 3X_M)$
Asynchrongeneratoren und Asynchronmotoren	$R_S + \frac{k_L^2 R_L}{2-s} + \mathrm{j}X_S'$	$R_S + 3R_M + \mathrm{j}\,(X_{0S} + 3X_M)$
Ersatznetze	$R_{1N} + \mathrm{j}X_{1N}$	$R_{0N} + \mathrm{j}X_{0N}$

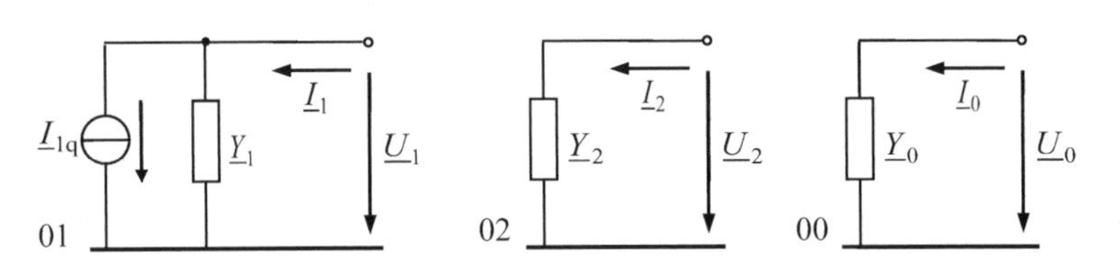

Abb. 2.24 Ersatzschaltungen für die Generatoren, Motoren und Ersatznetze in Symmetrischen Komponenten mit Admittanzen und Quellenstrom im Mitsystem

Auflösen nach den Strömen:

$$\underline{I}_1 = \frac{1}{\underline{Z}_1}\underline{U}_1 - \frac{1}{\underline{Z}_1}\underline{U}_{1q} = \underline{Y}_1\underline{U}_1 - \underline{Y}_1\underline{U}_{1q} = \underline{Y}_1\underline{U}_1 + \underline{I}_{1q} \tag{2.131}$$

$$\underline{I}_2 = \frac{1}{\underline{Z}_2}\underline{U}_2 = \underline{Y}_2\underline{U}_2 \tag{2.132}$$

$$\underline{I}_0 = \frac{1}{\underline{Z}_0}\underline{U}_0 = \underline{Y}_0\underline{U}_0 \tag{2.133}$$

Zu den Stromgleichungen gehören die Ersatzschaltungen in Abb. 2.24.

Das elektrische Drehmoment berechnet sich im quasistationären Zustand bei der Synchronmaschine aus (s. Gl. 8.192):

$$M_e = \frac{3}{\Omega_0}\mathrm{Re}\left\{\underline{U}_1''\underline{I}_1^* - \frac{1}{4}(k_f^2 R_f + k_D^2 R_D + k_Q^2 R_Q)I_2^2\right\} \tag{2.134}$$

oder:

$$M_e = \frac{3}{\Omega_0}\mathrm{Re}\left\{\underline{U}_1\underline{I}_1^* - R_a I_1^2 - \frac{1}{4}(k_f^2 R_f + k_D^2 R_D + k_Q^2 R_Q)I_2^2\right\} \tag{2.135}$$

und bei der Asynchronmaschine aus (s. Gl. 8.269 ohne den Index S):

$$M_e = \frac{3}{\Omega_0}\mathrm{Re}\left\{\underline{U}_1'\underline{I}_1^* - 3\frac{p}{\omega_0}\frac{k_L^2 R_L}{2-s}I_2^2\right\} \tag{2.136}$$

oder:

$$M_e = \frac{3}{\Omega_0} \mathrm{Re} \left\{ \underline{U}_1 \underline{I}_1^* - R_S I_1^2 - \frac{k_L^2 R_L}{2-s} I_2^2 \right\} \tag{2.137}$$

Die in den Ersatzschaltungen vorkommenden Ankerwiderstände, synchrone, transiente und subtransiente Reaktanzen erfragt man beim Maschinenhersteller. Die Nullimpedanzen der Maschinen liegen in der Größenordnung noch unter der subtransienten bzw. transienten Reaktanz, spielen in der Regel keine Rolle, da die Sternpunkte der Generatoren und Motoren gewöhnlich nicht geerdet sind.

Für die Ersatznetze erhält man den Betrag der Mitsystemimpedanz aus der Kurzschlussleistung:

$$Z_{1N} = \frac{1{,}1 U_{nN}^2}{S''_{k3}} \tag{2.138}$$

Um auch noch die Reaktanz und den Wirkwiderstand bestimmen zu können muss das R-zu-X-Verhältnis bekannt sein. Es liegt in der Größenordnung von 0,1.

$$X_{1N} = \frac{Z_{1N}}{\sqrt{1 + \left(\frac{R_{1N}}{X_{1N}}\right)^2}} \tag{2.139}$$

$$R_{1N} = \left(\frac{R_{1N}}{X_{1N}}\right) \cdot X_{1N} \tag{2.140}$$

Mit und Gegensystemimpedanz der Ersatznetze können gleich groß angenommen werden. Das Verhältnis der Nullsystemimpedanz zur Mitsystemimpedanz hängt von der Art der Sternpunkterdung ab. Es lässt sich durch das oft besser bekannte Verhältnis des einpoligen zum dreipoligen Kurzschlussstrom wie folgt ausdrücken (s. Abschn. 5.4):

$$\frac{Z_{0N}}{Z_{1N}} = 3 \frac{I''_{k3}}{I''_{k1}} - 2 \tag{2.141}$$

Für Netze mit freiem Sternpunkt oder Resonanzsternpunkterdung wird Z_{0N} sehr viel größer als Z_{1N}, während Z_{0N} für Netze mit starrer Sternpunkterdung in die Nähe von Z_{1N} kommt, aber dennoch größer bleibt.

2.4 Nichtmotorische Lasten

Nichtmotorische Lasten lassen sich nicht im Detail nachbilden, da sie sich aus einer Vielzahl unterschiedlicher Geräte zusammensetzen. Sie werden als spannungsabhängige Admittanzen im Mitsystem und durch konstante Admittanzen im Gegen- und Nullsystem nachgebildet. Die entsprechenden Ersatzschaltungen sind in Abb. 2.25 angegeben.

Vielfach wird auch im Mitsystem mit konstanten Admittanzen gerechnet. Bei der Berechnung von quasistationären Vorgängen entfällt dadurch ein Iterationszyklus (s. Kap. 7).

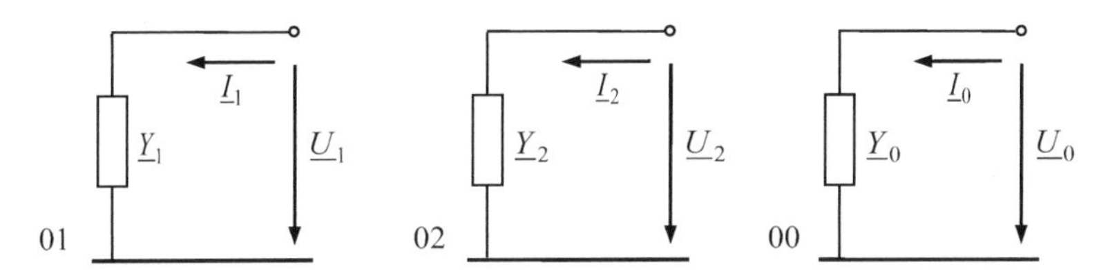

Abb. 2.25 Ersatzschaltungen für die nichtmotorischen Lasten in Symmetrischen Komponenten

Bei der praktischen Kurzschlussstromberechnung nach IEC und DIN EN 60909 (VDE 0102) werden die nichtmotorischen Lasten generell vernachlässigt, weil die Berechnung unabhängig vom vorangegangenen Leistungsfluss sein soll. Zudem würden die nichtmotorischen Lasten aufgrund ihrer sehr schnellen Entladung keinen wesentlichen Beitrag zu den charakteristischen Kurzschlussstromgrößen leisten.

Im Bereich des üblichen Spannungsbandes wird die Spannungsabhängigkeit der Wirk- und Blindleistung durch Exponentialfunktionen beschrieben. Sind die Leistungen P_{L0} und Q_{L0} bei der Spannung U_{10} bekannt, so ergibt sich für die Admittanz des Mitsystems die Beziehung:

$$\underline{Y}_1(U_1) = \frac{P_{\mathrm{L}}(U_1) - \mathrm{j}Q_{\mathrm{L}}(U_1)}{3U_1^2} = \frac{1}{3U_1^2}\left[P_{\mathrm{L0}}\left(\frac{U_1}{U_{10}}\right)^p - \mathrm{j}Q_{\mathrm{L0}}\left(\frac{U_1}{U_{10}}\right)^q\right] \quad (2.142)$$

Die Spannungsexponenten p und q variieren unabhängig voneinander zwischen 1 und 2. Für $p = q = 2$ wird die Admittanz unabhängig von der Spannung.

Bei der Leistungsflussberechnung (Kap. 4) stellt die Spannungsabhängigkeit der Lasten (Knotenleistungen) keinen zusätzlichen Aufwand dar, da die Jacobimatrix ohnehin spannungsabhängig ist.

Bei der Berechnung quasistationärer Vorgänge, wie z. B. der transienten Stabilität, führt die Spannungsabhängigkeit der Lastadmittanzen dazu, dass in jedem Zeitschritt die Knotenadmittanzmatrix durch einen Iterationsprozess aktualisiert werden muss (s. Kap. 7).

Um den ständigen Neuaufbau der Admittanzmatrix zu vermeiden, wird der Strom in zwei Anteile aufgespaltet:

$$\underline{I}_1 = \frac{P_{\mathrm{L0}} - \mathrm{j}Q_{\mathrm{L0}}}{3U_{10}^2} + \Delta\underline{I}_1 = \underline{Y}_{10}\underline{U}_1 + \Delta\underline{I}_1 \quad (2.143)$$

Die konstante Admittanz $\underline{Y}_{10}$ wird in die Admittanzmatrix eingebaut, während die Stromänderung:

$$\Delta\underline{I}_1 = \frac{1}{3U_1^2}\left[P_{\mathrm{L0}}\left(\frac{U_1}{U_{10}}\right)^p - \mathrm{j}Q_{\mathrm{L0}}\left(\frac{U_1}{U_{10}}\right)^q\right]\underline{U}_1 - \underline{Y}_{10}\underline{U}_1 \quad (2.144)$$

auf der rechten Seite iterativ berücksichtigt wird.

Angaben zu den Gegensystem und Nullsystemadmittanzen sind in der Regel kaum zu erhalten. Bestenfalls kann man Annahmen zum Verhältnis machen.

3 Netzgleichungssysteme in Symmetrischen Komponenten

Im Kap. 2 wurden die Betriebsmittelgleichungen in Form von Stromgleichungen hergeleitet. Die Orientierung auf Stromgleichungen hat den Vorteil, dass diese ausschließlich auf der Grundlage der Knotenpunktsätze zum Netzgleichungssystem in Form des Knotenspannungs-Gleichungssystems verknüpft werden können. Die Knotenspannungen beschreiben den stationären Netzzustand eindeutig und werden deshalb auch als (stationärer) Zustandsvektor bezeichnet. Sind die Knotenspannungen bekannt, so können über die Betriebsmittelgleichungen die Betriebsmittelströme, Leistungsflüsse, Verluste und die Blindleistungsbilanz berechnet werden. Das Knotenspannungs-Gleichungssystem kann auch noch für die Untersuchung quasistationärer Zustände (Zustände mit gegenüber der Grundfrequenz langsamen Änderungen) herangezogen werden (s. Kap. 7).

Für ein symmetrisch aufgebautes und betriebenes Drehstromsystem sind die Symmetrischen Komponenten vollständig entkoppelt, so dass das passive Gegen- und Nullsystem nicht in Erscheinung treten. Für die Berechnung symmetrischer Zustände genügen demnach die Gleichungen für das Mitsystem. Unsymmetriezustände und Fehler (Kurzschlüsse und Unterbrechungen) treten gewöhnlich nur an wenigen Stellen des Netzes auf. An den Unsymmetriestellen (allgemein als Fehlerstellen bezeichnet) sind die Symmetrischen Komponenten nicht mehr entkoppelt, so dass auch das Gegen- und Nullsystem einbezogen werden. Da die Netzgleichungen in Symmetrischen Komponenten aber bis auf die wenigen (meist nur eine) Fehlerstellen entkoppelt bleiben, ist die Berechnung von Unsymmetriezuständen und unsymmetrischen Fehlern in Symmetrischen Komponenten dennoch der ausführlichen Berechnung mit Leitergrößen vorzuziehen.

Im Folgenden werden zunächst die Gleichungssysteme für das symmetrische fehlerfreie Netz hergeleitet. Die Einbeziehung von Unsymmetriestellen und Fehlern erfolgt in den Kap. 5, 6 und 7.

B.R. Oswald, *Berechnung von Drehstromnetzen*, DOI 10.1007/978-3-658-14405-0_3

3.1 Zusammengefasste Darstellung der Betriebsmittelgleichungen

Die Gleichungen der Betriebsmittel in Symmetrischen Komponenten können nach der Anzahl der Klemmenpaare (Tore) in die folgenden vier prinzipiellen Typen A, AB, ABC und ABCD eingeordnet werden.

Typ A

Vom Typ A sind die Gleichungen der Generatoren, Motoren Ersatznetze, nichtmotorischen Lasten, Kondensatorbänken und Querdrosselspulen.

Die Stromgleichungen für die Symmetrischen Komponenten des Typs A sind unter der Voraussetzung eines symmetrischen Aufbaus entkoppelte Zweipolgleichungen, die in der folgenden Gleichung zusammengefasst werden. Quellenströme kommen nur im Mitsystem der aktiven Betriebsmittel Generatoren, Motoren und Ersatznetze vor.

$$\begin{bmatrix} \underline{I}_{1A} \\ \underline{I}_{2A} \\ \underline{I}_{0A} \end{bmatrix} = \begin{bmatrix} \underline{Y}_{1A} & & \\ & \underline{Y}_{2A} & \\ & & \underline{Y}_{0A} \end{bmatrix} \begin{bmatrix} \underline{U}_{1A} \\ \underline{U}_{2A} \\ \underline{U}_{0A} \end{bmatrix} + \begin{bmatrix} \underline{I}_{1q} \\ 0 \\ 0 \end{bmatrix} \tag{3.1a}$$

oder kürzer

$$\underline{\boldsymbol{i}}_{SA} = \underline{\boldsymbol{Y}}_{SA}\underline{\boldsymbol{u}}_{SA} + \underline{\boldsymbol{i}}_{Sq} \tag{3.1b}$$

Die Zählpfeilzuordnung nach dem Verbraucherzählpfeilsystem geht aus Abb. 3.1 hervor.

Ein Sonderfall stellt die Leistungsflussberechnung (s. Kap. 4) dar, bei der die Betriebsmittel vom Typ A lediglich durch spannungsabhängige Quellenströme ohne parallel geschaltete Admittanzen nachgebildet werden.

Typ AB

Zum Typ AB gehören die Einfachleitungen und Zweiwicklungstransformatoren. Ihre Stromgleichungen sind unter der Voraussetzung eines symmetrischen Aufbaus bzw. der Verdrillung von Freileitungen entkoppelte Vierpolgleichungen, die in der folgenden Glei-

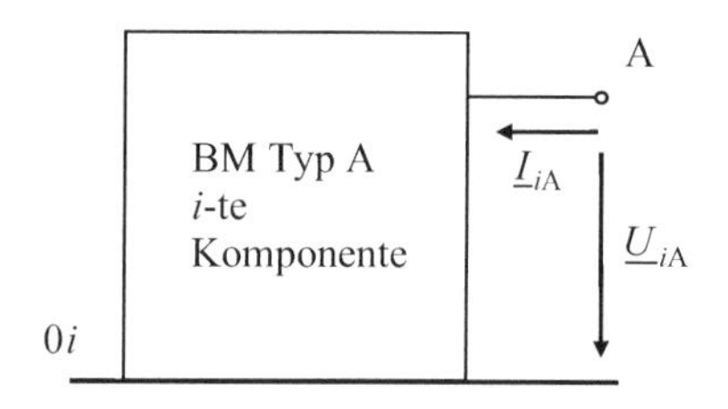

Abb. 3.1 Zweipoldarstellung der Symmetrischen Komponenten ($i = 1, 2, 0$) mit Zählpfeilen für die Klemmengrößen für die Betriebsmittel vom Typ A

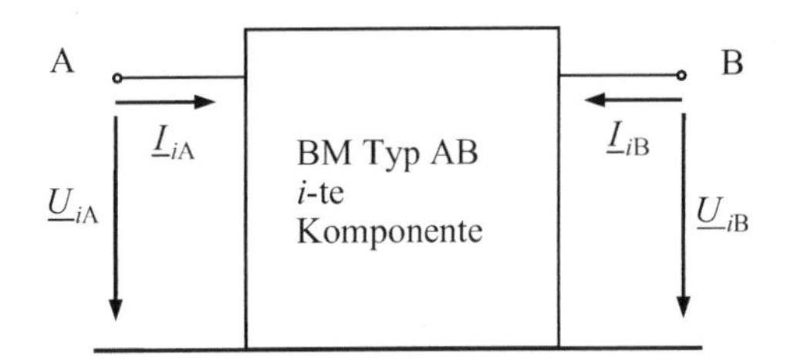

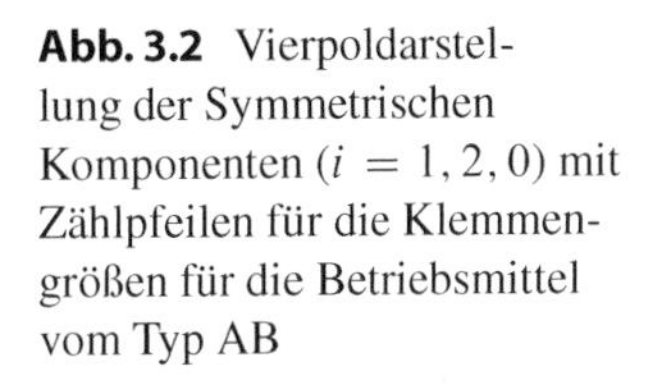
Abb. 3.2 Vierpoldarstellung der Symmetrischen Komponenten ($i = 1, 2, 0$) mit Zählpfeilen für die Klemmengrößen für die Betriebsmittel vom Typ AB

chung zusammengefasst werden:

$$\begin{bmatrix} \underline{I}_{1\mathrm{A}} \\ \underline{I}_{2\mathrm{A}} \\ \underline{I}_{0\mathrm{A}} \\ \hline \underline{I}_{1\mathrm{B}} \\ \underline{I}_{2\mathrm{B}} \\ \underline{I}_{0\mathrm{B}} \end{bmatrix} = \left[\begin{array}{ccc|ccc} \underline{Y}_{1\mathrm{AA}} & & & \underline{Y}_{1\mathrm{AB}} & & \\ & \underline{Y}_{2\mathrm{AA}} & & & \underline{Y}_{2\mathrm{AB}} & \\ & & \underline{Y}_{0\mathrm{AA}} & & & \underline{Y}_{0\mathrm{AB}} \\ \hline \underline{Y}_{1\mathrm{BA}} & & & \underline{Y}_{1\mathrm{BB}} & & \\ & \underline{Y}_{2\mathrm{BA}} & & & \underline{Y}_{2\mathrm{BB}} & \\ & & \underline{Y}_{0\mathrm{BA}} & & & \underline{Y}_{0\mathrm{BB}} \end{array}\right] \begin{bmatrix} \underline{U}_{1\mathrm{A}} \\ \underline{U}_{2\mathrm{A}} \\ \underline{U}_{0\mathrm{A}} \\ \hline \underline{U}_{1\mathrm{B}} \\ \underline{U}_{2\mathrm{B}} \\ \underline{U}_{0\mathrm{B}} \end{bmatrix} \tag{3.2a}$$

$$\begin{bmatrix} \underline{\boldsymbol{i}}_{\mathrm{SA}} \\ \underline{\boldsymbol{i}}_{\mathrm{SB}} \end{bmatrix} = \begin{bmatrix} \underline{\boldsymbol{Y}}_{\mathrm{SAA}} & \underline{\boldsymbol{Y}}_{\mathrm{SAB}} \\ \underline{\boldsymbol{Y}}_{\mathrm{SBA}} & \underline{\boldsymbol{Y}}_{\mathrm{SBB}} \end{bmatrix} \begin{bmatrix} \underline{\boldsymbol{u}}_{\mathrm{SA}} \\ \underline{\boldsymbol{u}}_{\mathrm{SB}} \end{bmatrix} \tag{3.2b}$$

Es ist zu beachten, dass die Admittanzmatrix für Transformatoren im allgemeinen Fall nicht symmetrisch ist. Im Abschn. 2.2 war deshalb vereinbart worden, dass die Klemme A mit der Oberspannungsseite übereinstimmt.

Die Zählpfeilzuordnung nach dem Verbraucherzählpfeilsystem ist aus Abb. 3.2 ersichtlich.

Typ ABC

Der Typ ABC tritt bei Dreiwicklungstransformatoren auf. Die Ersatzschaltungen der Symmetrischen Komponenten sind Sechspole, deren Stromgleichungen sich wieder in einer Matrizengleichung zusammenfassen lassen, von der im Folgenden nur die Kurzform angegeben wird:

$$\begin{bmatrix} \underline{\boldsymbol{i}}_{\mathrm{SA}} \\ \underline{\boldsymbol{i}}_{\mathrm{SB}} \\ \underline{\boldsymbol{i}}_{\mathrm{SC}} \end{bmatrix} = \begin{bmatrix} \underline{\boldsymbol{Y}}_{\mathrm{SAA}} & \underline{\boldsymbol{Y}}_{\mathrm{SAB}} & \underline{\boldsymbol{Y}}_{\mathrm{SAC}} \\ \underline{\boldsymbol{Y}}_{\mathrm{SBA}} & \underline{\boldsymbol{Y}}_{\mathrm{SBB}} & \underline{\boldsymbol{Y}}_{\mathrm{SBC}} \\ \underline{\boldsymbol{Y}}_{\mathrm{SCA}} & \underline{\boldsymbol{Y}}_{\mathrm{SCB}} & \underline{\boldsymbol{Y}}_{\mathrm{SCC}} \end{bmatrix} \begin{bmatrix} \underline{\boldsymbol{u}}_{\mathrm{SA}} \\ \underline{\boldsymbol{u}}_{\mathrm{SB}} \\ \underline{\boldsymbol{u}}_{\mathrm{SC}} \end{bmatrix} \tag{3.3}$$

Typ ABCD

Die Gleichungen der Symmetrischen Komponenten von Doppelleitungen haben die grundsätzliche Form:

$$\begin{bmatrix} \underline{i}_{\mathrm{SA}} \\ \underline{i}_{\mathrm{SB}} \\ \hline \underline{i}_{\mathrm{SC}} \\ \underline{i}_{\mathrm{SD}} \end{bmatrix} = \left[\begin{array}{cc|cc} \underline{Y}_{\mathrm{SAA}} & \underline{Y}_{\mathrm{SAB}} & \underline{Y}_{\mathrm{SAC}} & \underline{Y}_{\mathrm{SAD}} \\ \underline{Y}_{\mathrm{SBA}} & \underline{Y}_{\mathrm{SBB}} & \underline{Y}_{\mathrm{SBC}} & \underline{Y}_{\mathrm{SBD}} \\ \hline \underline{Y}_{\mathrm{SCA}} & \underline{Y}_{\mathrm{SCB}} & \underline{Y}_{\mathrm{SCC}} & \underline{Y}_{\mathrm{SCD}} \\ \underline{Y}_{\mathrm{SDA}} & \underline{Y}_{\mathrm{SDB}} & \underline{Y}_{\mathrm{SDC}} & \underline{Y}_{\mathrm{SDD}} \end{array}\right] \begin{bmatrix} \underline{u}_{\mathrm{SA}} \\ \underline{u}_{\mathrm{SB}} \\ \hline \underline{u}_{\mathrm{SC}} \\ \underline{u}_{\mathrm{SD}} \end{bmatrix} \tag{3.4}$$

Als Besonderheit tritt bei den Doppelleitungen auch bei Verdrillung eine Kopplung zwischen den gleichartigen Komponentensystemen beider Leitungen auf [2].

3.2 Knotenspannungs-Gleichungssysteme

Es werden die Knotenspannungs-Gleichungssysteme für die Berechnung der Effektivwerte der Netzgrößen bei Quer- und Längsfehlern (Kurzschlüsse und Unterbrechungen), der Reaktion auf Quer- und Längsfehler (Stabilitätsverhalten, Netzdynamik) und der Leistungsflüsse im stationären Zustand bereitgestellt.

Die Gleichungssysteme unterscheiden sich lediglich durch die Einbeziehung der Betriebsmittel vom Typ A, wie sie aus der Tab. 3.1 ersichtlich ist. Unabhängig vom Berechnungsziel erscheinen die Ströme der Betriebsmittel vom Typ A als Knotenströme in Form von konstanten oder gesteuerten Quellenströmen im Knotenspannungs-Gleichungssystem.

3.2.1 Gleichungssystem für die Berechnung von Fehlern und der Netzdynamik

Die Gleichungen der Betriebsmittel werden nach Typen geordnet in einer Matrizengleichung zusammengefasst[1]:

$$\underline{i}_{\mathrm{ST}} = \underline{Y}_{\mathrm{ST}}\underline{u}_{\mathrm{ST}} + \underline{i}_{\mathrm{Sq}} \tag{3.5}$$

Tab. 3.1 Nachbildung der BM vom Typ A für verschiedene Berechnungsziele

Berechnung	Typ A aktiv	Typ A passiv
Quer- und Längsfehler	konstante komplexe Mitsystemströme	konstante Admittanzen, meist vernachlässigt
Netzdynamik	gesteuerte komplexe Mitsystemströme	spannungsabhängige Admittanzen
Leistungsfluss	spannungsabhängige Mitsystemströme	

[1] Die Ströme und Spannungen eines Klemmenpaares (Tores) werden mit dem Index T (von Tor) bezeichnet, weil der Index K für Knoten vergeben ist.

Der Stromvektor $\underline{\boldsymbol{i}}_{\text{ST}}$ enthält die Klemmenströme der Betriebsmitteltypen in der Reihenfolge A, AB, ABC und ABCD. In der Gl. 3.6 sind der Kürze halber nur die Klemmenströme von je zwei Betriebsmitteln der Typen A und AB eingetragen.

$$\underline{\boldsymbol{i}}_{\text{ST}} = \begin{bmatrix} \underline{\boldsymbol{i}}_{\text{SA1}}^{\text{T}} & \underline{\boldsymbol{i}}_{\text{SA2}}^{\text{T}} & \cdots & \begin{bmatrix} \underline{\boldsymbol{i}}_{\text{SA1}}^{\text{T}} & \underline{\boldsymbol{i}}_{\text{SB1}}^{\text{T}} \end{bmatrix} & \begin{bmatrix} \underline{\boldsymbol{i}}_{\text{SA2}}^{\text{T}} & \underline{\boldsymbol{i}}_{\text{SB2}}^{\text{T}} \end{bmatrix} & \cdots \end{bmatrix}^{\text{T}} \tag{3.6}$$

Der Spannungsvektor setzt sich in gleicher Reihenfolge aus den Klemmenspannungen zusammen:

$$\underline{\boldsymbol{u}}_{\text{ST}} = \begin{bmatrix} \underline{\boldsymbol{u}}_{\text{SA1}}^{\text{T}} & \underline{\boldsymbol{u}}_{\text{SA2}}^{\text{T}} & \cdots & \begin{bmatrix} \underline{\boldsymbol{u}}_{\text{SA1}}^{\text{T}} & \underline{\boldsymbol{u}}_{\text{SB1}}^{\text{T}} \end{bmatrix} & \begin{bmatrix} \underline{\boldsymbol{u}}_{\text{SA2}}^{\text{T}} & \underline{\boldsymbol{u}}_{\text{SB2}}^{\text{T}} \end{bmatrix} & \cdots \end{bmatrix}^{\text{T}} \tag{3.7}$$

Quellenströme kommen nur bei den aktiven Betriebsmitteln des Typs A vor, so dass der Quellenstromvektor in Gl. 3.5 folgenden prinzipiellen Aufbau hat und zudem nur an den Stellen einen Quellenstrom aufweist, an denen sich aktive Betriebsmittel vom Typ A befinden:

$$\underline{\boldsymbol{i}}_{\text{Sq}} = \begin{bmatrix} \underline{\boldsymbol{i}}_{\text{Sq1}}^{\text{T}} & \underline{\boldsymbol{i}}_{\text{Sq2}}^{\text{T}} & \cdots & \begin{bmatrix} \mathbf{o} & \mathbf{o} \end{bmatrix} & \begin{bmatrix} \mathbf{o} & \mathbf{o} \end{bmatrix} & \cdots \end{bmatrix}^{\text{T}} \tag{3.8}$$

In der Admittanzmatrix $\underline{\boldsymbol{Y}}_{\text{ST}}$ sind die Admittanzmatrizen der Betriebsmittel in der gleichen Reihenfolge wie in den vorstehenden Vektoren angeordnet, so dass diese die folgende Blockdiagonalform erhält:

$$\underline{\boldsymbol{Y}}_{\text{ST}} = \begin{bmatrix} \underline{\boldsymbol{Y}}_{\text{SA1}} & & & & & & & \\ & \underline{\boldsymbol{Y}}_{\text{SA2}} & & & & & & \\ & & \ddots & & & & & \\ & & & \underline{\boldsymbol{Y}}_{\text{SAA1}} & \underline{\boldsymbol{Y}}_{\text{SAB1}} & & & \\ & & & \underline{\boldsymbol{Y}}_{\text{SBA1}} & \underline{\boldsymbol{Y}}_{\text{SBB1}} & & & \\ & & & & & \underline{\boldsymbol{Y}}_{\text{SAA2}} & \underline{\boldsymbol{Y}}_{\text{SAB2}} & \\ & & & & & \underline{\boldsymbol{Y}}_{\text{SBA2}} & \underline{\boldsymbol{Y}}_{\text{SBB2}} & \\ & & & & & & & \ddots \end{bmatrix} \tag{3.9}$$

Die Verknüpfung der Betriebsmittelgleichungen zum Netzgleichungssystem erfolgt auf der Grundlage der Knotenpunktsätze, die mit Hilfe der Knoten-Klemmen-Inzidenzmatrix (Knoten-Tor-Inzidenzmatrix) $\boldsymbol{K}_{\text{SKT}}$ formuliert werden (s. das Beispiel 3.1)[2]:

$$\boldsymbol{K}_{\text{SKT}}\underline{\boldsymbol{i}}_{\text{ST}} = \mathbf{o} \tag{3.10}$$

Nach Einsetzen der Betriebsmittelströme aus Gl. 3.5 erhält man umgeformt:

$$-\boldsymbol{K}_{\text{SKT}}\underline{\boldsymbol{Y}}_{\text{ST}}\underline{\boldsymbol{u}}_{\text{ST}} = \boldsymbol{K}_{\text{SKT}}\underline{\boldsymbol{i}}_{\text{Sq}} \tag{3.11}$$

[2] Durch die einheitliche Festlegung der Zählpfeile für die Klemmenströme der Betriebsmittel nach dem Verbraucherzählpfeilsystem treten an den Knoten nur abfließende Ströme auf.

Die Klemmenspannungen der Betriebsmittel können mit Hilfe der transponierten Knoten-Klemmen-Inzidenzmatrix durch die Knotenspannungen ersetzt werden:

$$\underline{\boldsymbol{u}}_{\mathrm{ST}} = \boldsymbol{K}_{\mathrm{SKT}}^{\mathrm{T}} \underline{\boldsymbol{u}}_{\mathrm{SK}} \tag{3.12}$$

Damit erhält man schließlich folgendes Knotenspannungs-Gleichungssystem mit der Knotenadmittanzmatrix als Koeffizientenmatrix und den durch die Betriebsmittel vom Typ A vorgegebenen Knotenströmen auf der rechten Seite:

$$-\boldsymbol{K}_{\mathrm{SKT}} \underline{\boldsymbol{Y}}_{\mathrm{ST}} \boldsymbol{K}_{\mathrm{SKT}}^{\mathrm{T}} \underline{\boldsymbol{u}}_{\mathrm{SK}} = \boldsymbol{K}_{\mathrm{SKT}} \underline{\boldsymbol{i}}_{\mathrm{Sq}} \tag{3.13a}$$

oder nach Einführung der Abkürzungen $\underline{\boldsymbol{Y}}_{\mathrm{SKK}}$ für die Knotenadmittanzmatrix und $\underline{\boldsymbol{i}}_{\mathrm{SK}}$ für den Knotenstromvektor, der lediglich die Quellenströme der aktiven Betriebsmittel vom Typ A enthält:

$$\underline{\boldsymbol{Y}}_{\mathrm{SKK}} \underline{\boldsymbol{u}}_{\mathrm{SK}} = \underline{\boldsymbol{i}}_{\mathrm{SK}} = \underline{\boldsymbol{i}}_{\mathrm{SQ}} \tag{3.13b}$$

und ausführlicher mit Untermatrizen für die einzelnen Knoten:

$$\begin{bmatrix} \underline{\boldsymbol{Y}}_{\mathrm{S}11} & \underline{\boldsymbol{Y}}_{\mathrm{S}12} & \cdots & \underline{\boldsymbol{Y}}_{\mathrm{S}1i} & \cdots & \underline{\boldsymbol{Y}}_{\mathrm{S}1\mathrm{n}} \\ \underline{\boldsymbol{Y}}_{\mathrm{S}21} & \underline{\boldsymbol{Y}}_{\mathrm{S}22} & \cdots & \underline{\boldsymbol{Y}}_{\mathrm{S}2i} & \cdots & \underline{\boldsymbol{Y}}_{\mathrm{S}2\mathrm{n}} \\ \vdots & \vdots & \ddots & \vdots & \ddots & \vdots \\ \underline{\boldsymbol{Y}}_{\mathrm{S}i1} & \underline{\boldsymbol{Y}}_{\mathrm{S}i2} & \cdots & \underline{\boldsymbol{Y}}_{\mathrm{S}ii} & \cdots & \underline{\boldsymbol{Y}}_{\mathrm{S}i\mathrm{n}} \\ \vdots & \vdots & \ddots & \vdots & \ddots & \vdots \\ \underline{\boldsymbol{Y}}_{\mathrm{Sn}1} & \underline{\boldsymbol{Y}}_{\mathrm{Sn}2} & \cdots & \underline{\boldsymbol{Y}}_{\mathrm{Sn}i} & \cdots & \underline{\boldsymbol{Y}}_{\mathrm{Snn}} \end{bmatrix} \begin{bmatrix} \underline{\boldsymbol{u}}_{\mathrm{SK}1} \\ \underline{\boldsymbol{u}}_{\mathrm{SK}2} \\ \vdots \\ \underline{\boldsymbol{u}}_{\mathrm{SK}i} \\ \vdots \\ \underline{\boldsymbol{u}}_{\mathrm{SKn}} \end{bmatrix} = \begin{bmatrix} \underline{\boldsymbol{i}}_{\mathrm{SK}1} \\ \underline{\boldsymbol{i}}_{\mathrm{SK}2} \\ \vdots \\ \underline{\boldsymbol{i}}_{\mathrm{SK}i} \\ \vdots \\ \underline{\boldsymbol{i}}_{\mathrm{SKn}} \end{bmatrix} \tag{3.14}$$

Die Knotenadmittanzmatrix hat folgende Eigenschaften:

1. $\underline{\boldsymbol{Y}}_{\mathrm{SKK}}$ ist quadratisch und von der Ordnung $3 \times n$, wenn n die Anzahl der Netzknoten (ohne Bezugsknoten) ist.
2. $\underline{\boldsymbol{Y}}_{\mathrm{SKK}}$ ist schwach besetzt.
3. $\underline{\boldsymbol{Y}}_{\mathrm{SKK}}$ ist symmetrisch, solange keine Transformatoren mit phasendrehender Schaltgruppe enthalten sind.
4. $\underline{\boldsymbol{Y}}_{\mathrm{SKK}}$ ist ohne Berücksichtigung der Leitungs- und Transformatorquerglieder singulär, solange nicht mindestens ein Betriebsmittel vom Typ A mit geerdetem Sternpunkt enthalten ist.

Die Bildung und der Aufbau des Knotenspannungs-Gleichungssystems werden durch das folgende Beispiel illustriert.

Beispiel 3.1

Ein Generator (G) soll mit einem Transformator (T) über eine Leitung (L) mit einem Netz (N) verknüpft werden. Die Abb. 3.3b zeigt die Betriebsmittelersatzschaltungen für jede Symmetrische Komponente mit den Zählpfeilen für die Betriebsmittelströme, deren Klemmenspannungen und die Knotenspannungen. Die Klemmenspannungen sind stets mit den Spannungen an den Knoten, an denen sie angeschlossen sind identisch.

Die Knoten-Klemmen-Inzidenzmatrix hat folgenden Aufbau:

$$\boldsymbol{K}_{\mathrm{SKT}} = \begin{array}{c} \\ \mathrm{K1} \\ \mathrm{K2} \\ \mathrm{K3} \end{array} \begin{array}{c} \begin{array}{cccccc} \mathrm{G} & \mathrm{N} & \mathrm{TA} & \mathrm{TB} & \mathrm{LA} & \mathrm{LB} \end{array} \\ \left[\begin{array}{cc|cc|cc} \boldsymbol{E} & \mathbf{0} & \mathbf{0} & \boldsymbol{E} & \mathbf{0} & \mathbf{0} \\ \mathbf{0} & \mathbf{0} & \boldsymbol{E} & \mathbf{0} & \boldsymbol{E} & \mathbf{0} \\ \mathbf{0} & \boldsymbol{E} & \mathbf{0} & \mathbf{0} & \mathbf{0} & \boldsymbol{E} \end{array}\right] \end{array} \tag{3.15}$$

An den Verknüpfungsstellen (Schnittpunkte der entsprechenden drei Knotenzeilen mit den drei Klemmenspalten) der angeschlossenen Betriebsmittel steht die 3 × 3-Einheitsmatrix $\boldsymbol{E}$. Alle anderen Elemente der Matrix $\boldsymbol{K}_{\mathrm{SKT}}$ sind Null. In jeder Spalte darf nur einmal die Einheitsmatrix auftreten, da ein Klemmentripel immer nur an einem Knotentripel angeschlossen kein kann. Bei Transformatoren ist zu beachten, dass die Oberspannungsseite mit der Seite A identisch ist (s. Abschn. 2.2).

Die geordnete Betriebsmitteladmittanzmatrix lautet:

$$\underline{\boldsymbol{Y}}_{\mathrm{ST}} = \left[\begin{array}{cc|cc|cc} \underline{\boldsymbol{Y}}_{\mathrm{SAG}} & & & & & \\ & \underline{\boldsymbol{Y}}_{\mathrm{SAN}} & & & & \\ \hline & & \underline{\boldsymbol{Y}}_{\mathrm{SAAT}} & \underline{\boldsymbol{Y}}_{\mathrm{SABT}} & & \\ & & \underline{\boldsymbol{Y}}_{\mathrm{SBAT}} & \underline{\boldsymbol{Y}}_{\mathrm{SBBT}} & & \\ \hline & & & & \underline{\boldsymbol{Y}}_{\mathrm{SAAL}} & \underline{\boldsymbol{Y}}_{\mathrm{SABL}} \\ & & & & \underline{\boldsymbol{Y}}_{\mathrm{SBAL}} & \underline{\boldsymbol{Y}}_{\mathrm{SBBL}} \end{array}\right] \tag{3.16}$$

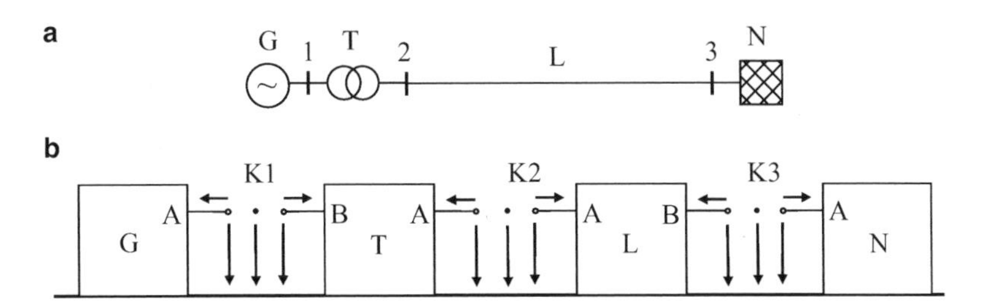

Abb. 3.3 Beispielnetz für die Formulierung des Knotenspannungs-Gleichungssystems. **a** Netzplan **b** Ersatzschaltungen der Symmetrischen Komponenten für die Betriebsmittel

Nach der Gl. 3.13 ergibt sich folgende Knotenadmittanzmatrix:

$$\underline{\boldsymbol{Y}}_{\mathrm{SKK}} = -\boldsymbol{K}_{\mathrm{SKT}}\underline{\boldsymbol{Y}}_{\mathrm{ST}}\boldsymbol{K}_{\mathrm{SKT}}^{\mathrm{T}} = -\begin{bmatrix} \underline{\boldsymbol{Y}}_{\mathrm{SAG}} + \underline{\boldsymbol{Y}}_{\mathrm{SBBT}} & \underline{\boldsymbol{Y}}_{\mathrm{SBAT}} & \boldsymbol{0} \\ \underline{\boldsymbol{Y}}_{\mathrm{SABT}} & \underline{\boldsymbol{Y}}_{\mathrm{SAAT}} + \underline{\boldsymbol{Y}}_{\mathrm{SAAL}} & \underline{\boldsymbol{Y}}_{\mathrm{SABL}} \\ \boldsymbol{0} & \underline{\boldsymbol{Y}}_{\mathrm{SBAL}} & \underline{\boldsymbol{Y}}_{\mathrm{SAN}} + \underline{\boldsymbol{Y}}_{\mathrm{SBBL}} \end{bmatrix} \tag{3.17}$$

und folgender Knotenstromvektor:

$$\underline{\boldsymbol{i}}_{\mathrm{SK}} = \boldsymbol{K}_{\mathrm{SKT}}\underline{\boldsymbol{i}}_{\mathrm{Sq}} = \begin{bmatrix} \underline{\boldsymbol{i}}_{\mathrm{SqG}}^{\mathrm{T}} & \boldsymbol{o} & \underline{\boldsymbol{i}}_{\mathrm{SqN}}^{\mathrm{T}} \end{bmatrix}^{\mathrm{T}} \tag{3.18}$$

Damit lautet das vollständige Knotenspannungs-Gleichungssystem:

$$-\begin{bmatrix} \underline{\boldsymbol{Y}}_{\mathrm{SAG}} + \underline{\boldsymbol{Y}}_{\mathrm{SBBT}} & \underline{\boldsymbol{Y}}_{\mathrm{SBAT}} & \boldsymbol{0} \\ \underline{\boldsymbol{Y}}_{\mathrm{SABT}} & \underline{\boldsymbol{Y}}_{\mathrm{SAAT}} + \underline{\boldsymbol{Y}}_{\mathrm{SAAL}} & \underline{\boldsymbol{Y}}_{\mathrm{SABL}} \\ \boldsymbol{0} & \underline{\boldsymbol{Y}}_{\mathrm{SBAL}} & \underline{\boldsymbol{Y}}_{\mathrm{SAN}} + \underline{\boldsymbol{Y}}_{\mathrm{SBBL}} \end{bmatrix} \begin{bmatrix} \underline{\boldsymbol{u}}_{\mathrm{SK1}} \\ \underline{\boldsymbol{u}}_{\mathrm{SK2}} \\ \underline{\boldsymbol{u}}_{\mathrm{SK3}} \end{bmatrix} = \begin{bmatrix} \underline{\boldsymbol{i}}_{\mathrm{SqG}} \\ \boldsymbol{o} \\ \underline{\boldsymbol{i}}_{\mathrm{SqN}} \end{bmatrix} = \begin{bmatrix} \underline{\boldsymbol{i}}_{\mathrm{SK1}} \\ \underline{\boldsymbol{i}}_{\mathrm{SK2}} \\ \underline{\boldsymbol{i}}_{\mathrm{SK3}} \end{bmatrix} \tag{3.19}$$

Die Admittanzmatrizen der Betriebsmittel vom Typ A gehen mit negativem Vorzeichen in die Diagonale der Knotenadmittanzmatrix ein, wodurch die Knotenadmittanzmatrix auch bei Vernachlässigung der Leitungs- und Transformatorquerglieder regulär ist, sobald ein Betriebsmittel vom Typ A mit geerdetem Sternpunkt enthalten ist.

In den vorstehenden Matrizengleichungen sind die Elemente der Untermatrizen und Untervektoren in der Reihenfolge 1, 2, 0 der Symmetrischen Komponenten geordnet.

Durch Sortieren nach den Symmetrischen Komponenten erhält man anstelle der Gl. 3.14 die folgenden separaten Gleichungssysteme für das Mit-, Gegen- und Nullsystem mit den Komponenten der Leiter-Erde-Spannungen $\underline{U}_{1\mathrm{L.K}i}$, $\underline{U}_{2\mathrm{L.K}i}$, $\underline{U}_{0\mathrm{L.K}i}$ an den Knoten. Sie werden im Folgenden kürzer mit $\underline{U}_{1\mathrm{K}i}$, $\underline{U}_{2\mathrm{K}i}$ und $\underline{U}_{0\mathrm{K}i}$ bezeichnet und Knotenspannungen genannt.

$$\begin{bmatrix} \underline{Y}_{1,11} & \underline{Y}_{1,12} & \cdots & \underline{Y}_{1,1i} & \cdots & \underline{Y}_{1,1\mathrm{n}} \\ \underline{Y}_{1,21} & \underline{Y}_{1,22} & \cdots & \underline{Y}_{1,2i} & \cdots & \underline{Y}_{1,2\mathrm{n}} \\ \vdots & \vdots & \ddots & \vdots & \ddots & \vdots \\ \underline{Y}_{1,i1} & \underline{Y}_{1,i2} & \cdots & \underline{Y}_{1,ii} & \cdots & \underline{Y}_{1,i\mathrm{n}} \\ \vdots & \vdots & \ddots & \vdots & \ddots & \vdots \\ \underline{Y}_{1,\mathrm{n}1} & \underline{Y}_{1,\mathrm{n}2} & \cdots & \underline{Y}_{1,\mathrm{n}i} & \cdots & \underline{Y}_{1,\mathrm{nn}} \end{bmatrix} \begin{bmatrix} \underline{U}_{1\mathrm{K}1} \\ \underline{U}_{1\mathrm{K}2} \\ \vdots \\ \underline{U}_{1\mathrm{K}i} \\ \vdots \\ \underline{U}_{1\mathrm{Kn}} \end{bmatrix} = \begin{bmatrix} \underline{I}_{1\mathrm{K}1} \\ \underline{I}_{1\mathrm{K}2} \\ \vdots \\ \underline{I}_{1\mathrm{K}i} \\ \vdots \\ \underline{I}_{1\mathrm{Kn}} \end{bmatrix} \tag{3.20a}$$

$$\underline{\boldsymbol{Y}}_{1\mathrm{KK}}\underline{\boldsymbol{u}}_{1\mathrm{K}} = \underline{\boldsymbol{i}}_{1\mathrm{K}} \tag{3.20b}$$

$$\begin{bmatrix} \underline{Y}_{2,11} & \underline{Y}_{2,12} & \cdots & \underline{Y}_{2,1i} & \cdots & \underline{Y}_{2,1n} \\ \underline{Y}_{2,21} & \underline{Y}_{2,22} & \cdots & \underline{Y}_{2,2i} & \cdots & \underline{Y}_{2,2n} \\ \vdots & \vdots & \ddots & \vdots & \ddots & \vdots \\ \underline{Y}_{2,i1} & \underline{Y}_{2,i2} & \cdots & \underline{Y}_{2,ii} & \cdots & \underline{Y}_{2,in} \\ \vdots & \vdots & \ddots & \vdots & \ddots & \vdots \\ \underline{Y}_{2,n1} & \underline{Y}_{2,n2} & \cdots & \underline{Y}_{2,ni} & \cdots & \underline{Y}_{2,nn} \end{bmatrix} \begin{bmatrix} \underline{U}_{2K1} \\ \underline{U}_{2K2} \\ \vdots \\ \underline{U}_{2Ki} \\ \vdots \\ \underline{U}_{2Kn} \end{bmatrix} = \begin{bmatrix} 0 \\ 0 \\ \vdots \\ 0 \\ \vdots \\ 0 \end{bmatrix} \quad (3.21a)$$

$$\underline{\boldsymbol{Y}}_{2KK}\underline{\boldsymbol{u}}_{2K} = \mathbf{o} \quad (3.21b)$$

$$\begin{bmatrix} \underline{Y}_{0,11} & \underline{Y}_{0,12} & \cdots & \underline{Y}_{0,1i} & \cdots & \underline{Y}_{0,1n} \\ \underline{Y}_{0,21} & \underline{Y}_{0,22} & \cdots & \underline{Y}_{0,2i} & \cdots & \underline{Y}_{0,2n} \\ \vdots & \vdots & \ddots & \vdots & \ddots & \vdots \\ \underline{Y}_{0,i1} & \underline{Y}_{0,i2} & \cdots & \underline{Y}_{0,ii} & \cdots & \underline{Y}_{0,in} \\ \vdots & \vdots & \ddots & \vdots & \ddots & \vdots \\ \underline{Y}_{0,n1} & \underline{Y}_{0,n2} & \cdots & \underline{Y}_{0,ni} & \cdots & \underline{Y}_{0,nn} \end{bmatrix} \begin{bmatrix} \underline{U}_{0K1} \\ \underline{U}_{0K2} \\ \vdots \\ \underline{U}_{0Ki} \\ \vdots \\ \underline{U}_{0Kn} \end{bmatrix} = \begin{bmatrix} 0 \\ 0 \\ \vdots \\ 0 \\ \vdots \\ 0 \end{bmatrix} \quad (3.22a)$$

$$\underline{\boldsymbol{Y}}_{0KK}\underline{\boldsymbol{u}}_{0K} = \mathbf{o} \quad (3.22b)$$

Die Gln. 3.20 bis 3.22 sind im fehlerfreien Fall entkoppelt. Da das Gegen- und Nullsystem passiv sind, treten sie im fehlerfreien Fall nicht in Erscheinung.

3.2.2 Gleichungssystem für die Leistungsflussberechnung

Das Gleichungssystem für die Leistungsflussberechnung beschränkt sich auf das Mitsystem. Im Gegensatz zum Abschn. 3.2.1 werden auch die passiven Betriebsmittel vom Typ A durch Ströme im Mitsystem nachgebildet. Die Ströme der Einspeisungen und Abnahmen werden in einem Knotenstromvektor in der Reihenfolge der Knoten angeordnet:

$$\underline{\boldsymbol{i}}_{1K} = \begin{bmatrix} \underline{I}_{1A1} & \underline{I}_{1A2} & \cdots & \underline{I}_{1Ai} & \cdots & \underline{I}_{1Am} \end{bmatrix}^{T} \quad (3.23)$$

Die Gleichungen der insgesamt l Leitungen und Transformatoren werden zusammengefasst zu:

$$\underline{\boldsymbol{i}}_{1T} = \underline{\boldsymbol{Y}}_{1T}\underline{\boldsymbol{u}}_{1T} \quad (3.24)$$

mit folgendem geordneten Aufbau des Klemmenstrom- und -spannungsvektors sowie der Admittanzmatrix (der Kürze halber sind nur Leitungen und Transformatoren vom Typ AB eingetragen):

$$\underline{\boldsymbol{i}}_{1\mathrm{T}} = \begin{bmatrix} \underline{I}_{1\mathrm{A}1} & \underline{I}_{1\mathrm{B}1} & \cdots & \underline{I}_{1\mathrm{A}i} & \underline{I}_{1\mathrm{B}i} & \cdots & \underline{I}_{1\mathrm{Am}} & \underline{I}_{1\mathrm{Bm}} \end{bmatrix}^{\mathrm{T}} \tag{3.25}$$

$$\underline{\boldsymbol{u}}_{\mathrm{T}} = \begin{bmatrix} \underline{U}_{\mathrm{A}1} & \underline{U}_{\mathrm{B}1} & \cdots & \underline{U}_{\mathrm{A}i} & \underline{U}_{\mathrm{B}i} & \cdots & \underline{U}_{\mathrm{Am}} & \underline{U}_{\mathrm{Bm}} \end{bmatrix}^{\mathrm{T}} \tag{3.26}$$

$$\underline{\boldsymbol{Y}}_{1\mathrm{T}} = \begin{bmatrix} \underline{Y}_{1\mathrm{AA}1} & \underline{Y}_{1\mathrm{AB}1} & & & & \\ \underline{Y}_{1\mathrm{BA}1} & \underline{Y}_{1\mathrm{BA}1} & & & & \\ & & \ddots & & & \\ & & \underline{Y}_{1\mathrm{AA}i} & \underline{Y}_{1\mathrm{AB}i} & & \\ & & \underline{Y}_{1\mathrm{BA}i} & \underline{Y}_{1\mathrm{BA}i} & & \\ & & & \ddots & & \\ & & & & \underline{Y}_{1\mathrm{AAm}} & \underline{Y}_{1\mathrm{ABm}} \\ & & & & \underline{Y}_{1\mathrm{BAm}} & \underline{Y}_{1\mathrm{BBm}} \end{bmatrix} \tag{3.27}$$

Die Knotenpunktsätze lauten mit Knoten-Klemmen-Inzidenzmatrix $\boldsymbol{K}_{1\mathrm{KT}}$ für die Leitungen und Transformatoren:

$$\boldsymbol{K}_{1\mathrm{KT}}\underline{\boldsymbol{i}}_{1\mathrm{T}} + \underline{\boldsymbol{i}}_{1\mathrm{K}} = \mathbf{o} \tag{3.28}$$

Nach Einsetzen von Gl. 3.24 und Elimination der Klemmenspannungen mit der transponierten Knoten-Klemmen-Inzidenzmatrizen erhält man schließlich:

$$-\boldsymbol{K}_{1\mathrm{KT}}\underline{\boldsymbol{Y}}_{1\mathrm{T}}\boldsymbol{K}_{1\mathrm{KT}}^{\mathrm{T}}\underline{\boldsymbol{u}}_{1\mathrm{K}} = \underline{\boldsymbol{i}}_{1\mathrm{K}} \tag{3.29}$$

oder kürzer:

$$\underline{\boldsymbol{Y}}_{1\mathrm{KK}}\underline{\boldsymbol{u}}_{1\mathrm{K}} = \underline{\boldsymbol{i}}_{1\mathrm{K}} \tag{3.30a}$$

und ausführlich (ohne die Indizes 1 und K):

$$\begin{bmatrix} \underline{Y}_{11} & \underline{Y}_{12} & \cdots & \underline{Y}_{1i} & \cdots & \underline{Y}_{1\mathrm{n}} \\ \underline{Y}_{21} & \underline{Y}_{22} & \cdots & \underline{Y}_{2i} & \cdots & \underline{Y}_{2\mathrm{n}} \\ \vdots & \vdots & \ddots & \vdots & \ddots & \vdots \\ \underline{Y}_{i1} & \underline{Y}_{i2} & \cdots & \underline{Y}_{ii} & \cdots & \underline{Y}_{i\mathrm{n}} \\ \vdots & \vdots & \ddots & \vdots & \ddots & \vdots \\ \underline{Y}_{\mathrm{n}1} & \underline{Y}_{\mathrm{n}2} & \cdots & \underline{Y}_{\mathrm{n}i} & \cdots & \underline{Y}_{\mathrm{nn}} \end{bmatrix} \begin{bmatrix} \underline{U}_1 \\ \underline{U}_2 \\ \vdots \\ \underline{U}_i \\ \vdots \\ \underline{U}_\mathrm{n} \end{bmatrix} = \begin{bmatrix} \underline{I}_1 \\ \underline{I}_2 \\ \vdots \\ \underline{I}_i \\ \vdots \\ \underline{I}_\mathrm{n} \end{bmatrix} \tag{3.30b}$$

Die Bildung der Knotenadmittanzmatrix kann auch direkt aus dem Netzplan vorgenommen werden. Eine Leitung oder ein Transformator, der mit seiner Klemme A am Knoten i und mit seiner Klemme B am Knoten k angeschlossen ist, nimmt mit seinen negativen Admittanzelementen die Plätze ii, ik, ki und kk in der Knotenadmittanzmatrix ein (s.

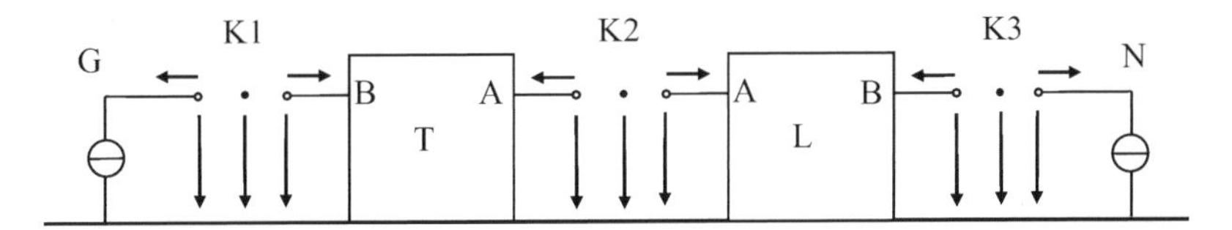

Abb. 3.4 Ersatzschaltung (schematisch) für die Formulierung des Knotenspannungs-Gleichungssystems für die Leistungsflussberechnung mit Zählpfeilen für die Spannungen und Ströme

auch das folgende Beispiel 3.2):

$$\begin{array}{c} \\ i \\ \\ k \\ \\ \end{array} \begin{array}{c} \begin{array}{ccccccc} & & i & & k & & \end{array} \\ \begin{bmatrix} & & \vdots & & \vdots & & \\ \cdots & & -\underline{Y}_{\mathrm{AA}} & \cdots & -\underline{Y}_{\mathrm{AB}} & & \cdots \\ & & \vdots & & \vdots & & \\ \cdots & & -\underline{Y}_{\mathrm{BA}} & \cdots & -\underline{Y}_{\mathrm{BB}} & & \cdots \\ & & \vdots & & \vdots & & \end{bmatrix} \end{array}$$

Beispiel 3.2

Für das Netz aus Beispiel 3.1 (Abb. 3.3) soll das Knotenspannungs-Gleichungssystem (Mitsystem) für die Leistungsflussberechnung aufgestellt werden.

Knotenstromvektor (der Knoten 2 ist ein Leerknoten, s. Abb. 3.4):

$$\begin{array}{cccc} & \mathrm{K1} & \mathrm{K2} & \mathrm{K3} \end{array}$$
$$\underline{\boldsymbol{i}}_{\mathrm{K}} = \begin{bmatrix} \underline{I}_{\mathrm{G}} & 0 & \underline{I}_{\mathrm{N}} \end{bmatrix}^{\mathrm{T}}$$

Knoten-Klemmen-Inzidenzmatrix:

$$\boldsymbol{K}_{\mathrm{KT}} = \begin{array}{c} \\ \mathrm{K1} \\ \mathrm{K2} \\ \mathrm{K3} \end{array} \begin{array}{c} \begin{array}{cccc} \mathrm{TA} & \mathrm{TB} & \mathrm{LA} & \mathrm{LB} \end{array} \\ \left[\begin{array}{cc|cc} 0 & 1 & 0 & 0 \\ 1 & 0 & 1 & 0 \\ 0 & 0 & 0 & 1 \end{array}\right] \end{array}$$

An den Verknüpfungsstellen (Schnittpunkt der entsprechenden Knotenzeile mit den Klemmenspalten der angeschlossenen Betriebsmittel) steht eine 1. Alle anderen Elemente der Matrix $\boldsymbol{K}_{1\mathrm{KT}}$ sind Null. In jeder Spalte darf nur einmal die 1 auftreten, da eine Klemme immer nur an einem Knoten angeschlossen sein kann. Die Transformatorklemme A ist an der Oberspannungsseite angeschlossen.

Geordnete Betriebsmitteladmittanzmatrix:

$$\underline{\boldsymbol{Y}}_{\mathrm{T}} = \begin{array}{c} \begin{array}{cccc} \mathrm{TA} & \mathrm{TB} & \mathrm{LA} & \mathrm{LB} \end{array} \\ \left[\begin{array}{cc|cc} \underline{Y}_{\mathrm{AAT}} & \underline{Y}_{\mathrm{ABT}} & & \\ \underline{Y}_{\mathrm{BAT}} & \underline{Y}_{\mathrm{BBT}} & & \\ \hline & & \underline{Y}_{\mathrm{AAL}} & \underline{Y}_{\mathrm{ABL}} \\ & & \underline{Y}_{\mathrm{BAL}} & \underline{Y}_{\mathrm{BBL}} \end{array}\right] \end{array}$$

Knotenadmittanzmatrix:

$$\underline{\boldsymbol{Y}}_{\mathrm{KK}} = -\boldsymbol{K}_{\mathrm{KT}}\underline{\boldsymbol{Y}}_{\mathrm{T}}\boldsymbol{K}_{\mathrm{KT}}^{\mathrm{T}} = -\begin{bmatrix} \underline{Y}_{\mathrm{BBT}} & \underline{Y}_{\mathrm{BAT}} & 0 \\ \underline{Y}_{\mathrm{ABT}} & \underline{Y}_{\mathrm{AAT}} + \underline{Y}_{\mathrm{AAL}} & \underline{Y}_{\mathrm{ABL}} \\ 0 & \underline{Y}_{\mathrm{BAL}} & \underline{Y}_{\mathrm{BBL}} \end{bmatrix}$$

Knotenspannungs-Gleichungssystem:

$$-\begin{bmatrix} \underline{Y}_{\mathrm{BBT}} & \underline{Y}_{\mathrm{BAT}} & 0 \\ \underline{Y}_{\mathrm{ABT}} & \underline{Y}_{\mathrm{AAT}} + \underline{Y}_{\mathrm{AAL}} & \underline{Y}_{\mathrm{ABL}} \\ 0 & \underline{Y}_{\mathrm{BAL}} & \underline{Y}_{\mathrm{BBL}} \end{bmatrix} \begin{bmatrix} \underline{U}_1 \\ \underline{U}_2 \\ \underline{U}_3 \end{bmatrix} = \begin{bmatrix} \underline{I}_{\mathrm{G}} \\ 0 \\ \underline{I}_{\mathrm{N}} \end{bmatrix} = \begin{bmatrix} \underline{I}_1 \\ \underline{I}_2 \\ \underline{I}_2 \end{bmatrix}$$

4 Leistungsflussberechnung

Die Leistungsflussberechnung dient zur Berechnung der Spannungen, Ströme und Leistungsflüsse im Netz und an den Einspeise- und Abnahmeknoten, sowie der Netzverluste und des Blindleistungsbedarfs unter stationären Bedingungen. Sie ist ein wichtiges Planungs- und Betriebsführungsinstrument zur Überwachung und Darstellung des Netzzustandes (Netzsicherheitsrechnung).

Im Folgenden werden die für die Leistungsflussberechnung erforderlichen Gleichungen und der prinzipielle Rechenablauf beschrieben. Dabei wird, wie allgemein bei der Leistungsflussberechnung üblich, vorausgesetzt, dass die Betriebsmittel symmetrisch aufgebaut sind und auch die Einspeisungen und Abnahmen symmetrisch erfolgen und das Netz fehlerfrei ist, so dass sich die Gleichungen auf die des Mitsystems reduzieren. Der Index 1 für Mitsystem kann dann auch weggelassen werden.

Man unterscheidet zwischen dem *Knotenpunkt-* und dem *Newtonverfahren.*

4.1 Knotenspezifikation

Die Knoten werden je nach den Vorgaben in Last- oder P-Q-Knoten, Generator- oder P-U-Knoten und Bilanz- oder Slackknoten eingeteilt. Die Tab. 4.1 gibt einen Überblick über die an den Knotentypen gegebenen und gesuchten Größen.

Die Leistungen an den Lastknoten, die in der Regel in der Mehrzahl sind, können je nach der Zusammensetzung der Lasten und deren Charakteristik spannungsabhängig sein. Die Spannungsabhängigkeit wird pauschal durch folgende Exponentialfunktionen

Tab. 4.1 Knotenspezifikation

Knotentyp	gegeben	gesucht
Lastknoten	$P(U)$ und $Q(U)$	U und δ
Generatorknoten	P und U	Q und δ
Bilanzknoten	U und δ	P und Q

B.R. Oswald, *Berechnung von Drehstromnetzen*, DOI 10.1007/978-3-658-14405-0_4

berücksichtigt (s. Abschn. 2.4).

$$P = P_0 \left(\frac{U}{U_0}\right)^p \tag{4.1}$$

$$Q = Q_0 \left(\frac{U}{U_0}\right)^q \tag{4.2}$$

wobei die Exponenten p und q erfahrungsgemäß zwischen 1 und 2 liegen. Im Folgenden sind noch drei Sonderfälle angegeben.

$p = q = 0$: $\underline{S} = P_0 + \mathrm{j}Q_0$,
d. h. konstante Abnehmerleistung

$p = q = 1$: $\underline{S} = 3U\left(\frac{P_0}{3U_0} + \mathrm{j}\frac{Q_0}{3U_0}\right) = 3U(I_{\mathrm{w}0} + \mathrm{j}I_{\mathrm{b}0})$,
d. h. konstanter Wirk- und Blindstrom

$p = q = 2$: $\underline{S} = 3\left(\frac{P_0}{3U_0^2} + \mathrm{j}\frac{Q_0}{3U_0^2}\right)U^2 = 3(G_0 - \mathrm{j}B_0)U^2 = 3\underline{Y}_0^* U^2$,
d. h. konstante Admittanz

Netzknoten, z. B. Sammelschienen, an denen keine Einspeisungen oder Abnehmer angeschlossen sind, werden als leere Lastknoten (Leerknoten) mit $P = Q = 0$ behandelt.

Die Vorgaben von P und U an den Generatorknoten beruhen darauf, dass die Generatoren normalerweise mit einer Spannungs- und Wirkleistungsregelung betrieben werden. Ist dagegen die Generatorleistung nach Wirk- und Blindanteil vorgegeben, so kann der Generator auch als Lastknoten mit negativen Leistungen nachgebildet werden.

Mindestens ein Bilanzknoten ist aus zwei Gründen erforderlich. Er sorgt zum einen für den Ausgleich der Leistungsbilanz und ermöglicht zum anderen bei Vernachlässigung der Leitungs- und Transformatorquerglieder überhaupt erst eine Lösung, da in diesem Fall die Knotenadmittanzmatrix singulär ist. Bei der Vorgabe mehrerer Bilanzknoten muss man beachten, dass man damit dem Netz schon Leistungsflüsse aufzwingt.

4.2 Knotenpunktverfahren

Das Knotenpunktverfahren beruht auf dem Knotenspannungs-Gleichungssystem, Gl. 3.30, das hier ohne den Index 1 für das Mitsystem nochmals angegeben wird:

$$\underline{\boldsymbol{Y}}_{\mathrm{KK}}\underline{\boldsymbol{u}}_{\mathrm{K}} = \underline{\boldsymbol{i}}_{\mathrm{K}} \tag{4.3a}$$

mit den Knotenströmen der Betriebsmittel vom Typ A (s. Kap. 3):

$$\underline{\boldsymbol{i}}_{\mathrm{K}} = \frac{1}{3}\underline{\boldsymbol{U}}_{\mathrm{K}}^{-1*}\underline{\boldsymbol{s}}_{\mathrm{K}}^* = \frac{1}{3}\underline{\boldsymbol{U}}_{\mathrm{K}}^{-1*}(\boldsymbol{p}_{\mathrm{K}} - \mathrm{j}\boldsymbol{q}_{\mathrm{K}}) \tag{4.4a}$$

und ausführlich (ohne den Index K):

$$\begin{bmatrix} \underline{Y}_{11} & \underline{Y}_{12} & \cdots & \underline{Y}_{1i} & \cdots & \underline{Y}_{1n} \\ \underline{Y}_{21} & \underline{Y}_{22} & \cdots & \underline{Y}_{2i} & \cdots & \underline{Y}_{2n} \\ \vdots & \vdots & \ddots & \vdots & \ddots & \vdots \\ \underline{Y}_{i1} & \underline{Y}_{i2} & \cdots & \underline{Y}_{ii} & \cdots & \underline{Y}_{in} \\ \vdots & \vdots & \ddots & \vdots & \ddots & \vdots \\ \underline{Y}_{n1} & \underline{Y}_{n2} & \cdots & \underline{Y}_{ni} & \cdots & \underline{Y}_{nn} \end{bmatrix} \begin{bmatrix} \underline{U}_1 \\ \underline{U}_2 \\ \vdots \\ \underline{U}_i \\ \vdots \\ \underline{U}_n \end{bmatrix} = \begin{bmatrix} \underline{I}_1 \\ \underline{I}_2 \\ \vdots \\ \underline{I}_i \\ \vdots \\ \underline{I}_n \end{bmatrix} \tag{4.3b}$$

$$\begin{bmatrix} \underline{I}_1 \\ \underline{I}_2 \\ \vdots \\ \underline{I}_i \\ \vdots \\ \underline{I}_n \end{bmatrix} = \frac{1}{3} \begin{bmatrix} \underline{U}_1^{-1*} & & & & & \\ & \underline{U}_2^{-1*} & & & & \\ & & \ddots & & & \\ & & & \underline{U}_i^{-1*} & \cdots & \\ & & & & \ddots & \\ & & & & & \underline{U}_n^{-1*} \end{bmatrix} \left\{ \begin{bmatrix} P_1(U_1) \\ P_2(U_2) \\ \vdots \\ P_i(U_i) \\ \vdots \\ P_n(U_n) \end{bmatrix} - \mathrm{j} \begin{bmatrix} Q_1(U_1) \\ Q_2(U_2) \\ \vdots \\ Q_i(U_i) \\ \vdots \\ Q_n(U_n) \end{bmatrix} \right\} \tag{4.4b}$$

mit der Spannungsabhängigkeit der Knotenleistungen nach den Gln. 4.1 und 4.2.

Die Lösung der Gln. 4.3 und 4.4 erfolgt iterativ. Ausgehend von einer vorgegeben Spannung am Bilanzknoten und Anfangswerten für die Spannungen und Leistungen an den anderen Knoten[1] werden Anfangswerte für die Knotenströme nach Gl. 4.4 berechnet. Mit diesen wird nach Gl. 4.3 ein erster Näherungswert für die Knotenspannungen erhalten, mit denen wiederum die Ströme nach Gl. 4.4 und die Spannungen nach Gl. 4.3 korrigiert werden. Diese Prozedur wiederholt sich so lange, bis keine merklichen Änderungen der Knotenspannungen mehr auftreten. Schließlich werden noch der Strom und die Leistung am Bilanzknoten berechnet. Der Bilanzknoten sorgt somit dafür, dass die Leistungsbilanz aufgeht. Als Bilanzknoten sollte deshalb ein leistungsstarker Knoten gewählt werden, der dazu auch in der Lage ist. Das kann beispielsweise eine Netzeinspeisung aus einer höheren Spannungsebene sein. Sind die Knotenspannungen des Netzes bekannt, so kann man mit Hilfe der Leitungs- und Transformatorgleichungen, Gl. 3.9, sämtliche Ströme und Leistungsflüsse berechnen.

$$\underline{\boldsymbol{i}}_\mathrm{T} = \underline{\boldsymbol{Y}}_\mathrm{T}\underline{\boldsymbol{u}}_\mathrm{T} = \underline{\boldsymbol{Y}}_\mathrm{T}\boldsymbol{K}_\mathrm{KT}^\mathrm{T}\underline{\boldsymbol{u}}_\mathrm{K} \tag{4.5}$$

Für Einbeziehung des Bilanzknotens in die Gl. 4.3 gibt es zwei Möglichkeiten. Eine Möglichkeit besteht darin, die Zeile für den Bilanzknoten zu streichen und die zum Bilanzknoten gehörende reduzierte Spalte der Admittanzmatrix zusammen mit der Spannung des Bilanzknotens auf die rechte Seite zu bringen. Angenommen der erste Knoten sei der Bi-

[1] Es werden zunächst nur Lastknoten angenommen.

lanzknoten, so nimmt das Gleichungssystem folgende Form an.

$$\begin{bmatrix} \underline{Y}_{22} & \cdots & \underline{Y}_{2i} & \cdots & \underline{Y}_{2\mathrm{n}} \\ \vdots & \ddots & \vdots & \ddots & \vdots \\ \underline{Y}_{i2} & \cdots & \underline{Y}_{ii} & \cdots & \underline{Y}_{i\mathrm{n}} \\ \vdots & \ddots & \vdots & \ddots & \vdots \\ \underline{Y}_{\mathrm{n}2} & \cdots & \underline{Y}_{\mathrm{n}i} & \cdots & \underline{Y}_{\mathrm{nn}} \end{bmatrix} \begin{bmatrix} \underline{U}_2 \\ \vdots \\ \underline{U}_i \\ \vdots \\ \underline{U}_\mathrm{n} \end{bmatrix} = \begin{bmatrix} \underline{I}_2 \\ \vdots \\ \underline{I}_i \\ \vdots \\ \underline{I}_\mathrm{n} \end{bmatrix} - \begin{bmatrix} \underline{Y}_{21} \\ \vdots \\ \underline{Y}_{i1} \\ \vdots \\ \underline{Y}_{\mathrm{n}1} \end{bmatrix} \underline{U}_\mathrm{s} \tag{4.6}$$

Die andere Möglichkeit besteht darin, die zum Bilanzknoten gehörende Zeile (hier die erste Zeile) durch die Nebenbedingung $\underline{U}_1 = \underline{U}_\mathrm{s}$ ersetzen. Diese Methode hat den Vorteil, dass die Ordnung des Gleichungssystems erhalten bleibt und nach der Lösung gleich der komplette Zustandsvektor vorliegt. Allerdings geht dabei eine vorhandene Symmetrie der Knotenadmittanzmatrix verloren.

$$\begin{bmatrix} 1 & 0 & \cdots & 0 & \cdots & 0 \\ \underline{Y}_{21} & \underline{Y}_{22} & \cdots & \underline{Y}_{2i} & \cdots & \underline{Y}_{2\mathrm{n}} \\ \vdots & \vdots & \ddots & \vdots & \ddots & \vdots \\ \underline{Y}_{i1} & \underline{Y}_{i2} & \cdots & \underline{Y}_{ii} & \cdots & \underline{Y}_{i\mathrm{n}} \\ \vdots & \vdots & \ddots & \vdots & \ddots & \vdots \\ \underline{Y}_{\mathrm{n}1} & \underline{Y}_{\mathrm{n}2} & \cdots & \underline{Y}_{\mathrm{n}i} & \cdots & \underline{Y}_{\mathrm{nn}} \end{bmatrix} \begin{bmatrix} \underline{U}_1 \\ \underline{U}_2 \\ \vdots \\ \underline{U}_i \\ \vdots \\ \underline{U}_\mathrm{n} \end{bmatrix} = \begin{bmatrix} \underline{U}_\mathrm{s} \\ \underline{I}_2 \\ \vdots \\ \underline{I}_i \\ \vdots \\ \underline{I}_\mathrm{n} \end{bmatrix} \tag{4.7}$$

Der Strom am Bilanzknoten ergibt sich aus der entsprechenden Zeile der Gl. 4.3, hier der ersten Zeile zu:

$$\underline{I}_1 = \begin{bmatrix} \underline{Y}_{11} & \underline{Y}_{12} & \cdots & \underline{Y}_{1i} & \cdots & \underline{Y}_{1\mathrm{n}} \end{bmatrix} \begin{bmatrix} \underline{U}_1 & \underline{U}_2 & \cdots & \underline{U}_i & \cdots & \underline{U}_\mathrm{n} \end{bmatrix}^\mathrm{T} \tag{4.8}$$

und damit die Leistung am Bilanzknoten:

$$\underline{S}_1 = 3\underline{U}_1\underline{I}_1^* \tag{4.9}$$

Die Leistungen an den anderen Knoten liegen nach Abschluss der Iteration ebenfalls vor. Aus der negativen Summe aller Knotenleistungen nach Wirk- und Blindanteil erhält man die Verluste und den Blindleistungsbedarf des Netzes:

$$P_\mathrm{N} = -\sum_{i=1}^{\mathrm{n}} P_i \tag{4.10}$$

$$Q_\mathrm{N} = -\sum_{i=1}^{\mathrm{n}} Q_i \tag{4.11}$$

Die Einbeziehung von Generatorknoten in das Knotenpunktverfahren ist umständlich. Es wird deshalb hier auch nicht weiter darauf eingegangen. Netze mit Generatorknoten lassen sich einfacher mit dem Newtonverfahren berechnen, das auch noch weitere Vorteile gegenüber dem Knotenpunktverfahren hat und deshalb heute meistens bevorzugt wird.

4.3 Newtonverfahren

Das Newtonverfahren geht von der Leistungsbilanz an den Netzknoten aus. Durch Multiplikation der konjugiert komplexen Gl. 4.3 mit dem Faktor 3 und der Diagonalmatrix der Knotenspannungen $\underline{\boldsymbol{U}}_{\mathrm{K}}$ von links erhält man folgende Leistungsgleichung:

$$3\underline{\boldsymbol{U}}_{\mathrm{K}}\underline{\boldsymbol{Y}}^{*}_{\mathrm{KK}}\underline{\boldsymbol{u}}^{*}_{\mathrm{K}} = 3\underline{\boldsymbol{U}}_{\mathrm{K}}\underline{\boldsymbol{i}}^{*}_{\mathrm{K}} \tag{4.12}$$

Auf der linken Seite der Gl. 4.12 stehen die an den Knoten in das Netz abfließenden oder aus dem Netz zufließenden Leistungen (kurz Netzleistungen):

$$\underline{\boldsymbol{s}}_{\mathrm{N}} = 3\underline{\boldsymbol{U}}_{\mathrm{K}}\underline{\boldsymbol{Y}}^{*}_{\mathrm{KK}}\underline{\boldsymbol{u}}^{*}_{\mathrm{K}} = \boldsymbol{p}_{\mathrm{N}} + \mathrm{j}\boldsymbol{q}_{\mathrm{N}} \tag{4.13}$$

während auf der rechten Seite die an den Knoten eingespeisten oder abgenommenen Leistungen (kurz Knotenleistungen) stehen:

$$\underline{\boldsymbol{s}}_{\mathrm{K}} = 3\underline{\boldsymbol{U}}_{\mathrm{K}}\underline{\boldsymbol{i}}^{*}_{\mathrm{K}} = \boldsymbol{p}_{\mathrm{K}} + \mathrm{j}\boldsymbol{q}_{\mathrm{K}} \tag{4.14}$$

Mit diesen Bezeichnungen lässt sich Gl. 4.12 auch schreiben als:

$$\boldsymbol{p}_{\mathrm{N}} + \mathrm{j}\boldsymbol{q}_{\mathrm{N}} = \boldsymbol{p}_{\mathrm{K}} + \mathrm{j}\boldsymbol{q}_{\mathrm{K}} \tag{4.15}$$

Die Netz- und Knotenleistungen sind spannungsabhängig. Die Spannungen stellen sich so ein, dass Netz- und Knotenleistungen nach Wirk- und Blindanteilen ausbilanziert sind:

$$\boldsymbol{p}_{\mathrm{N}} - \boldsymbol{p}_{\mathrm{K}} = \Delta\boldsymbol{p} = \mathbf{o} \tag{4.16}$$

$$\boldsymbol{q}_{\mathrm{N}} - \boldsymbol{q}_{\mathrm{K}} = \Delta\boldsymbol{q} = \mathbf{o} \tag{4.17}$$

mit

$$\boldsymbol{p}_{\mathrm{N}} = \mathrm{Re}\,\{3\underline{\boldsymbol{U}}_{\mathrm{K}}\underline{\boldsymbol{Y}}^{*}_{\mathrm{KK}}\underline{\boldsymbol{u}}^{*}_{\mathrm{K}}\} \tag{4.18}$$

$$\boldsymbol{q}_{\mathrm{N}} = \mathrm{Im}\,\{3\underline{\boldsymbol{U}}_{\mathrm{K}}\underline{\boldsymbol{Y}}^{*}_{\mathrm{KK}}\underline{\boldsymbol{u}}^{*}_{\mathrm{K}}\} \tag{4.19}$$

Führt man für die Knotenspannungen und Admittanzen die Ausdrücke:

$$\underline{U}_i = U_i \mathrm{e}^{\mathrm{j}\delta_i}, \quad \underline{Y}_{ik} = Y_{ik}\mathrm{e}^{\mathrm{j}\alpha_{ik}} \tag{4.20}$$

ein, so nehmen die Gln. 4.18 und 4.19 mit den Differenzwinkeln $\delta_{ik} = \delta_i - \delta_k$ folgende ausführliche Form an:

$$3\begin{bmatrix} U_1 Y_{11} U_1 \cos\alpha_{11} + \cdots + U_1 Y_{1i} U_i \cos(\delta_{1i} - \alpha_{1i}) + \cdots + U_1 Y_{1n} U_n \cos(\delta_{1n} - \alpha_{1n}) \\ \vdots \\ U_i Y_{i1} U_1 \cos(\delta_{i1} - \alpha_{i1}) + \cdots + U_i Y_{ii} U_i \cos\alpha_{ii} + \cdots + U_i Y_{in} U_n \cos(\delta_{in} - \alpha_{in}) \\ \vdots \\ U_n Y_{n1} U_1 \cos(\delta_{n1} - \alpha_{n1}) \cdots + U_n Y_{ni} U_i \cos(\delta_{ni} - \alpha_{ni}) + \cdots + U_n Y_{nn} U_n \cos\alpha_{nn} \end{bmatrix} - \begin{bmatrix} P_1(U_1) \\ \vdots \\ P_i(U_i) \\ \vdots \\ P_n(U_n) \end{bmatrix} = \mathbf{o} \tag{4.21}$$

$$3\begin{bmatrix} -U_1 Y_{11} U_1 \sin\alpha_{11} + \cdots + U_1 Y_{1i} U_i \sin(\delta_{1i} - \alpha_{1i}) + \cdots + U_1 Y_{1n} U_n \sin(\delta_{1n} - \alpha_{1n}) \\ \vdots \\ U_i Y_{i1} U_1 \sin(\delta_{i1} - \alpha_{i1}) + \cdots - U_i Y_{ii} U_i \sin\alpha_{ii} + \cdots + U_i Y_{in} U_n \sin(\delta_{in} - \alpha_{in}) \\ \vdots \\ U_n Y_{n1} U_1 \sin(\delta_{n1} - \alpha_{n1}) \cdots + U_n Y_{ni} U_i \sin(\delta_{ni} - \alpha_{ni}) + \cdots - U_n Y_{nn} U_n \sin\alpha_{nn} \end{bmatrix} - \begin{bmatrix} Q_1(U_1) \\ \vdots \\ Q_i(U_i) \\ \vdots \\ Q_n(U_n) \end{bmatrix} = \mathbf{o} \tag{4.22}$$

Für die Spannungsabhängigkeit der Knotenleistungen gelten wieder die Gln. 4.1 und 4.2. Die Spannungswinkel und -beträge werden in Vektoren zusammengefasst:

$$\boldsymbol{\delta} = \begin{bmatrix} \delta_1 & \cdots & \delta_i & \cdots & \delta_n \end{bmatrix}^T \tag{4.23}$$

$$\boldsymbol{u} = \begin{bmatrix} U_1 & \cdots & U_i & \cdots & U_n \end{bmatrix}^T \tag{4.24}$$

Zur Lösung der beiden nichtlinearen Gln. 4.16 und 4.17 nach dem Newtonverfahren, von dem die Leistungsflussberechnung ihren Namen hat, werden diese in der Umgebung der Näherungswerte $\Delta\boldsymbol{\delta}_\nu$ und $\Delta\boldsymbol{u}_\nu$ durch eine Taylor-Entwicklung mit Abbruch nach dem ersten Glied linearisiert:

$$\left.\frac{\partial \Delta \boldsymbol{p}}{\partial \boldsymbol{\delta}}\right|_{\nu} \Delta \boldsymbol{\delta}_{\nu+1} + \left.\frac{\partial \Delta \boldsymbol{p}}{\partial \boldsymbol{u}}\right|_{\nu} \Delta \boldsymbol{u}_{\nu+1} = -\Delta \boldsymbol{p}_{\nu} \tag{4.25}$$

$$\left.\frac{\partial \Delta \boldsymbol{q}}{\partial \boldsymbol{\delta}}\right|_{\nu} \Delta \boldsymbol{\delta}_{\nu+1} + \left.\frac{\partial \Delta \boldsymbol{q}}{\partial \boldsymbol{u}}\right|_{\nu} \Delta \boldsymbol{u}_{\nu+1} = -\Delta \boldsymbol{q}_{\nu} \tag{4.26}$$

und zusammengefasst zu:

$$\begin{bmatrix} \frac{\partial \Delta \boldsymbol{p}}{\partial \boldsymbol{\delta}} & \frac{\partial \Delta \boldsymbol{p}}{\partial \boldsymbol{u}} \\ \frac{\partial \Delta \boldsymbol{q}}{\partial \boldsymbol{\delta}} & \frac{\partial \Delta \boldsymbol{q}}{\partial \boldsymbol{u}} \end{bmatrix}_{\nu} \begin{bmatrix} \Delta \boldsymbol{\delta} \\ \Delta \boldsymbol{u} \end{bmatrix}_{\nu+1} = - \begin{bmatrix} \Delta \boldsymbol{p} \\ \Delta \boldsymbol{q} \end{bmatrix}_{\nu} \tag{4.27a}$$

oder kürzer:

$$\boldsymbol{J}_{\nu} \Delta \boldsymbol{x}_{\nu+1} = -\Delta \boldsymbol{y}_{\nu} \tag{4.27b}$$

In Gl. 4.27 ist $\boldsymbol{J}$ die Jacobimatrix, $\boldsymbol{x}$ der Zustandsvektor nach Winkel und Betrag und $\boldsymbol{y}$ der Vektor der Wirk- und Blindleistungsdifferenzen.

Die iterative Lösung der Gl. 4.27 startet mit Anfangswerten (Näherungswerten) für den Zustandsvektor $\Delta \boldsymbol{x}_{\nu} = \Delta \boldsymbol{x}_0$, mit denen die Jacobimatrix $\boldsymbol{J}_{\nu}$ und die rechte Seite $\Delta \boldsymbol{y}_{\nu}$ berechnet werden. Dann erfolgt durch Lösung der Gl. 4.27 eine Verbesserung des Zustandsvektors auf $\Delta \boldsymbol{x}_{\nu+1}$. Im nächsten Iterationsschritt wiederholt sich dieser Ablauf, indem mit dem neuen Zustandsvektor die Jacobimatrix und die rechte Seite aktualisiert werden und durch erneute Lösung der Gl. 4.27 der Zustandsvektor weiter verbessert wird und zwar solange bis sich dieser nicht mehr merklich ändert.

Da die Jacobimatrix und die rechte Seite in jedem Iterationsschritt neu berechnet werden müssen, ist Wert auf einen effizienten Berechnungsablauf zu legen. Das Gleichungssystem, Gl. 4.27, wird deshalb so erweitert, dass die Spannungsbeträge im Zustandsvektor auf die Spannungsbeträge des vorangegangenen Schrittes bezogen werden.

$$\boldsymbol{u}_{\nu+1} = \begin{bmatrix} U_{1,\nu+1}/U_{1,\nu} & \cdots & U_{i,\nu+1}/U_{i,\nu} & \cdots & U_{\mathrm{n},\nu+1}/U_{\mathrm{n},\nu} \end{bmatrix}^{\mathrm{T}} \tag{4.28}$$

Die Jacobimatrix und die Netzleistung auf der rechten Seite lassen sich dann gleichzeitig aus den Elementen der Matrix

$$\begin{aligned} \underline{\boldsymbol{S}}_{\mathrm{J}} &= 3\underline{\boldsymbol{U}}_{\mathrm{K}}\underline{\boldsymbol{Y}}^{*}_{\mathrm{KK}}\underline{\boldsymbol{U}}^{*}_{\mathrm{K}} \\ &= 3\begin{bmatrix} U_1 Y_{11} U_1 \mathrm{e}^{\mathrm{j}\alpha_{11}} & \cdots & U_1 Y_{1i} U_i \mathrm{e}^{\mathrm{j}(\delta_{1i}-\alpha_{1i})} & \cdots & U_1 Y_{1\mathrm{n}} U_{\mathrm{n}} \mathrm{e}^{\mathrm{j}(\delta_{1\mathrm{n}}-\alpha_{1\mathrm{n}})} \\ \vdots & \ddots & \vdots & \ddots & \vdots \\ U_i Y_{i1} U_1 \mathrm{e}^{\mathrm{j}(\delta_{i1}-\alpha_{i1})} & \cdots & U_i Y_{ii} U_i \mathrm{e}^{\mathrm{j}\alpha_{ii}} & \cdots & U_i Y_{i\mathrm{n}} U_{\mathrm{n}} \mathrm{e}^{\mathrm{j}(\delta_{i\mathrm{n}}-\alpha_{i\mathrm{n}})} \\ \vdots & \ddots & \vdots & \ddots & \vdots \\ U_{\mathrm{n}} Y_{\mathrm{n}1} U_1 \mathrm{e}^{\mathrm{j}(\delta_{\mathrm{n}1}-\alpha_{\mathrm{n}1})} & \cdots & U_{\mathrm{n}} Y_{\mathrm{n}i} U_i \mathrm{e}^{\mathrm{j}(\delta_{\mathrm{n}i}-\alpha_{\mathrm{n}i})} & \cdots & U_{\mathrm{n}} Y_{\mathrm{nn}} U_{\mathrm{n}} \mathrm{e}^{\mathrm{j}\alpha_{\mathrm{nn}}} \end{bmatrix} \end{aligned} \tag{4.29}$$

wie folgt berechnen.

$$\boldsymbol{p}_{\mathrm{N}} = \sum_{i=1}^{\mathrm{n}} \mathrm{Re}\left\{\underline{\boldsymbol{s}}_{\mathrm{J}.i}\right\} \tag{4.30}$$

$$\boldsymbol{q}_{\mathrm{N}} = \sum_{i=1}^{\mathrm{n}} \mathrm{Im}\left\{\underline{\boldsymbol{s}}_{\mathrm{J}.i}\right\} \tag{4.31}$$

$$\boldsymbol{J} = \begin{bmatrix} \mathrm{Im}\{\underline{\boldsymbol{S}}_{\mathrm{J}}\} - \boldsymbol{Q}_{\mathrm{N}} & \mathrm{Re}\{\underline{\boldsymbol{S}}_{\mathrm{J}}\} + \boldsymbol{P}_{\mathrm{N}} - \boldsymbol{P}'_{\mathrm{K}} \\ -\mathrm{Re}\{\underline{\boldsymbol{S}}_{\mathrm{J}}\} + \boldsymbol{P}_{\mathrm{N}} & \mathrm{Im}\{\underline{\boldsymbol{S}}_{\mathrm{J}}\} + \boldsymbol{Q}_{\mathrm{N}} - \boldsymbol{Q}'_{\mathrm{K}} \end{bmatrix} \tag{4.32}$$

wobei

$\underline{\boldsymbol{s}}_{\mathrm{J}.i}$ die i-te Spalte von $\underline{\boldsymbol{S}}_{\mathrm{J}}$,
$\boldsymbol{P}_{\mathrm{N}}$ und $\boldsymbol{Q}_{\mathrm{N}}$ Diagonalmatrizen mit den Elementen von $\boldsymbol{p}_{\mathrm{N}}$ bzw. $\boldsymbol{q}_{\mathrm{N}}$,
$\boldsymbol{P}'_{\mathrm{K}}$ und $\boldsymbol{Q}'_{\mathrm{K}}$ Diagonalmatrizen mit den Elementen $p_i P_i$ bzw. $q_i Q_i$ (P_i und Q_i nach Gln. 4.1 und 4.2) bedeuten.

Am Bilanzknoten ist die Änderung der Spannung nach Betrag und Winkel Null, so dass der Bilanzknoten leicht durch Streichen der zugehörigen Zeilen und Spalten im Gleichungssystem berücksichtigt werden kann. Will man die Ordnung des Gleichungssystems aufrecht erhalten, so kann man die zum Bilanzknoten gehörenden Zeilen und Spalten für den Winkel und Betrag der Spannung bis auf das Diagonalelement und die Elemente der rechten Seite Null setzen.

Für die Generatorknoten sind die Spannungsänderungen (Beträge) Null. Ihre Einbeziehung erfolgt entweder durch Streichen der zu den Spannungsänderungen gehörenden Spalten und Zeilen oder Nullsetzen dieser Spalten und Zeilen bis auf die Diagonalelemente und Nullsetzen der zugehörigen rechten Seiten. In letzterem Fall bleibt die Ordnung des Gleichungssystems erhalten.

Als Startwerte für die Spannungen nimmt man gewöhnlich an allen Knoten die Netznennspannung (geteilt durch Wurzel 3) an.[2] Bei Netzen mit Transformatoren ermittelt man die Startwerte mit Hilfe des Knotenpunktverfahrens wie folgt.

Das Netz wird unbelastet (im Leerlaufzustand) angenommen, d. h. die Knotenströme werden bis auf den am Bilanzknoten Null gesetzt. Am Bilanzknoten, hier der erste Knoten, wird die Spannung (z. B. Netznennspannung) vorgegeben:

$$\begin{bmatrix} 1 & 0 & \cdots & 0 & \cdots & 0 \\ \underline{Y}_{21} & \underline{Y}_{22} & \cdots & \underline{Y}_{2i} & \cdots & \underline{Y}_{2\mathrm{n}} \\ \vdots & \vdots & \ddots & \vdots & \ddots & \vdots \\ \underline{Y}_{i1} & \underline{Y}_{i2} & \cdots & \underline{Y}_{ii} & \cdots & \underline{Y}_{i\mathrm{n}} \\ \vdots & \vdots & \ddots & \vdots & \ddots & \vdots \\ \underline{Y}_{\mathrm{n}1} & \underline{Y}_{\mathrm{n}2} & \cdots & \underline{Y}_{\mathrm{n}i} & \cdots & \underline{Y}_{\mathrm{nn}} \end{bmatrix} \begin{bmatrix} \underline{U}_1 \\ \underline{U}_2 \\ \vdots \\ \underline{U}_i \\ \vdots \\ \underline{U}_{\mathrm{n}} \end{bmatrix} = \begin{bmatrix} \underline{U}_{\mathrm{s}} \\ 0 \\ \vdots \\ 0 \\ \vdots \\ 0 \end{bmatrix} \tag{4.33}$$

[2] In Berechnungsprogrammen rechnet man mit Wurzel-3-fachen Spannungs- und Strombeträgen, um die Multiplikation mit dem Faktor 3 in jedem Schritt zu vermeiden.

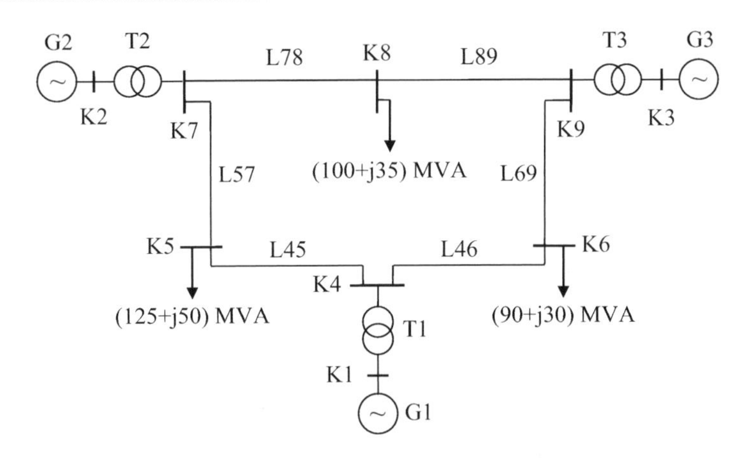

Abb. 4.1 IEEE-9-Knoten-Netz [6]

Von den nach Gl. 4.33 berechneten Leerlaufspannungen werden nur die Winkel übernommen. Die Beträge werden mit den Eingabewerten für die Knotenspannungen überschrieben. Als Eingabewerte können natürlich anstelle der Nennspannungen auch andere, besser geeignet erscheinende Werte oder spezielle Werte für die Generatorknoten vorgegeben werden.

Die Leistung am Bilanzknoten entspricht dann den Netzverlusten im Leerlaufzustand und der Summe der kapazitiven Ladeleistungen und Magnetisierungsblindleistungen der Transformatoren.

Beispiel 4.1

Für das 230-kV-Netz in Abb. 4.1 mit den Daten nach den Tab. 4.2, 4.3 und 4.4 soll der Leistungsfluss nach dem Newtonverfahren berechnet werden. Das benutzte MATLAB-

Tab. 4.2 Transformatordaten (cell array)

Name	S_r/MV A	U_{rOS}/kV	U_{rUS}/kV	u_k/%	P_{Vk}/kW	i_l/%	SGruppe	Kern
‚T1'	247,5	230	16,5	14,3	0	0	‚Yd5'	‚3SK'
‚T2'	192,0	230	18,0	12,0	0	0	‚Yd5'	‚3SK'
‚T3'	128,0	230	13,8	7,5	0	0	‚Yd5'	‚3SK'

Tab. 4.3 Leitungsdaten (cell array)

Name	R_l/Ω	X_l/Ω	G_l/µS	C_l/µF
‚L45'	5,3	45,0	0	1,06
‚L46'	9,0	48,7	0	0,95
‚L57'	16,9	85,2	0	1,84
‚L69'	20,6	89,9	0	2,15
‚L78'	4,5	38,1	0	0,87
‚L89'	6,3	53,3	0	1,26

Tab. 4.4 Knotendaten (cell array)

Name	U/kV	Typ	P/MW	Q/Mvar	p	q
‚K1‘	17,16	‚S‘			0	0
‚K2‘	18,45	‚PU‘	−163		0	0
‚K3‘	14,145	‚PU‘	−85		0	0
‚K4‘	230	‚PQ‘	0	0	0	0
‚K5‘	230	‚PQ‘	125	50	0	0
‚K6‘	230	‚PQ‘	90	30	0	0
‚K7‘	230	‚PQ‘	0	0	0	0
‚K8‘	230	‚PQ‘	100	35	0	0
‚K9‘	230	‚PQ‘	0	0	0	0

Programm mit der function `LoadFlow` ist im Anhang A.1 angegeben und beschrieben.

Die Berechnung der Knotenadmittanzmatrix in einem speziellen Programm ergibt:

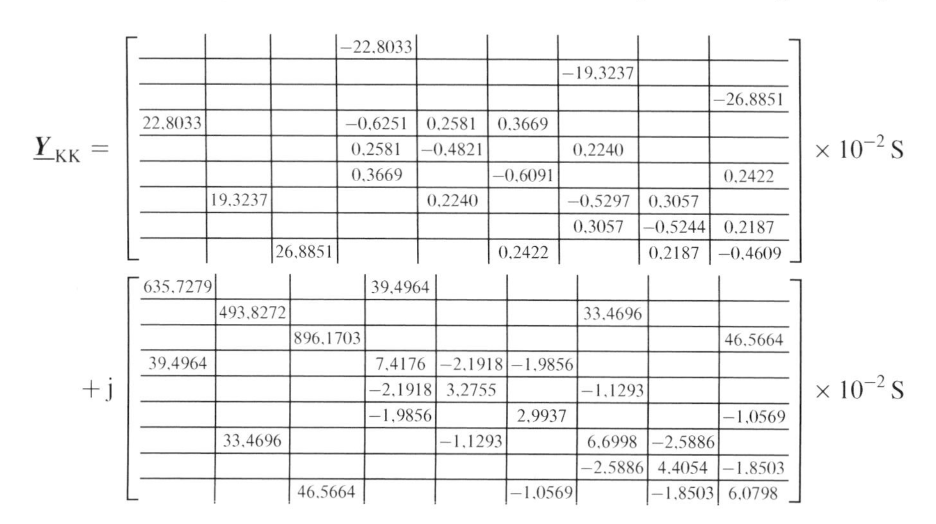

$$\underline{Y}_{\mathrm{KK}} = \begin{bmatrix} & & & -22{,}8033 & & & & & \\ & & & & & & -19{,}3237 & & \\ & & & & & & & & -26{,}8851 \\ 22{,}8033 & & & -0{,}6251 & 0{,}2581 & 0{,}3669 & & & \\ & & & 0{,}2581 & -0{,}4821 & & 0{,}2240 & & \\ & & & 0{,}3669 & & -0{,}6091 & & & 0{,}2422 \\ & 19{,}3237 & & & 0{,}2240 & & -0{,}5297 & 0{,}3057 & \\ & & & & & & 0{,}3057 & -0{,}5244 & 0{,}2187 \\ & & 26{,}8851 & & & 0{,}2422 & & 0{,}2187 & -0{,}4609 \end{bmatrix} \times 10^{-2}\,\mathrm{S}$$

$$+\mathrm{j} \begin{bmatrix} 635{,}7279 & & & 39{,}4964 & & & & & \\ & 493{,}8272 & & & & & 33{,}4696 & & \\ & & 896{,}1703 & & & & & & 46{,}5664 \\ 39{,}4964 & & & 7{,}4176 & -2{,}1918 & -1{,}9856 & & & \\ & & & -2{,}1918 & 3{,}2755 & & -1{,}1293 & & \\ & & & -1{,}9856 & & 2{,}9937 & & & -1{,}0569 \\ & 33{,}4696 & & & -1{,}1293 & & 6{,}6998 & -2{,}5886 & \\ & & & & & & -2{,}5886 & 4{,}4054 & -1{,}8503 \\ & & 46{,}5664 & & & -1{,}0569 & & -1{,}8503 & 6{,}0798 \end{bmatrix} \times 10^{-2}\,\mathrm{S}$$

Die Knotenadmittanz und die folgenden Knotendaten werden an das im Anhang A.1 aufgelistete MATLAB-Programm übergeben.

Der Knoten 1 wird als Bilanzknoten festgelegt. Die Knoten 2 und 3 werden als Generatorknoten behandelt. Die Generatorwirkleistungen müssen mit negativem Vorzeichen eingegeben werden. Die Blindleistung wird nicht vorgegeben. Die restlichen Knoten sind Lastknoten. An K4, K7 und K9 wird keine Last abgenommen, so dass für P und Q Null einzugeben ist. Für die Spannungsexponenten p und q der Lastknoten wird Null angenommen (konstante Wirk- und Blindleistung). Für den Slack- und die Generatorknoten spielen p und q keine Rolle.

Tab. 4.5 Startwerte und Zwischenergebnisse der Iterationsschritte

Startwerte		1. Iterationsschritt		2. Iterationsschritt		3. Iterationsschritt	
U/kV	δ/Grad	U/kV	δ/Grad	U/kV	δ/Grad	U/kV	δ/Grad
17,1600	0	17,1600	0	17,1600	0	17,1600	0
18,4500	−1,2885	18,4500	10,0084	18,4500	9,2902	18,4500	9,2773
14,1450	−1,3948	14,1450	5,3239	14,1450	4,6690	14,1450	4,6571
230,0000	149,9203	237,7619	147,8909	235,9382	147,7781	235,9130	147,7763
230,0000	149,4774	232,1658	146,2232	229,0120	146,0070	228,9645	146,0025
230,0000	149,3117	235,3094	146,4665	232,9175	146,3088	232,8842	146,3052
230,0000	148,7115	238,6969	154,3138	235,9198	153,7282	235,8824	153,7159
230,0000	148,6164	236,2208	151,2177	233,6293	150,7318	233,5947	150,7215
230,0000	148,6052	239,3093	152,5399	237,4390	151,9705	237,4161	151,9590

Tab. 4.6 Ergebnisse nach 4 Iterationsschritten bei $\varepsilon = 0{,}0001$

U/kV	δ/Grad	P/MW	Q/MVar
17,1600	0	−71,6383	−27,1146
18,4500	9,2773	−163,0000	−6,9732
14,1450	4,6571	−85,0000	10,6700
235,9130	147,7763	0,0000	−0,0000
228,9645	146,0025	125,0000	50,0000
232,8842	146,3052	90,0000	30,0000
235,8824	153,7159	−0,0000	−0,0000
233,5947	150,7215	100,0000	35,0000
237,4160	151,9590	−0,0000	−0,0000
Verluste		4,6383	
Blindleistungsbedarf			−91,5821

In der Tab. 4.5 sind die nach dem Knotenpunktverfahren gedrehten Startwerte und Ergebnisse der Iterationsschritte gegenübergestellt. Bei Vorgabe einer Genauigkeitsschranke von 0,0001 steht bereits nach 3 Iterationsschritten das Ergebnis fest (Tab. 4.6).

Der Spannungswinkel am Bilanzknoten wurde mit Null vorgegeben. Aufgrund der Schaltgruppe Yd5 für die drei Transformatoren sind alle Spannungszeiger der 230-kV-Ebene entsprechend gegenüber den Unterspannungen der Transformatoren verdreht.

4.4 Berechnung unsymmetrischer Leistungsflüsse

Unsymmetrische Leistungsflüsse in Drehstromnetzen entstehen durch

- unsymmetrische Betriebsmittel
- unsymmetrische Einspeisungen
- unsymmetrische Abnahmen,

wobei diese Ursachen einzeln oder in Kombination auftreten können. Unter unsymmetrischen Betriebsmitteln versteht man Betriebsmittel, deren Parameter bezüglich der Leitergrößen ungleich sind. Das ist bei unverdrillten Freileitungen und Einleiterkabeln in ebener Legung der Fall. Freileitungen ab 110 kV werden, von kurzen Leitungen abgesehen, in der Regel verdrillt ausgeführt und dadurch symmetrisch.

Mit unsymmetrischen Einspeisungen und Abnahmen ist lediglich im Niederspannungsnetz zu rechnen. Sie entstehen beispielsweise durch einpolig angeschlossene Photovoltaikanlagen, sowie den einpoligen Anschluss von Abnehmern größerer Leistung.

Die Auswirkungen der Unsymmetrie werden durch die Spannungs- und Stromverhältnisse, gebildet aus den Symmetrischen Komponenten, bewertet [19]:

$$\frac{U_2}{U_1}; \quad \frac{U_0}{U_1}; \quad \frac{I_2}{I_1}; \quad \frac{I_0}{I_1} \tag{4.34}$$

Für die Berechnung unsymmetrischer Leistungsflüsse muss das Netz dreipolig, wie im Abschn. 3.2 beschrieben, nachgebildet werden. Dazu werden die Admittanzen der l Leitungen (Freileitungen und Kabel) und m Transformatoren in symmetrischen Komponenten wie in Gl. 3.9 in einer blockdiagonalen Matrix angeordnet.

$$\underline{\boldsymbol{Y}}_{\mathrm{ST}} = \begin{bmatrix} \underline{\boldsymbol{Y}}_{\mathrm{SL}1} & & & & & \\ & \ddots & & & & \\ & & \underline{\boldsymbol{Y}}_{\mathrm{SL}l} & & & \\ & & & \underline{\boldsymbol{Y}}_{\mathrm{ST}1} & & \\ & & & & \ddots & \\ & & & & & \underline{\boldsymbol{Y}}_{\mathrm{ST}m} \end{bmatrix} \tag{4.35}$$

worin die Admittanzen der Einfachleitungen und Zweiwicklungstransformatoren die Form der Gl. 3.2, die der Dreiwicklungstransformatoren die Form der Gl. 3.3 und die der Doppelleitungen die Form der Gl. 3.4 haben.

Im Gegensatz zu Gl. 3.9 kommen – abgesehen von Parallelkondensatoren oder Paralleldrosselspulen – Betriebsmittel vom Typ A in Gl. 4.35 nicht vor, da die Einspeisungen und Abnahmen durch Leistungen beschrieben werden.

Die Bildung von Gl. 4.35 zunächst in symmetrischen Komponenten ist insofern sinnvoll, als die Daten der Transformatoren und der gewöhnlich mehrheitlich vorkommenden symmetrischen Leitungen in Form von Impedanzen und Admittanzen für die symmetrischen Komponenten vorliegen.

Für unsymmetrische Leitungen werden zunächst die induktiven und kapazitiven Verkettungen der Leiter berechnet (s. Anhang A.4) und anschließend zu einer Pi-Ersatzschaltung zusammengefasst:[3]

$$\underline{\boldsymbol{Z}}_{\mathrm{LL}} = \begin{bmatrix} \underline{Z}_{\mathrm{L11}} & \underline{Z}_{\mathrm{L12}} & \underline{Z}_{\mathrm{L13}} \\ \underline{Z}_{\mathrm{L21}} & \underline{Z}_{\mathrm{L22}} & \underline{Z}_{\mathrm{L23}} \\ \underline{Z}_{\mathrm{L31}} & \underline{Z}_{\mathrm{L32}} & \underline{Z}_{\mathrm{L33}} \end{bmatrix} \quad \text{mit} \quad \underline{Z}_{\mathrm{L}ki} = \underline{Z}_{\mathrm{L}ik} \tag{4.36}$$

$$\underline{\boldsymbol{Y}}_{\mathrm{LL}} = \begin{bmatrix} \underline{Y}_{\mathrm{L11}} & \underline{Y}_{\mathrm{L12}} & \underline{Y}_{\mathrm{L13}} \\ \underline{Y}_{\mathrm{L21}} & \underline{Y}_{\mathrm{L22}} & \underline{Y}_{\mathrm{L23}} \\ \underline{Y}_{\mathrm{L31}} & \underline{Y}_{\mathrm{L32}} & \underline{Y}_{\mathrm{L33}} \end{bmatrix} \quad \text{mit} \quad \underline{Y}_{\mathrm{L}ki} = \underline{Y}_{\mathrm{L}ik} \tag{4.37}$$

Die Leiterströme auf der Seite A ergeben sich dann aus:

$$\begin{aligned} \begin{bmatrix} \underline{I}_{\mathrm{L1A}} \\ \underline{I}_{\mathrm{L2A}} \\ \underline{I}_{\mathrm{L3A}} \end{bmatrix} = & \begin{bmatrix} \underline{Z}_{\mathrm{L11}} & \underline{Z}_{\mathrm{L12}} & \underline{Z}_{\mathrm{L13}} \\ \underline{Z}_{\mathrm{L21}} & \underline{Z}_{\mathrm{L22}} & \underline{Z}_{\mathrm{L23}} \\ \underline{Z}_{\mathrm{L31}} & \underline{Z}_{\mathrm{L32}} & \underline{Z}_{\mathrm{L33}} \end{bmatrix}^{-1} \left\{ \begin{bmatrix} \underline{U}_{\mathrm{L1A}} \\ \underline{U}_{\mathrm{L2A}} \\ \underline{U}_{\mathrm{L3A}} \end{bmatrix} - \begin{bmatrix} \underline{U}_{\mathrm{L1B}} \\ \underline{U}_{\mathrm{L2B}} \\ \underline{U}_{\mathrm{L3B}} \end{bmatrix} \right\} \\ & + \frac{1}{2} \begin{bmatrix} \underline{Y}_{\mathrm{L11}} & \underline{Y}_{\mathrm{L12}} & \underline{Y}_{\mathrm{L13}} \\ \underline{Y}_{\mathrm{L21}} & \underline{Y}_{\mathrm{L22}} & \underline{Y}_{\mathrm{L23}} \\ \underline{Y}_{\mathrm{L31}} & \underline{Y}_{\mathrm{L32}} & \underline{Y}_{\mathrm{L33}} \end{bmatrix} \begin{bmatrix} \underline{U}_{\mathrm{L1A}} \\ \underline{U}_{\mathrm{L2A}} \\ \underline{U}_{\mathrm{L3A}} \end{bmatrix} \end{aligned} \tag{4.38a}$$

oder kürzer:

$$\underline{\boldsymbol{i}}_{\mathrm{LA}} = \underline{\boldsymbol{Y}}_{\mathrm{LAA}} \underline{\boldsymbol{u}}_{\mathrm{LA}} + \underline{\boldsymbol{Y}}_{\mathrm{LAB}} \underline{\boldsymbol{u}}_{\mathrm{LB}} \tag{4.38b}$$

Für die Seite B gilt eine analoge Gleichung. Die Gleichungen für beide Seiten werden zusammengefasst zu:

$$\begin{bmatrix} \underline{\boldsymbol{i}}_{\mathrm{LA}} \\ \underline{\boldsymbol{i}}_{\mathrm{LB}} \end{bmatrix} = \begin{bmatrix} \underline{\boldsymbol{Y}}_{\mathrm{LAA}} & \underline{\boldsymbol{Y}}_{\mathrm{LAB}} \\ \underline{\boldsymbol{Y}}_{\mathrm{LBA}} & \underline{\boldsymbol{Y}}_{\mathrm{LBB}} \end{bmatrix} \begin{bmatrix} \underline{\boldsymbol{u}}_{\mathrm{LA}} \\ \underline{\boldsymbol{u}}_{\mathrm{LB}} \end{bmatrix} \tag{4.39}$$

Schließlich wird Gl. 4.39 noch in symmetrische Komponenten transformiert:

$$\begin{bmatrix} \underline{\boldsymbol{i}}_{\mathrm{SA}} \\ \underline{\boldsymbol{i}}_{\mathrm{SB}} \end{bmatrix} = \begin{bmatrix} \underline{\boldsymbol{T}}_{\mathrm{S}}^{-1} \underline{\boldsymbol{Y}}_{\mathrm{LAA}} \underline{\boldsymbol{T}}_{\mathrm{S}} & \underline{\boldsymbol{T}}_{\mathrm{S}}^{-1} \underline{\boldsymbol{Y}}_{\mathrm{LAB}} \underline{\boldsymbol{T}}_{\mathrm{S}} \\ \underline{\boldsymbol{T}}_{\mathrm{S}}^{-1} \underline{\boldsymbol{Y}}_{\mathrm{LBA}} \underline{\boldsymbol{T}}_{\mathrm{S}} & \underline{\boldsymbol{T}}_{\mathrm{S}}^{-1} \underline{\boldsymbol{Y}}_{\mathrm{LBB}} \underline{\boldsymbol{T}}_{\mathrm{S}} \end{bmatrix} \begin{bmatrix} \underline{\boldsymbol{u}}_{\mathrm{SA}} \\ \underline{\boldsymbol{u}}_{\mathrm{SB}} \end{bmatrix} = \begin{bmatrix} \underline{\boldsymbol{Y}}_{\mathrm{SAA}} & \underline{\boldsymbol{Y}}_{\mathrm{SAB}} \\ \underline{\boldsymbol{Y}}_{\mathrm{SBA}} & \underline{\boldsymbol{Y}}_{\mathrm{SBB}} \end{bmatrix} \begin{bmatrix} \underline{\boldsymbol{u}}_{\mathrm{SA}} \\ \underline{\boldsymbol{u}}_{\mathrm{SB}} \end{bmatrix} \tag{4.40}$$

Die Matrizen in Gl. 4.40 sind für unsymmetrische Leitungen voll besetzt.

Aus der Gl. 4.35 wird mit Hilfe der Knoten-Tor-Inzidenzmatrix $\boldsymbol{K}_{\mathrm{KT}}$ die dreipolige Knotenadmittanzmatrix in symmetrischen Komponenten und das dreipolige Knotenspannungs-Gleichungssystem gebildet (s. Abschn. 3.2.1)[4]:

$$\underline{\boldsymbol{Y}}_{\mathrm{SKK}} = -\boldsymbol{K}_{\mathrm{KT}} \underline{\boldsymbol{Y}}_{\mathrm{ST}} \boldsymbol{K}_{\mathrm{KT}}^{\mathrm{T}} \tag{4.41}$$

$$\underline{\boldsymbol{Y}}_{\mathrm{SKK}} \underline{\boldsymbol{u}}_{\mathrm{SK}} = \underline{\boldsymbol{i}}_{\mathrm{SK}} \tag{4.42}$$

[3] $\underline{\boldsymbol{Y}}_{\mathrm{LL}}$ ist hier nicht die Inverse von $\underline{\boldsymbol{Z}}_{\mathrm{LL}}$.

[4] Die Knoten-Tor-Inzidenzmatrix gilt gleichermaßen für die Leitergrößen und symmetrischen Komponenten.

Unsymmetrische Leitungen führen in der Knotenadmittanzmatrix zu einer Kopplung der sonst entkoppelten symmetrischen Komponenten. Liegt beispielsweise zwischen den Knoten i und k eine unsymmetrische Einfachleitung, so sind die 3×3-Untermatrizen $\underline{\boldsymbol{Y}}_{\mathrm{S}ii}$, $\underline{\boldsymbol{Y}}_{\mathrm{S}kk}$, $\underline{\boldsymbol{Y}}_{\mathrm{S}ik}$ und $\underline{\boldsymbol{Y}}_{\mathrm{S}ki}$ in der Admittanzmatrix voll besetzt, während alle anderen Untermatrizen Diagonalmatrizen der Ordnung 3 sind.

$$\underline{\boldsymbol{Y}}_{\mathrm{SKK}} = \begin{bmatrix} \underline{\boldsymbol{Y}}_{\mathrm{S11}} & \cdots & \underline{\boldsymbol{Y}}_{\mathrm{S1}i} & \cdots & \underline{\boldsymbol{Y}}_{\mathrm{S1}k} & \cdots & \underline{\boldsymbol{Y}}_{\mathrm{S1n}} \\ \vdots & \ddots & \vdots & \ddots & \vdots & \ddots & \vdots \\ \underline{\boldsymbol{Y}}_{\mathrm{S}i1} & \cdots & \underline{\boldsymbol{Y}}_{\mathrm{S}ii} & \cdots & \underline{\boldsymbol{Y}}_{\mathrm{S}ik} & \cdots & \underline{\boldsymbol{Y}}_{\mathrm{S}i\mathrm{n}} \\ \vdots & \ddots & \vdots & \ddots & \vdots & \ddots & \vdots \\ \underline{\boldsymbol{Y}}_{\mathrm{S}k1} & \cdots & \underline{\boldsymbol{Y}}_{\mathrm{S}ki} & \cdots & \underline{\boldsymbol{Y}}_{\mathrm{S}kk} & \cdots & \underline{\boldsymbol{Y}}_{\mathrm{S}k\mathrm{n}} \\ \vdots & \ddots & \vdots & \ddots & \vdots & \ddots & \vdots \\ \underline{\boldsymbol{Y}}_{\mathrm{Sn1}} & \cdots & \underline{\boldsymbol{Y}}_{\mathrm{Sn}i} & \cdots & \underline{\boldsymbol{Y}}_{\mathrm{Sn}k} & \cdots & \underline{\boldsymbol{Y}}_{\mathrm{Snn}} \end{bmatrix} \tag{4.43}$$

Die Knotenspezifikation ändert sich gegenüber der Leistungsflussberechnung unter symmetrischen Verhältnissen nicht (s. Tab. 4.1). Es ist lediglich zu beachten, dass die Vektoren der Knotenleistungen um die Leistungen der einzelnen Leiter eines Knotens erweitert werden und damit die Länge 3n annehmen.

$$\boldsymbol{p}_{\mathrm{K}} = \begin{bmatrix} \boldsymbol{p}_{\mathrm{K1}}^{\mathrm{T}} & \boldsymbol{p}_{\mathrm{K2}}^{\mathrm{T}} & \cdots & \boldsymbol{p}_{\mathrm{Kn}}^{\mathrm{T}} \end{bmatrix}^{\mathrm{T}} \tag{4.44}$$

$$\boldsymbol{q}_{\mathrm{K}} = \begin{bmatrix} \boldsymbol{q}_{\mathrm{K1}}^{\mathrm{T}} & \boldsymbol{q}_{\mathrm{K2}}^{\mathrm{T}} & \cdots & \boldsymbol{q}_{\mathrm{Kn}}^{\mathrm{T}} \end{bmatrix}^{\mathrm{T}} \tag{4.45}$$

Mit den 3 Leistungen für jeden Knoten:

$$\boldsymbol{p}_{\mathrm{K}i}^{\mathrm{T}} = \begin{bmatrix} P_{\mathrm{L1K}i} & P_{\mathrm{L2K}i} & P_{\mathrm{L3K}i} \end{bmatrix} \tag{4.46}$$

$$\boldsymbol{q}_{\mathrm{K}i}^{\mathrm{T}} = \begin{bmatrix} Q_{\mathrm{L1K}i} & Q_{\mathrm{L2K}i} & Q_{\mathrm{L3K}i} \end{bmatrix} \tag{4.47}$$

An den Lastknoten wird für jeden Leiter die Leistung spannungsabhängig wie in den Gln. 4.1 und 4.2 vorgegeben:

$$P_{\mathrm{L}j\mathrm{K}i} = P_{0\mathrm{L}j\mathrm{K}i} \left(\frac{U_{\mathrm{L}j\mathrm{K}i}}{U_{0\mathrm{L}j\mathrm{K}i}} \right)^{p_{\mathrm{L}j\mathrm{K}i}} \qquad j = 1, 2, 3;\; i = 1 \ldots \mathrm{n} \tag{4.48}$$

$$Q_{\mathrm{L}j\mathrm{K}i} = Q_{0\mathrm{L}j\mathrm{K}i} \left(\frac{U_{\mathrm{L}j\mathrm{K}i}}{U_{0\mathrm{L}j\mathrm{K}i}} \right)^{q_{\mathrm{L}j\mathrm{K}i}} \qquad j = 1, 2, 3;\; i = 1 \ldots \mathrm{n} \tag{4.49}$$

Da die drei Wirk- und Blindleistungen eines Knotens bei unsymmetrischer Abnahme verschieden sein können und unterschiedliche Spannungsabhängigkeit aufweisen können, müssen neben den $P_{0\mathrm{L}j\mathrm{K}i}$ und $Q_{0\mathrm{L}j\mathrm{K}i}$ auch unterschiedliche Spannungsexponenten als Eingabegrößen vorgesehen werden.

Nach der Erweiterung der Knotenspannungsgleichung auf die dreipolige Darstellung kann die unsymmetrische Leistungsflussberechnung analog zur einpoligen Leistungsflussberechnung in Abschn. 4.3 nach dem Knotenpunktverfahren oder Newtonverfahren durchgeführt werden (s. die MATLAB-Files `LoadFlow3_KPV` und `LoadFlow3_NV` im Anhang A.1).

Eine weitere Möglichkeit ergibt sich durch die Anwendung des in Kap. 6 beschriebenen Fehlermatrizenverfahrens (s. das MATLAB-File `LoadFlow3_FMV` im Anhang A.1).

Nur für den Sonderfall, dass die Abnahmen durch konstante Impedanzen bzw. Admittanzen nachgebildet werden können, ergibt sich eine einfache Lösung ohne Iterationsschritte, die zunächst im Folgenden beschrieben werden soll.

Die Lastadmittanzen werden aus den drei Abnahmeleistungen eines Abnehmerknotens, die auch verschieden sein können, berechnet:

$$\underline{Y}_{\mathrm{L}j\mathrm{K}i} = \frac{P_{0\mathrm{L}j\mathrm{K}i} - \mathrm{j}Q_{0\mathrm{L}j\mathrm{K}i}}{U^2_{0\mathrm{L}j\mathrm{K}i}} \qquad j = 1,2,3;\; i = 1\ldots\mathrm{n} \tag{4.50}$$

Die drei Admittanzen eines Knotens werden in einer Diagonalmatrix angeordnet:

$$\underline{\boldsymbol{Y}}_{\mathrm{K}i} = \begin{bmatrix} \underline{Y}_{\mathrm{L1K}i} & & \\ & \underline{Y}_{\mathrm{L2K}i} & \\ & & \underline{Y}_{\mathrm{L3K}i} \end{bmatrix} \tag{4.51}$$

und in symmetrische Komponenten transformiert:

$$\underline{\boldsymbol{Y}}_{\mathrm{SK}i} = \underline{\boldsymbol{T}}_{\mathrm{S}}^{-1}\underline{\boldsymbol{Y}}_{\mathrm{K}i}\underline{\boldsymbol{T}}_{\mathrm{S}} \tag{4.52}$$

Schließlich werden alle Knotenadmittanzen zusammengefasst (für Knoten ohne Abnahme ist die entsprechende Admittanzmatrix Null):

$$\underline{\boldsymbol{Y}}_{\mathrm{SK}} = \begin{bmatrix} \underline{\boldsymbol{Y}}_{\mathrm{SK1}} & & \\ & \ddots & \\ & & \underline{\boldsymbol{Y}}_{\mathrm{SKn}} \end{bmatrix} \tag{4.53}$$

Mit der Gl. 4.53 können die Knotenströme:

$$\underline{\boldsymbol{i}}_{\mathrm{SK}} = \underline{\boldsymbol{Y}}_{\mathrm{SK}}\underline{\boldsymbol{u}}_{\mathrm{SK}} \tag{4.54}$$

im Knotenspannungs-Gleichungssystem, Gl. 4.42 eliminiert werden:

$$\left(\underline{\boldsymbol{Y}}_{\mathrm{SKK}} - \underline{\boldsymbol{Y}}_{\mathrm{SK}}\right)\underline{\boldsymbol{u}}_{\mathrm{SK}} = \underline{\boldsymbol{Y}}'_{\mathrm{SKK}}\underline{\boldsymbol{u}}_{\mathrm{SK}} = \mathbf{o} \tag{4.55}$$

Das Ergebnis ist eine modifizierte Knotenadmittanzmatrix mit den negativen Knotenadmittanzen in der Diagonale. Nach Festlegung, z. B. des Knoten 1 als Slackknoten mit den Spannungen:

$$\underline{\boldsymbol{u}}_{\mathrm{SKs}} = \begin{bmatrix} \underline{U}_{1\mathrm{Ks}} & 0 & 0 \end{bmatrix}^{\mathrm{T}} \tag{4.56}$$

kann das Gleichungssystem, Gl. 4.55, wie folgt umgeformt und in einem Schritt gelöst werden, wobei $\boldsymbol{E}$ die Einheitsmatrix der Ordnung 3 ist:

$$\begin{bmatrix} \underline{\boldsymbol{u}}_{\mathrm{SKs}} \\ \hline \underline{\boldsymbol{u}}_{\mathrm{SK2}} \\ \vdots \\ \underline{\boldsymbol{u}}_{\mathrm{SKn}} \end{bmatrix} = - \left[\begin{array}{c|ccc} -\boldsymbol{E} & \boldsymbol{0} & \boldsymbol{0} & \boldsymbol{0} \\ \hline \boldsymbol{0} & \underline{\boldsymbol{Y}}'_{\mathrm{S22}} & \cdots & \underline{\boldsymbol{Y}}'_{\mathrm{S2n}} \\ \boldsymbol{0} & \vdots & \ddots & \vdots \\ \boldsymbol{0} & \underline{\boldsymbol{Y}}'_{\mathrm{Sn2}} & \cdots & \underline{\boldsymbol{Y}}'_{\mathrm{Snn}} \end{array}\right]^{-1} \begin{bmatrix} \boldsymbol{E} \\ \hline \underline{\boldsymbol{Y}}'_{\mathrm{S21}} \\ \vdots \\ \underline{\boldsymbol{Y}}'_{\mathrm{Sn1}} \end{bmatrix} \underline{\boldsymbol{u}}_{\mathrm{SKs}} \tag{4.57}$$

Durch die Gl. 4.56 wird am Slackknoten ein symmetrisches Spannungssystem mit starr geerdetem Sternpunkt vorgegeben.

Die Transformation der Gl. 4.51 für den i-ten Knoten in symmetrische Komponenten ergibt (ohne den Index i an den Matrixelementen):

$$\underline{\boldsymbol{Y}}_{\mathrm{SK}i} = \frac{1}{3} \begin{bmatrix} \underline{Y}_{\mathrm{L1}} + \underline{Y}_{\mathrm{L2}} + \underline{Y}_{\mathrm{L3}} & \underline{Y}_{\mathrm{L1}} + \underline{\mathrm{a}}^2\underline{Y}_{\mathrm{L2}} + \underline{\mathrm{a}}\underline{Y}_{\mathrm{L3}} & \underline{Y}_{\mathrm{L1}} + \underline{\mathrm{a}}\underline{Y}_{\mathrm{L2}} + \underline{\mathrm{a}}^2\underline{Y}_{\mathrm{L3}} \\ \underline{Y}_{\mathrm{L1}} + \underline{\mathrm{a}}\underline{Y}_{\mathrm{L2}} + \underline{\mathrm{a}}^2\underline{Y}_{\mathrm{L3}} & \underline{Y}_{\mathrm{L1}} + \underline{Y}_{\mathrm{L2}} + \underline{Y}_{\mathrm{L3}} & \underline{Y}_{\mathrm{L1}} + \underline{\mathrm{a}}^2\underline{Y}_{\mathrm{L2}} + \underline{\mathrm{a}}\underline{Y}_{\mathrm{L3}} \\ \underline{Y}_{\mathrm{L1}} + \underline{\mathrm{a}}^2\underline{Y}_{\mathrm{L2}} + \underline{\mathrm{a}}\underline{Y}_{\mathrm{L3}} & \underline{Y}_{\mathrm{L1}} + \underline{\mathrm{a}}\underline{Y}_{\mathrm{L2}} + \underline{\mathrm{a}}^2\underline{Y}_{\mathrm{L3}} & \underline{Y}_{\mathrm{L1}} + \underline{Y}_{\mathrm{L2}} + \underline{Y}_{\mathrm{L3}} \end{bmatrix} \tag{4.58}$$

Bei symmetrischer Belastung $\underline{Y}_{\mathrm{L1}} = \underline{Y}_{\mathrm{L2}} = \underline{Y}_{\mathrm{L3}} = \underline{Y}_{\mathrm{L}}$ wird $\underline{\boldsymbol{Y}}_{\mathrm{SK}i}$ eine Diagonalmatrix mit den Elementen $\underline{Y}_{\mathrm{L}}$:

$$\underline{\boldsymbol{Y}}_{\mathrm{SK}i} = \begin{bmatrix} \underline{Y}_{\mathrm{L}} & & \\ & \underline{Y}_{\mathrm{L}} & \\ & & \underline{Y}_{\mathrm{L}} \end{bmatrix} \tag{4.59}$$

In einigen Sonderfällen unsymmetrischer Belastung lassen sich einfache Schaltverbindungen der Komponentennetze der symmetrischen Komponenten an den Lastknoten angeben.

Für den Fall der einpoligen Unsymmetrie mit $\underline{Y}_{\mathrm{L1}} = \underline{Y}_{\mathrm{L}} + \Delta\underline{Y}_{\mathrm{L1}}$; $\underline{Y}_{\mathrm{L2}} = \underline{Y}_{\mathrm{L}}$; $\underline{Y}_{\mathrm{L3}} = \underline{Y}_{\mathrm{L}}$ kann die Gl. 4.58 aufgeteilt werden in:

$$\underline{\boldsymbol{Y}}_{\mathrm{SK}i} = \begin{bmatrix} \underline{Y}_{\mathrm{L}} & & \\ & \underline{Y}_{\mathrm{L}} & \\ & & \underline{Y}_{\mathrm{L}} \end{bmatrix} + \frac{1}{3} \begin{bmatrix} \Delta\underline{Y}_{\mathrm{L1}} & \Delta\underline{Y}_{\mathrm{L1}} & \Delta\underline{Y}_{\mathrm{L1}} \\ \Delta\underline{Y}_{\mathrm{L1}} & \Delta\underline{Y}_{\mathrm{L1}} & \Delta\underline{Y}_{\mathrm{L1}} \\ \Delta\underline{Y}_{\mathrm{L1}} & \Delta\underline{Y}_{\mathrm{L1}} & \Delta\underline{Y}_{\mathrm{L1}} \end{bmatrix} \tag{4.60}$$

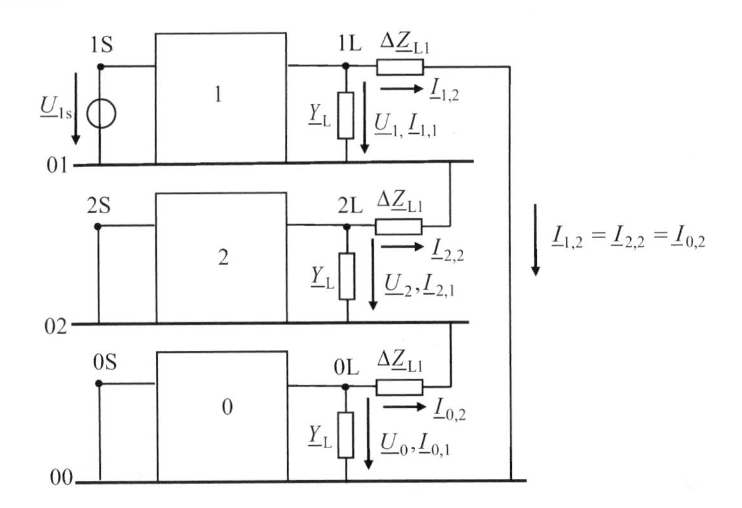

Abb. 4.2 Schaltverbindungen für 1-polige Lastunsymmetrie im Leiter L1. (*S* Slackknoten, *L* Lastknoten). $\Delta\underline{Z}_{L1} = 1/\Delta\underline{Y}_{L1}$

Die symmetrischen Komponenten der Lastströme setzen sich aus zwei Anteilen zusammen:

$$\begin{bmatrix} \underline{I}_1 \\ \underline{I}_2 \\ \underline{I}_0 \end{bmatrix} = \begin{bmatrix} \underline{Y}_L & & \\ & \underline{Y}_L & \\ & & \underline{Y}_L \end{bmatrix} \begin{bmatrix} \underline{U}_1 \\ \underline{U}_2 \\ \underline{U}_0 \end{bmatrix} + \frac{1}{3} \begin{bmatrix} \Delta\underline{Y}_{L1} & \Delta\underline{Y}_{L1} & \Delta\underline{Y}_{L1} \\ \Delta\underline{Y}_{L1} & \Delta\underline{Y}_{L1} & \Delta\underline{Y}_{L1} \\ \Delta\underline{Y}_{L1} & \Delta\underline{Y}_{L1} & \Delta\underline{Y}_{L1} \end{bmatrix} \begin{bmatrix} \underline{U}_1 \\ \underline{U}_2 \\ \underline{U}_0 \end{bmatrix}$$
$$= \begin{bmatrix} \underline{I}_{1,1} \\ \underline{I}_{2,1} \\ \underline{I}_{0,1} \end{bmatrix} + \begin{bmatrix} \underline{I}_{1,2} \\ \underline{I}_{2,2} \\ \underline{I}_{0,2} \end{bmatrix} \tag{4.61}$$

Aus dem ersten Teil der Gl. 4.61 folgt jeweils eine Verbindung von den Knoten 1L, 2L und 0L zu der 01-, 02- und 00-Schiene über die Admittanz $\underline{Y}_L$ mit den Teilströmen $\underline{I}_{1,1}$, $\underline{I}_{2,1}$ und $\underline{I}_{0,1}$ in Abb. 4.2.

Aus dem zweiten Teil der Gl. 4.61 folgt:

$$\underline{I}_{1,2} = \underline{I}_{2,2} = \underline{I}_{0,2} \tag{4.62}$$

Am Leiter L1 gilt außerdem mit $\Delta\underline{Z}_{L1} = 1/\Delta\underline{Y}_{L1}$:

$$\underline{U}_{L1} - \Delta\underline{Z}_{L1}\underline{I}_{L1,2} = 0 \tag{4.63}$$

und in symmetrischen Komponenten:

$$\underline{U}_1 + \underline{U}_2 + \underline{U}_0 - \Delta \underline{Z}_{L1} \left(\underline{I}_{1,2} + \underline{I}_{2,2} + \underline{I}_{0,2} \right) = 0 \tag{4.64}$$

Die Gln. 4.62 und 4.64 führen zu der Reihenschaltung der Komponentennetze unter Einbeziehung von $3\Delta \underline{Z}_{L1}$ in Abb. 4.2.

Im Fall symmetrischer Belastung entfällt die Reihenschaltung der Komponentennetze in Abb. 4.2, so dass das Gegen- und Nullsystem strom- und spannungslos bleiben.

4.4.1 Knotenpunktverfahren

Im dreipoligen Knotenspannungs-Gleichungssystem, Gl. 4.42 werden die Ströme der Abnehmerknoten durch die vorgegebenen Leistungen ausgedrückt:

$$\underline{\boldsymbol{i}}_K = \underline{\boldsymbol{U}}_K^{*-1} \left(\boldsymbol{p}_K - \mathrm{j}\boldsymbol{q}_K \right) \tag{4.65}$$

mit den Leistungsvektoren nach den Gln. 4.44 und 4.45 und deren Spannungsabhängigkeit entsprechend den Gln. 4.48 und 4.49. Die Matrix $\underline{\boldsymbol{U}}_K^{*-1}$ ist eine Diagonalmatrix mit den Kehrwerten der konjugiert komplexen 3n Knotenspannungen.

Für das weitere Vorgehen kommen zwei Möglichkeiten in Betracht. Entweder man transformiert das Knotenspannungs-Gleichungssystem in Leiterkoordinaten oder die Ströme nach Gl. 4.65 in symmetrische Komponenten. Letztere Möglichkeit hat den Vorteil, dass bei der iterativen Lösung des Gleichungssystems weniger Operationen anfallen, weil die Knotenadmittanzmatrix in symmetrischen Komponenten schwächer als die in Originalgrößen besetzt ist.

Mit der auf alle Knoten erweiterten inversen Transformationsmatrix:

$$\underline{\boldsymbol{T}}_{SK}^{-1} = \begin{bmatrix} \underline{\boldsymbol{T}}_S^{-1} & & \\ & \ddots & \\ & & \underline{\boldsymbol{T}}_S^{-1} \end{bmatrix} \tag{4.66}$$

erhält man:

$$\underline{\boldsymbol{i}}_{SK} = \underline{\boldsymbol{T}}_{SK}^{-1} \underline{\boldsymbol{U}}_K^{*-1} \left(\boldsymbol{p}_K - \mathrm{j}\boldsymbol{q}_K \right) \tag{4.67}$$

und nach Einsetzen in Gl. 4.42:

$$\underline{\boldsymbol{Y}}_{SKK} \underline{\boldsymbol{u}}_{SK} = \underline{\boldsymbol{i}}_{SK} = \underline{\boldsymbol{T}}_{SK}^{-1} \underline{\boldsymbol{U}}_K^{*-1} \left(\boldsymbol{p}_K - \mathrm{j}\boldsymbol{q}_K \right) \tag{4.68}$$

Wird als Slackknoten wieder der Knoten 1 mit seiner Spannung nach Gl. 4.56 angenommen, so folgt aus Gl. 4.68 unter Beachtung, dass am Slackknoten keine Leistungen vorgegeben werden:

$$\begin{bmatrix} \underline{\boldsymbol{u}}_{\mathrm{SKs}} \\ \hline \underline{\boldsymbol{u}}_{\mathrm{SK2}} \\ \vdots \\ \underline{\boldsymbol{u}}_{\mathrm{SKn}} \end{bmatrix} = \left[\begin{array}{c|ccc} -\boldsymbol{E} & \boldsymbol{0} & \boldsymbol{0} & \boldsymbol{0} \\ \hline \boldsymbol{0} & \underline{\boldsymbol{Y}}_{\mathrm{S22}} & \cdots & \underline{\boldsymbol{Y}}_{\mathrm{S2n}} \\ \boldsymbol{0} & \vdots & \ddots & \vdots \\ \boldsymbol{0} & \underline{\boldsymbol{Y}}_{\mathrm{Sn2}} & \cdots & \underline{\boldsymbol{Y}}_{\mathrm{Snn}} \end{array}\right]^{-1} \left\{ \left[\begin{array}{c|ccc} \underline{\boldsymbol{T}}_{\mathrm{S}}^{-1} & & & \\ \hline & \underline{\boldsymbol{T}}_{\mathrm{S}}^{-1}\underline{\boldsymbol{U}}_{\mathrm{K2}}^{*-1} & & \\ & & \ddots & \\ & & & \underline{\boldsymbol{T}}_{\mathrm{S}}^{-1}\underline{\boldsymbol{U}}_{\mathrm{Kn}}^{*-1} \end{array}\right] \right.$$
$$\left. \times \left\{ \begin{bmatrix} \boldsymbol{o} \\ \hline \boldsymbol{p}_{\mathrm{K2}} \\ \vdots \\ \boldsymbol{p}_{\mathrm{Kn}} \end{bmatrix} - \mathrm{j} \begin{bmatrix} \boldsymbol{o} \\ \hline \boldsymbol{q}_{\mathrm{K2}} \\ \vdots \\ \boldsymbol{q}_{\mathrm{Kn}} \end{bmatrix} \right\} - \begin{bmatrix} \boldsymbol{E} \\ \hline \underline{\boldsymbol{Y}}_{\mathrm{S21}} \\ \vdots \\ \underline{\boldsymbol{Y}}_{\mathrm{Sn1}} \end{bmatrix} \underline{\boldsymbol{u}}_{\mathrm{SKs}} \right\} \tag{4.69}$$

Die Gl. 4.69 wird iterativ unter Berücksichtigung der Spannungsabhängigkeit der Knotenleistungen nach den Gln. 4.48 und 4.49 gelöst.

Die Startwerte für die Spannungen werden für $\boldsymbol{p}_{\mathrm{K}} = \boldsymbol{q}_{\mathrm{K}} = \boldsymbol{o}$, d. h. das unbelastete Netz, aus der Gl. 4.69 ermittelt. Von den so berechneten Spannungen werden nur die Winkel verwendet, da die Leerlaufspannungen ungünstige Startwerte sein können. Das ist insbesondere der Fall, wenn die Übersetzungsverhältnisse der Transformatoren nicht mit dem Verhältnis der entsprechenden Netznennspannungen übereinstimmen. Die Spannungsbeträge werden deshalb auf die Eingabewerte (geteilt durch Wurzel 3) zurückgesetzt. Als Eingabewerte wird man gewöhnlich die Nennspannungen verwenden, da das Ergebnis in der Nähe der Nennspannungen zu erwarten ist. Anderenfalls kann man natürlich auch andere Eingabewerte wählen. Verbesserte Startwerte kann man mit Hilfe der Gl. 4.57 erhalten. Ein entsprechendes MATLAB-File `LoadFlow3_KPV` ist im Anhang A.1 angegeben.

Nimmt man für die Spannungsexponenten $p = q = 2$ für alle Abnahmeleistungen an, so stimmt die Lösung der Gl. 4.69 mit der der Gl. 4.57 überein.

Generatorknoten wurden in Gl. 4.69 nicht berücksichtigt, da ihre Einbeziehung in das Knotenpunktverfahren umständlich ist. Für die Berechnung mit Generatorknoten ist das Newtonverfahren zu bevorzugen.

Anstelle der iterativen Lösung der Gl. 4.69 kann man auf das Knotenpunktverfahren auch eine Iteration nach dem Newtonverfahren anwenden (nicht zu verwechseln mit dem auf die Leistungsgleichungen angewendeten und allgemein so bezeichnetem Newtonverfahren). Dazu stellt man die Gl. 4.68 um zu:

$$\underline{\boldsymbol{Y}}_{\mathrm{SKK}}\underline{\boldsymbol{u}}_{\mathrm{SK}} - \underline{\boldsymbol{T}}_{\mathrm{SK}}^{-1}\underline{\boldsymbol{U}}_{\mathrm{K}}^{*-1}\left(\boldsymbol{p}_{\mathrm{K}} - \mathrm{j}\boldsymbol{q}_{\mathrm{K}}\right) = \boldsymbol{o} \tag{4.70}$$

und transformiert sie in Leiterkoordinaten, indem man sie von links mit $\underline{\boldsymbol{T}}_{\mathrm{SK}}$ multipliziert und $\underline{\boldsymbol{u}}_{\mathrm{SK}}$ durch $\underline{\boldsymbol{T}}_{\mathrm{SK}}^{-1}\underline{\boldsymbol{u}}_{\mathrm{K}}$ ersetzt:

$$\underline{\boldsymbol{Y}}_{\mathrm{KK}}\underline{\boldsymbol{u}}_{\mathrm{K}} - \underline{\boldsymbol{U}}_{\mathrm{K}}^{*-1}\left(\boldsymbol{p}_{\mathrm{K}} - \mathrm{j}\boldsymbol{q}_{\mathrm{K}}\right) = \boldsymbol{o} \tag{4.71}$$

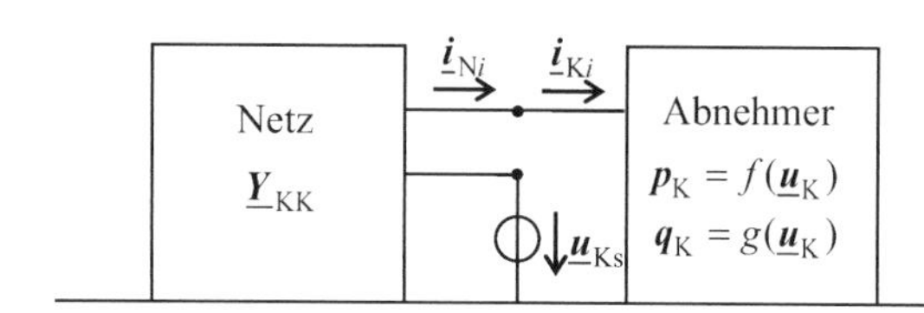

Abb. 4.3 Interpretation der Knotenpunktgleichungen. $i = 1 \ldots n, \neq s$ (Slackknoten)

Interpretiert man ersten Term als aus dem Netz auf die Knoten zufließende Ströme, die mit den Knotenströmen ins Gleichgewicht kommen müssen, kann man Gl. 4.71 auch kürzer schreiben als (Abb. 4.3):

$$\underline{i}_N - \underline{i}_K = \Delta\underline{i} = \mathbf{o} \tag{4.72}$$

Nach Bildung von Real- und Imaginärteil ergeben sich zwei Gleichungssysteme der Ordnung 3n, deren Nullstellen nach dem Newtonverfahren zu bestimmen sind:

$$\left.\frac{\partial \Delta \boldsymbol{i}_{\mathrm{re}}}{\partial \boldsymbol{\delta}^{\mathrm{T}}}\right|_{\nu} \Delta\boldsymbol{\delta}_{\nu+1} + \left.\frac{\partial \Delta \boldsymbol{i}_{\mathrm{re}}}{\partial \boldsymbol{u}^{\mathrm{T}}}\right|_{\nu} \Delta\boldsymbol{u}_{\nu+1} = -\Delta\boldsymbol{i}_{\mathrm{re}\nu} \tag{4.73}$$

$$\left.\frac{\partial \Delta \boldsymbol{i}_{\mathrm{im}}}{\partial \boldsymbol{\delta}^{\mathrm{T}}}\right|_{\nu} \Delta\boldsymbol{\delta}_{\nu+1} + \left.\frac{\partial \Delta \boldsymbol{i}_{\mathrm{im}}}{\partial \boldsymbol{u}^{\mathrm{T}}}\right|_{\nu} \Delta\boldsymbol{u}_{\nu+1} = -\Delta\boldsymbol{i}_{\mathrm{im}\nu} \tag{4.74}$$

Das weitere Vorgehen ist analog zu dem des im Folgenden beschriebenen Newtonverfahrens, weshalb hier nicht weiter darauf eingegangen werden soll. Gegenüber dem Newtonverfahren ergeben sich weniger Multiplikationen bei der Bildung der Jakobi-Matrix und der rechten Seite. Dennoch hat sich das Verfahren gegenüber dem Newtonverfahren in der Praxis nicht durchgesetzt.

4.4.2 Newtonverfahren

Für das Newtonverfahren muss man aufgrund der Abhängigkeit der Knotenleistungen von den Spannungsbeträgen und Winkeln der einzelnen Leiter vom Knotenspannungs-Gleichungssystem in Leitergrößen ausgehen. Man erhält es durch Rücktransformation der Gl. 4.42 mit Hilfe der auf alle Knoten erweiterten blockdiagonalen Transformationsmatrizen $\underline{\boldsymbol{T}}_{SK}$ und $\underline{\boldsymbol{T}}_{SK}^{-1}$. Nach Einsetzen der Knotenströme aus Gl. 4.65 und Multiplikation von links mit der Diagonalmatrix für die Knotenspannungen und komplexen Konjugation erhält man die dreipoligen Leistungsgleichungen in Leiterkoordinaten:

$$\underline{\boldsymbol{U}}_K \underline{\boldsymbol{Y}}_{KK}^* \underline{\boldsymbol{u}}_K^* = \boldsymbol{p}_K + \mathrm{j}\boldsymbol{q}_K \tag{4.75a}$$

bzw. nach Einführung der Netzleistungen für die linke Seite:

$$\boldsymbol{p}_N + \mathrm{j}\boldsymbol{q}_N = \boldsymbol{p}_K + \mathrm{j}\boldsymbol{q}_K \tag{4.75b}$$

Die Gl. 4.68 entspricht der Gl. 4.12 der einpoligen Leistungsflussberechnung. Der Faktor 3 entfällt, da in den erweiterten Vektoren $\boldsymbol{p}_{\mathrm{K}}$ und $\boldsymbol{q}_{\mathrm{K}}$ die Knotenleistungen auf die einzelnen Leiter aufgeteilt sind, während Gl. 4.12 für die Drehstromleistungen aufgestellt ist.

Aufgrund der Ähnlichkeiten der Gln. 4.75 und 4.12 unterscheiden sich auch die nächsten Schritte nicht von der in Abschn. 4.3 beschriebenen Vorgehensweise, so dass die folgenden Gleichungen von dort übernommen werden können. Sie werden im Folgenden der Vollständigkeit halber ohne weitere Erläuterungen mit dem ausdrücklichen Hinweis auf die trotz gleicher Schreibweise andere Bedeutung der Matrizen und Vektoren nochmals angegeben. Zur Verbesserung der Startwerte kann wieder Gl. 4.57 herangezogen werden, wobei die Spannungsbeträge der Generatorknoten auf ihre Eingabewerte zurück gesetzt werden. Einzelheiten können auch den Kommentaren des MATLAB-Files `LoadFlow3_NV` im Anhang A.1 entnommen werden.

$$\begin{bmatrix} \mathrm{Im}\{\underline{\boldsymbol{S}}_{\mathrm{J}}\} - \boldsymbol{Q}_{\mathrm{N}} & \mathrm{Re}\{\underline{\boldsymbol{S}}_{\mathrm{J}}\} + \boldsymbol{P}_{\mathrm{N}} - \boldsymbol{P}'_{\mathrm{K}} \\ -\mathrm{Re}\{\underline{\boldsymbol{S}}_{\mathrm{J}}\} + \boldsymbol{P}_{\mathrm{N}} & \mathrm{Im}\{\underline{\boldsymbol{S}}_{\mathrm{J}}\} + \boldsymbol{Q}_{\mathrm{N}} - \boldsymbol{Q}'_{\mathrm{K}} \end{bmatrix}_{\nu} \begin{bmatrix} \Delta\boldsymbol{\delta} \\ \Delta\boldsymbol{u} \end{bmatrix}_{\nu+1} = -\begin{bmatrix} \Delta\boldsymbol{p} \\ \Delta\boldsymbol{q} \end{bmatrix}_{\nu} \tag{4.76a}$$

bzw.:

$$\boldsymbol{J}_{\nu}\Delta\boldsymbol{x}_{\nu+1} = -\Delta\boldsymbol{y}_{\nu} \tag{4.76b}$$

$\underline{\boldsymbol{S}}_{\mathrm{J}} = \underline{\boldsymbol{U}}_{\mathrm{K}}\underline{\boldsymbol{Y}}^{*}_{\mathrm{KK}}\underline{\boldsymbol{U}}^{*}_{\mathrm{K}}$ Hilfsmatrix zur Berechnung der Jacob-Matrix und der Rechten Seite

$$\Delta\boldsymbol{p} = \boldsymbol{p}_{\mathrm{N}} - \boldsymbol{p}_{\mathrm{K}} \tag{4.77}$$

$$\Delta\boldsymbol{q} = \boldsymbol{q}_{\mathrm{N}} - \boldsymbol{q}_{\mathrm{K}} \tag{4.78}$$

$\boldsymbol{p}_{\mathrm{N}} = \mathrm{Re}\{\underline{\boldsymbol{U}}_{\mathrm{K}}\underline{\boldsymbol{Y}}^{*}_{\mathrm{KK}}\underline{\boldsymbol{u}}^{*}_{\mathrm{K}}\} = \sum_{i=1}^{3\mathrm{n}} \mathrm{Re}\{\underline{\boldsymbol{s}}_{\mathrm{J},i}\}$ Realteil der Spaltensumme von $\underline{\boldsymbol{S}}_{\mathrm{J}}$

$\boldsymbol{q}_{\mathrm{N}} = \mathrm{Im}\{\underline{\boldsymbol{U}}_{\mathrm{K}}\underline{\boldsymbol{Y}}^{*}_{\mathrm{KK}}\underline{\boldsymbol{u}}^{*}_{\mathrm{K}}\} = \sum_{i=1}^{3\mathrm{n}} \mathrm{Im}\{\underline{\boldsymbol{s}}_{\mathrm{J},i}\}$ Imaginärteil der Spaltensumme von $\underline{\boldsymbol{S}}_{\mathrm{J}}$

$$\boldsymbol{p}_{\mathrm{K}} = \left[\ldots P_{0\mathrm{L}j\mathrm{K}i}\left(\frac{U_{\mathrm{L}j\mathrm{K}i}}{U_{0\mathrm{L}j\mathrm{K}i}}\right)^{p_{\mathrm{L}j\mathrm{K}i}} \ldots\right]^{\mathrm{T}} \quad i = 1\ldots\mathrm{n},\ j = 1\ldots3 \tag{4.79}$$

$$\boldsymbol{q}_{\mathrm{K}} = \left[\ldots Q_{0\mathrm{L}j\mathrm{K}i}\left(\frac{U_{\mathrm{L}j\mathrm{K}i}}{U_{0\mathrm{L}j\mathrm{K}i}}\right)^{p_{\mathrm{L}j\mathrm{K}i}} \ldots\right]^{\mathrm{T}} \quad i = 1\ldots\mathrm{n},\ j = 1\ldots3 \tag{4.80}$$

$\boldsymbol{P}_{\mathrm{N}}$ und $\boldsymbol{Q}_{\mathrm{N}}$	Diagonalmatrizen mit den Elementen von $\boldsymbol{p}_{\mathrm{N}}$ bzw. $\boldsymbol{q}_{\mathrm{N}}$
$\boldsymbol{P}_{\mathrm{K}}$ und $\boldsymbol{Q}_{\mathrm{K}}$	Diagonalmatrizen mit den Elementen von $\boldsymbol{p}_{\mathrm{K}}$ bzw. $\boldsymbol{q}_{\mathrm{K}}$
$\boldsymbol{P}$ und $\boldsymbol{Q}$	Diagonalmatrizen mit den Elementen der Exponenten $\boldsymbol{p}$ bzw. $\boldsymbol{q}$
$\boldsymbol{P}'_{\mathrm{K}} = \boldsymbol{P}\boldsymbol{P}_{\mathrm{K}}$ und $\boldsymbol{Q}'_{\mathrm{K}} = \boldsymbol{Q}\boldsymbol{Q}_{\mathrm{K}}$	Matrixprodukte[5]

[5] Die Bildung von Diagonalmatrizen, die hier zur exakten Schreibweise der Matrixoperationen benötigt wird, ist in MATLAB nicht erforderlich, da das Programm die elementweise Multiplikation von zwei Vektoren $\boldsymbol{a}$ und $\boldsymbol{b}$ mit der Anweisung $\boldsymbol{a}.*\boldsymbol{b}$ zulässt.

Die Spannungsänderungen werden wieder auf die Spannungsbeträge aus dem vorangegangenen Iterationsschritt bezogen:

$$\boldsymbol{u}_{\nu+1} = \left[\frac{U_{\mathrm{L1K1},\nu+1}}{U_{\mathrm{L1K1},\nu}} \;\; \frac{U_{\mathrm{L2K1},\nu+1}}{U_{\mathrm{L2K1},\nu}} \;\; \frac{U_{\mathrm{L3K1},\nu+1}}{U_{\mathrm{L3K1},\nu}} \cdots \frac{U_{\mathrm{L1Kn},\nu+1}}{U_{\mathrm{L1Kn},\nu}} \;\; \frac{U_{\mathrm{L2Kn},\nu+1}}{U_{\mathrm{L2Kn},\nu}} \;\; \frac{U_{\mathrm{L3Kn},\nu+1}}{U_{\mathrm{L3Kn},\nu}} \right]^{\mathrm{T}} \tag{4.81}$$

Die Behandlung des Slackknotens und der Generatorknoten durch Nullsetzen von Zeilen und Spalten in der Jacobi-Matrix kann dem MATLAB-File `LoadFlow3_NV` im Anhang A.1 entnommen werden.

Die Leitungsströme berechnet man mit Hilfe der Betriebsmitteladmittanzmatrix, Gl. 4.35, aus:

$$\underline{\boldsymbol{i}}_{\mathrm{L}} = \underline{\boldsymbol{T}}_{\mathrm{S}} \underline{\boldsymbol{Y}}_{\mathrm{ST}} \underline{\boldsymbol{T}}_{\mathrm{S}}^{-1} \underline{\boldsymbol{u}}_{\mathrm{L}} = \underline{\boldsymbol{Y}}_{\mathrm{T}} \boldsymbol{K}_{\mathrm{KT}}^{\mathrm{T}} \underline{\boldsymbol{u}}_{\mathrm{K}} \tag{4.82}$$

4.4.3 Fehlermatrizenverfahren

Das Verfahren beruht auf dem in Kap. 6 beschriebenen Fehlermatrizenverfahren zur Berechnung von Kurzschlüssen. Die Gl. 6.46 für die Nachbildung von Kurzschlüssen mit Fehlerimpedanzen an der Knotenadmittanzmatrix wird wie folgt geändert.

Durch die Vorgabe der Spannungen am Slackknoten gemäß Gl. 4.56 entfallen die Quellenströme einschließlich der zugehörigen Shuntadmittanzen in der Knotenadmittanzmatrix. Die Knotenadmittanzmatrix in symmetrischen Komponenten nimmt dann die gleiche Form wie für das Knotenpunkt- und Newtonverfahren an und die Gl. 6.46 geht über in:

$$\left[\underline{\boldsymbol{F}}_{\mathrm{SK}} \underline{\boldsymbol{Y}}_{\mathrm{SKK}} - \left(\boldsymbol{E}_{\mathrm{K}} - \underline{\boldsymbol{F}}_{\mathrm{S}}^{\mathrm{T}*}\right)\left(\boldsymbol{E}_{\mathrm{K}} - \underline{\boldsymbol{Z}}_{\mathrm{SF}} \underline{\boldsymbol{Y}}_{\mathrm{SKK}}\right)\right] \underline{\boldsymbol{u}}_{\mathrm{SK}} = \mathbf{o} \tag{4.83a}$$

und kürzer:

$$\underline{\boldsymbol{Y}}_{\mathrm{SKKF}} \underline{\boldsymbol{u}}_{\mathrm{SK}} = \mathbf{o} \tag{4.83b}$$

An die Stelle der Fehlerimpedanzen treten die Lastimpedanzen. Die Lastimpedanzen werden aus den gegebenen Leistungen unter Berücksichtigung derer Spannungsabhängigkeit berechnet. Man erhält z. B. für den Leiter j am Knoten i:

$$\underline{Z}_{\mathrm{L}j\mathrm{K}i} = \frac{U_{\mathrm{L}j\mathrm{K}i}^2}{P_{0\mathrm{L}j\mathrm{K}i}\left(\dfrac{U_{\mathrm{L}j\mathrm{K}i}}{U_{0\mathrm{L}j\mathrm{K}i}}\right)^{p_{\mathrm{L}j\mathrm{K}i}} - \mathrm{j}Q_{0\mathrm{L}j\mathrm{K}i}\left(\dfrac{U_{\mathrm{L}j\mathrm{K}i}}{U_{0\mathrm{L}j\mathrm{K}i}}\right)^{p_{\mathrm{L}j\mathrm{K}i}}} \tag{4.84}$$

Für die unbelasteten Leiter werden die Lastimpedanzen Null gesetzt, da sie im Verlauf der weiteren Rechnung keine Rolle spielen. Die Lastimpedanzen aller Knoten (auch die Nullelemente) bilden die diagonale Fehlerimpedanzmatrix $\underline{\boldsymbol{Z}}_{\mathrm{F}}$ der Ordnung 3n.

Die auf alle n Knoten ausgedehnte Fehlermatrix $\boldsymbol{F}_{\mathrm{K}}$ ist ebenfalls eine Diagonalmatrix der Ordnung 3n. Ihre Elemente ergeben sich unmittelbar aus der Besetztheit der Fehlerimpedanzmatrix $\underline{\boldsymbol{Z}}_{\mathrm{F}}$. An den gleichen Stellen, an denen in der Fehlerimpedanzmatrix

Abb. 4.4 20-kV-Freileitungsnetz mit 110-kV-Einspeisung

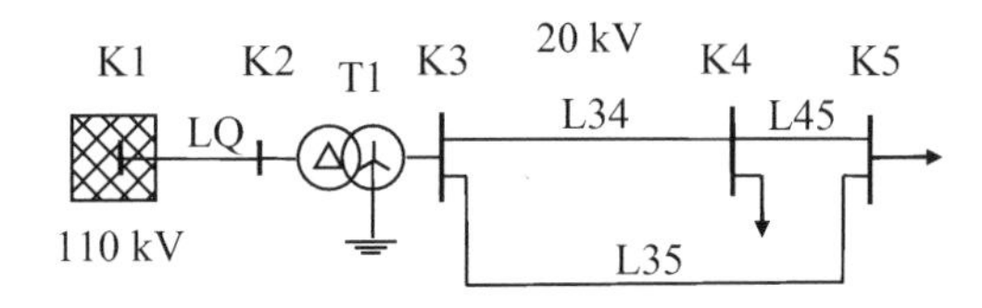

Nichtnullelemente (Impedanzen) stehen, erhält die Fehlermatrix Nullelemente, alle anderen Elemente werden Eins gesetzt.

Die Matrizen $\underline{Z}_\mathrm{F}$ und $\boldsymbol{F}_\mathrm{K}$ werden in Symmetrische Komponenten transformiert. Mit den aktuellen Werten $\underline{Z}_\mathrm{SF}$ und $\boldsymbol{F}_\mathrm{SK}$ sowie Festlegung des Slackknotens – hier z. B. der Knoten 1 – kann die Gl. 4.83 nach den Knotenspannungen aufgelöst werden.

$$\begin{bmatrix} \underline{u}_\mathrm{SKs} \\ \hline \underline{u}_\mathrm{SK2} \\ \vdots \\ \underline{u}_\mathrm{SKn} \end{bmatrix} = - \left[\begin{array}{c|ccc} -\boldsymbol{E} & \mathbf{0} & \mathbf{0} & \mathbf{0} \\ \hline \mathbf{0} & \underline{\boldsymbol{Y}}_\mathrm{S22F} & \cdots & \underline{\boldsymbol{Y}}_\mathrm{S2nF} \\ \mathbf{0} & \vdots & \ddots & \vdots \\ \mathbf{0} & \underline{\boldsymbol{Y}}_\mathrm{Sn2F} & \cdots & \underline{\boldsymbol{Y}}_\mathrm{S2nn} \end{array} \right]^{-1} \begin{bmatrix} \boldsymbol{E} \\ \hline \underline{\boldsymbol{Y}}_\mathrm{S21F} \\ \vdots \\ \underline{\boldsymbol{Y}}_\mathrm{Sn1F} \end{bmatrix} \underline{u}_\mathrm{SKs} \quad (4.85)$$

Sind die Knotenleistungen quadratisch von der Spannung abhängig, so sind die Fehlerimpedanzen konstant und das Ergebnis liegt nach einem Lösungsschritt vor. Es stimmt dann mit dem der Lösung der Gl. 4.57 überein. Anderenfalls sind mehrere Iterationsschritte, in denen die Elemente der Fehlerimpedanzmatrix $\underline{Z}_\mathrm{SF}$ aktualisiert werden, erforderlich.

Beispiel 4.2

Für das Netz in Abb. 4.4 mit unverdrillten 20-kV-Freileitungen soll der dreipolige Leistungsfluss mit dem Knotenpunkt- und Newtonverfahren berechnet werden.

Daten:

110-kV-Netz Q: $U_\mathrm{n} = 110\,\mathrm{kV}$, $S_\mathrm{k}'' = 2500\,\mathrm{MV\,A}$, $R_1/X_1 = 0,1$, $R_0/R_1 = 1$, $X_0/X_1 = 1$[6]

Transformator T1: Dy5, $S_\mathrm{r} = 25\,\mathrm{MV\,A}$, $110\,\mathrm{kV}/21\,\mathrm{kV}$, $u_\mathrm{k} = 10\,\%$, $P_\mathrm{Vkr}/S_\mathrm{r} = 0,5\,\%$

20-kV-Freileitungen (Einfachleitungen): Horizontale Leiteranordnung mit 1,8 m Abstand:

L34: $95\,\mathrm{mm}^2$ Al, $R'_\mathrm{L40^\circ C} = 0{,}3339\,\Omega/\mathrm{km}$, $r_\mathrm{L} = 6{,}25\,\mathrm{mm}$, $L = 3\,\mathrm{km}$,
L45: $70\,\mathrm{mm}^2$ Al, $R'_\mathrm{L40^\circ C} = 0{,}4744\,\Omega/\mathrm{km}$, $r_\mathrm{L} = 5{,}75\,\mathrm{mm}$, $L = 1\,\mathrm{km}$,
L35: $70\,\mathrm{mm}^2$ Al, $R'_\mathrm{L40^\circ C} = 0{,}4744\,\Omega/\mathrm{km}$, $r_\mathrm{L} = 5{,}75\,\mathrm{mm}$, $L = 5\,\mathrm{km}$

[6] Die Nullimpedanz der Netzeinspeisung spielt hier wegen der Dreieckschaltung des Transformators auf der Oberspannungsseite keine Rolle und wird vereinfachend gleich der Mitimpedanz gesetzt.

Tab. 4.7 Knotendaten (cell array)

Name	U kV	Typ	P/MW			Q/Mvar			p			q		
			L1	L2	L3	L1	L2	L3	L1	L2	L3	L1	L2	L3
‚K1'	110	‚S'	0	0	0	0	0	0	0	0	0	0	0	0
‚K2'	110	‚PQ'	0	0	0	0	0	0	0	0	0	0	0	0
‚K3'	20	‚PQ'	0	0	0	0	0	0	0	0	0	0	0	0
‚K4'	20	‚PQ'	2,0	2,0	2,0	0,5	0,5	0,5	0	0	0	0	0	0
‚K5'	20	‚PQ'	4,0	4,0	4,0	1,0	1,0	1,0	0	0	0	0	0	0

Die kilometrischen Impedanzen der Leitungen berechnet man aus den Selbst- und Gegenimpedanzen wie folgt.

$$\underline{Z}'_{\mathrm{L}ii} = R_{\mathrm{L}i} + \omega\frac{\mu_0}{8} + \mathrm{j}\omega\frac{\mu_0}{2\pi}\left(\ln\frac{\delta_\mathrm{E}}{r_{\mathrm{L}i}} + \frac{1}{4}\right); \quad \delta_\mathrm{E} = \frac{1{,}8514}{\sqrt{\omega\mu_0\kappa_\mathrm{E}}} \approx 932\,\mathrm{m}$$

$$\underline{Z}'_{\mathrm{L}ik} = \omega\frac{\mu_0}{8} + \mathrm{j}\omega\frac{\mu_0}{2\pi}\ln\frac{\delta_\mathrm{E}}{d_{\mathrm{L}ik}} \quad k \neq i$$

Für die Leitungen L45 und L35 (70 mm² Al) erhält man:

$$\underline{\boldsymbol{Z}}'_{\mathrm{L}45/35} = \begin{bmatrix} 0{,}5237 + \mathrm{j}0{,}7694 & 0{,}0493 + \mathrm{j}0{,}3927 & 0{,}0493 + \mathrm{j}0{,}3491 \\ 0{,}0493 + \mathrm{j}0{,}3927 & 0{,}5237 + \mathrm{j}0{,}7694 & 0{,}0493 + \mathrm{j}0{,}3927 \\ 0{,}0493 + \mathrm{j}0{,}3491 & 0{,}0493 + \mathrm{j}0{,}3927 & 0{,}5237 + \mathrm{j}0{,}7694 \end{bmatrix} \Omega/\mathrm{km}$$

und für die Leitung L34 (95 mm² Al)

$$\underline{\boldsymbol{Z}}'_{\mathrm{L}34} = \begin{bmatrix} 0{,}3833 + \mathrm{j}0{,}7642 & 0{,}0493 + \mathrm{j}0{,}3927 & 0{,}0493 + \mathrm{j}0{,}3491 \\ 0{,}0493 + \mathrm{j}0{,}3927 & 0{,}3833 + \mathrm{j}0{,}7642 & 0{,}0493 + \mathrm{j}0{,}3927 \\ 0{,}0493 + \mathrm{j}0{,}3491 & 0{,}0493 + \mathrm{j}0{,}3927 & 0{,}3833 + \mathrm{j}0{,}7642 \end{bmatrix} \Omega/\mathrm{km}$$

Die Transformation in symmetrischen Komponenten ergibt:

$$\underline{\boldsymbol{Z}}'_{\mathrm{SL}45/35} = \begin{bmatrix} 0{,}4744 + \mathrm{j}0{,}3913 & -0{,}0251 + \mathrm{j}0{,}0145 & -0{,}0126 - \mathrm{j}0{,}0073 \\ 0{,}0251 + \mathrm{j}0{,}0145 & 0{,}4744 + \mathrm{j}0{,}3913 & 0{,}0126 - \mathrm{j}0{,}0073 \\ 0{,}0126 - \mathrm{j}0{,}0073 & -0{,}0126 - \mathrm{j}0{,}0073 & 0{,}6224 + \mathrm{j}1{,}5257 \end{bmatrix} \Omega/\mathrm{km}$$

$$\underline{\boldsymbol{Z}}'_{\mathrm{SL}34} = \begin{bmatrix} 0{,}3339 + \mathrm{j}0{,}3860 & -0{,}0251 + \mathrm{j}0{,}0145 & -0{,}0126 - \mathrm{j}0{,}0073 \\ 0{,}0251 + \mathrm{j}0{,}0145 & 0{,}3339 + \mathrm{j}0{,}3860 & 0{,}0126 - \mathrm{j}0{,}0073 \\ 0{,}0126 - \mathrm{j}0{,}0073 & -0{,}0126 - \mathrm{j}0{,}0073 & 0{,}4819 + \mathrm{j}1{,}5205 \end{bmatrix} \Omega/\mathrm{km}$$

Die inversen Impedanzmatrizen lauten:

$$\underline{Z}'^{-1}_{\mathrm{SL45/35}} = \begin{bmatrix} 1{,}2565 - \mathrm{j}1{,}0313 & -0{,}0248 - \mathrm{j}0{,}0730 & 0{,}0038 - \mathrm{j}0{,}0143 \\ -0{,}0508 + \mathrm{j}0{,}0580 & 1{,}2565 - \mathrm{j}1{,}0313 & 0{,}0105 + \mathrm{j}0{,}0104 \\ 0{,}0105 - \mathrm{j}0{,}0104 & 0{,}0038 - \mathrm{j}0{,}0143 & 0{,}2295 - \mathrm{j}0{,}5619 \end{bmatrix} \mathrm{km}/\Omega$$

$$\underline{Z}'^{-1}_{\mathrm{SL34}} = \begin{bmatrix} 1{,}2876 - \mathrm{j}1{,}4782 & -0{,}0690 - \mathrm{j}0{,}0883 & 0{,}0002 - \mathrm{j}0{,}0186 \\ -0{,}0420 + \mathrm{j}0{,}1039 & 1{,}2876 - \mathrm{j}1{,}4782 & 0{,}0160 + \mathrm{j}0{,}0095 \\ 0{,}0160 + \mathrm{j}0{,}0095 & 0{,}0002 - \mathrm{j}0{,}0186 & 0{,}0743 - \mathrm{j}0{,}3373 \end{bmatrix} \mathrm{km}/\Omega$$

Aus den inversen Impedanzmatrizen werden die Leitungsadmittanzen, z. B. für die Leitung L34, wie folgt gebildet (die Leitungskapazitäten werden vernachlässigt).

$$\underline{Y}_{\mathrm{SL34}} = \frac{1}{l_{34}} \begin{bmatrix} \underline{Z}'^{-1}_{\mathrm{SL34}} & -\underline{Z}'^{-1}_{\mathrm{SL34}} \\ -\underline{Z}'^{-1}_{\mathrm{SL34}} & \underline{Z}'^{-1}_{\mathrm{SL34}} \end{bmatrix}$$

Die Matrix der Transformatoradmittanzen mit den hereingezogenen Übersetzungsverhältnissen in symmetrischen Komponenten ist (s. Gl. 2.118):

$$\underline{Y}_{\mathrm{ST1}} =$$

$$\left[\begin{array}{ccc|ccc} 0{,}0010 - \mathrm{j}0{,}0206 & 0 & 0 & -0{,}0494 - \mathrm{j}0{,}0963\mathrm{i} & 0 & 0 \\ 0 & 0{,}0010 - \mathrm{j}0{,}0206 & 0 & 0 & 0{,}0587 - \mathrm{j}0{,}0909 & 0 \\ 0 & 0 & 0 & 0 & 0 & 0 \\ \hline 0{,}0587 - \mathrm{j}0{,}0909 & 0 & 0 & 0{,}0283 - \mathrm{j}0{,}5662 & 0 & 0 \\ 0 & -0{,}0494 - \mathrm{j}0{,}0963 & 0 & 0 & 0{,}0283 - \mathrm{j}0{,}5662 & 0 \\ 0 & 0 & 0 & 0 & 0 & 0{,}0283 - \mathrm{j}0{,}5662 \end{array}\right] \mathrm{S}$$

Die 3. Zeile und 3. Spalte in $\underline{Y}_{\mathrm{ST1}}$ sind Null, bedingt durch die Dreieckwicklung des Transformators auf der Oberspannungsseite. Damit kann auf der Oberspannungsseite kein Nullstrom auftreten.

Als Slackknoten wird der Knoten 1 gewählt. Für ihn werden die konstanten Spannungen vorgegeben:

$$\underline{\boldsymbol{u}}_{\mathrm{SK1}} = \frac{110\,\mathrm{kV}}{\sqrt{3}} \begin{bmatrix} 1 & 0 & 0 \end{bmatrix}^{\mathrm{T}}$$

Die endliche Kurzschlussleistung des 110-kV-Netzes wird durch die fiktive Leitung LQ zwischen K1 und K2 in Abb. 4.3 berücksichtigt[7]. Deren Impedanzen ergeben sich aus:

$$Z_{1\mathrm{LQ}} = \frac{1{,}1 \cdot U_{\mathrm{n}}^2}{S_{\mathrm{k}}''} = \frac{1{,}1 \cdot (110\,\mathrm{kV})^2}{2500\,\mathrm{MV\,A}} = 5{,}324\,\Omega$$

[7] Bei genügend großer Kurzschlussleistung wird die Innenimpedanz des Netzes bei der Leistungsflussberechnung gewöhnlich vernachlässigt, zumal sie oft nicht genügend genau bekannt ist.

$$\underline{Z}_{1LQ} = \underline{Z}_{2LQ} = \left(\frac{R_{Q1}}{X_{Q1}} + \mathrm{j}\right) \frac{Z_{1LQ}}{\sqrt{1 + \left(R_{Q1}/X_{Q1}\right)^2}} = (0{,}5298 + \mathrm{j}5{,}2976)\ \Omega$$

$$\underline{Z}_{0LQ} = \underline{Z}_{1LQ}$$

Die Gl. 4.35 für die Betriebsmitteladmittanzen beinhaltet:

$$\underline{\boldsymbol{Y}}_{ST} = \begin{bmatrix} \underline{\boldsymbol{Y}}_{SLQ} & & & & \\ & \underline{\boldsymbol{Y}}_{ST1} & & & \\ & & \underline{\boldsymbol{Y}}_{SL34} & & \\ & & & \underline{\boldsymbol{Y}}_{SL45} & \\ & & & & \underline{\boldsymbol{Y}}_{SL35} \end{bmatrix}$$

Die Knoten-Tor-Inzidenzmatrix ist:

$$\boldsymbol{K}_{KT} = \left[\begin{array}{cc|cc|cc|cc|cc} \boldsymbol{E} & \boldsymbol{0} & \boldsymbol{0} & \boldsymbol{0} & \boldsymbol{0} & \boldsymbol{0} & \boldsymbol{0} & \boldsymbol{0} & \boldsymbol{0} & \boldsymbol{0} \\ \boldsymbol{0} & \boldsymbol{E} & \boldsymbol{E} & \boldsymbol{0} & \boldsymbol{0} & \boldsymbol{0} & \boldsymbol{0} & \boldsymbol{0} & \boldsymbol{0} & \boldsymbol{0} \\ \boldsymbol{0} & \boldsymbol{0} & \boldsymbol{0} & \boldsymbol{E} & \boldsymbol{E} & \boldsymbol{0} & \boldsymbol{0} & \boldsymbol{0} & \boldsymbol{E} & \boldsymbol{0} \\ \boldsymbol{0} & \boldsymbol{0} & \boldsymbol{0} & \boldsymbol{0} & \boldsymbol{0} & \boldsymbol{E} & \boldsymbol{E} & \boldsymbol{0} & \boldsymbol{0} & \boldsymbol{0} \\ \boldsymbol{0} & \boldsymbol{0} & \boldsymbol{0} & \boldsymbol{0} & \boldsymbol{0} & \boldsymbol{0} & \boldsymbol{0} & \boldsymbol{E} & \boldsymbol{0} & \boldsymbol{E} \end{array}\right]$$

Die Fehlermatrix des Fehlermatrizenverfahrens besteht aus:

$$\boldsymbol{F}_{SK} = \mathrm{diag}\left(\begin{array}{ccc|ccc|ccc|ccc|ccc} 1 & 1 & 1 & 1 & 1 & 1 & 1 & 1 & 1 & 0 & 0 & 0 & 0 & 0 & 0 \end{array}\right)$$

Die Fehlerimpedanzmatrix $\underline{\boldsymbol{Z}}_F$ hat nach Abschluss der Iterationen die Nichtnullelemente:

$$\underline{Z}_F(10{,}10) = (59{,}44 + \mathrm{j}14{,}86)\ \Omega$$
$$\underline{Z}_F(11{,}11) = (59{,}00 + \mathrm{j}15{,}00)\ \Omega$$
$$\underline{Z}_F(12{,}12) = (60{,}27 + \mathrm{j}15{,}07)\ \Omega$$
$$\underline{Z}_F(13{,}13) = (29{,}18 + \mathrm{j}7{,}30)\ \Omega$$
$$\underline{Z}_F(14{,}14) = (29{,}50 + \mathrm{j}7{,}37)\ \Omega$$
$$\underline{Z}_F(15{,}15) = (29{,}65 + \mathrm{j}7{,}41)\ \Omega$$

Bei einer Genauigkeitsvorgabe von epsilon $= 10^{-4}$ werden mit dem Knotenpunktverfahren nach 5 Iterationsschritten, mit dem Newtonverfahren nach 2 Iterationsschritten und mit dem Fehlermatrizenverfahren nach 6 Iterationsschritten die Ergebnisse in den Tab. 4.8 bis 4.10 erhalten.

Tab. 4.8 Knotenspannungen in kV und Knotenleistungen in MW bzw. MVar für das Beispiel 4.2

	U_{L1}	U_{L2}	U_{L3}	P_{L1}	P_{L2}	P_{L3}	Q_{L1}	Q_{L2}	Q_{L3}
K1	63,509	63,509	63,509	−6,272	−6,271	−6,256	−2,318	−2,336	−2,326
K2	63,265	63,263	63,264	0	0	0	0	0	0
K3	11,734	11,737	11,736	0	0	0	0	0	0
K4	11,239	11,291	11,317	2,0	2,0	2,0	0,5	0,5	0,5
K5	11,137	11,197	11,226	4,0	4,0	4,0	1,0	1,0	1,0
Verluste, Blindleistungsbedarf				0,799 MW			2,481 MVar		

Tab. 4.9 Leitungsströme (Zählpfeile in Abb. 4.3 von rechts nach links gerichtet) und Unsymmetriequotienten für das Beispiel 4.2

	$\underline{I}_{L1}$ in A	$\underline{I}_{L2}$ in A	$\underline{I}_{L3}$ in A	I_2/I_1 in %	I_0/I_1 in %
LQ	−98,8 + j36,5	81,2 + j67,1	17,5 − j103,6	0,159	0
T1-US	545,9 + j92,4	−191,1 − j516,6	−350,1 + j423,5	0,159	0,291
L34	345,4 + j42,4	−136,3 − j320,2	−205,8 + j277,8	0,355	0,313
L45	164,6 + j11,5	−73,3 − j148,8	−89,5 + j137,6	0,752	0,375
L35	200,5 + j49,9	−54,8 − j196,4	−144,3 + j145,7	0,709	0,276

Tab. 4.10 Knotendaten (cell array)

Name	U	Typ	P/MW			Q/Mvar			p			q		
	kV		L1	L2	L3	L1	L2	L3	L1	L2	L3	L1	L2	L3
‚K1‘	10	‚S‘												
‚K2‘	10	‚PQ‘	0	0	0	0	0	0						
‚K3‘	0,4	‚PQ‘	0	0	0	0	0	0						
‚K4‘	0,4	‚PQ‘	−0,05	−0,06	−0,07	0	0	0	0	0	0	0	0	0

Beispiel 4.3

Für den Niederspannungsanschluss in Abb. 4.5 mit unsymmetrischer Einspeisung im Knoten 4 soll der dreipolige Leistungsfluss mit dem Knotenpunkt- und Newtonverfahren berechnet werden.

10-kV-Netz Q: $U_n = 10\,\text{kV}$, $S_k'' = 200\,\text{MV A}$, $R_1/X_1 = 0{,}1$, $R_0/R_1 = 1$, $X_0/X_1 = 1$

Transformator T1: Dy5, $S_r = 400\,\text{kV A}$, $10\,\text{kV}/0{,}4\,\text{kV}$, $u_k = 4\,\%$, $P_{Vkr}/S_r = 1{,}15\,\%$

Leitung L34: Vierleiterkabel: $\underline{Z}_1' = (0{,}1069 + \text{j}0{,}0803)\,\Omega/\text{km}$, $\underline{Z}_0' = 4\underline{Z}_1'$, $l = 600\,\text{m}$

Die Einspeisung kann durch negative Leistungen an einem Lastknoten wie in Tab. 4.10 oder an einem Generatorknoten mit negativen Wirkleistungen realisiert werden.

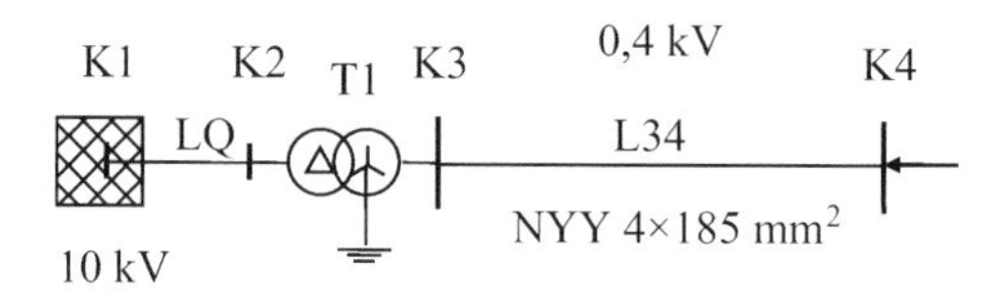

Abb. 4.5 Niederspannungsnetz mit unsymmetrischer Einspeisung an K4

Die Parameter der Betriebsmittel in symmetrischen Komponenten sind:

10-kV-Netzeinspeisung:

$$\underline{Z}_{1Q} = \underline{Z}_{2Q} = \underline{Z}_{0Q} = (0{,}0547 + \mathrm{j}0{,}5473)\ \Omega$$

$$\underline{\boldsymbol{Z}}_{\mathrm{SLQ}}^{-1} = \begin{bmatrix} 0{,}1809 - \mathrm{j}1{,}8092 & 0 & 0 \\ 0 & 0{,}1809 - \mathrm{j}1{,}8092 & 0 \\ 0 & 0 & 0{,}1809 - \mathrm{j}1{,}8092 \end{bmatrix} \mathrm{S}$$

Leitung L34:

$$\underline{\boldsymbol{Z}}_{\mathrm{SL34}}^{-1} = \begin{bmatrix} 9{,}9673 - \mathrm{j}7{,}4878 & 0 & 0 \\ 0 & 9{,}9673 - \mathrm{j}7{,}4878 & 0 \\ 0 & 0 & 2{,}4918 - \mathrm{j}1{,}8720 \end{bmatrix} \mathrm{S}$$

Transformator T1:

$$\underline{\boldsymbol{Y}}_{\mathrm{ST1}} = \left[\begin{array}{ccc|ccc} 0{,}0287 - \mathrm{j}0{,}0958 & 0 & 0 & -0{,}5748 - \mathrm{j}2{,}4330 & 0 & 0 \\ 0 & 0{,}0287 - \mathrm{j}0{,}0958 & 0 & 0 & 1{,}8197 - \mathrm{j}1{,}7143 & 0 \\ 0 & 0 & 0 & 0 & 0 & 0 \\ \hline 1{,}8197 - \mathrm{j}1{,}7143 & 0 & 0 & 17{,}9688 - \mathrm{j}59{,}8613 & 0 & 0 \\ 0 & -0{,}5748 - \mathrm{j}2{,}4330 & 0 & 0 & 17{,}9688 - \mathrm{j}59{,}8613 & 0 \\ 0 & 0 & 0 & 0 & 0 & 17{,}9688 - \mathrm{j}59{,}8613 \end{array}\right] \mathrm{S}$$

Admittanzmatrix der Betriebsmittel:

$$\underline{\boldsymbol{Y}}_{\mathrm{ST}} = \begin{bmatrix} \underline{\boldsymbol{Y}}_{\mathrm{SLQ}} & & \\ & \underline{\boldsymbol{Y}}_{\mathrm{ST1}} & \\ & & \underline{\boldsymbol{Y}}_{\mathrm{SL34}} \end{bmatrix}$$

Knoten-Tor-Inzidenzmatrix:

$$\boldsymbol{K}_{\mathrm{KT}} = \left[\begin{array}{cc|cc|cc} \boldsymbol{E} & \boldsymbol{0} & \boldsymbol{0} & \boldsymbol{0} & \boldsymbol{0} & \boldsymbol{0} \\ \boldsymbol{0} & \boldsymbol{E} & \boldsymbol{E} & \boldsymbol{0} & \boldsymbol{0} & \boldsymbol{0} \\ \boldsymbol{0} & \boldsymbol{0} & \boldsymbol{0} & \boldsymbol{E} & \boldsymbol{E} & \boldsymbol{0} \\ \boldsymbol{0} & \boldsymbol{0} & \boldsymbol{0} & \boldsymbol{0} & \boldsymbol{0} & \boldsymbol{E} \end{array}\right]$$

Tab. 4.11 Knotenspannungen in kV und Knotenleistungen in MW bzw. MVar für das Beispiel 4.3 bei Einspeisung konstanter Wirkleistungen am Knoten 4

	U_{L1}	U_{L2}	U_{L3}	P_{L1}	P_{L2}	P_{L3}	Q_{L1}	Q_{L2}	Q_{L3}
K1	5,774	5,774	5,774	57,241	51,598	58,568	0,116	−4,674	−7,166
K2	5,774	5,774	5,773	0	0	0	0	0	0
K3	0,232	0,232	0,232	0	0	0	0	0	0
K4	0,240	0,251	0,251	−50	−60	−70	0	0	0
Verluste, Blindleistungsbedarf				12,6 kW			11,7 kVar		

Tab. 4.12 Leitungsströme (Zählpfeile in Abb. 4.5 von rechts nach links gerichtet) und Unsymmetriequotienten für das Beispiel 4.3 bei Einspeisung konstanter Wirkleistungen am Knoten 4

	$\underline{I}_{L1}$ in A	$\underline{I}_{L2}$ in A	$\underline{I}_{L3}$ in A	I_2/I_1 in %	I_0/I_1 in %
LQ	9,9 − j0,0	−3,8 − j8,1	−6,1 + j8,2	7,64	0
T1-US	−174,9 − j113,7	−11,8 + j238,9	254,4 − j114,6	7,64	9,43
L34	−174,9 − j113,7	−11,8 + j238,9	254,4 − j114,6	7,64	9,43

Tab. 4.13 Knotenspannungen in kV und Knotenleistungen in kW bzw. kVar für das Beispiel 4.3 bei Einspeisung konstanter Wirkleistungen mit konstanten Spannungen am Knoten 4 als Generatorknoten

	U_{L1}	U_{L2}	U_{L3}	P_{L1}	P_{L2}	P_{L3}	Q_{L1}	Q_{L2}	Q_{L3}
K1	5,774	5,774	5,774	56,081	41,273	56,310	−54,961	−63,775	−72,192
K2	5,769	5,768	5,767	0	0	0	0	0	0
K3	0,228	0,227	0,228	0	0	0	0	0	0
K4	0,231	0,231	0,231	−50	−60	−70	47,619	63,331	55,358
Verluste, Blindleistungsbedarf				26,3 kW			24,6 kVar		

Die Ergebnisse für die Einspeisung am Lastknoten K4 nach den im Anhang aufgelisteten MATLAB-Programmen enthalten die Tab. 4.11 und 4.12. Für eine Genauigkeitsschranke von epsilon $= 10^{-4}$ benötigt das Knotenpunktverfahren 6 Iterationsschritte, das Newtonverfahren 3 Iterationsschritte und das Fehlermatrizenverfahren 7 Iterationsschritte.

Die Spannungen werden gegenüber dem unbelasteten Netz ($0{,}4/\sqrt{3}\,\text{kV} = 231\,\text{V}$) angehoben, was sich am stärksten am Einspeiseknoten bemerkbar macht (s. Abb. 4.6). Überschreiten die Spannungserhöhungen die zulässigen Grenzen, so kann es notwendig sein, entweder die Einspeisung zu reduzieren oder das Übersetzungsverhältnis des Ortsnetztransformators zu ändern. Bei unregelmäßiger Einspeisung muss dann zur Einhaltung des zulässigen Spannungsbandes ein regelbarer Ortsnetztransformator eingesetzt werden.

Bei Einspeisung der Leistungen mit konstanten Spannungen am Knoten 4 (Generatorknoten) ergeben sich nach 3 Iterationsschritten mit dem Newtonverfahren die Ergebnisse in den Tab. 4.13 und 4.14.

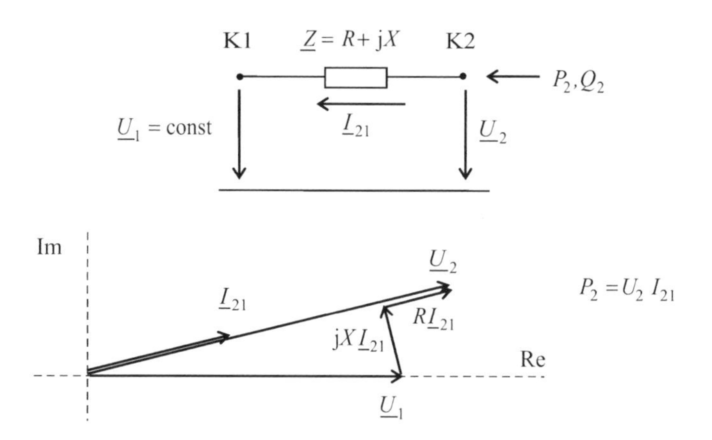

Abb. 4.6 Erklärung der Spannungsanhebung bei Einspeisung von Wirkleistung an K2 als Lastknoten

Tab. 4.14 Leitungsströme (Zählpfeile in Abb. 4.5 von rechts nach links gerichtet) und Unsymmetriequotienten für das Beispiel 4.3 bei Einspeisung konstanter Wirkleistungen mit konstanten Spannungen am Knoten 4 als Generatorknoten

	$\underline{I}_{L1}$ in A	$\underline{I}_{L2}$ in A	$\underline{I}_{L3}$ in A	I_2/I_1 in %	I_0/I_1 in %
LQ	9,7 + j9,5	6,0 − j11,7	−15,7 + j2,2	12,18	0
T1-US	−52,6 − j294,3	−312,0 + j212,9	368,0 + j117,9	12,18	3,45
L34	−52,6 − j294,3	−312,0 + j212,9	368,0 + j117,9	12,18	3,45

Durch die Vorgabe konstanter Spannungen am Einspeiseknoten entsprechend der Nennspannung wird ein starker Blindstromfluss hervorgerufen, der mit erheblichen Verlusten verbunden ist. Das einfache Beispiel in Abb. 4.7 zeigt das Zustandekommen des Blindleistungsflusses. Erhöht man die vorgegebene Spannung am Generatorknoten, so geht der Blindleistungsfluss zurück. Das Verhalten des Generatorknotens ist demnach ganz analog zu dem einer Synchronmaschine (von der er ja auch den Namen hat).

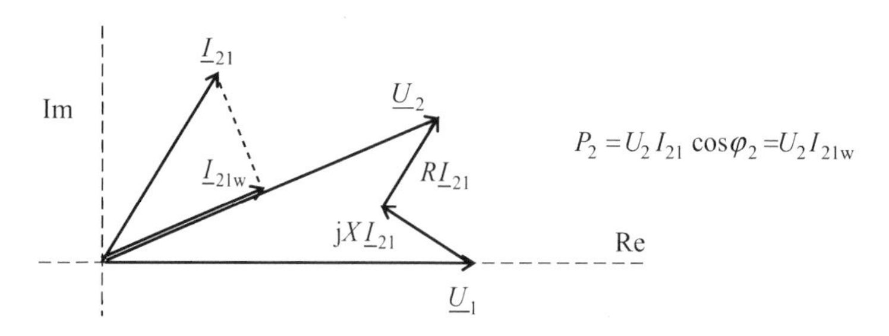

Abb. 4.7 Erklärung des Blindstromflusses bei Einspeisung von Wirkleistung an K2 als Generatorknoten

5 Berechnung von Einfach- und Doppelfehlern

Unter Fehlern in Energieversorgungssystemen versteht man Kurzschlüsse, Erdschlüsse und Unterbrechungen. Geöffnete Schaltstrecken stellen ebenfalls Unterbrechungen dar und werden wie eine störungsbedingte Unterbrechung behandelt. Der Begriff Fehler rührt wahrscheinlich daher, dass das normal strukturierte („gewebte") Netz an einer Fehlerstelle durch Unterbrechungen in Längsrichtung oder Querverbindungen zwischen den Leitern und ggf. der Erde quasi einen „Webfehler" aufweist. Aus Sicht der fehlerhaft veränderten Netztopologie bezeichnet man die Kurzschlüsse auch als Querfehler und die Unterbrechungen als Längsfehler.

5.1 Fehlerarten

Die verschiedenen Fehlerarten und ihre Systematik sind aus Abb. 5.1 ersichtlich. Quer- und Längsfehler können ein- oder mehrpolig auftreten. Sind gleichzeitig alle drei Leiter oder Stränge des Drehstromsystems betroffen, so spricht man von symmetrischen Fehlern. Für ihre Berechnung ist nur das Mitsystem der Symmetrischen Komponenten erforderlich. Alle anderen Fehlerarten sind unsymmetrische Fehler, für deren Berechnung auch das Gegensystem und bis auf den zweipoligen Kurzschluss ohne Erdberührung auch das Nullsystem hinzugezogen werden muss.

Weiterhin unterscheidet man zwischen Einfach- und Mehrfachfehlern. Der häufigste Einfachfehler in Energieversorgungsnetzen ist der einpolige Erdkurzschluss, der in Netzen mit freiem Sternpunkt oder Resonanzsternpunkterdung aufgrund der geringen Fehlerströme als Erdschluss bezeichnet wird.

Unter Mehrfachfehlern versteht man das gleichzeitige Auftreten von mehreren Quer- oder Längsfehlern (gleichartige Mehrfachfehler) oder das gleichzeitige Auftreten von Quer- und Längsfehlern (ungleichartige Mehrfachfehler). Typische Mehrfachfehler sind der Doppelerdkurzschluss und Leitungsabschaltungen infolge eines Kurzschlusses.

B.R. Oswald, *Berechnung von Drehstromnetzen*, DOI 10.1007/978-3-658-14405-0_5

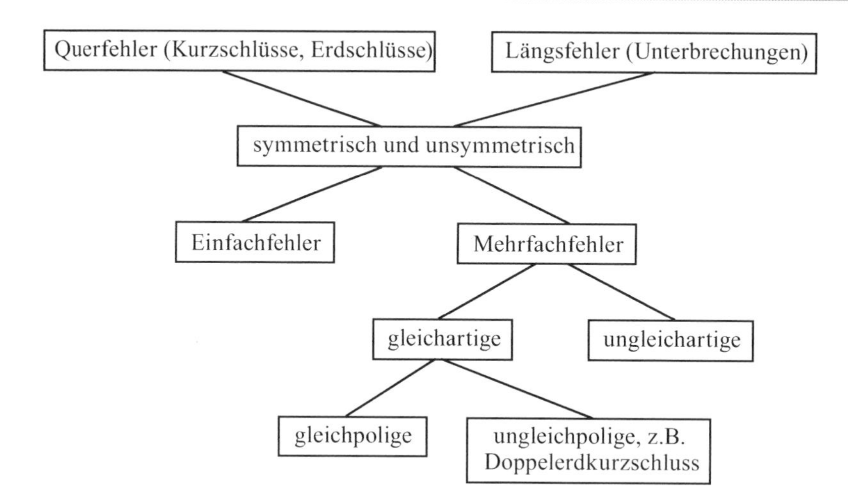

Abb. 5.1 Fehlerarten im Drehstromnetz

Unsymmetrische gleichartige Mehrfachfehler können gleichpolig oder ungleichpolig sein. Der in Netzen mit freiem Sternpunkt oder Resonanzsternpunkterdung auftretende Doppelerdkurzschluss als Folge eines Erdschlusses ist ein unsymmetrischer ungleichpoliger Doppelfehler.

Im Folgenden wird das klassische Verfahren zur Behandlung von Einfach- und Doppelfehlern, wie es in der Literatur weit verbreitet ist, beschrieben (s. z. B. [2]). Dabei wird auf eine systematische Behandlung, die auf der Dualität zwischen den Fehlerbedingungen beruht, Wert gelegt. Am Beispiel des Doppelerdkurzschlusses wird dabei auch deutlich, dass das klassische Verfahren für die Behandlung von Mehrfachfehlern zu schwerfällig ist.

Für die maschinelle Berechnung von Einfachfehlern beliebiger Lage und erst recht für Mehrfachfehler beliebiger Konstellation ist das in Kap. 6 vorgestellte Fehlermatrizenverfahren besser geeignet.

5.2 Fehlerbedingungen

Die durch einen Fehler an der Fehlerstelle F erzwungenen Bedingungen für die Ströme und Spannungen werden als Fehlerbedingungen bezeichnet. Jeder Fehler ist durch drei Fehlerbedingungen charakterisiert. Mit den Bezeichnungen in Abb. 5.2a und 5.2b gelten für die einzelnen Fehlerarten die in Tab. 5.1 zusammengestellten Strom-Spannungsbeziehungen.

Für die unsymmetrischen Fehler sind die zu den sog. Hauptfehlern gehörenden Fehlerbedingungen eingetragen. Als Hauptfehler bezeichnet man die zum Leiter L1 symmetrisch angeordneten unsymmetrischen Fehler. Da der Leiter L1 der Bezugsleiter für die Symme-

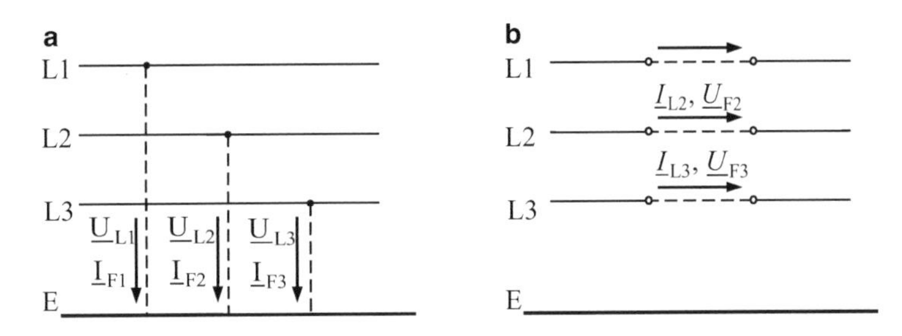

Abb. 5.2 Ströme und Spannungen an einer Kurzschlussstelle (**a**) und an einer Unterbrechungsstelle (**b**)

trischen Komponenten ist, erhält man für die Hauptfehler den einfachsten Rechengang bei der Behandlung der Fehler in Symmetrischen Komponenten. Diesen Rechenvorteil kann man jedoch nur bei Einfach- und gleichpoligen Mehrfachfehlern, bei denen man die Fehlerlage bezüglich der Leiter noch frei wählen kann, nutzen.

Aus Tab. 5.1 ist ersichtlich, dass die Bedingungen für die in einer Zeile stehenden Erdkurzschlüsse (EKS) und Unterbrechungen (UB) dual zueinander sind (was für die Ströme/Spannungen der EKS gilt, gilt für die Spannungen/Ströme der UB und umgekehrt).

Weiterhin sind auch die Fehlerbedingungen der einpoligen und zweipoligen EKS sowie die der einpoligen und zweipoligen UB in Tab. 5.1 dual zueinander, so dass die Fehlerbedingungen für den einpoligen EKS und die zweipolige Unterbrechung und die des

Tab. 5.1 Fehlerbedingungen für die widerstandslosen Kurzschlüsse und Unterbrechungen (unsymmetrische Fehler als Hauptfehler)

Kurzschlüsse (EKS und KS)		Unterbrechungen (UB)	
ohne	$\underline{I}_{F1} = 0$ $\underline{I}_{F2} = 0$ $\underline{I}_{F3} = 0$	ohne	$\underline{U}_{F1} = 0$ $\underline{U}_{F2} = 0$ $\underline{U}_{F3} = 0$
1-polig: L1-E	$\underline{U}_{L1} = 0$ $\underline{I}_{F2} = 0$ $\underline{I}_{F3} = 0$	1-polig: L1	$\underline{I}_{L1} = 0$ $\underline{U}_{F2} = 0$ $\underline{U}_{F3} = 0$
2-polig: L2-L3-E	$\underline{I}_{F1} = 0$ $\underline{U}_{L2} = 0$ $\underline{U}_{L3} = 0$	2-polig: L2 und L3	$\underline{U}_{F1} = 0$ $\underline{I}_{L2} = 0$ $\underline{I}_{L3} = 0$
3-polig: L1-L2-L3-E	$\underline{U}_{L1} = 0$ $\underline{U}_{L2} = 0$ $\underline{U}_{L3} = 0$	3-polig	$\underline{I}_{L1} = 0$ $\underline{I}_{L2} = 0$ $\underline{I}_{L3} = 0$
2-polig: L2-L3	$\underline{I}_{F1} = 0$ $\underline{I}_{F2} + \underline{I}_{F3} = 0$ $\underline{U}_{L3} - \underline{U}_{L2} = 0$		
3-polig: L1-L2-L3	$\underline{I}_{F1} + \underline{I}_{F2} + \underline{I}_{F3} = 0$ $\underline{U}_{L2} - \underline{U}_{L1} = 0$ $\underline{U}_{L3} - \underline{U}_{L1} = 0$		

Tab. 5.2 Fehlerbedingungen für die Kurzschlüsse und Unterbrechungen mit Fehlerimpedanzen und Fehleradmittanzen (unsymmetrische Fehler als Hauptfehler)

Kurzschlüsse (EKS und KS)		Unterbrechungen (UB)	
ohne	$\underline{I}_{F1} = 0$ $\underline{I}_{F2} = 0$ $\underline{I}_{F3} = 0$	ohne	$\underline{U}_{F1} = 0$ $\underline{U}_{F2} = 0$ $\underline{U}_{F3} = 0$
1-polig: L1-E	$\underline{U}_{L1} - \underline{Z}_F \underline{I}_{F1} = 0$ $\underline{I}_{F2} = 0$ $\underline{I}_{F3} = 0$	1-polig: L1	$\underline{I}_{L1} - \underline{Y}_F \underline{U}_{F1} = 0$ $\underline{U}_{F2} = 0$ $\underline{U}_{F3} = 0$
2-polig: L2-L3-E	$\underline{I}_{F1} = 0$ $\underline{U}_{L2} - \underline{Z}_F \underline{I}_{F2} = 0$ $\underline{U}_{L3} - \underline{Z}_F \underline{I}_{F3} = 0$	2-polig: L2 und L3	$\underline{U}_{F1} = 0$ $\underline{I}_{L2} - \underline{Y}_F \underline{U}_{F2} = 0$ $\underline{I}_{L3} - \underline{Y}_F \underline{U}_{F3} = 0$
3-polig: L1-L2-L3-E	$\underline{U}_{L1} - \underline{Z}_F \underline{I}_{F1} = 0$ $\underline{U}_{L2} - \underline{Z}_F \underline{I}_{F2} = 0$ $\underline{U}_{L3} - \underline{Z}_F \underline{I}_{F3} = 0$	3-polig	$\underline{I}_{L1} - \underline{Y}_F \underline{U}_{F1} = 0$ $\underline{I}_{L2} - \underline{Y}_F \underline{U}_{F2} = 0$ $\underline{I}_{L3} - \underline{Y}_F \underline{U}_{F3} = 0$
2-polig: L2-L3	$\underline{I}_{F1} = 0$ $\underline{I}_{F2} + \underline{I}_{F3} = 0$ $(\underline{U}_{L3} - \underline{Z}_F \underline{I}_{F3}) - (\underline{U}_{L2} - \underline{Z}_F \underline{I}_{F2}) = 0$		
3-polig: L1-L2-L3	$\underline{I}_{F1} + \underline{I}_{F2} + \underline{I}_{F3} = 0$ $(\underline{U}_{L2} - \underline{Z}_F \underline{I}_{F2}) - (\underline{U}_{L1} - \underline{Z}_F \underline{I}_{F1}) = 0$ $(\underline{U}_{L3} - \underline{Z}_F \underline{I}_{F3}) - (\underline{U}_{L1} - \underline{Z}_F \underline{I}_{F1}) = 0$		

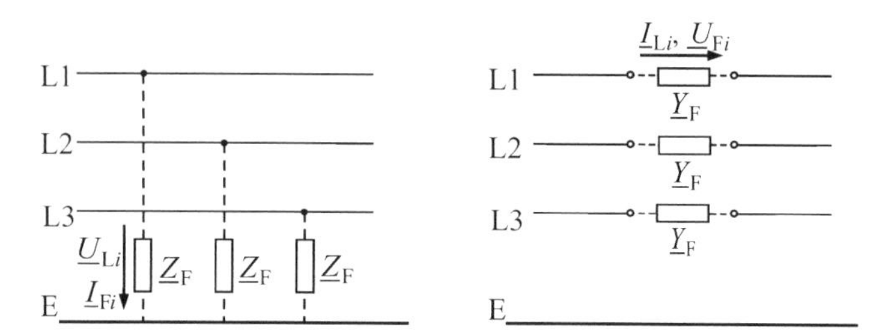

Abb. 5.3 Ströme und Spannungen an einer Kurzschlussstelle und an einer Unterbrechungsstelle mit Berücksichtigung von (je gleichen) Fehlerimpedanzen und Fehleradmittanzen ($i = 1, 2, 3$)

zweipoligen EKS und der einpoligen UB jeweils gleichartig sind. Von der Gleichartigkeit und Dualität der Fehlerbedingungen kann man später bei der Berechnung der einzelnen Fehlerarten profitieren, indem man lediglich einen Fehlerfall vollständig durchzurechnen braucht und die Ergebnisse für die anderen Fälle sinngemäß übernimmt.

Die Tab. 5.2 enthält die um Impedanzen und Admittanzen an der Fehlerstelle erweiterten Fehlerbedingungen entsprechend Abb. 5.3. Die Fehlerimpedanzen und Fehleradmittanzen ermöglichen eine genäherte Berücksichtigung von Lichtbögen oder die Behandlung von unsymmetrischen Belastungen oder Unsymmetrien von Leitungen. So kann beispielsweise eine einpolige Belastung wie ein einpoliger Kurzschluss mit einer Impedanz behandelt werden.

Die Dualitätsbeziehungen zwischen den Fehlerbedingungen der gleichpoligen unsymmetrischen EKS und UB bleiben auch nach Einführung der Fehlerimpedanzen und Fehleradmittanzen bestehen.

5.3 Fehlerbedingungen in Symmetrischen Komponenten

Die Fehlerbedingungen in Symmetrischen Komponenten werden dadurch erhalten, dass man die natürlichen Größen mit Hilfe der Transformationsbeziehung (Gl. 1.26) ersetzt.

Beispiel 5.1

Für den einpoligen Erdkurzschluss im Leiter L1 gilt nach Tab. 5.1:

$$\underline{U}_{\mathrm{L1}} = 0$$
$$\underline{I}_{\mathrm{F2}} = 0$$
$$\underline{I}_{\mathrm{F3}} = 0$$

Aus der ersten Zeile von $\underline{\boldsymbol{T}}_{\mathrm{S}}$ folgt somit:

$$\underline{U}_{\mathrm{L1}} = \underline{U}_{\mathrm{1L}} + \underline{U}_{\mathrm{2L}} + \underline{U}_{\mathrm{0L}} = 0 \tag{5.1}$$

und aus der zweiten und dritten Zeile:

$$\underline{I}_{\mathrm{F2}} = \underline{\mathrm{a}}^2\underline{I}_{\mathrm{1F}} + \underline{\mathrm{a}}\underline{I}_{\mathrm{2F}} + \underline{I}_{\mathrm{0F}} = 0$$
$$\underline{I}_{\mathrm{F3}} = \underline{\mathrm{a}}\underline{I}_{\mathrm{1F}} + \underline{\mathrm{a}}^2\underline{I}_{\mathrm{2F}} + \underline{I}_{\mathrm{0F}} = 0$$

Aus den beiden letzten Gleichungen erhält man bei Vorgabe von $\underline{I}_{\mathrm{0F}}$:

$$\underline{I}_{\mathrm{1F}} = \underline{I}_{\mathrm{0F}} \tag{5.2}$$
$$\underline{I}_{\mathrm{2F}} = \underline{I}_{\mathrm{0F}} \tag{5.3}$$

oder zusammengefasst:

$$\underline{I}_{\mathrm{1F}} = \underline{I}_{\mathrm{2F}} = \underline{I}_{\mathrm{0F}} \tag{5.4}$$

Die Gln. 5.1 bis 5.3 bilden die drei Fehlerbedingungen in Symmetrischen Komponenten.

Sinngemäß zum einpoligen Erdkurzschluss im Beispiel 5.1 erhält man auch die Fehlerbedingungen der restlichen Fehler in Symmetrischen Komponenten. Sie sind in der Tab. 5.3 zusammengestellt.

Tab. 5.3 Fehlerbedingungen für die widerstandslosen Kurzschlüsse und Unterbrechungen in Symmetrischen Komponenten (unsymmetrische Fehler als Hauptfehler)

Kurzschlüsse (EKS und KS)		Unterbrechungen (UB)	
ohne	$\underline{I}_{1F} = 0$ $\underline{I}_{2F} = 0$ $\underline{I}_{0F} = 0$	ohne	$\underline{U}_{1F} = 0$ $\underline{U}_{2F} = 0$ $\underline{U}_{0F} = 0$
1-polig: L1-E	$\underline{U}_{1L} + \underline{U}_{2L} + \underline{U}_{0L} = 0$ $\underline{I}_{1F} = \underline{I}_{0F}$ $\underline{I}_{2F} = \underline{I}_{0F}$	1-polig: L1	$\underline{I}_{1L} + \underline{I}_{2L} + \underline{I}_{0L} = 0$ $\underline{U}_{1F} = \underline{U}_{0F}$ $\underline{U}_{2F} = \underline{U}_{0F}$
2-polig: L2-L3-E	$\underline{I}_{1F} + \underline{I}_{2F} + \underline{I}_{0F} = 0$ $\underline{U}_{1L} = \underline{U}_{0L}$ $\underline{U}_{2L} = \underline{U}_{0L}$	2-polig: L2 und L3	$\underline{U}_{1F} + \underline{U}_{2F} + \underline{U}_{0F} = 0$ $\underline{I}_{1L} = \underline{I}_{0L}$ $\underline{I}_{2L} = \underline{I}_{0L}$
3-polig: L1-L2-L3-E	$\underline{U}_{1L} = 0$ $\underline{U}_{2L} = 0$ $\underline{U}_{0L} = 0$	3-polig	$\underline{I}_{1L} = 0$ $\underline{I}_{2L} = 0$ $\underline{I}_{0L} = 0$
2-polig: L2-L3	$\underline{I}_{1F} + \underline{I}_{2F} = 0$ $\underline{I}_{0F} = 0$ $\underline{U}_{1L} = \underline{U}_{2L}$		
3-polig: L1-L2-L3	$\underline{I}_{0F} = 0$ $\underline{U}_{1L} = 0$ $\underline{U}_{2L} = 0$		

Wie aus der Tab. 5.3 zu sehen ist, gelten die in Tab. 5.1 aufgezeigten Dualitätsbeziehungen zwischen den unsymmetrischen Fehlern auch in Symmetrischen Komponenten.

Die Fehlerbedingungen aus Tab. 5.3 lassen sich als Schaltverbindungen der Komponentennetze an der Fehlerstelle interpretieren. Diese sind aus Tab. 5.4 ersichtlich. Die Boxen 1, 2 und 0 enthalten die Komponentennetze, von denen für die Darstellung der Fehlerbedingungen zunächst nur das Klemmenpaar (Tor) an der Fehlerstelle interessiert (s. Abschn. 5.4 und 5.5).

Während die Komponentennetze bei den symmetrischen Fehlern ungekoppelt bleiben, entsteht bei den unsymmetrischen Fehlern eine Kopplung der Komponentennetze in Form einer Reihen- oder der dazu dualen Parallelschaltung.

Für die Fehler mit Impedanzen oder Admittanzen an der Fehlerstelle erhält man ausgehend von Tab. 5.2 durch Ersetzen der natürlichen Größen durch ihre Symmetrischen Komponenten die in Tab. 5.5 zusammengestellten Fehlerbedingungen in Symmetrischen Komponenten.

Durch die Einführung der Fehlerimpedanzen und Fehleradmittanzen sind die Fehlerbedingungen unübersichtlich geworden. Auch ist die Dualität zwischen denen des ein- und zweipoligen Erdkurzschlusses einerseits und denen der ein- und zweipoligen Unterbrechung andererseits verloren gegangen. Diese kann aber leicht wieder hergestellt werden, indem man die Fehlerimpedanzen und -admittanzen den Komponentennetzen zuordnet (gestrichelte Boxen in Abb. 5.4).

Tab. 5.4 Schaltverbindungen an der Fehlerstelle für die widerstandslosen Kurzschlüsse und Unterbrechungen in Symmetrischen Komponenten (unsymmetrische Fehler als Hauptfehler)

Kurzschlüsse (EKS und KS)		Unterbrechungen (UB)	
ohne	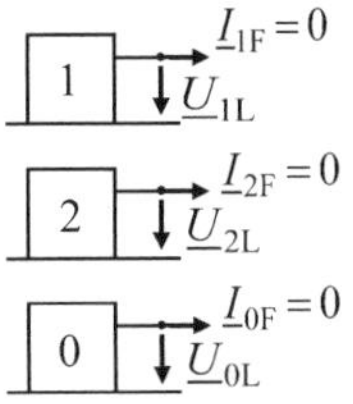 1 $\underline{I}_{1F}=0$ $\underline{U}_{1L}$ 2 $\underline{I}_{2F}=0$ $\underline{U}_{2L}$ 0 $\underline{I}_{0F}=0$ $\underline{U}_{0L}$	ohne	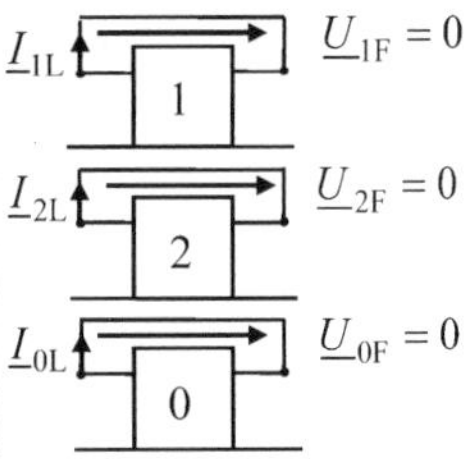 $\underline{I}_{1L}$ 1 $\underline{U}_{1F}=0$ $\underline{I}_{2L}$ 2 $\underline{U}_{2F}=0$ $\underline{I}_{0L}$ 0 $\underline{U}_{0F}=0$
1-polig: L1-E	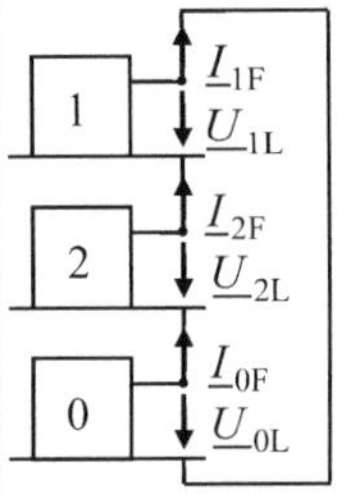 1 $\underline{I}_{1F}$ $\underline{U}_{1L}$ 2 $\underline{I}_{2F}$ $\underline{U}_{2L}$ 0 $\underline{I}_{0F}$ $\underline{U}_{0L}$	1-polig: L1	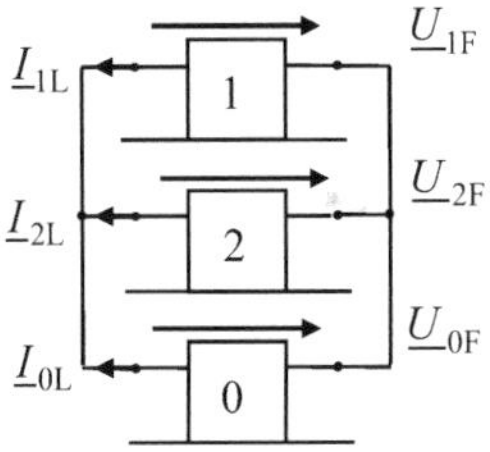 $\underline{I}_{1L}$ 1 $\underline{U}_{1F}$ $\underline{I}_{2L}$ 2 $\underline{U}_{2F}$ $\underline{I}_{0L}$ 0 $\underline{U}_{0F}$
2-polig: L2-L3-E	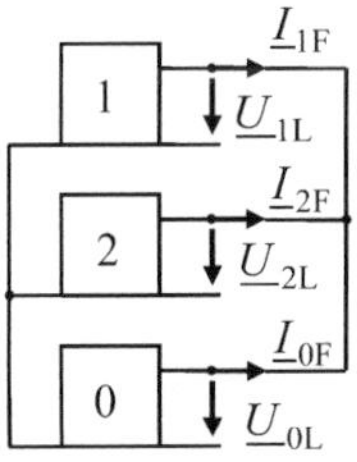 1 $\underline{I}_{1F}$ $\underline{U}_{1L}$ 2 $\underline{I}_{2F}$ $\underline{U}_{2L}$ 0 $\underline{I}_{0F}$ $\underline{U}_{0L}$	2-polig: L2 und L3	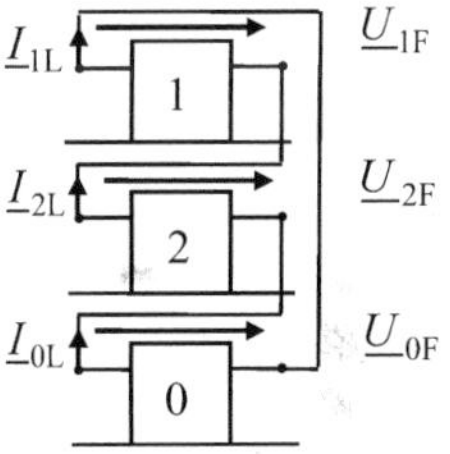 $\underline{I}_{1L}$ 1 $\underline{U}_{1F}$ $\underline{I}_{2L}$ 2 $\underline{U}_{2F}$ $\underline{I}_{0L}$ 0 $\underline{U}_{0F}$
3-polig: L1-L2-L3-E	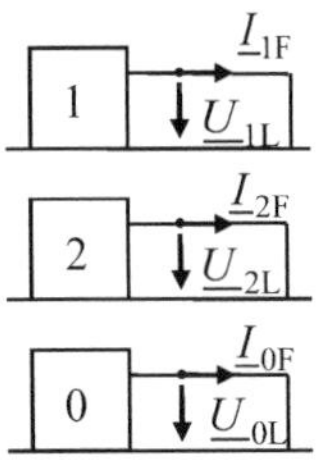 1 $\underline{I}_{1F}$ $\underline{U}_{1L}$ 2 $\underline{I}_{2F}$ $\underline{U}_{2L}$ 0 $\underline{I}_{0F}$ $\underline{U}_{0L}$	3-polig	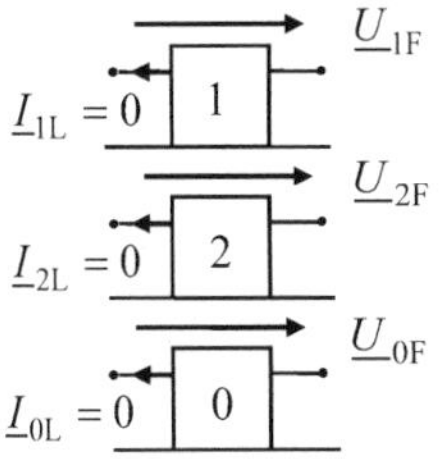 $\underline{U}_{1F}$ $\underline{I}_{1L}=0$ 1 $\underline{U}_{2F}$ $\underline{I}_{2L}=0$ 2 $\underline{U}_{0F}$ $\underline{I}_{0L}=0$ 0
2-polig: L2-L3	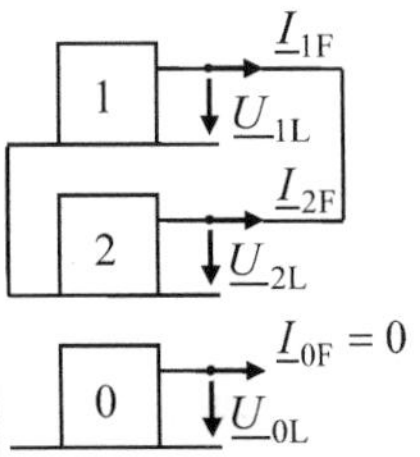 1 $\underline{I}_{1F}$ $\underline{U}_{1L}$ 2 $\underline{I}_{2F}$ $\underline{U}_{2L}$ 0 $\underline{I}_{0F}=0$ $\underline{U}_{0L}$		

Tab. 5.4 (Fortsetzung)

3-polig: L1-L2-L3	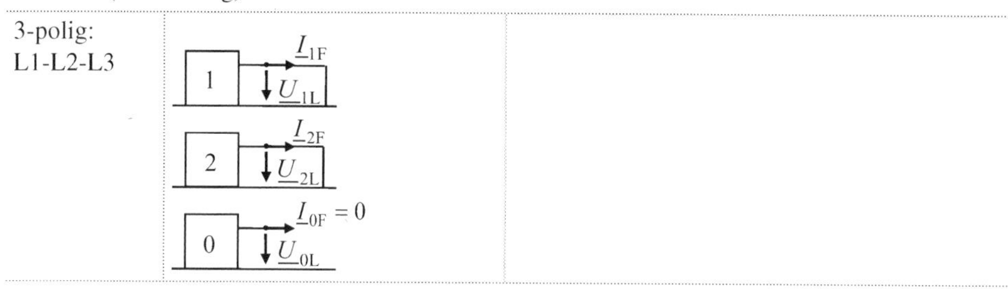	

Tab. 5.5 Fehlerbedingungen für die Kurzschlüsse und Unterbrechungen mit Fehlerimpedanzen und -admittanzen in Symmetrischen Komponenten (unsymmetrische Fehler als Hauptfehler)

Kurzschlüsse (EKS und KS)		Unterbrechungen (UB)	
ohne	$\underline{I}_{1F} = 0$ $\underline{I}_{2F} = 0$ $\underline{I}_{0F} = 0$	ohne	$\underline{U}_{1F} = 0$ $\underline{U}_{2F} = 0$ $\underline{U}_{0F} = 0$
1-polig: L1-E	$\underline{U}_{1L} - \underline{Z}_F \underline{I}_{1F} +$ $\underline{U}_{2L} - \underline{Z}_F \underline{I}_{2F} +$ $\underline{U}_{0L} - \underline{Z}_F \underline{I}_{0F} = 0$ $\underline{I}_{1F} = \underline{I}_{0F}$ $\underline{I}_{2F} = \underline{I}_{0F}$	1-polig: L1	$\underline{I}_{1L} - \underline{Y}_F \underline{U}_{1F} +$ $\underline{I}_{2L} - \underline{Y}_F \underline{U}_{2F} +$ $\underline{I}_{0L} - \underline{Y}_F \underline{U}_{0F} = 0$ $\underline{U}_{1F} = \underline{U}_{0F}$ $\underline{U}_{2F} = \underline{U}_{0F}$
2-polig: L2-L3-E	$\underline{I}_{1F} + \underline{I}_{2F} + \underline{I}_{0F} = 0$ $\underline{U}_{1L} - \underline{Z}_F \underline{I}_{1F} = \underline{U}_{0L} - \underline{Z}_F \underline{I}_{0F}$ $\underline{U}_{2L} - \underline{Z}_F \underline{I}_{2F} = \underline{U}_{0L} - \underline{Z}_F \underline{I}_{0F}$	2-polig: L2-L3	$\underline{U}_{1F} + \underline{U}_{2F} + \underline{U}_{0F} = 0$ $\underline{I}_{1L} - \underline{Y}_F \underline{U}_{1F} = \underline{I}_{0L} - \underline{Y}_F \underline{U}_{0F}$ $\underline{I}_{2L} - \underline{Y}_F \underline{U}_{2F} = \underline{I}_{0L} - \underline{Y}_F \underline{U}_{0F}$
3-polig: L1-L2-L3-E	$\underline{U}_{1L} - \underline{Z}_F \underline{I}_{1F} = 0$ $\underline{U}_{2L} - \underline{Z}_F \underline{I}_{2F} = 0$ $\underline{U}_{0L} - \underline{Z}_F \underline{I}_{0F} = 0$	3-polig	$\underline{I}_{1L} - \underline{Y}_F \underline{U}_{1F} = 0$ $\underline{I}_{2L} - \underline{Y}_F \underline{U}_{2F} = 0$ $\underline{I}_{0L} - \underline{Y}_F \underline{U}_{0F} = 0$
2-polig: L2-L3	$\underline{I}_{1F} + \underline{I}_{2F} = 0$ $\underline{I}_{0F} = 0$ $\underline{U}_{1L} - \underline{Z}_F \underline{I}_{1F} = \underline{U}_{2L} - \underline{Z}_F \underline{I}_{2F}$		
3-polig: L1-L2-L3	$\underline{I}_{0F} = 0$ $\underline{U}_{1L} - \underline{Z}_F \underline{I}_{1F} = 0$ $\underline{U}_{2L} - \underline{Z}_F \underline{I}_{2F} = 0$		

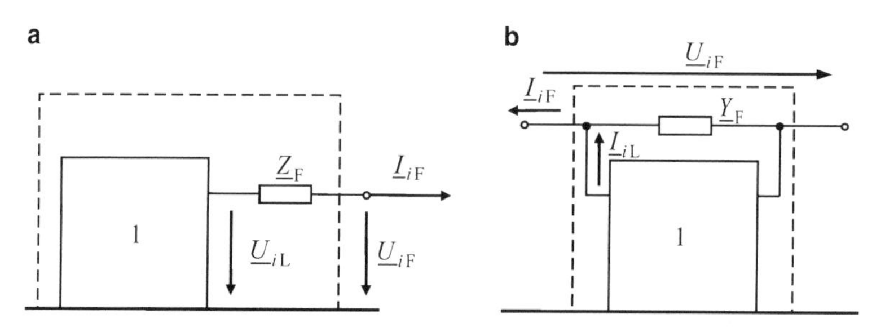

Abb. 5.4 Einführung von modifizierten Größen an der Fehlerstelle am Beispiel des Mitsystems. **a**: Querfehler, **b**: Längsfehler ($i = 1, 2, 0$)

Tab. 5.6 Modifizierte Fehlerbedingungen für die Kurzschlüsse und Unterbrechungen mit Fehlerimpedanzen und Fehleradmittanzen in Symmetrischen Komponenten (unsymmetrische Fehler als Hauptfehler)

Kurzschlüsse (EKS und KS)		Unterbrechungen (UB)	
ohne	$\underline{I}_{1\mathrm{F}} = 0$ $\underline{I}_{2\mathrm{F}} = 0$ $\underline{I}_{0\mathrm{F}} = 0$	ohne	$\underline{U}_{1\mathrm{F}} = 0$ $\underline{U}_{2\mathrm{F}} = 0$ $\underline{U}_{0\mathrm{F}} = 0$
1-polig: L1-E	$\underline{U}_{1\mathrm{F}} + \underline{U}_{2\mathrm{F}} + \underline{U}_{0\mathrm{F}} = 0$ $\underline{I}_{1\mathrm{F}} = \underline{I}_{0\mathrm{F}}$ $\underline{I}_{2\mathrm{F}} = \underline{I}_{0\mathrm{F}}$	1-polig: L1	$\underline{I}_{1\mathrm{F}} + \underline{I}_{2\mathrm{F}} + \underline{I}_{0\mathrm{F}} = 0$ $\underline{U}_{1\mathrm{F}} = \underline{U}_{0\mathrm{F}}$ $\underline{U}_{2\mathrm{F}} = \underline{U}_{0\mathrm{F}}$
2-polig: L2-L3-E	$\underline{I}_{1\mathrm{F}} + \underline{I}_{2\mathrm{F}} + \underline{I}_{0\mathrm{F}} = 0$ $\underline{U}_{1\mathrm{F}} = \underline{U}_{0\mathrm{F}}$ $\underline{U}_{2\mathrm{F}} = \underline{U}_{0\mathrm{F}}$	2-polig: L2 und L3	$\underline{U}_{1\mathrm{F}} + \underline{U}_{2\mathrm{F}} + \underline{U}_{0\mathrm{F}} = 0$ $\underline{I}_{1\mathrm{F}} = \underline{I}_{0\mathrm{F}}$ $\underline{I}_{2\mathrm{F}} = \underline{I}_{0\mathrm{F}}$
3-polig: L1-L2-L3-E	$\underline{U}_{1\mathrm{F}} = 0$ $\underline{U}_{2\mathrm{F}} = 0$ $\underline{U}_{0\mathrm{F}} = 0$	3-polig	$\underline{I}_{1\mathrm{F}} = 0$ $\underline{I}_{2\mathrm{F}} = 0$ $\underline{I}_{0\mathrm{F}} = 0$
2-polig: L2-L3	$\underline{I}_{1\mathrm{F}} + \underline{I}_{2\mathrm{F}} = 0$ $\underline{I}_{0\mathrm{F}} = 0$ $\underline{U}_{1\mathrm{F}} = \underline{U}_{2\mathrm{F}}$		
3-polig: L1-L2-L3	$\underline{I}_{0\mathrm{F}} = 0$ $\underline{U}_{1\mathrm{F}} = 0$ $\underline{U}_{2\mathrm{F}} = 0$		
$i = 1, 2, 0$	$\underline{U}_{i\mathrm{F}} = \underline{U}_{i\mathrm{L}} - \underline{Z}_{\mathrm{F}}\underline{I}_{i\mathrm{F}}$	$\underline{I}_{i\mathrm{F}} = \underline{I}_{i\mathrm{L}} - \underline{Y}_{\mathrm{F}}\underline{U}_{i\mathrm{F}}$	

In Abb. 5.4 sind die

$$\underline{U}_{i\mathrm{F}} = \underline{U}_{i\mathrm{L}} - \underline{Z}_{\mathrm{F}}\underline{I}_{i\mathrm{F}} \tag{5.5}$$

und

$$\underline{I}_{i\mathrm{F}} = \underline{I}_{i\mathrm{L}} - \underline{Y}_{\mathrm{F}}\underline{U}_{i\mathrm{F}} \tag{5.6}$$

zu Klemmenspannungen und Klemmenströmen der gestrichelten Boxen geworden, für die die modifizierten Fehlerbedingungen in Tab. 5.6 ganz analog zur Tab. 5.3 gelten.

Für die modifizierten Fehlerbedingungen nach Tab. 5.6 gelten nun auch wieder die Schaltverbindungen aus Tab. 5.4. Sie sind in Tab. 5.7 zusammengestellt. Im Unterschied zu Tab. 5.4 setzen die Schaltverbindungen in Tab. 5.7 bei den Kurzschlüssen hinter den Fehlerimpedanzen und bei den Unterbrechungen am Stromabzweig durch die Fehleradmittanzen an.

Nach der Art der Schaltung der Komponentennetze an der Fehlerstelle werden im englischsprachigen Schrifttum die unsymmetrischen Fehler auch als „series faults" und „parallel faults" bezeichnet. Die Übertragung der Begriffe ins Deutsche mit Serien- und Parallelfehler ist insofern irreführen, als man dahinter eine Serie von Fehlern (zeitlich aufeinander folgende Fehler) oder Mehrfachfehler (mehrere parallel auftretende Fehler) vermuten könnte. Andererseits macht die Einteilung der Fehler nach der Art der Zusammen-

Tab. 5.7 Schaltverbindungen an der Fehlerstelle für die Kurzschlüsse und Unterbrechungen mit Fehlerimpedanzen und Fehleradmittanzen in Symmetrischen Komponenten (unsymmetrische Fehler als Hauptfehler)

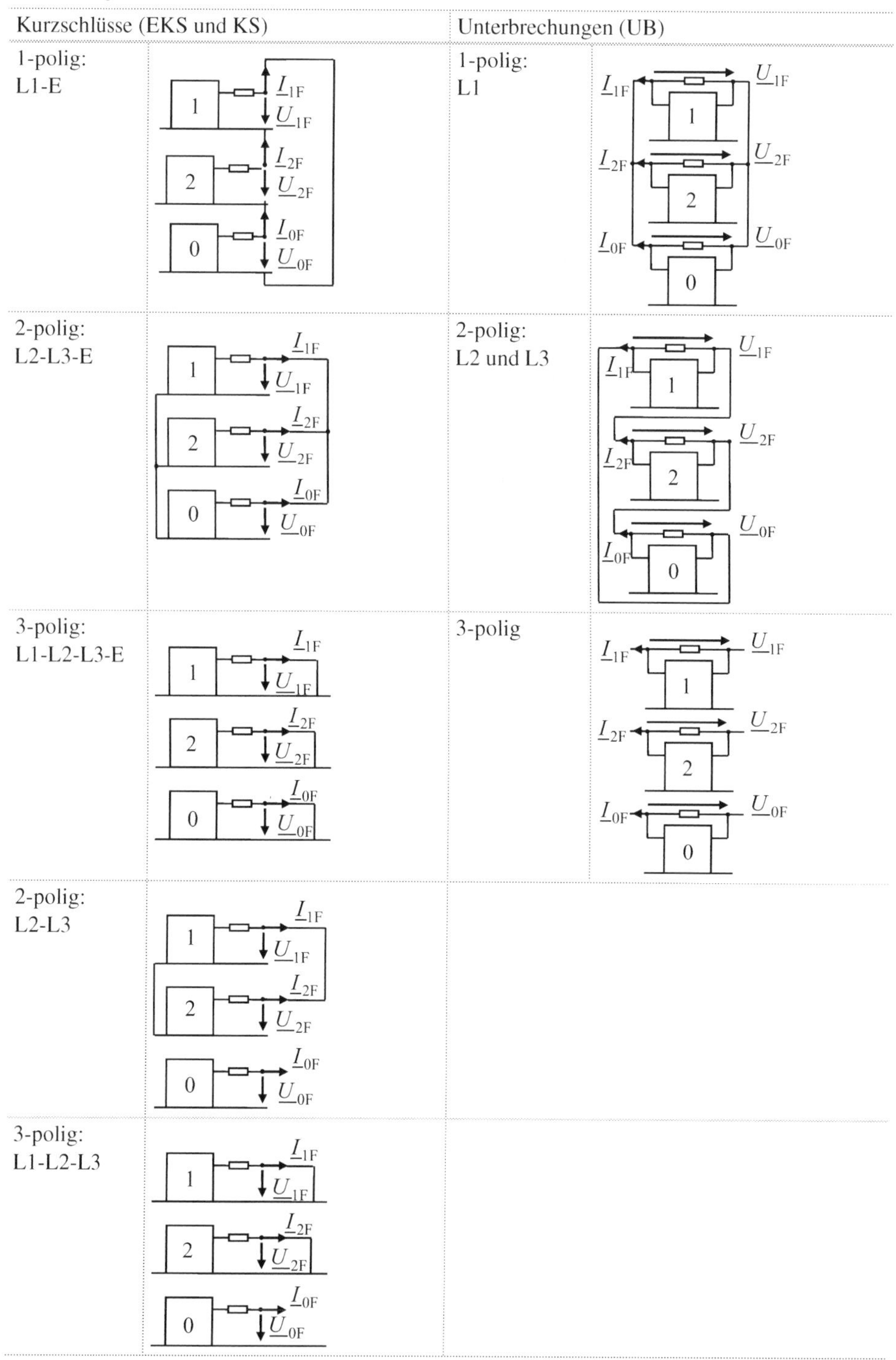

Tab. 5.8 Klassifizierung der unsymmetrischen Fehler nach der Art der Schaltung der Komponentennetze an der Fehlerstelle

Serienfehler (series faults)	Parallelfehler (parallel faults)
einpoliger Erdkurzschluss zweipolige Unterbrechung	einpolige Unterbrechung zweipoliger Erdkurzschluss (zweipoliger Kurzschluss)

Tab. 5.9 Modifizierte Fehlerbedingungen für die Kurzschlüsse und Unterbrechungen beliebiger Fehlerlage mit Fehlerimpedanzen und Fehleradmittanzen in Symmetrischen Komponenten

	Unsymmetrische Kurzschlüsse	Unsymmetrische Unterbrechungen
1-polig	$\underline{\alpha}\underline{U}_{1F} + \underline{\alpha}^*\underline{U}_{2F} + \underline{U}_{0F} = 0$ $\underline{\alpha}\underline{I}_{1F} = \underline{I}_{0F}$ $\underline{\alpha}^*\underline{I}_{2F} = \underline{I}_{0F}$	$\underline{\alpha}\underline{I}_{1F} + \underline{\alpha}^*\underline{I}_{2F} + \underline{I}_{0F} = 0$ $\underline{\alpha}\underline{U}_{1F} = \underline{U}_{0F}$ $\underline{\alpha}^*\underline{U}_{2F} = \underline{U}_{0F}$
2-polig	$\underline{\alpha}\underline{I}_{1F} + \underline{\alpha}^*\underline{I}_{2F} + \underline{I}_{0F} = 0$ $\underline{\alpha}\underline{U}_{1F} = \underline{U}_{0F}$ $\underline{\alpha}^*\underline{U}_{2F} = \underline{U}_{0F}$	$\underline{\alpha}\underline{U}_{1F} + \underline{\alpha}^*\underline{U}_{2F} + \underline{U}_{0F} = 0$ $\underline{\alpha}\underline{I}_{1L} = \underline{I}_{0L}$ $\underline{\alpha}^*\underline{I}_{2L} = \underline{I}_{0L}$
2-polig ohne Erde	$\underline{I}_{0F} = 0$ $\underline{\alpha}\underline{I}_{1F} + \underline{\alpha}^*\underline{I}_{2F} = 0$ $\underline{\alpha}\underline{U}_{1F} = \underline{\alpha}^*\underline{U}_{2F}$	
modifizierte Spannungen und Ströme	$\underline{\alpha}\underline{U}_{1F} = \underline{\alpha}(\underline{U}_{1L} - \underline{Z}_F\underline{I}_{1F})$ $\underline{\alpha}^*\underline{U}_{2F} = \underline{\alpha}^*(\underline{U}_{2L} - \underline{Z}_F\underline{I}_{2F})$ $\underline{U}_{0F} = \underline{U}_{0L} - \underline{Z}_F\underline{I}_{0F}$	$\underline{\alpha}\underline{I}_{1F} = \underline{\alpha}(\underline{I}_{1L} - \underline{Y}_F\underline{U}_{1F})$ $\underline{\alpha}^*\underline{I}_{2F} = \underline{\alpha}^*(\underline{I}_{2L} - \underline{Y}_F\underline{U}_{2F})$ $\underline{I}_{0F} = \underline{I}_{0L} - \underline{Y}_F\underline{U}_{0F}$

Faktor $\underline{\alpha}$ nach Tab. 5.10. Für die Hauptfehler ist $\underline{\alpha} = 1$

Tab. 5.10 Faktor $\underline{\alpha}$ für die verschiedenen Fehlerkonstellationen

Fehlerart	1-polig	2-polig	$\underline{\alpha}$
Betroffene Leiter	L1	L2 und L3	1
	L2	L3 und L1	$\underline{a}^2$
	L3	L1 und L2	$\underline{a}$

schaltung der Komponentennetze in Tab. 5.8 auf einen Blick deutlich, dass sich sämtliche unsymmetrische Fehler in lediglich zwei Klassen mit zueinander dualen Fehlerbedingungen einordnen lassen. Der zweipolige Kurzschluss ohne Erdberührung ist ein Parallelfehler mit der Besonderheit, dass nur das Mit- und Gegensystem parallel geschaltet sind.

Die Fehlerbedingungen für die von der Hauptfehleranordnung abweichenden unsymmetrischen Fehler enthalten zusätzlich die Dreher $\underline{a} = e^{j2\pi/3}$ und $\underline{a}^2 = \underline{a}^* = \underline{a}^{-1} = e^{-j2\pi/3}$ als Faktor an den Mitsystem- und Gegensystemgrößen. Sie sind in Tab. 5.9 in modifizierter Form mit dem komplexen Faktor $\underline{\alpha}$ für die Fehlerlage nach Tab. 5.10 angegeben und in Tab. 5.11 als Schaltverbindung der Komponentennetze interpretiert.

Um auch für die Nicht-Hauptfehler die Fehlerbedingungen wieder durch Schaltverbindungen der Symmetrischen Komponentennetze der Fehlerstelle zu realisieren sind ideale Übertrager mit dem komplexen Übersetzungsverhältnis $\underline{\alpha}$ an den Klemmen des Mitsystems und $\underline{\alpha}^*$ an den Klemmen des Gegensystems erforderlich (s. Tab. 5.11). Für die Hauptfehler ist $\underline{\alpha} = 0$, so dass man für sie die einfachsten Ausdrücke für die Fehlerbedingungen erhält und damit den geringsten Rechenaufwand hat.

Tab. 5.11 Schaltverbindungen an der Fehlerstelle für die unsymmetrischen Kurzschlüsse und Unterbrechungen mit Fehlerimpedanzen und -admittanzen in Symmetrischen Komponenten bei beliebiger Fehlerlage (der Strich an den Boxen zeigt an, dass die $\underline{Z}_F$ bzw. $\underline{Y}_F$ enthalten sind)

Kurzschlüsse (EKS und KS)		Unterbrechungen (UB)	
1-polig	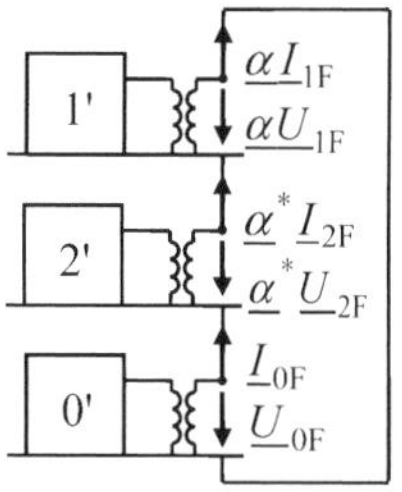 1', 2', 0'; $\alpha \underline{I}_{1F}$, $\alpha \underline{U}_{1F}$, $\alpha^* \underline{I}_{2F}$, $\alpha^* \underline{U}_{2F}$, $\underline{I}_{0F}$, $\underline{U}_{0F}$	1-polig	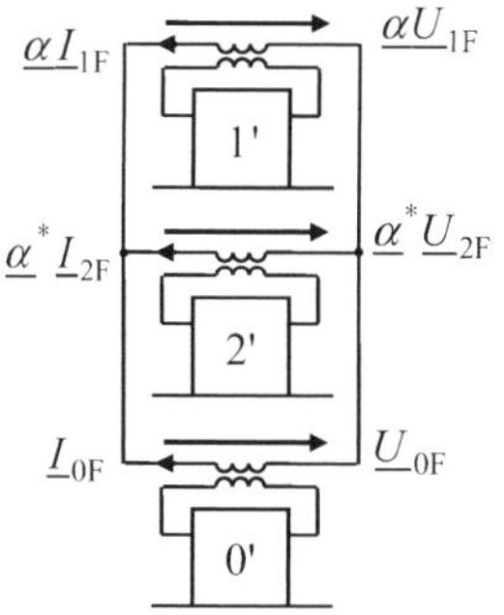 1', 2', 0'; $\alpha \underline{I}_{1F}$, $\alpha \underline{U}_{1F}$, $\alpha^* \underline{I}_{2F}$, $\alpha^* \underline{U}_{2F}$, $\underline{I}_{0F}$, $\underline{U}_{0F}$
2-polig mit Erde	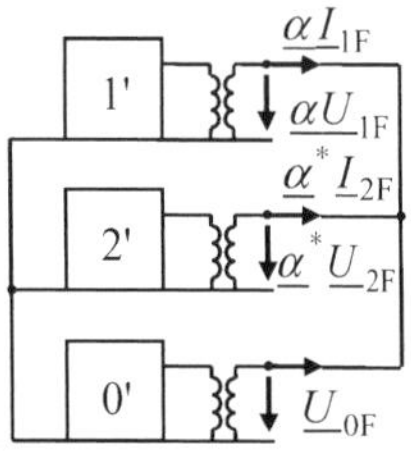 1', 2', 0'; $\alpha \underline{I}_{1F}$, $\alpha \underline{U}_{1F}$, $\alpha^* \underline{I}_{2F}$, $\alpha^* \underline{U}_{2F}$, $\underline{U}_{0F}$	2-polig	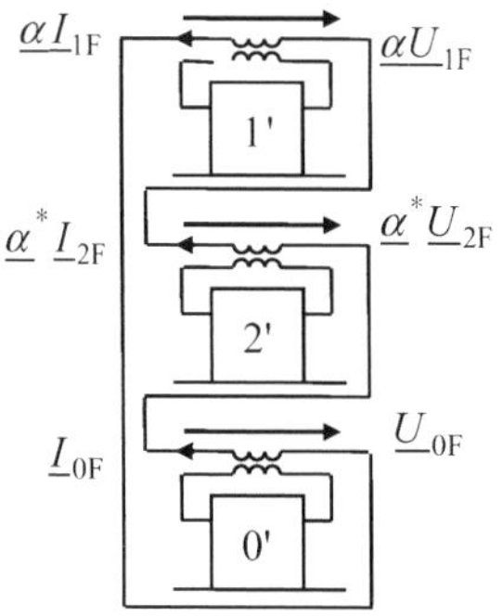 1', 2', 0'; $\alpha \underline{I}_{1F}$, $\alpha \underline{U}_{1F}$, $\alpha^* \underline{I}_{2F}$, $\alpha^* \underline{U}_{2F}$, $\underline{I}_{0F}$, $\underline{U}_{0F}$
3-polig mit Erde	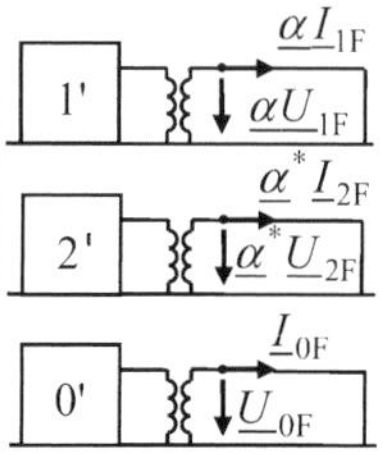 1', 2', 0'; $\alpha \underline{I}_{1F}$, $\alpha \underline{U}_{1F}$, $\alpha^* \underline{I}_{2F}$, $\alpha^* \underline{U}_{2F}$, $\underline{I}_{0F}$, $\underline{U}_{0F}$	3-polig	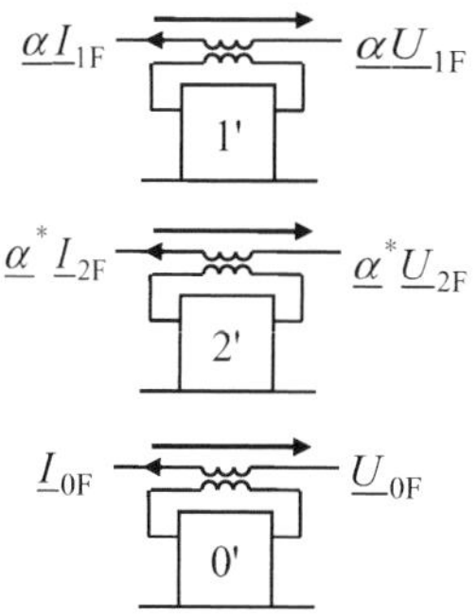 1', 2', 0'; $\alpha \underline{I}_{1F}$, $\alpha \underline{U}_{1F}$, $\alpha^* \underline{I}_{2F}$, $\alpha^* \underline{U}_{2F}$, $\underline{I}_{0F}$, $\underline{U}_{0F}$
2-polig ohne Erde	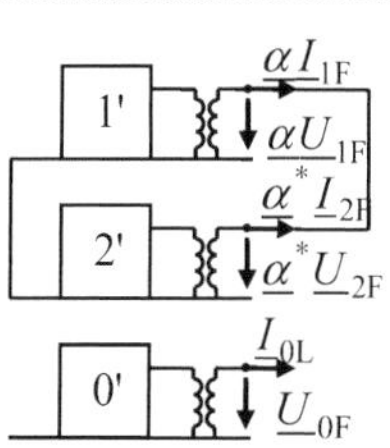 1', 2', 0'; $\alpha \underline{I}_{1F}$, $\alpha \underline{U}_{1F}$, $\alpha^* \underline{I}_{2F}$, $\alpha^* \underline{U}_{2F}$, $\underline{I}_{0L}$, $\underline{U}_{0F}$		

Tab. 5.11 (Fortsetzung)

3-polig ohne Erde		

Der Übertrager im Mitsystem hat das Spannungsübersetzungsverhältnis $\underline{\alpha} : 1$. Das Stromübersetzungsverhältnis ist dann $1/\underline{\alpha}^* : 1$. Wegen $1/\underline{\alpha}^* = \underline{\alpha}$ werden die Ströme gleichermaßen wie die Spannungen übersetzt. Entsprechend werden die Spannungen und Ströme des Gegensystems mit $\underline{\alpha}^* : 1$ übertragen.

Der Aufbau von Ersatzschaltungen und deren Verknüpfung an der Fehlerstelle entsprechend der Fehlerbedingungen spielte früher eine große Rolle, als man noch nicht über Digitalprogramme verfügte und auf Untersuchungen an Netzmodellen angewiesen war. Mit Hilfe der Symmetrischen Komponenten war es möglich, unsymmetrische Fehler im Drehstromsystem am einphasigen Wechselstromnetzmodell nachzubilden. Heute dienen die Ersatzschaltungen lediglich noch zur Anschauung und Interpretation von Berechnungsergebnissen.

Beispiel 5.2

Für den einpoligen Erdkurzschluss im Leiter L2 mit der Fehlerimpedanz $\underline{Z}_F$ gilt:

$$\begin{aligned} \underline{U}_{L2} - \underline{Z}_F\underline{I}_{F2} &= \underline{a}^2\underline{U}_{1L} + \underline{a}\underline{U}_{2L} + \underline{U}_{0L} - \underline{Z}_F\left(\underline{a}^2\underline{I}_{1F} + \underline{a}\underline{I}_{2F} + \underline{I}_{0F}\right) \\ &= \underline{a}^2\left(\underline{U}_{1L} - \underline{Z}_F\underline{I}_{1F}\right) + \underline{a}\left(\underline{U}_{2L} - \underline{Z}_F\underline{I}_{2F}\right) + \left(\underline{U}_{0L} - \underline{Z}_F\underline{I}_{0F}\right) \\ &= \underline{a}^2\underline{U}_{1F} + \underline{a}\underline{U}_{2F} + \underline{U}_{0F} = 0 \end{aligned} \tag{5.7}$$

$$\underline{I}_{F1} = \underline{I}_{1F} + \underline{I}_{2F} + \underline{I}_{0F} = 0$$

$$\underline{I}_{F3} = \underline{a}\underline{I}_{1F} + \underline{a}^2\underline{I}_{2F} + \underline{I}_{0F} = 0$$

Aus den beiden letzten Gleichungen folgt:

$$\underline{a}^2\underline{I}_{1F} = \underline{I}_{0F} \tag{5.8}$$

$$\underline{a}\underline{I}_{2F} = \underline{I}_{0F} \tag{5.9}$$

oder zusammengefasst:

$$\underline{a}^2\underline{I}_{1F} = \underline{a}\underline{I}_{2F} = \underline{I}_{0F}$$

Die Gln. 5.7 bis 5.9 kann man aus Tab. 5.9 für $\underline{\alpha} = \underline{a}^2$ entnehmen.

5.4 Berechnung von Einfachquerfehlern

Der klassische Rechengang zur Berechnung der Einfachfehler (Quer- und Längsfehler) erfolgt in 4 Schritten.

Im *ersten* Schritt werden im Mit-, Gegen- und Nullsystem die Fehlergrößen mit Zählpfeilen entsprechend zu denen der Originalgrößen in den Abb. 5.2a und b eingeführt (Beispiel 5.3).

Im *zweiten* Schritt werden die Komponentennetze an der Fehlerstelle zu Zweipolersatzschaltungen zusammengefasst (Beispiel 5.3). Dafür gibt es nach der Zweipoltheorie zwei Möglichkeiten: die Form mit Innenimpedanzen (Torimpedanzen) und einer Spannungsquelle im Mitsystem (das Gegen- und Nullsystem sind bei symmetrischer Speisung passiv) und die Form mit Innenadmittanzen (Toradmittanzen) und einer Stromquelle im Mitsystem. Beide Darstellungsformen sind dual zueinander und ineinander überführbar.

Im *dritten* Schritt werden die 6 unbekannten Größen (3 Ströme und 3 Spannungen) an der Fehlerstelle berechnet. Dafür stehen 6 Gleichungen zur Verfügung. 3 Gleichungen bilden jeweils die Fehlerbedingungen, die restlichen 3 Gleichungen liefern die Zweipolersatzschaltungen der symmetrischen Komponentennetze.

Schließlich werden im *vierten* Schritt die Originalgrößen durch Rücktransformation berechnet.

Die an der Fehlerstelle zusammengefassten Komponentennetze werden symbolisch durch Boxen 1, 2 und 0 für das Mit-, Gegen- und Nullsystem wie in Abb. 5.5 dargestellt. Die Bezugsknoten (auch als Nullschiene bezeichnet) 01 und 02 kann man sich als widerstandslose Verbindung aller Sternpunkte vorstellen. Dreieckschaltungen müssen vorher in äquivalente Sternschaltungen umgewandelt werden. Der Bezugsknoten 00 des Nullsystems entspricht der widerstandslosen Erde.

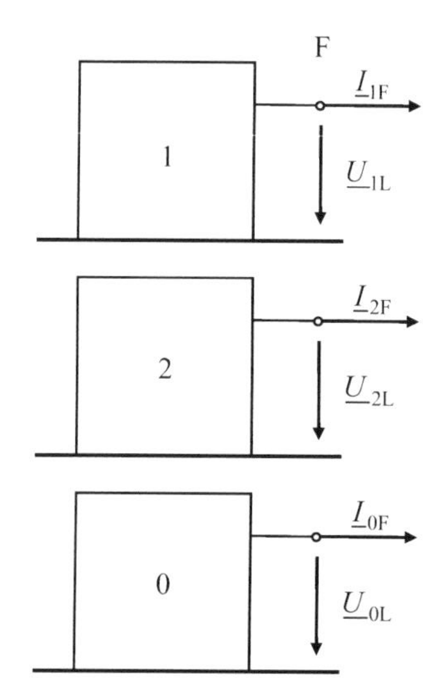

Abb. 5.5 Zu Zweipolen an der Fehlerstelle zusammengefasste Komponentennetze

Das Innere der Boxen hängt nun davon ab, ob die Impedanz- oder Admittanzform der Zweipolgleichungen gewählt wird. In der Impedanzform lauten die Zweipolgleichungen:

$$\underline{U}_{1L} = -\underline{Z}_1 \underline{I}_{1F} + \underline{U}_{1q} \tag{5.10}$$

$$\underline{U}_{2L} = -\underline{Z}_2 \underline{I}_{2F} \tag{5.11}$$

$$\underline{U}_{0L} = -\underline{Z}_0 \underline{I}_{0F} \tag{5.12}$$

Die Admittanzform ergibt sich durch Auflösen der Gln. 5.10 bis 5.12 nach den Strömen:

$$\underline{I}_{1F} = -\underline{Y}_1 \underline{U}_{1L} + \underline{I}_{1q} \tag{5.13}$$

$$\underline{I}_{2F} = -\underline{Y}_2 \underline{U}_{2L} \tag{5.14}$$

$$\underline{I}_{0F} = -\underline{Y}_0 \underline{U}_{0L} \tag{5.15}$$

mit den Innenadmittanzen:

$$\underline{Y}_i = \frac{1}{\underline{Z}_i}; \quad i = 1, 2, 0 \tag{5.16}$$

und dem Quellenstrom:

$$\underline{I}_{1q} = \frac{\underline{U}_{1q}}{\underline{Z}_1} = \underline{Y}_1 \underline{U}_{1q} \tag{5.17}$$

Der Zählpfeil für den Quellenstrom $\underline{I}_{1q}$ wurde so gewählt, dass der Quellenstrom mit dem Strom im Bezugsleiter L1 bei dreipoligem Kurzschluss am Fehlerort identisch ist (s. Gl. 5.13 für $\underline{U}_{1L} = 0$).

Die den Gln. 5.10 bis 5.15 entsprechenden Ersatzschaltungen sind in Abb. 5.6 dargestellt.

Welche der beiden Formen für die Zweipolgleichungen man verwendet, ist lediglich eine Frage der Zweckmäßigkeit. Für Reihenfehler (s. Tab. 5.8) hat man mit der Impedanzform und für Parallelfehler mit der Admittanzform den geringsten Rechenaufwand.

Das Gegen- und Nullsystem sind passiv. Die Quellenspannung $\underline{U}_{1q}$ ist die Leerlaufspannung im Mitsystem. Sie ist identisch mit der Spannung des Bezugsleiters L1 am Fehlerort im symmetrischen Netzbetriebszustand vor dem Kurzschluss (s. Gl. 5.10 für $\underline{I}_{1F} = 0$). Für ihre Bestimmung muss man genau genommen eine Leistungsflussberechnung für den Belastungszustand des Netzes unmittelbar vor dem Kurzschluss durchführen. In der Praxis geht man jedoch von einem angenommenen Wert in der Nähe der Netznennspannung, geteilt durch $\sqrt{3}$ aus, da einerseits unklar ist, welchen Belastungsfall man zugrunde legen soll und andererseits die Spannung an der Kurzschlussstelle unter normalen Verhältnissen nur geringfügig von der Netznennspannung abweicht.

Die Innenimpedanzen oder Innenadmittanzen in den Gln. 5.10 bis 5.15 für das Mit-, Gegen- und Nullsystem kann man für kleinere Netze noch von Hand durch Zusammenfassen der Netzimpedanzen ermitteln. Dabei sind alle Spannungsquellen kurzzuschließen oder alle Stromquellen (je nach Darstellung der Generatoren) zu öffnen.

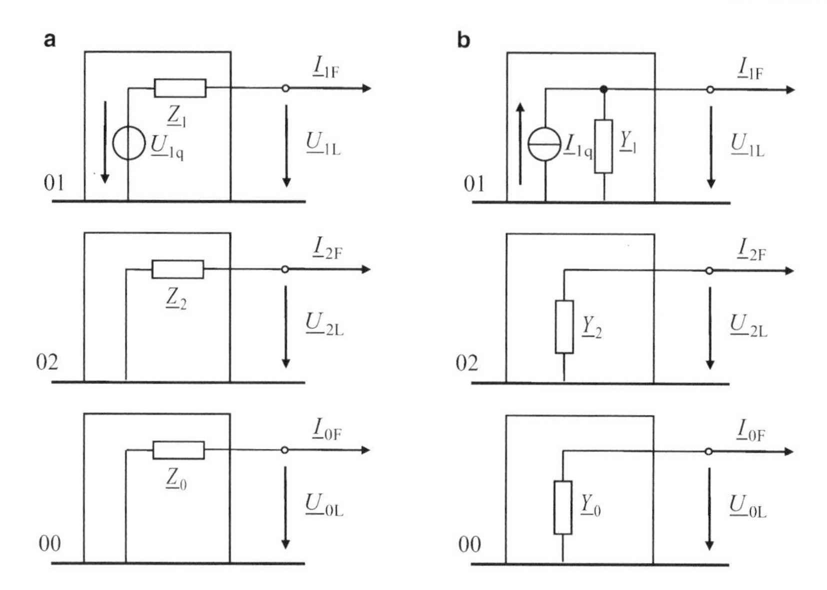

Abb. 5.6 Impedanzform (**a**) und Admittanzform (**b**) der Zweipolgleichungen für die Komponentennetze

Für größere Netze stellt man das Knotenspannungs-Gleichungssystem für jede symmetrische Komponente auf, wobei Spannungsquellen im Mitsystem in Stromquellen umgerechnet und in einem Quellenstromvektor $\underline{\boldsymbol{i}}_{1Q}$ der Knotennummerierung entsprechend angeordnet werden. Die Gleichungssysteme haben nach Hinzufügen der Fehlerstromvektoren auf der rechten Seite die folgende Matrixform (s. Abschn. 3.2.1):

$$\underline{\boldsymbol{Y}}_{1KK}\underline{\boldsymbol{u}}_{1K} = \underline{\boldsymbol{i}}_{1K} = \underline{\boldsymbol{i}}_{1F} + \underline{\boldsymbol{i}}_{1Q} \tag{5.18}$$

$$\underline{\boldsymbol{Y}}_{2KK}\underline{\boldsymbol{u}}_{2K} = \underline{\boldsymbol{i}}_{2K} = \underline{\boldsymbol{i}}_{2F} \tag{5.19}$$

$$\underline{\boldsymbol{Y}}_{0KK}\underline{\boldsymbol{u}}_{0K} = \underline{\boldsymbol{i}}_{0K} = \underline{\boldsymbol{i}}_{0F} \tag{5.20}$$

Die Spannungsvektoren enthalten die Symmetrischen Komponenten der Leiter-Erde-Spannungen $\underline{U}_{1L,Ki}$, $\underline{U}_{2L,Ki}$ und $\underline{U}_{0L,Ki}$ an den einzelnen Knoten ($i = 1\ldots$n, n Anzahl der Knoten). Sie werden im Folgenden kürzer mit $\underline{U}_{1Ki}$, $\underline{U}_{2Ki}$ und $\underline{U}_{0Ki}$ bezeichnet. Die Fehlerstromvektoren sind bei den hier betrachteten Einfachfehlern jeweils nur mit den Komponenten $\underline{I}_{1F}$, $\underline{I}_{2F}$ und $\underline{I}_{0F}$ am Fehlerknoten k besetzt.

Durch Auflösen der Gln. 5.18 bis 5.20 erhält man die Impedanzform:

$$\underline{\boldsymbol{u}}_{1K} = \underline{\boldsymbol{Z}}_{1KK}\left(\underline{\boldsymbol{i}}_{1F} + \underline{\boldsymbol{i}}_{1Q}\right) \tag{5.21}$$

$$\underline{\boldsymbol{u}}_{2K} = \underline{\boldsymbol{Z}}_{2KK}\underline{\boldsymbol{i}}_{2F} \tag{5.22}$$

$$\underline{\boldsymbol{u}}_{0K} = \underline{\boldsymbol{Z}}_{0KK}\underline{\boldsymbol{i}}_{0F} \tag{5.23}$$

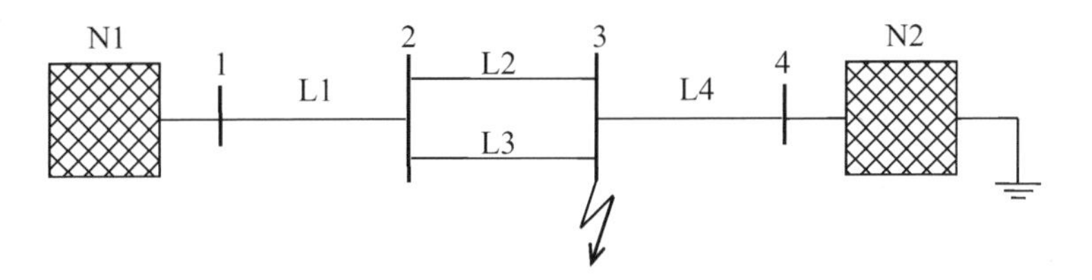

Abb. 5.7 Beispielnetz mit Fehler an der Sammelschiene 3

Von diesen Gleichungen interessieren nur die zum Fehlerknoten k gehörenden Zeilen:

$$\underline{U}_{1\mathrm{K}k} = \underline{z}_{1kk}\underline{I}_{1\mathrm{F}k} + \underline{\boldsymbol{z}}_{1k}\underline{\boldsymbol{i}}_{1\mathrm{Q}} \tag{5.24}$$

$$\underline{U}_{2\mathrm{K}k} = \underline{z}_{2kk}\underline{I}_{2\mathrm{F}k} \tag{5.25}$$

$$\underline{U}_{0\mathrm{K}k} = \underline{z}_{0kk}\underline{I}_{0\mathrm{F}k} \tag{5.26}$$

Der Vergleich mit den Gln. 5.10 bis 5.12 ergibt:

$$\underline{Z}_1 = -\underline{z}_{1kk} \tag{5.27}$$

$$\underline{Z}_2 = -\underline{z}_{2kk} \tag{5.28}$$

$$\underline{Z}_0 = -\underline{z}_{0kk} \tag{5.29}$$

und

$$\underline{U}_{1\mathrm{q}} = \underline{\boldsymbol{z}}_{1k}\underline{\boldsymbol{i}}_{1\mathrm{Q}} \tag{5.30}$$

Demnach sind die Netzinnenimpedanzen der Komponentennetze mit den negativen Diagonalelementen der Impedanzmatrizen für die Symmetrischen Komponenten identisch. Die Quellenspannung des Mitsystems ergibt sich aus dem Produkt der zum Fehlerknoten F gehörenden Zeile der Impedanzmatrix mit dem Quellenstromvektor.

Beispiel 5.3

Für das Netz in Abb. 5.7 sind die Komponentenersatzschaltbilder sowie die Netzinnenimpedanzen und die Leerlaufspannung an der Fehlerstelle (Knoten 3) zu ermitteln.

Für die Innenimpedanzen erhält man von der Fehlerstelle aus gesehen (s. Abb. 5.8):

$$\underline{Z}_1 = \underline{Z}_2 = \mathrm{j}\,(2+1+2)\,\text{parallel}\,(3+2)\ \Omega = \mathrm{j}2{,}5\ \Omega$$

$$\underline{Z}_0 = \mathrm{j}\,(5+2)\ \Omega = \mathrm{j}7\ \Omega$$

Da die beiden Quellenspannungen der Netze gleich groß und gleichphasig sind, fließt vor dem Kurzschluss kein Strom über die Leitungen, so dass die Leerlaufspannung an der Kurzschlussstelle gleich der Netzspannung ist.

$$\underline{U}_{1\mathrm{q}} = 100\,\mathrm{kV}$$

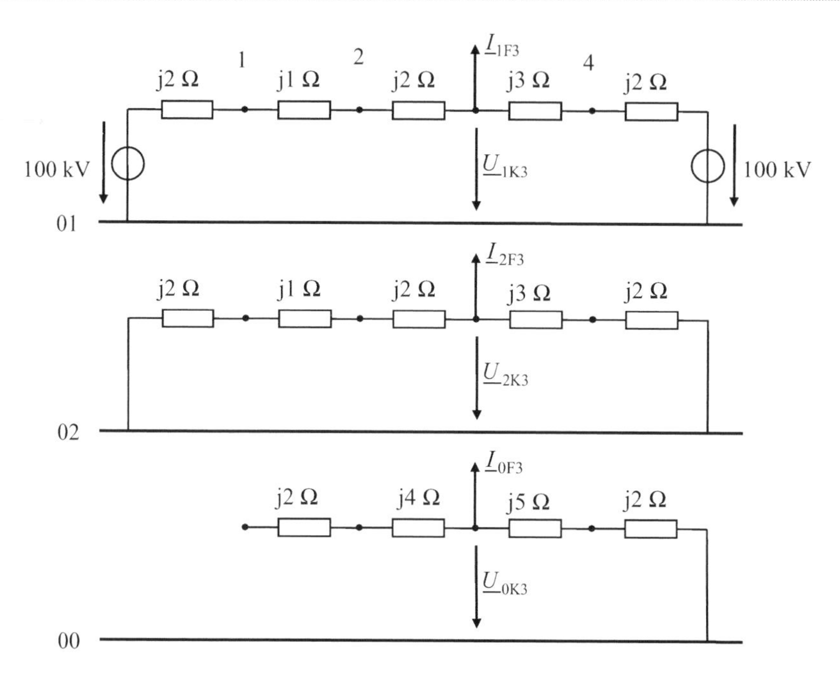

Abb. 5.8 Komponentennetze für das Netz in Abb. 5.7. mit Spannungen und Strömen an der Fehlerstelle. Die Impedanzen der Doppelleitung sind zusammengefasst

Die Quellenströme der Netze an den Knoten 1 und 4 werden je:

$$\underline{I}_{1q} = -\frac{100\,\text{kV}}{\text{j}2\,\Omega} = \text{j}50\,\text{kA}$$

Die Knotenspannungs-Gleichungen der Symmetrischen Komponenten lauten (Gln. 5.18 bis 5.20, Admittanzen in S, Ströme in kA):

$$\text{j}\begin{bmatrix} 1{,}5 & -1 & 0 & 0 \\ -1 & 1{,}5 & -0{,}5 & 0 \\ 0 & -0{,}5 & 0{,}8\overline{3} & -0{,}\overline{3} \\ 0 & 0 & -0{,}\overline{3} & 0{,}8\overline{3} \end{bmatrix} \begin{bmatrix} \underline{U}_{1K1} \\ \underline{U}_{1K2} \\ \underline{U}_{1K3} \\ \underline{U}_{1K4} \end{bmatrix} = \begin{bmatrix} 0 \\ 0 \\ \underline{I}_{1F3} \\ 0 \end{bmatrix} + \begin{bmatrix} \text{j}50 \\ 0 \\ 0 \\ \text{j}50 \end{bmatrix}$$

$$\text{j}\begin{bmatrix} 1{,}5 & -1 & 0 & 0 \\ -1 & 1{,}5 & -0{,}5 & 0 \\ 0 & -0{,}5 & 0{,}8\overline{3} & -0{,}\overline{3} \\ 0 & 0 & -0{,}\overline{3} & 0{,}8\overline{3} \end{bmatrix} \begin{bmatrix} \underline{U}_{2K1} \\ \underline{U}_{2K2} \\ \underline{U}_{2K3} \\ \underline{U}_{2K4} \end{bmatrix} = \begin{bmatrix} 0 \\ 0 \\ \underline{I}_{2F3} \\ 0 \end{bmatrix}$$

$$\mathrm{j}\begin{bmatrix} 0{,}5 & -0{,}5 & 0 & 0 \\ -0{,}5 & 0{,}75 & -0{,}25 & 0 \\ 0 & -0{,}25 & 0{,}45 & -0{,}2 \\ 0 & 0 & -0{,}2 & 0{,}7 \end{bmatrix}\begin{bmatrix} \underline{U}_{0\mathrm{K}1} \\ \underline{U}_{0\mathrm{K}2} \\ \underline{U}_{0\mathrm{K}3} \\ \underline{U}_{0\mathrm{K}4} \end{bmatrix} = \begin{bmatrix} 0 \\ 0 \\ \underline{I}_{0\mathrm{F}3} \\ 0 \end{bmatrix}$$

und aufgelöst nach den Spannungen (Gln. 5.21 bis 5.23):

$$\begin{bmatrix} \underline{U}_{1\mathrm{K}1} \\ \underline{U}_{1\mathrm{K}2} \\ \underline{U}_{1\mathrm{K}3} \\ \underline{U}_{1\mathrm{K}4} \end{bmatrix} = -\mathrm{j}\begin{bmatrix} 1{,}6 & 1{,}4 & 1 & 0{,}4 \\ 1{,}4 & 2{,}1 & 1{,}5 & 0{,}6 \\ 1 & 1{,}5 & 2{,}5 & 1 \\ 0{,}4 & 0{,}6 & 1 & 1{,}6 \end{bmatrix}\left\{\begin{bmatrix} 0 \\ 0 \\ \underline{I}_{1\mathrm{F}3} \\ 0 \end{bmatrix} + \begin{bmatrix} \mathrm{j}50 \\ 0 \\ 0 \\ \mathrm{j}50 \end{bmatrix}\right\}$$

$$\begin{bmatrix} \underline{U}_{2\mathrm{K}1} \\ \underline{U}_{2\mathrm{K}2} \\ \underline{U}_{2\mathrm{K}3} \\ \underline{U}_{2\mathrm{K}4} \end{bmatrix} = -\mathrm{j}\begin{bmatrix} 1{,}6 & 1{,}4 & 1 & 0{,}4 \\ 1{,}4 & 2{,}1 & 1{,}5 & 0{,}6 \\ 1 & 1{,}5 & 2{,}5 & 1 \\ 0{,}4 & 0{,}6 & 1 & 1{,}6 \end{bmatrix}\begin{bmatrix} 0 \\ 0 \\ \underline{I}_{2\mathrm{F}3} \\ 0 \end{bmatrix}$$

$$\begin{bmatrix} \underline{U}_{0\mathrm{K}1} \\ \underline{U}_{0\mathrm{K}2} \\ \underline{U}_{0\mathrm{K}3} \\ \underline{U}_{0\mathrm{K}4} \end{bmatrix} = -\mathrm{j}\begin{bmatrix} 13 & 11 & 7 & 2 \\ 11 & 11 & 7 & 2 \\ 7 & 7 & 7 & 2 \\ 2 & 2 & 2 & 2 \end{bmatrix}\begin{bmatrix} 0 \\ 0 \\ \underline{I}_{0\mathrm{F}3} \\ 0 \end{bmatrix}$$

Aus der jeweils 3. Zeile folgt für die Fehlerstelle:

$$\begin{aligned} \underline{U}_{1\mathrm{K}3} &= -\mathrm{j}2{,}5\,\Omega \cdot \underline{I}_{1\mathrm{F}3} + 100\,\mathrm{kV} \\ \underline{U}_{2\mathrm{K}3} &= -\mathrm{j}2{,}5\,\Omega \cdot \underline{I}_{2\mathrm{F}3} \\ \underline{U}_{0\mathrm{K}3} &= -\mathrm{j}7{,}0\,\Omega \cdot \underline{I}_{0\mathrm{F}3} \end{aligned}$$

Aus dem Vergleich mit den Gln. 5.24 bis 5.26 erhält man wieder:

$$\underline{Z}_1 = \underline{Z}_2 = \mathrm{j}2{,}5\,\Omega, \quad \underline{Z}_0 = \mathrm{j}7{,}0\,\Omega \quad \text{und} \quad \underline{U}_{1\mathrm{q}} = 100\,\mathrm{kV}$$

Bei der Berechnung der Kurzschlüsse mit Fehlerimpedanzen geht man von den modifizierten Fehlerbedingungen nach Tab. 5.6 aus und ordnet die Fehlerimpedanzen den Komponentenersatzschaltungen zu (Abb. 5.4a). Die Gln. 5.10 bis 5.12 gehen dann über in die Gln. 5.31 bis 5.33 mit $\underline{U}_{i\mathrm{F}}$ anstelle $\underline{U}_{i\mathrm{L}}$ ($i = 1, 2, 3$) als Klemmenspannungen an den erweiterten Komponentenersatzschaltungen:

$$\underline{U}_{1\mathrm{F}} = -\left(\underline{Z}_1 + \underline{Z}_\mathrm{F}\right)\underline{I}_{1\mathrm{F}} + \underline{U}_{1\mathrm{q}} = -\underline{Z}_{1\mathrm{F}}\underline{I}_{1\mathrm{F}} + \underline{U}_{1\mathrm{q}} \tag{5.31}$$

$$\underline{U}_{2\mathrm{F}} = -\left(\underline{Z}_2 + \underline{Z}_\mathrm{F}\right)\underline{I}_{2\mathrm{F}} = -\underline{Z}_{2\mathrm{F}}\underline{I}_{2\mathrm{F}} \tag{5.32}$$

$$\underline{U}_{0\mathrm{F}} = -\left(\underline{Z}_0 + \underline{Z}_\mathrm{F}\right)\underline{I}_{0\mathrm{F}} = -\underline{Z}_{0\mathrm{F}}\underline{I}_{0\mathrm{F}} \tag{5.33}$$

Die Überführung dieser Gleichungen in die äquivalente Admittanzform zur zweckmäßigen Behandlung der drei- und zweipoligen Kurzschlüsse (Parallelfehler) ergibt:

$$\underline{I}_{1\mathrm{F}} = -\underline{Y}'_{1\mathrm{F}}\underline{U}_{1\mathrm{F}} + \underline{I}'_{1\mathrm{q}} \tag{5.34}$$

$$\underline{I}_{2\mathrm{F}} = -\underline{Y}'_{2\mathrm{F}}\underline{U}_{2\mathrm{F}} \tag{5.35}$$

$$\underline{I}_{0\mathrm{F}} = -\underline{Y}'_{0\mathrm{F}}\underline{U}_{0\mathrm{F}} \tag{5.36}$$

mit:[1]

$$\underline{Y}'_{i\mathrm{F}} = \frac{1}{\underline{Z}_{i\mathrm{F}}} = \frac{1}{\underline{Z}_i + \underline{Z}_\mathrm{F}}; \quad i = 1, 2, 0 \tag{5.37}$$

$$\underline{I}'_{1\mathrm{q}} = \underline{Y}'_{1\mathrm{F}}\underline{U}_{1\mathrm{q}} \tag{5.38}$$

Durch die Einführung der modifizierten Fehlerbedingungen in Tab. 5.6 und die Erweiterung der Komponentenersatzschaltungen um die Fehlerimpedanzen kann die Berechnung der Ströme bei den Querfehlern mit Fehlerimpedanzen nach dem gleichen Schema wie ohne Fehlerimpedanzen erfolgen. Um die Spannungen an der Kurzschlussstelle zu erhalten, muss man lediglich noch die $\underline{U}_{i\mathrm{L}}$ aus den $\underline{U}_{i\mathrm{F}}$ in Gl. 5.5 rückrechnen:

$$\underline{U}_{i\mathrm{L}} = \underline{U}_{i\mathrm{F}} + \underline{Z}_\mathrm{F}\underline{I}_{i\mathrm{F}}, \quad i = 1, 2, 0 \tag{5.39}$$

In den meisten Fällen ist dieser Schritt jedoch nicht erforderlich, da man sich vorwiegend für die Ströme interessiert. Für die widerstandslosen Kurzschlüsse ist ohnehin $\underline{U}_{i\mathrm{L}} = \underline{U}_{i\mathrm{F}}$.

Im Folgenden werden die einzelnen Erdkurzschlüsse und Kurzschlüsse näher betrachtet. Die Berechnungen werden für den allgemeinen Fall mit endlichen Fehlerimpedanzen $\underline{Z}_\mathrm{F}$ vorgenommen. Durch Nullsetzen von $\underline{Z}_\mathrm{F}$ erhält man daraus die Gleichungen für die widerstandslosen Kurzschlüsse.

5.4.1 Dreipoliger Kurzschluss mit und ohne Erdberührung

Mit den Fehlerbedingungen $\underline{U}_{1\mathrm{F}} = \underline{U}_{2\mathrm{F}} = \underline{U}_{0\mathrm{F}} = 0$ in Tab. 5.6 erhält man aus den Gln. 5.34 bis 5.36:

$$\underline{I}_{1\mathrm{F}} = \frac{\underline{U}_{1\mathrm{q}}}{\underline{Z}_{1\mathrm{F}}} = \frac{\underline{U}_{1\mathrm{q}}}{\underline{Z}_1 + \underline{Z}_\mathrm{F}} \tag{5.40}$$

$$\underline{I}_{2\mathrm{F}} = 0 \tag{5.41}$$

$$\underline{I}_{0\mathrm{F}} = 0 \tag{5.42}$$

[1] Der Strich an $\underline{Y}'_{i\mathrm{F}}$ wurde eingeführt, um eine Verwechselung mit $\underline{Y}_{i\mathrm{F}} = \underline{Y}_i + \underline{Y}_\mathrm{F}$ zu vermeiden.

Die Spannungen ergeben sich mit $\underline{U}_{1F} = \underline{U}_{2F} = \underline{U}_{0F} = 0$ aus den Gln. 5.39 oder direkt aus den Gln. 5.10 bis 5.12:

$$\underline{U}_{1L} = \underline{U}_{1F} + \underline{Z}_F \underline{I}_{1F} = \frac{\underline{Z}_F}{\underline{Z}_1 + \underline{Z}_F} \underline{U}_{1q} \tag{5.43}$$

$$\underline{U}_{2L} = \underline{U}_{2F} + \underline{Z}_F \underline{I}_{2F} = 0 \tag{5.44}$$

$$\underline{U}_{0L} = \underline{U}_{0F} + \underline{Z}_F \underline{I}_{0F} = 0 \tag{5.45}$$

Die Gl. 5.43 entspricht der Spannungsteilerregel. Man kann sie direkt an der Komponentenersatzschaltung in Tab. 5.7 ablesen. Gl. 5.45 gilt nur unter der Voraussetzung dass $\underline{Z}_0$ endlich ist. Für den dreipoligen Kurzschluss ohne Erdberührung erhält man zunächst das gleiche Ergebnis. Die Bedingung $\underline{U}_{0L} = 0$ ist auch im Fall einer endlichen Nullimpedanz nur erfüllt, so lange es sich um einen Einfachfehler handelt.

Die Rücktransformation aus dem Bereich der Symmetrischen Komponenten ergibt:

$$\underline{I}_{F1} = \frac{\underline{U}_{1q}}{\underline{Z}_{1F}} = \frac{\underline{U}_{1q}}{\underline{Z}_1 + \underline{Z}_F} \tag{5.46}$$

$$\underline{I}_{F2} = \underline{a}^2 \underline{I}_{F1} \tag{5.47}$$

$$\underline{I}_{F3} = \underline{a} \underline{I}_{F1} \tag{5.48}$$

$$\underline{U}_{L1} = \underline{Z}_F \underline{I}_{F1} = \frac{\underline{Z}_F}{\underline{Z}_1 + \underline{Z}_F} \underline{U}_{1q} \tag{5.49}$$

$$\underline{U}_{L2} = \underline{Z}_F \underline{I}_{F2} = \underline{a}^2 \underline{U}_{L1} \tag{5.50}$$

$$\underline{U}_{L3} = \underline{Z}_F \underline{I}_{F3} = \underline{a} \underline{U}_{L1} \tag{5.51}$$

5.4.2 Einpoliger Erdkurzschluss oder Erdschluss

Im der Berechnungsablauf gibt es keinen Unterschied zwischen einem Erdkurzschluss und einem Erdschluss. Für beide gelten die gleichen Fehlerbedingungen, nach denen sie als Reihenfehler zu behandeln sind. Ein Unterschied ergibt sich erst in der Größenordnung des Stromes an der Fehlerstelle, bedingt durch die unterschiedlichen Werte der Nullimpedanzen bei den verschiedenen Arten der Sternpunkterdung. In Netzen mit niederohmiger Sternpunkterdung spricht man vom Erdkurzschluss, weil dort bei einem einpoligen Kurzschluss auch ein großer Kurzschlussstrom entsteht. Netze mit freiem Sternpunkt oder Resonanzsternpunkterdung haben dagegen eine sehr große Nullimpedanz, so dass bei einpoligem Kurzschluss nur ein relativ kleiner Fehlerstrom auftritt, der nicht die Bezeichnung Kurzschlussstrom verdient.

Entsprechend den Fehlerbedingungen in Tab. 5.6 $\underline{U}_{1F} + \underline{U}_{2F} + \underline{U}_{0F} = 0$ und $\underline{I}_{1F} = \underline{I}_{2F} = \underline{I}_{0F}$ ergibt die Addition der Gln. 5.27 bis 5.29:

$$\underline{I}_{1F} = \underline{I}_{2F} = \underline{I}_{0F} = \frac{\underline{U}_{1q}}{\underline{Z}_{1F} + \underline{Z}_{2F} + \underline{Z}_{0F}} = \frac{\underline{U}_{1q}}{\underline{Z}_1 + \underline{Z}_2 + \underline{Z}_0 + 3\underline{Z}_F} \tag{5.52}$$

Zum gleichen Ergebnis kommt man auch sofort aus der Maschengleichung entlang der Reihenschaltung der Komponentennetze in Impedanzform (s. Tab. 5.7).

Mit Gl. 5.52 erhält man für die Spannungskomponenten aus den Gln. 5.27 bis 5.29:

$$\underline{U}_{1F} = \frac{\underline{Z}_{2F} + \underline{Z}_{0F}}{\underline{Z}_{1F} + \underline{Z}_{2F} + \underline{Z}_{0F}} \underline{U}_{1q} = \frac{\underline{Z}_2 + \underline{Z}_0 + 2\underline{Z}_F}{\underline{Z}_1 + \underline{Z}_2 + \underline{Z}_0 + 3\underline{Z}_F} \underline{U}_{1q} \tag{5.53}$$

$$\underline{U}_{2F} = -\frac{\underline{Z}_{2F}}{\underline{Z}_{1F} + \underline{Z}_{2F} + \underline{Z}_{0F}} \underline{U}_{1q} \tag{5.54}$$

$$\underline{U}_{0F} = -\frac{\underline{Z}_{0F}}{\underline{Z}_{1F} + \underline{Z}_{2F} + \underline{Z}_{0F}} \underline{U}_{1q} \tag{5.55}$$

und mit den Gln. 5.39 oder 5.10 bis 5.12:

$$\underline{U}_{1L} = \underline{U}_{1F} + \underline{Z}_F \underline{I}_{1F} = \frac{\underline{Z}_2 + \underline{Z}_0 + 3\underline{Z}_F}{\underline{Z}_1 + \underline{Z}_2 + \underline{Z}_0 + 3\underline{Z}_F} \underline{U}_{1q} \tag{5.56}$$

$$\underline{U}_{2L} = \underline{U}_{2F} + \underline{Z}_F \underline{I}_{2F} = -\frac{\underline{Z}_2}{\underline{Z}_1 + \underline{Z}_2 + \underline{Z}_0 + 3\underline{Z}_F} \underline{U}_{1q} \tag{5.57}$$

$$\underline{U}_{0L} = \underline{U}_{0F} + \underline{Z}_F \underline{I}_{0F} = -\frac{\underline{Z}_0}{\underline{Z}_1 + \underline{Z}_2 + \underline{Z}_0 + 3\underline{Z}_F} \underline{U}_{1q} \tag{5.58}$$

Zur Kontrolle summiert man die 3 Spannungskomponenten, was wieder auf die Fehlerbedingung in Tab. 5.5 führen muss:

$$\underline{U}_{1L} + \underline{U}_{2L} + \underline{U}_{0L} = 3\underline{Z}_F \underline{I}_{1F}$$

Die Rücktransformation ergibt:

$$\underline{I}_{F1} = \frac{3\underline{U}_{1q}}{\underline{Z}_1 + \underline{Z}_2 + \underline{Z}_0 + 3\underline{Z}_F} \tag{5.59}$$

$$\underline{I}_{F2} = \underline{I}_{F3} = 0 \tag{5.60}$$

$$\underline{U}_{L1} = \underline{Z}_F \underline{I}_{F1} = \frac{3\underline{Z}_F}{\underline{Z}_1 + \underline{Z}_2 + \underline{Z}_0 + 3\underline{Z}_F} \underline{U}_{1q} \tag{5.61}$$

$$\underline{U}_{L2} = \frac{(\underline{a}^2 - \underline{a})(\underline{Z}_2 + \underline{Z}_F) + (\underline{a}^2 - 1)(\underline{Z}_0 + \underline{Z}_F)}{\underline{Z}_1 + \underline{Z}_2 + \underline{Z}_0 + 3\underline{Z}_F} \underline{U}_{1q} \tag{5.62}$$

$$\underline{U}_{L3} = \frac{(\underline{a} - \underline{a}^2)(\underline{Z}_2 + \underline{Z}_F) + (\underline{a} - 1)(\underline{Z}_0 + \underline{Z}_F)}{\underline{Z}_1 + \underline{Z}_2 + \underline{Z}_0 + 3\underline{Z}_F} \underline{U}_{1q} \tag{5.63}$$

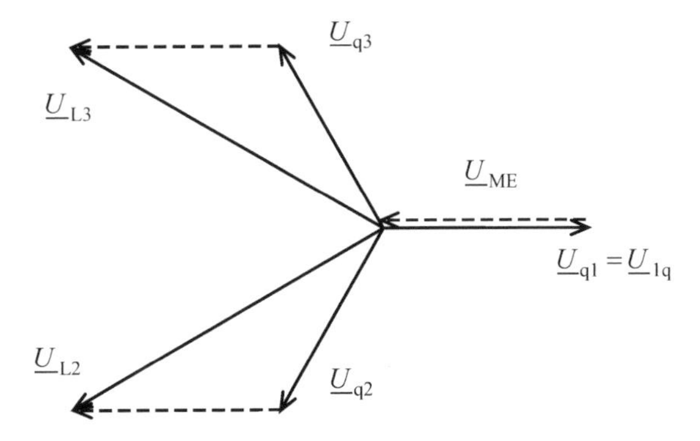

Abb. 5.9 Zeigerbild der Spannungen bei Erdschluss

Für $Z_0 \to \infty$ geht $\underline{I}_{F1}$ gegen Null und die Gleichungen für die Leiter-Erde-Spannungen gehen über in (s. Abb. 5.9):

$$\underline{U}_{L1} = 0 \tag{5.64}$$

$$\underline{U}_{L2} = \left(\underline{a}^2 - 1\right) \underline{U}_{1q} \tag{5.65}$$

$$\underline{U}_{L3} = (\underline{a} - 1)\, \underline{U}_{1q} \tag{5.66}$$

Unter der Bedingung $\underline{Z}_2 = \underline{Z}_1$ wird das Verhältnis der Strombeträge bei ein- und dreipoligem Kurzschluss:

$$\frac{I_{k1}}{I_{k3}} = \frac{3}{2 + \left|\dfrac{\underline{Z}_0 + \underline{Z}_F}{\underline{Z}_1 + \underline{Z}_F}\right|}$$

5.4.3 Zweipoliger Kurzschluss mit Erdberührung

Der zweipolige EKS ist ein Parallelfehler. Die Strom-Spannungsbeziehungen in Symmetrischen Komponenten sind dual zu denen des einpoligen Erdkurzschlusses (s. Tab. 5.8). Damit könnte man sich die folgenden Rechenschritte bis einschließlich Gl. 5.70 eigentlich sparen und die Gln. 5.67 bis 5.70 von den dualen Gln. 5.52 bis 5.55 übernehmen.

Entsprechend den Fehlerbedingungen $\underline{I}_{1F} + \underline{I}_{2F} + \underline{I}_{0F} = 0$ und $\underline{U}_{1F} = \underline{U}_{2F} = \underline{U}_{0F}$ ergibt die Addition der Gln. 5.34 bis 5.36 die zu Gl. 5.52 duale Beziehung:

$$\underline{U}_{1F} = \underline{U}_{2F} = \underline{U}_{0F} = \frac{\underline{I}'_{1q}}{\underline{Y}'_{1F} + \underline{Y}'_{2F} + \underline{Y}'_{0F}} \tag{5.67}$$

mit $\underline{Y}'_{iF}$ und $\underline{I}'_{1q}$ nach Gln. 5.37 und 5.38.

Zum gleichen Ergebnis kommt man auch sofort am Knotenpunktsatz der Parallelschaltung der Komponentennetze in Admittanzform (s. Tab. 5.7).

Mit Gl. 5.67 erhält man für die Stromkomponenten aus den Gln. 5.34 bis 5.36 die zu den Gln. 5.53 bis 5.55 dualen Beziehungen:

$$\underline{I}_{1F} = \frac{\underline{Y}'_{2F} + \underline{Y}'_{0F}}{\underline{Y}'_{1F} + \underline{Y}'_{2F} + \underline{Y}'_{0F}} \underline{I}'_{1q} \quad (5.68)$$

$$\underline{I}_{2F} = -\frac{\underline{Y}'_{2F}}{\underline{Y}'_{1F} + \underline{Y}'_{2F} + \underline{Y}'_{0F}} \underline{I}'_{1q} \quad (5.69)$$

$$\underline{I}_{0F} = -\frac{\underline{Y}'_{0F}}{\underline{Y}'_{1F} + \underline{Y}'_{2F} + \underline{Y}'_{0F}} \underline{I}'_{1q} \quad (5.70)$$

Die Summe der drei Ströme ergibt Null, so wie es die Fehlerbedingung fordert.

Die Spannungen an der Fehlerstelle erhält man wieder mit den vorstehenden Spannungen und Strömen aus den Gln. 5.39 oder direkt aus den Gln. 5.10 bis 5.12:

$$\underline{U}_{1L} = \underline{U}_{1F} + \underline{Z}_F \underline{I}_{1F} = \frac{1 + \underline{Z}_F \left(\underline{Y}'_{2F} + \underline{Y}'_{0F}\right)}{\underline{Y}'_{1F} + \underline{Y}'_{2F} + \underline{Y}'_{0F}} \underline{I}'_{1q} \quad (5.71)$$

$$\underline{U}_{2L} = \underline{U}_{2F} + \underline{Z}_F \underline{I}_{2F} = \frac{1 - \underline{Z}_F \underline{Y}'_{2F}}{\underline{Y}'_{1F} + \underline{Y}'_{2F} + \underline{Y}'_{0F}} \underline{I}'_{1q} \quad (5.72)$$

$$\underline{U}_{0L} = \underline{U}_{0F} + \underline{Z}_F \underline{I}_{0F} = \frac{1 - \underline{Z}_F \underline{Y}'_{0F}}{\underline{Y}'_{1F} + \underline{Y}'_{2F} + \underline{Y}'_{2F}} \underline{I}'_{1q} \quad (5.73)$$

Schließlich ergibt die Rücktransformation:

$$\underline{I}_{F1} = 0 \quad (5.74)$$

$$\underline{I}_{F2} = \frac{(\underline{a}^2 - \underline{a})\,\underline{Y}'_{2F} + (\underline{a}^2 - 1)\,\underline{Y}'_{0F}}{\underline{Y}'_{1F} + \underline{Y}'_{2F} + \underline{Y}'_{0F}} \underline{I}'_{1q} = \frac{(\underline{a}^2 - \underline{a})\,\underline{Z}_{0F} + (\underline{a}^2 - 1)\,\underline{Z}_{2F}}{\underline{Z}_{1F}\underline{Z}_{2F} + \underline{Z}_{2F}\underline{Z}_{0F} + \underline{Z}_{0F}\underline{Z}_{1F}} \underline{U}_{1q} \quad (5.75)$$

$$\underline{I}_{F3} = \frac{(\underline{a} - \underline{a}^2)\,\underline{Y}'_{2F} + (\underline{a} - 1)\,\underline{Y}'_{0F}}{\underline{Y}'_{1F} + \underline{Y}'_{2F} + \underline{Y}'_{0F}} \underline{I}'_{1q} = \frac{(\underline{a} - \underline{a}^2)\,\underline{Z}_{0F} + (\underline{a} - 1)\,\underline{Z}_{2F}}{\underline{Z}_{1F}\underline{Z}_{2F} + \underline{Z}_{2F}\underline{Z}_{0F} + \underline{Z}_{0F}\underline{Z}_{1F}} \underline{U}_{1q} \quad (5.76)$$

$$\underline{U}_{L1} = \frac{3}{\underline{Y}'_{1F} + \underline{Y}'_{2F} + \underline{Y}'_{0F}} \underline{I}'_{1q} = \frac{3\underline{Z}_{2F}\underline{Z}_{0F}}{\underline{Z}_{1F}\underline{Z}_{2F} + \underline{Z}_{2F}\underline{Z}_{0F} + \underline{Z}_{0F}\underline{Z}_{1F}} \underline{U}_{1q} \quad (5.77)$$

$$\underline{U}_{L2} = \underline{Z}_F \underline{I}_{F2} = \underline{Z}_F \frac{(\underline{a}^2 - \underline{a})\,\underline{Z}_{0F} + (\underline{a}^2 - 1)\,\underline{Z}_{2F}}{\underline{Z}_{1F}\underline{Z}_{2F} + \underline{Z}_{2F}\underline{Z}_{0F} + \underline{Z}_{0F}\underline{Z}_{1F}} \underline{U}_{1q} \quad (5.78)$$

$$\underline{U}_{L3} = \underline{Z}_F \underline{I}_{F2} = \underline{Z}_F \frac{(\underline{a} - \underline{a}^2)\,\underline{Z}_{0F} + (\underline{a} - 1)\,\underline{Z}_{2F}}{\underline{Z}_{1F}\underline{Z}_{2F} + \underline{Z}_{2F}\underline{Z}_{0F} + \underline{Z}_{0F}\underline{Z}_{1F}} \underline{U}_{1q} \quad (5.79)$$

Die Summe von $\underline{I}_{F2}$ und $\underline{I}_{F3}$ muss $3\underline{I}_{0F}$ ergeben.

Für $\underline{Z}_F = 0$ werden $\underline{U}_{L2}$ und $\underline{U}_{L3}$ Null und die Spannung im fehlerfreien Leiter wird:

$$\underline{U}_{L1} = \frac{3\underline{Z}_2\underline{Z}_0}{\underline{Z}_1\underline{Z}_2 + \underline{Z}_2\underline{Z}_0 + \underline{Z}_0\underline{Z}_1} \underline{U}_{1q} \quad (5.80)$$

und für $\underline{Z}_2 = \underline{Z}_1$:

$$\underline{U}_{L1} = \frac{3}{2 + \frac{\underline{Z}_1}{\underline{Z}_0}} \underline{U}_{1q} \tag{5.81}$$

5.4.4 Zweipoliger Kurzschluss ohne Erdberührung

Der zweipolige Kurzschluss ohne Erdberührung ist wie der zweipolige Kurzschluss mit Erdberührung ein Parallelfehler, wobei sich die Parallelschaltung auf das Mit- und Gegensystem beschränkt. Man kann die Ergebnisse von den vorstehenden Gleichungen für den Fall mit Erdberührung übernehmen, wenn man $\underline{Y}_{0F}$ Null setzt:

$$\underline{I}_{F1} = 0 \tag{5.82}$$

$$\underline{I}_{F2} = \frac{(\underline{a}^2 - \underline{a})\, \underline{Y}'_{2F}}{\underline{Y}'_{1F} + \underline{Y}'_{2F}} \underline{I}'_{1q} = \frac{\underline{a}^2 - \underline{a}}{\underline{Z}_{1F} + \underline{Z}_{2F}} \underline{U}_{1q} \tag{5.83}$$

$$\underline{I}_{F3} = \frac{(\underline{a} - \underline{a}^2)\, \underline{Y}'_{2F}}{\underline{Y}'_{1F} + \underline{Y}'_{2F}} \underline{I}'_{1q} = \frac{\underline{a} - \underline{a}^2}{\underline{Z}_{1F} + \underline{Z}_{2F}} \underline{U}_{1q} \tag{5.84}$$

$$\underline{U}_{L1} = \frac{3}{\underline{Y}'_{1F} + \underline{Y}'_{2F}} \underline{I}'_{1q} = \frac{3\underline{Z}_{2F}}{\underline{Z}_{1F} + \underline{Z}_{2F}} \underline{U}_{1q} \tag{5.85}$$

$$\underline{U}_{L2} = \underline{Z}_F \underline{I}_{F2} = \underline{Z}_F \frac{\underline{a}^2 - \underline{a}}{\underline{Z}_{1F} + \underline{Z}_{2F}} \underline{U}_{1q} \tag{5.86}$$

$$\underline{U}_{L3} = \underline{Z}_F \underline{I}_{F2} = \underline{Z}_F \frac{\underline{a} - \underline{a}^2}{\underline{Z}_{1F} + \underline{Z}_{2F}} \underline{U}_{1q} \tag{5.87}$$

Die Beträge der Spannungen $\underline{U}_{L2}$ und $\underline{U}_{L3}$ werden gleich groß.

Unter der Bedingung $\underline{Z}_2 = \underline{Z}_1$ wird das Verhältnis der Strombeträge bei zwei- und dreipoligem Kurzschluss:

$$\frac{I_{k2}}{I_{k3}} = \frac{|\underline{a} - \underline{a}^2|}{2} = \frac{\sqrt{3}}{2} \tag{5.88}$$

Beispiel 5.4

Für das Beispielnetz aus Abb. 5.7 sollen sämtliche Kurzschlüsse am Knoten 3 für $\underline{Z}_F = 0$ berechnet werden. Die Innenimpedanzen und die Leerlaufspannung wurden bereits im Beispiel 5.7 berechnet:

$$\underline{Z}_1 = \underline{Z}_2 = \mathrm{j}2{,}5\,\Omega\,, \quad \underline{Z}_0 = \mathrm{j}7{,}0\,\Omega\,, \quad \underline{U}_{1q} = 100\,\mathrm{kV}$$

Dreipoliger Kurzschlussstrom mit und ohne Erdberührung nach Gl. 5.46:

$$\underline{I}_{F1} = \frac{\underline{U}_{1q}}{\underline{Z}_1} = \frac{100\,\mathrm{kV}}{\mathrm{j}2{,}5\,\Omega} = -\mathrm{j}40\,\mathrm{kA}$$

Einpoliger Erdkurzschluss im Leiter L1 nach Gln. 5.59 sowie 5.62 und 5.63:

$$\underline{I}_{F1} = \frac{3\underline{U}_{1q}}{\underline{Z}_1 + \underline{Z}_2 + \underline{Z}_0} = \frac{3 \cdot 100\,\text{kV}}{\text{j}\,(2{,}5 + 2{,}5 + 7)\,\Omega} = -\text{j}25\,\text{kA}$$

$$\underline{U}_{L2} = \frac{(\underline{a}^2 - \underline{a})\,\underline{Z}_2 + (\underline{a}^2 - 1)\,\underline{Z}_0}{\underline{Z}_1 + \underline{Z}_2 + \underline{Z}_0}\underline{U}_{1q} = \frac{(\underline{a}^2 - \underline{a}) \cdot 2{,}5 + (\underline{a}^2 - 1) \cdot 7{,}0}{12} \cdot 100\,\text{kV}$$
$$= \left(-87{,}5 - \text{j}50 \cdot \sqrt{3}\right)\,\text{kV}$$

$$\underline{U}_{L3} = \frac{(\underline{a} - \underline{a}^2)\,\underline{Z}_2 + (\underline{a} - 1)\,\underline{Z}_0}{\underline{Z}_1 + \underline{Z}_2 + \underline{Z}_0}\underline{U}_{1q} = \frac{(\underline{a} - \underline{a}^2) \cdot 2{,}5 + (\underline{a} - 1) \cdot 7{,}0}{12} \cdot 100\,\text{kV}$$
$$= \left(-87{,}5 + \text{j}50 \cdot \sqrt{3}\right)\,\text{kV}$$

Zweipoliger Erdkurzschluss in den Leitern L2 und L3 nach Gl. 5.75 bis 5.78 mit $\underline{Y}'_{1F} = \underline{Y}_{1F}$:

$$\underline{I}_{F2} = \frac{(\underline{a}^2 - \underline{a})\,\underline{Y}_2 + (\underline{a}^2 - 1)\,\underline{Y}_0}{\underline{Y}_1 + \underline{Y}_2 + \underline{Y}_0}\underline{Y}_1\underline{U}_{1q}$$
$$= -\text{j}\frac{(\underline{a}^2 - \underline{a}) \cdot 2/5 + (\underline{a}^2 - 1) \cdot 1/7}{2/5 + 2/5 + 1/7} \cdot \frac{2}{5} \cdot 100\,\text{kA} = \left(-20 \cdot \sqrt{3} + \text{j}100/11\right)\,\text{kA}$$

$$\underline{I}_{F3} = \frac{(\underline{a} - \underline{a}^2)\,\underline{Y}_2 + (\underline{a} - 1)\,\underline{Y}_0}{\underline{Y}_1 + \underline{Y}_2 + \underline{Y}_0}\underline{Y}_1\underline{U}_{1q}$$
$$= -\text{j}\frac{(\underline{a} - \underline{a}^2) \cdot 2/5 + (\underline{a} - 1) \cdot 1/7}{2/5 + 2/5 + 1/7} \cdot \frac{2}{5} \cdot 100\,\text{kA} = \left(20 \cdot \sqrt{3} + \text{j}100/11\right)\,\text{kA}$$

$$\underline{U}_{L1} = \frac{3\underline{Y}_1}{\underline{Y}_1 + \underline{Y}_2 + \underline{Y}_0}\underline{U}_{1q} = \frac{3 \cdot 2/5}{2/5 + 2/5 + 1/7}100\,\text{kV} = 127{,}2727\,\text{kV}$$

Zweipoliger Kurzschluss in den Leitern L2 und L3 nach den Gln. 5.83 bis 5.85:

$$\underline{I}_{F2} = \frac{\underline{a}^2 - \underline{a}}{\underline{Z}_1 + \underline{Z}_2}\underline{U}_{1q} = -20 \cdot \sqrt{3}\,\text{kA} \quad \underline{I}_{F3} = \frac{(\underline{a} - \underline{a}^2)\,\underline{U}_{1q}}{\underline{Z}_1 + \underline{Z}_2 + 2\underline{Z}_F} = \underline{I}_{F2} = 20 \cdot \sqrt{3}\,\text{kA}$$

$$\underline{U}_{L1} = \frac{3\underline{Z}_2}{\underline{Z}_1 + \underline{Z}_2}\underline{U}_{1q} = 150\,\text{kV}$$

5.5 Berechnung von Einfachlängsfehlern

Das Netz wird an der Unterbrechungsstelle F aufgetrennt. Dadurch entsteht ein zusätzlicher (Hilfs-) Knoten, der mit H bezeichnet wird. Erfolgt die Unterbrechung nicht in unmittelbarer Nähe eines Leitungsabzweiges, sondern auf der Leitung, so ist die Leitung in zwei Abschnitte, links und rechts von der Unterbrechungsstelle F aufzuteilen. In diesem Fall entstehen mit F und H zwei neue Knoten an der Unterbrechungsstelle.

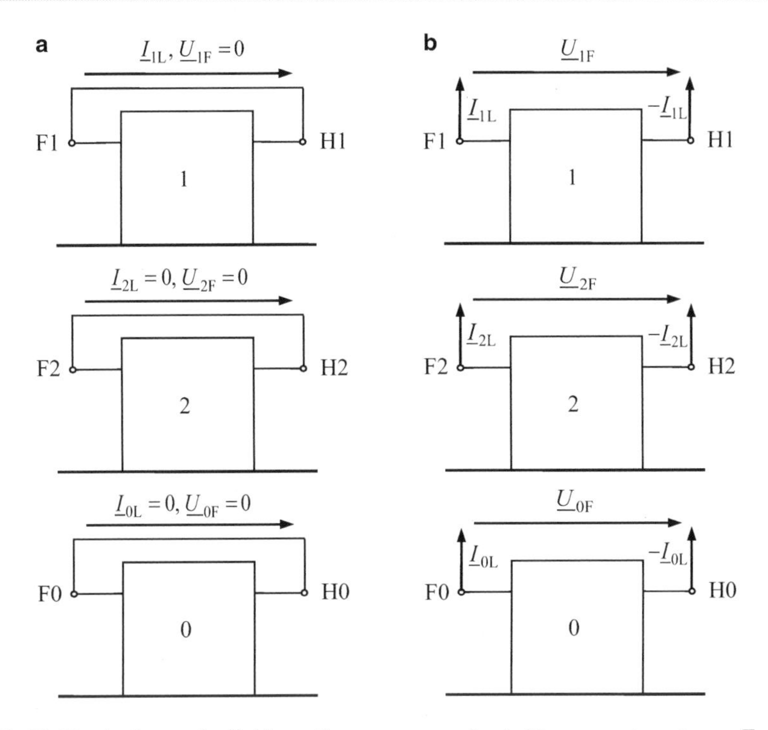

Abb. 5.10 Zu Zweipolen an der Fehlerstelle zusammengefasste Komponentennetze. **a**: Zustand vor Fehlereintritt, **b**: Fehlerzustand

Die weitere Berechnung der Einfachlängsfehler erfolgt nach dem gleichen Schema wie für die Querfehler. Durch Zusammenfassen der Komponentennetze zwischen den Knoten F und H erhält man die Zweipolersatzschaltungen der Komponentennetze in Abb. 5.10 mit den Boxen 1, 2 und 0 für das Mit-, Gegen- und Nullsystem (Beispiel 5.5). Im fehlerfreien Zustand sind die Spannungen $\underline{U}_{1F}$, $\underline{U}_{2F}$ und $\underline{U}_{0F}$ sowie $\underline{I}_{2F}$ und $\underline{I}_{0F}$ Null (s. Abb. 5.10).

Das Innere der Boxen hängt nun wieder davon ab, ob die Impedanz- oder Admittanzform der Zweipolgleichungen gewählt wird (Abb. 5.11). Bei den Längsfehlern ist es zweckmäßig von der Admittanzform auszugehen, weil sich in diese eine eventuell zu berücksichtigende Fehleradmittanz besser einbeziehen lässt, und erst dann die äquivalente Impedanzform zu bilden (s. Abb. 5.4). Mit den Bezeichnungen in Abb. 5.11b lauten die Gleichungen:

$$\underline{I}_{1L} = -\underline{Y}_1\underline{U}_{1F} + \underline{I}_{1q} \tag{5.89}$$

$$\underline{I}_{2L} = -\underline{Y}_2\underline{U}_{2F} \tag{5.90}$$

$$\underline{I}_{0L} = -\underline{Y}_0\underline{U}_{1F} \tag{5.91}$$

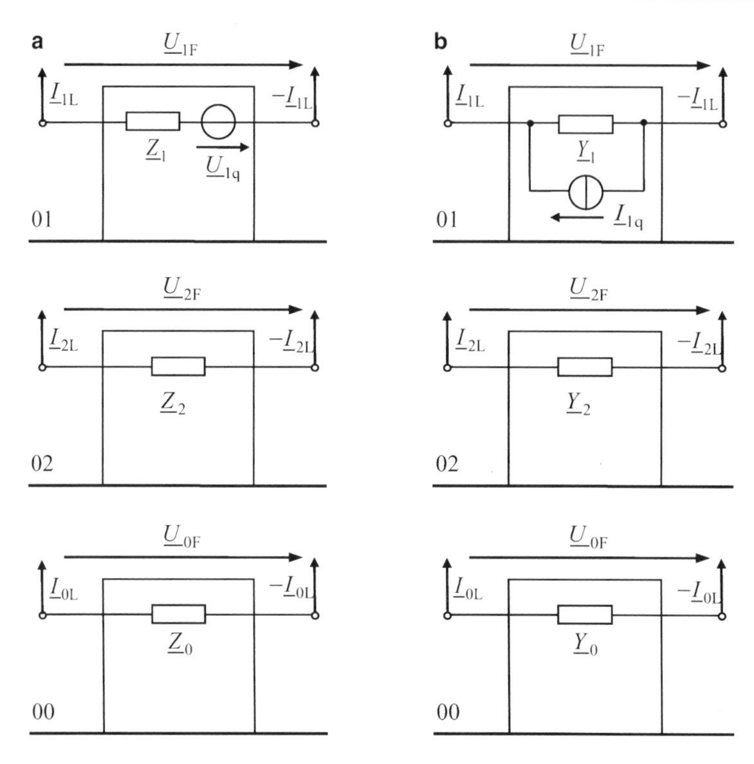

Abb. 5.11 Impedanzform (**a**) und Admittanzform (**b**) der Zweipolgleichungen für die Komponentennetze an der Unterbrechungsstelle

Das Gegen- und Nullsystem sind passiv. Der Quellenstrom $\underline{I}_{1q}$ ist identisch mit dem Mitsystemstrom bei kurzgeschlossenen Unterbrechungsstellen (s. Gl. 5.89 für $\underline{U}_{1F} = 0$). Dieser entspricht dem Strom im Bezugsleiter L1, der unmittelbar vor der Unterbrechung durch die kurzgeschlossene Unterbrechungsstelle fließt.

Die für die Berechnung der zweipoligen Unterbrechung nützliche äquivalente Impedanzform ergibt sich durch Auflösen der Gln. 5.89 bis 5.91 nach den Spannungen:

$$\underline{U}_{1F} = -\underline{Z}_1\underline{I}_{1L} + \underline{U}_{1q} \tag{5.92}$$

$$\underline{U}_{2F} = -\underline{Z}_2\underline{I}_{2L} \tag{5.93}$$

$$\underline{U}_{0F} = -\underline{Z}_0\underline{I}_{0L} \tag{5.94}$$

mit:

$$\underline{Z}_i = \frac{1}{\underline{Y}_i}; \quad i = 1, 2, 0 \tag{5.95}$$

und:

$$\underline{U}_{1q} = \underline{Z}_1\underline{I}_{1q} \tag{5.96}$$

Die Bestimmung der Innenimpedanzen kann nur für kleinere Netze noch von Hand erfolgen (Beispiel 5.5). Für größere Netze geht man von dem um die Hilfsknoten erweiterten Knotenspannungs-Gleichungssystem des Netzes aus, wobei die Ströme über der Unterbrechungsstelle den beidseitigen Knoten F und H zugeordnet werden. Die Zählpfeile der so eingeführten Knotenströme werden einheitlich vom Knoten wegführend angenommen, so dass die Ströme an den beidseitigen Knoten jeweils entgegengesetzt gleich sind. Durch Auflösen nach den Symmetrischen Komponenten der Knotenspannungen erhält man:

$$\underline{\boldsymbol{u}}_{1\mathrm{K}} = \underline{\boldsymbol{Z}}_{1\mathrm{KK}}\left(\underline{\boldsymbol{i}}_{1\mathrm{L}} + \underline{\boldsymbol{i}}_{1\mathrm{Q}}\right) \tag{5.97}$$

$$\underline{\boldsymbol{u}}_{2\mathrm{K}} = \underline{\boldsymbol{Z}}_{2\mathrm{KK}}\underline{\boldsymbol{i}}_{2\mathrm{L}} \tag{5.98}$$

$$\underline{\boldsymbol{u}}_{0\mathrm{K}} = \underline{\boldsymbol{Z}}_{0\mathrm{KK}}\underline{\boldsymbol{i}}_{0\mathrm{L}} \tag{5.99}$$

Die Stromvektoren $\underline{\boldsymbol{i}}_{i\mathrm{L}}$ $(i = 1, 2, 0)$ sind nur mit den an der Unterbrechungsstelle eingeführten Knotenströmen besetzt. Für $\mathrm{F} = \mathrm{K}u$ und $\mathrm{H} = \mathrm{K}v$ reduziert sich das Gleichungssystem dann auf die nachstehenden Vierpolgleichungen mit den Knotenströmen $\underline{I}_{i\mathrm{L,K}v} = -\underline{I}_{i\mathrm{L,K}u}$ $(i = 1, 2, 0)$, die im Folgenden kürzer mit $\underline{I}_{i\mathrm{K}u}$ und $\underline{I}_{i\mathrm{K}v}$ bezeichnet werden.

$$\begin{bmatrix} \underline{U}_{1\mathrm{K}u} \\ \underline{U}_{1\mathrm{K}v} \end{bmatrix} = \begin{bmatrix} \underline{z}_{1uu} & \underline{z}_{1uv} \\ \underline{z}_{1vu} & \underline{z}_{1vv} \end{bmatrix} \begin{bmatrix} \underline{I}_{1\mathrm{K}u} \\ \underline{I}_{1\mathrm{K}v} \end{bmatrix} + \begin{bmatrix} \underline{\boldsymbol{z}}_{1u}\underline{\boldsymbol{i}}_{1\mathrm{Q}} \\ \underline{\boldsymbol{z}}_{1v}\underline{\boldsymbol{i}}_{1\mathrm{Q}} \end{bmatrix} \tag{5.100}$$

$$\begin{bmatrix} \underline{U}_{2\mathrm{K}u} \\ \underline{U}_{2\mathrm{K}v} \end{bmatrix} = \begin{bmatrix} \underline{z}_{2uu} & \underline{z}_{2uv} \\ \underline{z}_{2vu} & \underline{z}_{2vv} \end{bmatrix} \begin{bmatrix} \underline{I}_{2\mathrm{K}u} \\ \underline{I}_{2\mathrm{K}v} \end{bmatrix} \tag{5.101}$$

$$\begin{bmatrix} \underline{U}_{0\mathrm{K}u} \\ \underline{U}_{0\mathrm{K}v} \end{bmatrix} = \begin{bmatrix} \underline{z}_{0uu} & \underline{z}_{0uv} \\ \underline{z}_{0vu} & \underline{z}_{0vv} \end{bmatrix} \begin{bmatrix} \underline{I}_{0\mathrm{K}u} \\ \underline{I}_{0\mathrm{K}v} \end{bmatrix} \tag{5.102}$$

Die Spannungen über der Fehlerstelle ergeben sich aus den Differenzen der Knotenspannungen in den Gln. 5.100 bis 5.102 unter Beachtung von $\underline{I}_{i\mathrm{K}v} = -\underline{I}_{i\mathrm{K}u}$ $(i = 1, 2, 0)$:

$$\underline{U}_{1\mathrm{K}u} - \underline{U}_{1\mathrm{K}v} = \left(\underline{z}_{1uu} + \underline{z}_{1vv} - \underline{z}_{1uv} - \underline{z}_{1vu}\right)\underline{I}_{1\mathrm{K}u} + \underline{\boldsymbol{z}}_{1u}\underline{\boldsymbol{i}}_{1\mathrm{Q}} - \underline{\boldsymbol{z}}_{1v}\underline{\boldsymbol{i}}_{1\mathrm{Q}} \tag{5.103}$$

$$\underline{U}_{2\mathrm{K}u} - \underline{U}_{2\mathrm{K}v} = \left(\underline{z}_{2uu} + \underline{z}_{2vv} - \underline{z}_{2uv} - \underline{z}_{2vu}\right)\underline{I}_{2\mathrm{K}u} \tag{5.104}$$

$$\underline{U}_{0\mathrm{K}u} - \underline{U}_{0\mathrm{K}v} = \left(\underline{z}_{0uu} + \underline{z}_{0vv} - \underline{z}_{0uv} - \underline{z}_{0vu}\right)\underline{I}_{0\mathrm{K}u} \tag{5.105}$$

Aus dem Vergleich mit den Gln. 5.92 bis 5.94 folgt:

$$\underline{Z}_1 = -\left(\underline{z}_{1uu} + \underline{z}_{1vv} - \underline{z}_{1uv} - \underline{z}_{1vu}\right) \tag{5.106}$$

$$\underline{Z}_2 = -\left(\underline{z}_{2uu} + \underline{z}_{2vv} - \underline{z}_{2uv} - \underline{z}_{2vu}\right) \tag{5.107}$$

$$\underline{Z}_0 = -\left(\underline{z}_{0uu} + \underline{z}_{0vv} - \underline{z}_{0uv} - \underline{z}_{0vu}\right) \tag{5.108}$$

$$\underline{U}_{1\mathrm{q}} = \underline{\boldsymbol{z}}_{1u}\underline{\boldsymbol{i}}_{1\mathrm{Q}} - \underline{\boldsymbol{z}}_{1v}\underline{\boldsymbol{i}}_{1\mathrm{Q}} \tag{5.109}$$

Sollen Fehleradmittanzen berücksichtigt werden, so werden die Gln. 5.89 bis 5.91 wie folgt um diese erweitert (Abb. 5.4b):

$$\underline{I}_{1F} = -\left(\underline{Y}_1 + \underline{Y}_F\right)\underline{U}_{1F} + \underline{I}_{1q} = -\underline{Y}_{1F}\underline{U}_{1F} + \underline{I}_{1q} \tag{5.110}$$

$$\underline{I}_{2F} = -\left(\underline{Y}_2 + \underline{Y}_F\right)\underline{U}_{1F} = -\underline{Y}_{2F}\underline{U}_{2F} \tag{5.111}$$

$$\underline{I}_{0F} = -\left(\underline{Y}_0 + \underline{Y}_F\right)\underline{U}_{0F} = -\underline{Y}_{0F}\underline{U}_{0F} \tag{5.112}$$

Die äquivalente Impedanzform lautet:

$$\underline{U}_{1F} = -\underline{Z}'_{1F}\underline{I}_{1F} + \underline{U}'_{1q} \tag{5.113}$$

$$\underline{U}_{2F} = -\underline{Z}'_{2F}\underline{I}_{2F} \tag{5.114}$$

$$\underline{U}_{0F} = -\underline{Z}'_{0F}\underline{I}_{0F} \tag{5.115}$$

mit:

$$\underline{Z}'_{iF} = \frac{1}{\underline{Y}_{iF}}; \quad i = 1, 2, 0 \tag{5.116}$$

und:

$$\underline{U}'_{1q} = \underline{Z}'_{1F}\underline{I}_{1q} = \frac{1}{\underline{Y}_1 + \underline{Y}_F}\underline{I}_{1q} \tag{5.117}$$

Auf die Gln. 5.110 bis 5.115 können die modifizierten Fehlerbedingungen in Tab. 5.6 angewendet werden. Am Ende der Rechnung sind noch die Leiterströme aus der umgestellten Gl. 5.6 zu ermitteln:

$$\underline{I}_{iL} = \underline{I}_{iF} + \underline{Y}_F\underline{U}_{iF} \tag{5.118}$$

Im Folgenden werden die einzelnen Längsfehler betrachtet. Dabei wird wieder der allgemeine Fall mit Fehleradmittanzen zu Grunde gelegt. Den Sonderfall der vollständigen Unterbrechung erhält man durch Nullsetzen von $\underline{Y}_F$.

5.5.1 Dreipolige Unterbrechung

Mit der Fehlerbedingung $\underline{I}_{1F} = \underline{I}_{2F} = \underline{I}_{0F} = 0$ nach Tab. 5.6 erhält man aus den Gln. 5.113 bis 5.115 die folgenden, zu denen des dreipoligen Erdkurzschlusses dualen, Beziehungen. Dabei ist aber zu beachten ist, dass $\underline{Y}_1$ die Innenadmittanz des Mitsystems an der Unterbrechungsstelle ist, die nicht mit dem Kehrwert der Innenadmittanz $\underline{Z}_1$ des Mitsystems an der Kurzschlussstelle im Zusammenhang steht.

$$\underline{U}_{1F} = \frac{\underline{I}_{1q}}{\underline{Y}_{1F}} = \frac{\underline{I}_{1q}}{\underline{Y}_1 + \underline{Y}_F} = \underline{U}'_{1q} \tag{5.119}$$

$$\underline{U}_{2F} = 0 \tag{5.120}$$

$$\underline{U}_{0F} = 0 \tag{5.121}$$

Die Ströme an den Unterbrechungsstellen folgen aus Gl. 5.118:

$$\underline{I}_{1L} = \underline{I}_{1F} + \underline{Y}_F \underline{U}_{1F} = \frac{\underline{Y}_F}{\underline{Y}_1 + \underline{Y}_F} \underline{I}_{1q} \tag{5.122}$$

$$\underline{I}_{2L} = 0 \tag{5.123}$$

$$\underline{I}_{0L} = 0 \tag{5.124}$$

Die Rücktransformation ergibt:

$$\underline{U}_{F1} = \frac{\underline{I}_{1q}}{\underline{Y}_1 + \underline{Y}_F} \tag{5.125}$$

$$\underline{U}_{F2} = \underline{a}^2 \underline{U}_{F1} \tag{5.126}$$

$$\underline{U}_{F3} = \underline{a} \underline{U}_{F1} \tag{5.127}$$

$$\underline{I}_{L1} = \underline{Y}_F \underline{U}_{F1} = \frac{\underline{Y}_F}{\underline{Y}_1 + \underline{Y}_F} \underline{I}_{1q} \tag{5.128}$$

$$\underline{I}_{L2} = \underline{Y}_F \underline{U}_{F2} = \underline{a}^2 \underline{I}_{L1} \tag{5.129}$$

$$\underline{I}_{L3} = \underline{Y}_F \underline{U}_{F3} = \underline{a} \underline{I}_{L1} \tag{5.130}$$

Für $\underline{Y}_F = 0$ wird $\underline{I}_{L1} = 0$. Damit werden auch $\underline{I}_{L2}$ und $\underline{I}_{L3}$ Null. Die Spannung $\underline{U}_{F1}$ wird gleich der Leerlaufspannung des Mitsystems an der Unterbrechungsstelle.

$$\underline{U}_{F1} = \frac{\underline{I}_{1q}}{\underline{Y}_1} = \underline{U}_{1q} \tag{5.131}$$

5.5.2 Zweipolige Unterbrechung

Die zweipolige Unterbrechung ist wie der einpolige Erdkurzschluss ein Serienfehler. Die Komponentennetze werden an der Fehlerstelle in Reihe geschaltet (s. Tab. 5.6). Mit den Fehlerbedingungen $\underline{U}_{1F} + \underline{U}_{2F} + \underline{U}_{0F} = 0$ und $\underline{I}_{1F} = \underline{I}_{2F} = \underline{I}_{0F}$ erhält man durch Addition der Gln. 5.113 bis 5.115:

$$\underline{I}_{1F} = \underline{I}_{2F} = \underline{I}_{0F} = \frac{\underline{U}'_{1q}}{\underline{Z}'_{1F} + \underline{Z}'_{2F} + \underline{Z}'_{0F}} \tag{5.132}$$

Damit folgt aus den Gln. 5.113 bis 5.115 für die Spannungen, die in der Summe Null ergeben müssen:

$$\underline{U}_{1F} = \frac{\underline{Z}'_{2F} + \underline{Z}'_{0F}}{\underline{Z}'_{1F} + \underline{Z}'_{2F} + \underline{Z}'_{0F}} \underline{U}'_{1q} \tag{5.133}$$

$$\underline{U}_{2F} = -\frac{\underline{Z}'_{2F}}{\underline{Z}'_{1F} + \underline{Z}'_{2F} + \underline{Z}'_{0F}} \underline{U}'_{1q} \tag{5.134}$$

$$\underline{U}_{0F} = -\frac{\underline{Z}'_{0F}}{\underline{Z}'_{1F} + \underline{Z}'_{2F} + \underline{Z}'_{0F}} \underline{U}'_{1q} \tag{5.135}$$

und nach Gln. 5.118:

$$\underline{I}_{1L} = \frac{1 + \underline{Y}_F \left(\underline{Z}'_{2F} + \underline{Z}'_{0F}\right)}{\underline{Z}'_{1F} + \underline{Z}'_{2F} + \underline{Z}'_{0F}} \underline{U}'_{1q} \tag{5.136}$$

$$\underline{I}_{2L} = \frac{1 - \underline{Y}_F \underline{Z}'_{2F}}{\underline{Z}'_{1F} + \underline{Z}'_{2F} + \underline{Z}'_{0F}} \underline{U}'_{1q} \tag{5.137}$$

$$\underline{I}_{0L} = \frac{1 - \underline{Y}_F \underline{Z}'_{0F}}{\underline{Z}'_{1F} + \underline{Z}'_{2F} + \underline{Z}'_{0F}} \underline{U}'_{1q} \tag{5.138}$$

Durch Rücktransformation erhält man:

$$\underline{U}_{F1} = 0 \tag{5.139}$$

$$\underline{U}_{F2} = \frac{\left(\underline{a}^2 - \underline{a}\right) \underline{Z}'_{2F} + \left(\underline{a}^2 - 1\right) \underline{Z}'_{0F}}{\underline{Z}'_{1F} + \underline{Z}'_{2F} + \underline{Z}'_{0F}} \underline{U}'_{1q} \tag{5.140}$$

$$\underline{U}_{F3} = \frac{\left(\underline{a} - \underline{a}^2\right) \underline{Z}'_{2F} + \left(\underline{a} - 1\right) \underline{Z}'_{0F}}{\underline{Z}'_{1F} + \underline{Z}'_{2F} + \underline{Z}'_{0F}} \underline{U}'_{1q} \tag{5.141}$$

$$\underline{I}_{L1} = \frac{3}{\underline{Z}'_{1F} + \underline{Z}'_{2F} + \underline{Z}'_{0F}} \underline{U}'_{1q} \tag{5.142}$$

$$\underline{I}_{L2} = \underline{Y}_F \underline{U}_{F2} = \underline{Y}_F \frac{\left(\underline{a}^2 - \underline{a}\right) \underline{Z}'_{2F} + \left(\underline{a}^2 - 1\right) \underline{Z}'_{0F}}{\underline{Z}'_{1F} + \underline{Z}'_{2F} + \underline{Z}'_{0F}} \underline{U}'_{1q} \tag{5.143}$$

$$\underline{I}_{L3} = \underline{Y}_F \underline{U}_{F3} = \underline{Y}_F \frac{\left(\underline{a} - \underline{a}^2\right) \underline{Z}'_{2F} + \left(\underline{a} - 1\right) \underline{Z}'_{0F}}{\underline{Z}'_{1F} + \underline{Z}'_{2F} + \underline{Z}'_{0F}} \underline{U}'_{1q} \tag{5.144}$$

Die Gln. 5.139 bis 5.144 hätte man unter Beachtung der Dualität auch gleich von den Gln. 5.70 bis 5.75 für den zweipoligen Erdkurzschluss übernehmen können. Es ist aber darauf zu achten, dass die $\underline{Z}'_{iF}$ und $\underline{U}'_{1q}$ nach Gl. 5.116 und 5.117 zu berechnen sind.

Für $\underline{Y}_F = 0$ werden die Ströme $\underline{I}_{L2}$ und $\underline{I}_{L3}$ folgerichtig Null.

5.5.3 Einpolige Unterbrechung

Die einpolige Unterbrechung wird als Parallelfehler behandelt. Die Fehlerbedingungen sind dual zu denen des einpoligen Erdkurzschlusses. Auf eine ausführliche Durchrechnung soll hier verzichtet werden, da sie nach dem gleichen Schema wie für die vorstehenden Fälle erfolgt. Die Endgleichungen werden sinngemäß von den Gln. 5.55 bis 5.59 für den einpoligen Erdkurzschluss übernommen:

$$\underline{U}_{F1} = \frac{3}{\underline{Y}_{1F} + \underline{Y}_{2F} + \underline{Y}_{0F}} \underline{I}_{1q} = \frac{3}{\underline{Y}_1 + \underline{Y}_2 + \underline{Y}_0 + 3\underline{Y}_F} \underline{I}_{1q} \tag{5.145}$$

$$\underline{U}_{F2} = \underline{U}_{F3} = 0 \tag{5.146}$$

$$\underline{I}_{\mathrm{L1}} = \underline{Y}_{\mathrm{F}}\underline{U}_{\mathrm{F1}} = \frac{3\underline{Y}_{\mathrm{F}}}{\underline{Y}_1 + \underline{Y}_2 + \underline{Y}_0 + 3\underline{Y}_{\mathrm{F}}}\underline{I}_{\mathrm{1q}} \tag{5.147}$$

$$\underline{I}_{\mathrm{L2}} = \frac{(\underline{a}^2 - \underline{a})(\underline{Y}_2 + \underline{Y}_{\mathrm{F}}) + (\underline{a}^2 - 1)(\underline{Y}_0 + \underline{Y}_{\mathrm{F}})}{\underline{Y}_1 + \underline{Y}_2 + \underline{Y}_0 + 3\underline{Y}_{\mathrm{F}}}\underline{I}_{\mathrm{1q}} \tag{5.148}$$

$$\underline{I}_{\mathrm{L3}} = \frac{(\underline{a} - \underline{a}^2)(\underline{Y}_2 + \underline{Y}_{\mathrm{F}}) + (\underline{a} - 1)(\underline{Y}_0 + \underline{Y}_{\mathrm{F}})}{\underline{Y}_1 + \underline{Y}_2 + \underline{Y}_0 + 3\underline{Y}_{\mathrm{F}}}\underline{I}_{\mathrm{1q}} \tag{5.149}$$

Beispiel 5.5

Für das Beispielnetz aus Abb. 5.7 sollen sämtliche Unterbrechungen der Leitung 2 am Knoten 3 für $\underline{Y}_{\mathrm{F}} = 0$ berechnet werden. Die Quellenspannung des Netzes 2 soll auf 106 kV angehoben werden.

Von Hand berechnet man die Innenimpedanzen nach:

$$\begin{aligned}
\underline{Z}_1 = \underline{Z}_2 = \underline{Z}_{\mathrm{1L2}} + \frac{\underline{Z}_{\mathrm{1L3}}(\underline{Z}_{\mathrm{1N1}} + \underline{Z}_{\mathrm{1L1}} + \underline{Z}_{\mathrm{1L4}} + \underline{Z}_{\mathrm{1N2}})}{\underline{Z}_{\mathrm{1L3}} + \underline{Z}_{\mathrm{1N1}} + \underline{Z}_{\mathrm{1L1}} + \underline{Z}_{\mathrm{1L4}} + \underline{Z}_{\mathrm{1N2}}} \\
= \mathrm{j}\left(4 + \frac{4\cdot(2+1+3+2)}{4+2+1+3+2}\right)\,\Omega = \mathrm{j}6{,}6667\,\Omega \\
\underline{Z}_0 = \underline{Z}_{\mathrm{0L2}} + \underline{Z}_{\mathrm{0L3}} = \mathrm{j}\,(8+8)\,\Omega = \mathrm{j}16\,\Omega
\end{aligned}$$

Die um den Hilfsknoten (Knoten 5) erweiterten Knotenspannungs-Gleichungssysteme sind:

$$\mathrm{j}\left[\begin{array}{cccc|c}
1{,}5 & -1 & 0 & 0 & 0 \\
-1 & 1{,}5 & -0{,}25 & 0 & -0{,}25 \\
0 & -0{,}25 & 0{,}58\overline{3} & -0{,}\overline{3} & 0 \\
0 & 0 & -0{,}\overline{3} & 0{,}8\overline{3} & 0 \\
\hline
0 & -0{,}25 & 0 & 0 & 0{,}25
\end{array}\right]
\left[\begin{array}{c}
\underline{U}_{\mathrm{1K1}} \\ \underline{U}_{\mathrm{1K2}} \\ \underline{U}_{\mathrm{1K3}} \\ \underline{U}_{\mathrm{1K4}} \\ \hline \underline{U}_{\mathrm{1K5}}
\end{array}\right]
=
\left[\begin{array}{c}
0 \\ 0 \\ \underline{I}_{\mathrm{1K3}} \\ 0 \\ \hline -\underline{I}_{\mathrm{1K3}}
\end{array}\right]
+
\left[\begin{array}{c}
\mathrm{j}50 \\ 0 \\ 0 \\ \mathrm{j}53 \\ \hline 0
\end{array}\right]$$

$$\mathrm{j}\left[\begin{array}{cccc|c}
1{,}5 & -1 & 0 & 0 & 0 \\
-1 & 1{,}5 & -0{,}25 & 0 & -0{,}25 \\
0 & -0{,}25 & 0{,}58\overline{3} & -0{,}\overline{3} & 0 \\
0 & 0 & -0{,}\overline{3} & 0{,}8\overline{3} & 0 \\
\hline
0 & -0{,}25 & 0 & 0 & 0{,}25
\end{array}\right]
\left[\begin{array}{c}
\underline{U}_{\mathrm{2K1}} \\ \underline{U}_{\mathrm{2K2}} \\ \underline{U}_{\mathrm{2K3}} \\ \underline{U}_{\mathrm{2K4}} \\ \hline \underline{U}_{\mathrm{2K5}}
\end{array}\right]
=
\left[\begin{array}{c}
0 \\ 0 \\ \underline{I}_{\mathrm{2K3}} \\ 0 \\ \hline -\underline{I}_{\mathrm{2K3}}
\end{array}\right]$$

$$\mathrm{j}\left[\begin{array}{cccc|c}
0{,}5 & -0{,}5 & 0 & 0 & 0 \\
-0{,}5 & 0{,}75 & -0{,}125 & 0 & -0{,}125 \\
0 & -0{,}125 & 0{,}325 & -0{,}2 & 0 \\
0 & 0 & -0{,}2 & 0{,}7 & 0 \\
\hline
0 & -0{,}125 & 0 & 0 & 0{,}125
\end{array}\right]
\left[\begin{array}{c}
\underline{U}_{\mathrm{0K1}} \\ \underline{U}_{\mathrm{0K2}} \\ \underline{U}_{\mathrm{0K3}} \\ \underline{U}_{\mathrm{0K4}} \\ \hline \underline{U}_{\mathrm{0K5}}
\end{array}\right]
=
\left[\begin{array}{c}
0 \\ 0 \\ \underline{I}_{\mathrm{0K3}} \\ 0 \\ \hline -\underline{I}_{\mathrm{0K3}}
\end{array}\right]$$

Den Gln. 5.97 bis 5.99 entsprechend gilt:

$$\begin{bmatrix} \underline{U}_{1K1} \\ \underline{U}_{1K2} \\ \underline{U}_{1K3} \\ \underline{U}_{1K4} \\ \hline \underline{U}_{1K5} \end{bmatrix} = -\mathrm{j} \left[\begin{array}{cccc|c} 1,\overline{6} & 1,5 & 0,8\overline{3} & 0,\overline{3} & 1,5 \\ 1,5 & 2,25 & 1,25 & 0,5 & 2,25 \\ 0,8\overline{3} & 1,25 & 2,9167 & 1,1\overline{6} & 1,25 \\ 0,\overline{3} & 0,5 & 1,1\overline{6} & 1,1\overline{6} & 0,5 \\ \hline 1,5 & 2,25 & 1,25 & 0,5 & 6,25 \end{array}\right] \left\{ \begin{bmatrix} 0 \\ 0 \\ \underline{I}_{1K3} \\ 0 \\ \hline -\underline{I}_{1K3} \end{bmatrix} + \begin{bmatrix} \mathrm{j}50 \\ 0 \\ 0 \\ \mathrm{j}53 \\ \hline 0 \end{bmatrix} \right\}$$

$$\begin{bmatrix} \underline{U}_{2K1} \\ \underline{U}_{2K2} \\ \underline{U}_{2K3} \\ \underline{U}_{2K4} \\ \hline \underline{U}_{2K5} \end{bmatrix} = -\mathrm{j} \left[\begin{array}{cccc|c} 1,\overline{6} & 1,5 & 0,8\overline{3} & 0,\overline{3} & 1,5 \\ 1,5 & 2,25 & 1,25 & 0,5 & 2,25 \\ 0,8\overline{3} & 1,25 & 2,9167 & 1,1\overline{6} & 1,25 \\ 0,\overline{3} & 0,5 & 1,1\overline{6} & 1,1\overline{6} & 0,5 \\ \hline 1,5 & 2,25 & 1,25 & 0,5 & 6,25 \end{array}\right] \begin{bmatrix} 0 \\ 0 \\ \underline{I}_{2K3} \\ 0 \\ \hline -\underline{I}_{2K3} \end{bmatrix}$$

$$\begin{bmatrix} \underline{U}_{0K1} \\ \underline{U}_{0K2} \\ \underline{U}_{0K3} \\ \underline{U}_{0K4} \\ \hline \underline{U}_{0K5} \end{bmatrix} = -\mathrm{j} \left[\begin{array}{cccc|c} 17 & 15 & 7 & 2 & 15 \\ 15 & 15 & 7 & 2 & 15 \\ 7 & 7 & 7 & 2 & 7 \\ 2 & 2 & 2 & 2 & 2 \\ \hline 15 & 15 & 7 & 2 & 23 \end{array}\right] \begin{bmatrix} 0 \\ 0 \\ \underline{I}_{0K3} \\ 0 \\ \hline -\underline{I}_{0K3} \end{bmatrix}$$

Nach den Gln. 5.106 bis 5.109 folgt daraus in Übereinstimmung mit der Handrechnung:

$$\underline{Z}_1 = \underline{Z}_2 = \mathrm{j}\,(2{,}9167 + 6{,}25 - 1{,}25 - 1{,}25)\ \Omega = \mathrm{j}6{,}6667\,\Omega$$
$$\underline{Z}_0 = \mathrm{j}\,(7 + 23 - 7 - 7)\ \Omega = \mathrm{j}16\,\Omega$$
$$\underline{U}_{1q} = \left(0{,}8\overline{3} \cdot 50 + 1{,}1\overline{6} \cdot 53\right)\ \mathrm{kV} - (1{,}5 \cdot 50 + 0{,}5 \cdot 53)\ \mathrm{kV} = 2\,\mathrm{kV}$$

Dreipolige Unterbrechung nach Gl. 5.125:

$$\underline{U}_{F1} = \frac{\underline{I}_{1q}}{\underline{Y}_1} = \underline{U}_{1q} = 2\,\mathrm{kV}$$

Zweipolige Unterbrechung L2 und L3 nach Gln. 5.140 bis 5.142:

$$\underline{I}_{L1} = \frac{3\underline{U}_{1q}}{\underline{Z}_1 + \underline{Z}_2 + \underline{Z}_0} = \frac{3 \cdot 2}{\mathrm{j}\left(6{,}\overline{6} + 6{,}\overline{6} + 16\right)}\ \mathrm{kA} = -\mathrm{j}0{,}2045\,\mathrm{kA}$$
$$\underline{U}_{F2} = \frac{\left(\underline{a}^2 - \underline{a}\right)\underline{Z}_2 + \left(\underline{a}^2 - 1\right)\underline{Z}_0}{\underline{Z}_1 + \underline{Z}_2 + \underline{Z}_0}\underline{U}_{1q} = -(1{,}6364 + \mathrm{j}1{,}7321)\ \mathrm{kV}$$
$$\underline{U}_{F3} = \frac{\left(\underline{a} - \underline{a}^2\right)\underline{Z}_2 + (\underline{a} - 1)\,\underline{Z}_0}{\underline{Z}_1 + \underline{Z}_2 + \underline{Z}_0}\underline{U}_{1q} = -(1{,}6364 - \mathrm{j}1{,}7321)\ \mathrm{kV}$$

Einpolige Unterbrechung L1 nach Gln. 5.145 und 5.148 bis 5.149:

$$\underline{U}_{F1} = \frac{3\underline{I}_{1q}}{\underline{Y}_1 + \underline{Y}_2 + \underline{Y}_0} = \frac{3 \cdot 0{,}15 \cdot 2}{0{,}15 + 0{,}15 + 0{,}0625}\,\text{kV} = 2{,}4828\,\text{kV} \tag{5.150}$$

$$\underline{I}_{L2} = \frac{(\underline{a}^2 - \underline{a})\,\underline{Y}_2 + (\underline{a}^2 - 1)\,\underline{Y}_0}{\underline{Y}_1 + \underline{Y}_2 + \underline{Y}_0}\underline{I}_{1q} = (-0{,}2598 + \text{j}0{,}0776)\ \text{kA} \tag{5.151}$$

$$\underline{I}_{L3} = \frac{(\underline{a} - \underline{a}^2)\,\underline{Y}_2 + (\underline{a} - 1)\,\underline{Y}_0}{\underline{Y}_1 + \underline{Y}_2 + \underline{Y}_0}\underline{I}_{1q} = (0{,}2598 + \text{j}0{,}0776)\ \text{kA} \tag{5.152}$$

In der folgenden Tab. 5.12 sind sämtliche Ströme und Spannungen an den Fehlerstellen für die Kurzschlüsse mit $\underline{Z}_F$ und die Unterbrechungen mit $\underline{Y}_F$ noch einmal gegenübergestellt.

Die Fehlerbedingungen sind gekennzeichnet. Die Gleichungen für den zweipoligen Kurzschluss ohne Erdberührung ergeben sich aus denen des zweipoligen Erdkurzschlusses durch Nullsetzen der Nulladmittanz. Für die widerstandslosen Kurzschlüsse und Unterbrechungen sind $\underline{Z}_F$ und $\underline{Y}_F$ Null zu setzen.

5.6 Berechnung von Doppelfehlern

Beispielhaft für die Berechnung von Doppelfehlern soll der Doppelerdkurzschluss, der auch der häufigste Doppelfehler in Netzen mit freiem Sternpunkt und Netzen mit Erdschlusskompensation ist, behandelt werden. Der Doppelerdkurzschluss entsteht in der Folge eines Erdschlusses. Durch die Anhebung der Leiter-Erde-Spannungen in den beiden nicht vom Erdschluss betroffenen Leitern auf das Wurzel-3-fache kommt es zu einem Durchschlag gegen Erde in einem der beiden Leiter, und zwar an einer Schwachstelle der Isolation, die irgendwo im Netz liegen kann. Man hat es also mit zwei einpoligen Erdkurzschlüssen in zwei verschiedenen Leitern an zwei verschiedenen Stellen A und B im Netz zu tun (s. Abb. 5.1).

Aus Tab. 5.9 entnimmt man für die Fehlerbedingungen an der Stelle A zunächst noch unabhängig von der Leiterlage, der Einfachheit halber jedoch ohne Fehlerimpedanz (deshalb mit dem Index L an den Spannungen):

$$\underline{\alpha}_A \underline{U}_{1LA} + \underline{\alpha}_A^* \underline{U}_{2LA} + \underline{U}_{0LA} = 0 \tag{5.153}$$

$$\underline{\alpha}_A \underline{I}_{1FA} = \underline{\alpha}_A^* \underline{I}_{2FA} = \underline{I}_{0FA} \tag{5.154}$$

und an der Stelle B ebenfalls ohne Fehlerimpedanz:

$$\underline{\alpha}_B \underline{U}_{1LB} + \underline{\alpha}_B^* \underline{U}_{2LB} + \underline{U}_{0LB} = 0 \tag{5.155}$$

$$\underline{\alpha}_B \underline{I}_{1FB} = \underline{\alpha}_B^* \underline{I}_{2FB} = \underline{I}_{0FB} \tag{5.156}$$

Tab. 5.12 Zusammenstellung der Fehlergrößen für die Kurzschlüsse und Unterbrechungen mit Fehlerimpedanz/admittanz in Symmetrischen Komponenten (unsymmetrische Fehler als Hauptfehler), (FB) = Fehlerbedingung

Kurzschlüsse		Unterbrechungen	
1-polig:L1-E	$\underline{I}_{F1} = \frac{3}{\underline{Z}_{1F} + \underline{Z}_{2F} + \underline{Z}_{0F}} \underline{U}_{1q}$ $\underline{I}_{F2} = 0$ (FB) $\underline{I}_{F3} = 0$ (FB)	1-polig:L1	$\underline{U}_{F1} = \frac{3}{\underline{Y}_{1F} + \underline{Y}_{2F} + \underline{Y}_{0F}} \underline{I}_{1q}$ $\underline{U}_{F2} = 0$ (FB) $\underline{U}_{F3} = 0$ (FB)
	$\underline{U}_{L1} = \underline{Z}_F \underline{I}_{F1}$ (FB) $\underline{U}_{L2} = \frac{(\underline{a}^2 - \underline{a})\underline{Z}_{2F} + (\underline{a}^2 - 1)\underline{Z}_{0F}}{\underline{Z}_{1F} + \underline{Z}_{2F} + \underline{Z}_{0F}} \underline{U}_{1q}$ $\underline{U}_{L3} = \frac{(\underline{a} - \underline{a}^2)\underline{Z}_{2F} + (\underline{a} - 1)\underline{Z}_{0F}}{\underline{Z}_{1F} + \underline{Z}_{2F} + \underline{Z}_{0F}} \underline{U}_{1q}$		$\underline{I}_{L1} = \underline{Y}_F \underline{U}_{F1}$ (FB) $\underline{I}_{L2} = \frac{(\underline{a}^2 - \underline{a})\underline{Y}_{2F} + (\underline{a}^2 - 1)\underline{Y}_{0F}}{\underline{Y}_{1F} + \underline{Y}_{2F} + \underline{Y}_{0F}} \underline{I}_{1q}$ $\underline{I}_{L3} = \frac{(\underline{a} - \underline{a}^2)\underline{Y}_{2F} + (\underline{a} - 1)\underline{Y}_{0F}}{\underline{Y}_{1F} + \underline{Y}_{2F} + \underline{Y}_{0F}} \underline{I}_{1q}$
2-polig:L2-L3-E	$\underline{I}_{F1} = 0$ (FB) $\underline{I}_{F2} = \frac{(\underline{a}^2 - \underline{a})\underline{Y}'_{2F} + (\underline{a}^2 - 1)\underline{Y}'_{0F}}{\underline{Y}'_{1F} + \underline{Y}'_{2F} + \underline{Y}'_{0F}} \underline{I}'_{1q}$ $\underline{I}_{F3} = \frac{(\underline{a} - \underline{a}^2)\underline{Y}'_{2F} + (\underline{a} - 1)\underline{Y}'_{0F}}{\underline{Y}'_{1F} + \underline{Y}'_{2F} + \underline{Y}'_{0F}} \underline{I}'_{1q}$	2-polig:L2 u. L3	$\underline{U}_{F1} = 0$ (FB) $\underline{U}_{F2} = \frac{(\underline{a}^2 - \underline{a})\underline{Z}'_{2F} + (\underline{a}^2 - 1)\underline{Z}'_{0F}}{\underline{Z}'_{1F} + \underline{Z}'_{2F} + \underline{Z}'_{0F}} \underline{U}'_{1q}$ $\underline{U}_{F3} = \frac{(\underline{a} - \underline{a}^2)\underline{Z}'_{2F} + (\underline{a} - 1)\underline{Z}'_{0F}}{\underline{Z}'_{1F} + \underline{Z}'_{2F} + \underline{Z}'_{0F}} \underline{U}'_{1q}$
	$\underline{U}_{L1} = \frac{3}{\underline{Y}'_{1F} + \underline{Y}'_{2F} + \underline{Y}'_{0F}} \underline{I}'_{1q}$ $\underline{U}_{L2} = \underline{Z}_F \underline{I}_{F2}$ (FB) $\underline{U}_{L3} = \underline{Z}_F \underline{I}_{F3}$ (FB)		$\underline{I}_{L1} = \frac{3}{\underline{Z}'_{1F} + \underline{Z}'_{2F} + \underline{Z}'_{0F}} \underline{U}'_{1q}$ $\underline{I}_{L2} = \underline{Y}_F \underline{U}_{F2}$ (FB) $\underline{I}_{L3} = \underline{Y}_F \underline{U}_{F3}$ (FB)
3-polig	$\underline{I}_{F1} = \frac{1}{\underline{Z}_{1F}} \underline{U}_{1q}$ $\underline{I}_{F2} = \underline{a}^2 \underline{I}_{F1}$ $\underline{I}_{F3} = \underline{a} \underline{I}_{F1}$	3-polig	$\underline{U}_{F1} = \frac{1}{\underline{Y}_{1F}} \underline{I}_{1q}$ $\underline{U}_{F2} = \underline{a}^2 \underline{U}_{F1}$ $\underline{U}_{F3} = \underline{a} \underline{U}_{F1}$
	$\underline{U}_{L1} = \underline{Z}_F \underline{I}_{F1}$ (FB) $\underline{U}_{L2} = \underline{Z}_F \underline{I}_{F2}$ (FB) $\underline{U}_{L3} = \underline{Z}_F \underline{I}_{F3}$ (FB)		$\underline{I}_{L1} = \underline{Y}_F \underline{U}_{F1}$ (FB) $\underline{I}_{L2} = \underline{Y}_F \underline{U}_{F2}$ (FB) $\underline{I}_{L3} = \underline{Y}_F \underline{U}_{F3}$ (FB)
modifizierte Zweipolgrößen	$\underline{Y}'_{1F} = \frac{1}{\underline{Z}_{1F}} = \frac{1}{\underline{Z}_1 + \underline{Z}_F}$ $\underline{I}'_{1q} = \underline{Y}'_{1F} \underline{U}_{1q}$		$\underline{Z}'_{1F} = \frac{1}{\underline{Y}_{1F}} = \frac{1}{\underline{Y}_1 + \underline{Y}_F}$ $\underline{U}'_{1q} = \underline{Z}'_{1F} \underline{I}_{1q}$

Für die komplexen Faktoren $\underline{\alpha}_A$ und $\underline{\alpha}_B$ gelten je nach Leiterlage der Fehler die Werte aus Tab. 5.10. Die Gleichungen für die Symmetrischen Komponenten des Netzes an den Fehlerstellen A und B sind Vierpolgleichungen der folgenden allgemeinen Form. Auf die Bestimmung der Impedanzen und Quellenspannungen wird später eingegangen.

$$\begin{bmatrix} \underline{U}_{1LA} \\ \underline{U}_{1LB} \end{bmatrix} = - \begin{bmatrix} \underline{Z}_{1AA} & \underline{Z}_{1AB} \\ \underline{Z}_{1BA} & \underline{Z}_{1BB} \end{bmatrix} \begin{bmatrix} \underline{I}_{1FA} \\ \underline{I}_{1FB} \end{bmatrix} + \begin{bmatrix} \underline{U}_{1qA} \\ \underline{U}_{1qB} \end{bmatrix} \tag{5.157}$$

$$\begin{bmatrix} \underline{U}_{2LA} \\ \underline{U}_{2LB} \end{bmatrix} = - \begin{bmatrix} \underline{Z}_{2AA} & \underline{Z}_{2AB} \\ \underline{Z}_{2BA} & \underline{Z}_{2BB} \end{bmatrix} \begin{bmatrix} \underline{I}_{2FA} \\ \underline{I}_{2FB} \end{bmatrix} \tag{5.158}$$

$$\begin{bmatrix} \underline{U}_{0LA} \\ \underline{U}_{0LB} \end{bmatrix} = - \begin{bmatrix} \underline{Z}_{0AA} & \underline{Z}_{0AB} \\ \underline{Z}_{0BA} & \underline{Z}_{0BB} \end{bmatrix} \begin{bmatrix} \underline{I}_{0FA} \\ \underline{I}_{0FB} \end{bmatrix} \tag{5.159}$$

Durch Anwendung der Fehlerbedingungen auf die Gln. 5.157 bis 5.159 gewinnt man die folgende Gleichung zur Berechnung der Mitsystemströme $\underline{I}_{1FA}$ und $\underline{I}_{1FB}$:

$$\begin{bmatrix} \underline{Z}_{1AA} + \underline{Z}_{2AA} + \underline{Z}_{0AA} & \underline{Z}_{1AB} + \underline{\alpha}_A \underline{\alpha}_B^* \underline{Z}_{2AB} + \underline{\alpha}_A^* \underline{\alpha}_B \underline{Z}_{0AB} \\ \underline{Z}_{1BA} + \underline{\alpha}_B \underline{\alpha}_A^* \underline{Z}_{2BA} + \underline{\alpha}_B^* \underline{\alpha}_A \underline{Z}_{0BA} & \underline{Z}_{1BB} + \underline{Z}_{2BB} + \underline{Z}_{0BB} \end{bmatrix} \begin{bmatrix} \underline{I}_{1FA} \\ \underline{I}_{1FB} \end{bmatrix} = \begin{bmatrix} \underline{U}_{1qA} \\ \underline{U}_{1qB} \end{bmatrix} \tag{5.160}$$

Die Gegen- und Nullsystemströme ergeben sich aus den Fehlerbedingungen (Gln. 5.154 und 5.156):

$$\underline{I}_{2FA} = \underline{\alpha}_A^* \underline{I}_{1FA} \tag{5.161}$$

$$\underline{I}_{0FA} = \underline{\alpha}_A \underline{I}_{1FA} \tag{5.162}$$

$$\underline{I}_{2FB} = \underline{\alpha}_B^* \underline{I}_{1FB} \tag{5.163}$$

$$\underline{I}_{0FB} = \underline{\alpha}_B \underline{I}_{1FB} \tag{5.164}$$

Anschließend kann die Rücktransformation vorgenommen werden. Unter Beachtung der Gln. 5.161 bis 5.164 erhält man:

$$\underline{I}_{FA1} = \left(1 + \underline{\alpha}_A^* + \underline{\alpha}_A\right) \underline{I}_{1FA} \tag{5.165}$$

$$\underline{I}_{FA2} = \left(\underline{a}^2 + \underline{a}\underline{\alpha}_A^* + \underline{\alpha}_A\right) \underline{I}_{1FA} \tag{5.166}$$

$$\underline{I}_{FA3} = \left(\underline{a} + \underline{a}^2\underline{\alpha}_A^* + \underline{\alpha}_A\right) \underline{I}_{1FA} \tag{5.167}$$

$$\underline{I}_{FB1} = \left(1 + \underline{\alpha}_B^* + \underline{\alpha}_B\right) \underline{I}_{1FB} \tag{5.168}$$

$$\underline{I}_{FB2} = \left(\underline{a}^2 + \underline{a}\underline{\alpha}_B^* + \underline{\alpha}_B\right) \underline{I}_{1FB} \tag{5.169}$$

$$\underline{I}_{FB3} = \left(\underline{a} + \underline{a}^2\underline{\alpha}_B^* + \underline{\alpha}_B\right) \underline{I}_{1FB} \tag{5.170}$$

Die Impedanzelemente der Gln. 5.157 bis 5.159 kann man wie folgt berechnen. Die Diagonalelemente $\underline{Z}_{iAA}$ und $\underline{Z}_{iBB}$ $(i = 1, 2, 3)$ sind die Eingangsimpedanzen der Komponentennetze von der jeweiligen Fehlerstelle aus gesehen, wenn die Spannungsquellen des Netzes kurzgeschlossen sind. Um z. B. das Nichtdiagonalelement $\underline{Z}_{1\mathrm{AA}}$ zu erhalten, nimmt man den Knoten A fehlerfrei an, und speist am Knoten B einen beliebigen Fehlerstrom $\underline{I}_{1\mathrm{FB}}$ (z. B. 1 kA) ein. Mit diesem Strom berechnet man die Spannung $\underline{U}_{1\mathrm{KA}}$ am Knoten A und dividiert diese durch den angenommenen Strom $\underline{I}_{1\mathrm{FB}}$ (Beispiel 5.6). Sinngemäß verfährt man bei der Bestimmung der restlichen Nichtdiagonalelemente. Für Netze ohne Transformatoren mit phasendrehender Schaltgruppen gilt $\underline{Z}_{i\mathrm{BA}} = \underline{Z}_{i\mathrm{AB}}$.

In Netzen größerer Ausdehnung berechnet man die Impedanzen wie bei den Einfachfehlern aus der Knotenimpedanzmatrix (Gln. 5.21 bis 5.23):

$$\underline{\boldsymbol{u}}_{1\mathrm{K}} = \underline{\boldsymbol{Z}}_{1\mathrm{KK}} \left(\underline{\boldsymbol{i}}_{1\mathrm{F}} + \underline{\boldsymbol{i}}_{1\mathrm{Q}}\right) \tag{5.171}$$

$$\underline{\boldsymbol{u}}_{2\mathrm{K}} = \underline{\boldsymbol{Z}}_{2\mathrm{KK}} \underline{\boldsymbol{i}}_{2\mathrm{F}} \tag{5.172}$$

$$\underline{\boldsymbol{u}}_{0\mathrm{K}} = \underline{\boldsymbol{Z}}_{0\mathrm{KK}} \underline{\boldsymbol{i}}_{0\mathrm{F}} \tag{5.173}$$

Die Fehlerstromvektoren sind nur an den Knoten A (Fehlerstelle A) und B (Fehlerstelle B) besetzt. Von den Knotenspannungen interessieren nur die der Knoten A und B. Damit reduzieren sich die vorstehenden Gleichungen auf:

$$\begin{bmatrix} \underline{U}_{1\mathrm{LA}} \\ \underline{U}_{1\mathrm{LB}} \end{bmatrix} = \begin{bmatrix} \underline{z}_{1\mathrm{AA}} & \underline{z}_{1\mathrm{AB}} \\ \underline{z}_{1\mathrm{BA}} & \underline{z}_{1\mathrm{BB}} \end{bmatrix} \begin{bmatrix} \underline{I}_{1\mathrm{FA}} \\ \underline{I}_{1\mathrm{FB}} \end{bmatrix} + \begin{bmatrix} \underline{\boldsymbol{z}}_{1\mathrm{A}} \underline{\boldsymbol{i}}_{1\mathrm{Q}} \\ \underline{\boldsymbol{z}}_{1\mathrm{B}} \underline{\boldsymbol{i}}_{1\mathrm{Q}} \end{bmatrix} \tag{5.174}$$

$$\begin{bmatrix} \underline{U}_{2\mathrm{LA}} \\ \underline{U}_{2\mathrm{LB}} \end{bmatrix} = \begin{bmatrix} \underline{z}_{2\mathrm{AA}} & \underline{z}_{2\mathrm{AB}} \\ \underline{z}_{2\mathrm{BA}} & \underline{z}_{2\mathrm{BB}} \end{bmatrix} \begin{bmatrix} \underline{I}_{2\mathrm{FA}} \\ \underline{I}_{2\mathrm{FB}} \end{bmatrix} \tag{5.175}$$

$$\begin{bmatrix} \underline{U}_{0\mathrm{LA}} \\ \underline{U}_{0\mathrm{LB}} \end{bmatrix} = \begin{bmatrix} \underline{z}_{0\mathrm{AA}} & \underline{z}_{0\mathrm{AB}} \\ \underline{z}_{0\mathrm{BA}} & \underline{z}_{0\mathrm{BB}} \end{bmatrix} \begin{bmatrix} \underline{I}_{0\mathrm{FA}} \\ \underline{I}_{0\mathrm{FB}} \end{bmatrix} \tag{5.176}$$

Der Vergleich mit den Gln. 5.154 bis 5.156 ergibt:

$$\begin{bmatrix} \underline{Z}_{i\mathrm{AA}} & \underline{Z}_{i\mathrm{AB}} \\ \underline{Z}_{i\mathrm{BA}} & \underline{Z}_{i\mathrm{BB}} \end{bmatrix} = - \begin{bmatrix} \underline{z}_{i\mathrm{AA}} & \underline{z}_{i\mathrm{AB}} \\ \underline{z}_{i\mathrm{BA}} & \underline{z}_{i\mathrm{BB}} \end{bmatrix} \tag{5.177}$$

und

$$\begin{bmatrix} \underline{U}_{1\mathrm{qA}} \\ \underline{U}_{1\mathrm{qB}} \end{bmatrix} = \begin{bmatrix} \underline{\boldsymbol{z}}_{1\mathrm{A}} \underline{\boldsymbol{i}}_{1\mathrm{Q}} \\ \underline{\boldsymbol{z}}_{1\mathrm{B}} \underline{\boldsymbol{i}}_{1\mathrm{Q}} \end{bmatrix} \tag{5.178}$$

Für Netze mit freien Sternpunkten oder Erdschlusskompensation ist die Knotenadmittanzmatrix des Nullsystems bei Vernachlässigung der Leitungs- und Transformatorquerglieder singulär, weil keine Verbindung zum Bezugsknoten besteht. Die Impedanzen in Gl. 5.159 werden unendlich groß, so dass die Gl. 5.160 nicht mehr angewendet werden kann. Hier hilft man sich mit einem rechentechnischen Kniff, indem man die Verbindung zwischen den Knoten A und B im Nullsystem zunächst durch eine beliebige endliche Querimpedanz $\underline{Z}_{0\mathrm{C}}$ zum Bezugsknoten ergänzt, die nach der Matrixinversion durch den Grenzübergang $\underline{Z}_{0\mathrm{C}} \rightarrow \infty$ wieder eliminiert wird (Abb. 5.12).

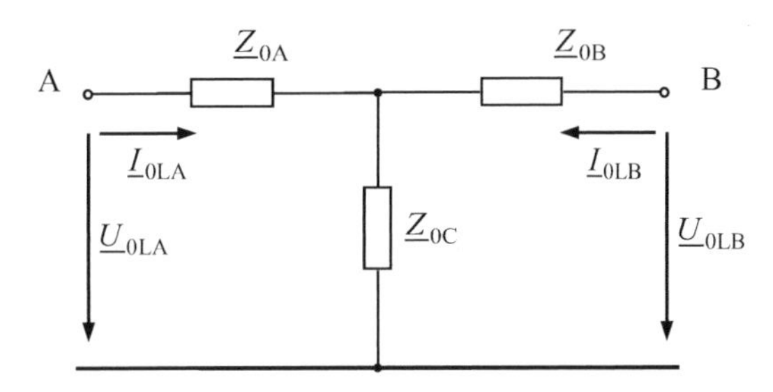

Abb. 5.12 Nullersatzschaltbild mit fiktiver Querimpedanz $\underline{Z}_{0C}$

Die Gl. 5.159 wird dann ersetzt durch:

$$\begin{bmatrix} \underline{U}_{0LA} \\ \underline{U}_{0LB} \end{bmatrix} = -\begin{bmatrix} \underline{Z}_{0A} + \underline{Z}_{0C} & \underline{Z}_{0C} \\ \underline{Z}_{0C} & \underline{Z}_{0B} + \underline{Z}_{0C} \end{bmatrix} \begin{bmatrix} \underline{I}_{0FA} \\ \underline{I}_{0FB} \end{bmatrix} \tag{5.179}$$

An die Stelle der Gl. 5.160 tritt:

$$\begin{bmatrix} \underline{Z}_{1AA} + \underline{Z}_{2AA} + \underline{Z}_{0A} + \underline{Z}_{0C} & \underline{Z}_{1AB} + \underline{\alpha}_{A}\underline{\alpha}_{B}^{*}\underline{Z}_{2AB} + \underline{\alpha}_{A}^{*}\underline{\alpha}_{B}\underline{Z}_{0C} \\ \underline{Z}_{1BA} + \underline{\alpha}_{B}\underline{\alpha}_{A}^{*}\underline{Z}_{2BA} + \underline{\alpha}_{B}^{*}\underline{\alpha}_{A}\underline{Z}_{0C} & \underline{Z}_{1BB} + \underline{Z}_{2BB} + \underline{Z}_{0B} + \underline{Z}_{0C} \end{bmatrix} \begin{bmatrix} \underline{I}_{1FA} \\ \underline{I}_{1FB} \end{bmatrix} = \begin{bmatrix} \underline{U}_{1qA} \\ \underline{U}_{1qB} \end{bmatrix} \tag{5.180}$$

Die Auflösung nach den Strömen ergibt:

$$\begin{bmatrix} \underline{I}_{1FA} \\ \underline{I}_{1FB} \end{bmatrix} = \frac{1}{\underline{D}} \begin{bmatrix} \underline{Z}_{1BB} + \underline{Z}_{2BB} + \underline{Z}_{0B} + \underline{Z}_{0C} & -\underline{Z}_{1AB} - \underline{\alpha}_{A}\underline{\alpha}_{B}^{*}\underline{Z}_{2AB} - \underline{\alpha}_{A}^{*}\underline{\alpha}_{B}\underline{Z}_{0C} \\ -\underline{Z}_{1BA} - \underline{\alpha}_{B}\underline{\alpha}_{A}^{*}\underline{Z}_{2BA} - \underline{\alpha}_{B}^{*}\underline{\alpha}_{A}\underline{Z}_{0C} & \underline{Z}_{1AA} + \underline{Z}_{2AA} + \underline{Z}_{0A} + \underline{Z}_{0C} \end{bmatrix} \begin{bmatrix} \underline{U}_{1qA} \\ \underline{U}_{1qB} \end{bmatrix} \tag{5.181}$$

mit der Determinante:

$$\begin{aligned} \underline{D} = {} & \left(\underline{Z}_{1AA} + \underline{Z}_{2AA} + \underline{Z}_{0A}\right)\left(\underline{Z}_{1BB} + \underline{Z}_{2BB} + \underline{Z}_{0B}\right) \\ & + \underline{Z}_{0C}\left(\underline{Z}_{1AA} + \underline{Z}_{2AA} + \underline{Z}_{0A} + \underline{Z}_{1BB} + \underline{Z}_{2BB} + \underline{Z}_{0B}\right) \\ & - \underline{Z}_{0C}\left(\underline{\alpha}_{A}\underline{\alpha}_{B}^{*}\underline{Z}_{1AB} + \underline{\alpha}_{A}^{*}\underline{\alpha}_{B}\underline{Z}_{2AB}\right) - \underline{Z}_{0C}\left(\underline{\alpha}_{B}\underline{\alpha}_{A}^{*}\underline{Z}_{1BA} + \underline{\alpha}_{B}^{*}\underline{\alpha}_{A}\underline{Z}_{2BA}\right) \end{aligned}$$

Nimmt man nun in Gl. 5.175 den Grenzübergang $\underline{Z}_{0C} \to \infty$ vor, so erhält man:

$$\begin{bmatrix} \underline{I}_{1FA} \\ \underline{I}_{1FB} \end{bmatrix} = \frac{1}{\underline{D}} \begin{bmatrix} 1 & -\underline{\alpha}_{A}^{*}\underline{\alpha}_{B} \\ -\underline{\alpha}_{B}^{*}\underline{\alpha}_{A} & 1 \end{bmatrix} \begin{bmatrix} \underline{U}_{1qA} \\ \underline{U}_{1qB} \end{bmatrix} \tag{5.182}$$

mit:

$$\underline{D} = \underline{Z}_{1AA} + \underline{Z}_{2AA} + \underline{Z}_{0A} + \underline{Z}_{1BB} + \underline{Z}_{2BB} + \underline{Z}_{0B} - \underline{\alpha}_A \underline{\alpha}_B^* \left(\underline{Z}_{1AB} + \underline{Z}_{2BA}\right) - \underline{\alpha}_A^* \underline{\alpha}_B \left(\underline{Z}_{1BA} + \underline{Z}_{2AB}\right)$$

Die Rücktransformation erfolgt wieder nach den Gln. 5.165 bis 5.169.

Für $\underline{Z}_{2AA} = \underline{Z}_{1AA}$, $\underline{Z}_{2BB} = \underline{Z}_{1BB}$, $\underline{Z}_{1AB} = \underline{Z}_{2AB}$, $\underline{Z}_{1BA} = \underline{Z}_{1AB}$, $\underline{Z}_{2BA} = \underline{Z}_{2AB}$ und $\underline{Z}_{0A} + \underline{Z}_{0B} = \underline{Z}_{0AB}$ und unter der Bedingung, dass die beiden Erdschlüsse nicht im gleichen Leiter liegen (es gilt dann $\underline{\alpha}_A \underline{\alpha}_B^* + \underline{\alpha}_A^* \underline{\alpha}_B = -1$) vereinfacht sich die Gln. 5.182 noch zu:

$$\underline{I}_{1FA} = \frac{\underline{U}_{1qA} - \underline{\alpha}_A^* \underline{\alpha}_B \underline{U}_{1qB}}{2\underline{Z}_{1AA} + 2\underline{Z}_{1BB} + 2\underline{Z}_{1AB} + \underline{Z}_{0AB}} \tag{5.183}$$

$$\underline{I}_{1FB} = \frac{\underline{U}_{1qB} - \underline{\alpha}_B^* \underline{\alpha}_A \underline{U}_{1qA}}{2\underline{Z}_{1AA} + 2\underline{Z}_{1BB} + 2\underline{Z}_{1AB} + \underline{Z}_{0AB}} \tag{5.184}$$

Für die Berechnung wird man eine Fehlerstelle in den Leiter L1 legen, um die einfachen Fehlerbedingungen für die Hauptfehlerkonstellation wenigstens an einer Fehlerstelle auszunutzen. Die zweite Fehlerstelle muss man dann in den Leiter L2 oder L3 legen.

Am Beispiel der Doppelerdkurzschlussströme zeigt sich schon, dass die Berechnung von Mehrfachfehlern (insbesondere ungleichartigen Mehrfachfehlern) nach der konventionellen Methode umständlich ist. Zudem können die erforderlichen Impedanzen bei singulärer Admittanzmatrix des Nullsystems nicht auf dem üblichen Weg berechnet werden. Mehrfachfehler lassen sich nach dem im Kap. 6 beschriebenen Fehlermatrizenverfahren, dem ein einfacher einheitlicher Algorithmus für alle Fehlerarten zu Grunde liegt, auch bei Singularität des Nullsystems ohne Probleme oder rechentechnische Kniffe behandeln.

Beispiel 5.6

Für das Beispielnetz aus Abb. 5.7 soll der Doppelerdkurzschluss mit den Kurzschlussstellen am Knoten 2 (A) im Leiter L1 und Knoten 3 (B) im Leiter L2 berechnet werden. Das Netz 2 soll zunächst mit geerdetem und dann mit freien Sternpunkten betrieben werden.

Die Knotenspannungs-Gleichungen der Symmetrischen Komponenten können aus Beispiel 5.3 übernommen werden und werden um die Ströme $\underline{I}_{iF2}$ ($i = 1, 2, 0$) ergänzt. (Admittanzen in S, Ströme in kA):

$$\mathrm{j}\begin{bmatrix} 1{,}5 & -1 & 0 & 0 \\ -1 & 1{,}5 & -0{,}5 & 0 \\ 0 & -0{,}5 & 0{,}8\overline{3} & -0{,}\overline{3} \\ 0 & 0 & -0{,}\overline{3} & 0{,}8\overline{3} \end{bmatrix} \begin{bmatrix} \underline{U}_{1K1} \\ \underline{U}_{1K2} \\ \underline{U}_{1K3} \\ \underline{U}_{1K4} \end{bmatrix} = \begin{bmatrix} 0 \\ \underline{I}_{1F2} \\ \underline{I}_{1F3} \\ 0 \end{bmatrix} + \begin{bmatrix} \mathrm{j}50 \\ 0 \\ 0 \\ \mathrm{j}50 \end{bmatrix}$$

$$\mathrm{j}\begin{bmatrix} 1{,}5 & -1 & 0 & 0 \\ -1 & 1{,}5 & -0{,}5 & 0 \\ 0 & -0{,}5 & 0{,}8\overline{3} & -0{,}\overline{3} \\ 0 & 0 & -0{,}\overline{3} & 0{,}8\overline{3} \end{bmatrix}\begin{bmatrix} \underline{U}_{2\mathrm{K}1} \\ \underline{U}_{2\mathrm{K}2} \\ \underline{U}_{2\mathrm{K}3} \\ \underline{U}_{2\mathrm{K}4} \end{bmatrix} = \begin{bmatrix} 0 \\ \underline{I}_{2\mathrm{F}2} \\ \underline{I}_{2\mathrm{F}3} \\ 0 \end{bmatrix}$$

$$\mathrm{j}\begin{bmatrix} 0{,}5 & -0{,}5 & 0 & 0 \\ -0{,}5 & 0{,}75 & -0{,}25 & 0 \\ 0 & -0{,}25 & 0{,}45 & -0{,}2 \\ 0 & 0 & -0{,}2 & 0{,}7 \end{bmatrix}\begin{bmatrix} \underline{U}_{0\mathrm{K}1} \\ \underline{U}_{0\mathrm{K}2} \\ \underline{U}_{0\mathrm{K}3} \\ \underline{U}_{0\mathrm{K}4} \end{bmatrix} = \begin{bmatrix} 0 \\ \underline{I}_{0\mathrm{F}2} \\ \underline{I}_{0\mathrm{F}3} \\ 0 \end{bmatrix}$$

$$\begin{bmatrix} \underline{U}_{1\mathrm{K}1} \\ \underline{U}_{1\mathrm{K}2} \\ \underline{U}_{1\mathrm{K}3} \\ \underline{U}_{1\mathrm{K}4} \end{bmatrix} = -\mathrm{j}\begin{bmatrix} 1{,}6 & 1{,}4 & 1 & 0{,}4 \\ 1{,}4 & 2{,}1 & 1{,}5 & 0{,}6 \\ 1 & 1{,}5 & 2{,}5 & 1 \\ 0{,}4 & 0{,}6 & 1 & 1{,}6 \end{bmatrix}\left\{\begin{bmatrix} 0 \\ \underline{I}_{1\mathrm{F}2} \\ \underline{I}_{1\mathrm{F}3} \\ 0 \end{bmatrix} + \begin{bmatrix} \mathrm{j}50 \\ 0 \\ 0 \\ \mathrm{j}50 \end{bmatrix}\right\}$$

$$\begin{bmatrix} \underline{U}_{2\mathrm{K}1} \\ \underline{U}_{2\mathrm{K}2} \\ \underline{U}_{2\mathrm{K}3} \\ \underline{U}_{2\mathrm{K}4} \end{bmatrix} = -\mathrm{j}\begin{bmatrix} 1{,}6 & 1{,}4 & 1 & 0{,}4 \\ 1{,}4 & 2{,}1 & 1{,}5 & 0{,}6 \\ 1 & 1{,}5 & 2{,}5 & 1 \\ 0{,}4 & 0{,}6 & 1 & 1{,}6 \end{bmatrix}\begin{bmatrix} 0 \\ \underline{I}_{2\mathrm{F}2} \\ \underline{I}_{2\mathrm{F}3} \\ 0 \end{bmatrix}$$

$$\begin{bmatrix} \underline{U}_{0\mathrm{K}1} \\ \underline{U}_{0\mathrm{K}2} \\ \underline{U}_{0\mathrm{K}3} \\ \underline{U}_{0\mathrm{K}4} \end{bmatrix} = -\mathrm{j}\begin{bmatrix} 13 & 11 & 7 & 2 \\ 11 & 11 & 7 & 2 \\ 7 & 7 & 7 & 2 \\ 2 & 2 & 2 & 2 \end{bmatrix}\begin{bmatrix} 0 \\ \underline{I}_{0\mathrm{F}2} \\ \underline{I}_{0\mathrm{F}3} \\ 0 \end{bmatrix}$$

Den Gln. 5.157 bis 5.159 entsprechend gilt (K2 = A, K3 = B):

$$\underline{Z}_{1\mathrm{AA}} = \underline{Z}_{2\mathrm{AA}} = \mathrm{j}2{,}1\,\Omega; \quad \underline{Z}_{1\mathrm{AB}} = \underline{Z}_{1\mathrm{BA}} = \underline{Z}_{2\mathrm{AB}} = \underline{Z}_{2\mathrm{BA}} = \mathrm{j}1{,}5\,\Omega;$$
$$\underline{Z}_{1\mathrm{BB}} = \underline{Z}_{2\mathrm{BB}} = \mathrm{j}2{,}5\,\Omega; \quad \underline{Z}_{0\mathrm{AA}} = \mathrm{j}11\,\Omega; \quad \underline{Z}_{0\mathrm{AB}} = \underline{Z}_{0\mathrm{BA}} = \underline{Z}_{0\mathrm{BB}} = \mathrm{j}7\Omega$$

oder aus:

$$\underline{Z}_{1\mathrm{AA}} = \underline{Z}_{2\mathrm{AA}} = \frac{\left(\underline{Z}_{1\mathrm{N}1} + \underline{Z}_{1\mathrm{L}1}\right)\left(\underline{Z}_{1\mathrm{L}2}/2 + \underline{Z}_{1\mathrm{L}4} + \underline{Z}_{1\mathrm{N}2}\right)}{\underline{Z}_{1\mathrm{N}1} + \underline{Z}_{1\mathrm{L}1} + \underline{Z}_{1\mathrm{L}2}/2 + \underline{Z}_{1\mathrm{L}4} + \underline{Z}_{1\mathrm{N}2}}$$
$$\underline{Z}_{1\mathrm{AB}} = \frac{\left(\underline{Z}_{1\mathrm{N}1} + \underline{Z}_{1\mathrm{L}1}\right)\left(\underline{Z}_{1\mathrm{L}4} + \underline{Z}_{1\mathrm{N}2}\right)}{\underline{Z}_{1\mathrm{N}1} + \underline{Z}_{1\mathrm{L}1} + \underline{Z}_{1\mathrm{L}2}/2 + \underline{Z}_{1\mathrm{L}4} + \underline{Z}_{1\mathrm{N}2}}$$
$$\underline{Z}_{1\mathrm{BA}} = \frac{\left(\underline{Z}_{1\mathrm{L}4} + \underline{Z}_{1\mathrm{N}2}\right)\left(\underline{Z}_{1\mathrm{N}1} + \underline{Z}_{1\mathrm{L}1}\right)}{\underline{Z}_{1\mathrm{N}1} + \underline{Z}_{1\mathrm{L}1} + \underline{Z}_{1\mathrm{L}2}/2 + \underline{Z}_{1\mathrm{L}4} + \underline{Z}_{1\mathrm{N}2}}$$
$$\underline{Z}_{0\mathrm{AA}} = \underline{Z}_{0\mathrm{L}2}/2 + \underline{Z}_{0\mathrm{L}4} + \underline{Z}_{0\mathrm{N}2}$$
$$\underline{Z}_{0\mathrm{AB}} = \underline{Z}_{0\mathrm{BA}} = \underline{Z}_{0\mathrm{BB}} = \underline{Z}_{0\mathrm{L}4} + \underline{Z}_{0\mathrm{N}2}$$

Ströme nach Gl. 5.160 mit $\underline{\alpha}_A = 1$ und $\underline{\alpha}_B = \underline{a}^2$:

$$\begin{bmatrix} \underline{I}_{1FA} \\ \underline{I}_{1FB} \end{bmatrix} = \begin{bmatrix} j15 & 4{,}7631 - j2{,}7500 \\ -4{,}7631 - j2{,}7500 & j12 \end{bmatrix}^{-1} \begin{bmatrix} 100 \\ 100 \end{bmatrix} \text{kA}$$
$$= \begin{bmatrix} 3{,}1306 - j9{,}6944 \\ -3{,}1306 - j11{,}7976 \end{bmatrix} \text{kA}$$

und nach Gln. 5.165 und 5.169:

$$\underline{I}_{FA1} = 3\underline{I}_{1F1} = (9{,}3917 - j29{,}0831) \text{ kA}$$
$$\underline{I}_{FB2} = 3\underline{a}^2\underline{I}_{1FB} = (-25{,}9551 + j25{,}8298) \text{ kA}$$

Ist auch der Sternpunkt im Netz 2 nicht geerdet, so wird die Admittanzmatrix des Nullsystems singulär:

$$\underline{\boldsymbol{Y}}_{0KK} = j \begin{bmatrix} 0{,}5 & -0{,}5 & 0 & 0 \\ -0{,}5 & 0{,}75 & -0{,}25 & 0 \\ 0 & -0{,}25 & 0{,}45 & -0{,}2 \\ 0 & 0 & -0{,}2 & 0{,}2 \end{bmatrix}$$

Folglich können die Impedanzen des Nullsystems nicht bestimmt werden. Sie sind unendlich groß. An Stelle der Gl. 5.160 müssen die Gln. 5.173 bzw. 5.183 und 5.184 verwendet werden:

$$\begin{bmatrix} \underline{I}_{1FA} \\ \underline{I}_{1FB} \end{bmatrix} = \frac{1}{j16{,}2} \begin{bmatrix} 1 & -\underline{a}^2 \\ -\underline{a} & 1 \end{bmatrix} \begin{bmatrix} 100 \\ 100 \end{bmatrix} \text{kA} = \begin{bmatrix} 5{,}3458 - j9{,}2593 \\ -5{,}3458 - j9{,}2593 \end{bmatrix} \text{kA}$$
$$\underline{I}_{FA1} = 3\underline{I}_{1FA} = (16{,}0375 - j27{,}7778) \text{ kA}$$
$$\underline{I}_{FB2} = 3\underline{a}^2\underline{I}_{1FB} = -\underline{I}_{FA1} = (-16{,}0375 + j27{,}7778) \text{ kA}$$

Aufgrund der fehlenden Verbindung zum Bezugsknoten im Nullsystem müssen die Ströme an den Erdschlussstellen entgegengesetzt gleich groß sein.

5.7 Überlagerungsverfahren

Die Berechnung von Fehlern (Kurzschlüsse und Unterbrechungen) nach dem Überlagerungsverfahren besteht aus der Überlagerung der Größen für den stationären Zustand vor Fehlereintritt (im Folgenden mit dem hochgestellten Index b gekennzeichnet) mit den durch den Fehler verursachten Größenänderungen (Δ) zu den Größen im Fehlerzustand. Dabei gibt es einige Besonderheiten, zunächst die Originalgrößen betreffend:

1. Quellengrößen (Quellenspannungen oder -ströme) sind konstant, so dass für sie gilt:

$$\underline{Q}_{qi}^{\Delta} = 0 \tag{5.185}$$

2. Bei satten Kurzschlüssen sind in den betroffenen Leitern i die Ströme vor Kurzschlusseintritt und die Spannungen nach Kurzschlusseintritt Null, so dass gilt:

$$\underline{I}_{Fi} = \underline{I}_{Fi}^{\Delta} \tag{5.186}$$

$$\underline{U}_{Li}^{\Delta} = -\underline{U}_{Li}^{b} \tag{5.187}$$

3. Bei Unterbrechungen sind in den betroffenen Leitern i die Spannungen vor der Unterbrechung und die Ströme nach der Unterbrechung Null, so dass gilt:

$$\underline{U}_{Fi} = \underline{U}_{Fi}^{\Delta} \tag{5.188}$$

$$\underline{I}_{Li}^{\Delta} = -\underline{I}_{Li}^{b} \tag{5.189}$$

   Es zeigt sich auch hier das bereits festgestellte duale Verhalten zwischen Kurzschlüssen und Unterbrechungen bezüglich der Spannungen und Ströme an der Fehlerstelle.
   Für die Berechnung in Symmetrischen Komponenten gelten folgende Besonderheiten:
4. Im symmetrischem stationären Ausgangszustand sind sämtliche Gegen- und Nullsystemgrößen Null, so dass die Gegen- und Nullsystemgrößen im Änderungs- und Fehlerzustand identisch sind. Der stationäre Ausgangszustand wird allein durch das Mitsystem mit seinen Quellengrößen bestimmt (s. Gl. 5.190).
5. Die Mitsystemströme an den Kurzschlussstellen, sind im stationären Zustand vor Fehlereintritt Null, so dass die Mitsystemströme an den Kurzschlussstellen (und nur dort) im Änderungs- und Fehlerzustand identisch sind.
6. Mitsystemspannungen über den Unterbrechungsstellen sind im stationären Zustand vor Fehlereintritt Null, so dass die Mitsystemspannungen über den Unterbrechungsstellen (und nur dort) im Änderungs- und Fehlerzustand identisch sind.
7. Im Änderungszustand verschwinden die inneren Quellengrößen des Mitsystems, weil sie keine Änderungen erfahren. Als Quellengrößen wirken im Änderungszustand lediglich die stationären Anfangswerte der Mitsystemgrößen an der oder den Fehlerstellen (s. z. B. Abb. 5.13).

Für die Berechnung der Symmetrischen Komponenten der Ströme an der Kurzschlussstelle und der Spannungen über der Unterbrechungsstelle ist die Berechnung des jeweiligen Änderungszustandes ausreichend, wenn die stationären Anfangswerte der Mitsystemgrößen an der Fehlerstelle bekannt sind oder sinnvoll angenommen werden können, wie in den Normen IEC und DIN EN 60909-0 zur Kurzschlussstromberechnung [15, 16].

5.7.1 Berechnung von Kurzschlüssen nach dem Überlagerungsverfahren

Ausgangspunkt sind die Netzgleichungen für die Symmetrischen Komponenten in der Form der Gln. 5.18 bis 5.20. Im symmetrisch vorausgesetzten stationären Zustand unmittelbar vor Kurzschlusseintritt sind die Fehlerströme Null, so dass gilt:

$$\underline{\boldsymbol{Y}}_{1\mathrm{KK}}\underline{\boldsymbol{u}}_{1\mathrm{K}}^{\mathrm{b}} = \underline{\boldsymbol{i}}_{1\mathrm{Q}} \tag{5.190}$$

$$\underline{\boldsymbol{Y}}_{2\mathrm{KK}}\underline{\boldsymbol{u}}_{2\mathrm{K}}^{\mathrm{b}} = \mathbf{o} \tag{5.191}$$

$$\underline{\boldsymbol{Y}}_{0\mathrm{KK}}\underline{\boldsymbol{u}}_{0\mathrm{K}}^{\mathrm{b}} = \mathbf{o} \tag{5.192}$$

Im Vektor $\underline{\boldsymbol{i}}_{1\mathrm{Q}}$ sind die Quellenströme der Generatoren, Motoren und Netzeinspeisungen zusammengefasst. Man erhält sie bei bekanntem Knotenspannungsvektor, der i. A. durch eine Leistungsflussberechnung zu ermitteln ist, aus der Gl. 5.190.

Aus den Gln. 5.191 und 5.192 folgt:

$$\underline{\boldsymbol{u}}_{2\mathrm{K}}^{\mathrm{b}} = \underline{\boldsymbol{u}}_{0\mathrm{K}}^{\mathrm{b}} = \mathbf{o} \tag{5.193}$$

Im Kurzschlusszustand gilt (s. auch die Gln. 5.18 bis 5.20):

$$\underline{\boldsymbol{Y}}_{1\mathrm{KK}}\underline{\boldsymbol{u}}_{1\mathrm{K}} = \underline{\boldsymbol{i}}_{1\mathrm{Q}} + \underline{\boldsymbol{i}}_{1\mathrm{F}} \tag{5.194}$$

$$\underline{\boldsymbol{Y}}_{2\mathrm{KK}}\underline{\boldsymbol{u}}_{2\mathrm{K}} = \underline{\boldsymbol{i}}_{2\mathrm{F}} \tag{5.195}$$

$$\underline{\boldsymbol{Y}}_{0\mathrm{KK}}\underline{\boldsymbol{u}}_{0\mathrm{K}} = \underline{\boldsymbol{i}}_{0\mathrm{F}} \tag{5.196}$$

Die Vektoren $\underline{\boldsymbol{i}}_{1\mathrm{F}}$, $\underline{\boldsymbol{i}}_{2\mathrm{F}}$ und $\underline{\boldsymbol{i}}_{0\mathrm{F}}$ enthalten die Symmetrischen Komponenten der möglichen Kurzschlussströme an den einzelnen Knoten. Für Einfachfehler sind sie nur am entsprechenden Fehlerknoten besetzt.

Der Änderungszustand ergibt sich aus der Differenz von Kurzschluss- und stationärem Zustand vor Kurzschluss:

$$\underline{\boldsymbol{Y}}_{1\mathrm{KK}}\left(\underline{\boldsymbol{u}}_{1\mathrm{K}} - \underline{\boldsymbol{u}}_{1\mathrm{K}}^{\mathrm{b}}\right) = \underline{\boldsymbol{Y}}_{1\mathrm{KK}}\underline{\boldsymbol{u}}_{1\mathrm{K}}^{\Delta} = \underline{\boldsymbol{i}}_{1\mathrm{F}}^{\Delta} = \underline{\boldsymbol{i}}_{1\mathrm{F}} \tag{5.197}$$

$$\underline{\boldsymbol{Y}}_{2\mathrm{KK}}\left(\underline{\boldsymbol{u}}_{2\mathrm{K}} - \mathbf{o}\right) = \underline{\boldsymbol{Y}}_{2\mathrm{KK}}\underline{\boldsymbol{u}}_{2\mathrm{K}}^{\Delta} = \underline{\boldsymbol{i}}_{2\mathrm{F}}^{\Delta} = \underline{\boldsymbol{i}}_{2\mathrm{F}} \tag{5.198}$$

$$\underline{\boldsymbol{Y}}_{0\mathrm{KK}}\left(\underline{\boldsymbol{u}}_{0\mathrm{K}} - \mathbf{o}\right) = \underline{\boldsymbol{Y}}_{0\mathrm{KK}}\underline{\boldsymbol{u}}_{0\mathrm{K}}^{\Delta} = \underline{\boldsymbol{i}}_{0\mathrm{F}}^{\Delta} = \underline{\boldsymbol{i}}_{0\mathrm{F}} \tag{5.199}$$

Die Fehlerbedingungen für den Änderungszustand erhält man aus den allgemeinen Fehlerbedingungen in Tab. 5.3, wenn man dort die Spannungen an der Kurzschlussstelle wie folgt ersetzt und nach den Änderungen auflöst.

$$\underline{U}_{1\mathrm{L}} = \underline{U}_{1\mathrm{L}}^{\mathrm{b}} + \underline{U}_{1\mathrm{L}}^{\Delta} \tag{5.200}$$

$$\underline{U}_{2\mathrm{L}} = \underline{U}_{2\mathrm{L}}^{\Delta} \tag{5.201}$$

$$\underline{U}_{0\mathrm{L}} = \underline{U}_{0\mathrm{L}}^{\Delta} \tag{5.202}$$

Tab. 5.13 Fehlerbedingungen im Änderungszustand für die widerstandslosen Kurzschlüsse und Unterbrechungen in Symmetrischen Komponenten (unsymmetrische Fehler als Hauptfehler)

Kurzschlüsse (EKS und KS)		Unterbrechungen (UB)	
ohne	$\underline{I}_{1F} = 0$ $\underline{I}_{2F} = 0$ $\underline{I}_{0F} = 0$	ohne	$\underline{U}_{1F} = 0$ $\underline{U}_{2F} = 0$ $\underline{U}_{0F} = 0$
1-polig: L1-E	$\underline{U}_{1L}^{\Delta} + \underline{U}_{2L}^{\Delta} + \underline{U}_{0L}^{\Delta} = -\underline{U}_{1L}^{b}$ $\underline{I}_{1F} = \underline{I}_{0F}$ $\underline{I}_{2F} = \underline{I}_{0F}$	1-polig: L1	$\underline{I}_{1L}^{\Delta} + \underline{I}_{2L}^{\Delta} + \underline{I}_{0L}^{\Delta} = -\underline{I}_{1L}^{b}$ $\underline{U}_{1F} = \underline{U}_{0F}$ $\underline{U}_{2F} = \underline{U}_{0F}$
2-polig: L2-L3-E	$\underline{I}_{1F} + \underline{I}_{2F} + \underline{I}_{0F} = 0$ $\underline{U}_{1L}^{\Delta} = \underline{U}_{0L}^{\Delta} - \underline{U}_{1L}^{b}$ $\underline{U}_{2L}^{\Delta} = \underline{U}_{0L}^{\Delta}$	2-polig: L2 und L3	$\underline{U}_{1F} + \underline{U}_{2F} + \underline{U}_{0F} = 0$ $\underline{I}_{1L}^{\Delta} = \underline{I}_{0L}^{\Delta} - \underline{I}_{1L}^{b}$ $\underline{I}_{2L}^{\Delta} = \underline{I}_{0L}^{\Delta}$
3-polig: L1-L2-L3-E	$\underline{U}_{1L}^{\Delta} = -\underline{U}_{1L}^{b}$ $\underline{U}_{2L}^{\Delta} = 0$ $\underline{U}_{0L}^{\Delta} = 0$	3-polig	$\underline{I}_{1L}^{\Delta} = -\underline{I}_{1L}^{b}$ $\underline{I}_{2L}^{\Delta} = 0$ $\underline{I}_{0L}^{\Delta} = 0$
2-polig: L2-L3	$\underline{I}_{1F} + \underline{I}_{2F} = 0$ $\underline{I}_{0F} = 0$ $\underline{U}_{1L}^{\Delta} = \underline{U}_{2L}^{\Delta} - \underline{U}_{1L}^{b}$	Für die Kurzschlüsse gilt $\underline{I}_{iL}^{\Delta} = \underline{I}_{iF}$ und bei den Unterbrechungen $\underline{U}_{iF}^{\Delta} = \underline{U}_{iF}$ $(i = 1, 2, 0)$	
3-polig: L1-L2-L3	$\underline{I}_{0F} = 0$ $\underline{U}_{1L}^{\Delta} = -\underline{U}_{1L}^{b}$ $\underline{U}_{2L}^{\Delta} = 0$		

Da die Kurzschlussströme mit ihren Änderungen identisch sind, können sie ohne den zusätzlichen oberen Index Δ in den Fehlerbedingungen für die Änderungen stehen bleiben, womit noch einmal deutlich wird, dass man aus dem Änderungszustand direkt die Kurzschlussströme erhält. Für die widerstandslosen Einfachkurzschlüsse als Hauptfehler erhält man so die Fehlerbedingungen für die Symmetrischen Komponenten in Tab. 5.13.

Die Fehlerbedingungen in Tab. 5.13 können wieder durch Schaltverbindungen an der Kurzschlussstelle veranschaulicht werden. Die Abb. 5.13 zeigt die Schaltverbindungen für den dreipoligen Kurzschluss mit Erdberührung und den einpoligen Erdkurzschluss in Analogie zu denen in Tab. 5.4.

Die Innen- oder Torimpedanzen an der Kurzschlussstelle erhält man aus den Gln. 5.197 bis 5.199 durch Auflösen nach den Spannungsänderungen. Dabei muss vorausgesetzt werden, dass die Admittanzmatrizen regulär sind. Im Mit- und Gegensystem ist das i. A. der Fall. Im Nullsystem hängen die Eigenschaften der Admittanzmatrix von der Art der Sternpunkterdung der Transformatoren ab. Für den Fall einer singulären Admittanzmatrix des Nullsystems wird auf das Fehlermatrizenverfahren in Kap. 6 verwiesen.

$$\underline{\boldsymbol{u}}_{1K}^{\Delta} = \underline{\boldsymbol{Y}}_{1KK}^{-1} \underline{\boldsymbol{i}}_{1F} = \underline{\boldsymbol{Z}}_{1KK} \underline{\boldsymbol{i}}_{1F} \tag{5.203}$$

$$\underline{\boldsymbol{u}}_{2K}^{\Delta} = \underline{\boldsymbol{Y}}_{2KK}^{-1} \underline{\boldsymbol{i}}_{2F} = \underline{\boldsymbol{Z}}_{2KK} \underline{\boldsymbol{i}}_{2F} \tag{5.204}$$

$$\underline{\boldsymbol{u}}_{0K}^{\Delta} = \underline{\boldsymbol{Y}}_{0KK}^{-1} \underline{\boldsymbol{i}}_{0F} = \underline{\boldsymbol{Z}}_{0KK} \underline{\boldsymbol{i}}_{0F} \tag{5.205}$$

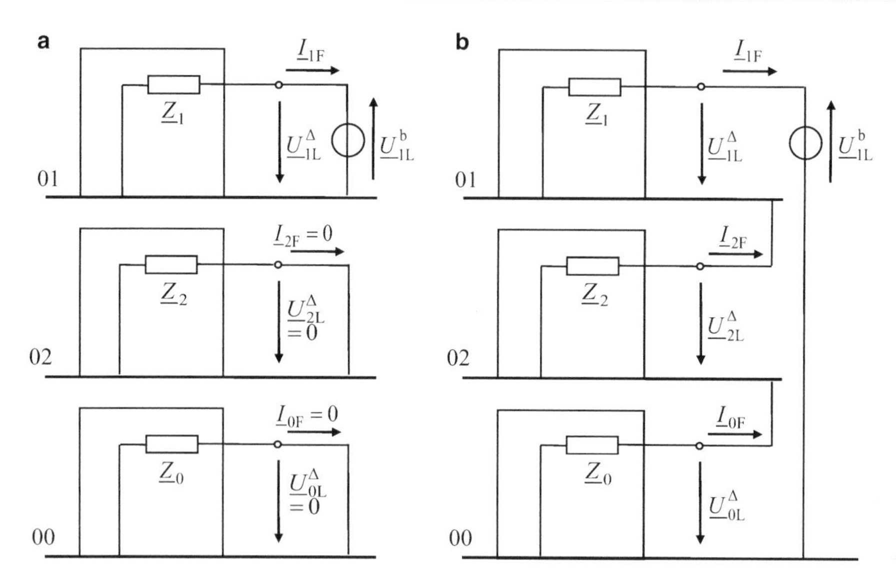

Abb. 5.13 Ersatzschaltungen der symmetrischen Komponentennetze für den Änderungszustand bei dreipoligem (**a**) und einpoligem Kurzschluss im Leiter L1 (**b**)

Für die Einfachfehler am i-ten Knoten nehmen die Gln. 5.203 bis 5.205 folgende spezielle Formen an:

$$\begin{bmatrix} \underline{U}_{1K1}^{\Delta} \\ \vdots \\ \underline{U}_{1Ki}^{\Delta} \\ \vdots \\ \underline{U}_{1Kn}^{\Delta} \end{bmatrix} = \begin{bmatrix} \underline{z}_{1,11} & \cdots & \underline{z}_{1,1i} & \cdots & \underline{z}_{1,1n} \\ \vdots & \ddots & \vdots & \ddots & \vdots \\ \underline{z}_{1,i1} & \cdots & \underline{z}_{1,ii} & \cdots & \underline{z}_{1,in} \\ \vdots & \ddots & \vdots & \ddots & \vdots \\ \underline{z}_{1,n1} & \cdots & \underline{z}_{1,ni} & \cdots & \underline{z}_{1,nn} \end{bmatrix} \begin{bmatrix} 0 \\ \vdots \\ \underline{I}_{1Fi} \\ \vdots \\ 0 \end{bmatrix} \tag{5.206}$$

$$\begin{bmatrix} \underline{U}_{2K1}^{\Delta} \\ \vdots \\ \underline{U}_{2Ki}^{\Delta} \\ \vdots \\ \underline{U}_{2Kn}^{\Delta} \end{bmatrix} = \begin{bmatrix} \underline{z}_{2,11} & \cdots & \underline{z}_{2,1i} & \cdots & \underline{z}_{2,1n} \\ \vdots & \ddots & \vdots & \ddots & \vdots \\ \underline{z}_{2,i1} & \cdots & \underline{z}_{2,ii} & \cdots & \underline{z}_{2,in} \\ \vdots & \ddots & \vdots & \ddots & \vdots \\ \underline{z}_{2,n1} & \cdots & \underline{z}_{2,ni} & \cdots & \underline{z}_{2,nn} \end{bmatrix} \begin{bmatrix} 0 \\ \vdots \\ \underline{I}_{2Fi} \\ \vdots \\ 0 \end{bmatrix} \tag{5.207}$$

$$\begin{bmatrix} \underline{U}_{0K1}^{\Delta} \\ \vdots \\ \underline{U}_{0Ki}^{\Delta} \\ \vdots \\ \underline{U}_{0Kn}^{\Delta} \end{bmatrix} = \begin{bmatrix} \underline{z}_{0,11} & \cdots & \underline{z}_{0,1i} & \cdots & \underline{z}_{0,1n} \\ \vdots & \ddots & \vdots & \ddots & \vdots \\ \underline{z}_{0,i1} & \cdots & \underline{z}_{0,ii} & \cdots & \underline{z}_{0,in} \\ \vdots & \ddots & \vdots & \ddots & \vdots \\ \underline{z}_{0,n1} & \cdots & \underline{z}_{0,ni} & \cdots & \underline{z}_{0,nn} \end{bmatrix} \begin{bmatrix} 0 \\ \vdots \\ \underline{I}_{0Fi} \\ \vdots \\ 0 \end{bmatrix} \tag{5.208}$$

Die Innen- oder Torimpedanzen der Komponentennetze entsprechen wie in Abschn. 5.4 den negativen Diagonalelementen:

$$\underline{Z}_{1i} = -\underline{z}_{1,ii} \tag{5.209}$$

$$\underline{Z}_{2i} = -\underline{z}_{2,ii} \tag{5.210}$$

$$\underline{Z}_{0i} = -\underline{z}_{0,ii} \tag{5.211}$$

Mit den Torimpedanzen und den Fehlerbedingungen nach Tab. 5.13 berechnen sich die einzelnen Kurzschlussströme analog zu Abschn. 5.4, allerdings mit dem Unterschied, dass anstelle der dort vorkommenden Quellenströme nur noch die Spannung $\underline{U}^{\mathrm{b}}_{1\mathrm{L}} = \underline{U}^{\mathrm{b}}_{\mathrm{L}1}$ an der Kurzschlussstelle als Quellengröße auftritt.

Die Symmetrischen Komponenten der Teilkurzschlussströme, z. B. zwischen dem Kurzschlussknoten i und einem angrenzenden Knoten k erhält man unter der üblichen Vernachlässigung der Leitungsquerglieder aus

$$\begin{aligned}\underline{I}_{1\mathrm{L}ki} &= \underline{I}^{\mathrm{b}}_{1\mathrm{L}ki} + \underline{I}^{\Delta}_{1\mathrm{L}ki} = \underline{Y}_{1\mathrm{L}ki}\left(\underline{U}^{\mathrm{b}}_{1\mathrm{K}k} - \underline{U}^{\mathrm{b}}_{1\mathrm{K}i}\right) + \underline{Y}_{1\mathrm{L}ki}\left(\underline{U}^{\Delta}_{1\mathrm{K}k} - \underline{U}^{\mathrm{b}}_{1\mathrm{K}i}\right)\\ &= \underline{Y}_{1\mathrm{L}ki}\left(\underline{U}_{1\mathrm{K}k} - \underline{U}_{1\mathrm{K}i}\right)\end{aligned} \tag{5.212}$$

$$\underline{I}_{2\mathrm{L}ki} = \underline{I}^{\Delta}_{2\mathrm{L}ki} = \underline{Y}_{2\mathrm{L}ki}\left(\underline{U}^{\Delta}_{2\mathrm{K}k} - \underline{U}^{\Delta}_{2\mathrm{K}i}\right) = \underline{Y}_{2\mathrm{L}ki}\left(\underline{U}_{2\mathrm{K}k} - \underline{U}_{2\mathrm{K}i}\right) \tag{5.213}$$

$$\underline{I}_{0\mathrm{L}ki} = \underline{I}^{\Delta}_{0\mathrm{L}ki} = \underline{Y}_{0\mathrm{L}ki}\left(\underline{U}^{\Delta}_{0\mathrm{K}k} - \underline{U}^{\Delta}_{0\mathrm{K}i}\right) = \underline{Y}_{0\mathrm{L}ki}\left(\underline{U}_{0\mathrm{K}k} - \underline{U}_{0\mathrm{K}i}\right) \tag{5.214}$$

Die Teilkurzschlussströme der Generatoren (analog auch der Motoren und Netzeinspeisungen) am Kurzschlussstrom berechnet man aus den folgenden Beziehungen, wobei wegen des gewöhnlich nicht geerdeten Generatorsternpunktes oder der Schaltgruppe des Blocktransformators kein Nullstrom auftritt.

$$\underline{I}_{1\mathrm{G}} = \underline{I}^{\mathrm{b}}_{1\mathrm{G}} + \underline{I}^{\Delta}_{1\mathrm{G}} = \underline{I}^{\mathrm{b}}_{1\mathrm{G}} - \underline{Y}_{1\mathrm{G}}\underline{U}^{\Delta}_{1\mathrm{G}} \tag{5.215}$$

$$\underline{I}_{2\mathrm{G}} = \underline{I}^{\Delta}_{2\mathrm{G}} = -\underline{Y}_{2\mathrm{G}}\underline{U}^{\Delta}_{2\mathrm{G}} \tag{5.216}$$

$$\underline{I}_{0\mathrm{G}} = \underline{I}^{\Delta}_{0\mathrm{G}} = -\underline{Y}_{0\mathrm{G}}\underline{U}^{\Delta}_{0\mathrm{G}} \tag{5.217}$$

Den Strom $\underline{I}^{\mathrm{b}}_{1\mathrm{G}}$ (mit der Zählrichtung von der Generatorklemme wegführend), erhält man aus dem mit Gl. 5.190 ermittelten Quellenstrom und dem über die Generatorinnenadmittanz abfließenden Teilstrom:

$$\underline{I}^{\mathrm{b}}_{1\mathrm{G}} = -\left(\underline{I}_{1\mathrm{qG}} + \underline{Y}_{1\mathrm{G}}\underline{U}^{\mathrm{b}}_{1\mathrm{G}}\right) \tag{5.218}$$

Im Gegensatz zu den Kurzschlussströmen an der Kurzschlussstelle enthalten die Mitsystemkomponenten der Teilkurzschlussströme einen vom stationären Zustand herrührenden Anteil.

Für den Fall des dreipoligen Erdkurzschlusses reduziert sich das Gleichungssystem auf die Gl. 5.206 des Mitsystems. Aus der i-ten Zeile für den Kurzschlussknoten folgt:

$$\underline{I}_{1\mathrm{F}i} = \frac{\underline{U}^{\Delta}_{1\mathrm{K}i}}{\underline{z}_{1,ii}} = -\frac{\underline{U}^{\mathrm{b}}_{1\mathrm{K}i}}{\underline{z}_{1,ii}} \tag{5.219}$$

und nach Einsetzen von Gl. 5.219 in Gl. 5.206:

$$\begin{bmatrix} \underline{U}^{\Delta}_{1\mathrm{K}1} \\ \vdots \\ \underline{U}^{\Delta}_{1\mathrm{K}i} \\ \vdots \\ \underline{U}^{\Delta}_{1\mathrm{K}n} \end{bmatrix} = -\frac{1}{\underline{z}_{1,ii}} \begin{bmatrix} \underline{z}_{1,1i} \\ \vdots \\ \underline{z}_{1,ii} \\ \vdots \\ \underline{z}_{1,ni} \end{bmatrix} \underline{U}^{\mathrm{b}}_{1\mathrm{K}i} \tag{5.220}$$

In analoger Weise können die Kurzschlussströme und Spannungsänderungen für die restlichen Knoten mit der entsprechenden Spalte der Impedanzmatrix ermittelt werden, so dass nur eine einmalige Inversion der Knotenimpedanzmatrix erforderlich ist.

Beispiel 5.7

Für das 4-Knoten-Netz im Beispiel 5.3, Abb. 5.7 sollen der dreipolige und einpolige Erdkurzschluss am Knoten 3 nach dem Überlagerungsverfahren mit folgendem Knotenspannungsvektor für den stationären Zustand vor Kurzschlusseintritt berechnet werden.

$$\begin{bmatrix} \underline{U}^{\mathrm{b}}_{1\mathrm{K}1} \\ \underline{U}^{\mathrm{b}}_{1\mathrm{K}2} \\ \underline{U}^{\mathrm{b}}_{1\mathrm{K}3} \\ \underline{U}^{\mathrm{b}}_{1\mathrm{K}4} \end{bmatrix} = \begin{bmatrix} 103 \\ 102 \\ 100 \\ 97 \end{bmatrix} \mathrm{kV}$$

Der Änderungszustand für den dreipoligen Erdkurzschluss geht aus Abb. 5.14 hervor. Gegen- und Nullsystem spielen beim dreipoligen Kurzschluss keine Rolle und sind deshalb weggelassen.

Für den *dreipoligen* Erdkurzschluss ergibt sich mit der Torimpedanz $\underline{Z}_1 = \mathrm{j}2{,}5\,\Omega$ des Mitsystems am Knoten 3:

$$\underline{I}_{1\mathrm{F}3} = \frac{\underline{U}^{\mathrm{b}}_{1\mathrm{K}3}}{\underline{Z}_1} = \frac{100\,\mathrm{kV}}{\mathrm{j}2{,}5\,\Omega} = -\mathrm{j}40\,\mathrm{kA}$$

$$\underline{I}_{2\mathrm{F}3} = \underline{I}_{0\mathrm{F}3} = 0$$

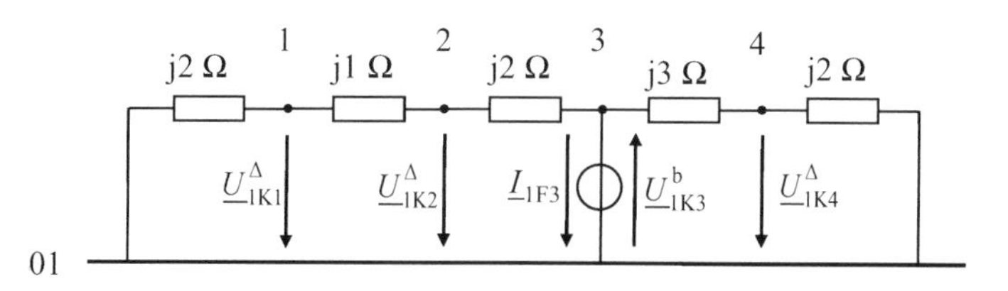

Abb. 5.14 Mitsystemersatzschaltplan für den Änderungszustand bei dreipoligem Erdkurzschluss am Knoten 3. Die Impedanzen der Doppelleitung sind zusammengefasst

Damit erhält man aus Gl. 5.206 mit der Impedanzmatrix aus Beispiel 5.3 folgende Spannungsänderungen an den Knoten:

$$\begin{bmatrix} \underline{U}^{\Delta}_{1K1} \\ \underline{U}^{\Delta}_{1K2} \\ \underline{U}^{\Delta}_{1K3} \\ \underline{U}^{\Delta}_{1K4} \end{bmatrix} = -\mathrm{j} \begin{bmatrix} 1 \\ 1{,}5 \\ 2{,}5 \\ 1 \end{bmatrix} \Omega \cdot (-\mathrm{j}40\,\mathrm{kA}) = - \begin{bmatrix} 40 \\ 60 \\ 100 \\ 40 \end{bmatrix} \mathrm{kV}$$

Die Überlagerung mit dem Anfangszustand ergibt die Knotenspannungen im Kurzschluss:

$$\begin{bmatrix} \underline{U}_{1K1} \\ \underline{U}_{1K2} \\ \underline{U}_{1K3} \\ \underline{U}_{1K4} \end{bmatrix} = \begin{bmatrix} \underline{U}^{b}_{1K1} \\ \underline{U}^{b}_{1K2} \\ \underline{U}^{b}_{1K3} \\ \underline{U}^{b}_{1K4} \end{bmatrix} + \begin{bmatrix} \underline{U}^{\Delta}_{1K1} \\ \underline{U}^{\Delta}_{1K2} \\ \underline{U}^{\Delta}_{1K3} \\ \underline{U}^{\Delta}_{1K4} \end{bmatrix} = \begin{bmatrix} 103 \\ 102 \\ 100 \\ 97 \end{bmatrix} \mathrm{kV} - \begin{bmatrix} 40 \\ 60 \\ 100 \\ 40 \end{bmatrix} \mathrm{kV} = \begin{bmatrix} 63 \\ 42 \\ 0 \\ 57 \end{bmatrix} \mathrm{kV}$$

Die von links und rechts der Kurzschlussstelle zufließenden Teilkurzschlussströme berechnen sich der Gl. 5.212 entsprechend:

$$\begin{aligned} \underline{I}_{1L23} &= \underline{I}^{b}_{1L23} + \underline{I}^{\Delta}_{1L23} = \underline{Y}_{1L23}\left(\underline{U}^{b}_{1K2} - \underline{U}^{b}_{1K3}\right) + \underline{Y}_{1L23}\left(\underline{U}^{\Delta}_{1K2} - \underline{U}^{\Delta}_{1K3}\right) \\ &= -\mathrm{j}0{,}5\,\mathrm{S} \cdot (102 - 100)\,\mathrm{kV} - \mathrm{j}0{,}5\,\mathrm{S} \cdot (-60 + 100)\,\mathrm{kV} = -\mathrm{j}1\,\mathrm{kA} - \mathrm{j}20\,\mathrm{kA} \\ &= -\mathrm{j}21\,\mathrm{kA} \\ \underline{I}_{1L43} &= \underline{I}^{b}_{1L43} + \underline{I}^{\Delta}_{1L43} = \underline{Y}_{1L43}\left(\underline{U}^{b}_{1K4} - \underline{U}^{b}_{1K3}\right) + \underline{Y}_{1L43}\left(\underline{U}^{\Delta}_{1K4} - \underline{U}^{\Delta}_{1K3}\right) \\ &= -\mathrm{j}1/3\,\mathrm{S} \cdot (97 - 100)\,\mathrm{kV} - \mathrm{j}1/3\,\mathrm{S} \cdot (-40 + 100)\,\mathrm{kV} = \mathrm{j}1\,\mathrm{kA} - \mathrm{j}20\,\mathrm{kA} \\ &= -\mathrm{j}19\,\mathrm{kA} \end{aligned}$$

Um die Teilkurzschlussströme der Netzeinspeisungen zu ermitteln, müssen zunächst die Ströme für den stationären Zustand ermittelt werden. Aus Gl. 5.190 erhält man mit dem gegebenen Knotenspannungsvektor und der Impedanzmatrix für das Mitsystem aus Beispiel 5.3 folgende Quellenströme:

$$\begin{bmatrix} \underline{I}_{1qN1} \\ 0 \\ 0 \\ \underline{I}_{1qN2} \end{bmatrix} = \mathrm{j} \begin{bmatrix} 1{,}5 & -1 & 0 & 0 \\ -1 & 1{,}5 & -0{,}5 & 0 \\ 0 & -0{,}5 & 0{,}8\overline{3} & -0{,}\overline{3} \\ 0 & 0 & -0{,}\overline{3} & 0{,}8\overline{3} \end{bmatrix} \begin{bmatrix} 103 \\ 102 \\ 100 \\ 97 \end{bmatrix} \mathrm{kA} = \mathrm{j} \begin{bmatrix} 52{,}5 \\ 0 \\ 0 \\ 47{,}5 \end{bmatrix} \mathrm{kA}$$

Damit wird den Gln. 5.218 und 5.215 entsprechend:

$$\begin{aligned} \underline{I}^{b}_{1N1} &= -\left(\mathrm{j}52{,}5 - \mathrm{j}0{,}5 \cdot 103\right)\,\mathrm{kA} = -\mathrm{j}1\,\mathrm{kA} \\ \underline{I}^{b}_{1N2} &= -\left(\mathrm{j}47{,}5 - \mathrm{j}0{,}5 \cdot 97\right)\,\mathrm{kA} = \mathrm{j}1\,\mathrm{kA} \end{aligned}$$

$$\begin{aligned} \underline{I}_{1N1} &= \underline{I}^{b}_{1N1} + \underline{I}^{\Delta}_{1N1} = \underline{I}^{b}_{1N1} - \underline{Y}_{1N1}\underline{U}^{\Delta}_{1N1} = -\mathrm{j}1\,\mathrm{kA} + \mathrm{j}0{,}5\,\mathrm{S} \cdot (-40\,\mathrm{kV}) = -\mathrm{j}21\,\mathrm{kA} \\ \underline{I}_{1N2} &= \underline{I}^{b}_{1N2} + \underline{I}^{\Delta}_{1N2} = \underline{I}^{b}_{1N2} - \underline{Y}_{1N2}\underline{U}^{\Delta}_{1N2} = \mathrm{j}1\,\mathrm{kA} + \mathrm{j}0{,}5\,\mathrm{S} \cdot (-40\,\mathrm{kV}) = -\mathrm{j}19\,\mathrm{kA} \end{aligned}$$

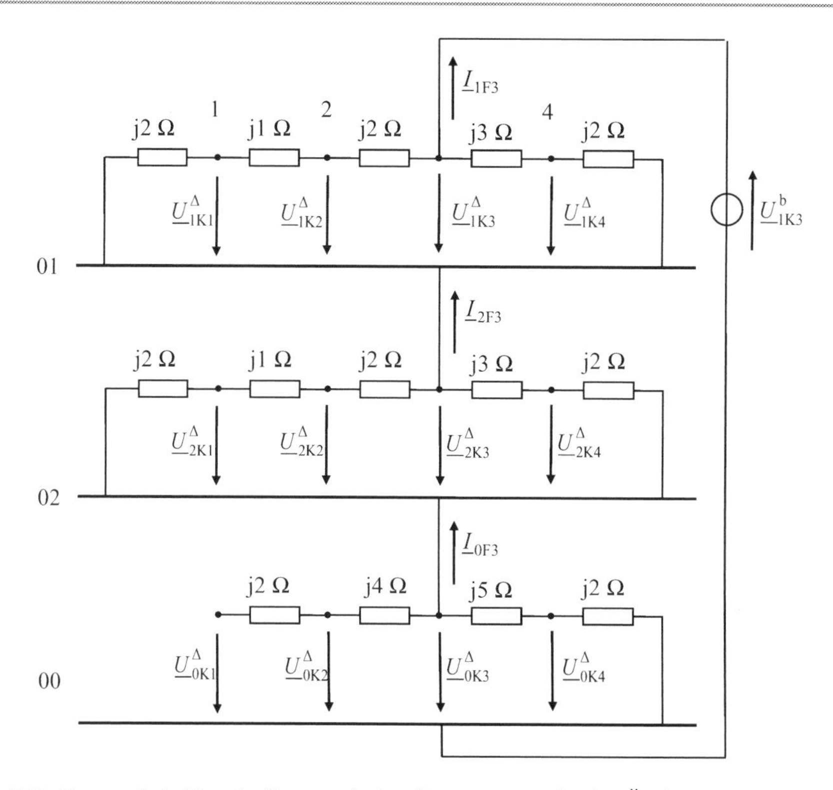

Abb. 5.15 Ersatzschaltpläne der Symmetrischen Komponenten für den Änderungszustand bei dreipoligem Erdkurzschluss am Knoten 3. Die Impedanzen der Doppelleitung sind zusammengefasst

Wie das Beispiel zeigt, dürfen die vom stationären Zustand vor Kurzschlusseintritt herrührenden Anteile in den Teilkurzschlussströmen nicht ohne weiteres vernachlässigt werden. Im Beispiel würde man nur mit den Änderungsgrößen den Teilkurzschlussstrom des Netzes 1 zu klein und den des Netzes 2 zu groß berechnen. In den Normen IEC und EN DIN 60909-0, die lediglich auf dem Änderungszustand beruhen, hat man deshalb unter anderem Korrekturfaktoren für die Generatoren eingeführt, um bei der Berechnung größter Kurzschlussströme nicht auf der unsicheren Seite zu liegen.

Für den *einpoligen* Erdkurzschluss sind die Ersatzschaltpläne der Symmetrischen Komponenten in Abb. 5.15 dargestellt und entsprechend den Fehlerbedingungen an der Kurzschlussstelle verbunden.

Die Torimpedanzen der Komponentennetze am Knoten 3 sind wie im Beispiel 5.3:

$$\underline{Z}_1 = \underline{Z}_2 = \mathrm{j}2{,}5\,\Omega$$

$$\underline{Z}_0 = \mathrm{j}(5 + 2)\,\Omega = \mathrm{j}7\,\Omega$$

Für die Komponenten des Kurzschlussstromes folgt aus Abb. 5.15:

$$\underline{I}_{1F3} = \underline{I}_{2F3} = \underline{I}_{0F3} = \frac{\underline{U}^{b}_{1K3}}{\underline{Z}_1 + \underline{Z}_2 + \underline{Z}_0} = \frac{100\,\text{kV}}{\text{j}12\,\Omega} = -\text{j}8{,}\overline{3}\,\text{kA}$$

Für die Spannungsänderungen erhält man mit der jeweils 3. Spalte der Impedanzmatrizen aus Beispiel 5.3:

$$\begin{bmatrix} \underline{U}^{\Delta}_{1K1} \\ \underline{U}^{\Delta}_{1K2} \\ \underline{U}^{\Delta}_{1K3} \\ \underline{U}^{\Delta}_{1K4} \end{bmatrix} = \begin{bmatrix} \underline{U}^{\Delta}_{2K1} \\ \underline{U}^{\Delta}_{2K2} \\ \underline{U}^{\Delta}_{2K3} \\ \underline{U}^{\Delta}_{2K4} \end{bmatrix} = -\text{j} \begin{bmatrix} 1 \\ 1{,}5 \\ 2{,}5 \\ 1 \end{bmatrix} \Omega \cdot \left(-\text{j}8{,}\overline{3}\,\text{kA}\right) = - \begin{bmatrix} 8{,}\overline{3} \\ 12{,}5 \\ 20{,}8\overline{3} \\ 8{,}\overline{3} \end{bmatrix} \text{kV}$$

$$\begin{bmatrix} \underline{U}^{\Delta}_{0K1} \\ \underline{U}^{\Delta}_{0K2} \\ \underline{U}^{\Delta}_{0K3} \\ \underline{U}^{\Delta}_{0K4} \end{bmatrix} = -\text{j} \begin{bmatrix} 7 \\ 7 \\ 7 \\ 2 \end{bmatrix} \Omega \cdot \left(-\text{j}8{,}\overline{3}\,\text{kA}\right) = - \begin{bmatrix} 58{,}\overline{3} \\ 58{,}\overline{3} \\ 58{,}\overline{3} \\ 16{,}\overline{6} \end{bmatrix} \text{kV}$$

Im Gegen- und Nullsystem sind die Knotenspannungen mit ihren Änderungen identisch. Im Mitsystem sind noch die stationären Anfangswerte zu überlagern:

$$\begin{bmatrix} \underline{U}_{1K1} \\ \underline{U}_{1K2} \\ \underline{U}_{1K3} \\ \underline{U}_{1K4} \end{bmatrix} = \begin{bmatrix} \underline{U}^{b}_{1K1} \\ \underline{U}^{b}_{1K2} \\ \underline{U}^{b}_{1K3} \\ \underline{U}^{b}_{1K4} \end{bmatrix} + \begin{bmatrix} \underline{U}^{\Delta}_{1K1} \\ \underline{U}^{\Delta}_{1K2} \\ \underline{U}^{\Delta}_{1K3} \\ \underline{U}^{\Delta}_{1K4} \end{bmatrix} = \begin{bmatrix} 103 \\ 102 \\ 100 \\ 97 \end{bmatrix} \text{kV} - \begin{bmatrix} 8{,}\overline{3} \\ 12{,}5 \\ 20{,}8\overline{3} \\ 8{,}\overline{3} \end{bmatrix} \text{kV}$$

$$= \begin{bmatrix} 94{,}\overline{6} \\ 89{,}5 \\ 79{,}1\overline{6} \\ 88{,}\overline{6} \end{bmatrix} \text{kV}$$

Mit den Komponenten der Knotenspannungen können nun wieder die Komponenten der Teilkurzschlussströme auf den Leitungen und der Einspeisungen berechnet entsprechend den Gln. 5.212 bis 5.218 berechnet werden.

Anschließend ist noch die Rücktransformation in Leiterkoordinaten vorzunehmen, auf die hier verzichtet wird.

5.7.2 Berechnung von Unterbrechungen nach dem Überlagerungsverfahren

Das Knotenspannungs-Gleichungssystem der Symmetrischen Komponenten wird wie im Abschn. 5.5 durch Anhängen einer Zeile und Spalte für den Hilfsknoten H erweitert. Die Unterbrechungsstelle wird dreipolig geöffnet und die vorher oder nachher über die Überbrechungsstellen fließenden Ströme werden den beidseitigen Knoten F und H mit einheitlichem Zählpfeil (vom Knoten wegführend) zugeordnet, so dass sie jeweils entgegengesetzt gleich sind (s. Abb. 5.10). Das so erweiterte Gleichungssystem hat dann die Form:

$$\underline{\boldsymbol{Y}}_{1\mathrm{KK}}\underline{\boldsymbol{u}}_{1\mathrm{K}} = \underline{\boldsymbol{i}}_{1\mathrm{L}} + \underline{\boldsymbol{i}}_{1\mathrm{Q}} \tag{5.221}$$

$$\underline{\boldsymbol{Y}}_{2\mathrm{KK}}\underline{\boldsymbol{u}}_{2\mathrm{K}} = \underline{\boldsymbol{i}}_{2\mathrm{L}} \tag{5.222}$$

$$\underline{\boldsymbol{Y}}_{0\mathrm{KK}}\underline{\boldsymbol{u}}_{0\mathrm{K}} = \underline{\boldsymbol{i}}_{0\mathrm{L}} \tag{5.223}$$

Die Vektoren $\underline{\boldsymbol{i}}_{1\mathrm{L}}$, $\underline{\boldsymbol{i}}_{2\mathrm{L}}$ und $\underline{\boldsymbol{i}}_{0\mathrm{L}}$ enthalten nur die an der Unterbrechungsstelle eingeführten Knotenströme. Der symmetrische stationäre Zustand wird durch folgende Gleichungen beschrieben, wobei die Knotenspannungen an den Knoten F1 und H1 gleich und die Knotenströme an H1 und F1 entgegengesetzt gleich sind (s. das folgende Beispiel 5.8).

$$\underline{\boldsymbol{Y}}_{1\mathrm{KK}}\underline{\boldsymbol{u}}^{\mathrm{b}}_{1\mathrm{K}} = \underline{\boldsymbol{i}}^{\mathrm{b}}_{1\mathrm{L}} + \underline{\boldsymbol{i}}_{1\mathrm{Q}} \tag{5.224}$$

$$\underline{\boldsymbol{Y}}_{2\mathrm{KK}}\underline{\boldsymbol{u}}^{\mathrm{b}}_{2\mathrm{K}} = \mathbf{o} \tag{5.225}$$

$$\underline{\boldsymbol{Y}}_{0\mathrm{KK}}\underline{\boldsymbol{u}}^{\mathrm{b}}_{0\mathrm{K}} = \mathbf{o} \tag{5.226}$$

Nach Abzug der Gln. 5.224 bis 5.226 von den Gln. 5.221 bis 5.223 erhält man für den Änderungszustand:

$$\underline{\boldsymbol{Y}}_{1\mathrm{KK}}\left(\underline{\boldsymbol{u}}_{1\mathrm{K}} - \underline{\boldsymbol{u}}^{\mathrm{b}}_{1\mathrm{K}}\right) = \underline{\boldsymbol{Y}}_{1\mathrm{KK}}\underline{\boldsymbol{u}}^{\Delta}_{1\mathrm{K}} = \underline{\boldsymbol{i}}_{1\mathrm{L}} - \underline{\boldsymbol{i}}^{\mathrm{b}}_{1\mathrm{L}} = \underline{\boldsymbol{i}}^{\Delta}_{1\mathrm{L}} \tag{5.227}$$

$$\underline{\boldsymbol{Y}}_{2\mathrm{KK}}(\underline{\boldsymbol{u}}_{2\mathrm{K}} - \mathbf{o}) = \underline{\boldsymbol{Y}}_{2\mathrm{KK}}\underline{\boldsymbol{u}}^{\Delta}_{2\mathrm{K}} = \underline{\boldsymbol{i}}_{0\mathrm{L}} - \mathbf{o} = \underline{\boldsymbol{i}}^{\Delta}_{2\mathrm{L}} \tag{5.228}$$

$$\underline{\boldsymbol{Y}}_{0\mathrm{KK}}(\underline{\boldsymbol{u}}_{0\mathrm{K}} - \mathbf{o}) = \underline{\boldsymbol{Y}}_{0\mathrm{KK}}\underline{\boldsymbol{u}}^{\Delta}_{0\mathrm{K}} = \underline{\boldsymbol{i}}_{0\mathrm{L}} - \mathbf{o} = \underline{\boldsymbol{i}}^{\Delta}_{0\mathrm{L}} \tag{5.229}$$

und aufgelöst nach den Spannungsänderungen:

$$\underline{\boldsymbol{u}}^{\Delta}_{1\mathrm{K}}\underline{\boldsymbol{Y}}^{-1}_{1\mathrm{KK}}\underline{\boldsymbol{i}}^{\Delta}_{1\mathrm{L}} = \underline{\boldsymbol{Z}}_{1\mathrm{KK}}\underline{\boldsymbol{i}}^{\Delta}_{1\mathrm{L}} \tag{5.230}$$

$$\underline{\boldsymbol{u}}^{\Delta}_{2\mathrm{K}}\underline{\boldsymbol{Y}}^{-1}_{2\mathrm{KK}}\underline{\boldsymbol{i}}^{\Delta}_{2\mathrm{L}} = \underline{\boldsymbol{Z}}_{2\mathrm{KK}}\underline{\boldsymbol{i}}^{\Delta}_{2\mathrm{L}} \tag{5.231}$$

$$\underline{\boldsymbol{u}}^{\Delta}_{0\mathrm{K}}\underline{\boldsymbol{Y}}^{-1}_{0\mathrm{KK}}\underline{\boldsymbol{i}}^{\Delta}_{0\mathrm{L}} = \underline{\boldsymbol{Z}}_{0\mathrm{KK}}\underline{\boldsymbol{i}}^{\Delta}_{0\mathrm{L}} \tag{5.232}$$

Die Spannungen an der Unterbrechungsstelle ergeben sich aus den Differenzen der Änderungen der Knotenspannungen des Fehlerknotens und des zugehörigen Hilfsknotens. So gilt beispielsweise für $\mathrm{F} = \mathrm{K}u$ und $\mathrm{H} = \mathrm{K}v$:

$$\underline{U}_{i\mathrm{F}} = \underline{U}^{\Delta}_{i\mathrm{K}u} - \underline{U}^{\Delta}_{i\mathrm{K}v} \quad (i = 1, 2, 0) \tag{5.233}$$

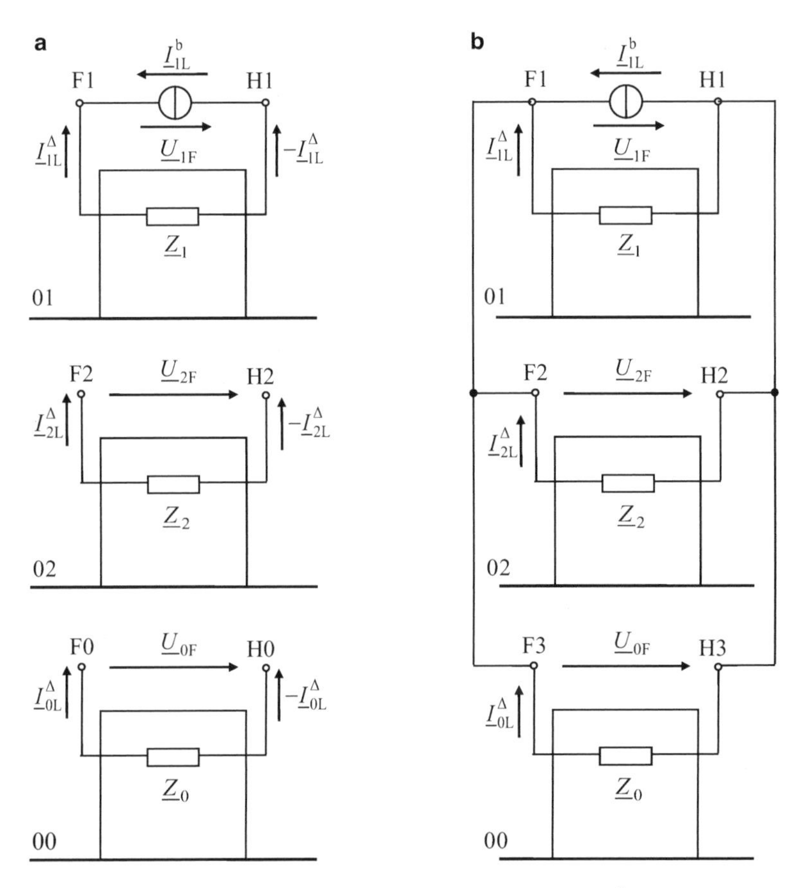

Abb. 5.16 Ersatzschaltpläne der Symmetrischen Komponenten für den Änderungszustand bei dreipoliger Unterbrechung (**a**) und einpoliger Unterbrechung im Leiter L1 (**b**)

Die jeweils letzte Zeile der Gln. 5.230 bis 5.232 wird von der jeweiligen Zeile des Fehlerknotens abgezogen und mit der Differenz überschrieben. Anschließend wird noch die Differenz der zum Fehlerknoten gehörenden und letzten Spalte gebildet und damit die letzte Spalte überschrieben. Man erhält so, noch mit den allgemeinen Bezeichnungen an der Unterbrechungsstelle wie in Abb. 5.16 (zu Einzelheiten siehe das folgende Beispiel):

$$\begin{bmatrix} \underline{\boldsymbol{u}}_{1K}^{\Delta} \\ \underline{U}_{1F} \end{bmatrix} = \begin{bmatrix} \underline{\boldsymbol{Z}}_{1KK} & \underline{\boldsymbol{z}}_{1KF} \\ \underline{\boldsymbol{z}}_{1KF}^{T} & -\underline{Z}_{1} \end{bmatrix} \begin{bmatrix} \mathbf{o} \\ \underline{I}_{1L}^{\Delta} \end{bmatrix} = \begin{bmatrix} \underline{\boldsymbol{z}}_{1KF} \\ -\underline{Z}_{1} \end{bmatrix} \underline{I}_{1L}^{\Delta} \tag{5.234}$$

$$\begin{bmatrix} \underline{\boldsymbol{u}}_{2K}^{\Delta} \\ \underline{U}_{2F} \end{bmatrix} = \begin{bmatrix} \underline{\boldsymbol{Z}}_{2KK} & \underline{\boldsymbol{z}}_{2KF} \\ \underline{\boldsymbol{z}}_{2KF}^{T} & -\underline{Z}_{2} \end{bmatrix} \begin{bmatrix} \mathbf{o} \\ \underline{I}_{2L}^{\Delta} \end{bmatrix} = \begin{bmatrix} \underline{\boldsymbol{z}}_{2KF} \\ -\underline{Z}_{2} \end{bmatrix} \underline{I}_{2L}^{\Delta} \tag{5.235}$$

$$\begin{bmatrix} \underline{\boldsymbol{u}}_{0K}^{\Delta} \\ \underline{U}_{0F} \end{bmatrix} = \begin{bmatrix} \underline{\boldsymbol{Z}}_{0KK} & \underline{\boldsymbol{z}}_{0KF} \\ \underline{\boldsymbol{z}}_{0KF}^{T} & -\underline{Z}_{0} \end{bmatrix} \begin{bmatrix} \mathbf{o} \\ \underline{I}_{0L}^{\Delta} \end{bmatrix} = \begin{bmatrix} \underline{\boldsymbol{z}}_{0KF} \\ -\underline{Z}_{0} \end{bmatrix} \underline{I}_{0L}^{\Delta} \tag{5.236}$$

Die Impedanzen $\underline{Z}_1$, $\underline{Z}_2$ und $\underline{Z}_0$ sind die Torimpedanzen der Komponentennetze von der Unterbrechungsstelle aus gesehen (s. auch die Gln. 5.106 bis 5.108).

Aus der jeweils letzten Zeile der Gln. 5.234 bis 5.236 folgt:

$$\underline{U}_{1F} = \underline{Z}_1 \underline{I}_{1L}^{\Delta} \quad \text{oder} \tag{5.237a}$$

$$\underline{I}_{1L}^{\Delta} = -\underline{Z}_1^{-1} \underline{U}_{1F} = -Y_1 \underline{U}_{1F} \tag{5.237b}$$

$$\underline{U}_{2F} = \underline{Z}_2 \underline{I}_{2L}^{\Delta} \quad \text{oder} \tag{5.238a}$$

$$\underline{I}_{2L}^{\Delta} = -\underline{Z}_2^{-1} \underline{U}_{2F} = -Y_2 \underline{U}_{2F} \tag{5.238b}$$

$$\underline{U}_{0F} = \underline{Z}_0 \underline{I}_{0L}^{\Delta} \quad \text{oder} \tag{5.239a}$$

$$\underline{I}_{0L}^{\Delta} = -\underline{Z}_0^{-1} \underline{U}_{0F} = -Y_0 \underline{U}_{0F} \tag{5.239b}$$

Auf die Gln. 5.237 bis 5.239 werden die bereits in Tab. 5.13 zusammengestellten Fehlerbedingungen angewendet, wobei für die einpolige Unterbrechung im Leiter 1 die Form b benötigt wird. Mit den bekannten Stromänderungen können die Knotenspannungsänderungen nach den Gln. 5.234 bis 5.236 berechnet werden. Schließlich sind noch die stationären Anfangswerte zu überlagern.

Die folgende Abb. 5.16 zeigt die Schaltung der Komponentennetze für die dreipolige und einpolige Unterbrechung.

Im Sonderfall der *dreipoligen* Unterbrechung erhält man aus Gl. 5.234

$$\begin{bmatrix} \underline{\boldsymbol{u}}_{1K}^{\Delta} \\ \underline{U}_{1F} \end{bmatrix} = \begin{bmatrix} \underline{\boldsymbol{z}}_{1KF} \\ -\underline{Z}_1 \end{bmatrix} \left(-\underline{I}_{1L}^{b}\right) \tag{5.240}$$

Beispiel 5.8

Für das 4-Knoten-Netz im Beispiel 5.3, Abb. 5.7 sollen die dreipolige und einpolige Unterbrechung im Leiter 1 der Leitung 2 am Knoten 3 nach dem Überlagerungsverfahren für folgenden stationären Anfangszustand berechnet werden.

$$\begin{bmatrix} \underline{U}_{1K1}^{b} \\ \underline{U}_{1K2}^{b} \\ \underline{U}_{1K3}^{b} \\ \underline{U}_{1K4}^{b} \end{bmatrix} = \begin{bmatrix} 101{,}2 \\ 101{,}8 \\ 103{,}0 \\ 104{,}8 \end{bmatrix} \text{kV}$$

Der Strom auf der Leitung 2 am Knoten 3 vor der Unterbrechung ist gleich dem Strom im Leiter 1:

$$\underline{I}_{1L,L2}^{b} = \underline{I}_{L1,L2}^{b} = \underline{Y}_{1L2}\left(\underline{U}_{1K3}^{b} - \underline{U}_{1K2}^{b}\right) = -\text{j}0{,}25\,\text{S} \cdot (103{,}0 - 101{,}8)\ \text{kV} = -\text{j}0{,}3\,\text{kA}$$

Er wird dem Knoten 3 mit gleichem Vorzeichen und dem Knoten 5 mit umgekehrten Vorzeichen zugeordnet. Damit lautet die Gl. 5.224 für den stationären Anfangszustand, aus dem die Quellenströme der Netzeinspeisungen zu $\underline{I}_{1qN1} = \text{j}50\,\text{kA}$ und $\underline{I}_{1qN2} = \text{j}53\,\text{kA}$ berechnet werden können (Admittanzen in S, Spannungen in kV, Ströme in kA):

$$\text{j}\left[\begin{array}{cccc|c} 1{,}5 & -1 & 0 & 0 & 0 \\ -1 & 1{,}5 & -0{,}25 & 0 & -0{,}25 \\ 0 & -0{,}25 & 0{,}58\overline{3} & -0{,}\overline{3} & 0 \\ 0 & 0 & -0{,}\overline{3} & 0{,}8\overline{3} & 0 \\ \hline 0 & -0{,}25 & 0 & 0 & 0{,}25 \end{array}\right]\left[\begin{array}{c} 101{,}2 \\ 101{,}8 \\ 103{,}0 \\ 104{,}8 \\ \hline 103{,}0 \end{array}\right] = \left[\begin{array}{c} 0 \\ 0 \\ -\text{j}0{,}3 \\ 0 \\ \hline \text{j}0{,}3 \end{array}\right] + \left[\begin{array}{c} \underline{I}_{1qN1} \\ 0 \\ 0 \\ \underline{I}_{1qN2} \\ \hline 0 \end{array}\right]$$

Das um den Hilfsknoten (Knoten 5) erweiterte Knotenspannungs-Gleichungssystem für den Änderungszustand ist den Gln. 5.227 bis 5.229 entsprechend (s. das Beispiel 5.5):

$$\text{j}\left[\begin{array}{cccc|c} 1{,}5 & -1 & 0 & 0 & 0 \\ -1 & 1{,}5 & -0{,}25 & 0 & -0{,}25 \\ 0 & -0{,}25 & 0{,}58\overline{3} & -0{,}\overline{3} & 0 \\ 0 & 0 & -0{,}\overline{3} & 0{,}8\overline{3} & 0 \\ \hline 0 & -0{,}25 & 0 & 0 & 0{,}25 \end{array}\right]\left[\begin{array}{c} \underline{U}^{\Delta}_{1\text{K}1} \\ \underline{U}^{\Delta}_{1\text{K}2} \\ \underline{U}^{\Delta}_{1\text{K}3} \\ \underline{U}^{\Delta}_{1\text{K}4} \\ \hline \underline{U}^{\Delta}_{1\text{K}5} \end{array}\right] = \left[\begin{array}{c} 0 \\ 0 \\ \underline{I}^{\Delta}_{1\text{K}3} \\ 0 \\ \hline -\underline{I}^{\Delta}_{1\text{K}3} \end{array}\right]$$

$$\text{j}\left[\begin{array}{cccc|c} 1{,}5 & -1 & 0 & 0 & 0 \\ -1 & 1{,}5 & -0{,}25 & 0 & -0{,}25 \\ 0 & -0{,}25 & 0{,}58\overline{3} & -0{,}\overline{3} & 0 \\ 0 & 0 & -0{,}\overline{3} & 0{,}8\overline{3} & 0 \\ \hline 0 & -0{,}25 & 0 & 0 & 0{,}25 \end{array}\right]\left[\begin{array}{c} \underline{U}^{\Delta}_{2\text{K}1} \\ \underline{U}^{\Delta}_{2\text{K}2} \\ \underline{U}^{\Delta}_{2\text{K}3} \\ \underline{U}^{\Delta}_{2\text{K}4} \\ \hline \underline{U}^{\Delta}_{2\text{K}5} \end{array}\right] = \left[\begin{array}{c} 0 \\ 0 \\ \underline{I}^{\Delta}_{2\text{K}3} \\ 0 \\ \hline -\underline{I}^{\Delta}_{2\text{K}3} \end{array}\right]$$

$$\text{j}\left[\begin{array}{cccc|c} 0{,}5 & -0{,}5 & 0 & 0 & 0 \\ -0{,}5 & 0{,}75 & -0{,}125 & 0 & -0{,}125 \\ 0 & -0{,}125 & 0{,}325 & -0{,}2 & 0 \\ 0 & 0 & -0{,}2 & 0{,}7 & 0 \\ \hline 0 & -0{,}125 & 0 & 0 & 0{,}125 \end{array}\right]\left[\begin{array}{c} \underline{U}^{\Delta}_{0\text{K}1} \\ \underline{U}^{\Delta}_{0\text{K}2} \\ \underline{U}^{\Delta}_{0\text{K}3} \\ \underline{U}^{\Delta}_{0\text{K}4} \\ \hline \underline{U}^{\Delta}_{0\text{K}5} \end{array}\right] = \left[\begin{array}{c} 0 \\ 0 \\ \underline{I}^{\Delta}_{0\text{K}3} \\ 0 \\ \hline -\underline{I}^{\Delta}_{0\text{K}3} \end{array}\right]$$

Die Gln. 5.234 bis 5.236 lauten mit $\underline{I}^{\Delta}_{i\text{L}} = \underline{I}^{\Delta}_{i\text{K}3}$ $(i = 1, 2, 0)$:

$$\left[\begin{array}{c} \underline{U}^{\Delta}_{1\text{K}1} \\ \underline{U}^{\Delta}_{1\text{K}2} \\ \underline{U}^{\Delta}_{1\text{K}3} \\ \underline{U}^{\Delta}_{1\text{K}4} \\ \hline \underline{U}_{1\text{F}} \end{array}\right] = \text{j}\left[\begin{array}{c} 0{,}\overline{6} \\ 1{,}0 \\ -1{,}\overline{6} \\ -6{,}\overline{6} \\ \hline -6{,}\overline{6} \end{array}\right]\underline{I}^{\Delta}_{1\text{K}3}; \quad \left[\begin{array}{c} \underline{U}^{\Delta}_{2\text{K}1} \\ \underline{U}^{\Delta}_{2\text{K}2} \\ \underline{U}^{\Delta}_{2\text{K}3} \\ \underline{U}^{\Delta}_{2\text{K}4} \\ \hline \underline{U}_{2\text{F}} \end{array}\right] = \text{j}\left[\begin{array}{c} 0{,}\overline{6} \\ 1{,}0 \\ -1{,}\overline{6} \\ -6{,}\overline{6} \\ \hline -6{,}\overline{6} \end{array}\right]\underline{I}^{\Delta}_{2\text{K}3};$$

$$\begin{bmatrix} \underline{U}_{0K1}^{\Delta} \\ \underline{U}_{0K2}^{\Delta} \\ \underline{U}_{0K3}^{\Delta} \\ \underline{U}_{0K4}^{\Delta} \\ \hline \underline{U}_{0F} \end{bmatrix} = \mathrm{j} \begin{bmatrix} 8{,}0 \\ 8{,}0 \\ 0 \\ 0 \\ \hline -16 \end{bmatrix} \underline{I}_{0K3}^{\Delta}$$

Für die *dreipolige* Unterbrechung folgt aus Gl. 5.240 mit $-\underline{I}_{1L}^{\mathrm{b}} = -\underline{I}_{1K3}^{\mathrm{b}} = \mathrm{j}0{,}3\,\mathrm{kA}$:

$$\begin{bmatrix} \underline{U}_{1K1}^{\Delta} \\ \underline{U}_{1K2}^{\Delta} \\ \underline{U}_{1K3}^{\Delta} \\ \underline{U}_{1K4}^{\Delta} \\ \hline \underline{U}_{1F} \end{bmatrix} = \mathrm{j} \begin{bmatrix} 0{,}\overline{6} \\ 1{,}0 \\ -1{,}\overline{6} \\ -6{,}\overline{6} \\ \hline -6{,}\overline{6} \end{bmatrix} \Omega \cdot \mathrm{j}0{,}3\,\mathrm{kA} = \begin{bmatrix} -0{,}2 \\ -0{,}3 \\ 0{,}5 \\ 0{,}2 \\ \hline 2{,}0 \end{bmatrix} \mathrm{kV}$$

und nach der Überlagerung des stationären Spannungsvektors:

$$\begin{bmatrix} \underline{U}_{1K1} \\ \underline{U}_{1K2} \\ \underline{U}_{1K3} \\ \underline{U}_{1K4} \\ \hline \underline{U}_{1F} \end{bmatrix} = \begin{bmatrix} 101{,}2 \\ 101{,}8 \\ 103{,}0 \\ 104{,}8 \\ \hline 0 \end{bmatrix} \mathrm{kV} + \begin{bmatrix} -0{,}2 \\ -0{,}3 \\ 0{,}5 \\ 0{,}2 \\ \hline 2{,}0 \end{bmatrix} \mathrm{kV} = \begin{bmatrix} 101{,}0 \\ 101{,}5 \\ 103{,}5 \\ 105{,}0 \\ \hline 2{,}0 \end{bmatrix} \mathrm{kV}$$

Für die *einpolige* Unterbrechung (Abb. 5.17) erhält man aus den Gln. 5.237 bis 5.239 und den Fehlerbedingungen in Tab. 5.13 zunächst:

$$\left(\underline{Y}_1 + \underline{Y}_2 + \underline{Y}_0\right) \underline{U}_{0F} = \underline{I}_{1L}^{\mathrm{b}} = \underline{I}_{1K3}^{\mathrm{b}}$$

$$\underline{U}_{0F} = \underline{U}_{1F} = \underline{U}_{2F} = \frac{\underline{I}_{1K3}^{\mathrm{b}}}{\underline{Y}_1 + \underline{Y}_2 + \underline{Y}_0} = \frac{-\mathrm{j}0{,}3\,\mathrm{kA}}{-\mathrm{j}(0{,}15 + 0{,}15 + 0{,}0625)\,\mathrm{S}}$$
$$= 0{,}8276\,\mathrm{kV} = \frac{1}{3}\underline{U}_{F1}$$

und nach den Gln. 5.237b bis 5.239b:

$$\underline{I}_{1K3}^{\Delta} = -\underline{Y}_1 \underline{U}_{1F} = -\frac{\underline{Y}_1}{\underline{Y}_1 + \underline{Y}_2 + \underline{Y}_0} \underline{I}_{1K3}^{\mathrm{b}} = \mathrm{j}0{,}1241\,\mathrm{kA}$$

$$\underline{I}_{2K3}^{\Delta} = -\underline{Y}_2 \underline{U}_{2F} = -\frac{\underline{Y}_2}{\underline{Y}_1 + \underline{Y}_2 + \underline{Y}_0} \underline{I}_{1K3}^{\mathrm{b}} = \mathrm{j}0{,}1241\,\mathrm{kA}$$

$$\underline{I}_{0K3}^{\Delta} = -\underline{Y}_0 \underline{U}_{0F} = -\frac{\underline{Y}_0}{\underline{Y}_1 + \underline{Y}_2 + \underline{Y}_0} \underline{I}_{1K3}^{\mathrm{b}} = \mathrm{j}0{,}05172\,\mathrm{kA}$$

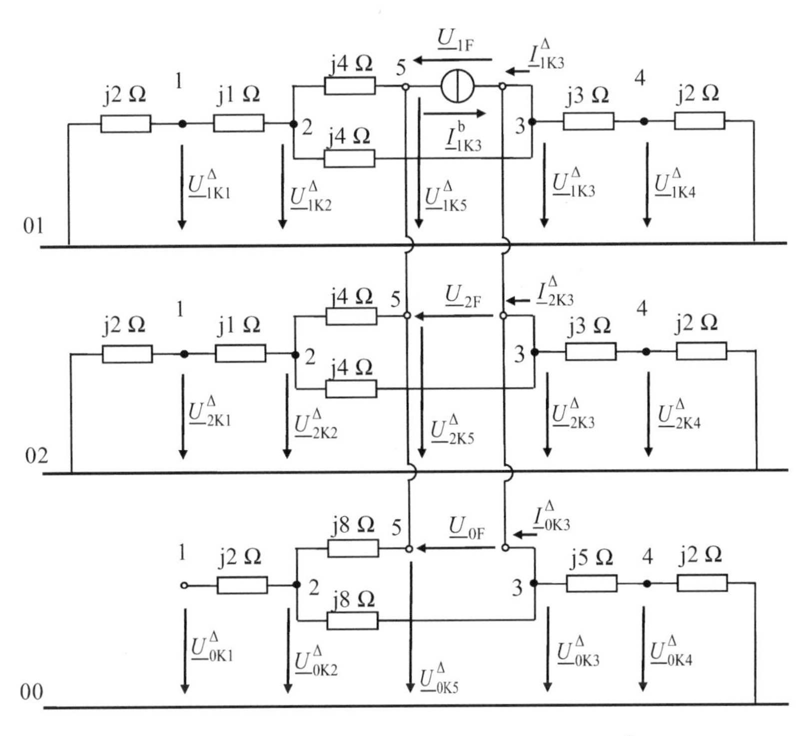

Abb. 5.17 Ersatzschaltpläne der Symmetrischen Komponenten für den Änderungszustand bei einpoliger Unterbrechung im Leiter L1

Schließlich liefern die Gln. 5.234 bis 5.236 die Spannungsänderungen an den Knoten und nochmals die Spannungen über den Unterbrechungsstellen der Symmetrischen Komponenten (mit einem Rundungsfehler):

$$\begin{bmatrix} \underline{U}^{\Delta}_{1K1} \\ \underline{U}^{\Delta}_{1K2} \\ \underline{U}^{\Delta}_{1K3} \\ \underline{U}^{\Delta}_{1K4} \\ \hline \underline{U}_{1F} \end{bmatrix} = \begin{bmatrix} \underline{U}^{\Delta}_{2K1} \\ \underline{U}^{\Delta}_{2K2} \\ \underline{U}^{\Delta}_{2K3} \\ \underline{U}^{\Delta}_{2K4} \\ \hline \underline{U}_{2F} \end{bmatrix} = \mathrm{j} \begin{bmatrix} 0{,}\overline{6} \\ 1{,}0 \\ -1{,}\overline{6} \\ -6{,}\overline{6} \\ \hline -6{,}\overline{6} \end{bmatrix} \Omega \cdot \mathrm{j}0{,}1241\,\mathrm{kA} = \begin{bmatrix} -0{,}0828 \\ -0{,}1241 \\ 0{,}2069 \\ 0{,}0828 \\ \hline 0{,}8276 \end{bmatrix} \mathrm{kV};$$

$$\begin{bmatrix} \underline{U}^{\Delta}_{0K1} \\ \underline{U}^{\Delta}_{0K2} \\ \underline{U}^{\Delta}_{0K3} \\ \underline{U}^{\Delta}_{0K4} \\ \hline \underline{U}_{0F} \end{bmatrix} = \mathrm{j} \begin{bmatrix} 8{,}0 \\ 8{,}0 \\ 0 \\ 0 \\ \hline -16 \end{bmatrix} \Omega \cdot \mathrm{j}0{,}05172\,\mathrm{kA} = \mathrm{j} \begin{bmatrix} -0{,}4138 \\ -0{,}4138 \\ 0 \\ 0 \\ \hline 0{,}8276 \end{bmatrix} \mathrm{kV}$$

Im Gegen- und Nullsystem entsprechen die Knotenspannungen ihren Änderungen. Im Mitsystem sind noch die stationären Anfangswerte zu überlagern:

$$\begin{bmatrix} \underline{U}_{1K1} \\ \underline{U}_{1K2} \\ \underline{U}_{1K3} \\ \underline{U}_{1K4} \\ \hline \underline{U}_{1F} \end{bmatrix} = \begin{bmatrix} \underline{U}^{b}_{1K1} \\ \underline{U}^{b}_{1K2} \\ \underline{U}^{b}_{1K3} \\ \underline{U}^{b}_{1K4} \\ \hline \underline{U}^{b}_{1F} \end{bmatrix} + \begin{bmatrix} \underline{U}^{\Delta}_{1K1} \\ \underline{U}^{\Delta}_{1K2} \\ \underline{U}^{\Delta}_{1K3} \\ \underline{U}^{\Delta}_{1K4} \\ \hline \underline{U}_{1F} \end{bmatrix} = \begin{bmatrix} 101{,}2 \\ 101{,}8 \\ 103{,}0 \\ 104{,}8 \\ \hline 0 \end{bmatrix} \text{kV} + \begin{bmatrix} -0{,}0828 \\ -0{,}1241 \\ 0{,}2069 \\ 0{,}0828 \\ \hline 0{,}8276 \end{bmatrix} \text{kV}$$

$$= \begin{bmatrix} 101{,}1172 \\ 101{,}6759 \\ 103{,}2069 \\ 104{,}8828 \\ \hline 0{,}8276 \end{bmatrix} \text{kV}$$

6 Fehlermatrizenverfahren

Das Fehlermatrizenverfahren beruht auf der systematischen Nachbildung der Quer- und Längsfehler mit Hilfe von Fehlermatrizen. Für jeden Fehler lässt sich eine charakteristische Fehlermatrix in Form einer 3×3-Inzidenzmatrix angeben.

Die Nachbildung von Quer- und Längsfehlern als Einfach- oder Mehrfachfehler in beliebiger Konstellation erfolgt einheitlich durch einfache Matrixoperationen mit den entsprechenden Fehlermatrizen am Knotenspannungs-Gleichungssystem und an den Betriebsmittelgleichungen, wobei die Ordnung und die Form der Gleichungssysteme erhalten bleiben. Es entfallen also weder Knoten noch müssen Hilfsknoten, wie bei den klassischen Methoden der Fehlerberechnung (s. Kap. 5) eingeführt werden.

Die Querfehler können mit oder ohne Fehlerimpedanzen und die Längsfehler mit oder ohne Fehleradmittanzen nachgebildet werden. Die Nachbildung widerstandsloser Kurzschlüsse und vollständiger Unterbrechungen ist exakt ohne die bei manchen Rechenverfahren vorausgesetzten verschwindend klein angenommenen Fehlerimpedanzen oder Fehleradmittanzen möglich.

6.1 Fehlermatrizen

Die Fehlerbedingungen für die Kurzschlüsse mit Fehlerimpedanzen und Unterbrechungen mit Fehleradmittanzen sind in der Tab. 6.1 für die Hauptfehler (symmetrisch zum Bezugsleiter L1 angeordneten Fehler) nochmals zusammengestellt.

Im Gegensatz zu Tab. 5.2 sind jetzt aber unterschiedliche Fehlerimpedanzen $\underline{Z}_{Fi}$ bzw. Fehleradmittanzen $\underline{Y}_{Fi}$ $(i = 1, 2, 3)$ in den einzelnen Leitern zugelassen. Sie können beliebig, so auch Null sein.

Sämtliche Fehlerbedingungen werden einheitlich durch eine 3×3-Inzidenzmatrix, die Fehlermatrix $\boldsymbol{F}$, deren transponierte Matrix $\boldsymbol{F}^{\mathrm{T}}$ und die 3×3-Einheitsmatrix $\boldsymbol{E}$ wie folgt formuliert.

B.R. Oswald, *Berechnung von Drehstromnetzen*, DOI 10.1007/978-3-658-14405-0_6

Tab. 6.1 Fehlerbedingungen für die Kurzschlüsse und Unterbrechungen (Hauptfehler)

Kurzschlüsse (Querfehler)		Unterbrechungen (Längsfehler)	
ohne	$\underline{I}_{F1} = 0$ $\underline{I}_{F2} = 0$ $\underline{I}_{F3} = 0$	ohne	$\underline{U}_{F1} = 0$ $\underline{U}_{F2} = 0$ $\underline{U}_{F3} = 0$
1-pol. EKS L1-E	$\underline{U}_{L1} - \underline{Z}_{F1}\underline{I}_{F1} = 0$ $\underline{I}_{F2} = 0$ $\underline{I}_{F3} = 0$	1-pol. UB L1	$\underline{I}_{L1} - \underline{Y}_{F1}\underline{U}_{F1} = 0$ $\underline{U}_{F2} = 0$ $\underline{U}_{F3} = 0$
2-pol. EKS L2-L3-E	$\underline{I}_{F1} = 0$ $\underline{U}_{L2} - \underline{Z}_{F2}\underline{I}_{F2} = 0$ $\underline{U}_{L3} - \underline{Z}_{F3}\underline{I}_{F3} = 0$	2-pol. UB L2 und L3	$\underline{U}_{F1} = 0$ $\underline{I}_{L2} - \underline{Y}_{F2}\underline{U}_{F2} = 0$ $\underline{I}_{L3} - \underline{Y}_{F3}\underline{U}_{F3} = 0$
3-pol. EKS L1-L2-L3-E	$\underline{U}_{L1} - \underline{Z}_{F1}\underline{I}_{F1} = 0$ $\underline{U}_{L2} - \underline{Z}_{F2}\underline{I}_{F2} = 0$ $\underline{U}_{L3} - \underline{Z}_{F3}\underline{I}_{F3} = 0$	3-pol. UB	$\underline{I}_{L1} - \underline{Y}_{F1}\underline{U}_{F1} = 0$ $\underline{I}_{L2} - \underline{Y}_{F2}\underline{U}_{F2} = 0$ $\underline{I}_{L3} - \underline{Y}_{F3}\underline{U}_{F3} = 0$
2-pol. KS L2-L3	$\underline{I}_{F1} = 0$ $\underline{I}_{F2} + \underline{I}_{F3} = 0$ $(\underline{U}_{L3} - \underline{Z}_{F3}\underline{I}_{F3}) - (\underline{U}_{L2} - \underline{Z}_{F2}\underline{I}_{F2}) = 0$		
3-pol. KS L1-L2-L3	$\underline{I}_{F1} + \underline{I}_{F2} + \underline{I}_{F3} = 0$ $(\underline{U}_{L2} - \underline{Z}_{F2}\underline{I}_{F2}) - (\underline{U}_{L1} - \underline{Z}_{F1}\underline{I}_{F1}) = 0$ $(\underline{U}_{L3} - \underline{Z}_{F3}\underline{I}_{F3}) - (\underline{U}_{L1} - \underline{Z}_{F1}\underline{I}_{F1}) = 0$		

Kurzschlüsse:

$$\boldsymbol{F}\begin{bmatrix} \underline{I}_{F1} \\ \underline{I}_{F2} \\ \underline{I}_{F3} \end{bmatrix} = \boldsymbol{F}\,\underline{\boldsymbol{i}}_{F} = \mathbf{o} \tag{6.1}$$

$$\begin{aligned}&\left(\boldsymbol{E} - \boldsymbol{F}^{T}\right)\left\{\begin{bmatrix} \underline{U}_{L1} \\ \underline{U}_{L2} \\ \underline{U}_{L3} \end{bmatrix} - \begin{bmatrix} \underline{Z}_{F1} & & \\ & \underline{Z}_{F2} & \\ & & \underline{Z}_{F3} \end{bmatrix}\begin{bmatrix} \underline{I}_{F1} \\ \underline{I}_{F2} \\ \underline{I}_{F3} \end{bmatrix}\right\} \\ &= \left(\boldsymbol{E} - \boldsymbol{F}^{T}\right)\left(\underline{\boldsymbol{u}}_{L} - \underline{\boldsymbol{Z}}_{F}\underline{\boldsymbol{i}}_{F}\right) = \mathbf{o}\end{aligned} \tag{6.2}$$

Unterbrechungen:

$$\boldsymbol{F}\begin{bmatrix} \underline{U}_{F1} \\ \underline{U}_{F2} \\ \underline{U}_{F3} \end{bmatrix} = \boldsymbol{F}\,\underline{\boldsymbol{u}}_{F} = \mathbf{o} \tag{6.3}$$

$$\begin{aligned}&\left(\boldsymbol{E} - \boldsymbol{F}^{T}\right)\left\{\begin{bmatrix} \underline{I}_{L1} \\ \underline{I}_{L2} \\ \underline{I}_{L3} \end{bmatrix} - \begin{bmatrix} \underline{Y}_{F1} & & \\ & \underline{Y}_{F2} & \\ & & \underline{Y}_{F3} \end{bmatrix}\begin{bmatrix} \underline{U}_{F1} \\ \underline{U}_{F2} \\ \underline{U}_{F3} \end{bmatrix}\right\} \\ &= \left(\boldsymbol{E} - \boldsymbol{F}^{T}\right)\left(\underline{\boldsymbol{i}}_{L} - \underline{\boldsymbol{Y}}_{F}\underline{\boldsymbol{u}}_{F}\right) = \mathbf{o}\end{aligned} \tag{6.4}$$

Tab. 6.2 Fehlermatrizen für die Hauptfehler

1-pol. EKS L1-E 1-pol. UB L1	2-pol. EKS L2-L3-E 2-pol. UB L2 und L3	3-pol. EKS L1-L2-L3-E 3-pol. Unterbrechung
$\begin{bmatrix} 0 & 0 & 0 \\ 0 & 1 & 0 \\ 0 & 0 & 1 \end{bmatrix}$	$\begin{bmatrix} 1 & 0 & 0 \\ 0 & 0 & 0 \\ 0 & 0 & 0 \end{bmatrix}$	$\begin{bmatrix} 0 & 0 & 0 \\ 0 & 0 & 0 \\ 0 & 0 & 0 \end{bmatrix}$
ohne Kurzschluss ohne Unterbrechung	2-pol. KS L2-L3	3-pol. KS L1-L2-L3
$\begin{bmatrix} 1 & 0 & 0 \\ 0 & 1 & 0 \\ 0 & 0 & 1 \end{bmatrix}$	$\begin{bmatrix} 1 & 0 & 0 \\ 0 & 1 & 1 \\ 0 & 0 & 0 \end{bmatrix}$	$\begin{bmatrix} 1 & 1 & 1 \\ 0 & 0 & 0 \\ 0 & 0 & 0 \end{bmatrix}$

Die entsprechenden Fehlermatrizen für die Hauptfehler sind aus der Tab. 6.2 ersichtlich, wobei die Erdkurzschlüsse und Unterbrechungen mit gleicher Fehlermatrix in einer Zelle zusammengefasst sind. Die Fehlerbedingungen dieser Fehlerpaare sind dual zueinander. Das ist auch für die fehlerfreien Zustände der Fall. Für die dualen Fehlerpaare und die fehlerfreien Zustände gilt $\boldsymbol{F}^{\mathrm{T}} = \boldsymbol{F}$.

Für die unsymmetrischen Fehler existieren neben den Hauptfehlern jeweils zwei weitere Fehlerkonstellationen, die unter vorläufiger Beibehaltung der Fehlermatrizen für die Hauptfehler dadurch berücksichtigt werden können, dass man die Reihenfolge der Größen (Spannungen und Ströme) an der Fehlerstelle wie folgt tauscht:

$$\begin{bmatrix} \underline{G}_2 \\ \underline{G}_3 \\ \underline{G}_1 \end{bmatrix} = \begin{bmatrix} 0 & 1 & 0 \\ 0 & 0 & 1 \\ 1 & 0 & 0 \end{bmatrix} \begin{bmatrix} \underline{G}_1 \\ \underline{G}_2 \\ \underline{G}_3 \end{bmatrix} \tag{6.5}$$

$$\begin{bmatrix} \underline{G}_3 \\ \underline{G}_1 \\ \underline{G}_2 \end{bmatrix} = \begin{bmatrix} 0 & 0 & 1 \\ 1 & 0 & 0 \\ 0 & 1 & 0 \end{bmatrix} \begin{bmatrix} \underline{G}_1 \\ \underline{G}_2 \\ \underline{G}_3 \end{bmatrix} \tag{6.6}$$

Bezeichnet man im Folgenden die Fehlermatrizen der Hauptfehler mit $\boldsymbol{F}'$ und die Inzidenzmatrizen in den Gln. 6.5 und 6.6 mit $\boldsymbol{K}$, so ergeben sich die Fehlermatrizen für eine beliebige Lage der Fehler aus der Beziehung

$$\boldsymbol{F} = \boldsymbol{K}^{\mathrm{T}} \boldsymbol{F}' \boldsymbol{K} \tag{6.7}$$

Für die Hauptfehler ist $\boldsymbol{K} = \boldsymbol{E}$, womit $\boldsymbol{F}$ in $\boldsymbol{F}'$ übergeht.

Beispiel 6.1

Für den einpoligen Kurzschluss im Leiter L2 über die Impedanz $\underline{Z}_{F2}$ gilt nach Gl. 6.1 mit Gl. 6.7 und der Fehlermatrix $\boldsymbol{F}'$ aus der Tab. 6.2 sowie der Matrix $\boldsymbol{K}$ aus Gl. 6.5:

$$\boldsymbol{F}\,\underline{\boldsymbol{i}}_{\mathrm{F}} = \boldsymbol{K}^{\mathrm{T}}\boldsymbol{F}'\boldsymbol{K}\,\underline{\boldsymbol{i}}_{\mathrm{F}} = \begin{bmatrix} 0 & 0 & 1 \\ 1 & 0 & 0 \\ 0 & 1 & 0 \end{bmatrix}\begin{bmatrix} 0 & 0 & 0 \\ 0 & 1 & 0 \\ 0 & 0 & 1 \end{bmatrix}\begin{bmatrix} 0 & 1 & 0 \\ 0 & 0 & 1 \\ 1 & 0 & 0 \end{bmatrix}\begin{bmatrix} \underline{I}_{\mathrm{F1}} \\ \underline{I}_{\mathrm{F2}} \\ \underline{I}_{\mathrm{F3}} \end{bmatrix}$$
$$= \begin{bmatrix} 1 & 0 & 0 \\ 0 & 0 & 0 \\ 0 & 0 & 1 \end{bmatrix}\begin{bmatrix} \underline{I}_{\mathrm{F1}} \\ \underline{I}_{\mathrm{F2}} \\ \underline{I}_{\mathrm{F3}} \end{bmatrix} = \mathbf{o} \tag{6.8}$$

und nach Gl. 6.2:

$$(\boldsymbol{E} - \boldsymbol{F}^{\mathrm{T}})(\underline{\boldsymbol{u}}_{\mathrm{L}} - \underline{\boldsymbol{Z}}_{\mathrm{F}}\underline{\boldsymbol{i}}_{\mathrm{F}}) = (\boldsymbol{E} - \boldsymbol{K}^{\mathrm{T}}\boldsymbol{F}'^{\mathrm{T}}\boldsymbol{K})(\underline{\boldsymbol{u}}_{\mathrm{L}} - \underline{\boldsymbol{Z}}_{\mathrm{F}}\underline{\boldsymbol{i}}_{\mathrm{F}})$$
$$= \left\{\begin{bmatrix} 1 & 0 & 0 \\ 0 & 1 & 0 \\ 0 & 0 & 1 \end{bmatrix} - \begin{bmatrix} 0 & 0 & 1 \\ 1 & 0 & 0 \\ 0 & 1 & 0 \end{bmatrix}\begin{bmatrix} 0 & 0 & 0 \\ 0 & 1 & 0 \\ 0 & 0 & 1 \end{bmatrix}\begin{bmatrix} 0 & 1 & 0 \\ 0 & 0 & 1 \\ 1 & 0 & 0 \end{bmatrix}\right\}$$
$$\times \left\{\begin{bmatrix} \underline{U}_{\mathrm{L1}} \\ \underline{U}_{\mathrm{L2}} \\ \underline{U}_{\mathrm{L3}} \end{bmatrix} - \begin{bmatrix} \underline{Z}_{\mathrm{F1}} & 0 & 0 \\ 0 & \underline{Z}_{\mathrm{F2}} & 0 \\ 0 & 0 & \underline{Z}_{\mathrm{F3}} \end{bmatrix}\begin{bmatrix} \underline{I}_{\mathrm{F1}} \\ \underline{I}_{\mathrm{F2}} \\ \underline{I}_{\mathrm{F3}} \end{bmatrix}\right\}$$
$$= \begin{bmatrix} 0 & 0 & 0 \\ 0 & 1 & 0 \\ 0 & 0 & 0 \end{bmatrix}\left\{\begin{bmatrix} \underline{U}_{\mathrm{L1}} \\ \underline{U}_{\mathrm{L2}} \\ \underline{U}_{\mathrm{L3}} \end{bmatrix} - \begin{bmatrix} \underline{Z}_{\mathrm{F1}} & 0 & 0 \\ 0 & \underline{Z}_{\mathrm{F2}} & 0 \\ 0 & 0 & \underline{Z}_{\mathrm{F3}} \end{bmatrix}\begin{bmatrix} \underline{I}_{\mathrm{F1}} \\ \underline{I}_{\mathrm{F2}} \\ \underline{I}_{\mathrm{F3}} \end{bmatrix}\right\} = \mathbf{o} \tag{6.9}$$

Die Gln. 6.8 und 6.9 kann man natürlich auch sofort anschreiben, indem man Elemente der Fehlermatrix entsprechend der Fehlerkonstellation anordnet.

Aus Gl. 6.9 ist ersichtlich, dass die Fehlerimpedanzen der nicht betroffenen Leiter (hier $\underline{Z}_{\mathrm{F1}}$ und $\underline{Z}_{\mathrm{F3}}$) keine Rolle spielen, also beliebig angenommen werden können. Man wird deshalb im Computerprogramm die nicht beteiligten Fehlerimpedanzen und ebenso bei den Unterbrechungen die nicht beteiligten Fehleradmittanzen gewöhnlich Null setzen.

6.2 Fehlermatrizen in Symmetrischen Komponenten

Die Einführung der Symmetrischen Komponenten (Index S) für die Fehlerströme in Gl. 6.1 erfolgt nach der bekannten Beziehung:

$$\underline{\boldsymbol{i}}_{\mathrm{F}} = \begin{bmatrix} \underline{I}_{\mathrm{F1}} \\ \underline{I}_{\mathrm{F2}} \\ \underline{I}_{\mathrm{F3}} \end{bmatrix} = \begin{bmatrix} 1 & 1 & 1 \\ \underline{a}^2 & \underline{a} & 1 \\ \underline{a} & \underline{a}^2 & 1 \end{bmatrix}\begin{bmatrix} \underline{I}_{\mathrm{1F}} \\ \underline{I}_{\mathrm{2F}} \\ \underline{I}_{\mathrm{0F}} \end{bmatrix} = \underline{\boldsymbol{T}}_{\mathrm{S}}\underline{\boldsymbol{i}}_{\mathrm{SF}} \tag{6.10}$$

In gleicher Weise werden auch die Symmetrischen Komponenten der übrigen Größen an der Fehlerstelle in die Gln. 6.2 bis 6.4 eingeführt:

$$\underline{\boldsymbol{u}}_{\mathrm{F}} = \underline{\boldsymbol{T}}_{\mathrm{S}}\underline{\boldsymbol{u}}_{\mathrm{SF}} \tag{6.11}$$

$$\underline{\boldsymbol{u}}_{\mathrm{L}} = \underline{\boldsymbol{T}}_{\mathrm{S}}\underline{\boldsymbol{u}}_{\mathrm{SL}} \tag{6.12}$$

$$\underline{\boldsymbol{i}}_{\mathrm{L}} = \underline{\boldsymbol{T}}_{\mathrm{S}}\underline{\boldsymbol{i}}_{\mathrm{SL}} \tag{6.13}$$

Nach anschließender Multiplikation der Gln. 6.1 bis 6.4 von links mit der inversen Transformationsmatrix

$$\underline{\boldsymbol{T}}_{\mathrm{S}}^{-1} = \frac{1}{3}\begin{bmatrix} 1 & \underline{a} & \underline{a}^2 \\ 1 & \underline{a}^2 & \underline{a} \\ 1 & 1 & 1 \end{bmatrix} = \frac{1}{3}\underline{\boldsymbol{T}}_{\mathrm{S}}^{*\mathrm{T}} \tag{6.14}$$

erhält man in Symmetrischen Komponenten für die *Kurzschlüsse:*

$$\underline{\boldsymbol{F}}_{\mathrm{S}}\underline{\boldsymbol{i}}_{\mathrm{SF}} = \underline{\boldsymbol{F}}_{\mathrm{S}}\begin{bmatrix} \underline{I}_{1\mathrm{F}} \\ \underline{I}_{2\mathrm{F}} \\ \underline{I}_{0\mathrm{F}} \end{bmatrix} = \mathbf{o} \tag{6.15}$$

$$\begin{aligned} &\left(\boldsymbol{E} - \underline{\boldsymbol{F}}_{\mathrm{S}}^{\mathrm{T}*}\right)\left(\underline{\boldsymbol{u}}_{\mathrm{SL}} - \underline{\boldsymbol{Z}}_{\mathrm{SF}}\underline{\boldsymbol{i}}_{\mathrm{SF}}\right) \\ &= \left(\boldsymbol{E} - \underline{\boldsymbol{F}}_{\mathrm{S}}^{\mathrm{T}*}\right)\left\{\begin{bmatrix} \underline{U}_{1\mathrm{L}} \\ \underline{U}_{2\mathrm{L}} \\ \underline{U}_{0\mathrm{L}} \end{bmatrix} - \begin{bmatrix} \underline{Z}_{11\mathrm{F}} & \underline{Z}_{12\mathrm{F}} & \underline{Z}_{10\mathrm{F}} \\ \underline{Z}_{21\mathrm{F}} & \underline{Z}_{22\mathrm{F}} & \underline{Z}_{20\mathrm{F}} \\ \underline{Z}_{01\mathrm{F}} & \underline{Z}_{02\mathrm{F}} & \underline{Z}_{00\mathrm{F}} \end{bmatrix}\begin{bmatrix} \underline{I}_{1\mathrm{F}} \\ \underline{I}_{2\mathrm{F}} \\ \underline{I}_{0\mathrm{F}} \end{bmatrix}\right\} = \mathbf{o} \end{aligned} \tag{6.16}$$

und für die *Unterbrechungen*:

$$\underline{\boldsymbol{F}}_{\mathrm{S}}\begin{bmatrix} \underline{U}_{1\mathrm{F}} \\ \underline{U}_{2\mathrm{F}} \\ \underline{U}_{0\mathrm{F}} \end{bmatrix} = \underline{\boldsymbol{F}}_{\mathrm{S}}\underline{\boldsymbol{u}}_{\mathrm{SF}} = \mathbf{o} \tag{6.17}$$

$$\begin{aligned} &\left(\boldsymbol{E} - \underline{\boldsymbol{F}}_{\mathrm{S}}^{\mathrm{T}*}\right)\left(\underline{\boldsymbol{i}}_{\mathrm{SL}} - \underline{\boldsymbol{Y}}_{\mathrm{SF}}\underline{\boldsymbol{u}}_{\mathrm{SF}}\right) \\ &= \left(\boldsymbol{E} - \underline{\boldsymbol{F}}_{\mathrm{S}}^{\mathrm{T}*}\right)\left\{\begin{bmatrix} \underline{I}_{1\mathrm{L}} \\ \underline{I}_{2\mathrm{L}} \\ \underline{i}_{0\mathrm{L}} \end{bmatrix} - \begin{bmatrix} \underline{Y}_{11\mathrm{F}} & \underline{Y}_{12\mathrm{F}} & \underline{Y}_{10\mathrm{F}} \\ \underline{Y}_{21\mathrm{F}} & \underline{Y}_{22\mathrm{F}} & \underline{Y}_{20\mathrm{F}} \\ \underline{Y}_{01\mathrm{F}} & \underline{Y}_{02\mathrm{F}} & \underline{Y}_{00\mathrm{F}} \end{bmatrix}\begin{bmatrix} \underline{U}_{1\mathrm{F}} \\ \underline{U}_{2\mathrm{F}} \\ \underline{U}_{0\mathrm{F}} \end{bmatrix}\right\} = \mathbf{o} \end{aligned} \tag{6.18}$$

mit der Fehlermatrix und der konjugiert komplexen transponierten Fehlermatrix für die Symmetrischen Komponenten:

$$\underline{\boldsymbol{F}}_{\mathrm{S}} = \underline{\boldsymbol{T}}_{\mathrm{S}}^{-1}\boldsymbol{F}\,\underline{\boldsymbol{T}}_{\mathrm{S}} \tag{6.19}$$

$$\underline{\boldsymbol{F}}_{\mathrm{S}}^{*\mathrm{T}} = \left(\underline{\boldsymbol{T}}_{\mathrm{S}}^{-1}\boldsymbol{F}\,\underline{\boldsymbol{T}}_{\mathrm{S}}\right)^{*\mathrm{T}} = \underline{\boldsymbol{T}}_{\mathrm{S}}^{-1}\boldsymbol{F}^{\mathrm{T}}\underline{\boldsymbol{T}}_{\mathrm{S}} \tag{6.20}$$

Tab. 6.3 Elemente der Matrix $\underline{\boldsymbol{A}}$ für die verschiedenen Fehlerkonstellationen

Fehlerart	1-polig	2-polig	$\underline{\alpha}$
Betroffene Leiter	L1	L2 und L3	1
	L2	L3 und L1	$\underline{a}^2$
	L3	L1 und L2	$\underline{a}$

Die Elemente der Fehlerimpedanzmatrix (und sinngemäß die der Fehleradmittanzmatrix) ergeben sich aus:

$$\begin{aligned}\underline{\boldsymbol{Z}}_{\text{SF}} &= \underline{\boldsymbol{T}}_{\text{S}}^{-1}\underline{\boldsymbol{Z}}_{\text{F}}\underline{\boldsymbol{T}}_{\text{S}}\\ &= \frac{1}{3}\begin{bmatrix} \underline{Z}_{\text{F1}}+\underline{Z}_{\text{F2}}+\underline{Z}_{\text{F3}} & \underline{Z}_{\text{F1}}+\underline{a}^2\underline{Z}_{\text{F2}}+\underline{a}\underline{Z}_{\text{F3}} & \underline{Z}_{\text{F1}}+\underline{a}\underline{Z}_{\text{F2}}+\underline{a}^2\underline{Z}_{\text{F3}}\\ \underline{Z}_{\text{F1}}+\underline{a}\underline{Z}_{\text{F2}}+\underline{a}^2\underline{Z}_{\text{F3}} & \underline{Z}_{\text{F1}}+\underline{Z}_{\text{F2}}+\underline{Z}_{\text{F3}} & \underline{Z}_{\text{F1}}+\underline{a}^2\underline{Z}_{\text{F2}}+\underline{a}\underline{Z}_{\text{F3}}\\ \underline{Z}_{\text{F1}}+\underline{a}^2\underline{Z}_{\text{F2}}+\underline{a}\underline{Z}_{\text{F3}} & \underline{Z}_{\text{F1}}+\underline{a}\underline{Z}_{\text{F2}}+\underline{a}^2\underline{Z}_{\text{F3}} & \underline{Z}_{\text{F1}}+\underline{Z}_{\text{F2}}+\underline{Z}_{\text{F3}}\end{bmatrix}\end{aligned} \tag{6.21}$$

Im Fall gleicher Fehlerimpedanzen $\underline{Z}_{\text{F}}$ in den drei Kurzschlussverbindungen bzw. gleicher Fehleradmittanzen $\underline{Y}_{\text{F}}$ in den Unterbrechungsstellen der drei Leiter, wie im Kap. 5, werden die Matrizen $\underline{\boldsymbol{Z}}_{\text{SF}}$ und $\underline{\boldsymbol{Y}}_{\text{SF}}$ zu Diagonalmatrizen mit den jeweils gleichen Elementen $\underline{Z}_{\text{F}}$ bzw. $\underline{Y}_{\text{F}}$.

Die Gl. 6.19 für die Fehlermatrizen kann man noch in eine Form bringen, die es leicht ermöglicht, ausgehend von den Fehlermatrizen der Hauptfehler auf die der Nicht-Hauptfehler überzugehen. Nach den Gln. 6.7 und 6.19 gilt:

$$\underline{\boldsymbol{F}}_{\text{S}} = \underline{\boldsymbol{T}}_{\text{S}}^{-1}\boldsymbol{F}\,\underline{\boldsymbol{T}}_{\text{S}} = \underline{\boldsymbol{T}}_{\text{S}}^{-1}\left(\boldsymbol{K}^{\text{T}}\boldsymbol{F}'\boldsymbol{K}\right)\underline{\boldsymbol{T}}_{\text{S}} \tag{6.22}$$

und nach erweitern mit $\underline{\boldsymbol{T}}_{\text{S}}$ und $\underline{\boldsymbol{T}}_{\text{S}}^{-1}$

$$\underline{\boldsymbol{F}}_{\text{S}} = (\underline{\boldsymbol{T}}_{\text{S}}^{-1}\boldsymbol{K}^{\text{T}}\underline{\boldsymbol{T}}_{\text{S}})\,(\underline{\boldsymbol{T}}_{\text{S}}^{-1}\boldsymbol{F}'\underline{\boldsymbol{T}}_{\text{S}})\,(\underline{\boldsymbol{T}}_{\text{S}}^{-1}\boldsymbol{K}\underline{\boldsymbol{T}}_{\text{S}}) = \underline{\boldsymbol{A}}^{-1}\,(\underline{\boldsymbol{T}}_{\text{S}}^{-1}\boldsymbol{F}'\underline{\boldsymbol{T}}_{\text{S}})\,\underline{\boldsymbol{A}} = \underline{\boldsymbol{A}}^{-1}\underline{\boldsymbol{F}}'_{\text{S}}\underline{\boldsymbol{A}} \tag{6.23}$$

Der Ausdruck $\underline{\boldsymbol{F}}'_{\text{S}} = \underline{\boldsymbol{T}}_{\text{S}}^{-1}\boldsymbol{F}'\underline{\boldsymbol{T}}_{\text{S}}$ steht für die Fehlermatrizen der Hauptfehler in Symmetrischen Komponenten. Folglich stellt die Matrix $\underline{\boldsymbol{A}} = \underline{\boldsymbol{T}}_{\text{S}}^{-1}\boldsymbol{K}\underline{\boldsymbol{T}}_{\text{S}}$ zusammen mit ihrer Inversen den Zusammenhang zwischen den Fehlermatrizen der Hauptfehler und den anderen Fehlerkonstellationen her. Dieser Zusammenhang ist besonders übersichtlich, da $\underline{\boldsymbol{A}}$ eine Diagonalmatrix ist. Für die Hauptfehler ist $\underline{\boldsymbol{A}}$ die Einheitsmatrix. Allgemein gilt mit $\underline{\alpha}$ nach Tab. 6.3 für alle Fehlerkonstellationen:

$$\underline{\boldsymbol{A}} = \begin{bmatrix}\underline{\alpha} & & \\ & \underline{\alpha}^* & \\ & & 1\end{bmatrix} \tag{6.24}$$

und

$$\underline{\boldsymbol{A}}^{-1} = \underline{\boldsymbol{A}}^* = \begin{bmatrix}\underline{\alpha}^* & & \\ & \underline{\alpha} & \\ & & 1\end{bmatrix} \tag{6.25}$$

Für die konjugiert komplex transponierte Fehlermatrix erhält man:

$$\underline{\boldsymbol{F}}_{\mathrm{S}}^{*\mathrm{T}} = \underline{\boldsymbol{A}}^{-1} \underline{\boldsymbol{F}}_{\mathrm{S}}'^{*\mathrm{T}} \underline{\boldsymbol{A}} \tag{6.26}$$

Für die Unterbrechungen und Kurzschlüsse mit Erdberührung ist $\boldsymbol{F}^{\mathrm{T}} = \boldsymbol{F}$. Demzufolge gilt für diese Fehler auch $\underline{\boldsymbol{F}}_{\mathrm{S}}^{*\mathrm{T}} = \underline{\boldsymbol{F}}_{\mathrm{S}}$.

Mit Hilfe der Elemente von $\underline{\boldsymbol{A}}$ lassen sich nun die Fehlermatrizen für jede Fehlerkonstellation allgemein angeben. Sie sind in der Tab. 6.4 zusammengestellt. Wie man sieht, kommt man, wenn man noch die Nullmatrix für den dreipoligen Erdkurzschluss und die dreipolige Unterbrechung hinzunimmt, für alle möglichen Fehler mit nur 5 Formen der Fehlermatrizen aus (s. auch den Anhang A.3).

In einem Computerprogramm wird man entweder die Fehlermatrizen nach Tab. 6.4 ablegen und je nach Fehlerart mit dem entsprechenden Wert für $\underline{\alpha}$ abrufen, oder einfach die ursprünglichen Fehlermatrizen in Leiterkoordinaten speichern und die Transformation in Symmetrische Komponenten nach der Gl. 6.22 und die Bildung der konjugiert komplex transponierten Fehlermatrix vom Computer ausführen lassen, da der Rechenaufwand hierfür unbedeutend ist (s. das MATLAB-Programm Fehlermatrizenverfahren im Anhang A.2).

Beispiel 6.2

Für die einpoligen Erdkurzschlüsse lauten die Fehlerbedingungen, Gl. 6.15 und 6.16, mit der allgemeinen Fehlermatrix nach Tab. 6.4:

$$\frac{1}{3}\begin{bmatrix} 2 & -\underline{\alpha} & -\underline{\alpha}^* \\ -\underline{\alpha}^* & 2 & -\underline{\alpha} \\ -\underline{\alpha} & -\underline{\alpha}^* & 2 \end{bmatrix}\begin{bmatrix} \underline{I}_{1\mathrm{F}} \\ \underline{I}_{2\mathrm{F}} \\ \underline{I}_{0\mathrm{F}} \end{bmatrix} = \mathbf{o} \tag{6.27}$$

$$\frac{1}{3}\begin{bmatrix} 1 & \underline{\alpha} & \underline{\alpha}^* \\ \underline{\alpha}^* & 1 & \underline{\alpha} \\ \underline{\alpha} & \underline{\alpha}^* & 1 \end{bmatrix}\left\{\begin{bmatrix} \underline{U}_{1\mathrm{L}} \\ \underline{U}_{2\mathrm{L}} \\ \underline{U}_{0\mathrm{L}} \end{bmatrix} - \begin{bmatrix} \underline{Z}_{11\mathrm{F}} & \underline{Z}_{12\mathrm{F}} & \underline{Z}_{10\mathrm{F}} \\ \underline{Z}_{21\mathrm{F}} & \underline{Z}_{22\mathrm{F}} & \underline{Z}_{20\mathrm{F}} \\ \underline{Z}_{01\mathrm{F}} & \underline{Z}_{02\mathrm{F}} & \underline{Z}_{00\mathrm{F}} \end{bmatrix}\begin{bmatrix} \underline{I}_{1\mathrm{F}} \\ \underline{I}_{2\mathrm{F}} \\ \underline{I}_{0\mathrm{F}} \end{bmatrix}\right\} = \mathbf{o} \tag{6.28}$$

Aus der homogenen Gl. 6.27 folgt bei Vorgabe von $\underline{I}_{0\mathrm{F}}$:

$$\underline{I}_{1\mathrm{F}} = \underline{\alpha}^* \underline{I}_{0\mathrm{F}} \tag{6.29}$$

und

$$\underline{I}_{2\mathrm{F}} = \underline{\alpha}\,\underline{I}_{0\mathrm{F}} \tag{6.30}$$

oder im Einklang mit Tab. 5.9:

$$\underline{\alpha}\,\underline{I}_{1\mathrm{F}} = \underline{\alpha}^* \underline{I}_{2\mathrm{F}} = \underline{I}_{0\mathrm{F}} \tag{6.31}$$

Tab. 6.4 Fehlermatrizen in Symmetrischen Komponenten

Fehler	1-pol. EKS und 1-pol. UB	2-pol. EKS und 2-pol. UB	2-pol. KS ohne Erde	3-pol. KS ohne Erde
$\underline{\boldsymbol{F}}_S$	$\frac{1}{3}\begin{bmatrix} 2 & -\underline{\alpha} & -\underline{\alpha}^* \\ -\underline{\alpha}^* & 2 & -\underline{\alpha} \\ -\underline{\alpha} & -\underline{\alpha}^* & 2 \end{bmatrix}$	$\frac{1}{3}\begin{bmatrix} 1 & \underline{\alpha} & \underline{\alpha}^* \\ \underline{\alpha}^* & 1 & \underline{\alpha} \\ \underline{\alpha} & \underline{\alpha}^* & 1 \end{bmatrix}$	$\frac{1}{3}\begin{bmatrix} 2+\underline{a}^2 & \underline{\alpha}\left(2+\underline{a}^2\right) & \underline{\alpha}^*(1+2\underline{a}) \\ \underline{\alpha}^*(2+\underline{a}) & 2+\underline{a} & \underline{\alpha}\left(1+2\underline{a}^2\right) \\ 0 & 0 & 3 \end{bmatrix}$	$\begin{bmatrix} 0 & 0 & 1 \\ 0 & 0 & 1 \\ 0 & 0 & 1 \end{bmatrix}$
$\boldsymbol{E} - \underline{\boldsymbol{F}}_S^{*T}$	$\frac{1}{3}\begin{bmatrix} 1 & \underline{\alpha} & \underline{\alpha}^* \\ \underline{\alpha}^* & 1 & \underline{\alpha} \\ \underline{\alpha} & \underline{\alpha}^* & 1 \end{bmatrix}$	$\frac{1}{3}\begin{bmatrix} 2 & -\underline{\alpha} & -\underline{\alpha}^* \\ -\underline{\alpha}^* & 2 & -\underline{\alpha} \\ -\underline{\alpha} & -\underline{\alpha}^* & 2 \end{bmatrix}$	$\frac{1}{3}\begin{bmatrix} 1-\underline{a} & -\underline{\alpha}\left(2+\underline{a}^2\right) & 0 \\ -\underline{\alpha}^*(2+\underline{a}) & 1-\underline{a}^2 & 0 \\ -\underline{\alpha}\left(1+2\underline{a}^2\right) & -\underline{\alpha}^*(1+2\underline{a}) & 0 \end{bmatrix}$	$\begin{bmatrix} 1 & 0 & 0 \\ 0 & 1 & 0 \\ -1 & -1 & 0 \end{bmatrix}$

Faktor $\underline{\alpha}$ nach Tab. 6.3.

In der Gl. 6.28 soll das Produkt

$$\begin{bmatrix} 1 & \underline{\alpha} & \underline{\alpha}^* \\ \underline{\alpha}^* & 1 & \underline{\alpha} \\ \underline{\alpha} & \underline{\alpha}^* & 1 \end{bmatrix} \begin{bmatrix} \underline{Z}_{11\mathrm{F}} & \underline{Z}_{12\mathrm{F}} & \underline{Z}_{10\mathrm{F}} \\ \underline{Z}_{21\mathrm{F}} & \underline{Z}_{22\mathrm{F}} & \underline{Z}_{20\mathrm{F}} \\ \underline{Z}_{01\mathrm{F}} & \underline{Z}_{02\mathrm{F}} & \underline{Z}_{00\mathrm{F}} \end{bmatrix}$$

noch näher betrachtet werden. Mit den Elementen der Impedanzmatrix aus Gl. 6.21 erhält man:

$$\frac{1}{3}\left[\begin{array}{c|c|c} \begin{array}{c}(1+\underline{\alpha}+\underline{\alpha}^*)\,\underline{Z}_{\mathrm{F1}} \\ +\left(1+\underline{\alpha}\underline{\mathrm{a}}+\underline{\alpha}^*\underline{\mathrm{a}}^2\right)\underline{Z}_{\mathrm{F2}} \\ +\left(1+\underline{\alpha}\underline{\mathrm{a}}^2+\underline{\alpha}^*\underline{\mathrm{a}}\right)\underline{Z}_{\mathrm{F3}}\end{array} & \begin{array}{c}(1+\underline{\alpha}+\underline{\alpha}^*)\,\underline{Z}_{\mathrm{F1}} \\ +\left(1+\underline{\alpha}\underline{\mathrm{a}}+\underline{\alpha}^*\underline{\mathrm{a}}^2\right)\underline{\mathrm{a}}^2\underline{Z}_{\mathrm{F2}} \\ +\left(1+\underline{\alpha}\underline{\mathrm{a}}^2+\underline{\alpha}^*\underline{\mathrm{a}}\right)\underline{\mathrm{a}}\underline{Z}_{\mathrm{F3}}\end{array} & \begin{array}{c}(1+\underline{\alpha}+\underline{\alpha}^*)\,\underline{Z}_{\mathrm{F1}} \\ +\left(1+\underline{\alpha}\underline{\mathrm{a}}+\underline{\alpha}^*\underline{\mathrm{a}}^2\right)\underline{\mathrm{a}}\underline{Z}_{\mathrm{F2}} \\ +\left(1+\underline{\alpha}\underline{\mathrm{a}}^2+\underline{\alpha}^*\underline{\mathrm{a}}\right)\underline{\mathrm{a}}^2\underline{Z}_{\mathrm{F3}}\end{array} \\ \hline \begin{array}{c}(1+\underline{\alpha}+\underline{\alpha}^*)\,\underline{Z}_{\mathrm{F1}} \\ +\left(1+\underline{\alpha}\underline{\mathrm{a}}+\underline{\alpha}^*\underline{\mathrm{a}}^2\right)\underline{\mathrm{a}}\underline{Z}_{\mathrm{F2}} \\ +\left(1+\underline{\alpha}\underline{\mathrm{a}}^2+\underline{\alpha}^*\underline{\mathrm{a}}\right)\underline{\mathrm{a}}^2\underline{Z}_{\mathrm{F3}}\end{array} & \begin{array}{c}(1+\underline{\alpha}+\underline{\alpha}^*)\,\underline{Z}_{\mathrm{F1}} \\ +\left(1+\underline{\alpha}\underline{\mathrm{a}}+\underline{\alpha}^*\underline{\mathrm{a}}^2\right)\underline{Z}_{\mathrm{F2}} \\ +\left(1+\underline{\alpha}\underline{\mathrm{a}}^2+\underline{\alpha}^*\underline{\mathrm{a}}\right)\underline{Z}_{\mathrm{F3}}\end{array} & \begin{array}{c}(1+\underline{\alpha}+\underline{\alpha}^*)\,\underline{Z}_{\mathrm{F1}} \\ +\left(1+\underline{\alpha}\underline{\mathrm{a}}+\underline{\alpha}^*\underline{\mathrm{a}}^2\right)\underline{\mathrm{a}}^2\underline{Z}_{\mathrm{F2}} \\ +\left(1+\underline{\alpha}\underline{\mathrm{a}}^2+\underline{\alpha}^*\underline{\mathrm{a}}\right)\underline{\mathrm{a}}\underline{Z}_{\mathrm{F3}}\end{array} \\ \hline \begin{array}{c}(1+\underline{\alpha}+\underline{\alpha}^*)\,\underline{Z}_{\mathrm{F1}} \\ +\left(1+\underline{\alpha}\underline{\mathrm{a}}+\underline{\alpha}^*\underline{\mathrm{a}}^2\right)\underline{\mathrm{a}}^2\underline{Z}_{\mathrm{F2}} \\ +\left(1+\underline{\alpha}\underline{\mathrm{a}}^2+\underline{\alpha}^*\underline{\mathrm{a}}\right)\underline{\mathrm{a}}\underline{Z}_{\mathrm{F3}}\end{array} & \begin{array}{c}(1+\underline{\alpha}+\underline{\alpha}^*)\,\underline{Z}_{\mathrm{F1}} \\ +\left(1+\underline{\alpha}\underline{\mathrm{a}}+\underline{\alpha}^*\underline{\mathrm{a}}^2\right)\underline{\mathrm{a}}\underline{Z}_{\mathrm{F2}} \\ +\left(1+\underline{\alpha}\underline{\mathrm{a}}^2+\underline{\alpha}^*\underline{\mathrm{a}}\right)\underline{\mathrm{a}}^2\underline{Z}_{\mathrm{F3}}\end{array} & \begin{array}{c}(1+\underline{\alpha}+\underline{\alpha}^*)\,\underline{Z}_{\mathrm{F1}} \\ +\left(1+\underline{\alpha}\underline{\mathrm{a}}+\underline{\alpha}^*\underline{\mathrm{a}}^2\right)\underline{Z}_{\mathrm{F2}} \\ +\left(1+\underline{\alpha}\underline{\mathrm{a}}^2+\underline{\alpha}^*\underline{\mathrm{a}}\right)\underline{Z}_{\mathrm{F3}}\end{array} \end{array}\right]$$

$$= \underline{Z}_{\mathrm{F}i}\left[\begin{array}{c|c|c} 1 & \underline{\alpha} & \underline{\alpha}^* \\ \hline \underline{\alpha}^* & 1 & \underline{\alpha} \\ \hline \underline{\alpha} & \underline{\alpha}^* & 1 \end{array}\right] \tag{6.32}$$

wobei der Index $i = 1, 2, 3$ an der Fehlerimpedanz der Zahl des betroffenen Leiters L1, L2 oder L3 entspricht. Das Ergebnis war zu erwarten, nachdem im Abschn. 6.1 bereits festgestellt wurde, dass die Fehlerimpedanzen der vom Kurzschluss nicht betroffenen Leiter keine Rolle spielen.

Mit der Gl. 6.32 kann die Gl. 6.28 kürzer wie folgt geschrieben werden

$$\frac{1}{3}\begin{bmatrix} 1 & \underline{\alpha} & \underline{\alpha}^* \\ \underline{\alpha}^* & 1 & \underline{\alpha} \\ \underline{\alpha} & \underline{\alpha}^* & 1 \end{bmatrix}\left\{\begin{bmatrix} \underline{U}_{1\mathrm{L}} \\ \underline{U}_{2\mathrm{L}} \\ \underline{U}_{0\mathrm{L}} \end{bmatrix} - \begin{bmatrix} \underline{Z}_{\mathrm{F}i} & 0 & 0 \\ 0 & \underline{Z}_{\mathrm{F}i} & 0 \\ 0 & 0 & \underline{Z}_{\mathrm{F}i} \end{bmatrix}\begin{bmatrix} \underline{I}_{1\mathrm{F}} \\ \underline{I}_{2\mathrm{F}} \\ \underline{I}_{0\mathrm{F}} \end{bmatrix}\right\} = \mathbf{o} \tag{6.33}$$

Jede Zeile in Gl. 6.33 enthält die schon aus Tab. 5.9 bekannte Bedingung

$$\underline{\alpha}\underline{U}_{1\mathrm{L}} + \underline{\alpha}^*\underline{U}_{2\mathrm{L}} + \underline{U}_{0\mathrm{L}} - \underline{Z}_{\mathrm{F}i}\underline{\alpha}\underline{I}_{1\mathrm{F}} - \underline{Z}_{\mathrm{F}i}\underline{\alpha}^*\underline{I}_{2\mathrm{F}} - \underline{Z}_{\mathrm{F}i}\underline{I}_{0\mathrm{F}} = 0 \tag{6.34}$$

6.3 Nachbildung von Kurzschlüssen an der Knotenadmittanzmatrix

Das Knotenspannungs-Gleichungssystem, Gl. 3.14, wird um die Gegen- und Nullsystemgrößen und auf der rechten Reite um einen Fehlerstromvektor erweitert und nimmt dann mit dem Index S für die symmetrischen Komponenten die folgende Form an.

$$\begin{bmatrix} \underline{\boldsymbol{Y}}_{\text{S11}} & \underline{\boldsymbol{Y}}_{\text{S12}} & \cdots & \underline{\boldsymbol{Y}}_{\text{S1}i} & \cdots & \underline{\boldsymbol{Y}}_{\text{S1n}} \\ \underline{\boldsymbol{Y}}_{\text{S21}} & \underline{\boldsymbol{Y}}_{\text{S22}} & \cdots & \underline{\boldsymbol{Y}}_{\text{S2}i} & \cdots & \underline{\boldsymbol{Y}}_{\text{S2n}} \\ \vdots & \vdots & \ddots & \vdots & \ddots & \vdots \\ \underline{\boldsymbol{Y}}_{\text{S}i1} & \underline{\boldsymbol{Y}}_{\text{S}i2} & \cdots & \underline{\boldsymbol{Y}}_{\text{S}ii} & \cdots & \underline{\boldsymbol{Y}}_{\text{S}i\text{n}} \\ \vdots & \vdots & \ddots & \vdots & \ddots & \vdots \\ \underline{\boldsymbol{Y}}_{\text{Sn1}} & \underline{\boldsymbol{Y}}_{\text{Sn2}} & \cdots & \underline{\boldsymbol{Y}}_{\text{Sn}i} & \cdots & \underline{\boldsymbol{Y}}_{\text{Snn}} \end{bmatrix} \begin{bmatrix} \underline{\boldsymbol{u}}_{\text{SK1}} \\ \underline{\boldsymbol{u}}_{\text{SK2}} \\ \vdots \\ \underline{\boldsymbol{u}}_{\text{SK}i} \\ \vdots \\ \underline{\boldsymbol{u}}_{\text{SKn}} \end{bmatrix} = \begin{bmatrix} \underline{\boldsymbol{i}}_{\text{SK1}} \\ \underline{\boldsymbol{i}}_{\text{SK2}} \\ \vdots \\ \underline{\boldsymbol{i}}_{\text{SK}i} \\ \vdots \\ \underline{\boldsymbol{i}}_{\text{SKn}} \end{bmatrix}$$

$$= \begin{bmatrix} \underline{\boldsymbol{i}}_{\text{SQ1}} \\ \underline{\boldsymbol{i}}_{\text{SQ2}} \\ \vdots \\ \underline{\boldsymbol{i}}_{\text{SQ}i} \\ \vdots \\ \underline{\boldsymbol{i}}_{\text{SQn}} \end{bmatrix} + \begin{bmatrix} \underline{\boldsymbol{i}}_{\text{SF1}} \\ \underline{\boldsymbol{i}}_{\text{SF2}} \\ \vdots \\ \underline{\boldsymbol{i}}_{\text{SF}i} \\ \vdots \\ \underline{\boldsymbol{i}}_{\text{SFn}} \end{bmatrix} \tag{6.35a}$$

oder in kompakter Schreibweise mit dem Index K für Knoten:

$$\underline{\boldsymbol{Y}}_{\text{SKK}}\underline{\boldsymbol{u}}_{\text{SK}} = \underline{\boldsymbol{i}}_{\text{SK}} = \underline{\boldsymbol{i}}_{\text{SQ}} + \underline{\boldsymbol{i}}_{\text{SF}} \tag{6.35b}$$

In den Vektoren $\underline{\boldsymbol{u}}_{\text{SK}i}$ sind die Symmetrischen Komponenten der Leiterspannungen am i-ten Knoten zusammengefasst:

$$\underline{\boldsymbol{u}}_{\text{SK}i} = \begin{bmatrix} \underline{U}_{\text{1L,K}i} & \underline{U}_{\text{2L,K}i} & \underline{U}_{\text{0L,K}i} \end{bmatrix}^{\text{T}} \tag{6.36a}$$

bzw. kürzer:

$$\underline{\boldsymbol{u}}_{\text{SK}i} = \begin{bmatrix} \underline{U}_{\text{1K}i} & \underline{U}_{\text{2K}i} & \underline{U}_{\text{0K}i} \end{bmatrix}^{\text{T}} \tag{6.36b}$$

Die Vektoren der Knoten-Quellenströme bestehen nur aus Mitsystemströmen. Am i-ten Knoten gilt:

$$\underline{\boldsymbol{i}}_{\text{SQ}i} = \begin{bmatrix} \underline{I}_{\text{1Q}i} & 0 & 0 \end{bmatrix}^{\text{T}} \tag{6.37}$$

wobei $\underline{I}_{\text{1Q}i}$ der Summenstrom aller am i-ten Knoten angreifenden Quellenströme $\underline{I}_{\text{1q}}$ ist.

Der Fehlerstromvektor am i-ten Knoten besteht aus:

$$\underline{\boldsymbol{i}}_{\text{SF}i} = \begin{bmatrix} \underline{I}_{\text{1F}i} & \underline{I}_{\text{2F}i} & \underline{I}_{\text{0F}i} \end{bmatrix}^{\text{T}} \tag{6.38}$$

Für die hier vorausgesetzten symmetrischen Betriebsmittel sind die Untermatrizen in Gl. 6.35a Diagonalmatrizen mit den Admittanzen der symmetrischen Komponenten als Elemente:

$$\underline{\boldsymbol{Y}}_{\text{S}ik} = \begin{bmatrix} \underline{Y}_{1ik} & 0 & 0 \\ 0 & \underline{Y}_{2ik} & 0 \\ 0 & 0 & \underline{Y}_{0ik} \end{bmatrix} \tag{6.39}$$

Die Fehlerbedingungen, Gln. 6.1 und 6.2, für die Kurzschlüsse an allen n Knoten werden zusammengefasst zu:

$$\begin{bmatrix} \underline{\boldsymbol{F}}_{\mathrm{S1}} & & & & \\ & \ddots & & & \\ & & \underline{\boldsymbol{F}}_{\mathrm{S}i} & & \\ & & & \ddots & \\ & & & & \underline{\boldsymbol{F}}_{\mathrm{Sn}} \end{bmatrix} \begin{bmatrix} \underline{\boldsymbol{i}}_{\mathrm{SF1}} \\ \vdots \\ \underline{\boldsymbol{i}}_{\mathrm{SF}i} \\ \vdots \\ \underline{\boldsymbol{i}}_{\mathrm{SFn}} \end{bmatrix} = \underline{\boldsymbol{F}}_{\mathrm{SK}} \underline{\boldsymbol{i}}_{\mathrm{SF}} = \mathbf{o} \tag{6.40}$$

und:

$$\begin{bmatrix} \boldsymbol{E} - \underline{\boldsymbol{F}}_{\mathrm{S1}}^{\mathrm{T}*} & & & & \\ & \ddots & & & \\ & & \boldsymbol{E} - \underline{\boldsymbol{F}}_{\mathrm{S}i}^{\mathrm{T}*} & & \\ & & & \ddots & \\ & & & & \boldsymbol{E} - \underline{\boldsymbol{F}}_{\mathrm{Sn}}^{\mathrm{T}*} \end{bmatrix} \begin{bmatrix} \underline{\boldsymbol{u}}_{\mathrm{SK1}} - \underline{\boldsymbol{Z}}_{\mathrm{SF1}} \underline{\boldsymbol{i}}_{\mathrm{SF1}} \\ \vdots \\ \underline{\boldsymbol{u}}_{\mathrm{SK}i} - \underline{\boldsymbol{Z}}_{\mathrm{SF}i} \underline{\boldsymbol{i}}_{\mathrm{SF}i} \\ \vdots \\ \underline{\boldsymbol{u}}_{\mathrm{SKn}} - \underline{\boldsymbol{Z}}_{\mathrm{SFn}} \underline{\boldsymbol{i}}_{\mathrm{SFn}} \end{bmatrix}$$

$$= \left(\boldsymbol{E}_{\mathrm{K}} - \underline{\boldsymbol{F}}_{\mathrm{SK}}^{\mathrm{T}*}\right) \left(\underline{\boldsymbol{u}}_{\mathrm{SK}} - \underline{\boldsymbol{Z}}_{\mathrm{SF}} \underline{\boldsymbol{i}}_{\mathrm{SF}}\right) = \mathbf{o} \tag{6.41}$$

mit der blockdiagonalen Fehlerimpedanzmatrix

$$\underline{\boldsymbol{Z}}_{\mathrm{SF}} = \begin{bmatrix} \underline{\boldsymbol{Z}}_{\mathrm{SF1}} & & & & \\ & \ddots & & & \\ & & \underline{\boldsymbol{Z}}_{\mathrm{SF}i} & & \\ & & & \ddots & \\ & & & & \underline{\boldsymbol{Z}}_{\mathrm{SFn}} \end{bmatrix} \tag{6.42}$$

Für die fehlerfreien Knoten bestehen die entsprechenden Fehlermatrizen $\boldsymbol{F}_{\mathrm{SF}i}$ aus der 3×3-Einheitsmatrix $\boldsymbol{E}$. Ist das gesamte Netz fehlerfrei, so wird die resultierende Fehlermatrix $\boldsymbol{F}_{\mathrm{SK}}$ zur Einheitsmatrix $\boldsymbol{E}_{\mathrm{K}}$.

Aus der Gl. 6.35 erhält man für den Fehlerstromvektor:

$$\underline{\boldsymbol{i}}_{\mathrm{SF}} = \underline{\boldsymbol{Y}}_{\mathrm{SKK}} \underline{\boldsymbol{u}}_{\mathrm{SK}} - \underline{\boldsymbol{i}}_{\mathrm{SQ}} \tag{6.43}$$

Nach Einsetzen des Fehlerstromvektors in die Gln. 6.40 und 6.41 gehen diese über in:

$$\underline{\boldsymbol{F}}_{\mathrm{SK}} \underline{\boldsymbol{Y}}_{\mathrm{SKK}} \underline{\boldsymbol{u}}_{\mathrm{SK}} = \underline{\boldsymbol{F}}_{\mathrm{SK}} \underline{\boldsymbol{i}}_{\mathrm{SQ}} \tag{6.44}$$

$$\left(\boldsymbol{E}_{\mathrm{K}} - \underline{\boldsymbol{F}}_{\mathrm{SK}}^{\mathrm{T}*}\right) \left(\boldsymbol{E}_{\mathrm{K}} - \underline{\boldsymbol{Z}}_{\mathrm{SF}} \underline{\boldsymbol{Y}}_{\mathrm{SKK}}\right) \underline{\boldsymbol{u}}_{\mathrm{SK}} = -\left(\boldsymbol{E}_{\mathrm{K}} - \underline{\boldsymbol{F}}_{\mathrm{SK}}^{\mathrm{T}*}\right) \underline{\boldsymbol{Z}}_{\mathrm{SF}} \underline{\boldsymbol{i}}_{\mathrm{SQ}} \tag{6.45}$$

Die Subtraktion der Gln. 6.44 und 6.45 liefert schließlich:

$$\left[\underline{\boldsymbol{F}}_{\mathrm{SK}} \underline{\boldsymbol{Y}}_{\mathrm{SKK}} - \left(\boldsymbol{E}_{\mathrm{K}} - \underline{\boldsymbol{F}}_{\mathrm{SK}}^{\mathrm{T}*}\right) \left(\boldsymbol{E}_{\mathrm{K}} - \underline{\boldsymbol{Z}}_{\mathrm{SF}} \underline{\boldsymbol{Y}}_{\mathrm{SKK}}\right)\right] \underline{\boldsymbol{u}}_{\mathrm{SK}} = \left[\underline{\boldsymbol{F}}_{\mathrm{SK}} + \left(\boldsymbol{E}_{\mathrm{K}} - \underline{\boldsymbol{F}}_{\mathrm{SK}}^{\mathrm{T}*}\right) \underline{\boldsymbol{Z}}_{\mathrm{SF}}\right] \underline{\boldsymbol{i}}_{\mathrm{SQ}} \tag{6.46}$$

Die Gl. 6.46 mutet auf den ersten Blick etwas seltsam an, da in den eckigen Klammern auf der linken und rechten Seite dimensionsbehaftete und dimensionslose Ausdrücke nebeneinander stehen. Man muss aber beachten, dass in der ausführlichen Schreibweise diese unterschiedlichen Größen niemals gemeinsam in einer Zeile vorkommen.

Um diesen Schönheitsfehler in der Gl. 6.46 zu beseitigen und wieder eine Admittanzmatrix zu erhalten, kann man die Gl. 6.45 auch erst von links mit der Knotenadmittanzmatrix multiplizieren[1] und dann von der Gl. 6.44 subtrahieren. Man erhält dann anstelle von Gl. 6.46:

$$\begin{aligned}&\left[\underline{\boldsymbol{F}}_{\mathrm{SK}}\underline{\boldsymbol{Y}}_{\mathrm{SKK}} - \underline{\boldsymbol{Y}}_{\mathrm{SKK}}\left(\boldsymbol{E}_{\mathrm{K}} - \underline{\boldsymbol{F}}_{\mathrm{SK}}^{\mathrm{T}*}\right)\left(\boldsymbol{E}_{\mathrm{K}} - \underline{\boldsymbol{Z}}_{\mathrm{SF}}\underline{\boldsymbol{Y}}_{\mathrm{SKK}}\right)\right]\underline{\boldsymbol{u}}_{\mathrm{SK}} \\ &= \left[\underline{\boldsymbol{F}}_{\mathrm{SK}} + \underline{\boldsymbol{Y}}_{\mathrm{SKK}}\left(\boldsymbol{E}_{\mathrm{K}} - \underline{\boldsymbol{F}}_{\mathrm{SK}}^{\mathrm{T}*}\right)\underline{\boldsymbol{Z}}_{\mathrm{SF}}\right]\underline{\boldsymbol{i}}_{\mathrm{SQ}}\end{aligned} \tag{6.47}$$

Für $\underline{\boldsymbol{Z}}_{\mathrm{SF}} = \mathbf{0}$, d. h. widerstandslose Kurzschlüsse, vereinfacht sich Gl. 6.47 zu:

$$\left(\underline{\boldsymbol{F}}_{\mathrm{SK}}\underline{\boldsymbol{Y}}_{\mathrm{SKK}} - \underline{\boldsymbol{Y}}_{\mathrm{SKK}} + \underline{\boldsymbol{Y}}_{\mathrm{SKK}}\underline{\boldsymbol{F}}_{\mathrm{SK}}^{\mathrm{T}*}\right)\underline{\boldsymbol{u}}_{\mathrm{SK}} = \underline{\boldsymbol{F}}_{\mathrm{SK}}\underline{\boldsymbol{i}}_{\mathrm{SQ}} \tag{6.48}$$

Führt man in den Gln. 6.47 und 6.48 die Bezeichnung $\underline{\boldsymbol{Y}}_{\mathrm{SKK}}^{\mathrm{k}}$ für die Koeffizientenmatrix auf der linken Seite und $\underline{\boldsymbol{i}}_{\mathrm{SQ}}^{\mathrm{k}}$ für die rechte Seite ein, so nehmen beide Gleichungen folgende Kurzform an[2]:

$$\underline{\boldsymbol{Y}}_{\mathrm{SKK}}^{\mathrm{k}}\underline{\boldsymbol{u}}_{\mathrm{SK}} = \underline{\boldsymbol{i}}_{\mathrm{SQ}}^{\mathrm{k}} \tag{6.49}$$

Die Gl. 6.49 hat die gleiche Form wie die Knotenspannungs-Gleichung für den fehlerfreien Fall (s. Gl. 6.35 für $\underline{\boldsymbol{i}}_{\mathrm{SF}} = \mathbf{o}$). Anstelle der ursprünglichen Knotenadmittanzmatrix $\underline{\boldsymbol{Y}}_{\mathrm{SKK}}$ und des Quellenstromvektors $\underline{\boldsymbol{i}}_{\mathrm{SQ}}$ auf der rechten Seite sind lediglich die modifizierte Knotenadmittanzmatrix $\underline{\boldsymbol{Y}}_{\mathrm{SKK}}^{\mathrm{k}}$ und der modifizierte Quellenstromvektor $\underline{\boldsymbol{i}}_{\mathrm{SQ}}^{\mathrm{k}}$ getreten. Die grundsätzliche Form und Ordnung des Knotenspannungs-Gleichungssystems hat sich durch die Einbeziehung von Kurzschlüssen nicht geändert.

Aus der Gl. 6.49 berechnet man die Knotenspannungen unter Ausnutzung der Schwachbesetztheit der Matrix $\underline{\boldsymbol{Y}}_{\mathrm{SKK}}^{\mathrm{k}}$. Sind die Knotenspannungen bekannt, so ergeben sich die Fehlerströme aus der Gl. 6.35:

$$\underline{\boldsymbol{i}}_{\mathrm{SF}} = \underline{\boldsymbol{Y}}_{\mathrm{SKK}}\underline{\boldsymbol{u}}_{\mathrm{SK}} - \underline{\boldsymbol{i}}_{\mathrm{SQ}} \tag{6.50}$$

Neben dem Vorteil, dass die Gleichungsform und Reihenfolge der Größen erhalten bleiben, hat das Fehlermatrizenverfahren den Vorteil, dass der Algorithmus für alle Kurzschlussarten, ob als Einfach- oder Mehrfachfehler gleich ist. Er besteht in einfachen Matrixoperationen an der Knotenadmittanzmatrix und dem Quellenstromvektor mit der spärlichen Fehlermatrix $\underline{\boldsymbol{F}}_{\mathrm{SK}}$ und ihrer konjugiert komplexen transponierten Matrix. Von Fehler zu Fehler ändern sich in den Gln. 6.47 oder 6.48 lediglich die Elemente der Fehlermatrix.

[1] Die Gl. 6.45 kann von links mit einer beliebigen Nichtnullmatrix gleicher Ordnung multipliziert werden.

[2] Index k für Kurzschlusszustand.

Beispiel 6.3

Für das bereits im Kap. 5, Abb. 5.7 als Beispiel verwendete 4-Knoten-Netz ist das Knotenspannungs-Gleichungssystem nach Gl. 6.35 anzugeben und es sind sämtliche Kurzschlüsse am Knoten 3 nachzurechnen.

Die Knotenadmittanzmatrix des fehlerfreien Netzes hat folgenden Aufbau:

$$\underline{\boldsymbol{Y}}_{\text{SKK}} = \text{j}\left[\begin{array}{ccc|ccc|ccc|ccc}
1{,}5 & & & -1 & & & & & & & & \\
 & 1{,}5 & & & -1 & & & & & & & \\
 & & 0{,}5 & & & -0{,}5 & & & & & & \\
\hline
-1 & & & 1{,}5 & & & -0{,}5 & & & & & \\
 & -1 & & & 1{,}5 & & & -0{,}5 & & & & \\
 & & -0{,}5 & & & 0{,}75 & & & -0{,}25 & & & \\
\hline
 & & & -0{,}5 & & & 0{,}8\overline{3} & & & -0{,}\overline{3} & & \\
 & & & & -0{,}5 & & & 0{,}8\overline{3} & & & -0{,}\overline{3} & \\
 & & & & & -0{,}25 & & & 0{,}45 & & & -0{,}2 \\
\hline
 & & & & & & -0{,}\overline{3} & & & 0{,}8\overline{3} & & \\
 & & & & & & & -0{,}\overline{3} & & & 0{,}8\overline{3} & \\
 & & & & & & & & -0{,}2 & & & 0{,}7
\end{array}\right] \text{S}$$

Der Quellenstromvektor ist wie folgt belegt:

$$\underline{\boldsymbol{i}}_{\text{SQ}} = \text{j}\left[\begin{array}{ccc|ccc|ccc|ccc} 50 & 0 & 0 & 0 & 0 & 0 & 0 & 0 & 0 & 50 & 0 & 0 \end{array}\right]^{\text{T}} \text{kA}$$

Die Knotenfehlermatrix, Gl. 6.40, für einpoligen Erdkurzschluss im Leiter L1 hat folgende Struktur (s. Tab. 6.4 für $\underline{\alpha} = 1$):

$$\underline{\boldsymbol{F}}_{\text{SK}} = \left[\begin{array}{ccc|ccc|ccc|ccc}
1 & & & & & & & & & & & \\
 & 1 & & & & & & & & & & \\
 & & 1 & & & & & & & & & \\
\hline
 & & & 1 & & & & & & & & \\
 & & & & 1 & & & & & & & \\
 & & & & & 1 & & & & & & \\
\hline
 & & & & & & 0{,}\overline{6} & -0{,}\overline{3} & -0{,}\overline{3} & & & \\
 & & & & & & -0{,}\overline{3} & 0{,}\overline{6} & -0{,}\overline{3} & & & \\
 & & & & & & -0{,}\overline{3} & -0{,}\overline{3} & 0{,}\overline{6} & & & \\
\hline
 & & & & & & & & & 1 & & \\
 & & & & & & & & & & 1 & \\
 & & & & & & & & & & & 1
\end{array}\right]$$

Tab. 6.5 Fehlerströme bei 3- und 1-poligem Kurzschluss im Knoten 3

Kurzschluss-ströme	3-poliger Kurzschluss L1-L2-L3-E	2-poliger Erdkurzschluss L2-L3-E	2-poliger Kurzschluss L2-L3	1-poliger Kurzschluss L1-E
$\underline{I}_{F1}/\mathrm{kA}$	$-\mathrm{j}40{,}0$	0	0	$-\mathrm{j}25{,}0$
$\underline{I}_{F2}/\mathrm{kA}$	$-34{,}6410+\mathrm{j}20{,}0$	$-34{,}641+\mathrm{j}9{,}0909$	$-34{,}641$	0
$\underline{I}_{F3}/\mathrm{kA}$	$+34{,}6410+\mathrm{j}20{,}0$	$+34{,}641+\mathrm{j}9{,}0909$	$+34{,}641$	0

Die mit der Fehlermatrix modifizierte Knotenadmittanzmatrix lautet (Werte in S):

$$\underline{\boldsymbol{Y}}^{\mathrm{k}}_{\mathrm{SKK}} = \mathrm{j}\left[\begin{array}{ccc|ccc|ccc|ccc}
1{,}5 & & & -1 & & & & & & & & \\
 & 1{,}5 & & & -1 & & & & & & & \\
 & & 0{,}5 & & & -0{,}5 & & & & & & \\
\hline
-1 & & & 1{,}5 & & & -0{,}\overline{3} & 0{,}1\overline{6} & 0{,}1\overline{6} & & & \\
 & -1 & & & 1{,}5 & & 0{,}1\overline{6} & -0{,}\overline{3} & 0{,}1\overline{6} & & & \\
 & & -0{,}5 & & & 0{,}75 & 0{,}08\overline{3} & 0{,}08\overline{3} & -0{,}1\overline{6} & & & \\
\hline
 & & & -0{,}\overline{3} & 0{,}1\overline{6} & 0{,}08\overline{3} & 0{,}2778 & -0{,}5556 & -0{,}4278 & -0{,}2222 & 0{,}1111 & 0{,}0667 \\
 & & & 0{,}1\overline{6} & -0{,}\overline{3} & 0{,}08\overline{3} & -0{,}5556 & 0{,}2778 & -0{,}4278 & 0{,}1111 & -0{,}2222 & 0{,}0667 \\
 & & & 0{,}1\overline{6} & 0{,}1\overline{6} & -0{,}1\overline{6} & -0{,}4278 & -0{,}4278 & 0{,}1500 & 0{,}1111 & 0{,}1111 & -0{,}1333 \\
\hline
 & & & & & & -0{,}2222 & 0{,}1111 & 0{,}1111 & 0{,}8\overline{3} & & \\
 & & & & & & 0{,}1111 & -0{,}2222 & 0{,}1111 & & 0{,}8\overline{3} & \\
 & & & & & & 0{,}0667 & 0{,}0667 & -0{,}1333 & & & 0{,}7
\end{array}\right]$$

Der modifizierte Quellenstromvektor $\underline{\boldsymbol{i}}^{\mathrm{k}}_{\mathrm{SQ}}$ ist mit dem ursprünglichen Knotenvektor identisch, da am Fehlerknoten keine Einspeisung erfolgt.

Aus der Gl. 6.49 erhält man die Symmetrischen Komponenten der Knotenspannungen:

$$\underline{\boldsymbol{u}}_{\mathrm{SK}} = \left[\begin{array}{ccc|ccc|ccc|ccc} 91{,}\overline{6} & -8{,}\overline{3} & -58{,}\overline{3} & 87{,}5 & -12{,}5 & -58{,}\overline{3} & 79{,}1\overline{6} & -20{,}8\overline{3} & -58{,}\overline{3} & 91{,}\overline{6} & -8{,}\overline{3} & -16{,}\overline{6} \end{array}\right]^{\mathrm{T}} \mathrm{kV}$$

Die Summe der Spannungskomponenten am Knoten 3 ist Null, wie es die Fehlerbedingung fordert.

Der Fehlerstromvektor $\underline{\boldsymbol{i}}_{\mathrm{SF}}$ ist nur am Fehlerknoten mit gleich großen Strömen entsprechend der Fehlerbedingung besetzt:

$$\underline{\boldsymbol{i}}_{\mathrm{SF}} = \left[\begin{array}{ccc|ccc|ccc|ccc} 0 & 0 & 0 & 0 & 0 & 0 & -\mathrm{j}8{,}\overline{3} & -\mathrm{j}8{,}\overline{3} & -\mathrm{j}8{,}\overline{3} & 0 & 0 & 0 \end{array}\right]^{\mathrm{T}} \mathrm{kA}$$

Die Fehlerströme für alle Kurzschlussarten sind in Tab. 6.5 zusammengestellt.

Das Beispiel zeigt, dass durch die Operationen mit der schwach besetzten Fehlermatrix lediglich die Matrixelemente der zum Fehlerknoten 3 gehörenden Zeilen und Spalten modifiziert werden. Die Ordnung der Knotenadmittanzmatrix bleibt dabei erhalten.

Beispiel 6.4

Für das 4-Knoten-Netz aus Beispiel 6.3 (Abb. 5.7) ist der Doppelerdkurzschluss im Leiter L1 am Knoten 2 und in Leiter L2 am Knoten 3 nach dem Fehlermatrizenverfahren zu berechnen. Die Sternpunkte von Netz 1 und 2 sind jetzt nicht geerdet.

Die Knotenadmittanzmatrix und der Knotenstromvektor des fehlerfreien Netzes können aus Beispiel 6.3 übernommen werden, wobei jedoch das letzte Element der Knotenadmittanz wegen des nicht geerdeten Sternpunktes von Netz 2 den Wert j0,2 S hat, womit die Knotenadmittanzmatrix des Nullsystem singulär wird:

$$\underline{\boldsymbol{Y}}_{\mathrm{SKK}} = \mathrm{j}\left[\begin{array}{ccc|ccc|ccc|ccc}
1{,}5 & & & -1 & & & & & & & & \\
 & 1{,}5 & & & -1 & & & & & & & \\
 & & 0{,}5 & & & -0{,}5 & & & & & & \\
\hline
-1 & & & 1{,}5 & & & -0{,}5 & & & & & \\
 & -1 & & & 1{,}5 & & & -0{,}5 & & & & \\
 & & -0{,}5 & & & 0{,}75 & & & -0{,}25 & & & \\
\hline
 & & & -0{,}5 & & & 0{,}8\overline{3} & & & -0{,}\overline{3} & & \\
 & & & & -0{,}5 & & & 0{,}8\overline{3} & & & -0{,}\overline{3} & \\
 & & & & & -0{,}25 & & & 0{,}45 & & & -0{,}2 \\
\hline
 & & & & & & -0{,}\overline{3} & & & 0{,}8\overline{3} & & \\
 & & & & & & & -0{,}\overline{3} & & & 0{,}8\overline{3} & \\
 & & & & & & & & -0{,}2 & & & 0{,}2
\end{array}\right]\mathrm{S}$$

$$\underline{\boldsymbol{i}}_{\mathrm{SQ}} = \mathrm{j}\left[\begin{array}{ccc|ccc|ccc|ccc} 50 & 0 & 0 & 0 & 0 & 0 & 0 & 0 & 0 & 50 & 0 & 0 \end{array}\right]^{\mathrm{T}}\mathrm{kA}$$

$$\underline{\boldsymbol{F}}_{\mathrm{SK}} = \left[\begin{array}{ccc|ccc|ccc|ccc}
1 & & & & & & & & & & & \\
 & 1 & & & & & & & & & & \\
 & & 1 & & & & & & & & & \\
\hline
 & & & 0{,}\overline{6} & -0{,}\overline{3} & -0{,}\overline{3} & & & & & & \\
 & & & -0{,}\overline{3} & 0{,}\overline{6} & -0{,}\overline{3} & & & & & & \\
 & & & -0{,}\overline{3} & -0{,}\overline{3} & 0{,}\overline{6} & & & & & & \\
\hline
 & & & & & & 0{,}\overline{6} & 0{,}1\overline{6}+\mathrm{j}0{,}2887 & 0{,}1\overline{6}-\mathrm{j}0{,}2887 & & & \\
 & & & & & & 0{,}1\overline{6}-\mathrm{j}0{,}2887 & 0{,}\overline{6} & 0{,}1\overline{6}+\mathrm{j}0{,}2887 & & & \\
 & & & & & & 0{,}1\overline{6}+\mathrm{j}0{,}2887 & 0{,}1\overline{6}-\mathrm{j}0{,}2887 & 0{,}\overline{6} & & & \\
\hline
 & & & & & & & & & 1 & & \\
 & & & & & & & & & & 1 & \\
 & & & & & & & & & & & 1
\end{array}\right]$$

$$\underline{\boldsymbol{Y}}^{\mathrm{k}}_{\mathrm{SKK}} = \left[\begin{array}{ccc|ccc|ccc|ccc}
 & & & & & & & & & & & \\
 & & & & & & & & & & & \\
 & & & & & & & & & & & \\
\hline
 & & & & & & 0 & 0{,}1443 & -0{,}1443 & & & \\
 & & & & & & -0{,}1443 & 0 & 0{,}1443 & & & \\
 & & & & & & 0{,}0722 & -0{,}0722 & 0 & & & \\
\hline
 & & & 0 & 0{,}1443 & -0{,}0722 & 0 & -0{,}4811 & 0{,}3705 & 0 & 0{,}0962 & -0{,}0577 \\
 & & & -0{,}1443 & 0 & 0{,}0722 & 0{,}4811 & 0 & -0{,}3705 & -0{,}0962 & 0 & 0{,}0577 \\
 & & & 0{,}1443 & -0{,}1443 & 0 & -0{,}375 & 0{,}3705 & 0 & 0{,}0962 & -0{,}0962 & 0 \\
\hline
 & & & & & & 0 & 0{,}0962 & -0{,}0962 & & & \\
 & & & & & & -0{,}0962 & 0 & 0{,}0962 & & & \\
 & & & & & & 0{,}0577 & -0{,}0577 & 0 & & &
\end{array}\right]\mathrm{S}$$

$$+\mathrm{j}\left[\begin{array}{ccc|ccc|ccc|ccc}
1{,}5 & & & -0{,}\overline{6} & 0{,}\overline{3} & 0{,}\overline{3} & & & & & & \\
 & 1{,}5 & & 0{,}\overline{3} & -0{,}\overline{6} & 0{,}\overline{3} & & & & & & \\
 & & 0{,}5 & 0{,}1\overline{6} & 0{,}1\overline{6} & -0{,}\overline{3} & & & & & & \\
\hline
-0{,}\overline{6} & 0{,}\overline{3} & 0{,}1\overline{6} & 0{,}5 & -1 & -0{,}75 & -0{,}1\overline{6} & 0{,}08\overline{3} & 0 & & & \\
0{,}\overline{3} & -0{,}\overline{6} & 0{,}1\overline{6} & -1 & 0{,}5 & -0{,}75 & 0{,}08\overline{3} & -0{,}1\overline{6} & 0 & & & \\
0{,}\overline{3} & 0{,}\overline{3} & -0{,}\overline{3} & -0{,}75 & -0{,}75 & 0{,}75 & 0{,}125 & 0{,}125 & -0{,}08\overline{3} & & & \\
\hline
 & & & -0{,}1\overline{6} & 0{,}08\overline{3} & 0{,}125 & 0{,}2\overline{7} & 0{,}2\overline{7} & 0{,}2139 & -0{,}\overline{2} & -0{,}0\overline{5} & -0{,}0\overline{3} \\
 & & & 0{,}08\overline{3} & -0{,}1\overline{6} & 0{,}125 & 0{,}2\overline{7}78 & 0{,}2\overline{7} & 0{,}2139 & -0{,}0\overline{5} & -0{,}\overline{2} & -0{,}0\overline{3} \\
 & & & 0 & 0 & -0{,}08\overline{3} & 0{,}2139 & 0{,}2139 & 0{,}1500 & -0{,}0\overline{5} & -0{,}0\overline{5} & -0{,}1\overline{3} \\
\hline
 & & & & & & -0{,}\overline{2} & -0{,}0\overline{5} & -0{,}0\overline{5} & 0{,}8\overline{3} & & \\
 & & & & & & -0{,}0\overline{5} & -0{,}\overline{2} & -0{,}0\overline{5} & & 0{,}8\overline{3} & \\
 & & & & & & -0{,}0\overline{3} & -0{,}0\overline{3} & -0{,}1\overline{3} & & & 0{,}2
\end{array}\right]\mathrm{S}$$

Mit der oben angegeben Knotenfehlermatrix und modifizierten Knotenadmittanzmatrix in Symmetrischen Komponenten werden folgende Knotenspannungen und Fehlerströme in Übereinstimmung mit der Berechnung nach dem klassischen Verfahren im Beispiel 5.6 erhalten.

$$\underline{\boldsymbol{u}}_{\mathrm{L}} = \left[\begin{array}{c} 17{,}59 + \mathrm{j}10{,}16 \\ -65{,}74 - \mathrm{j}37{,}96 \\ -93{,}52 + \mathrm{j}119{,}21 \\ \hline 0 \\ -50 - \mathrm{j}28{,}87 \\ -91{,}67 + \mathrm{j}120{,}28 \\ \hline 38{,}89 + \mathrm{j}22{,}45 \\ 0 \\ -69{,}44 + \mathrm{j}133{,}11 \\ \hline 69{,}44 + \mathrm{j}40{,}09 \\ -36{,}11 - \mathrm{j}20{,}85 \\ -63{,}89 + \mathrm{j}136{,}32 \end{array}\right] \mathrm{kV} \qquad \underline{\boldsymbol{i}}_{\mathrm{F}} = \left[\begin{array}{c} 0 \\ 0 \\ 0 \\ \hline 16{,}0375 - \mathrm{j}27{,}7778 \\ 0 \\ 0 \\ \hline 0 \\ -16{,}0375 + \mathrm{j}27{,}7778 \\ 0 \\ \hline 0 \\ 0 \\ 0 \end{array}\right] \mathrm{kA}$$

Das Beispiel bestätigt, dass das Fehlermatrizenverfahren auch auf Admittanzmatrizen mit singulärer Untermatrix für das Nullsystem angewendet werden kann. Nach der klassischen Berechnungsmethode musste in diesem Fall ein für Berechnungsprogramme ungeeigneter Sonderweg beschritten werden, weil die erforderlichen Torimpedanzen des Nullsystems nicht aus der singulären Nullsystemmatrix bestimmt werden können (s. Beispiel 5.6).

6.4 Nachbildung von Kurzschlüssen an der Knotenimpedanzmatrix

Das Gleichungssystem mit der Knotenimpedanzmatrix ergibt sich aus der Gl. 6.35 durch linksseitige Multiplikation mit der inversen Knotenadmittanzmatrix $\underline{\boldsymbol{Z}}_{\mathrm{SKK}} = \underline{\boldsymbol{Y}}_{\mathrm{SKK}}^{-1}$:

$$\underline{\boldsymbol{u}}_{\mathrm{SK}} = \underline{\boldsymbol{Z}}_{\mathrm{SKK}}\underline{\boldsymbol{i}}_{\mathrm{SF}} + \underline{\boldsymbol{Z}}_{\mathrm{SKK}}\underline{\boldsymbol{i}}_{\mathrm{SQ}} \tag{6.51}$$

Für $\underline{\boldsymbol{Z}}_{\mathrm{SKK}}\underline{\boldsymbol{i}}_{\mathrm{SQ}}$ können formal Quellenspannungen mit negativem Vorzeichen eingeführt werden, womit Gl. 6.51 die folgende mit Gl. 6.43 vergleichbare Form annimmt:

$$\underline{\boldsymbol{u}}_{\mathrm{SK}} = \underline{\boldsymbol{Z}}_{\mathrm{SKK}}\underline{\boldsymbol{i}}_{\mathrm{SF}} - \underline{\boldsymbol{u}}_{\mathrm{SQ}} \tag{6.52}$$

Die Gl. 6.52 ist mit der Gl. 6.43 vergleichbar, wenn man die Fehlerströme gegen die Knotenspannungen, die Admittanzmatrix gegen die Impedanzmatrix und den Quellenstromvektor gegen den Quellenspannungsvektor austauscht. Die nächsten Schritte sind deshalb analog zur Fehlernachbildung an der Admittanzmatrix. Zuerst werden die

Knotenpunktspannungen in den Fehlerbedingungen eliminiert, indem man die Gl. 6.52 in die Gl. 6.41 einsetzt:

$$\left(\boldsymbol{E}_{\mathrm{K}} - \underline{\boldsymbol{F}}_{\mathrm{SK}}^{\mathrm{T}*}\right)\left[\left(\underline{\boldsymbol{Z}}_{\mathrm{SKK}} - \underline{\boldsymbol{Z}}_{\mathrm{SF}}\right)\underline{\boldsymbol{i}}_{\mathrm{SF}}\right] = \left(\boldsymbol{E}_{\mathrm{K}} - \underline{\boldsymbol{F}}_{\mathrm{SK}}^{\mathrm{T}*}\right)\underline{\boldsymbol{u}}_{\mathrm{SQ}} \tag{6.53}$$

Im zweiten Schritt wird die Gl. 6.40 von links mit $\underline{\boldsymbol{Z}}_{\mathrm{SKK}}$ multipliziert und von Gl. 6.53 subtrahiert:

$$\left[\underline{\boldsymbol{F}}_{\mathrm{SK}}^{\mathrm{T}*}\underline{\boldsymbol{Z}}_{\mathrm{SKK}} - \underline{\boldsymbol{Z}}_{\mathrm{SKK}} + \underline{\boldsymbol{Z}}_{\mathrm{SKK}}\underline{\boldsymbol{F}}_{\mathrm{SK}} + \left(\boldsymbol{E}_{\mathrm{K}} - \underline{\boldsymbol{F}}_{\mathrm{SK}}^{\mathrm{T}*}\right)\underline{\boldsymbol{Z}}_{\mathrm{SF}}\right]\underline{\boldsymbol{i}}_{\mathrm{SF}} = -\left(\boldsymbol{E}_{\mathrm{K}} - \underline{\boldsymbol{F}}_{\mathrm{SK}}^{\mathrm{T}*}\right)\underline{\boldsymbol{u}}_{\mathrm{SQ}} \tag{6.54}$$

Für widerstandslose Kurzschlüsse vereinfacht sich Gl. 6.54 zu:

$$\left(\underline{\boldsymbol{F}}_{\mathrm{SK}}^{\mathrm{T}*}\underline{\boldsymbol{Z}}_{\mathrm{SKK}} - \underline{\boldsymbol{Z}}_{\mathrm{SKK}} + \underline{\boldsymbol{Z}}_{\mathrm{SKK}}\underline{\boldsymbol{F}}_{\mathrm{SK}}\right)\underline{\boldsymbol{i}}_{\mathrm{SF}} = -\left(\boldsymbol{E}_{\mathrm{K}} - \underline{\boldsymbol{F}}_{\mathrm{SK}}^{\mathrm{T}*}\right)\underline{\boldsymbol{u}}_{\mathrm{SQ}} \tag{6.55}$$

Aus den Gln. 6.54 oder 6.55 lassen sich nun die Fehlerströme berechnen. Auch hier ist der Algorithmus einheitlich für alle Kurzschlussarten. Die Impedanzmatrix und die rechte Seite werden durch einfache Matrixoperationen mit der Fehlermatrix modifiziert, ohne dass sich die Ordnung des Gleichungssystems ändert. Führt man wieder den Index k für die modifizierte Impedanzmatrix und die modifizierte rechte Seite ein, so lauten die Gln. 6.54 und 6.55 in abgekürzter Schreibweise:

$$\underline{\boldsymbol{Z}}_{\mathrm{SKK}}^{\mathrm{k}}\underline{\boldsymbol{i}}_{\mathrm{SF}} = \underline{\boldsymbol{u}}_{\mathrm{SQ}}^{\mathrm{k}} \tag{6.56}$$

Mit den bekannten Fehlerströmen ergeben sich die Knotenspannungen aus der Gl. 6.52.

Die Nachbildung von Kurzschlüssen an der Knotenimpedanzmatrix hat den Vorteil, dass man sofort die Kurzschlussströme erhält und damit Rechenaufwand spart, wenn die Knotenspannungen nicht interessieren. Außerdem kann das Gleichungssystem für die ausschließliche Berechnung der Fehlerströme, Gl. 6.55, auf die in der Regel kleine Anzahl der Fehlerknoten reduziert werden.

Der Vektor $(\boldsymbol{E}_{\mathrm{K}} - \underline{\boldsymbol{F}}_{\mathrm{SK}}^{\mathrm{T}*})\underline{\boldsymbol{u}}_{\mathrm{SQ}}$ in Gl. 6.54 bzw. Gl. 6.55 ist nur an den Fehlerknoten besetzt. Folglich werden auch nur die entsprechenden Spalten der Matrix

$$\left[\underline{\boldsymbol{F}}_{\mathrm{SK}}^{\mathrm{T}*}\underline{\boldsymbol{Z}}_{\mathrm{SKK}} - \underline{\boldsymbol{Z}}_{\mathrm{SKK}} + \underline{\boldsymbol{Z}}_{\mathrm{SKK}}\underline{\boldsymbol{F}}_{\mathrm{SK}} + \left(\boldsymbol{E}_{\mathrm{K}} - \underline{\boldsymbol{F}}_{\mathrm{SK}}^{\mathrm{T}*}\right)\underline{\boldsymbol{Z}}_{\mathrm{SF}}\right]^{-1}$$

benötigt. Zu ihrer Berechnung müssen aber alle Elemente der Knotenimpedanzmatrix bekannt sein.

Von der Reduzierung des Rechenaufwandes durch Beschränkung auf die zu den Quellen gehörenden Spalten kann auch bei der Nachbildung an der Knotenadmittanzmatrix Gebrauch gemacht werden.

Das Verfahren der Fehlernachbildung an der Impedanzmatrix ist die Verallgemeinerung des klassischen Verfahrens zur Berechnung von Einfach- und Doppelfehlern, bei dem die Netze der symmetrischen Komponenten an der Fehlerstelle durch Zweipole (Einfachfehler) oder Vierpole (Doppelfehler) mit Innenimpedanzen und Leerlaufspannungen dargestellt werden, aus denen dann zusammen mit den Fehlerbedingungen ein Gleichungssystem zur Berechnung der Fehlerströme gebildet wird (s. Kap. 5).

Der generelle Nachteil gegenüber der Nachbildung an der Admittanzmatrix besteht wie bei der klassischen Fehlerberechnung darin, dass zunächst die Impedanzmatrizen der symmetrischen Komponenten des fehlerfreien Netzes berechnet werden müssen, wobei Schwierigkeiten auftreten, wenn kein Sternpunkt der Betriebsmittel geerdet ist und die Querzweige vernachlässigt werden, so dass das Nullsystem singulär wird (bei der klassischen Berechnung des Doppelerdkurzschlusses in Netzen mit freiem Sternpunkt oder Resonanzsternpunkterdung muss man deshalb einen Grenzübergang an der Impedanzmatrix des Nullsystems vornehmen, s. Abschn. 5.6). Bei der Fehlernachbildung an der Admittanzmatrix tritt dieses Problem nicht auf, da die Einarbeitung der Fehlerbedingungen an der Admittanzmatrix erfolgt, bevor eine Matrixinversion durchzuführen ist.

Da sowohl die Admittanzmatrix als auch die Fehlermatrizen schwach besetzte Matrizen darstellen, ist der Aufwand zur Lösung des Gleichungssystems kaum größer als der für die Lösung des reduzierten Gleichungssystems mit der Impedanzmatrix. Für die Beurteilung des Rechenaufwandes ist deshalb neben der Netzgröße entscheidend, ob man sich nur für die Größen an der Fehlerstelle oder auch für weitere Größen im Netz interessiert und ob es sich um die einmalige Berechnung der Größen (Berechnung stationärer Fehlerzustände) oder um eine zeitschrittweise wiederholte Berechnung (Berechnung von Ausgleichsvorgängen, wie etwa bei Stabilitätsuntersuchungen in Abschn. 7.2) handelt.

6.5 Nachbildung von Kurzschlüssen auf Leitungen

Die Berechnung von Kurzschlüssen auf Leitungen erfolgt an der Stromgleichung der Leitungen nach der gleichen Methode wie für Kurzschlüsse an Netzknotenpunkten in Abschn. 6.3. Die folgenden Ausführungen beziehen sich auf die symmetrische Einfachleitung. Unsymmetrische Leitungen und Doppelleitungen können analog behandelt werden.

Ausgangspunkt sind die Leitungsgleichungen auf der Grundlage der Pi-Ersatzschaltung in Symmetrischen Komponenten für den fehlerfreien Zustand (s. Gl. 2.20):

$$\begin{bmatrix} \underline{i}_{SA} \\ \underline{i}_{SB} \end{bmatrix} = \begin{bmatrix} \underline{Y}_{SAA} & \underline{Y}_{SAB} \\ \underline{Y}_{SBA} & \underline{Y}_{SBB} \end{bmatrix} \begin{bmatrix} \underline{u}_{SA} \\ \underline{u}_{SB} \end{bmatrix} = \begin{bmatrix} \underline{Y}_{SA} + \underline{Y}_{SC} & -\underline{Y}_{SC} \\ -\underline{Y}_{SC} & \underline{Y}_{SB} + \underline{Y}_{SC} \end{bmatrix} \begin{bmatrix} \underline{u}_{SA} \\ \underline{u}_{SB} \end{bmatrix} \tag{6.57}$$

Für symmetrische Leitungen sind die Untermatrizen Diagonalmatrizen:

$$\underline{Y}_{SA} = \underline{Y}_{SB} = \frac{1}{2} \begin{bmatrix} G_1 + j\omega C_1 & 0 & 0 \\ 0 & G_2 + j\omega C_2 & 0 \\ 0 & 0 & G_0 + j\omega C_0 \end{bmatrix} \tag{6.58}$$

$$\underline{Y}_{SC} = -\underline{Y}_{AB} = -\underline{Y}_{BA} = \begin{bmatrix} 1/(R_1 + jX_1) & 0 & 0 \\ 0 & 1/(R_2 + jX_2) & 0 \\ 0 & 0 & 1/(R_0 + jX_0) \end{bmatrix} \tag{6.59}$$

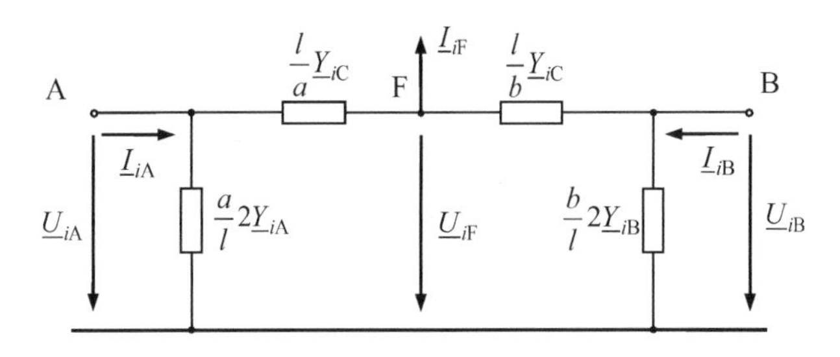

Abb. 6.1 Ersatzschaltungen der Symmetrischen Komponenten für die Leitung mit Kurzschlussstelle

Die Gl. 6.57 wird an der Kurzschlussstelle F aufgetrennt und um einen Fehlerspannungsvektor[3]

$$\underline{\boldsymbol{u}}_{\mathrm{SF}} = \begin{bmatrix} \underline{U}_{1\mathrm{F}} & \underline{U}_{2\mathrm{F}} & \underline{U}_{0\mathrm{F}} \end{bmatrix}^{\mathrm{T}} \tag{6.60}$$

und Fehlerstromvektor

$$\underline{\boldsymbol{i}}_{\mathrm{SF}} = \begin{bmatrix} \underline{I}_{1\mathrm{F}} & \underline{I}_{2\mathrm{F}} & \underline{I}_{0\mathrm{F}} \end{bmatrix}^{\mathrm{T}} \tag{6.61}$$

erweitert (Abb. 6.1).

Mit den Abständen a und b der Kurzschlussstelle von den Klemmen A und B ergibt sich dann[4]:

$$\begin{bmatrix} \underline{\boldsymbol{i}}_{\mathrm{SA}} \\ \underline{\boldsymbol{i}}_{\mathrm{SB}} \\ \hline -\underline{\boldsymbol{i}}_{\mathrm{SF}} \end{bmatrix} = \left[\begin{array}{cc|c} \frac{a}{l}2\underline{\boldsymbol{Y}}_{\mathrm{SA}} + \frac{l}{a}\underline{\boldsymbol{Y}}_{\mathrm{SC}} & \boldsymbol{0} & -\frac{l}{a}\underline{\boldsymbol{Y}}_{\mathrm{SC}} \\ \boldsymbol{0} & \frac{b}{l}2\underline{\boldsymbol{Y}}_{\mathrm{SB}} + \frac{l}{b}\underline{\boldsymbol{Y}}_{\mathrm{SC}} & -\frac{l}{b}\underline{\boldsymbol{Y}}_{\mathrm{SC}} \\ \hline -\frac{l}{a}\underline{\boldsymbol{Y}}_{\mathrm{SC}} & -\frac{l}{b}\underline{\boldsymbol{Y}}_{\mathrm{SC}} & \left(\frac{l}{a}+\frac{l}{b}\right)\underline{\boldsymbol{Y}}_{\mathrm{SC}} \end{array}\right] \begin{bmatrix} \underline{\boldsymbol{u}}_{\mathrm{SA}} \\ \underline{\boldsymbol{u}}_{\mathrm{SB}} \\ \hline \underline{\boldsymbol{u}}_{\mathrm{SF}} \end{bmatrix} \tag{6.62a}$$

oder in abgekürzter Form:

$$\begin{bmatrix} \underline{\boldsymbol{i}}_{\mathrm{SA}} \\ \underline{\boldsymbol{i}}_{\mathrm{SB}} \\ \hline -\underline{\boldsymbol{i}}_{\mathrm{SF}} \end{bmatrix} = \left[\begin{array}{cc|c} \underline{\boldsymbol{Y}}'_{\mathrm{SAA}} & \boldsymbol{0} & \underline{\boldsymbol{Y}}_{\mathrm{SAF}} \\ \boldsymbol{0} & \underline{\boldsymbol{Y}}'_{\mathrm{SBB}} & \underline{\boldsymbol{Y}}_{\mathrm{SBF}} \\ \hline \underline{\boldsymbol{Y}}_{\mathrm{SFA}} & \underline{\boldsymbol{Y}}_{\mathrm{SFB}} & \underline{\boldsymbol{Y}}_{\mathrm{SFF}} \end{array}\right] \begin{bmatrix} \underline{\boldsymbol{u}}_{\mathrm{SA}} \\ \underline{\boldsymbol{u}}_{\mathrm{SB}} \\ \hline \underline{\boldsymbol{u}}_{\mathrm{SF}} \end{bmatrix} \tag{6.62b}$$

Die Teilmatrizen $\underline{\boldsymbol{Y}}_{\mathrm{SA}} = \underline{\boldsymbol{Y}}_{\mathrm{SB}}$ und $\underline{\boldsymbol{Y}}_{\mathrm{SC}}$ können aus der Admittanzmatrix der fehlerfreien Leitung wie folgt erhalten werden:

$$\underline{\boldsymbol{Y}}_{\mathrm{SC}} = -\underline{\boldsymbol{Y}}_{\mathrm{SAB}} \tag{6.63}$$

$$\underline{\boldsymbol{Y}}_{\mathrm{SA}} = \underline{\boldsymbol{Y}}_{\mathrm{SB}} = \underline{\boldsymbol{Y}}_{\mathrm{SAA}} + \underline{\boldsymbol{Y}}_{\mathrm{SAB}} \tag{6.64}$$

[3] Angepasst an die Bezeichnungen der Klemmenspannungen wird hier für die Komponenten der Leiter-Erde-Spannungen an der Kurzschlussstelle der Index F verwendet. Das darf nicht zu Verwechselungen mit den in Gl. 5.5 eingeführten Spannungen hinter der Fehlerimpedanz führen.

[4] Durch die Auftrennung der Pi-Ersatzschaltung an der Fehlerstelle entstehen links und rechts davon zwei Gammaglieder. Diese Aufteilung der Leitungsparameter ist für die Kurzschlussstromberechnung genügend genau.

Aus Gl. 6.62 ist ersichtlich, dass die Abstände a oder b der Fehlerstelle von den Leitungsklemmen nicht Null sein dürfen. Für $a = 0$ oder $b = 0$, handelt es sich um Kurzschlüsse direkt am Leitungsanfang oder Leitungsende, die wie Kurzschlüsse an den Anschlussknoten der Leitung zu behandeln sind (s. Abschn. 6.3 und 6.4).

Die Fehlerbedingungen sind die gleichen, wie für Kurzschlüsse an Netzknoten. Den Gln. 6.15 und 6.16 entsprechend gilt:

$$\underline{\boldsymbol{F}}_{\mathrm{SF}} \underline{\boldsymbol{i}}_{\mathrm{SF}} = \mathbf{o} \tag{6.65}$$

$$\left(\boldsymbol{E} - \underline{\boldsymbol{F}}_{\mathrm{S}}^{\mathrm{T}*}\right)\left(\underline{\boldsymbol{u}}_{\mathrm{SF}} - \underline{\boldsymbol{Z}}_{\mathrm{SF}} \underline{\boldsymbol{i}}_{\mathrm{SF}}\right) = \mathbf{o} \tag{6.66}$$

Die Impedanzmatrix $\underline{\boldsymbol{Z}}_{\mathrm{SF}}$ berücksichtigt wieder mögliche Fehlerimpedanzen. Für widerstandslose Kurzschlüsse ist $\underline{\boldsymbol{Z}}_{\mathrm{SF}} = \mathbf{0}$.

Aus der letzten Zeile von Gl. 6.62 folgt:

$$\underline{\boldsymbol{i}}_{\mathrm{SF}} = -\underline{\boldsymbol{Y}}_{\mathrm{SFA}} \underline{\boldsymbol{u}}_{\mathrm{SA}} - \underline{\boldsymbol{Y}}_{\mathrm{SFB}} \underline{\boldsymbol{u}}_{\mathrm{SB}} - \underline{\boldsymbol{Y}}_{\mathrm{SFF}} \underline{\boldsymbol{u}}_{\mathrm{SF}} \tag{6.67}$$

Einsetzen in die Gln. 6.65 und 6.66 ergibt geordnet:

$$\underline{\boldsymbol{F}}_{\mathrm{S}} \underline{\boldsymbol{Y}}_{\mathrm{SFF}} \underline{\boldsymbol{u}}_{\mathrm{SF}} = -\underline{\boldsymbol{F}}_{\mathrm{S}} \left(\underline{\boldsymbol{Y}}_{\mathrm{SFA}} \underline{\boldsymbol{u}}_{\mathrm{SA}} + \underline{\boldsymbol{Y}}_{\mathrm{SFB}} \underline{\boldsymbol{u}}_{\mathrm{SB}}\right) \tag{6.68}$$

und

$$\left(\boldsymbol{E} - \underline{\boldsymbol{F}}_{\mathrm{S}}^{\mathrm{T}*}\right)\left(\boldsymbol{E} + \underline{\boldsymbol{Z}}_{\mathrm{SF}} \underline{\boldsymbol{Y}}_{\mathrm{SFF}}\right) \underline{\boldsymbol{u}}_{\mathrm{SF}} = -\left(\boldsymbol{E} - \underline{\boldsymbol{F}}_{\mathrm{S}}^{\mathrm{T}*}\right) \underline{\boldsymbol{Z}}_{\mathrm{SF}} \left(\underline{\boldsymbol{Y}}_{\mathrm{SFA}} \underline{\boldsymbol{u}}_{\mathrm{SA}} + \underline{\boldsymbol{Y}}_{\mathrm{SFB}} \underline{\boldsymbol{u}}_{\mathrm{SB}}\right) \tag{6.69}$$

Durch Addition der Gln. 6.68 und 6.69 erhält man:

$$\begin{aligned} &\left[\underline{\boldsymbol{F}}_{\mathrm{S}} \underline{\boldsymbol{Y}}_{\mathrm{SFF}} + \left(\boldsymbol{E} - \underline{\boldsymbol{F}}_{\mathrm{S}}^{\mathrm{T}*}\right)\left(\boldsymbol{E} + \underline{\boldsymbol{Z}}_{\mathrm{SF}} \underline{\boldsymbol{Y}}_{\mathrm{SFF}}\right)\right] \underline{\boldsymbol{u}}_{\mathrm{SF}} \\ &= -\left[\underline{\boldsymbol{F}}_{\mathrm{S}} + \left(\boldsymbol{E} - \underline{\boldsymbol{F}}_{\mathrm{S}}^{\mathrm{T}*}\right) \underline{\boldsymbol{Z}}_{\mathrm{SF}}\right]\left(\underline{\boldsymbol{Y}}_{\mathrm{SFA}} \underline{\boldsymbol{u}}_{\mathrm{SA}} + \underline{\boldsymbol{Y}}_{\mathrm{SFB}} \underline{\boldsymbol{u}}_{\mathrm{SB}}\right) \end{aligned} \tag{6.70}$$

und aufgelöst nach $\underline{\boldsymbol{u}}_{\mathrm{SF}}$:

$$\begin{aligned} \underline{\boldsymbol{u}}_{\mathrm{SF}} = &-\left[\underline{\boldsymbol{F}}_{\mathrm{S}} \underline{\boldsymbol{Y}}_{\mathrm{SFF}} + \left(\boldsymbol{E} - \underline{\boldsymbol{F}}_{\mathrm{S}}^{\mathrm{T}*}\right)\left(\boldsymbol{E} + \underline{\boldsymbol{Z}}_{\mathrm{SF}} \underline{\boldsymbol{Y}}_{\mathrm{SFF}}\right)\right]^{-1} \left[\underline{\boldsymbol{F}}_{\mathrm{S}} + \left(\boldsymbol{E} - \underline{\boldsymbol{F}}_{\mathrm{S}}^{\mathrm{T}*}\right) \underline{\boldsymbol{Z}}_{\mathrm{SF}}\right] \\ &\times \left(\underline{\boldsymbol{Y}}_{\mathrm{SFA}} \underline{\boldsymbol{u}}_{\mathrm{SA}} + \underline{\boldsymbol{Y}}_{\mathrm{SFB}} \underline{\boldsymbol{u}}_{\mathrm{SB}}\right) \end{aligned} \tag{6.71a}$$

und kürzer:

$$\underline{\boldsymbol{u}}_{\mathrm{SF}} = \underline{\boldsymbol{K}}_{\mathrm{SFA}} \underline{\boldsymbol{u}}_{\mathrm{SA}} + \underline{\boldsymbol{K}}_{\mathrm{SFB}} \underline{\boldsymbol{u}}_{\mathrm{SB}} \tag{6.71b}$$

Für widerstandslose Kurzschlüsse vereinfacht sich die Gl. 6.71 mit $\underline{\boldsymbol{Z}}_{\mathrm{SF}} = \mathbf{0}$ zu:

$$\underline{\boldsymbol{u}}_{\mathrm{SF}} = -\left[\underline{\boldsymbol{F}}_{\mathrm{S}} \underline{\boldsymbol{Y}}_{\mathrm{SFF}} + \left(\boldsymbol{E} - \underline{\boldsymbol{F}}_{\mathrm{S}}^{\mathrm{T}*}\right)\right]^{-1} \underline{\boldsymbol{F}}_{\mathrm{S}} \left(\underline{\boldsymbol{Y}}_{\mathrm{SFA}} \underline{\boldsymbol{u}}_{\mathrm{SA}} + \underline{\boldsymbol{Y}}_{\mathrm{SFB}} \underline{\boldsymbol{u}}_{\mathrm{SB}}\right) \tag{6.72}$$

Nach Einsetzen der Gl. 6.72 in die Gl. 6.62 erhält man:

$$\begin{aligned}\begin{bmatrix}\underline{\boldsymbol{i}}_{\mathrm{SA}}\\ \underline{\boldsymbol{i}}_{\mathrm{SB}}\end{bmatrix} &= \begin{bmatrix}\underline{\boldsymbol{Y}}'_{\mathrm{SAA}}+\underline{\boldsymbol{Y}}_{\mathrm{SAF}}\underline{\boldsymbol{K}}_{\mathrm{SFA}} & \underline{\boldsymbol{Y}}_{\mathrm{SAF}}\underline{\boldsymbol{K}}_{\mathrm{SFB}}\\ \underline{\boldsymbol{Y}}_{\mathrm{SBF}}\underline{\boldsymbol{K}}_{\mathrm{SFA}} & \underline{\boldsymbol{Y}}'_{\mathrm{SBB}}+\underline{\boldsymbol{Y}}_{\mathrm{SBF}}\underline{\boldsymbol{K}}_{\mathrm{SFB}}\end{bmatrix}\begin{bmatrix}\underline{\boldsymbol{u}}_{\mathrm{SA}}\\ \underline{\boldsymbol{u}}_{\mathrm{SB}}\end{bmatrix}\\ &= \begin{bmatrix}\underline{\boldsymbol{Y}}^{\mathrm{k}}_{\mathrm{SAA}} & \underline{\boldsymbol{Y}}^{\mathrm{k}}_{\mathrm{SAB}}\\ \underline{\boldsymbol{Y}}^{\mathrm{k}}_{\mathrm{SBA}} & \underline{\boldsymbol{Y}}^{\mathrm{k}}_{\mathrm{SBB}}\end{bmatrix}\begin{bmatrix}\underline{\boldsymbol{u}}_{\mathrm{SA}}\\ \underline{\boldsymbol{u}}_{\mathrm{SB}}\end{bmatrix}\end{aligned} \tag{6.73}$$

und

$$\underline{\boldsymbol{i}}_{\mathrm{SF}} = -\left(\underline{\boldsymbol{Y}}_{\mathrm{SFA}}+\underline{\boldsymbol{Y}}_{\mathrm{SFF}}\underline{\boldsymbol{K}}_{\mathrm{SFA}}\right)\underline{\boldsymbol{u}}_{\mathrm{SA}} - \left(\underline{\boldsymbol{Y}}_{\mathrm{SFB}}+\underline{\boldsymbol{Y}}_{\mathrm{SFF}}\underline{\boldsymbol{K}}_{\mathrm{SFB}}\right)\underline{\boldsymbol{u}}_{\mathrm{SB}} \tag{6.74}$$

Die Gl. 6.73 hat wieder die Form der ursprünglichen Gl. 6.57 für die kurzschlussfreie Leitung. Sie wird demzufolge auch in gleicher Weise wie eine kurzschlussfreie Leitung in die Knotenadmittanzmatrix eingebaut. Das hat den Vorteil, dass der Algorithmus für die Bildung der Knotenadmittanzmatrix auch bei Kurzschlüssen auf Leitungen nicht geändert werden muss, und dass die Ordnung des Knotenspannungs-Gleichungssystems erhalten bleibt. Es ändern sich lediglich einige Elemente der Knotenadmittanzmatrix. Hilfsknoten an den Kurzschlussstellen, wie sie bei anderen Verfahren eingeführt werden, sind nicht erforderlich.

Nachdem das Knotenspannungs-Gleichungssystem gelöst ist, können aus der Gl. 6.74 die Kurzschlussströme auf den Leitungen berechnet werden.

6.6 Abschalten von Leitungen und Transformatoren

Für die Abschaltung oder Unterbrechung von Leitungen werden am Leitungsmodell in Leitergrößen an beiden Enden A und B Unterbrechungsstellen mit Fehleradmittanzen $\underline{Y}_{\mathrm{FA}i}$ und $\underline{Y}_{\mathrm{FB}i}$ $(i = 1, 2, 3)$ eingeführt. Die Spannungen über den Unterbrechungsstellen werden mit $\Delta\underline{U}_{\mathrm{A}i}$ und $\Delta\underline{U}_{\mathrm{B}i}$ bezeichnet (Abb. 6.2).

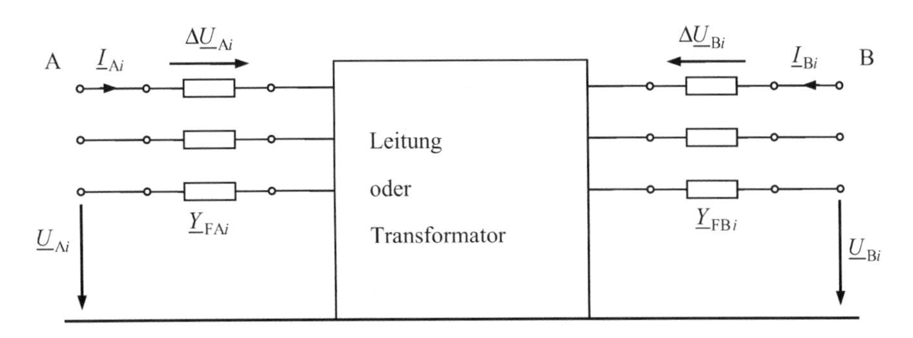

Abb. 6.2 Leitung mit Unterbrechungsstellen an beiden Enden A und B $(i = 1, 2, 3)$

Tab. 6.6 Fehlerbedingungen für die Unterbrechungsstellen A

Unterbrechung	Fehlerbedingungen	Fehlermatrix $\boldsymbol{F}_A$
ohne Unterbrechung	$\Delta\underline{U}_{A1} = 0$ $\Delta\underline{U}_{A2} = 0$ $\Delta\underline{U}_{A3} = 0$	$\begin{bmatrix} 1 & 0 & 0 \\ 0 & 1 & 0 \\ 0 & 0 & 1 \end{bmatrix}$
1-pol. Unterbrechung L1	$\underline{I}_{A1} - \underline{Y}_{FA1}\Delta\underline{U}_{A1} = 0$ $\Delta\underline{U}_{A2} = 0$ $\Delta\underline{U}_{A3} = 0$	$\begin{bmatrix} 0 & 0 & 0 \\ 0 & 1 & 0 \\ 0 & 0 & 1 \end{bmatrix}$
2-pol. Unterbrechung L2 und L3	$\Delta\underline{U}_{A1} = 0$ $\underline{I}_{A2} - \underline{Y}_{FA2}\Delta\underline{U}_{A2} = 0$ $\underline{I}_{A3} - \underline{Y}_{FA3}\Delta\underline{U}_{A3} = 0$	$\begin{bmatrix} 1 & 0 & 0 \\ 0 & 0 & 0 \\ 0 & 0 & 0 \end{bmatrix}$
3-pol. Unterbrechung	$\underline{I}_{A1} - \underline{Y}_{FA1}\Delta\underline{U}_{A1} = 0$ $\underline{I}_{A2} - \underline{Y}_{FA2}\Delta\underline{U}_{A2} = 0$ $\underline{I}_{A3} - \underline{Y}_{FA3}\Delta\underline{U}_{A3} = 0$	$\begin{bmatrix} 0 & 0 & 0 \\ 0 & 0 & 0 \\ 0 & 0 & 0 \end{bmatrix}$

Die Gleichungen der Einfachleitung, Gl. 2.20; werden um die Spannungen über den Unterbrechungsstellen erweitert:

$$\begin{bmatrix} \underline{\boldsymbol{i}}_A \\ \underline{\boldsymbol{i}}_B \end{bmatrix} = \begin{bmatrix} \underline{\boldsymbol{Y}}_{AA} & \underline{\boldsymbol{Y}}_{AB} \\ \underline{\boldsymbol{Y}}_{BA} & \underline{\boldsymbol{Y}}_{BB} \end{bmatrix} \left\{ \begin{bmatrix} \underline{\boldsymbol{u}}_A \\ \underline{\boldsymbol{u}}_B \end{bmatrix} - \begin{bmatrix} \Delta\underline{\boldsymbol{u}}_A \\ \Delta\underline{\boldsymbol{u}}_B \end{bmatrix} \right\} \tag{6.75}$$

mit

$$\underline{\boldsymbol{i}}_A = \begin{bmatrix} \underline{I}_{A1} & \underline{I}_{A2} & \underline{I}_{A3} \end{bmatrix}^T \tag{6.76}$$

$$\underline{\boldsymbol{u}}_A = \begin{bmatrix} \underline{U}_{A1} & \underline{U}_{A2} & \underline{U}_{A3} \end{bmatrix}^T \tag{6.77}$$

$$\Delta\underline{\boldsymbol{u}}_A = \begin{bmatrix} \Delta\underline{U}_{A1} & \Delta\underline{U}_{A2} & \Delta\underline{U}_{A3} \end{bmatrix}^T \tag{6.78}$$

und analogen Bezeichnungen für die Seite B.

Die Fehlerbedingungen für die Leitergrößen an einer Unterbrechungsstelle sind bereits in Tab. 6.1 angegeben. Sie sind in Tab. 6.6 nochmals für die Seite A mit den speziellen Bezeichnungen $\Delta\underline{U}_{Ai}$ anstelle $\underline{U}_{Fi}$ und $\underline{I}_{Ai}$ anstelle $\underline{I}_{Li}$ wiedergegeben. Für die Seite B gelten aufgrund der gleichen Zählpfeilzuordnung analoge Beziehungen.

Für die Fehleradmittanzen $\underline{Y}_{FAi}$ und $\underline{Y}_{FBi}$ ($i = 1, 2, 3$) der nicht unterbrochenen Leiter können beliebige endliche Werte eingesetzt werden, da sie in den Fehlerbedingungen nicht zur Geltung kommen (für die nicht unterbrochenen Leiter sind die entsprechenden Zeilen in der Matrix $(\boldsymbol{E} - \boldsymbol{F})$ in Gl. 6.4 Null).

Die Fehleradmittanzen der unterbrochenen Leiter werden entsprechend den Vorgaben an der Unterbrechungsstelle eingesetzt. An einer Stelle mit vollständiger Unterbrechung ist für die betreffende Fehleradmittanz Null einzusetzen.

Die Gl. 6.75 behält auch in Symmetrischen Komponenten (Index S) ihre Form bei. Bei vollständiger Verdrillung werden die Teilmatrizen in der Admittanzmatrix zu Diagonalmatrizen.

$$\begin{bmatrix} \underline{\boldsymbol{i}}_{SA} \\ \underline{\boldsymbol{i}}_{SB} \end{bmatrix} = \begin{bmatrix} \underline{\boldsymbol{Y}}_{SAA} & \underline{\boldsymbol{Y}}_{SAB} \\ \underline{\boldsymbol{Y}}_{SBA} & \underline{\boldsymbol{Y}}_{SBB} \end{bmatrix} \left\{ \begin{bmatrix} \underline{\boldsymbol{u}}_{SA} \\ \underline{\boldsymbol{u}}_{SB} \end{bmatrix} - \begin{bmatrix} \Delta\underline{\boldsymbol{u}}_{SA} \\ \Delta\underline{\boldsymbol{u}}_{SB} \end{bmatrix} \right\} \tag{6.79}$$

$$\underline{\boldsymbol{i}}_{SA} = \begin{bmatrix} \underline{I}_{1A} & \underline{I}_{2A} & \underline{I}_{0A} \end{bmatrix}^{T} \tag{6.80}$$

$$\underline{\boldsymbol{u}}_{SA} = \begin{bmatrix} \underline{U}_{1A} & \underline{U}_{2A} & \underline{U}_{0A} \end{bmatrix}^{T} \tag{6.81}$$

$$\Delta\underline{\boldsymbol{u}}_{SA} = \begin{bmatrix} \Delta\underline{U}_{1A} & \Delta\underline{U}_{2A} & \Delta\underline{U}_{0A} \end{bmatrix}^{T} \tag{6.82}$$

$\underline{\boldsymbol{i}}_{SB}$, $\underline{\boldsymbol{u}}_{SB}$ und $\Delta\underline{\boldsymbol{u}}_{SB}$ analog.

Die Fehlerbedingungen für jede Seite entsprechen den Gln. 6.17 und 6.18. Sie werden wie folgt zusammengefasst:

$$\begin{bmatrix} \underline{\boldsymbol{F}}_{SA} & \boldsymbol{0} \\ \boldsymbol{0} & \underline{\boldsymbol{F}}_{SB} \end{bmatrix} \begin{bmatrix} \Delta\underline{\boldsymbol{u}}_{SA} \\ \Delta\underline{\boldsymbol{u}}_{SB} \end{bmatrix} = \boldsymbol{o} \tag{6.83}$$

$$\begin{bmatrix} \boldsymbol{E} - \underline{\boldsymbol{F}}_{SA} & \boldsymbol{0} \\ \boldsymbol{0} & \boldsymbol{E} - \underline{\boldsymbol{F}}_{SB} \end{bmatrix} \left\{ \begin{bmatrix} \underline{\boldsymbol{i}}_{SA} \\ \underline{\boldsymbol{i}}_{SB} \end{bmatrix} - \begin{bmatrix} \underline{\boldsymbol{Y}}_{SFA} & \boldsymbol{0} \\ \boldsymbol{0} & \underline{\boldsymbol{Y}}_{SFB} \end{bmatrix} \begin{bmatrix} \Delta\underline{\boldsymbol{u}}_{SA} \\ \Delta\underline{\boldsymbol{u}}_{SB} \end{bmatrix} \right\} = \boldsymbol{o} \tag{6.84}$$

mit:

$$\underline{\boldsymbol{F}}_{SA} = \underline{\boldsymbol{T}}_{S}^{-1} \underline{\boldsymbol{F}}_{A} \underline{\boldsymbol{T}}_{S} \quad \text{und} \quad \underline{\boldsymbol{F}}_{SB} = \underline{\boldsymbol{T}}_{S}^{-1} \underline{\boldsymbol{F}}_{B} \underline{\boldsymbol{T}}_{S} \tag{6.85}$$

$$\underline{\boldsymbol{Y}}_{SFA} = \underline{\boldsymbol{T}}_{S}^{-1} \underline{\boldsymbol{Y}}_{FA} \underline{\boldsymbol{T}}_{S} \quad \text{und} \quad \underline{\boldsymbol{Y}}_{SFB} = \underline{\boldsymbol{T}}_{S}^{-1} \underline{\boldsymbol{Y}}_{FB} \underline{\boldsymbol{T}}_{S} \tag{6.86}$$

Die Gl. 6.79 wird in Gl. 6.84 eingesetzt:

$$\begin{aligned} &\begin{bmatrix} \boldsymbol{E} - \underline{\boldsymbol{F}}_{SA} & \boldsymbol{0} \\ \boldsymbol{0} & \boldsymbol{E} - \underline{\boldsymbol{F}}_{SB} \end{bmatrix} \begin{bmatrix} \underline{\boldsymbol{Y}}_{SAA} + \underline{\boldsymbol{Y}}_{SFA} & \underline{\boldsymbol{Y}}_{SAB} \\ \underline{\boldsymbol{Y}}_{SBA} & \underline{\boldsymbol{Y}}_{SBB} + \underline{\boldsymbol{Y}}_{SFB} \end{bmatrix} \begin{bmatrix} \Delta\underline{\boldsymbol{u}}_{SA} \\ \Delta\underline{\boldsymbol{u}}_{SB} \end{bmatrix} \\ &= \begin{bmatrix} \boldsymbol{E} - \underline{\boldsymbol{F}}_{SA} & \boldsymbol{0} \\ \boldsymbol{0} & \boldsymbol{E} - \underline{\boldsymbol{F}}_{SB} \end{bmatrix} \begin{bmatrix} \underline{\boldsymbol{Y}}_{SAA} & \underline{\boldsymbol{Y}}_{SAB} \\ \underline{\boldsymbol{Y}}_{SBA} & \underline{\boldsymbol{Y}}_{SBB} \end{bmatrix} \begin{bmatrix} \underline{\boldsymbol{u}}_{SA} \\ \underline{\boldsymbol{u}}_{SB} \end{bmatrix} \end{aligned} \tag{6.87}$$

Die Addition der Gln. 6.83 und 6.87 liefert eine Beziehung zur Berechnung der Spannungen über den Unterbrechungsstellen:

$$\begin{aligned} &\left\{ \begin{bmatrix} \underline{\boldsymbol{F}}_{SA} & \boldsymbol{0} \\ \boldsymbol{0} & \underline{\boldsymbol{F}}_{SB} \end{bmatrix} + \begin{bmatrix} \boldsymbol{E} - \underline{\boldsymbol{F}}_{SA} & \boldsymbol{0} \\ \boldsymbol{0} & \boldsymbol{E} - \underline{\boldsymbol{F}}_{SB} \end{bmatrix} \begin{bmatrix} \underline{\boldsymbol{Y}}_{SAA} + \underline{\boldsymbol{Y}}_{SFA} & \underline{\boldsymbol{Y}}_{SAB} \\ \underline{\boldsymbol{Y}}_{SBA} & \underline{\boldsymbol{Y}}_{SBB} + \underline{\boldsymbol{Y}}_{SFB} \end{bmatrix} \right\} \begin{bmatrix} \Delta\underline{\boldsymbol{u}}_{SA} \\ \Delta\underline{\boldsymbol{u}}_{SB} \end{bmatrix} \\ &= \begin{bmatrix} \boldsymbol{E} - \underline{\boldsymbol{F}}_{SA} & \boldsymbol{0} \\ \boldsymbol{0} & \boldsymbol{E} - \underline{\boldsymbol{F}}_{SB} \end{bmatrix} \begin{bmatrix} \underline{\boldsymbol{Y}}_{SAA} & \underline{\boldsymbol{Y}}_{SAB} \\ \underline{\boldsymbol{Y}}_{SBA} & \underline{\boldsymbol{Y}}_{SBB} \end{bmatrix} \begin{bmatrix} \underline{\boldsymbol{u}}_{SA} \\ \underline{\boldsymbol{u}}_{SB} \end{bmatrix} \end{aligned} \tag{6.88}$$

oder abgekürzt:

$$\begin{bmatrix} \Delta\underline{\boldsymbol{u}}_{\text{SA}} \\ \Delta\underline{\boldsymbol{u}}_{\text{SB}} \end{bmatrix} = \begin{bmatrix} \underline{\boldsymbol{K}}_{\text{SAA}} & \underline{\boldsymbol{K}}_{\text{SAB}} \\ \underline{\boldsymbol{K}}_{\text{SBA}} & \underline{\boldsymbol{K}}_{\text{SBB}} \end{bmatrix} \begin{bmatrix} \underline{\boldsymbol{u}}_{\text{SA}} \\ \underline{\boldsymbol{u}}_{\text{SB}} \end{bmatrix} \quad (6.89)$$

Ohne Unterbrechungen sind die Fehlermatrizen Einheitsmatrizen, so dass Gl. 6.88 folgerichtig $\Delta\underline{\boldsymbol{u}}_{\text{SA}} = \Delta\underline{\boldsymbol{u}}_{\text{SB}} = \mathbf{o}$ liefert. Bei vollständiger Unterbrechung auf beiden Seiten sind die Fehlermatrizen Nullmatrizen und die Fehleradmittanzen Null, so dass die Spannungen über den Unterbrechungsstellen gleich den Knotenspannungen auf der jeweiligen Seite werden.

Zur Berechnung der Ströme wird die Gl. 6.89 in die Leitungsgleichung, Gl. 6.79 eingesetzt. Man erhält:

$$\begin{bmatrix} \underline{\boldsymbol{i}}_{\text{SA}} \\ \underline{\boldsymbol{i}}_{\text{SB}} \end{bmatrix} = \begin{bmatrix} \underline{\boldsymbol{Y}}_{\text{SAA}} & \underline{\boldsymbol{Y}}_{\text{SAB}} \\ \underline{\boldsymbol{Y}}_{\text{SBA}} & \underline{\boldsymbol{Y}}_{\text{SBB}} \end{bmatrix} \begin{bmatrix} \boldsymbol{E} - \underline{\boldsymbol{K}}_{\text{SAA}} & -\underline{\boldsymbol{K}}_{\text{SAB}} \\ -\underline{\boldsymbol{K}}_{\text{SBA}} & \boldsymbol{E} - \underline{\boldsymbol{K}}_{\text{SBB}} \end{bmatrix} \begin{bmatrix} \underline{\boldsymbol{u}}_{\text{SA}} \\ \underline{\boldsymbol{u}}_{\text{SB}} \end{bmatrix} \quad (6.90\text{a})$$

bzw.:

$$\begin{bmatrix} \underline{\boldsymbol{i}}_{\text{SA}} \\ \underline{\boldsymbol{i}}_{\text{SB}} \end{bmatrix} = \begin{bmatrix} \underline{\boldsymbol{Y}}^{\text{u}}_{\text{SAA}} & \underline{\boldsymbol{Y}}^{\text{u}}_{\text{SAB}} \\ \underline{\boldsymbol{Y}}^{\text{u}}_{\text{SBA}} & \underline{\boldsymbol{Y}}^{\text{u}}_{\text{SBB}} \end{bmatrix} \begin{bmatrix} \underline{\boldsymbol{u}}_{\text{SA}} \\ \underline{\boldsymbol{u}}_{\text{SB}} \end{bmatrix} \quad (6.90\text{b})$$

Die Gl. 6.90 hat die gleiche Form wie die Gl. 2.20 der fehlerfreien Leitung. Das bedeutet, dass, wie schon bei der Nachbildung von Kurzschlüssen auf den Leitungen, auch Unterbrechungen an Leitungen nicht zu Änderungen bei der Bildung und im Aufbau der Knoten-Admittanzmatrix führen. Es werden lediglich die Elemente der Knoten, an denen die Leitung angeschlossen ist, modifiziert.

Die vorstehenden Ausführungen gelten gleichermaßen für Zweiwicklungstransformatoren, da deren Gleichungen vom gleichen Typ AB, wie die der Leitungen sind.

Vereinfachte Leitungs- oder Transformatormodelle ohne Querglieder haben eine singuläre Admittanzmatrix. Das hat zur Folge, dass bei gleichzeitiger Abschaltung des gleichen oder mehrerer gleicher Leiter auf beiden Seiten die Spannungen über den Unterbrechungsstellen nicht mehr aus der Gl. 6.88 berechnet werden können, weil deren Koeffizientenmatrix singulär wird. Das ist dadurch begründet, dass durch das Fehlen der Querglieder das beidseitig abgeschaltete Leitungselement keine Verbindung mehr zum Bezugsknoten hat.

Für den Sonderfall der Leitungen und Transformatoren mit singulärer Admittanzmatrix wird die Gl. 6.79 wie folgt umgeordnet:

$$\begin{bmatrix} \underline{\boldsymbol{i}}_{\text{SA}} \\ \underline{\boldsymbol{i}}_{\text{SB}} \end{bmatrix} = \begin{bmatrix} \underline{\boldsymbol{Z}}^{-1}_{\text{SAB}} & \mathbf{0} \\ \mathbf{0} & \underline{\boldsymbol{Z}}^{-1}_{\text{SAB}} \end{bmatrix} \begin{bmatrix} \boldsymbol{E} & -\boldsymbol{E} \\ -\boldsymbol{E} & \boldsymbol{E} \end{bmatrix} \left\{ \begin{bmatrix} \underline{\boldsymbol{u}}_{\text{SA}} \\ \underline{\boldsymbol{u}}_{\text{SB}} \end{bmatrix} - \begin{bmatrix} \Delta\underline{\boldsymbol{u}}_{\text{SA}} \\ \Delta\underline{\boldsymbol{u}}_{\text{SB}} \end{bmatrix} \right\} \quad (6.91)$$

wobei $\underline{\boldsymbol{Z}}_{\text{SAB}}$ eine Diagonalmatrix mit den Längsimpedanzen der Symmetrischen Komponenten ist. Da $\underline{\boldsymbol{Z}}_{\text{SAB}}$ regulär ist, kann die Gl. 6.91 umgestellt werden zu:

$$\begin{bmatrix} \underline{\boldsymbol{Z}}_{\text{SAB}} & \mathbf{0} \\ \mathbf{0} & \underline{\boldsymbol{Z}}_{\text{SAB}} \end{bmatrix} \begin{bmatrix} \underline{\boldsymbol{i}}_{\text{SA}} \\ \underline{\boldsymbol{i}}_{\text{SB}} \end{bmatrix} = \begin{bmatrix} \boldsymbol{E} & -\boldsymbol{E} \\ -\boldsymbol{E} & \boldsymbol{E} \end{bmatrix} \begin{bmatrix} \underline{\boldsymbol{u}}_{\text{SA}} \\ \underline{\boldsymbol{u}}_{\text{SB}} \end{bmatrix} - \begin{bmatrix} \Delta\underline{\boldsymbol{u}}_{\text{SA}} - \Delta\underline{\boldsymbol{u}}_{\text{SB}} \\ \Delta\underline{\boldsymbol{u}}_{\text{SB}} - \Delta\underline{\boldsymbol{u}}_{\text{SA}} \end{bmatrix} \quad (6.92)$$

Tab. 6.7 Fehlermatrizen für die Unterbrechung

	Leiter L1	Leiter L2	Leiter L3
1-pol. Unterbrechung	$\begin{bmatrix} 0 & 0 & 0 \\ 0 & 1 & 0 \\ 0 & 0 & 1 \end{bmatrix}$	$\begin{bmatrix} 1 & 0 & 0 \\ 0 & 0 & 0 \\ 0 & 0 & 1 \end{bmatrix}$	$\begin{bmatrix} 1 & 0 & 0 \\ 0 & 1 & 0 \\ 0 & 0 & 0 \end{bmatrix}$
	Leiter L1 und L2	Leiter L2 und L3	Leiter L3 und L1
2-pol. Unterbrechung	$\begin{bmatrix} 0 & 0 & 0 \\ 0 & 0 & 0 \\ 0 & 0 & 1 \end{bmatrix}$	$\begin{bmatrix} 1 & 0 & 0 \\ 0 & 0 & 0 \\ 0 & 0 & 0 \end{bmatrix}$	$\begin{bmatrix} 0 & 0 & 0 \\ 0 & 1 & 0 \\ 0 & 0 & 0 \end{bmatrix}$

Bei der Abschaltung von Leitungen oder Transformatoren ohne Querglieder ist es für die Ströme gleichgültig ob die Abschaltung eines oder mehrerer Leiter auf der Seite A oder B oder auf beiden Seiten gleichzeitig erfolgt. Das bedeutet, dass an die Stelle der Fehlermatrizen $\boldsymbol{F}_{\mathrm{A}}$ und $\boldsymbol{F}_{\mathrm{B}}$ nur *eine* resultierende Fehlermatrix $\boldsymbol{F}$, die sich aus dem Produkt $\boldsymbol{F} = \boldsymbol{F}_{\mathrm{A}} \cdot \boldsymbol{F}_{\mathrm{B}}$ ergibt, tritt. Sie ist auf die Ströme $\underline{\boldsymbol{i}}_{\mathrm{A}}$ und $\underline{\boldsymbol{i}}_{\mathrm{B}}$ sowie auf die in Gl. 6.92 vorkommenden Differenzen der Spannungen über den Unterbrechungsstellen gleichzeitig anzuwenden.

Die resultierende Fehlermatrix $\boldsymbol{F}$ für die Unterbrechungen ist in Tab. 6.7 nochmals für alle Fehlerkonstellationen bei ein- und zweipoliger Unterbrechung zusammengestellt.

Mit der transformierten Fehlermatrix lauten die Fehlerbedingungen für $\underline{\boldsymbol{Y}}_{\mathrm{SFA}} = \underline{\boldsymbol{Y}}_{\mathrm{SFB}} = \mathbf{0}$:

$$\begin{bmatrix} \underline{\boldsymbol{F}}_{\mathrm{S}} & \mathbf{0} \\ \mathbf{0} & \underline{\boldsymbol{F}}_{\mathrm{S}} \end{bmatrix} \begin{bmatrix} \Delta\underline{\boldsymbol{u}}_{\mathrm{SA}} - \Delta\underline{\boldsymbol{u}}_{\mathrm{SB}} \\ \Delta\underline{\boldsymbol{u}}_{\mathrm{SB}} - \Delta\underline{\boldsymbol{u}}_{\mathrm{SA}} \end{bmatrix} = \mathbf{o} \tag{6.93}$$

$$\begin{bmatrix} \boldsymbol{E} - \underline{\boldsymbol{F}}_{\mathrm{S}} & \mathbf{0} \\ \mathbf{0} & \boldsymbol{E} - \underline{\boldsymbol{F}}_{\mathrm{S}} \end{bmatrix} \begin{bmatrix} \underline{\boldsymbol{i}}_{\mathrm{SA}} \\ \underline{\boldsymbol{i}}_{\mathrm{SB}} \end{bmatrix} = \mathbf{o} \tag{6.94}$$

Die Gl. 6.92 wird in jeder Zeile von links mit der Fehlermatrix multipliziert und damit die Fehlerbedingung nach Gl. 6.93 erfüllt:

$$\begin{bmatrix} \underline{\boldsymbol{F}}_{\mathrm{S}} & \mathbf{0} \\ \mathbf{0} & \underline{\boldsymbol{F}}_{\mathrm{S}} \end{bmatrix} \begin{bmatrix} \underline{\boldsymbol{Z}}_{\mathrm{SAB}} & \mathbf{0} \\ \mathbf{0} & \underline{\boldsymbol{Z}}_{\mathrm{SAB}} \end{bmatrix} \begin{bmatrix} \underline{\boldsymbol{i}}_{\mathrm{SA}} \\ \underline{\boldsymbol{i}}_{\mathrm{SB}} \end{bmatrix} = \begin{bmatrix} \underline{\boldsymbol{F}}_{\mathrm{S}} & -\underline{\boldsymbol{F}}_{\mathrm{S}} \\ -\underline{\boldsymbol{F}}_{\mathrm{S}} & \underline{\boldsymbol{F}}_{\mathrm{S}} \end{bmatrix} \begin{bmatrix} \underline{\boldsymbol{u}}_{\mathrm{SA}} \\ \underline{\boldsymbol{u}}_{\mathrm{SB}} \end{bmatrix} \tag{6.95}$$

Die zweite Fehlerbedingung, Gl. 6.94 wird in jeder Zeile von links mit der Impedanzmatrix multipliziert und von der Gl. 6.95 subtrahiert:

$$\begin{bmatrix} \underline{\boldsymbol{F}}_{\mathrm{S}}\underline{\boldsymbol{Z}}_{\mathrm{SAB}} - \underline{\boldsymbol{Z}}_{\mathrm{SAB}} + \underline{\boldsymbol{Z}}_{\mathrm{SAB}}\underline{\boldsymbol{F}}_{\mathrm{S}} & \mathbf{0} \\ \mathbf{0} & \underline{\boldsymbol{F}}_{\mathrm{S}}\underline{\boldsymbol{Z}}_{\mathrm{SAB}} - \underline{\boldsymbol{Z}}_{\mathrm{SAB}} + \underline{\boldsymbol{Z}}_{\mathrm{SAB}}\underline{\boldsymbol{F}}_{\mathrm{S}} \end{bmatrix} \begin{bmatrix} \underline{\boldsymbol{i}}_{\mathrm{SA}} \\ \underline{\boldsymbol{i}}_{\mathrm{SB}} \end{bmatrix} = \begin{bmatrix} \underline{\boldsymbol{F}}_{\mathrm{S}} & -\underline{\boldsymbol{F}}_{\mathrm{S}} \\ -\underline{\boldsymbol{F}}_{\mathrm{S}} & \underline{\boldsymbol{F}}_{\mathrm{S}} \end{bmatrix} \begin{bmatrix} \underline{\boldsymbol{u}}_{\mathrm{SA}} \\ \underline{\boldsymbol{u}}_{\mathrm{SB}} \end{bmatrix} \tag{6.96}$$

Löst man die Gl. 6.96 nach den Strömen auf, so ergibt sich wieder die Gleichungsform:

$$\begin{bmatrix} \underline{i}_{\mathrm{SA}} \\ \underline{i}_{\mathrm{SB}} \end{bmatrix} = \begin{bmatrix} \underline{\boldsymbol{Y}}^{\mathrm{u}}_{\mathrm{SAA}} & \underline{\boldsymbol{Y}}^{\mathrm{u}}_{\mathrm{SAB}} \\ \underline{\boldsymbol{Y}}^{\mathrm{u}}_{\mathrm{SBA}} & \underline{\boldsymbol{Y}}^{\mathrm{u}}_{\mathrm{SBB}} \end{bmatrix} \begin{bmatrix} \underline{u}_{\mathrm{SA}} \\ \underline{u}_{\mathrm{SB}} \end{bmatrix} \tag{6.97}$$

mit der Besonderheit:

$$\underline{\boldsymbol{Y}}^{\mathrm{u}}_{\mathrm{SAA}} = \underline{\boldsymbol{Y}}^{\mathrm{u}}_{\mathrm{SBB}} = -\underline{\boldsymbol{Y}}^{\mathrm{u}}_{\mathrm{SAB}} = -\underline{\boldsymbol{Y}}^{\mathrm{u}}_{\mathrm{SBA}} = \left(\underline{\boldsymbol{F}}_{\mathrm{S}}\underline{\boldsymbol{Z}}_{\mathrm{SAB}} - \underline{\boldsymbol{Z}}_{\mathrm{SAB}} + \underline{\boldsymbol{Z}}_{\mathrm{SAB}}\underline{\boldsymbol{F}}_{\mathrm{S}}\right)^{-1} \underline{\boldsymbol{F}}_{\mathrm{S}} \tag{6.98}$$

An der Gl. 6.96 ist schon ersichtlich, dass unter der Voraussetzung der vollständigen Abschaltung eines oder mehrere Leiter auf einer der beiden Seiten oder beiden Seiten gleichzeitig für die Ströme wie im fehlerfreien Fall $\underline{i}_{\mathrm{SB}} = -\underline{i}_{\mathrm{SA}}$ gilt.

Aus der Gl. 6.92 kann bei bekannten Strömen und Knotenspannungen zunächst nur die Differenz der Spannungen über den Unterbrechungsstellen berechnet werden:

$$\begin{bmatrix} \Delta\underline{u}_{\mathrm{SA}} - \Delta\underline{u}_{\mathrm{SB}} \\ \Delta\underline{u}_{\mathrm{SB}} - \Delta\underline{u}_{\mathrm{SA}} \end{bmatrix} = \begin{bmatrix} \boldsymbol{E} & -\boldsymbol{E} \\ -\boldsymbol{E} & \boldsymbol{E} \end{bmatrix} \begin{bmatrix} \underline{u}_{\mathrm{SA}} \\ \underline{u}_{\mathrm{SB}} \end{bmatrix} - \begin{bmatrix} \underline{\boldsymbol{Z}}_{\mathrm{SAB}} & \boldsymbol{0} \\ \boldsymbol{0} & \underline{\boldsymbol{Z}}_{\mathrm{SAB}} \end{bmatrix} \begin{bmatrix} \underline{i}_{\mathrm{SA}} \\ \underline{i}_{\mathrm{SB}} \end{bmatrix} \tag{6.99}$$

Ist die Leitung oder der Transformator nur einseitig abgeschaltet, so ist die nach Gl. 6.99 berechnete Spannungsdifferenz eindeutig der Unterbrechungsstelle zugeordnet. Bei zweiseitiger Abschaltung kann keine Aufteilung der Spannungsdifferenzen auf die beiden Unterbrechungsstellen erfolgen, da der oder die abgeschalteten Leiter keine Verbindung mehr zum Bezugsknoten haben.

Beispiel 6.5

Berechnung der Spannungen und Ströme bei Abschaltung des Leiters L1 der Leitung 2 am Knoten 3 für das Beispiel 6.3.

Admittanzmatrix der Leitung 2 ohne Unterbrechung:

$$\underline{\boldsymbol{Y}}_{\mathrm{SL2}} = -\mathrm{j}\left[\begin{array}{ccc|ccc} 0{,}25 & & & -0{,}25 & & \\ & 0{,}25 & & & -0{,}25 & \\ & & 0{,}125 & & & -0{,}125 \\ \hline -0{,}25 & & & 0{,}25 & & \\ & -0{,}25 & & & 0{,}25 & \\ & & -0{,}125 & & & 0{,}125 \end{array}\right]$$

Fehlermatrizen nach Tab. 6.6 (A = Knoten 2, B = Knoten 3):

$$\boldsymbol{F}_{\mathrm{A}} = \begin{bmatrix} 1 & 0 & 0 \\ 0 & 1 & 0 \\ 0 & 0 & 1 \end{bmatrix} \quad \boldsymbol{F}_{\mathrm{B}} = \begin{bmatrix} 0 & 0 & 0 \\ 0 & 1 & 0 \\ 0 & 0 & 1 \end{bmatrix}$$

Admittanzmatrix der Leitung 2 nach Einarbeitung der Unterbrechung (Gl. 6.97):

$$\underline{\boldsymbol{Y}}_{\text{SL2}}^{\text{u}} = -\text{j}\left[\begin{array}{ccc|ccc} 0{,}15 & -0{,}1 & -0{,}05 & -0{,}15 & 0{,}1 & 0{,}05 \\ -0{,}1 & 0{,}15 & -0{,}05 & 0{,}1 & -0{,}15 & 0{,}05 \\ -0{,}05 & -0{,}05 & 0{,}1 & 0{,}05 & 0{,}05 & -0{,}1 \\ \hline -0{,}15 & 0{,}1 & 0{,}05 & 0{,}15 & -0{,}1 & -0{,}05 \\ 0{,}1 & -0{,}15 & 0{,}05 & -0{,}1 & 0{,}15 & -0{,}05 \\ 0{,}05 & 0{,}05 & -0{,}1 & -0{,}05 & -0{,}05 & 0{,}1 \end{array}\right]$$

Spannungen an den Unterbrechungsstellen und Leitungsströme:

$$\left[\begin{array}{c} \Delta\underline{U}_{\text{A1}} \\ \Delta\underline{U}_{\text{A2}} \\ \Delta\underline{U}_{\text{A3}} \\ \hline \Delta\underline{U}_{\text{B1}} \\ \Delta\underline{U}_{\text{B2}} \\ \Delta\underline{U}_{\text{B3}} \end{array}\right] = \left[\begin{array}{c} 0 \\ 0 \\ 0 \\ \hline 2{,}4828 \\ 0 \\ 0 \end{array}\right] \text{kV}$$

$$\left[\begin{array}{c} \underline{I}_{\text{A1}} \\ \underline{I}_{\text{A2}} \\ \underline{I}_{\text{A3}} \\ \hline \underline{I}_{\text{B1}} \\ \underline{I}_{\text{B2}} \\ \underline{I}_{\text{B3}} \end{array}\right] = \left[\begin{array}{c} 0 \\ 0{,}2598 - \text{j}0{,}0776 \\ -0{,}2598 - \text{j}0{,}0776 \\ \hline 0 \\ -0{,}2598 + \text{j}0{,}0776 \\ 0{,}2598 + \text{j}0{,}0776 \end{array}\right] \text{kA}$$

Für beidseitiges Abschalten des Leiters L1 erhält man nach Gl. 6.96 die gleiche modifizierte Admittanzmatrix der Leitung und damit auch die gleichen Leitungsströme. Die Spannungen nach Gl. 6.99 werden:

$$\left[\begin{array}{c} \Delta\underline{U}_{\text{A1}} - \Delta\underline{U}_{\text{B1}} \\ \Delta\underline{U}_{\text{A2}} - \Delta\underline{U}_{\text{B2}} \\ \Delta\underline{U}_{\text{A3}} - \Delta\underline{U}_{\text{B3}} \\ \hline \Delta\underline{U}_{\text{B1}} - \Delta\underline{U}_{\text{A1}} \\ \Delta\underline{U}_{\text{B2}} - \Delta\underline{U}_{\text{A2}} \\ \Delta\underline{U}_{\text{B3}} - \Delta\underline{U}_{\text{A3}} \end{array}\right] = \left[\begin{array}{c} -2{,}4828 \\ 0 \\ 0 \\ \hline 2{,}4828 \\ 0 \\ 0 \end{array}\right] \text{kV}$$

6.7 Abschalten von kurzschlussbehafteten Leitungen

Die Nachbildung von Unterbrechungen an kurzschlussbehafteten Leitungen erfolgt nach der gleichen Methode wie an einer kurzschlussfreien Leitung, da sich die grundsätzliche Form der Leitungsgleichung durch die Berücksichtigung von Kurzschlüssen nicht geändert hat.

Der einzige Unterschied besteht darin, dass der in Abschn. 6.6 beschriebene Algorithmus an der Gl. 6.73, die hier nochmals wiedergegeben wird, vollzogen wird.

$$\begin{bmatrix} \underline{\boldsymbol{i}}_{\mathrm{SA}} \\ \underline{\boldsymbol{i}}_{\mathrm{SB}} \end{bmatrix} = \begin{bmatrix} \underline{\boldsymbol{Y}}_{\mathrm{SAA}}^{\mathrm{k}} & \underline{\boldsymbol{Y}}_{\mathrm{SAB}}^{\mathrm{k}} \\ \underline{\boldsymbol{Y}}_{\mathrm{SBA}}^{\mathrm{k}} & \underline{\boldsymbol{Y}}_{\mathrm{SBB}}^{\mathrm{k}} \end{bmatrix} \begin{bmatrix} \underline{\boldsymbol{u}}_{\mathrm{SA}} \\ \underline{\boldsymbol{u}}_{\mathrm{SB}} \end{bmatrix} \tag{6.100}$$

Demzufolge gelten die Gln. 6.88 und 6.90 mit $\underline{\boldsymbol{Y}}_{\mathrm{SAA}}^{\mathrm{k}}$, $\underline{\boldsymbol{Y}}_{\mathrm{SAB}}^{\mathrm{k}}$, $\underline{\boldsymbol{Y}}_{\mathrm{SBA}}^{\mathrm{k}}$ und $\underline{\boldsymbol{Y}}_{\mathrm{SBB}}^{\mathrm{k}}$ anstelle der $\underline{\boldsymbol{Y}}_{\mathrm{SAA}}$, $\underline{\boldsymbol{Y}}_{\mathrm{SAB}}$, $\underline{\boldsymbol{Y}}_{\mathrm{SBA}}$ und $\underline{\boldsymbol{Y}}_{\mathrm{SBB}}$ auch hier. Im Ergebnis wird wieder eine Stromgleichung mit unveränderter Form erhalten:

$$\begin{bmatrix} \underline{\boldsymbol{i}}_{\mathrm{SA}} \\ \underline{\boldsymbol{i}}_{\mathrm{SB}} \end{bmatrix} = \begin{bmatrix} \underline{\boldsymbol{Y}}_{\mathrm{SAA}}^{\mathrm{k,u}} & \underline{\boldsymbol{Y}}_{\mathrm{SAB}}^{\mathrm{k,u}} \\ \underline{\boldsymbol{Y}}_{\mathrm{SBA}}^{\mathrm{k,u}} & \underline{\boldsymbol{Y}}_{\mathrm{SBB}}^{\mathrm{k,u}} \end{bmatrix} \begin{bmatrix} \underline{\boldsymbol{u}}_{\mathrm{SA}} \\ \underline{\boldsymbol{u}}_{\mathrm{SB}} \end{bmatrix} \tag{6.101}$$

Der obere Index k,u steht für den gleichzeitigen Kurzschluss- und Unterbrechungszustand. Die Gl. 6.101 wird wieder wie üblich in das Knotenspannungs-Gleichungssystem eingefügt.

6.8 Abschalten von Generatoren, Motoren und Lasten

Die Stromgleichung der aktiven Betriebsmittel vom Typ A mit ergänzten Spannungen an den Unterbrechungsstellen lautet:

$$\underline{\boldsymbol{i}}_{\mathrm{SA}} = \underline{\boldsymbol{Y}}_{\mathrm{SA}} \left(\underline{\boldsymbol{u}}_{\mathrm{SA}} - \Delta\underline{\boldsymbol{u}}_{\mathrm{SA}}\right) + \underline{\boldsymbol{i}}_{\mathrm{Sq}} \tag{6.102}$$

Für die passiven Betriebsmittel entfällt der Quellenstromvektor.

Die folgenden Schritte können unmittelbar aus Abschn. 6.6 übernommen werden. Die Fehlerbedingungen:

$$\underline{\boldsymbol{F}}_{\mathrm{S}} \Delta\underline{\boldsymbol{u}}_{\mathrm{SA}} = \mathbf{o} \tag{6.103}$$

$$\left(\boldsymbol{E} - \underline{\boldsymbol{F}}_{\mathrm{S}}\right)\left(\underline{\boldsymbol{i}}_{\mathrm{SA}} - \underline{\boldsymbol{Y}}_{\mathrm{SF}} \Delta\underline{\boldsymbol{u}}_{\mathrm{SA}}\right) = \mathbf{o} \tag{6.104}$$

liefern zusammen mit der Gl. 6.102 die Gleichung für die Berechnung der Spannungen über den Unterbrechungsstellen:

$$\left[\underline{\boldsymbol{F}}_{\mathrm{S}} + \left(\boldsymbol{E} - \underline{\boldsymbol{F}}_{\mathrm{S}}\right)\left(\underline{\boldsymbol{Y}}_{\mathrm{SA}} + \underline{\boldsymbol{Y}}_{\mathrm{SF}}\right)\right] \Delta\underline{\boldsymbol{u}}_{\mathrm{SA}} = \left(\boldsymbol{E} - \underline{\boldsymbol{F}}_{\mathrm{S}}\right)\left(\underline{\boldsymbol{Y}}_{\mathrm{SA}}\underline{\boldsymbol{u}}_{\mathrm{SA}} + \underline{\boldsymbol{i}}_{\mathrm{Sq}}\right) \tag{6.105}$$

Einsetzen der Spannungen $\Delta\underline{\boldsymbol{u}}_{\mathrm{SA}}$ aus Gl. 6.105 in Gl. 6.102 ergibt wieder eine Stromgleichung in der Form des unterbrechungsfreien Betriebsmittels mit modifizierter Admittanzmatrix und modifiziertem Quellenstromvektor:

$$\underline{\boldsymbol{i}}_{\mathrm{SA}} = \underline{\boldsymbol{Y}}_{\mathrm{SA}}^{\mathrm{u}} \underline{\boldsymbol{u}}_{\mathrm{SA}} + \underline{\boldsymbol{i}}_{\mathrm{Sq}}^{\mathrm{u}} \tag{6.106}$$

Die Gl. 6.106 für die Betriebsmittel mit Unterbrechungen wird wie eine Gleichung ohne Unterbrechung in das Knotenspannungs-Gleichungssystem eingefügt.

6.9 Berücksichtigung von Unsymmetriezuständen

Unsymmetriezustände können neben unsymmetrischen Fehlern durch unsymmetrische Einspeisungen, unsymmetrische Belastungen und unsymmetrisch aufgebaute Betriebsmittel oder nicht verdrillte Leitungen auftreten (s. Abschn. 4.4). Die vorstehenden Gleichungen in Symmetrischen Komponenten sind grundsätzlich auch für alle genannten Unsymmetriefälle geeignet.

Unsymmetrische Einspeisungen bedeuten Spannungs- oder Stromquellen im Gegen- und ggf. auch Nullsystem. Unsymmetrisch aufgebaute Betriebsmittel haben auch in Symmetrischen Komponenten eine voll besetzte Admittanzmatrix, wodurch in der Knotenadmittanzmatrix Kopplungen zwischen den Symmetrischen Komponenten entstehen. Die grundsätzliche Form des Knotenspannungs-Gleichungssystems ändert sich jedoch durch die Hinzunahme von Unsymmetriezuständen nicht.

Unsymmetrische Lasten können entweder durch Einbau der folgenden Admittanzmatrix in die Knotenadmittanzmatrix oder universell durch das Fehlermatrizenverfahren berücksichtigt werden.

Die Transformation der Admittanzmatrix einer unsymmetrischen Last

$$\underline{\boldsymbol{Y}}_{\mathrm{L}} = \begin{bmatrix} \underline{Y}_{\mathrm{L1}} & & \\ & \underline{Y}_{\mathrm{L2}} & \\ & & \underline{Y}_{\mathrm{L3}} \end{bmatrix} \tag{6.107}$$

in Symmetrische Komponenten ergibt eine voll besetzte Admittanzmatrix:

$$\begin{aligned} \underline{\boldsymbol{Y}}_{\mathrm{SL}} &= \underline{\boldsymbol{T}}_{\mathrm{S}}^{-1}\underline{\boldsymbol{Y}}_{\mathrm{L}}\underline{\boldsymbol{T}}_{\mathrm{S}} = \begin{bmatrix} \underline{Y}_{11\mathrm{L}} & \underline{Y}_{12\mathrm{L}} & \underline{Y}_{10\mathrm{L}} \\ \underline{Y}_{21\mathrm{L}} & \underline{Y}_{22\mathrm{L}} & \underline{Y}_{20\mathrm{L}} \\ \underline{Y}_{01\mathrm{L}} & \underline{Y}_{02\mathrm{L}} & \underline{Y}_{00\mathrm{L}} \end{bmatrix} \\ &= \frac{1}{3}\begin{bmatrix} \underline{Y}_{\mathrm{L1}} + \underline{Y}_{\mathrm{L2}} + \underline{Y}_{\mathrm{L3}} & \underline{Y}_{\mathrm{L1}} + \underline{\mathrm{a}}^2\underline{Y}_{\mathrm{L2}} + \underline{\mathrm{a}}\underline{Y}_{\mathrm{L3}} & \underline{Y}_{\mathrm{L1}} + \underline{\mathrm{a}}\underline{Y}_{\mathrm{L2}} + \underline{\mathrm{a}}^2\underline{Y}_{\mathrm{L3}} \\ \underline{Y}_{\mathrm{L1}} + \underline{\mathrm{a}}\underline{Y}_{\mathrm{L2}} + \underline{\mathrm{a}}^2\underline{Y}_{\mathrm{L3}} & \underline{Y}_{\mathrm{L1}} + \underline{Y}_{\mathrm{L2}} + \underline{Y}_{\mathrm{L3}} & \underline{Y}_{\mathrm{L1}} + \underline{\mathrm{a}}^2\underline{Y}_{\mathrm{L2}} + \underline{\mathrm{a}}\underline{Y}_{\mathrm{L3}} \\ \underline{Y}_{\mathrm{L1}} + \underline{\mathrm{a}}^2\underline{Y}_{\mathrm{L2}} + \underline{\mathrm{a}}\underline{Y}_{\mathrm{L3}} & \underline{Y}_{\mathrm{L1}} + \underline{\mathrm{a}}\underline{Y}_{\mathrm{L2}} + \underline{\mathrm{a}}^2\underline{Y}_{\mathrm{L3}} & \underline{Y}_{\mathrm{L1}} + \underline{Y}_{\mathrm{L2}} + \underline{Y}_{\mathrm{L3}} \end{bmatrix} \end{aligned} \tag{6.108}$$

Mit dem Fehlermatrizenverfahren kann die Berücksichtigung von unsymmetrischen Lasten am bereits aufgebauten Knotenspannungs-Gleichungssystem erfolgen. Am entsprechenden Knoten wird ein Kurzschluss mit Fehlerimpedanzen, die in diesem Fall den Lastimpedanzen entsprechen, wie in Abschn. 6.3 simuliert. Sind alle Lastimpedanzen endlich, so erfolgt ihre Einbeziehung in das Knotenspannungs-Gleichungssystem durch die Annahme eines dreipoligen Kurzschlusses mit den entsprechenden Fehlerimpedanzen $\underline{Z}_{\mathrm{F1}} = \underline{Z}_{\mathrm{L1}}$, $\underline{Z}_{\mathrm{F2}} = \underline{Z}_{\mathrm{L2}}$ und $\underline{Z}_{\mathrm{F3}} = \underline{Z}_{\mathrm{L3}}$. Handelt es sich dagegen um eine einpolige oder zweipolige Belastung, so wird diese durch einen einpoligen bzw. zweipoligen Kurzschluss mit den entsprechenden Fehlerimpedanzen nachgebildet.

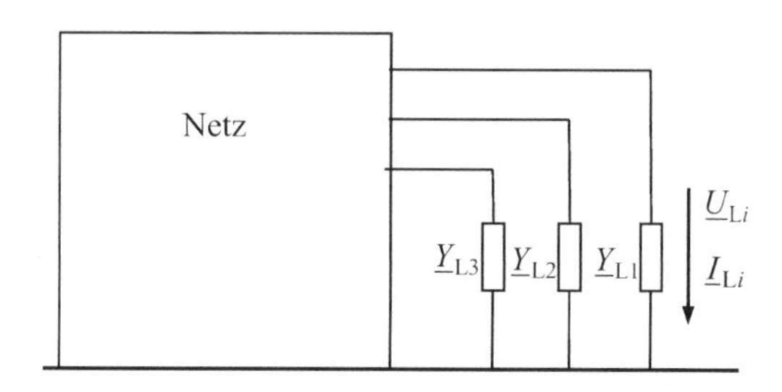

Abb. 6.3 Netzeinspeisung mit unsymmetrischer Last

Die Berücksichtigung unsymmetrischer Belastungen mit dem Fehlermatrizenverfahren hat gegenüber der Admittanzmethode nach Gl. 6.108 den Vorteil, dass auch Lasten mit ungeerdetem Sternpunkt nachgebildet werden können (s. Beispiel 6.8).

Beispiel 6.6

Das Netz in Abb. 6.3 soll eine unsymmetrische Last mit den unterschiedlichen Leiteradmittanzen

$$\underline{\boldsymbol{Y}}_{L} = \begin{bmatrix} \underline{Y}_{L1} & & \\ & \underline{Y}_{L2} & \\ & & \underline{Y}_{L3} \end{bmatrix}$$

speisen.

Die Gleichungen für das Netz und die Last sind vom Typ A (s. Gl. 3.1):

$$\begin{aligned} \underline{\boldsymbol{i}}_{SN} &= \underline{\boldsymbol{Y}}_{SN}\underline{\boldsymbol{u}}_{SN} + \underline{\boldsymbol{i}}_{Sq} \\ \underline{\boldsymbol{i}}_{SL} &= \underline{\boldsymbol{Y}}_{SL}\underline{\boldsymbol{u}}_{SL} = \underline{\boldsymbol{T}}_{S}^{-1}\underline{\boldsymbol{Y}}_{L}\underline{\boldsymbol{T}}_{S}\underline{\boldsymbol{u}}_{SL} \end{aligned}$$

Das Knotenspannungs-Gleichungssystem ist in diesem Fall trivial und lautet mit

$$\begin{aligned} &\underline{\boldsymbol{u}}_{SN} = \underline{\boldsymbol{u}}_{SL} = \underline{\boldsymbol{u}}_{SK} \quad \text{und} \quad \underline{\boldsymbol{i}}_{SQ} = \underline{\boldsymbol{i}}_{Sq}: \\ &-\left(\underline{\boldsymbol{Y}}_{SN} + \underline{\boldsymbol{Y}}_{SL}\right)\underline{\boldsymbol{u}}_{SK} = \underline{\boldsymbol{Y}}_{SKK}\underline{\boldsymbol{u}}_{SK} = \underline{\boldsymbol{i}}_{SQ} \end{aligned} \tag{6.109}$$

Nach dem Fehlermatrizenverfahren wird das Knotenspannungs-Gleichungssystem zunächst ohne Berücksichtigung der Last formuliert (beachte die unterschiedliche Bedeutung von $\underline{\boldsymbol{Y}}_{SKK}$ gegenüber Gl. 6.109):

$$-\underline{\boldsymbol{Y}}_{SN}\underline{\boldsymbol{u}}_{SN} = \underline{\boldsymbol{Y}}_{SKK}\underline{\boldsymbol{u}}_{SN} = \underline{\boldsymbol{i}}_{SQ}$$

Anschließend wird die Last durch einen dreipoligen Erdkurzschluss mit unterschiedlichen Fehlerimpedanzen:

$$\underline{\boldsymbol{Z}}_{F} = \underline{\boldsymbol{Y}}_{L}^{-1} = \begin{bmatrix} \underline{Z}_{F1} & & \\ & \underline{Z}_{F2} & \\ & & \underline{Z}_{F3} \end{bmatrix}$$

einbezogen. Der Gl. 6.47 mit $\underline{\boldsymbol{F}}_{\mathrm{SK}} = \underline{\boldsymbol{F}}_{\mathrm{S}} = \mathbf{o}$ für dreipoligen Kurzschluss entsprechend gilt:

$$\left(\boldsymbol{E}_{\mathrm{K}} - \underline{\boldsymbol{Z}}_{\mathrm{SF}}\underline{\boldsymbol{Y}}_{\mathrm{SKK}}\right)\underline{\boldsymbol{u}}_{\mathrm{SK}} = -\underline{\boldsymbol{Z}}_{\mathrm{SF}}\underline{\boldsymbol{i}}_{\mathrm{SQ}} \tag{6.110}$$

Die Inverse Matrix zu $\underline{\boldsymbol{Z}}_{\mathrm{SF}}$ ist:

$$\underline{\boldsymbol{Z}}_{\mathrm{SF}}^{-1} = \left(\underline{\boldsymbol{T}}_{\mathrm{S}}^{-1}\underline{\boldsymbol{Z}}_{\mathrm{F}}\underline{\boldsymbol{T}}_{\mathrm{S}}\right)^{-1} = \underline{\boldsymbol{T}}_{\mathrm{S}}^{-1}\underline{\boldsymbol{Z}}_{\mathrm{F}}^{-1}\underline{\boldsymbol{T}}_{\mathrm{S}} = \underline{\boldsymbol{Y}}_{\mathrm{SL}}$$

Die Multiplikation von Gl. 6.110 von links mit $\underline{\boldsymbol{Z}}_{\mathrm{SF}}^{-1}$ ergibt in Übereinstimmung mit Gl. 6.109:

$$\left(-\underline{\boldsymbol{Y}}_{\mathrm{SL}} + \underline{\boldsymbol{Y}}_{\mathrm{SKK}}\right)\underline{\boldsymbol{u}}_{\mathrm{SK}} = \underline{\boldsymbol{Y}}_{\mathrm{SKK}}^{\mathrm{k}}\underline{\boldsymbol{u}}_{\mathrm{SK}} = \underline{\boldsymbol{i}}_{\mathrm{SQ}}$$

Beispiel 6.7

Für die Anordnung aus Beispiel 6.5 (Abb. 6.3) sollen die Spannungen und Ströme bei einer zweipoligen Last mit den Leiter-Erde-Impedanzen $\underline{Z}_{\mathrm{L}1} = \mathrm{j}20\,\Omega$ und $\underline{Z}_{\mathrm{L}2} = \mathrm{j}15\,\Omega$ berechnet werden. Die entsprechende Admittanzmatrix ist:

$$\underline{\boldsymbol{Y}}_{\mathrm{L}} = -\mathrm{j}\begin{bmatrix} 1/20 & & \\ & 1/15 & \\ & & 0 \end{bmatrix}\mathrm{S}$$

und in Symmetrischen Komponenten:

$$\underline{\boldsymbol{Y}}_{\mathrm{SL}} = \begin{bmatrix} 0{,}0000 - \mathrm{j}0{,}03894 & -0{,}0192 - \mathrm{j}0{,}0056 & 0{,}0192 - \mathrm{j}0{,}0056 \\ 0{,}0192 - \mathrm{j}0{,}0056 & 0{,}0000 - \mathrm{j}0{,}03894 & -0{,}0192 - \mathrm{j}0{,}0056 \\ -0{,}0192 - \mathrm{j}0{,}0056 & 0{,}0192 - \mathrm{j}0{,}0056 & 0{,}0000 - \mathrm{j}0{,}03894 \end{bmatrix}\mathrm{S}$$

Netzgleichung mit $\underline{U}_{1\mathrm{N}} = 100\,\mathrm{kV}$ in Zahlenwerten (Admittanzen in S):

$$\begin{bmatrix} \underline{I}_{1\mathrm{A}} \\ \underline{I}_{2\mathrm{A}} \\ \underline{I}_{0\mathrm{A}} \end{bmatrix} = -\mathrm{j}\begin{bmatrix} 0{,}5 & & \\ & 0{,}5 & \\ & & 0{,}25 \end{bmatrix}\begin{bmatrix} \underline{U}_{1\mathrm{A}} \\ \underline{U}_{2\mathrm{A}} \\ \underline{U}_{0\mathrm{A}} \end{bmatrix} + \begin{bmatrix} \mathrm{j}50 \\ 0 \\ 0 \end{bmatrix}\mathrm{kA}$$

Knotenspannungs-Gleichungssystem nach Gl. 6.109 in Zahlen (Admittanzen in S):

$$\begin{bmatrix} 0{,}0000 + \mathrm{j}0{,}53894 & 0{,}0192 + \mathrm{j}0{,}0056 & -0{,}0192 + \mathrm{j}0{,}0056 \\ -0{,}0192 + \mathrm{j}0{,}0056 & 0{,}0000 + \mathrm{j}0{,}53894 & 0{,}0192 + \mathrm{j}0{,}0056 \\ 0{,}0192 + \mathrm{j}0{,}0056 & -0{,}0192 + \mathrm{j}0{,}0056 & 0{,}0000 + \mathrm{j}0{,}2889 \end{bmatrix}\begin{bmatrix} \underline{U}_{1\mathrm{K}} \\ \underline{U}_{2\mathrm{K}} \\ \underline{U}_{0\mathrm{K}} \end{bmatrix}$$

$$= \begin{bmatrix} \mathrm{j}50 \\ 0 \\ 0 \end{bmatrix}\mathrm{kA}$$

Knotenspannungen in Symmetrischen Komponenten und Leitergrößen:

$$\begin{bmatrix} \underline{U}_{1K} \\ \underline{U}_{2K} \\ \underline{U}_{0K} \end{bmatrix} = \begin{bmatrix} 93{,}1667 + j0{,}0000 \\ -1{,}1667 - j3{,}4641 \\ -2{,}000 + j6{,}35090 \end{bmatrix} \text{kV}; \quad \begin{bmatrix} \underline{U}_{L1} \\ \underline{U}_{L2} \\ \underline{U}_{L3} \end{bmatrix} = \begin{bmatrix} 90{,}0000 + j2{,}8868 \\ -45{,}0000 - j73{,}6122 \\ -51{,}000 + j89{,}7780 \end{bmatrix} \text{kV}$$

Lastströme in Symmetrischen Komponenten und Leitergrößen:

$$\begin{bmatrix} \underline{I}_{1L} \\ \underline{I}_{2L} \\ \underline{I}_{0L} \end{bmatrix} = \begin{bmatrix} 0{,}0000 - j3{,}4167 \\ 1{,}7321 - j0{,}5833 \\ -1{,}5877 - j0{,}5000 \end{bmatrix} \text{kA}; \quad \begin{bmatrix} \underline{I}_{L1} \\ \underline{I}_{L2} \\ \underline{I}_{L3} \end{bmatrix} = \begin{bmatrix} 0{,}1443 - j4{,}5000 \\ -4{,}9075 + j3{,}0000 \\ 0{,}0000 + j0{,}0000 \end{bmatrix} \text{kA}$$

Mit dem Fehlermatrizenverfahren wird die Belastung als ein zweipoliger Erdkurzschluss in den Leitern 1 und 2 mit den Fehlerimpedanzen $\underline{Z}_{F1} = \underline{Z}_{L1} = j20\,\Omega$ und $\underline{Z}_{F2} = \underline{Z}_{L2} = j15\,\Omega$ nachgebildet. Die Fehlerimpedanz des unbelasteten Leiters L3 kann beliebig endlich gewählt werden, es wird $\underline{Z}_{F3} = 0$ gesetzt.

Die Fehlermatrix

$$\boldsymbol{F} = \begin{bmatrix} 0 & & \\ & 0 & \\ & & 1 \end{bmatrix}$$

und die Matrix der Fehlerimpedanzen

$$\underline{\boldsymbol{Z}}_{F} = \begin{bmatrix} j20 & & \\ & j15 & \\ & & 0 \end{bmatrix} \Omega$$

lauten in Symmetrischen Komponenten:

$$\underline{\boldsymbol{F}}_{S} = \begin{bmatrix} 0{,}3333 + j0{,}0000 & -0{,}1667 + j0{,}2887 & -0{,}1667 - j0{,}2887 \\ -0{,}1667 - j0{,}2887 & 0{,}3333 + j0{,}0000 & -0{,}1667 + j0{,}2887 \\ -0{,}1667 + j0{,}28877 & -0{,}1667 - j0{,}2887 & 0{,}3333 + j0{,}0000 \end{bmatrix}$$

$$\underline{\boldsymbol{Z}}_{SF} = \begin{bmatrix} 0{,}0000 + j11{,}6667 & 4{,}3301 + j4{,}1667 & -4{,}3301 + j4{,}1667 \\ -4{,}3301 + j4{,}1667 & 0{,}0000 + j11{,}6667 & 4{,}3301 + j4{,}1667 \\ 4{,}3301 + j4{,}1667 & -4{,}3301 + j4{,}1667 & 0{,}0000 + j11{,}6667 \end{bmatrix} \Omega$$

Für die modifizierte Admittanzmatrix und den modifizierten Quellenstromvektor nach Gl. 6.49 ergibt sich:

$$\underline{Y}^{\mathrm{k}}_{\mathrm{SKK}} = \begin{bmatrix} 0{,}0000 - \mathrm{j}3{,}0833 & -1{,}3712 - \mathrm{j}1{,}2083 & 0{,}7578 - \mathrm{j}0{,}6458 \\ 1{,}3712 - \mathrm{j}1{,}2083 & 0{,}0000 - \mathrm{j}3{,}0833 & -0{,}7578 - \mathrm{j}0{,}6458 \\ -0{,}7578 - \mathrm{j}0{,}6458 & 0{,}7578 - \mathrm{j}0{,}6458 & 0{,}0000 - \mathrm{j}0{,}8125 \end{bmatrix} \mathrm{S}$$

$$\underline{i}^{\mathrm{k}}_{\mathrm{SQ}} = \begin{bmatrix} 0{,}0000 - \mathrm{j}2{,}7500 \\ 1{,}2269 - \mathrm{j}1{,}1250 \\ -0{,}6856 - \mathrm{j}0{,}6042 \end{bmatrix} 10^2\,\mathrm{kA}$$

Aus der Gl. 6.49 und 6.50 werden natürlich die gleichen Spannungen und Ströme wie bei der Nachbildung mit Admittanzen erhalten.

Beispiel 6.8

Für die Anordnung aus Beispiel 6.6 (Abb. 6.3) sollen die Spannungen und Ströme bei einer zweipoligen Last mit $\underline{Z}_{\mathrm{L}} = \mathrm{j}20\,\Omega$ zwischen den Leitern L1 und L2 berechnet werden. Dieser Fall kann nicht mehr durch eine diagonale Lastadmittanzmatrix wie im Beispiel 6.7 nachgebildet werden.

Mit dem Fehlermatrizenverfahren erfolgt die Nachbildung durch einen zweipoligen Kurzschluss zwischen den Leitern L1 und L2 ohne Erdberührung mit den Fehlerimpedanzen $\underline{Z}_{\mathrm{F1}}$ und $\underline{Z}_{\mathrm{F2}}$. Dabei ist die Zuordnung der Lastimpedanz zu den in Reihe liegenden Fehlerimpedanzen beliebig. Die Impedanz des nicht betroffenen Leiters kann bekanntlich frei gewählt werden. Für die Rechnung wurde $\underline{Z}_{\mathrm{F1}} = \underline{Z}_{\mathrm{L}} = \mathrm{j}20\,\Omega$ und $\underline{Z}_{\mathrm{F2}} = \underline{Z}_{\mathrm{F3}} = 0$ gesetzt.

Für die modifizierte Admittanzmatrix und den modifizierte Quellenstromvektor nach Gl. 6.49, sowie die Knotenspannungen und Astströme (Fehlerströme) ergibt sich:

$$\underline{Y}^{\mathrm{k}}_{\mathrm{SKK}} = \begin{bmatrix} -1{,}4434 - \mathrm{j}0{,}8333 & -2{,}0207 - \mathrm{j}0{,}8333 & -0{,}6495 - \mathrm{j}0{,}2917 \\ 2{,}0207 - \mathrm{j}0{,}8333 & 1{,}4434 - \mathrm{j}0{,}8333 & 0{,}6495 - \mathrm{j}0{,}2917 \\ -0{,}0722 + \mathrm{j}0{,}9583 & 0{,}0722 + \mathrm{j}0{,}9583 & -0{,}0000 + \mathrm{j}0{,}6667 \end{bmatrix} \mathrm{S}$$

$$\underline{i}^{\mathrm{k}}_{\mathrm{SQ}} = \begin{bmatrix} -1{,}2990 - \mathrm{j}0{,}5833 \\ 1{,}7321 - \mathrm{j}0{,}8333 \\ 0{,}0000 + \mathrm{j}0{,}8333 \end{bmatrix} 10^2\,\mathrm{kA}$$

$$\begin{bmatrix} \underline{U}_{1\mathrm{K}} \\ \underline{U}_{2\mathrm{K}} \\ \underline{U}_{0\mathrm{K}} \end{bmatrix} = \begin{bmatrix} 91{,}6667 + \mathrm{j}0{,}0000 \\ -4{,}1667 - \mathrm{j}7{,}2169 \\ 0{,}0000 + \mathrm{j}0{,}0000 \end{bmatrix} \mathrm{kV} \qquad \begin{bmatrix} \underline{U}_{\mathrm{L1}} \\ \underline{U}_{\mathrm{L2}} \\ \underline{U}_{\mathrm{L3}} \end{bmatrix} = \begin{bmatrix} 87{,}5000 - \mathrm{j}7{,}2169 \\ -37{,}5000 - \mathrm{j}79{,}3857 \\ -50{,}0000 + \mathrm{j}86{,}6025 \end{bmatrix} \mathrm{kV}$$

$$\begin{bmatrix} \underline{I}_{1\mathrm{L}} \\ \underline{I}_{2\mathrm{L}} \\ \underline{I}_{0\mathrm{L}} \end{bmatrix} = \begin{bmatrix} 0{,}0000 - \mathrm{j}4{,}1667 \\ 3{,}6084 - \mathrm{j}2{,}0833 \\ 0{,}0000 - \mathrm{j}0{,}0000 \end{bmatrix} \mathrm{kA} \qquad \begin{bmatrix} \underline{I}_{\mathrm{L1}} \\ \underline{I}_{\mathrm{L2}} \\ \underline{I}_{\mathrm{L3}} \end{bmatrix} = \begin{bmatrix} 3{,}6084 - \mathrm{j}6{,}2500 \\ -3{,}6084 + \mathrm{j}6{,}2500 \\ 0{,}0000 + \mathrm{j}0{,}0000 \end{bmatrix} \mathrm{kA}$$

6.10 Zusammenfassung des Berechnungsablaufs für Kurzschlüsse und Unterbrechungen sowie Unsymmetrien

Fehler (Kurzschlüsse und Unterbrechungen) an Betriebsmitteln werden durch Modifikation der Elemente ihrer Admittanzmatrix und bei den aktiven Betriebsmitteln vom Typ A auch der Quellenströme berücksichtigt. Die ursprünglichen Gleichungsformen für die fehlerfreien Betriebsmittel bleiben dabei erhalten, so dass bei der Bildung des Knotenspannungs-Gleichungssystems kein Unterschied zwischen fehlerfreien und fehlerbehafteten Betriebsmitteln zu machen ist. Das Knotenspannungs-Gleichungssystem mit eingearbeiteten Kurzschlüssen (k) und Unterbrechungen (u) an den Betriebsmitteln hat die Form:

$$\underline{\boldsymbol{Y}}_{\mathrm{SKK}}^{\mathrm{k,u}}\underline{\boldsymbol{u}}_{\mathrm{SK}} = \underline{\boldsymbol{i}}_{\mathrm{SQ}} \tag{6.111}$$

Kurzschlüsse an den Netzknoten (Sammelschienen) und unsymmetrische Lasten werden am Knotenspannungs-Gleichungssystem des Netzes nachgebildet, wobei dessen Ordnung und Form nicht verändert wird. Es werden lediglich einige Elemente der Knotenadmittanzmatrix und des Quellenstromvektors nach einem einheitliche Algorithmus, der aus einfachen Matrixoperationen mit den spärlich besetzten Fehlermatrizen und deren konjugiert komplexen transponierten Matrix besteht, geändert, womit die Gl. 6.111 übergeht in:

$$\begin{aligned}&\left[\underline{\boldsymbol{F}}_{\mathrm{SK}}\underline{\boldsymbol{Y}}_{\mathrm{SKK}}^{\mathrm{k,u}} - \underline{\boldsymbol{Y}}_{\mathrm{SKK}}^{\mathrm{k,u}}\left(\boldsymbol{E}_{\mathrm{K}} - \underline{\boldsymbol{F}}_{\mathrm{SK}}^{\mathrm{T*}}\right)\left(\boldsymbol{E}_{\mathrm{K}} - \underline{\boldsymbol{Z}}_{\mathrm{SF}}\underline{\boldsymbol{Y}}_{\mathrm{SKK}}^{\mathrm{k,u}}\right)\right]\underline{\boldsymbol{u}}_{\mathrm{SK}}\\ &= \left[\underline{\boldsymbol{F}}_{\mathrm{SK}} + \underline{\boldsymbol{Y}}_{\mathrm{SKK}}^{\mathrm{k,u}}\left(\boldsymbol{E}_{\mathrm{K}} - \underline{\boldsymbol{F}}_{\mathrm{SK}}^{\mathrm{T*}}\right)\underline{\boldsymbol{Z}}_{\mathrm{SF}}\right]\underline{\boldsymbol{i}}_{\mathrm{SQ}}\end{aligned} \tag{6.112a}$$

oder kürzer:

$$\underline{\boldsymbol{Y}}_{\mathrm{SKK}}^{\mathrm{F}}\underline{\boldsymbol{u}}_{\mathrm{SK}} = \underline{\boldsymbol{i}}_{\mathrm{SQ}}^{\mathrm{F}} \tag{6.112b}$$

Aus der Gl. 6.112 werden zunächst die Knotenspannungen berechnet

$$\underline{\boldsymbol{u}}_{\mathrm{SK}} = \left(\underline{\boldsymbol{Y}}_{\mathrm{SKK}}^{\mathrm{F}}\right)^{-1}\underline{\boldsymbol{i}}_{\mathrm{SQ}}^{\mathrm{F}} = \underline{\boldsymbol{Z}}_{\mathrm{SKK}}^{\mathrm{F}}\underline{\boldsymbol{i}}_{\mathrm{SQ}}^{\mathrm{F}} \tag{6.113}$$

und damit aus dem Gleichungssystem mit der Admittanzmatrix und dem Quellenstromvektor für den fehlerfreien Zustand die Fehlerströme:

$$\underline{\boldsymbol{i}}_{\mathrm{SF}} = \underline{\boldsymbol{Y}}_{\mathrm{SKK}}\underline{\boldsymbol{u}}_{\mathrm{SK}} - \underline{\boldsymbol{i}}_{\mathrm{SQ}} \tag{6.114}$$

Bei der Berechnung quasistationärer Vorgänge ändert sich während des Berechnungsablaufes der Quellenstromvektor entsprechend dem dynamischen Verhalten der Generatoren. Für die wiederholte Berechnung der Knotenspannungen ist dann die folgende Gleichungsform, bei der der Quellenstromvektor in seiner ursprünglichen Form erhalten bleibt, der Gl. 6.113 vorzuziehen:

$$\begin{aligned}\underline{\boldsymbol{u}}_{\mathrm{SK}} = &\left[\underline{\boldsymbol{F}}_{\mathrm{SK}}\underline{\boldsymbol{Y}}_{\mathrm{SKK}} - \underline{\boldsymbol{Y}}_{\mathrm{SKK}}^{\mathrm{k,u}}\left(\boldsymbol{E}_{\mathrm{K}} - \underline{\boldsymbol{F}}_{\mathrm{SK}}^{\mathrm{T*}}\right)\left(\boldsymbol{E}_{\mathrm{K}} - \underline{\boldsymbol{Z}}_{\mathrm{SF}}\underline{\boldsymbol{Y}}_{\mathrm{SKK}}^{\mathrm{k,u}}\right)\right]^{-1}\\ &\times\left[\underline{\boldsymbol{F}}_{\mathrm{SK}} + \underline{\boldsymbol{Y}}_{\mathrm{SKK}}^{\mathrm{k,u}}\left(\boldsymbol{E}_{\mathrm{K}} - \underline{\boldsymbol{F}}_{\mathrm{SK}}^{\mathrm{T*}}\right)\underline{\boldsymbol{Z}}_{\mathrm{SF}}\right]\underline{\boldsymbol{i}}_{\mathrm{SQ}}\end{aligned} \tag{6.115a}$$

und mit $\underline{Z}_{\mathrm{SKKF}}$ als Abkürzung:

$$\underline{u}_{\mathrm{SK}} = \underline{Z}_{\mathrm{SKKF}}\underline{i}_{\mathrm{SQ}} \tag{6.115b}$$

Die hier vorausgesetzte Symmetrie der Betriebsmittel ist für das Fehlermatrizenverfahren nicht zwingend erforderlich. Unsymmetrisch aufgebaute Betriebsmittel verursachen lediglich zusätzliche Koppelelemente in der Knotenadmittanzmatrix, beeinflussen aber nicht den grundsätzlichen Aufbau des Knotenspannungs-Gleichungssystems oder den Lösungsalgorithmus.

Abschließend sei noch bemerkt, dass das Fehlermatrizenverfahren eben so gut auf die Gleichungssysteme mit Leitergrößen oder anderen modalen Größen angewendet werden kann. Bei Rechnung mit Leitergrößen ist als Transformationsmatrix die 3×3-Einheitsmatrix an die im Anhang A.2 aufgelistete function `FehlerMatrizenVerfahren` zu übergeben. Bei anderen modalen Größen als die Symmetrischen Komponenten oder Raumzeigerkomponenten (s. Kap. 10) ist die leistungsinvariante Form der Transformationsmatrix zu verwenden (s. auch den Anhang A.3).

6.11 Anwendung des Fehlermatrizenverfahrens zur Kurzschlussstromberechnung nach IEC und DIN EN 60909-0

Die Berechnung von Kurzschlussströmen nach den Normen IEC und DIN EN 60909-0 [15, 16] beruht auf der sog. Methode der Ersatzspannungsquelle an der Kurzschlussstelle. Daneben sind auch das Überlagerungsverfahren (Abschn. 5.7.1) und andere Verfahren zulässig, wenn diese mindestens die gleiche Genauigkeit aufweisen (Abb. 6.4).

Die Methode der Ersatzspannungsquelle an der Kurzschlussstelle ist *„ein allgemein gut handhabbares und kurzes Berechnungsverfahren ..., das zu Ergebnissen führt, welche im Allgemeinen von ausreichender Genauigkeit sind ...“* [16]. Das Verfahren beruht ausschließlich auf dem Änderungszustand des Überlagerungsverfahrens (s. Abschn. 5.7.1), der so angepasst wurde, dass die Berechnung ohne eine vorangehende Leistungsflussberechnung durchgeführt werden kann, was insbesondere im Planungsstadium hilfreich ist.

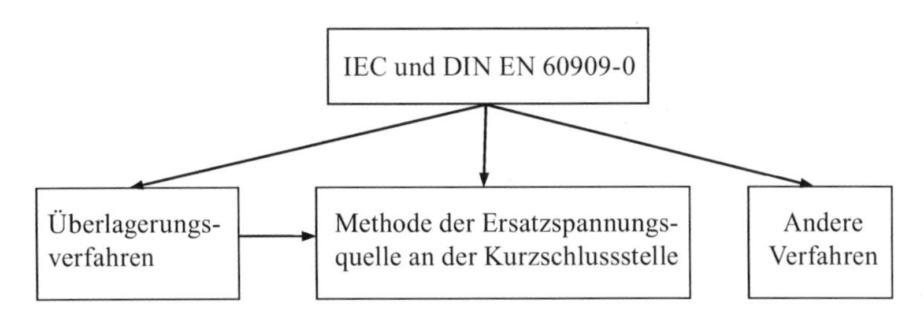

Abb. 6.4 Methoden der Kurzschlussstromberechnung nach den Normen IEC und DIN EN 60909-0

Anstelle der vom stationären Zustand (dem Leistungsfluss) vor Kurzschlusseintritt abhängigen Mitsystemspannung an der Kurzschlussstelle wird eine genormte Ersatzspannung, die nur von der Nennspannung des kurzschlussbehafteten Netzes und einem Faktor c abhängt, eingeführt:

$$U_{\mathrm{ers}} = \frac{c U_{\mathrm{n}}}{\sqrt{3}} \tag{6.116}$$

Des Weiteren werden alle nichtmotorischen Lasten vernachlässigt und noch einige Vereinfachungen vorgenommen. Der Faktor c ist abhängig von der Netznennspannung und dem Berechnungsziel größte oder kleinste Kurzschlussströme. Um zu vermeiden, dass bei der Berechnung größter Kurzschlussströme Teilkurzschlussströme zu klein berechnet werden (s. das Beispiel 5.7), wurden für diesen Fall Korrekturfaktoren an den Transformator- und Generatorimpedanzen eingeführt. Bezüglich der Einzelheiten wird auf die Normen verwiesen.

Bei der Entwicklung der Normen wurde seinerzeit Rücksicht genommen auf die damaligen bescheidenen Möglichkeiten der maschinellen Rechentechnik, so dass besonderer Wert auf „*Handhabbarkeit*“, d. h. die Möglichkeit der Handrechnung gelegt wurde. Inzwischen wird man die Kurzschlussstromberechnung ausschließlich mit dem Computer durchführen, wozu eine Reihe von kommerziellen Berechnungsprogrammen zur Verfügung steht.

Das vorstehend beschriebene Fehlermatrizenverfahren ist zwar aufgrund der Matrixoperationen für eine Handrechnung weniger, dafür aber für einen Computer umso besser geeignet. Es hat den Vorteil, dass sämtliche Kurzschlussarten als Einfach- oder Mehrfachfehler nach einem einheitlichen Algorithmus behandelt werden, so dass ein Berechnungsprogramm auf der Grundlage des Fehlermatrizenverfahrens besonders einfach und übersichtlich wird. Die aufwändig erscheinenden Matrizenoperationen lassen sich unter Ausnutzung der Schwachbesetztheit der Matrizen auf ein Minimum reduzieren.

Im Folgenden wird gezeigt, wie das Fehlermatrizenverfahren so modifiziert werden kann, dass es sowohl für das vollständige Überlagerungsverfahren als auch die Methode der Ersatzspannung an der Kurzschlussstelle angewendet werden kann.

Die Fehlerbedingungen, Gl. 6.40 und Gl. 6.41, im Folgenden ohne Fehlerimpedanzen, nehmen für den Änderungszustand folgende Formen an, wobei daran erinnert sei, dass die Änderungen der Fehlerströme mit den Fehlerströmen selbst identisch sind:

$$\underline{\boldsymbol{F}}_{\mathrm{SK}} \underline{\boldsymbol{i}}_{\mathrm{SF}}^{\Delta} = \underline{\boldsymbol{F}}_{\mathrm{SK}} \underline{\boldsymbol{i}}_{\mathrm{SF}} = \mathbf{o} \tag{6.117}$$

$$\left(\boldsymbol{E}_{\mathrm{K}} - \underline{\boldsymbol{F}}_{\mathrm{SK}}^{\mathrm{T}*}\right) \underline{\boldsymbol{u}}_{\mathrm{SK}}^{\Delta} = -\left(\boldsymbol{E}_{\mathrm{K}} - \underline{\boldsymbol{F}}_{\mathrm{SK}}^{\mathrm{T}*}\right) \underline{\boldsymbol{u}}_{\mathrm{SK}}^{\mathrm{b}} \tag{6.118}$$

Die 3×3-Fehlermatrizen $\underline{\boldsymbol{F}}_{\mathrm{SK}i}$ für die einzelnen Knoten können der Tab. 6.4 entnommen werden oder ausgehend von den Fehlerbedingungen für die Leitergrößen vom Computer nach der Gl. 6.19 bereitgestellt werden.

Die Fehlerbedingungen können nun wieder wie im Abschn. 6.3 auf das Netzgleichungssystem mit der Knotenadmittanzmatrix oder wie im Abschn. 6.4 auf das Netzgleichungssystem mit der Knotenimpedanzmatrix angewendet werden. Im ersten Fall werden zuerst die Knotenspannungsänderungen und dann die Kurzschlussströme berechnet, während im zweiten Fall zuerst die Kurzschlussströme und dann die Spannungsänderungen erhalten werden. Für welche Variante man sich entscheidet hängt davon ab, wofür man sich vordergründig interessiert. Die Anwendung des Fehlermatrizenverfahrens auf die Impedanzform der Netzgleichungen setzt allerdings voraus, dass bei der Berechnung unsymmetrischer Fehler auch die Impedanzmatrix des Nullsystems regulär ist, was durchaus nicht immer der Fall sein muss (s. das Beispiel 5.6).

Ausgehend von der Admittanzform der Netzgleichungen

$$\underline{\boldsymbol{Y}}_{\mathrm{SKK}}\underline{\boldsymbol{u}}_{\mathrm{SK}}^{\Delta} = \underline{\boldsymbol{i}}_{\mathrm{SF}} \tag{6.119}$$

erhält man zunächst die Knotenspannungsänderungen:

$$\underline{\boldsymbol{u}}_{\mathrm{SK}}^{\Delta} = \left(\underline{\boldsymbol{Y}}_{\mathrm{SKK}}^{\mathrm{k}}\right)^{-1} \underline{\boldsymbol{Y}}_{\mathrm{SKK}} \left(\boldsymbol{E}_{\mathrm{K}} - \underline{\boldsymbol{F}}_{\mathrm{SK}}^{\mathrm{T*}}\right) \underline{\boldsymbol{u}}_{\mathrm{SK}}^{\mathrm{b}} \tag{6.120}$$

mit der „kurzschlussbehafteten“ Knotenadmittanzmatrix nach Gl. 6.48:

$$\underline{\boldsymbol{Y}}_{\mathrm{SKK}}^{\mathrm{k}} = \underline{\boldsymbol{F}}_{\mathrm{SK}}\underline{\boldsymbol{Y}}_{\mathrm{SKK}} - \underline{\boldsymbol{Y}}_{\mathrm{SKK}} + \underline{\boldsymbol{Y}}_{\mathrm{SKK}}\underline{\boldsymbol{F}}_{\mathrm{SK}}^{\mathrm{T*}} \tag{6.121}$$

Anschließend lassen sich die Kurzschlussströme nach der Gl. 6.119 und die Änderungen der Teilkurzschlussströme berechnen. Abschließend werden beim vollständigen Überlagerungsverfahren die stationären Anfangswerte hinzuaddiert und die Rücktransformation in Leitergrößen vorgenommen.

Zu der Gl. 6.120 gelangt man auch, wenn man in Gl. 6.48 $\underline{\boldsymbol{u}}_{\mathrm{SK}}$ durch $\underline{\boldsymbol{u}}_{\mathrm{SK}}^{\mathrm{b}} + \underline{\boldsymbol{u}}_{\mathrm{SK}}^{\Delta}$ und $\underline{\boldsymbol{i}}_{\mathrm{SQ}}$ durch $\underline{\boldsymbol{Y}}_{\mathrm{SKK}}\underline{\boldsymbol{u}}_{\mathrm{SK}}^{\mathrm{b}}$ ersetzt und nach den Spannungsänderungen auflöst.

Geht man dagegen von der Impedanzform der Netzgleichungen

$$\underline{\boldsymbol{u}}_{\mathrm{SK}}^{\Delta} = \left(\underline{\boldsymbol{Y}}_{\mathrm{SKK}}^{\mathrm{k}}\right)^{-1} \underline{\boldsymbol{i}}_{\mathrm{SF}} = \underline{\boldsymbol{Z}}_{\mathrm{SKK}}^{\mathrm{k}}\underline{\boldsymbol{i}}_{\mathrm{SF}} \tag{6.122}$$

aus, so erhält man zunächst die Kurzschlussströme:

$$\underline{\boldsymbol{i}}_{\mathrm{SF}} = \left(\underline{\boldsymbol{Z}}_{\mathrm{SKK}}^{\mathrm{k}}\right)^{-1} \left(\boldsymbol{E}_{\mathrm{K}} - \underline{\boldsymbol{F}}_{\mathrm{SK}}^{\mathrm{T*}}\right) \underline{\boldsymbol{u}}_{\mathrm{SK}}^{\mathrm{b}} \tag{6.123}$$

mit der „kurzschlussbehafteten“ Knotenimpedanzmatrix nach Gl. 6.55:

$$\underline{\boldsymbol{Z}}_{\mathrm{SKK}}^{\mathrm{k}} = \underline{\boldsymbol{F}}_{\mathrm{SK}}^{\mathrm{T*}}\underline{\boldsymbol{Z}}_{\mathrm{SKK}} - \underline{\boldsymbol{Z}}_{\mathrm{SKK}} + \underline{\boldsymbol{Z}}_{\mathrm{SKK}}\underline{\boldsymbol{F}}_{\mathrm{SK}} \tag{6.124}$$

Die für die Berechnung der Teilkurzschlussströme erforderlichen Knotenspannungsänderungen können dann aus Gl. 6.122 erhalten werden.

Die Gl. 6.123 kann man auch aus Gl. 6.55 herleiten, wenn man $\underline{\boldsymbol{u}}_{\mathrm{SQ}}$ wieder durch $-\underline{\boldsymbol{Z}}_{\mathrm{SKK}}\underline{\boldsymbol{i}}_{\mathrm{SQ}}$ und $\underline{\boldsymbol{i}}_{\mathrm{SQ}}$ durch $\underline{\boldsymbol{Y}}_{\mathrm{SKK}}\underline{\boldsymbol{u}}_{\mathrm{SK}}^{\mathrm{b}}$ ersetzt.

Bei der Methode der Ersatzspannungsquelle an der Fehlerstelle tritt in den Gln. 6.120 und 6.123 anstelle des Knotenspannungsvektors $\underline{\boldsymbol{u}}_{\mathrm{SK}}^{\mathrm{b}}$ der Vektor $\underline{\boldsymbol{u}}_{\mathrm{SKers}}$. Er ist nur am Kurzschlussknoten mit der Ersatzspannung nach Gl. 6.116 besetzt. Außerdem ändern sich durch die in den Normen vereinbarten Vereinfachungen und die Einführung von Impedanzkorrekturfaktoren bei der Berechnung größter Kurzschlussströme einigen Betriebsmitteldaten, was aber lediglich Auswirkungen auf die Elemente der Admittanz- bzw. Impedanzmatrix, nicht aber deren Form hat.

Die Überlagerung des stationären Zustandes entfällt bei der Methode der Ersatzspannungsquelle.

Beispiel 6.9

Am Beispiel des 4-Knoten-Netzes in Abb. 5.7 sollen für den dreipoligen Erdkurzschluss am Knoten 3 die Rechenschritte des Fehlermatrizenverfahrens nach der Gl. 6.123 nachvollzogen werden und der Zusammenhang mit der Gl. 5.220 des Überlagerungsverfahrens hergestellt werden. Der Knotenspannungsvektor für den stationären Zustand vor Kurzschlusseintritt sei

$$\underline{\boldsymbol{u}}_{\mathrm{K}}^{\mathrm{b}} = \begin{bmatrix} 103 & 102 & 100 & 97 \end{bmatrix}^{\mathrm{T}} \mathrm{kV}$$

Für den Sonderfall des dreipoligen Erdkurzschlusses beschränken sich die oben angegebenen Gleichungen auf das Mitsystem der Symmetrischen Komponenten. Die Fehlermatrix reduziert sich auf:

$$\underline{\boldsymbol{F}}_{1\mathrm{K}} = \underline{\boldsymbol{F}}_{1\mathrm{K}}^{\mathrm{T}*} = \boldsymbol{F}_{1\mathrm{K}} = \begin{bmatrix} F_1 & & & & \\ & \ddots & & & \\ & & F_i & & \\ & & & \ddots & \\ & & & & F_{\mathrm{n}} \end{bmatrix}$$

mit

$$F_i = \begin{cases} 1 & \text{kurzschlussfrei} \\ 0 & \text{bei Kurzschluss} \end{cases}$$

Speziell für den Kurzschluss am Knoten 3 gilt:

$$\underline{\boldsymbol{F}}_{1\mathrm{K}} = \underline{\boldsymbol{F}}_{1\mathrm{K}}^{\mathrm{T}*} = \boldsymbol{F}_{1\mathrm{K}} = \begin{bmatrix} 1 & & & \\ & 1 & & \\ & & 0 & \\ & & & 1 \end{bmatrix}$$

Die Knotenimpedanzmatrix des Mitsystems wird aus dem Beispiel 5.3 übernommen:

$$\underline{Z}_{1\mathrm{KK}} = -\mathrm{j}\begin{bmatrix} 1{,}6 & 1{,}4 & 1 & 0{,}4 \\ 1{,}4 & 2{,}1 & 1{,}5 & 0{,}6 \\ 1 & 1{,}5 & 2{,}5 & 1 \\ 0{,}4 & 0{,}6 & 1 & 1{,}6 \end{bmatrix}\Omega$$

Ausgehend von der auf das Mitsystem reduzierten Gl. 6.123 ergeben sich folgende Zwischenergebnisse:

$$\underline{Z}^{\mathrm{k}}_{1\mathrm{KK}} = \boldsymbol{F}_{1\mathrm{K}}\underline{Z}_{1\mathrm{KK}} - \underline{Z}_{1\mathrm{KK}} - \underline{Z}_{1\mathrm{KK}}\boldsymbol{F}_{1\mathrm{K}} = \underline{Z}_{1\mathrm{KK}} = -\mathrm{j}\begin{bmatrix} 1{,}6 & 1{,}4 & 0 & 0{,}4 \\ 1{,}4 & 2{,}1 & 0 & 0{,}6 \\ 0 & 0 & -2{,}5 & 0 \\ 0{,}4 & 0{,}6 & 0 & 1{,}6 \end{bmatrix}\Omega$$

$$\left(\underline{Z}^{\mathrm{k}}_{1\mathrm{KK}}\right)^{-1} = \mathrm{j}\begin{bmatrix} 1{,}5 & -1 & 0 & 0 \\ -1 & 1{,}2 & 0 & -0{,}2 \\ 0 & 0 & -0{,}4 & 0 \\ 0 & -0{,}2 & 0 & 0{,}7 \end{bmatrix}\mathrm{S}$$

Durch die Operationen mit $\boldsymbol{F}_{1\mathrm{K}}$ an der Impedanzmatrix wird auf dem zum Kurzschlussknoten 3 gehörenden Diagonalplatz die Torimpedanz $\underline{Z}_1 = -\underline{z}_{1,33} = \mathrm{j}2{,}5\,\Omega$ generiert und von den restlichen Elementen der Matrix abgetrennt, indem die Elemente der dritten Zeile und Spalte bis auf das Diagonalelement Null werden. Folglich steht nach der Inversion von $\underline{Z}^{\mathrm{k}}_{1\mathrm{KK}}$ der Kehrwert der Torimpedanz ($\underline{Z}_1^{-1} = -\mathrm{j}0{,}4\,\mathrm{S}$) auf dem dritten Diagonalplatz. Die anderen Elemente von $\underline{Z}^{\mathrm{k}}_{1\mathrm{KK}}$ interessieren nicht weiter, so dass man sich die vollständige Inversion von $\underline{Z}^{\mathrm{k}}_{1\mathrm{KK}}$ auch hätte sparen können.

Durch die Multiplikation des Spannungsvektors $\underline{\boldsymbol{u}}^{\mathrm{b}}_{\mathrm{K}}$ mit $(\boldsymbol{E}_{\mathrm{K}} - \underline{\boldsymbol{F}}_{1\mathrm{K}})$ von links wird dieser auf die Spannung an der Kurzschlussstelle vor Kurzschlusseintritt, hier $\underline{U}^{\mathrm{b}}_{1\mathrm{L}3} = 100\,\mathrm{kV}$, oder bei der Methode der Ersatzspannungsquelle auf U_{ers} reduziert. Demzufolge spielen die anderen Knotenspannungen keine Rolle und können von vornherein mit Null belegt werden.

$$\left(\boldsymbol{E}_{\mathrm{K}} - \underline{\boldsymbol{F}}_{1\mathrm{K}}\right)\underline{\boldsymbol{u}}^{\mathrm{b}}_{1\mathrm{K}} = \begin{bmatrix} 0 & & & \\ & 0 & & \\ & & 1 & \\ & & & 0 \end{bmatrix}\begin{bmatrix} 103 \\ 102 \\ 100 \\ 97 \end{bmatrix}\mathrm{kV} = \begin{bmatrix} 0 \\ 0 \\ 100 \\ 0 \end{bmatrix}\mathrm{kV}$$

Schließlich erhält man aus der reduzierten Gl. 6.123:

$$\underline{\boldsymbol{i}}_{1\mathrm{F}} = \left(\underline{\boldsymbol{Z}}^{\mathrm{k}}_{1\mathrm{KK}}\right)^{-1} (\boldsymbol{E}_{\mathrm{K}} - \boldsymbol{F}_{1\mathrm{K}})\, \underline{\boldsymbol{u}}^{\mathrm{b}}_{1\mathrm{K}} = \mathrm{j} \begin{bmatrix} 1{,}5 & -1 & 0 & 0 \\ -1 & 1{,}2 & 0 & -0{,}2 \\ 0 & 0 & -0{,}4 & 0 \\ 0 & -0{,}2 & 0 & 0{,}7 \end{bmatrix} \begin{bmatrix} 0 \\ 0 \\ 100 \\ 0 \end{bmatrix} \mathrm{kA}$$

$$= \begin{bmatrix} 0 \\ 0 \\ -\mathrm{j}0{,}4 \\ 0 \end{bmatrix} 100\,\mathrm{kA} = \begin{bmatrix} 0 \\ 0 \\ -\mathrm{j}40 \\ 0 \end{bmatrix} \mathrm{kA}$$

Die Spannungsänderungen werden aus der Gl. 6.122 berechnet:

$$\begin{bmatrix} \underline{U}^{\Delta}_{1\mathrm{K}1} \\ \underline{U}^{\Delta}_{1\mathrm{K}2} \\ \underline{U}^{\Delta}_{1\mathrm{K}3} \\ \underline{U}^{\Delta}_{1\mathrm{K}4} \end{bmatrix} = -\mathrm{j} \begin{bmatrix} 1{,}6 & 1{,}4 & 1 & 0{,}4 \\ 1{,}4 & 2{,}1 & 1{,}5 & 0{,}6 \\ 1 & 1{,}5 & 2{,}5 & 1 \\ 0{,}4 & 0{,}6 & 1 & 1{,}6 \end{bmatrix} \begin{bmatrix} 0 \\ 0 \\ -\mathrm{j}40 \\ 0 \end{bmatrix} \mathrm{kV} = \begin{bmatrix} -40 \\ -60 \\ -100 \\ -40 \end{bmatrix} \mathrm{kV}$$

Nach der Gl. 5.220 für den Änderungszustand des Überlagerungsverfahrens erhält man (Impedanzen in Ω):

$$\begin{bmatrix} \underline{U}^{\Delta}_{1\mathrm{K}1} \\ \underline{U}^{\Delta}_{1\mathrm{K}2} \\ \underline{U}^{\Delta}_{1\mathrm{K}3} \\ \underline{U}^{\Delta}_{1\mathrm{K}4} \end{bmatrix} = -\mathrm{j} \begin{bmatrix} 1{,}6 & 1{,}4 & 1 & 0{,}4 \\ 1{,}4 & 2{,}1 & 1{,}5 & 0{,}6 \\ 1 & 1{,}5 & 2{,}5 & 1 \\ 0{,}4 & 0{,}6 & 1 & 1{,}6 \end{bmatrix} \begin{bmatrix} 0 \\ 0 \\ \underline{I}_{1\mathrm{F}3} \\ 0 \end{bmatrix}$$

und nach einem Variablentausch:

$$\begin{bmatrix} \underline{U}^{\Delta}_{1\mathrm{K}1} \\ \underline{U}^{\Delta}_{1\mathrm{K}2} \\ \underline{I}_{1\mathrm{F}3} \\ \underline{U}^{\Delta}_{1\mathrm{K}4} \end{bmatrix} = \frac{1}{2{,}5\,\Omega} \begin{bmatrix} 1\,\Omega \\ 1{,}5\,\Omega \\ \mathrm{j} \\ 1\,\Omega \end{bmatrix} \underline{U}^{\Delta}_{1\mathrm{L}3} = \frac{1}{2{,}5\,\Omega} \begin{bmatrix} 1\,\Omega \\ 1{,}5\,\Omega \\ \mathrm{j} \\ 1\,\Omega \end{bmatrix} (-100\,\mathrm{kV})$$

$$= \begin{bmatrix} -40\,\mathrm{kV} \\ -60\,\mathrm{kV} \\ -\mathrm{j}40\,\mathrm{kA} \\ -40\,\mathrm{kV} \end{bmatrix}$$

Schreibt man die Gl. 6.123 in der folgenden Form ausführlich

$$\underline{\boldsymbol{Z}}^{\mathrm{k}}_{1\mathrm{KK}}\underline{\boldsymbol{i}}_{1\mathrm{F}} = (\boldsymbol{E}_{\mathrm{K}} - \boldsymbol{F}_{1\mathrm{K}})\,\underline{\boldsymbol{u}}^{\mathrm{b}}_{1\mathrm{K}}$$

$$-\mathrm{j}\begin{bmatrix} 1{,}6 & 1{,}4 & 0 & 0{,}4 \\ 1{,}4 & 2{,}1 & 0 & 0{,}6 \\ 0 & 0 & -2{,}5 & 0 \\ 0{,}4 & 0{,}6 & 0 & 1{,}6 \end{bmatrix}\begin{bmatrix} 0 \\ 0 \\ \underline{I}_{1\mathrm{F3}} \\ 0 \end{bmatrix} = \begin{bmatrix} 0 & & & \\ & 0 & & \\ & & 1 & \\ & & & 0 \end{bmatrix}\begin{bmatrix} \underline{U}^{\mathrm{b}}_{1\mathrm{K1}} \\ \underline{U}^{\mathrm{b}}_{1\mathrm{K2}} \\ \underline{U}^{\mathrm{b}}_{1\mathrm{K3}} \\ \underline{U}^{\mathrm{b}}_{1\mathrm{K4}} \end{bmatrix}$$

so reduziert sich diese bei Weglassen der Nullelemente und Nulloperationen auf die 3. Zeile

$$\mathrm{j}2{,}5\,\Omega \cdot \underline{I}_{1\mathrm{F3}} = \underline{U}^{\mathrm{b}}_{1\mathrm{K3}} = 100\,\mathrm{kV}$$

womit der Zusammenhang mit der 3. Zeile des obigen Gleichungssystems für den Änderungszustand des Überlagerungsverfahrens hergestellt ist.

Die Berechnung nach Gl. 5.220 ist vor allem dann vorteilhaft, wenn die Kurzschlussströme an allen Netzknoten berechnet werden sollen, weil man dann mit nur einer einmaligen Inversion der Knotenadmittanzmatrix auskommt. Die Vorzüge des Fehlermatrizenverfahrens liegen dagegen in seiner Systematik (alle Fehlerarten werden nach dem gleichen Algorithmus behandelt), die sich insbesondere bei Mehrfachfehlern vorteilhaft auswirkt. Zudem gibt es bei der Berechnung von Doppelerdkurzschlüssen keine Probleme, wenn die Impedanzmatrix des Nullsystems singulär ist (s. das Beispiel 5.6).

7 Berechnung quasistationärer Vorgänge

Unter quasistationären Vorgängen versteht man Ausgleichsvorgänge bei denen die Änderung der Amplituden und Phasenwinkel der Drehstromgrößen so langsam erfolgen, dass man sie noch genügend genau durch Zeiger mit veränderlicher Amplitude und Phasenlage darstellen kann.

Das hat den Vorteil, dass das gesamte Netz anstelle durch aufwändige Differentialgleichungen durch algebraische Zeigergleichungen und im Unsymmetriefall durch die Symmetrischen Komponenten, wie im Kap. 3 beschrieben, modelliert werden kann.

Quasistationäre Ausgleichsvorgänge werden vorwiegend durch Störung des Gleichgewichtes von Antriebs- und Netzleistung an den Generatoren hervorgerufen. Ursachen hierfür können plötzliche Lastzuschaltung oder Lastabwurf, Leitungsab- oder -zuschaltungen, sowie Kurzschlüsse oder sonstige Fehler sein.

Je nach Vorzeichen der entstehenden Leistungsdifferenz werden die Generatorläufer beschleunigt oder verzögert und versuchen so, die Leistungsdifferenz auszugleichen. Gleichzeitig wirken die Turbinenregler und der Netzschutz sowie Netzführungsmaßnahmen der Störungsursache entgegen. Gelingt es rechtzeitig die Relativbewegung der Generatorläufer gegenüber dem Synchronlauf aufzuhalten, so schwingen die Generatorläufer wieder in einen stationären Zustand bei synchroner Drehzahl ein. Dieses Verhalten wird im Gegensatz zur statischen Stabilität, die nur eine Aussage zur Existenz stationärer Arbeitspunkte trifft, als transiente Stabilität[1] bezeichnet.

Die Schwingungen der Generatorläufer übertragen sich zwangsläufig auf die Netzgrößen. Da die Generatorläufer zusammen mit den rotierenden Massen der Turbinen ein hohes Schwungmoment aufweisen, sind die Eigenfrequenzen der Läuferschwingungen klein (wenige Hertz) im Vergleich zur Grundschwingung des Drehstromsystems (50 Hz), wodurch die Betrachtung der Vorgänge als quasistationär gerechtfertigt ist.

[1] Der Begriff transiente Stabilität hat sich eingebürgert, obwohl er hier eigentlich nicht angebracht ist. Unter transienten Vorgängen versteht man allgemein Ausgleichsvorgänge und speziell schnelle Ausgleichsvorgänge.

B.R. Oswald, *Berechnung von Drehstromnetzen*, DOI 10.1007/978-3-658-14405-0_7

7.1 Algebro-Differentialgleichungssystem

Das Gleichungssystem für die Berechnung quasistationärer Zustandsänderungen setzt sich aus dem algebraischen Knotenspannungs-Gleichungssystem des Netzes in Symmetrischen Komponenten und einem Zustandsdifferentialgleichungssystem für die Läufergrößen der Generatoren und Motoren zusammen (Abb. 7.1).

Im Folgenden werden die Gleichungen in der Reihenfolge, in der sie auch in einem Berechnungsprogramm abgearbeitet werden dargelegt (s. Abb. 7.3).

7.1.1 Netzgleichungen

Die Netzgleichungen wurden im Kap. 3 bereitgestellt. Quer- und Längsfehler jeder Art und in jeder Kombination sowie Unsymmetriezustände werden mit dem im Kap. 6 beschriebenen Fehlermatrizenverfahren in die Admittanzmatrix einbezogen.

Das Knotenspannungs-Gleichungssystem hat nach den Gln. 6.115 und 6.114 mit und ohne Fehler die Form:

$$\underline{\boldsymbol{u}}_{\mathrm{SK}} = \underline{\boldsymbol{Z}}_{\mathrm{SKKF}} \underline{\boldsymbol{i}}_{\mathrm{SQ}} \tag{7.1}$$

$$\underline{\boldsymbol{i}}_{\mathrm{SF}} = \underline{\boldsymbol{Y}}_{\mathrm{SKK}} \underline{\boldsymbol{u}}_{\mathrm{SK}} - \underline{\boldsymbol{i}}_{\mathrm{SQ}} \tag{7.2}$$

Wird die Spannungsabhängigkeit der nichtmotorischen Lasten berücksichtigt, so ist die Admittanzmatrix und damit auch die Matrix $\underline{\boldsymbol{Z}}_{\mathrm{SKKF}}$ in jedem Zeitschritt zu korrigieren oder die im Abschn. 6.10 beschriebene Stromiteration durchzuführen.

Der Quellenstromvektor wird in die Vektoren der veränderlichen Quellenströme der Generatoren (G) und Motoren (M) und in den Vektor der konstanten Quellenströme der Ersatznetze (N) zerlegt[2]:

$$\underline{\boldsymbol{u}}_{\mathrm{SK}} = \underline{\boldsymbol{Z}}_{\mathrm{SKKF}} \left(\underline{\boldsymbol{i}}_{\mathrm{SQG}} + \underline{\boldsymbol{i}}_{\mathrm{SQM}} + \underline{\boldsymbol{i}}_{\mathrm{SQN}} \right) \tag{7.3}$$

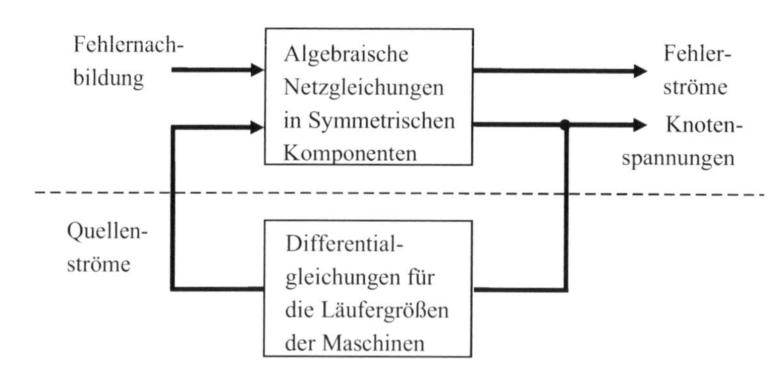

Abb. 7.1 Prinzipielle Struktur des Gleichungssystems für die Berechnung quasistationärer Vorgänge

[2] Im Folgenden wird die Bezeichnung Generatoren für die Synchrongeneratoren und -motoren und die Bezeichnung Motoren für die Asynchronmotoren und -generatoren verwendet.

Die Quellenströme müssen zu Beginn der Berechnung bekannt sein. Sie werden mit Hilfe einer Leistungsflussberechnung ermittelt (Kap. 4).

Aus den Quellenströmen und Knotenspannungen lassen sich die Netz-, Generator- und Motorenströme berechnen (s. die Ersatzschaltungen in Abb. 2.24):

$$\underline{\boldsymbol{i}}_{\mathrm{SN}} = \underline{\boldsymbol{Y}}_{\mathrm{SN}}\underline{\boldsymbol{u}}_{\mathrm{SN}} + \underline{\boldsymbol{i}}_{\mathrm{SqN}}; \quad \underline{\boldsymbol{u}}_{\mathrm{SN}} \in \underline{\boldsymbol{u}}_{\mathrm{SK}}; \quad \underline{\boldsymbol{i}}_{\mathrm{SqN}} \in \underline{\boldsymbol{i}}_{\mathrm{SQN}} \tag{7.4}$$

$$\underline{\boldsymbol{i}}_{\mathrm{SG}} = \underline{\boldsymbol{Y}}''_{\mathrm{SG}}\underline{\boldsymbol{u}}_{\mathrm{SG}} + \underline{\boldsymbol{i}}_{\mathrm{SqG}}; \quad \underline{\boldsymbol{u}}_{\mathrm{SG}} \in \underline{\boldsymbol{u}}_{\mathrm{SK}}; \quad \underline{\boldsymbol{i}}_{\mathrm{SqG}} \in \underline{\boldsymbol{i}}_{\mathrm{SQG}} \tag{7.5}$$

$$\underline{\boldsymbol{i}}_{\mathrm{SM}} = \underline{\boldsymbol{Y}}'_{\mathrm{SM}}\underline{\boldsymbol{u}}_{\mathrm{SM}} + \underline{\boldsymbol{i}}_{\mathrm{SqM}}; \quad \underline{\boldsymbol{u}}_{\mathrm{SM}} \in \underline{\boldsymbol{u}}_{\mathrm{SK}}; \quad \underline{\boldsymbol{i}}_{\mathrm{SqM}} \in \underline{\boldsymbol{i}}_{\mathrm{SQM}} \tag{7.6}$$

7.1.2 Differentialgleichungen der Generatoren

Die Klemmenspannungen und Strömen sind neben den mechanischen Drehmomenten und den Erregerspannungen die Eingangsgrößen für das aus den Bewegungsgleichungen (Gl. 2.135) hier mit dem zusätzlichen Index G)) und Differentialgleichungen für die Läuferflussverkettungen (Gl. 8.154) bestehende Zustandsdifferentialgleichungssystem. Für den einzelnen Generator gilt mit $\Delta\dot{\vartheta}_{\mathrm{L}} = \Delta\dot{\delta}_{\mathrm{L}}$ (s. Abb. 7.4):

$$M_{\mathrm{eG}} = \frac{3}{\Omega_0}\mathrm{Re}\left\{\underline{U}_{1\mathrm{G}}\underline{I}^*_{1\mathrm{G}} - R_{\mathrm{a}}I^2_{1\mathrm{G}} - \frac{1}{4}\left(k_{\mathrm{f}}^2R_{\mathrm{f}} + k_{\mathrm{D}}^2R_{\mathrm{D}} + k_{\mathrm{Q}}^2R_{\mathrm{Q}}\right)I^2_{2\mathrm{G}}\right\} \tag{7.7}$$

$$\begin{bmatrix}\Delta\dot{\omega}_{\mathrm{L}}\\ \Delta\dot{\delta}_{\mathrm{L}}\end{bmatrix} = \begin{bmatrix}0 & 0\\ 1 & 0\end{bmatrix}\begin{bmatrix}\Delta\omega_{\mathrm{L}}\\ \Delta\delta_{\mathrm{L}}\end{bmatrix} + \begin{bmatrix}k_{\mathrm{m}}\left(M_{\mathrm{mG}} + M_{\mathrm{eG}}\right)\\ 0\end{bmatrix} \tag{7.8}$$

$$k_{\mathrm{m}} = \frac{p}{J} = \frac{\omega_0}{T_{\mathrm{m}}}\cdot\frac{\Omega_0}{S_{\mathrm{rG}}}; \quad T_{\mathrm{m}} = \frac{J\Omega_0^2}{S_{\mathrm{rG}}}$$

$$I_{\mathrm{d1}} = \mathrm{Re}\left\{\underline{I}_{1\mathrm{G}}\mathrm{e}^{-\mathrm{j}\delta_{\mathrm{L}}}\right\} \tag{7.9}$$

$$I_{\mathrm{q1}} = \mathrm{Im}\left\{\underline{I}_{1\mathrm{G}}\mathrm{e}^{-\mathrm{j}\delta_{\mathrm{L}}}\right\} \tag{7.10}$$

$$\begin{bmatrix}k_{\mathrm{f}}\dot{\Psi}_{\mathrm{f1}}\\ k_{\mathrm{D}}\dot{\Psi}_{\mathrm{D1}}\\ k_{\mathrm{Q}}\dot{\Psi}_{\mathrm{Q1}}\end{bmatrix} = \left[\begin{array}{c|c|c}-\dfrac{1}{T_{\mathrm{ff}}} & \dfrac{1}{T_{\mathrm{fD}}}\dfrac{k_{\mathrm{f}}}{k_{\mathrm{D}}} & 0\\ \hline \dfrac{1}{T_{\mathrm{Df}}}\dfrac{k_{\mathrm{D}}}{k_{\mathrm{f}}} & -\dfrac{1}{T_{\mathrm{DD}}} & 0\\ \hline 0 & 0 & -\dfrac{1}{T_{\mathrm{Q}}}\end{array}\right]\begin{bmatrix}k_{\mathrm{f}}\Psi_{\mathrm{f1}}\\ k_{\mathrm{D}}\Psi_{\mathrm{D1}}\\ k_{\mathrm{Q}}\Psi_{\mathrm{Q1}}\end{bmatrix}$$

$$+\left[\begin{array}{c|c|c}k_{\mathrm{f}} & k_{\mathrm{f}}^2R_{\mathrm{f}} & 0\\ \hline 0 & k_{\mathrm{D}}^2R_{\mathrm{D}} & 0\\ \hline 0 & 0 & k_{\mathrm{Q}}^2R_{\mathrm{Q}}\end{array}\right]\begin{bmatrix}U_{\mathrm{f}}\\ I_{\mathrm{d1}}\\ I_{\mathrm{q1}}\end{bmatrix} \tag{7.11}$$

$$U''_{\mathrm{d}} + \mathrm{j}U''_{\mathrm{q}} = \mathrm{j}\omega_0\left(k_{\mathrm{f}}\Psi_{\mathrm{f1}} + k_{\mathrm{D}}\Psi_{\mathrm{D1}} + \mathrm{j}k_{\mathrm{Q}}\Psi_{\mathrm{Q1}}\right) \tag{7.12}$$

$$\underline{I}_{1\mathrm{qG}} = -\underline{Y}''_{1\mathrm{G}}\underline{U}''_{1\mathrm{G}} = -\underline{Y}''_{1\mathrm{G}}\left(U''_{\mathrm{d}} + \mathrm{j}U''_{\mathrm{q}}\right)\cdot\mathrm{e}^{\mathrm{j}\delta_{\mathrm{L}}} \tag{7.13}$$

Die mechanischen Drehmomente und die Erregerspannungen werden durch die Turbinen- und Spannungsregelung eingestellt. Im Folgenden wird auf die Regelung nicht näher eingegangen.

7.1.3 Differentialgleichungen der Motoren

Analog zu den Generatoren (Gln. 2.137 bzw. 8.270 und 8.260 gilt mit dem Index M):

$$M_{\mathrm{eM}} = \frac{3}{\Omega_0}\mathrm{Re}\left\{\underline{U}_{1\mathrm{M}}\underline{I}_{1\mathrm{M}}^{*} - R_{\mathrm{S}}I_{1\mathrm{M}}^{2} - \frac{k_{\mathrm{L}}^{2}R_{\mathrm{L}}}{2-s}I_{2\mathrm{M}}^{2}\right\} \tag{7.14}$$

$$\Delta\dot{\omega}_{\mathrm{L}} = k_{\mathrm{m}}\left(M_{\mathrm{mM}} + M_{\mathrm{eM}}\right) \tag{7.15}$$

$$\dot{\underline{U}}_{1\mathrm{M}}' = -\left[\frac{1}{T_{\mathrm{L}}} + \mathrm{j}\left(\omega_0 - \omega_{\mathrm{L}}\right)\right]\underline{U}_{1\mathrm{M}}' + \mathrm{j}\omega_0 k_{\mathrm{L}}^{2}R_{\mathrm{L}}\underline{I}_{1\mathrm{M}} + \mathrm{j}\omega_0 k_{\mathrm{L}}\underline{U}_{1\mathrm{L}} \tag{7.16}$$

$$\underline{I}_{1\mathrm{qM}} = -\underline{Y}_{\mathrm{M}}'\underline{U}_{1\mathrm{M}}' \tag{7.17}$$

Mit den aktualisierten Quellenströmen beginnt der nächste Zeitschritt mit der erneuten Berechnung der Knotenspannungen nach Gl. 7.1. Der Rechenablauf ist in den Abb. 7.2 und 7.3 dargestellt.

Die Gl. 7.1 kann noch auf die Spalten der Quellenstromvektoren, und da die Quellenströme nur Mitsystemgrößen sind, noch weiter auf deren Spalten reduziert werden. Diese Maßnahme führt insbesondere in Netzen mit großer Knotenzahl zur Verringerung des Rechenaufwandes, zumal die Einspeiseknoten immer in der Minderzahl sind.

$$\underline{\boldsymbol{u}}_{\mathrm{SK}} = \underline{\boldsymbol{Z}}_{\mathrm{SKGF}}\underline{\boldsymbol{i}}_{1\mathrm{QG}} + \underline{\boldsymbol{Z}}_{\mathrm{SKMF}}\underline{\boldsymbol{i}}_{1\mathrm{QM}} + \underline{\boldsymbol{Z}}_{\mathrm{SKNF}}\underline{\boldsymbol{i}}_{1\mathrm{QN}} \tag{7.18}$$

7.2 Berechnung der transienten Stabilität

Unter transienter Stabilität versteht man die Fähigkeit des Elektroenergiesystems während einer vorübergehenden größeren Störung des Leistungsgleichgewichtes im Anziehungsbereich eines stabilen Arbeitspunktes zu bleiben und nach Beseitigung der Störung wieder in diesen oder einen anderen stabilen Arbeitspunkt zurückzukehren. Als Störung wird in der Regel der dreipolige Kurzschluss angenommen, weil er die größte Leistungsänderung hervorruft.

Genau genommen müsste die Stabilitätsuntersuchung mit dem in Abschn. 7.1 beschriebenen Gleichungssystem erfolgen, das noch um die Gleichungen der Regler zu ergänzen wäre. Da es sich bei der Untersuchung der transienten Stabilität aber um eine Routineuntersuchung handelt, ist man bemüht, den Rechenaufwand und den Datenumfang so gering

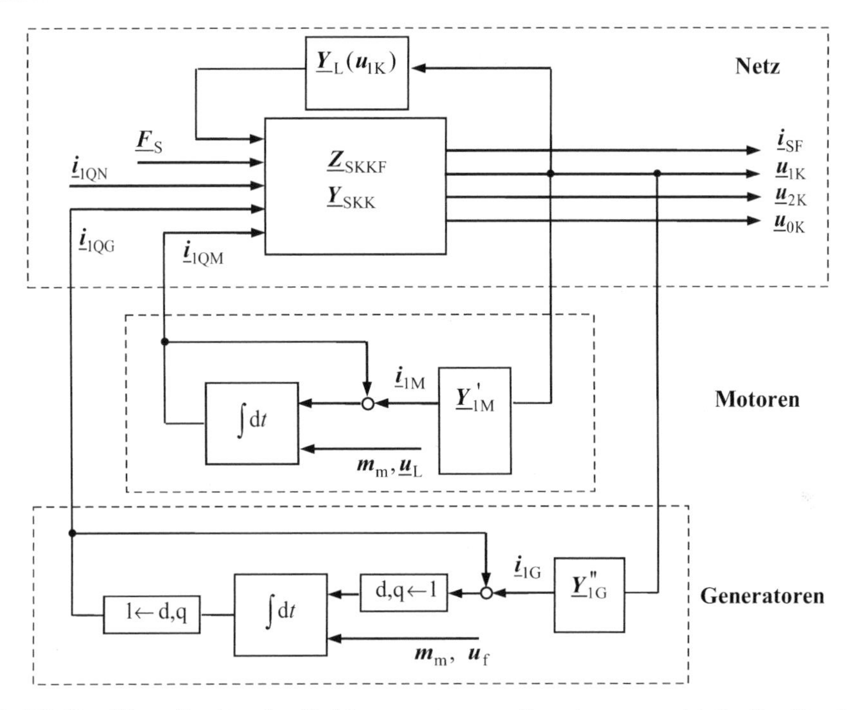

Abb. 7.2 Detaillierte Struktur des Gleichungssystems zur Berechnung quasistationärer Vorgänge

Abb. 7.3 Algorithmus zur zeitschrittweisen Berechnung quasistationärer Vorgänge

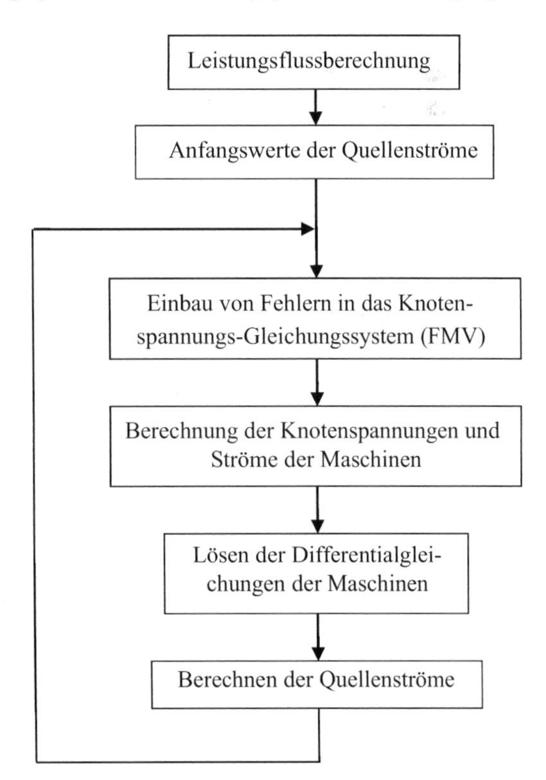

wie möglich zu halten. Im Laufe der Zeit haben sich folgende Näherungen und Annahmen bewährt:

1. Generatormodell mit betragskonstanter transienter Spannung (s. Abschn. 8.4.6)
2. Annahme konstanter Turbinenleistungen
3. Annahme konstanter Lastadmittanzen (Ausgleichsvorgänge der Motoren werden nicht berücksichtigt)
4. Annahme dreipoliger Kurzschlüsse als Störungsursache (auf diese Annahme wird am Ende des Kapitels nochmals zurückgekommen).

Mit dem dreipoligen Kurzschluss erfasst man den „worst case“ der Störung und hat zugleich den Vorteil, dass für das Netz nur das Mitsystem mit seinen Daten zu Grunde zu legen ist.

Über die transiente Stabilität wird gewöhnlich im Sekundenbereich entschieden. Während dieser Zeitspanne greifen die Frequenz- und Spannungsregelung noch nicht wesentlich ein. Mit der Annahme konstanter Turbinenleistung und betragskonstanter transienter Spannung erspart man sich den Aufwand für die Nachbildung der Regelungen. Da diese die transiente Stabilität gewöhnlich positiv beeinflussen, erhält man ohne Berücksichtigung der Regelungen Ergebnisse auf der sicheren Seite.

Die Annahme einer im Betrag konstanten transienten Spannung beruht darauf, dass die störungsbedingten Ausgleichsvorgänge in der Dämpferlängsachsenwicklung, die von den Läuferwicklungen die kleinste Eigenzeitkonstante hat, bereits kurz nach Störungseintritt wieder abgeklungen sind und nicht in den Sekundenbereich hineinwirken. Die Flussverkettungen der Erregerwicklung und der Dämpferquerachsenwicklung werden dagegen aufgrund ihrer deutlich größeren Zeitkonstanten im Betrachtungszeitraum als konstant angesehen. Zur Aufrechterhaltung der Erregerflussverkettung trägt im Kurzschluss auch die Spannungsregelung bei, so dass deren Einfluss bei konstant angenommener transienter Spannung nicht völlig vernachlässigt ist.

Die Annahme konstanter, durch den stationären Anfangszustand (Index 0) bestimmter, Läuferflussverkettungen bedeutet, dass auch die dq-Komponenten der transienten Spannung (s. Abschn. 8.4.5)

$$U'_{d0} = -\omega_0 k_Q \Psi_{Q0} \tag{7.19}$$

$$U'_{q0} = \omega_0 k_f \Psi_{f0} \tag{7.20}$$

und damit auch deren Betrag und Winkellage im dq-Koordinatensystem konstant sind:

$$U'_{10} = \sqrt{U'^2_{d0} + U'^2_{q0}} \tag{7.21}$$

$$\beta_0 = \arctan \frac{U'_{q0}}{U'_{d0}} \tag{7.22}$$

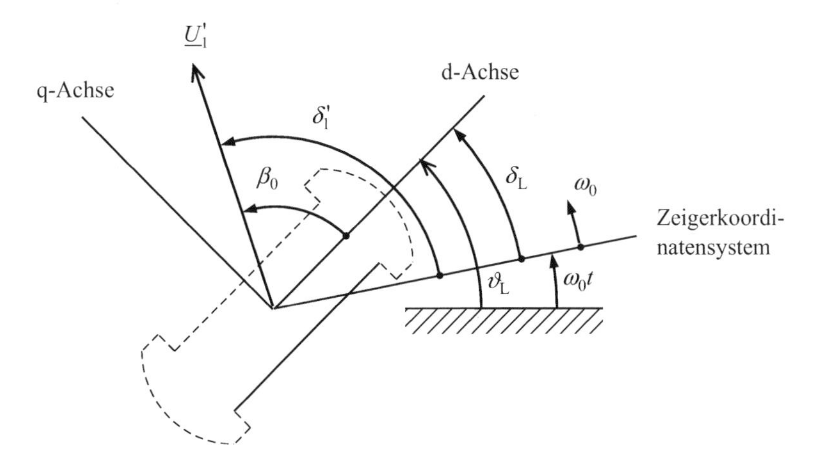

Abb. 7.4 Beziehungen zwischen den Koordinatensystemen. Für β_0 = const. gilt $\Delta\dot{\vartheta}_\mathrm{L} = \Delta\dot{\delta}_\mathrm{L} = \Delta\dot{\delta}'_1$

Damit entfällt die Lösung der Differentialgleichung für die Läuferflussverkettungen und der Quellenstromvektor der Generatoren ist nur noch von den Läuferwinkeln abhängig (Abb. 7.4):

$$\underline{\boldsymbol{i}}_\mathrm{1QG} = -\underline{\boldsymbol{Y}}'_\mathrm{1G}\underline{\boldsymbol{u}}'_1 = -\underline{\boldsymbol{Y}}'_\mathrm{1G}\mathbf{e}^{\mathrm{j}\boldsymbol{\delta}'_1}\boldsymbol{u}'_{10} \tag{7.23}$$

Von den Netzgleichungen interessieren nur die Beziehungen zwischen den Generatorgrößen. Ersatznetze werden jetzt zweckmäßigerweise wie Generatoren mit konstanten Winkeln behandelt, so dass nur noch Generatoren als aktive Betriebsmittel vorkommen. Durch die Beschränkung auf den dreipoligen Kurzschluss als Störung kann die Gl. 7.1 auf die Generatorknoten im Mitsystem reduziert werden und hat dann die Form:

$$\underline{\boldsymbol{u}}_\mathrm{1G} = \underline{\boldsymbol{Z}}_\mathrm{1GGF}\underline{\boldsymbol{i}}_\mathrm{1QG} \tag{7.24}$$

Anstelle der Gl. 7.5 tritt:

$$\underline{\boldsymbol{i}}_\mathrm{1G} = \underline{\boldsymbol{Y}}'_\mathrm{1G}\underline{\boldsymbol{u}}_\mathrm{1G} + \underline{\boldsymbol{i}}_\mathrm{1QG} = \underline{\boldsymbol{Y}}'_\mathrm{1G}\underline{\boldsymbol{u}}_\mathrm{1G} - \underline{\boldsymbol{Y}}'_\mathrm{1G}\mathbf{e}^{\mathrm{j}\boldsymbol{\delta}'_1}\boldsymbol{u}'_{10} \tag{7.25}$$

Nach Einsetzen der Spannungen aus Gl. 7.24 ergibt sich:

$$\underline{\boldsymbol{i}}_\mathrm{1G} = -\left(\underline{\boldsymbol{Y}}'_\mathrm{1G}\underline{\boldsymbol{Z}}_\mathrm{1GGF}\underline{\boldsymbol{Y}}'_\mathrm{1G} + \underline{\boldsymbol{Y}}'_\mathrm{1G}\right)\mathbf{e}^{\mathrm{j}\boldsymbol{\delta}'_1}\boldsymbol{u}'_{10} = \underline{\boldsymbol{Y}}'_\mathrm{1GGF}\mathbf{e}^{\mathrm{j}\boldsymbol{\delta}'_1}\boldsymbol{u}'_{10} \tag{7.26}$$

Mit den transienten Spannungen und den Strömen kann man die Drehmomente der einzelnen Generatoren berechnen und deren Bewegungsgleichungen lösen und so die Winkel der transienten Spannungen für den nächsten Zeitschritt nachführen.

$$M_e = \frac{3}{\Omega_0}\mathrm{Re}\left\{U'_{10}\mathrm{e}^{\mathrm{j}\delta'_1}\underline{I}^*_{1G}\right\} \tag{7.27}$$

$$M_m = p\frac{P_{T0}}{\omega_L} \tag{7.28}$$

Da die Zeiger der transienten Spannungen fest mit den Läuferkoordinatensystemen verbunden sind, liegt es nahe, die Winkeländerungen der transienten Spannungen anstelle der Läuferwinkeländerungen gegenüber dem Zeigerkoordinatensystem in der Bewegungsgleichung zu verwenden (s. Abb. 7.4). Außerdem ist es sinnvoll, die Läuferwinkelgeschwindigkeit anstelle deren Änderung in die Bewegungsgleichung einzuführen.

Man erhält dadurch eine Form, deren rechte Seite nur noch von den beiden Zustandsvariablen ω_L und δ'_1 abhängt. Für den einzelnen Generator gilt dann:

$$\begin{bmatrix} \dot{\omega}_L \\ \dot{\delta}'_1 \end{bmatrix} = \begin{bmatrix} 0 & 0 \\ 1 & 0 \end{bmatrix}\begin{bmatrix} \omega_L \\ \delta'_1 \end{bmatrix} + \begin{bmatrix} K_m\omega_L^{-1}P_{T0} \\ -\omega_0 \end{bmatrix} + \begin{bmatrix} K_e \cdot 3\mathrm{Re}\left\{U'_{10}\mathrm{e}^{\mathrm{j}\delta'_1}\underline{I}^*_{1G}\right\} \\ 0 \end{bmatrix} \tag{7.29}$$

$$K_m = \frac{\omega_0^2}{T_m S_{rG}} \quad \text{und} \quad K_e = \frac{K_m}{\omega_0}$$

und für alle m Generatoren:

$$\begin{bmatrix} \dot{\boldsymbol{\omega}}_L \\ \dot{\boldsymbol{\delta}}'_1 \end{bmatrix} = \begin{bmatrix} \mathbf{0} & \mathbf{0} \\ \boldsymbol{E} & \mathbf{0} \end{bmatrix}\begin{bmatrix} \boldsymbol{\omega}_L \\ \boldsymbol{\delta}'_1 \end{bmatrix} + \begin{bmatrix} \boldsymbol{K}_m\boldsymbol{\Omega}_L^{-1}\boldsymbol{p}_{T0} \\ -\boldsymbol{\Omega}_0 \end{bmatrix} + \begin{bmatrix} 3\boldsymbol{K}_e \cdot \mathrm{Re}\left\{\boldsymbol{U}'_{10}\mathbf{e}^{\mathrm{j}\delta'_1}\underline{\boldsymbol{Y}}'^*_{1GG}\mathbf{e}^{-\mathrm{j}\delta'_1}\boldsymbol{u}'_{10}\right\} \\ \mathbf{0} \end{bmatrix} \tag{7.30}$$

Die Matrizen $\boldsymbol{K}_m$, $\boldsymbol{K}_e$, $\boldsymbol{\Omega}_L^{-1}$, $\boldsymbol{\Omega}_0$, $\boldsymbol{U}'_{10}$ und $\mathbf{e}^{\mathrm{j}\delta'_1}$ sind Diagonalmatrizen mit den Elementen K_m, K_e, ω_L^{-1}, ω_0, U'_{10} und $\mathrm{e}^{\mathrm{j}\delta'_1}$ für jeden Generator.

Das Zustandsdifferentialgleichungssystem, Gl. 7.30, ist nichtlinear. Die Lösung muss deshalb durch numerische Integration erfolgen. Aufgrund des nicht steifen Charakters können hierfür die weniger aufwändigen expliziten Integrationsverfahren, wie etwa das vierstufige Runge-Kutta-Verfahren eingesetzt werden.

Anhand der zeitlichen Verläufe der gegenseitigen Läuferwinkel, der sog. Schwingkurven, ist dann das Stabilitätsverhalten zu bewerteten (Beispiel 7.2). Durchlaufen die gegenseitigen Läuferwinkel nach Klärung der Störung ein Maximum, so weist das bereits auf ein stabiles Verhalten hin. Laufen die Winkel auch nach der Störungsklärung weiter auseinander, so ist das System instabil. Entscheidend für das transiente Stabilitätsverhalten sind die Schwere und Dauer der Störung sowie der stationäre Ausgangszustand.

Die Diagonalelemente der Admittanzmatrix $\underline{Y}'_{1GG}$ in Gl. 7.26 werden als *Speisepunktadmittanzen* (driving point admittances) und die Nichtdiagonalelemente als

Übertragungsadmittanzen (transfer admittances) bezeichnet [7]. Sie können für kleinere Netze noch von Hand aus der Ersatzschaltung für das Mitsystem ermittelt werden (Beispiel 7.1).

Der Ausdruck $\mathrm{Re}\{\boldsymbol{U}'_{10}\mathbf{e}^{\mathrm{j}\delta'_1}\underline{\boldsymbol{Y}}'^{*}_{1\mathrm{GG}}\mathbf{e}^{-\mathrm{j}\delta'_1}\boldsymbol{u}'_{10}\}$ in Gl. 7.30 lautet ausführlich mit $\underline{Y}'^{*}_{ik} = Y'^{*}_{ik} \cdot \mathrm{e}^{-\mathrm{j}\alpha_{ik}}$ und $\delta'_i - \delta'_k = \delta'_{ik}$ (ohne die Indizes 1 für Mitsystem und 0 für Anfangszustand):

$$\mathrm{Re}\left\{\boldsymbol{U}'_{10}\mathbf{e}^{\mathrm{j}\delta'_1}\underline{\boldsymbol{Y}}'^{*}_{1\mathrm{GG}}\mathbf{e}^{-\mathrm{j}\delta'_1}\boldsymbol{u}'_{10}\right\}$$
$$= \begin{bmatrix} U'_1Y'_{11}U'_1\cos\alpha_{11} + \cdots + U'_1Y'_{1i}U'_i\cos\left(\delta'_{1i}-\alpha_{1i}\right) + \cdots + U'_1Y'_{1\mathrm{m}}U'_{\mathrm{m}}\cos\left(\delta'_{1\mathrm{m}}-\alpha_{1\mathrm{m}}\right) \\ \vdots \qquad\qquad \vdots \qquad\qquad \vdots \\ U'_iY'_{i1}U'_1\cos\left(\delta'_{i1}-\alpha_{i1}\right) + \cdots + U'_iY'_{ii}U'_i\cos\alpha_{ii} + \cdots + U'_iY'_{i\mathrm{m}}U'_{\mathrm{m}}\cos\left(\delta'_{i\mathrm{m}}-\alpha_{i\mathrm{m}}\right) \\ \vdots \qquad\qquad \vdots \qquad\qquad \vdots \\ U'_{\mathrm{m}}Y'_{\mathrm{m}i}U'_1\cos\left(\delta'_{\mathrm{m}1}-\alpha_{\mathrm{m}1}\right) + \cdots + U'_{\mathrm{m}}Y'_{\mathrm{m}i}U'_i\cos\left(\delta'_{\mathrm{m}i}-\alpha_{\mathrm{m}i}\right) + \cdots + U'_{\mathrm{m}}Y'_{\mathrm{mm}}U'_{\mathrm{m}}\cos\alpha_{\mathrm{mm}} \end{bmatrix} \tag{7.31}$$

Im Hochspannungsnetz sind die Wirkwiderstände deutlich kleiner als die Reaktanzen. Es gilt dann näherungsweise $\underline{Y}'^{*}_{ik} = X'^{-1}_{ik} \cdot \mathrm{e}^{\mathrm{j}\pi/2} = B'_{ik}\mathrm{e}^{\mathrm{j}\pi/2}$. Der Ausdruck Gl. 7.31 geht dann über in:

$$\mathrm{Re}\left\{\boldsymbol{U}'_{10}\mathbf{e}^{\mathrm{j}\delta'_1}\underline{\boldsymbol{Y}}'^{*}_{1\mathrm{GG}}\mathbf{e}^{-\mathrm{j}\delta'_1}\boldsymbol{u}'_{10}\right\}$$
$$= \begin{bmatrix} 0 + \cdots + U'_1U'_iB'_{1i}\sin\delta'_{1i} + \cdots + U'_1U'_{\mathrm{m}}B'_{1\mathrm{m}}\sin\delta'_{1\mathrm{m}} \\ \vdots \qquad \vdots \qquad \vdots \\ U'_iU'_1B'_{i1}\sin\delta'_{i1} + \cdots + 0 + \cdots + U'_iU'_{\mathrm{m}}B'_{i\mathrm{m}}\sin\delta'_{i\mathrm{m}} \\ \vdots \qquad \vdots \qquad \vdots \\ U'_{\mathrm{m}}U'_1B'_{\mathrm{m}1}\sin\delta'_{\mathrm{m}1} + \cdots + U'_{\mathrm{m}}U'_iB'_{\mathrm{m}i}\sin\delta'_{\mathrm{m}i} + \cdots + 0 \end{bmatrix} \tag{7.32}$$

Der dreipolige Kurzschluss (in der Regel ohne Fehlerimpedanz) wird an der ursprünglichen Knotenadmittanzmatrix mit dem Fehlermatrizenverfahren (Kap. 6) nachgebildet. Durch die Beschränkung auf das Mitsystem besteht die Fehlermatrix aus der Einheitsmatrix mit einer Null am (oder den) Fehlerknoten. Die Gl. 6.48 reduziert sich auf:

$$\left(\boldsymbol{F}_{1\mathrm{K}}\underline{\boldsymbol{Y}}_{1\mathrm{KK}} - \underline{\boldsymbol{Y}}_{1\mathrm{KK}} + \underline{\boldsymbol{Y}}_{1\mathrm{KK}}\boldsymbol{F}_{1\mathrm{K}}\right)\underline{\boldsymbol{u}}_{1\mathrm{K}} = \boldsymbol{F}_{1\mathrm{K}}\underline{\boldsymbol{i}}_{1\mathrm{K}} \tag{7.33}$$

und aufgelöst nach den Knotenspannungen:

$$\underline{\boldsymbol{u}}_{1\mathrm{K}} = \left(\boldsymbol{F}_{1\mathrm{K}}\underline{\boldsymbol{Y}}_{1\mathrm{KK}} - \underline{\boldsymbol{Y}}_{1\mathrm{KK}} + \underline{\boldsymbol{Y}}_{1\mathrm{KK}}\boldsymbol{F}_{1\mathrm{K}}\right)^{-1}\boldsymbol{F}_{1\mathrm{K}}\underline{\boldsymbol{i}}_{1\mathrm{K}} = \underline{\boldsymbol{Z}}_{1\mathrm{KKF}}\underline{\boldsymbol{i}}_{1\mathrm{K}} \tag{7.34}$$

Nach Reduktion auf die allein im Quellenstromvektor vorkommenden Generatorquellenströme ergibt sich dann die Gl. 7.24.

Natürlich hätte man auch im Knotenspannungs-Gleichungssystem die Spannung am Kurzschlussknoten Null setzen können. Das hätte aber den Nachteil, dass sich dann die Ordnung des Gleichungssystems um Eins vermindert und das Gleichungssystem umsortiert werden müsste.

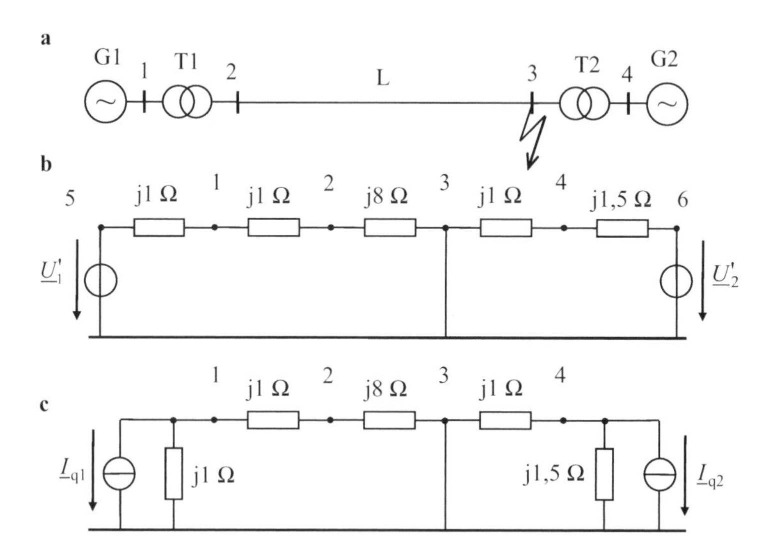

Abb. 7.5 Beispielnetz zur Berechnung der transienten Stabilität **a** Netzplan **b** Mitsystemersatzschaltung mit Quellenspannungen für die Generatoren **c** Mitsystemersatzschaltung mit Quellenströmen für die Generatoren

In der klassischen Stabilitätsberechnung wird die Admittanzmatrix etwas umständlich gebildet (s. z. B. [8]). Man stellt zunächst ausgehend von der Mitsystemersatzschaltung mit Quellenspannungen (s. Abb. 7.5b) die um die inneren Generatorknoten (in Abb. 7.5 die Knoten 5 und 6) erweiterte Knotenadmittanzmatrix auf und transfiguriert anschließend das Gleichungssystem in folgenden Schritten auf die Generatorknoten.

Die erweiterte Knotenadmittanzmatrix wird nach inneren Generator (G)- und Lastknoten (L) (alle anderen Knoten einschließlich der äußeren Generatorknoten) partitioniert, so dass das Knotenspannungs-Gleichungssystem ohne Fehler[3] die folgende Form erhält:

$$\begin{bmatrix} \underline{\boldsymbol{Y}}_{1\mathrm{LL}} & \underline{\boldsymbol{Y}}_{1\mathrm{LG}} \\ \underline{\boldsymbol{Y}}_{1\mathrm{GL}} & \underline{\boldsymbol{Y}}_{1\mathrm{GG}} \end{bmatrix} \begin{bmatrix} \underline{\boldsymbol{u}}_{1\mathrm{L}} \\ \underline{\boldsymbol{u}}'_{1} \end{bmatrix} = \begin{bmatrix} \boldsymbol{o} \\ \underline{\boldsymbol{i}}_{1\mathrm{G}} \end{bmatrix} \tag{7.35}$$

Die erste Zeile der Gl. 7.35 wird nach den Spannungen an den Lastknoten aufgelöst und diese in die zweite Zeile eingesetzt:

$$\underline{\boldsymbol{i}}_{1\mathrm{G}} = \left(\underline{\boldsymbol{Y}}_{1\mathrm{GG}} - \underline{\boldsymbol{Y}}_{1\mathrm{GL}}\underline{\boldsymbol{Y}}_{1\mathrm{LL}}^{-1}\underline{\boldsymbol{Y}}_{1\mathrm{LG}}\right)\underline{\boldsymbol{u}}'_{1} = \underline{\boldsymbol{Y}}'_{1\mathrm{GG}}\underline{\boldsymbol{u}}'_{1} \tag{7.36}$$

Bei entsprechender Sortierung stimmen die Admittanzmatrizen nach den Gln. 7.26 und 7.36 überein (Beispiel 7.1).

Die Anfangswerte für die transienten Spannungen ermittelt man im Anschluss an eine Leistungsflussberechnung. Die Knotenadmittanzmatrix des Netzes wird in der Diagonale

[3] Auf die Fehlernachbildung am klassischen Gleichungssystem wird hier nicht eingegangen.

der Generatorknoten um die negativen transienten Admittanzen der Generatoren ergänzt. Die Ströme an den Lastknoten werden in Lastadmittanzen umgerechnet und diese ebenfalls mit negativem Vorzeichen zu den Diagonalelementen der entsprechenden Lastknoten addiert. Mit den Knotenspannungen des Lastflusses werden dann die Quellenströme der Generatoren berechnet:

$$\underline{\boldsymbol{i}}_{1\mathrm{Q}} = \underline{\boldsymbol{Y}}_{1\mathrm{KK}} \underline{\boldsymbol{u}}_{1\mathrm{K}} \tag{7.37}$$

und aus diesen die einzelnen transienten Spannungen nach Betrag und Winkel:

$$\underline{U}'_{10} = -\frac{\underline{I}_{1\mathrm{q}}}{\underline{Y}'_{1\mathrm{G}}} = U'_{10} \mathrm{e}^{\mathrm{j}\delta'_{10}} \tag{7.38}$$

Das hier beschriebene Generatormodell 2. Ordnung hat nicht nur den Vorteil des reduzierten Rechenaufwandes. Es werden auch nur drei, bei Vernachlässigung des Ankerwiderstandes sogar nur zwei Parameter für jeden Generator benötigt und zwar die transiente Längsreaktanz X'_d und die elektromechanische Zeitkonstante T_m.

Beispiel 7.1

Für das 2-Maschinensystem in Abb. 7.5 sind die Admittanzen $\underline{\boldsymbol{Y}}'_{1\mathrm{GG}}$ für den fehlerfreien Zustand und für dreipoligen Kurzschluss am Knoten 2 sowohl nach der Gl. 7.26 als auch nach der Gl. 7.36 zu bestimmen.

Knotenadmittanzmatrix des ungestörten Netzes nach Ersatzschaltung in Abb. 7.5c:

$$\underline{\boldsymbol{Y}}_{1\mathrm{KK}} = \mathrm{j}\begin{bmatrix} 2 & -1 & 0 & 0 \\ -1 & 1,125 & -0,125 & 0 \\ 0 & -0,125 & 1,125 & -1 \\ 0 & 0 & -1 & 1,\overline{6} \end{bmatrix} \mathrm{S}$$

Inverse der Knotenadmittanzmatrix ohne Kurzschluss:

$$\underline{\boldsymbol{Z}}_{1\mathrm{KK}} = -\mathrm{j}\begin{bmatrix} 0,92 & 0,84 & 0,2 & 0,12 \\ 0,84 & 1,68 & 0,4 & 0,24 \\ 0,2 & 0,4 & 2,0 & 1,2 \\ 0,12 & 0,24 & 1,2 & 1,32 \end{bmatrix} \Omega$$

Knotenimpedanzmatrix reduziert auf Knoten 1 und 4 (Generatorknoten):

$$\underline{\boldsymbol{Z}}_{1\mathrm{GG}} = -\mathrm{j}\begin{bmatrix} 0,92 & 0,12 \\ 0,12 & 1,32 \end{bmatrix} \Omega$$

Matrix $\underline{\boldsymbol{Y}}'_{1\text{GG}} = -(\underline{\boldsymbol{Y}}'_{1\text{G}}\underline{\boldsymbol{Z}}_{1\text{GG}}\underline{\boldsymbol{Y}}'_{1\text{G}} + \underline{\boldsymbol{Y}}'_{1\text{G}})$ ohne Kurzschluss nach Gl. 7.26:

$$\underline{\boldsymbol{Y}}'_{1\text{G}} = -\text{j}\begin{bmatrix} 1{,}0 & 0 \\ & 0{,}\overline{6} \end{bmatrix}$$

$$\underline{\boldsymbol{Y}}'_{1\text{GG}} = -\left\{-\text{j}\begin{bmatrix} 1{,}0 & 0 \\ & 0{,}\overline{6} \end{bmatrix} \times -\text{j}\begin{bmatrix} 0{,}92 & 0{,}12 \\ 0{,}12 & 1{,}32 \end{bmatrix} \times -\text{j}\begin{bmatrix} 1{,}0 & 0 \\ & 0{,}\overline{6} \end{bmatrix} - \text{j}\begin{bmatrix} 1{,}0 & 0 \\ & 0{,}\overline{6} \end{bmatrix}\right\} \text{S}$$
$$= \text{j}\begin{bmatrix} 0{,}08 & -0{,}08 \\ -0{,}08 & 0{,}08 \end{bmatrix} \text{S}$$

Erweiterte Knotenadmittanzmatrix (Index e) des ungestörten Netzes nach der Ersatzschaltung in Abb. 7.5b:

$$\underline{\boldsymbol{Y}}_{1\text{KKe}} = \begin{bmatrix} \underline{\boldsymbol{Y}}_{1\text{LL}} & \underline{\boldsymbol{Y}}_{1\text{LG}} \\ \underline{\boldsymbol{Y}}_{1\text{GL}} & \underline{\boldsymbol{Y}}_{1\text{GG}} \end{bmatrix} = \text{j}\left[\begin{array}{cccc|cc} 2 & -1 & 0 & 0 & -1 & 0 \\ -1 & 1{,}125 & -0{,}125 & 0 & 0 & 0 \\ 0 & -0{,}125 & 1{,}125 & -1 & 0 & 0 \\ 0 & 0 & -1 & 1{,}\overline{6} & 0 & -0{,}\overline{6} \\ \hline -1 & 0 & 0 & 0 & 1 & 0 \\ 0 & 0 & 0 & -0{,}\overline{6} & 0 & 0{,}\overline{6} \end{array}\right] \text{S}$$

Matrix $\underline{\boldsymbol{Y}}'_{1\text{GG}} = \underline{\boldsymbol{Y}}_{1\text{GG}} - \underline{\boldsymbol{Y}}_{1\text{GL}}\underline{\boldsymbol{Y}}_{1\text{LL}}^{-1}\underline{\boldsymbol{Y}}_{1\text{LG}}$ ohne Kurzschluss nach Gl. 7.26:

$$\underline{\boldsymbol{Y}}'_{1\text{GG}} = \underline{\boldsymbol{Y}}_{1\text{GG}} - \underline{\boldsymbol{Y}}_{1\text{GL}}\underline{\boldsymbol{Y}}_{1\text{LL}}^{-1}\underline{\boldsymbol{Y}}_{1\text{LG}}$$
$$= \text{j}\begin{bmatrix} 1 & 0 \\ 0 & 0{,}\overline{6} \end{bmatrix} - \left\{\text{j}\begin{bmatrix} -1 & 0 \\ 0 & 0 \\ 0 & 0 \\ 0 & -0{,}\overline{6} \end{bmatrix} \times -\text{j}\begin{bmatrix} 0{,}92 & 0{,}84 & 0{,}2 & 0{,}12 \\ 0{,}84 & 1{,}68 & 0{,}4 & 0{,}24 \\ 0{,}2 & 0{,}4 & 2{,}0 & 1{,}2 \\ 0{,}12 & 0{,}24 & 1{,}2 & 1{,}32 \end{bmatrix} \times \text{j}\begin{bmatrix} -1 & 0 & 0 & 0 \\ 0 & 0 & 0 & -0{,}\overline{6} \end{bmatrix}\right\} \text{S}$$
$$= \text{j}\begin{bmatrix} 0{,}08 & -0{,}08 \\ -0{,}08 & 0{,}08 \end{bmatrix} \text{S}$$

Ermittlung der Elemente von $\underline{\boldsymbol{Y}}'_{1\text{GG}}$ direkt aus der Ersatzschaltung in Abb. 7.5b.

Die Diagonalelemente sind die Kehrwerte der negativen (wegen der gewählten Zählpfeile für die Generatorströme und -spannungen) Eingangsimpedanzen der Knoten:

$$\underline{Y}'_{11} = \left|\frac{\underline{I}_1}{\underline{U}'_1}\right|_{\underline{U}'_2=0} = -\frac{1}{\text{j}12{,}5}\,\text{S} = \text{j}0{,}08\,\text{S}$$

$$\underline{Y}'_{22} = \left|\frac{\underline{I}_2}{\underline{U}'_2}\right|_{\underline{U}'_1=0} = -\frac{1}{\text{j}12{,}5}\,\text{S} = \text{j}0{,}08\,\text{S} = \underline{Y}'_{11}$$

Um das Nichtdiagonalelement 12 zu ermitteln berechnet man den Strom $\underline{I}_1$, der von der Spannung $\underline{U}'_2$ bei kurzgeschlossener Spannungsquelle 1 angetrieben wird:

$$\underline{Y}'_{12} = \left|\frac{\underline{I}_1}{\underline{U}'_2}\right|_{\underline{U}'_1=0} = \frac{1}{\mathrm{j}12{,}5}\,\mathrm{S} = -\mathrm{j}0{,}08\,\mathrm{S} = \underline{Y}'_{21}$$

Ermittlung der Matrix $\underline{\boldsymbol{Y}}'_{1\mathrm{GGF}} = -(\underline{\boldsymbol{Y}}'_{1\mathrm{G}}\underline{\boldsymbol{Z}}_{1\mathrm{GGF}}\underline{\boldsymbol{Y}}'_{1\mathrm{G}} + \underline{\boldsymbol{Y}}'_{1\mathrm{G}})$ nach Gl. 7.26 für dreipoligen Kurzschluss am Knoten 3:

Fehlermatrix:

$$\boldsymbol{F}_{1\mathrm{K}} = \begin{bmatrix} 1 & & & \\ & 1 & & \\ & & 0 & \\ & & & 1 \end{bmatrix}$$

Modifizierte Knotenadmittanzmatrix nach dem Fehlermatrizenverfahren:

$$\underline{\boldsymbol{Y}}^{\mathrm{k}}_{1\mathrm{KK}} = \boldsymbol{F}_{1\mathrm{K}}\underline{\boldsymbol{Y}}_{1\mathrm{KK}} - \underline{\boldsymbol{Y}}_{1\mathrm{KK}} + \underline{\boldsymbol{Y}}_{1\mathrm{KK}}\boldsymbol{F}_{1\mathrm{K}} = \mathrm{j}\begin{bmatrix} 2{,}0 & -1{,}0 & 0 & 0 \\ -1{,}0 & 1{,}125 & 0 & 0 \\ 0 & 0 & -1{,}125 & 0 \\ 0 & 0 & 0 & 1{,}\overline{6} \end{bmatrix}\mathrm{S}$$

An dieser Gleichung ist die Wirkung der Fehlernachbildung mit dem FMV gut sichtbar. Die zum Fehlerknoten 3 gehörende Zeile und Spalte der Admittanzmatrix wird Null gesetzt und das Diagonalelement wieder durch das negative Diagonalelement aufgefüllt, so dass die Admittanzmatrix invertierbar wird. Da der Quellenstromvektor am Knoten 3 Null ist (oder durch die Multiplikation mit der Fehlermatrix Null wird) wird so erreicht, dass bei unveränderter Ordnung und Reihenfolge der Admittanzmatrix die Fehlerbedingung $\underline{U}_{1\mathrm{K}3} = 0$ erfüllt wird.

Inverse der modifizierten Knotenadmittanzmatrix

$$\underline{\boldsymbol{Z}}^{\mathrm{k}}_{1\mathrm{KK}} = -\mathrm{j}\begin{bmatrix} 0{,}9 & 0{,}8 & 0 & 0 \\ 0{,}8 & 1{,}6 & 0 & 0 \\ 0 & 0 & -0{,}\overline{8} & 0 \\ 0 & 0 & 0 & 0{,}6 \end{bmatrix}\Omega$$

rechtsseitig multipliziert mit der Fehlermatrix:

$$\underline{\boldsymbol{Z}}_{1\mathrm{KKF}} = \left(\underline{\boldsymbol{Y}}^{\mathrm{k}}_{1\mathrm{KK}}\right)^{-1}\boldsymbol{F}_{1\mathrm{K}} = -\mathrm{j}\begin{bmatrix} 0{,}9 & 0{,}8 & 0 & 0 \\ 0{,}8 & 1{,}6 & 0 & 0 \\ 0 & 0 & 0 & 0 \\ 0 & 0 & 0 & 0{,}6 \end{bmatrix}\Omega$$

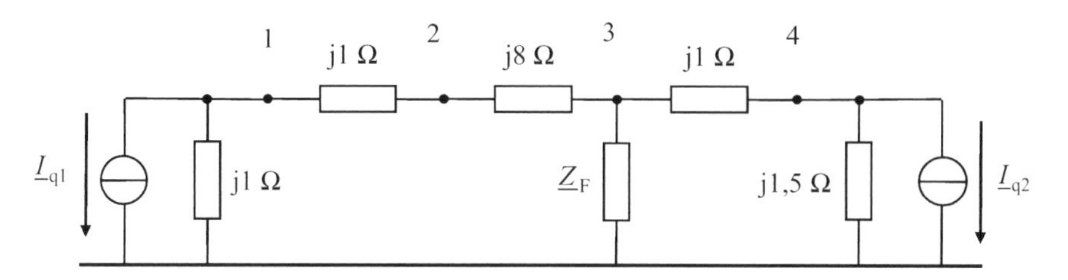

Abb. 7.6 Nachbildung der unsymmetrischen Kurzschlüsse bei der Stabilitätsberechnung durch eine Fehlerimpedanz $\underline{Z}_F$

Reduziert auf Generatorknoten:

$$\underline{\boldsymbol{Z}}_{1GGF} = -\mathrm{j}\begin{bmatrix} 0{,}9 & 0 \\ 0 & 0{,}6 \end{bmatrix} \Omega$$

und:

$$\begin{aligned}\underline{\boldsymbol{Y}}'_{1GGF} &= -\left\{-\mathrm{j}\begin{bmatrix} 1{,}0 & 0 \\ 0 & 0{,}\overline{6} \end{bmatrix} \times -\mathrm{j}\begin{bmatrix} 0{,}9 & 0 \\ 0 & 0{,}6 \end{bmatrix} \times -\mathrm{j}\begin{bmatrix} 1{,}0 & 0 \\ 0 & 0{,}\overline{6} \end{bmatrix} - \mathrm{j}\begin{bmatrix} 1{,}0 & 0 \\ 0 & 0{,}\overline{6} \end{bmatrix}\right\} \mathrm{S} \\ &= \mathrm{j}\begin{bmatrix} 0{,}1 & 0 \\ 0 & 0{,}4 \end{bmatrix} \mathrm{S}\end{aligned}$$

oder elementweise direkt aus der Mitsystemersatzschaltung in Abb. 7.5b mit Kurzschlussverbindung:

$$\underline{Y}'_{11} = \left|\frac{\underline{I}_1}{\underline{U}'_1}\right|_{\underline{U}'_2=0} = -\frac{1}{\mathrm{j}10}\,\mathrm{S} = \mathrm{j}0{,}1\,\mathrm{S}$$

$$\underline{Y}'_{22} = \left|\frac{\underline{I}_2}{\underline{U}'_2}\right|_{\underline{U}'_1=0} = -\frac{1}{\mathrm{j}2{,}5}\,\mathrm{S} = \mathrm{j}0{,}4\,\mathrm{S}$$

$$\underline{Y}'_{12} = \underline{Y}'_{21} = 0$$

Die Beschränkung auf den dreipoligen Kurzschluss ist vordergründig dadurch motiviert, dass man mit dem dreipoligen Kurzschluss die schwerste Störung erfasst. Solange nur die Mitsystemgrößen wie bei der Stabilitätsuntersuchung interessieren[4], können aber auch unsymmetrische Kurzschlüsse leicht durch Einbeziehung der Gegen- und Nullsystemimpedanzen in das Mitsystem in Form einer Fehlerimpedanz $\underline{Z}_F$ an der Kurzschlussstelle wie in Abb. 7.6 nachgebildet werden. Man hat dann allerdings einen Mehraufwand bei der Datenbeschaffung, insbesondere wenn das Nullsystem beteiligt ist.

[4] Es müssen dann allerdings die vom Gegensystem hervorgerufenen Drehmomentenanteile vernachlässigt werden, was aber durchaus gerechtfertigt erscheint.

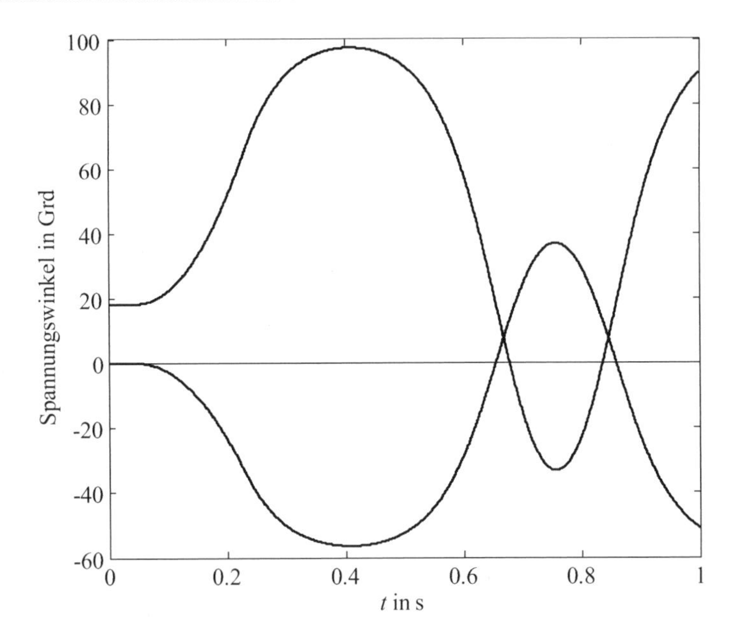

Abb. 7.7 Winkel der transienten Spannungen bei Kurzschlussaufhebung nach 0,23 s. Stabiler Verlauf nahe der Stabilitätsgrenze

Die Fehlerimpedanz besteht beim einpoligen Kurzschluss aus der Reihenschaltung der resultierenden Gegen- und Nullsystemimpedanzen (jeweils von der Kurzschlussstelle aus gesehen) und beim zweipoligen Erdkurzschluss aus der Parallelschaltung der resultierenden Gegen- und Nullsystemimpedanzen (Kap. 5).

Die Einbeziehung der Fehlerimpedanz erfolgt entweder mit dem Fehlermatrizenverfahren nach der auf das Mitsystem reduzierten Gl. 6.47 oder ganz einfach durch Hinzufügen des negativen Kehrwerts der Fehlerimpedanz (Fehleradmittanz) in das betreffende Diagonalelement der Knotenadmittanzmatrix.

Durch die endliche Fehlerimpedanz bricht die Spannung am Kurzschlussknoten nicht wie beim dreipoligen Kurzschluss vollständig zusammen, so dass noch Leistung zwischen den Generatoren ausgetauscht werden kann. Deshalb stellen die unsymmetrischen Fehler nicht die schwerste Stabilitätsstörung dar.

Beispiel 7.2

Zustandsdifferentialgleichungssystem für das 2-Maschinensystem im Beispiel 7.1 mit Kurzschluss am Knoten 3 und dessen Lösung durch numerische Integration mit folgenden Daten und Anfangsbedingungen:

$$K_{m1} = 0{,}07; \quad K_{m2} = 0{,}05; \quad \underline{U}_1' = (90 + \mathrm{j}30)\ \mathrm{kV}; \quad \underline{U}_2' = 100\,\mathrm{kV}$$

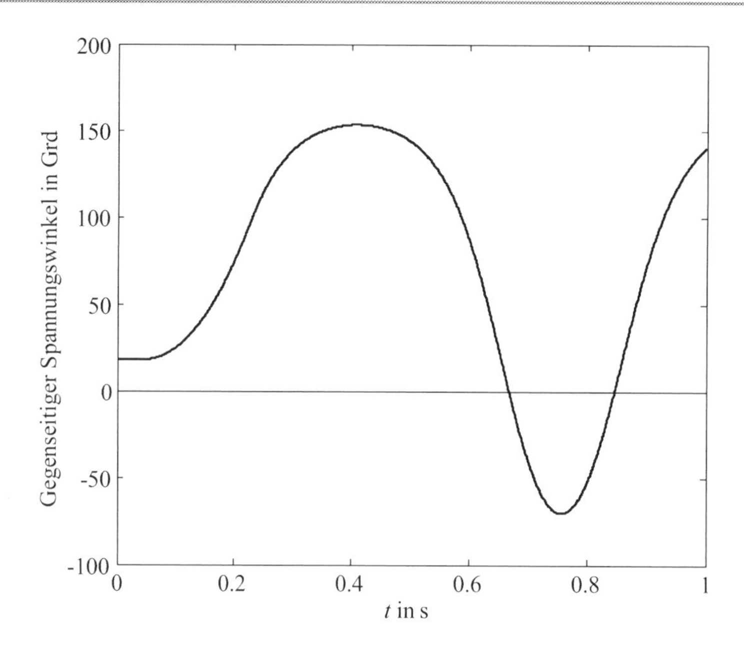

Abb. 7.8 Differenz der Winkel zwischen den transienten Spannungen bei Kurzschlussaufhebung nach 0,23 s (nahe der Stabilitätsgrenze)

Nach Gl. 7.32 gilt:

$$\begin{bmatrix} \dot{\omega}_1 \\ \dot{\omega}_2 \\ \hline \dot{\delta}'_1 \\ \dot{\delta}'_2 \end{bmatrix} = \left[\begin{array}{cc|cc} 0 & 0 & 0 & 0 \\ 0 & 0 & 0 & 0 \\ \hline 1 & 0 & 0 & 0 \\ 0 & 1 & 0 & 0 \end{array}\right] \begin{bmatrix} \omega_1 \\ \omega_2 \\ \hline \delta'_1 \\ \delta'_2 \end{bmatrix} + \begin{bmatrix} K_{\mathrm{m1}}\omega_1^{-1} P_{\mathrm{T10}} \\ K_{\mathrm{m2}}\omega_2^{-1} P_{\mathrm{T20}} \\ \hline -\omega_0 \\ -\omega_0 \end{bmatrix} - \begin{bmatrix} K_{\mathrm{e1}} \cdot 3U'_1 U'_2 B'_{12} \sin \delta'_{12} \\ K_{\mathrm{e2}} \cdot 3U'_2 U'_1 B'_{21} \sin \delta'_{21} \\ \hline 0 \\ 0 \end{bmatrix}$$

Der Kurzschluss am Knoten 3 wird nach 50 ms eingeleitet. Bis dahin sind die Spannungswinkel konstant (Abb. 7.7). Nach 0,23 s wird der Kurzschluss wieder aufgehoben. Der Zeitpunkt der Kurzschlussaufhebung ist an den Wendepunkten in den Winkelverläufen zu erkennen.

Die Winkelverläufe in Abb. 7.7 zeigen stabiles Verhalten. Die Kurven verlaufen ungedämpft, weil die ohmschen Widerstände und die mechanische Dämpfung vernachlässigt wurden. Vor dem Kurzschluss befand sich der Generator 1 im Generatorbetrieb und hat seine Leistung an den Generator 2 abgegeben, der damit zum Motor wird. Im Kurzschluss wird deshalb der Generator 1 (obere Kurve in Abb. 7.7) beschleunigt, während der Generator 2 verzögert wird.

Entscheidend für die Beurteilung des Stabilitätsverhaltens ist die Winkeldifferenz zwischen den transienten Spannungen (Abb. 7.8). Im stabilen Fall erreicht der Differenzwinkel ein Maximum und schwingt danach zurück. Bei Instabilität (hier bei Kurzschlussaufhebung nach 0,235 s) wächst der Differenzwinkel ständig an (Abb. 7.9).

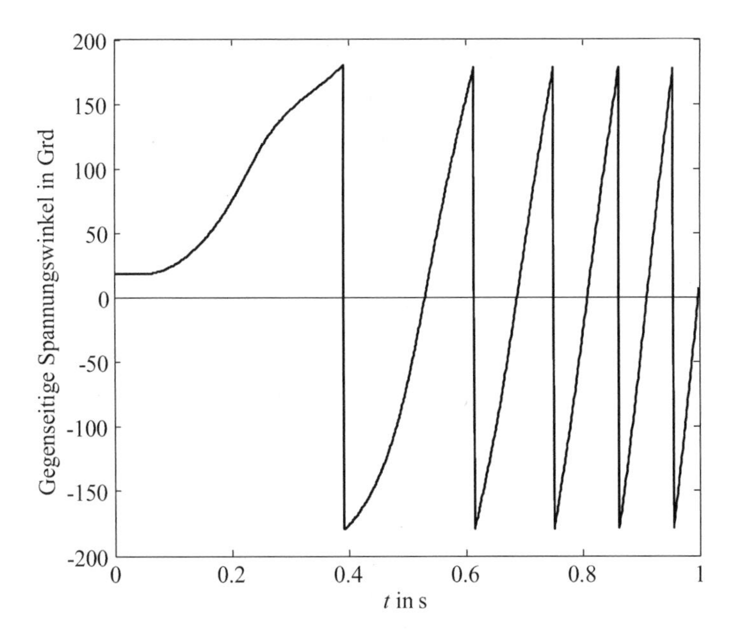

Abb. 7.9 Differenz der Spannungswinkel bei Instabilität (Kurzschlussaufhebung nach 0,235 s)

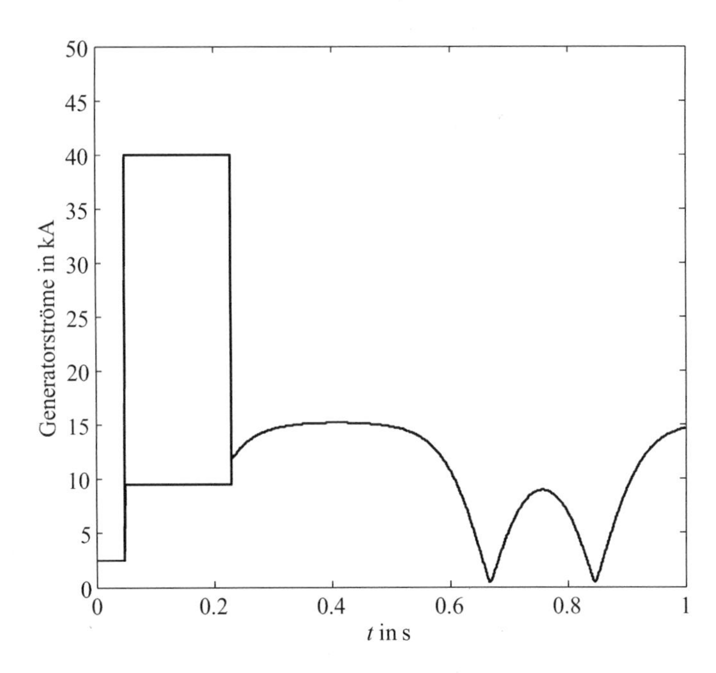

Abb. 7.10 Generatorströme bei Kurzschlussaufhebung nach 0,23 s (nahe der Stabilitätsgrenze)

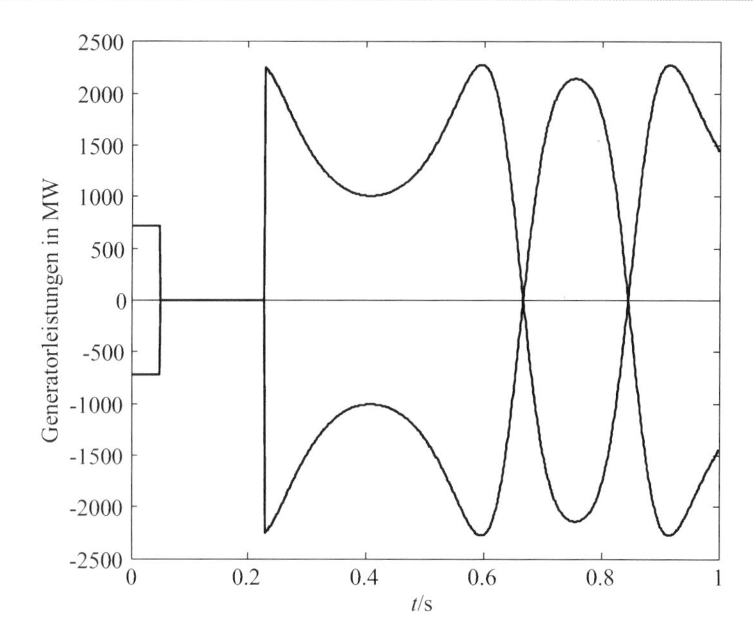

Abb. 7.11 Elektrische Leistungen bei Kurzschlussaufhebung nach 0,23 s (nahe der Stabilitätsgrenze)

Die transienten Kurzschlussströme in Abb. 7.10 sind wie die antreibende transiente Spannung konstant. Nach der Kurzschlussaufhebung schwingen die Stromeffektivwerte und die elektrischen Leistungen der Generatoren im Rhythmus der Spannungswinkel (Abb. 7.10 und 7.11).

Betriebsmittelgleichungen in Raumzeigerkomponenten

8

In den folgenden Abschnitten wird eine spezielle Form der Betriebsmittelgleichungen angestrebt, die es ermöglicht, die Verknüpfung der einzelnen Betriebsmittel im Netz ausschließlich mit Hilfe der Knotenpunktsätze vorzunehmen, so wie man es von der Modellierung mit Zeigergrößen gewohnt ist (s. Kap. 3). Diese als Erweitertes Knotenpunktverfahren (EKPV) bezeichnete Methode wird in Kap. 9 ausführlich beschrieben.

8.1 Allgemeine Formen

Beim Erweiterten Knotenpunktverfahren werden die Betriebsmittel nach ihrem Klemmenverhalten in resistive (R), kapazitive (C) und induktive Betriebsmittel (L) eingeteilt. Die Charakteristik der drei Betriebsmitteltypen geht aus der Tab. 8.1 hervor.

Des Weiteren wird wie im Abschn. 3.1 je nach Anzahl der Klemmenpaare (Tore) noch zwischen den Typen A, AB und ABC unterschieden.

Die allgemeinen Formen der Gleichungen für die Betriebsmitteltypen sind folgende:

L-Betriebsmittel vom Typ A

$$\begin{bmatrix} L_{A11} & L_{A12} & L_{A13} \\ L_{A21} & L_{A22} & L_{A23} \\ L_{A31} & L_{A32} & L_{A33} \end{bmatrix} \begin{bmatrix} \dot{i}_{A1} \\ \dot{i}_{A2} \\ \dot{i}_{A3} \end{bmatrix} + \begin{bmatrix} R_{A11} & R_{A12} & R_{A13} \\ R_{A21} & R_{A22} & R_{A23} \\ R_{A31} & R_{A32} & R_{A33} \end{bmatrix} \begin{bmatrix} i_{A1} \\ i_{A2} \\ i_{A3} \end{bmatrix} + \begin{bmatrix} u_{qA1} \\ u_{qA2} \\ u_{qA3} \end{bmatrix} = \begin{bmatrix} u_{A1} \\ u_{A2} \\ u_{A3} \end{bmatrix} \tag{8.1a}$$

bzw. in Kurzform

$$\boldsymbol{L}_A \dot{\boldsymbol{i}}_A + \boldsymbol{R}_A \boldsymbol{i}_A + \boldsymbol{u}_{qA} = \boldsymbol{u}_A \tag{8.1b}$$

Tab. 8.1 Charakteristik der Betriebsmitteltypen beim EKPV

Variable	L-BM	C-BM	R-BM
Zustandsgrößen	Klemmenströme	Klemmenspannungen	keine
Eingangsgrößen	Klemmenspannungen	Klemmenströme	Klemmenströme

B.R. Oswald, *Berechnung von Drehstromnetzen*, DOI 10.1007/978-3-658-14405-0_8

L-Betriebsmittel vom Typ AB

$$\left[\begin{array}{ccc|ccc} L_{\mathrm{AA11}} & L_{\mathrm{AA12}} & L_{\mathrm{AA13}} & L_{\mathrm{AB11}} & L_{\mathrm{AB12}} & L_{\mathrm{AB13}} \\ L_{\mathrm{AA21}} & L_{\mathrm{AA22}} & L_{\mathrm{AA23}} & L_{\mathrm{AB21}} & L_{\mathrm{AB22}} & L_{\mathrm{AB23}} \\ L_{\mathrm{AA31}} & L_{\mathrm{AA32}} & L_{\mathrm{AA33}} & L_{\mathrm{AB31}} & L_{\mathrm{AB32}} & L_{\mathrm{AB33}} \\ \hline L_{\mathrm{BA11}} & L_{\mathrm{BA12}} & L_{\mathrm{BA13}} & L_{\mathrm{BB11}} & L_{\mathrm{BB12}} & L_{\mathrm{BB13}} \\ L_{\mathrm{BA21}} & L_{\mathrm{BA22}} & L_{\mathrm{BA23}} & L_{\mathrm{BA21}} & L_{\mathrm{BB22}} & L_{\mathrm{BB23}} \\ L_{\mathrm{BA31}} & L_{\mathrm{BA32}} & L_{\mathrm{BA33}} & L_{\mathrm{BA31}} & L_{\mathrm{BB32}} & L_{\mathrm{BB33}} \end{array}\right] \left[\begin{array}{c} \dot{i}_{\mathrm{A1}} \\ \dot{i}_{\mathrm{A2}} \\ \dot{i}_{\mathrm{A3}} \\ \hline \dot{i}_{\mathrm{B1}} \\ \dot{i}_{\mathrm{B2}} \\ \dot{i}_{\mathrm{B3}} \end{array}\right]$$

$$+ \left[\begin{array}{ccc|ccc} R_{\mathrm{AA11}} & R_{\mathrm{AA12}} & R_{\mathrm{AA13}} & R_{\mathrm{AB11}} & R_{\mathrm{AB12}} & R_{\mathrm{AB13}} \\ R_{\mathrm{AA21}} & R_{\mathrm{AA22}} & R_{\mathrm{AA23}} & R_{\mathrm{AB21}} & R_{\mathrm{AB22}} & R_{\mathrm{AB23}} \\ R_{\mathrm{AA31}} & R_{\mathrm{AA32}} & R_{\mathrm{AA33}} & R_{\mathrm{AB31}} & R_{\mathrm{AB32}} & R_{\mathrm{AB33}} \\ \hline R_{\mathrm{BA11}} & R_{\mathrm{BA12}} & R_{\mathrm{BA13}} & R_{\mathrm{BB11}} & R_{\mathrm{BB12}} & R_{\mathrm{BB13}} \\ R_{\mathrm{BA21}} & R_{\mathrm{BA22}} & R_{\mathrm{BA23}} & R_{\mathrm{BA21}} & R_{\mathrm{BB22}} & R_{\mathrm{BB23}} \\ R_{\mathrm{BA31}} & R_{\mathrm{BA32}} & R_{\mathrm{BA33}} & R_{\mathrm{BA31}} & R_{\mathrm{BB32}} & R_{\mathrm{BB33}} \end{array}\right] \left[\begin{array}{c} i_{\mathrm{A1}} \\ i_{\mathrm{A2}} \\ i_{\mathrm{A3}} \\ \hline i_{\mathrm{B1}} \\ i_{\mathrm{B2}} \\ i_{\mathrm{B3}} \end{array}\right] + \left[\begin{array}{c} u_{\mathrm{qA1}} \\ u_{\mathrm{qA2}} \\ u_{\mathrm{qA3}} \\ \hline u_{\mathrm{qB1}} \\ u_{\mathrm{qB2}} \\ u_{\mathrm{qB3}} \end{array}\right] = \left[\begin{array}{c} u_{\mathrm{A1}} \\ u_{\mathrm{A2}} \\ u_{\mathrm{A3}} \\ \hline u_{\mathrm{B1}} \\ u_{\mathrm{B2}} \\ u_{\mathrm{B3}} \end{array}\right] \tag{8.2a}$$

$$\begin{bmatrix} \boldsymbol{L}_{\mathrm{AA}} & \boldsymbol{L}_{\mathrm{AB}} \\ \boldsymbol{L}_{\mathrm{BA}} & \boldsymbol{L}_{\mathrm{BB}} \end{bmatrix} \begin{bmatrix} \dot{\boldsymbol{i}}_{\mathrm{A}} \\ \dot{\boldsymbol{i}}_{\mathrm{B}} \end{bmatrix} + \begin{bmatrix} \boldsymbol{R}_{\mathrm{AA}} & \boldsymbol{R}_{\mathrm{AB}} \\ \boldsymbol{R}_{\mathrm{BA}} & \boldsymbol{R}_{\mathrm{BB}} \end{bmatrix} \begin{bmatrix} \boldsymbol{i}_{\mathrm{A}} \\ \boldsymbol{i}_{\mathrm{B}} \end{bmatrix} + \begin{bmatrix} \boldsymbol{u}_{\mathrm{qA}} \\ \boldsymbol{u}_{\mathrm{qB}} \end{bmatrix} = \begin{bmatrix} \boldsymbol{u}_{\mathrm{A}} \\ \boldsymbol{u}_{\mathrm{B}} \end{bmatrix} \tag{8.2b}$$

C-Betriebsmittel vom Typ A

Die Gleichungen der C-und L-Betriebsmittel sind dual zueinander:

$$\begin{bmatrix} C_{\mathrm{A11}} & C_{\mathrm{A12}} & C_{\mathrm{A13}} \\ C_{\mathrm{A21}} & C_{\mathrm{A22}} & C_{\mathrm{A23}} \\ C_{\mathrm{A31}} & C_{\mathrm{A32}} & C_{\mathrm{A33}} \end{bmatrix} \begin{bmatrix} \dot{u}_{\mathrm{A1}} \\ \dot{u}_{\mathrm{A2}} \\ \dot{u}_{\mathrm{A3}} \end{bmatrix} + \begin{bmatrix} G_{\mathrm{A11}} & G_{\mathrm{A12}} & G_{\mathrm{A13}} \\ G_{\mathrm{A21}} & G_{\mathrm{A22}} & G_{\mathrm{A23}} \\ G_{\mathrm{A31}} & G_{\mathrm{A32}} & G_{\mathrm{A33}} \end{bmatrix} \begin{bmatrix} u_{\mathrm{A1}} \\ u_{\mathrm{A2}} \\ u_{\mathrm{A3}} \end{bmatrix} + \begin{bmatrix} i_{\mathrm{qA1}} \\ i_{\mathrm{qA2}} \\ i_{\mathrm{qA3}} \end{bmatrix} = \begin{bmatrix} i_{\mathrm{A1}} \\ i_{\mathrm{A2}} \\ i_{\mathrm{A3}} \end{bmatrix} \tag{8.3a}$$

$$\boldsymbol{C}_{\mathrm{A}} \dot{\boldsymbol{u}}_{\mathrm{A}} + \boldsymbol{G}_{\mathrm{A}} \boldsymbol{u}_{\mathrm{A}} + \boldsymbol{i}_{\mathrm{qA}} = \boldsymbol{i}_{\mathrm{A}} \tag{8.3b}$$

C-Betriebsmittel vom Typ AB

Aufgrund der Dualität zur Gl. 8.2 genügt die Angabe der Kurzform:

$$\begin{bmatrix} \boldsymbol{C}_{\mathrm{AA}} & \boldsymbol{C}_{\mathrm{AB}} \\ \boldsymbol{C}_{\mathrm{BA}} & \boldsymbol{C}_{\mathrm{BB}} \end{bmatrix} \begin{bmatrix} \dot{\boldsymbol{u}}_{\mathrm{A}} \\ \dot{\boldsymbol{u}}_{\mathrm{B}} \end{bmatrix} + \begin{bmatrix} \boldsymbol{G}_{\mathrm{AA}} & \boldsymbol{G}_{\mathrm{AB}} \\ \boldsymbol{G}_{\mathrm{BA}} & \boldsymbol{G}_{\mathrm{BB}} \end{bmatrix} \begin{bmatrix} \boldsymbol{u}_{\mathrm{A}} \\ \boldsymbol{u}_{\mathrm{B}} \end{bmatrix} + \begin{bmatrix} \boldsymbol{i}_{\mathrm{qA}} \\ \boldsymbol{i}_{\mathrm{qB}} \end{bmatrix} = \begin{bmatrix} \boldsymbol{i}_{\mathrm{A}} \\ \boldsymbol{i}_{\mathrm{B}} \end{bmatrix} \tag{8.4}$$

R-Betriebsmittel vom Typ A

$$\begin{bmatrix} G_{\mathrm{A11}} & G_{\mathrm{A12}} & G_{\mathrm{A13}} \\ G_{\mathrm{A21}} & G_{\mathrm{A22}} & G_{\mathrm{A23}} \\ G_{\mathrm{A31}} & G_{\mathrm{A32}} & G_{\mathrm{A33}} \end{bmatrix} \begin{bmatrix} u_{\mathrm{A1}} \\ u_{\mathrm{A2}} \\ u_{\mathrm{A3}} \end{bmatrix} + \begin{bmatrix} i_{\mathrm{qA1}} \\ i_{\mathrm{qA2}} \\ i_{\mathrm{qA3}} \end{bmatrix} = \begin{bmatrix} i_{\mathrm{A1}} \\ i_{\mathrm{A2}} \\ i_{\mathrm{A3}} \end{bmatrix} \tag{8.5a}$$

$$\boldsymbol{G}_{\mathrm{A}} \boldsymbol{u}_{\mathrm{A}} + \boldsymbol{i}_{\mathrm{qA}} = \boldsymbol{i}_{\mathrm{A}} \tag{8.5b}$$

Auf die Angabe der Gleichungen für den Typ AB sowie für alle Typen ABC wird verzichtet, da auf ihren Aufbau aus der Form der vorstehenden Gleichungen geschlossen werden kann.

Die mit dem Index q gekennzeichneten Quellenströme und Quellenspannungen hängen von weiteren „inneren" Zustandsgrößen der Betriebsmittel ab. Die Einführung dieser Quellengrößen ist sinnvoll, weil für die Verknüpfung der Betriebsmittel untereinander die inneren Zustandsgrößen nicht interessieren. Die Abhängigkeit der Quellengrößen von den inneren Zustandsgrößen wird bei der detaillierten Beschreibung der Betriebsmittelgleichungen in den folgenden Abschnitten klar.

Die Gleichungen der C- und R-Betriebsmittel stellen Stromgleichungen dar, die sich mit den Knotenpunktsätzen miteinander verknüpfen lassen, wodurch die Eingangsgrößen (Ströme) eliminiert werden.

In Netzen mit zusätzlichen L-BM müssen für die Elimination der Eingangsgrößen (Spannungen) normalerweise auch die Maschensätze hinzugezogen werden. Die Verwendung von Maschensätzen ist äußerst unbequem, zumal sich bei Änderungen der Netztopologie und bei der Berücksichtigung von Fehlern jeweils andere Maschen und damit andere Gleichungen ergeben. Von Nachteil ist auch, dass die Klemmenspannungen an den L-BM nachträglich durch numerische Differentiation berechnet werden müssen.

Um die Verwendung von Maschensätzen zu vermeiden, werden die Gleichungen der L-BM wie folgt umgeformt, wobei es genügt die Form A zu betrachten.

Die Zustandsdifferentialgleichung, Gl. 8.1a, wird nach den Stromänderungen aufgelöst und mit $1/\omega_0$ multipliziert:

$$\frac{1}{\omega_0}\begin{bmatrix} \dot{i}_{A1} \\ \dot{i}_{A2} \\ \dot{i}_{A3} \end{bmatrix} = \frac{1}{\omega_0}\begin{bmatrix} L_{A11} & L_{A12} & L_{A13} \\ L_{A21} & L_{A22} & L_{A23} \\ L_{A31} & L_{A32} & L_{A33} \end{bmatrix}^{-1}\begin{bmatrix} u_{A1} \\ u_{A2} \\ u_{A3} \end{bmatrix}$$
$$-\frac{1}{\omega_0}\begin{bmatrix} L_{A11} & L_{A12} & L_{A13} \\ L_{A21} & L_{A22} & L_{A23} \\ L_{A31} & L_{A32} & L_{A33} \end{bmatrix}^{-1}\left\{\begin{bmatrix} R_{A11} & R_{A12} & R_{A13} \\ R_{A21} & R_{A22} & R_{A23} \\ R_{A31} & R_{A32} & R_{A33} \end{bmatrix}\begin{bmatrix} i_{A1} \\ i_{A2} \\ i_{A3} \end{bmatrix} + \begin{bmatrix} u_{qA1} \\ u_{qA2} \\ u_{qA3} \end{bmatrix}\right\} \tag{8.6}$$

Für die mit $1/\omega_0$ multiplizierte Inverse der Induktivitätsmatrix wird die Leitwertmatrix

$$\frac{1}{\omega_0}\begin{bmatrix} L_{A11} & L_{A12} & L_{A13} \\ L_{A21} & L_{A22} & L_{A23} \\ L_{A31} & L_{A32} & L_{A33} \end{bmatrix}^{-1} = \begin{bmatrix} G_{A11} & G_{A12} & G_{A13} \\ G_{A21} & G_{A22} & G_{A23} \\ G_{A31} & G_{A32} & G_{A33} \end{bmatrix} \tag{8.7}$$

eingeführt. Die mit $1/\omega_0$ multiplizierten Ableitungen der Ströme haben die Dimension von Strömen. Sie werden durch einen hochgestellten Strich gekennzeichnet:

$$\frac{1}{\omega_0}\begin{bmatrix} \dot{i}_{A1} \\ \dot{i}_{A2} \\ \dot{i}_{A3} \end{bmatrix} = \begin{bmatrix} i'_{A1} \\ i'_{A2} \\ i'_{A3} \end{bmatrix} \tag{8.8}$$

Damit geht die Gl. 8.6 formal über in eine Stromgleichung für die Verknüpfung mit anderen Betriebsmitteln:

$$\begin{bmatrix} i'_{A1} \\ i'_{A2} \\ i'_{A3} \end{bmatrix} = \begin{bmatrix} G_{A11} & G_{A12} & G_{A13} \\ G_{A21} & G_{A22} & G_{A23} \\ G_{A31} & G_{A32} & G_{A33} \end{bmatrix} \begin{bmatrix} u_{A1} \\ u_{A2} \\ u_{A3} \end{bmatrix} - \begin{bmatrix} G_{A11} & G_{A12} & G_{A13} \\ G_{A21} & G_{A22} & G_{A23} \\ G_{A31} & G_{A32} & G_{A33} \end{bmatrix} \left\{ \begin{bmatrix} R_{A11} & R_{A12} & R_{A13} \\ R_{A21} & R_{A22} & R_{A23} \\ R_{A31} & R_{A32} & R_{A33} \end{bmatrix} \begin{bmatrix} i_{A1} \\ i_{A2} \\ i_{A3} \end{bmatrix} + \begin{bmatrix} u_{qA1} \\ u_{qA2} \\ u_{qA3} \end{bmatrix} \right\} \tag{8.9}$$

Der zweite Term in Gl. 8.9 hängt nur von den Strömen und den eventuell vorhandenen Quellenspannungen ab. Da die Ströme der BM-Betriebsmittel Zustandsgrößen sind, sind sie wie auch die Quellenspannungen für den nächsten Integrationsschritt bei der Lösung der Betriebsmittelgleichungen bekannt. Folglich hat der zweite Term in Gl. 8.9 die Eigenschaft einer Stromquelle. Durch Einführung von Abkürzungen für die Quellenströme:

$$\begin{bmatrix} i_{qA1} \\ i_{qA2} \\ i_{qA3} \end{bmatrix} = - \begin{bmatrix} G_{A11} & G_{A12} & G_{A13} \\ G_{A21} & G_{A22} & G_{A23} \\ G_{A31} & G_{A32} & G_{A33} \end{bmatrix} \left\{ \begin{bmatrix} R_{A11} & R_{A12} & R_{A13} \\ R_{A21} & R_{A22} & R_{A23} \\ R_{A31} & R_{A32} & R_{A33} \end{bmatrix} \begin{bmatrix} i_{A1} \\ i_{A2} \\ i_{A3} \end{bmatrix} + \begin{bmatrix} u_{qA1} \\ u_{qA2} \\ u_{qA3} \end{bmatrix} \right\} \tag{8.10a}$$

erhält die Gl. 8.9 ihre endgültige Form:

$$\begin{bmatrix} i'_{A1} \\ i'_{A2} \\ i'_{A3} \end{bmatrix} = \begin{bmatrix} G_{A11} & G_{A12} & G_{A13} \\ G_{A21} & G_{A22} & G_{A23} \\ G_{A31} & G_{A32} & G_{A33} \end{bmatrix} \begin{bmatrix} u_{A1} \\ u_{A2} \\ u_{A3} \end{bmatrix} + \begin{bmatrix} i_{qA1} \\ i_{qA2} \\ i_{qA3} \end{bmatrix} \tag{8.11a}$$

Die Stromgleichung, Gl. 8.11, geht in das Netzgleichungssystem ein (s. Kap. 9). Nach der Neuberechnung der Spannungen erfolgt die Aktualisierung der Quellenströme mit der Zustandsdifferentialgleichung, Gl. 8.6, in der hier angegebenen Form:

$$\begin{bmatrix} \dot{i}_{A1} \\ \dot{i}_{A2} \\ \dot{i}_{A3} \end{bmatrix} = \omega_0 \begin{bmatrix} G_{A11} & G_{A12} & G_{A13} \\ G_{A21} & G_{A22} & G_{A23} \\ G_{A31} & G_{A32} & G_{A33} \end{bmatrix} \begin{bmatrix} u_{A1} \\ u_{A2} \\ u_{A3} \end{bmatrix} + \omega_0 \begin{bmatrix} i_{qA1} \\ i_{qA2} \\ i_{qA3} \end{bmatrix} \tag{8.12a}$$

Die Kurzformen der Gln. 8.10a bis 8.12a sind:

$$\boldsymbol{i}_{Aq} = -\boldsymbol{G}_A \left(\boldsymbol{R}_A \boldsymbol{i}_A + \boldsymbol{u}_{qA} \right) \tag{8.10b}$$

$$\boldsymbol{i}'_A = \boldsymbol{G}_A \boldsymbol{u}_A + \boldsymbol{i}_{qA} \tag{8.11b}$$

$$\dot{\boldsymbol{i}}_A = \omega_0 \boldsymbol{G}_A \boldsymbol{u}_A + \omega_0 \boldsymbol{i}_{qA} \tag{8.12b}$$

Analog dazu lauten die Gleichungsformen der L-Betriebsmittel vom Typ AB:

$$\begin{bmatrix} \boldsymbol{i}_{\mathrm{qA}} \\ \boldsymbol{i}_{\mathrm{qB}} \end{bmatrix} = -\begin{bmatrix} \boldsymbol{G}_{\mathrm{AA}} & \boldsymbol{G}_{\mathrm{AB}} \\ \boldsymbol{G}_{\mathrm{BA}} & \boldsymbol{G}_{\mathrm{BB}} \end{bmatrix} \left\{ \begin{bmatrix} \boldsymbol{R}_{\mathrm{AA}} & \boldsymbol{R}_{\mathrm{AB}} \\ \boldsymbol{R}_{\mathrm{BA}} & \boldsymbol{R}_{\mathrm{BB}} \end{bmatrix} \begin{bmatrix} \boldsymbol{i}_{\mathrm{A}} \\ \boldsymbol{i}_{\mathrm{B}} \end{bmatrix} + \begin{bmatrix} \boldsymbol{u}_{\mathrm{qA}} \\ \boldsymbol{u}_{\mathrm{qB}} \end{bmatrix} \right\} \tag{8.13}$$

$$\begin{bmatrix} \boldsymbol{i}'_{\mathrm{A}} \\ \boldsymbol{i}'_{\mathrm{B}} \end{bmatrix} = \begin{bmatrix} \boldsymbol{G}_{\mathrm{AA}} & \boldsymbol{G}_{\mathrm{AB}} \\ \boldsymbol{G}_{\mathrm{BA}} & \boldsymbol{G}_{\mathrm{BB}} \end{bmatrix} \begin{bmatrix} \boldsymbol{u}_{\mathrm{A}} \\ \boldsymbol{u}_{\mathrm{B}} \end{bmatrix} + \begin{bmatrix} \boldsymbol{i}_{\mathrm{qA}} \\ \boldsymbol{i}_{\mathrm{qB}} \end{bmatrix} \tag{8.14}$$

$$\begin{bmatrix} \dot{\boldsymbol{i}}_{\mathrm{A}} \\ \dot{\boldsymbol{i}}_{\mathrm{B}} \end{bmatrix} = \omega_0 \begin{bmatrix} \boldsymbol{G}_{\mathrm{AA}} & \boldsymbol{G}_{\mathrm{AB}} \\ \boldsymbol{G}_{\mathrm{BA}} & \boldsymbol{G}_{\mathrm{BB}} \end{bmatrix} \begin{bmatrix} \boldsymbol{u}_{\mathrm{A}} \\ \boldsymbol{u}_{\mathrm{B}} \end{bmatrix} + \omega_0 \begin{bmatrix} \boldsymbol{i}_{\mathrm{qA}} \\ \boldsymbol{i}_{\mathrm{qB}} \end{bmatrix} \tag{8.15}$$

Die Transformation in Raumzeigerkomponenten mit den Gln. 1.34 und 1.35 führt unter der Voraussetzung symmetrisch aufgebauter Betriebsmittel und verdrillter Leitungen zur Diagonalisierung der R-, G-, L- und C-Matrizen mit ihren Eigenwerten als Diagonalelemente. Die Raumzeigerkomponenten werden entkoppelt (s. Abschn. 1.3.1). Eine Ausnahme bildet die Synchronmaschine mit ihrer Läuferunsymmetrie. Hier führt die Raumzeigertransformation nur zu einer teilweisen Entkopplung, die sich aber dennoch lohnt.

Im Übrigen ist die im Folgenden vorausgesetzte Symmetrie für die Aufstellung der Betriebsmittelgleichungen und deren Verknüpfung nicht zwingend erforderlich. Sie vereinfacht aber die Schreibweise der Gleichungen, indem die Leitungsmatrizen durch die Transformation in die Raumzeigerkomponenten zu Diagonalmatrizen werden.

L-Betriebsmittel in Raumzeigerkomponenten
Typ A

$$\begin{bmatrix} \underline{i}_{\mathrm{sqA}} \\ \underline{i}^*_{\mathrm{sqA}} \\ i_{\mathrm{hqA}} \end{bmatrix} = -\begin{bmatrix} G_{1\mathrm{A}} & 0 & 0 \\ 0 & G_{2\mathrm{A}} & 0 \\ 0 & 0 & G_{0\mathrm{A}} \end{bmatrix} \left\{ \begin{bmatrix} R_{1\mathrm{A}} & 0 & 0 \\ 0 & R_{2\mathrm{A}} & 0 \\ 0 & 0 & R_{0\mathrm{A}} \end{bmatrix} \begin{bmatrix} \underline{i}_{\mathrm{sA}} \\ \underline{i}^*_{\mathrm{sA}} \\ i_{\mathrm{hA}} \end{bmatrix} + \begin{bmatrix} \underline{u}_{\mathrm{sqA}} \\ \underline{u}^*_{\mathrm{sqA}} \\ 0 \end{bmatrix} \right\} \tag{8.16a}$$

$$\begin{bmatrix} \underline{i}'_{\mathrm{sA}} \\ \underline{i}'^*_{\mathrm{sA}} \\ i'_{\mathrm{hA}} \end{bmatrix} = \begin{bmatrix} G_{1\mathrm{A}} & 0 & 0 \\ 0 & G_{2\mathrm{A}} & 0 \\ 0 & 0 & G_{0\mathrm{A}} \end{bmatrix} \begin{bmatrix} \underline{u}_{\mathrm{sA}} \\ \underline{u}^*_{\mathrm{sA}} \\ u_{\mathrm{hA}} \end{bmatrix} + \begin{bmatrix} \underline{i}_{\mathrm{sqA}} \\ \underline{i}^*_{\mathrm{sqA}} \\ i_{\mathrm{hqA}} \end{bmatrix} \tag{8.17a}$$

$$\begin{bmatrix} \dot{\underline{i}}_{\mathrm{sA}} \\ \dot{\underline{i}}^*_{\mathrm{sA}} \\ \dot{i}_{\mathrm{hA}} \end{bmatrix} = \omega_0 \begin{bmatrix} G_{1\mathrm{A}} & 0 & 0 \\ 0 & G_{2\mathrm{A}} & 0 \\ 0 & 0 & G_{0\mathrm{A}} \end{bmatrix} \begin{bmatrix} \underline{u}_{\mathrm{sqA}} \\ \underline{u}^*_{\mathrm{sqA}} \\ 0 \end{bmatrix} + \omega_0 \begin{bmatrix} \underline{i}_{\mathrm{sqA}} \\ \underline{i}^*_{\mathrm{sqA}} \\ i_{\mathrm{hqA}} \end{bmatrix} \tag{8.18a}$$

bzw.:

$$\underline{\boldsymbol{i}}_{\mathrm{sqA}} = -\boldsymbol{G}_{\mathrm{sA}} \left(\boldsymbol{R}_{\mathrm{sA}} \underline{\boldsymbol{i}}_{\mathrm{sA}} + \underline{\boldsymbol{u}}_{\mathrm{sqA}} \right) \tag{8.16b}$$

$$\underline{\boldsymbol{i}}'_{\mathrm{sA}} = \boldsymbol{G}_{\mathrm{sA}} \underline{\boldsymbol{u}}_{\mathrm{sA}} + \underline{\boldsymbol{i}}_{\mathrm{sqA}} \tag{8.17b}$$

$$\dot{\underline{\boldsymbol{i}}}_{\mathrm{sA}} = \omega_0 \left(\boldsymbol{G}_{\mathrm{sA}} \underline{\boldsymbol{u}}_{\mathrm{sA}} + \underline{\boldsymbol{i}}_{\mathrm{sqA}} \right) \tag{8.18b}$$

Die Elemente der diagonalen Leitwertmatrix sind:

$$G_{1A} = \frac{1}{X_{1A}} = \frac{1}{\omega_0 L_{1A}} \tag{8.19}$$

$$G_{2A} = \frac{1}{X_{2A}} = \frac{1}{\omega_0 L_{2A}} \tag{8.20}$$

$$G_{0A} = \frac{1}{X_{0A}} = \frac{1}{\omega_0 L_{0A}} \tag{8.21}$$

wobei die X_{1A}, X_{2A}, X_{0A}, R_{1A}, R_{2A} und R_{0A} die von den Symmetrischen Komponenten her bekannten Reaktanzen und Widerstände sind.[1]

Typ AB (nur Kurzform)

$$\begin{bmatrix} \underline{i}_{\mathrm{sqA}} \\ \underline{i}_{\mathrm{sqB}} \end{bmatrix} = - \begin{bmatrix} \boldsymbol{G}_{\mathrm{sAA}} & \boldsymbol{G}_{\mathrm{sAB}} \\ \boldsymbol{G}_{\mathrm{sBA}} & \boldsymbol{G}_{\mathrm{sBB}} \end{bmatrix} \left\{ \begin{bmatrix} \boldsymbol{R}_{\mathrm{sAA}} & \boldsymbol{R}_{\mathrm{sAB}} \\ \boldsymbol{R}_{\mathrm{sBA}} & \boldsymbol{R}_{\mathrm{sBB}} \end{bmatrix} \begin{bmatrix} \underline{\boldsymbol{i}}_{\mathrm{sA}} \\ \underline{\boldsymbol{i}}_{\mathrm{sB}} \end{bmatrix} + \begin{bmatrix} \underline{\boldsymbol{u}}_{\mathrm{sqA}} \\ \underline{\boldsymbol{u}}_{\mathrm{sqB}} \end{bmatrix} \right\} \tag{8.22}$$

$$\begin{bmatrix} \underline{\boldsymbol{i}}'_{\mathrm{sA}} \\ \underline{\boldsymbol{i}}'_{\mathrm{sB}} \end{bmatrix} = \begin{bmatrix} \boldsymbol{G}_{\mathrm{sAA}} & \boldsymbol{G}_{\mathrm{sAB}} \\ \boldsymbol{G}_{\mathrm{sBA}} & \boldsymbol{G}_{\mathrm{sBB}} \end{bmatrix} \begin{bmatrix} \underline{\boldsymbol{u}}_{\mathrm{sA}} \\ \underline{\boldsymbol{u}}_{\mathrm{sB}} \end{bmatrix} + \begin{bmatrix} \underline{\boldsymbol{i}}_{\mathrm{sqA}} \\ \underline{\boldsymbol{i}}_{\mathrm{sqB}} \end{bmatrix} \tag{8.23}$$

$$\begin{bmatrix} \dot{\underline{\boldsymbol{i}}}_{\mathrm{sA}} \\ \dot{\underline{\boldsymbol{i}}}_{\mathrm{sB}} \end{bmatrix} = \omega_0 \begin{bmatrix} \boldsymbol{G}_{\mathrm{sAA}} & \boldsymbol{G}_{\mathrm{sAB}} \\ \boldsymbol{G}_{\mathrm{sBA}} & \boldsymbol{G}_{\mathrm{sBB}} \end{bmatrix} \begin{bmatrix} \underline{\boldsymbol{u}}_{\mathrm{sA}} \\ \underline{\boldsymbol{u}}_{\mathrm{sB}} \end{bmatrix} + \omega_0 \begin{bmatrix} \underline{\boldsymbol{i}}_{\mathrm{sqA}} \\ \underline{\boldsymbol{i}}_{\mathrm{sqB}} \end{bmatrix} \tag{8.24}$$

Alle G- und R-Matrizen sind im Falle symmetrischer Betriebsmittel Diagonalmatrizen.

C-Betriebsmittel in Raumzeigerkomponenten
Typ A

$$\begin{bmatrix} \underline{i}_{\mathrm{sA}} \\ \underline{i}^*_{\mathrm{sA}} \\ i_{\mathrm{hA}} \end{bmatrix} = \begin{bmatrix} G_{1A} & 0 & 0 \\ 0 & G_{1A} & 0 \\ 0 & 0 & G_{0A} \end{bmatrix} \begin{bmatrix} \underline{u}_{\mathrm{sA}} \\ \underline{u}^*_{\mathrm{sA}} \\ u_{\mathrm{hA}} \end{bmatrix} + \begin{bmatrix} C_{1A} & 0 & 0 \\ 0 & C_{1A} & 0 \\ 0 & 0 & C_{0A} \end{bmatrix} \begin{bmatrix} \dot{\underline{u}}_{\mathrm{sA}} \\ \dot{\underline{u}}^*_{\mathrm{sA}} \\ \dot{u}_{\mathrm{hA}} \end{bmatrix} + \begin{bmatrix} \underline{i}_{\mathrm{sqA}} \\ \underline{i}^*_{\mathrm{sqA}} \\ 0 \end{bmatrix} \tag{8.25a}$$

$$\underline{\boldsymbol{i}}_{\mathrm{sA}} = \boldsymbol{G}_{\mathrm{sA}} \underline{\boldsymbol{u}}_{\mathrm{sA}} + \boldsymbol{C}_{\mathrm{sA}} \dot{\underline{\boldsymbol{u}}}_{\mathrm{sA}} + \underline{\boldsymbol{i}}_{\mathrm{sqA}} \tag{8.25b}$$

Typ AB (nur Kurzform)

$$\begin{bmatrix} \underline{\boldsymbol{i}}_{\mathrm{sA}} \\ \underline{\boldsymbol{i}}_{\mathrm{sB}} \end{bmatrix} = \begin{bmatrix} \boldsymbol{G}_{\mathrm{sAA}} & \boldsymbol{G}_{\mathrm{sAB}} \\ \boldsymbol{G}_{\mathrm{sBA}} & \boldsymbol{G}_{\mathrm{sBB}} \end{bmatrix} \begin{bmatrix} \underline{\boldsymbol{u}}_{\mathrm{sA}} \\ \underline{\boldsymbol{u}}_{\mathrm{sB}} \end{bmatrix} + \begin{bmatrix} \boldsymbol{C}_{\mathrm{sAA}} & \boldsymbol{C}_{\mathrm{sAB}} \\ \boldsymbol{C}_{\mathrm{sBA}} & \boldsymbol{C}_{\mathrm{sBB}} \end{bmatrix} \begin{bmatrix} \dot{\underline{\boldsymbol{u}}}_{\mathrm{sA}} \\ \dot{\underline{\boldsymbol{u}}}_{\mathrm{sB}} \end{bmatrix} + \begin{bmatrix} \underline{\boldsymbol{i}}_{\mathrm{sqA}} \\ \underline{\boldsymbol{i}}_{\mathrm{sqB}} \end{bmatrix} \tag{8.26}$$

R-BM in Raumzeigerkomponenten
Die Gleichungen entsprechen denen der C-BM mit verschwindenden C-Matrizen.

[1] Die Bezeichnungen für die Eigenwerte der Induktivitäts- und Widerstandsmatrix als Mit-, Gegen- und Nullsystemgrößen werden von den Symmetrischen Komponenten übernommen.

8.2 Leitungen

Die Leitungsparameter, insbesondere die Nullsystemparameter sind frequenzabhängig, wodurch die Modellierung der Leitungen über das gesamte Eigenspektrum im Zeitbereich aufwändig ist. Man unterscheidet grundsätzlich zwischen Netzwerk- und Wellenmodellen der Leitungen. Die Wellenmodelle führen auf Leitwertersatzschaltungen mit Stromquellen, die im Takt der Wellenlaufzeiten gesteuert werden. Nach der Klassifikation der Betriebsmittel im Abschn. 8.1 stellen die Wellenmodelle R-Betriebsmittel vom Typ A mit Quellenströmen dar. Eine zusammenfassende Beschreibung der Wellenmodelle findet man in [9]. Hier soll lediglich auf die Raumzeiger- und Nullgrößengleichungen für die bekannten Netzwerkmodelle in Form von Kettenschaltungen mit konstanten Elementen eingegangen werden. Die Anzahl der erforderlichen Glieder richtet sich nach dem interessierenden Frequenzbereich. Mit wachsender Anzahl der Glieder wächst die Anzahl der Zustandsvariablen und damit der Lösungsaufwand beträchtlich. Durch Korrekturglieder im Nullsystem kann eine verbesserte Nachbildung mit weniger Gliedern erreicht werden [10].

Nach der Beschaffenheit der ersten Glieder an den Leitungsklemmen weist das Kettenleitermodell die Eigenschaften eines L- oder C-Betriebsmittels auf. Die T-Kettenschaltung beginnt und endet mit Induktivitäten und verhält sich somit wie ein L-Betriebsmittel. Im Gegensatz dazu beginnt und endet die Π-Kettenschaltung mit Kapazitäten und verhält sich demnach wie ein C-Betriebsmittel.

Die folgenden Ausführungen beziehen sich auf Einfachleitungen. Die Gleichungen der Doppel- oder Vierfachleitungen können nach der gleichen Methode hergeleitet werden. Des Weiteren wird vorausgesetzt, dass die Leitung symmetrisch ist, was in der Praxis zwar nicht der Fall ist, durch Verdrillen aber näherungsweise erreicht wird.

Die Gleichungen der Einfachleitung sind nach der Klassifikation im Abschn. 8.1 alle vom Typ AB.

8.2.1 Gleichungen der induktiven und kapazitiven Leitungsabschnitte

Die Netzwerkleitungsmodelle setzen sich aus induktiv und kapazitiv verketteten Abschnitten zusammen, wie sie in Abb. 8.1 dargestellt sind.

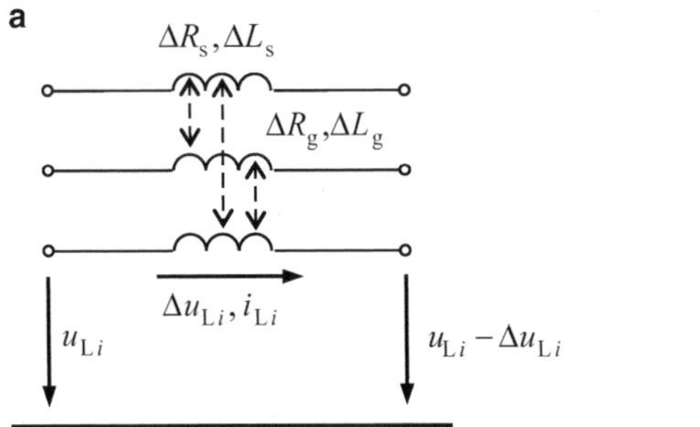

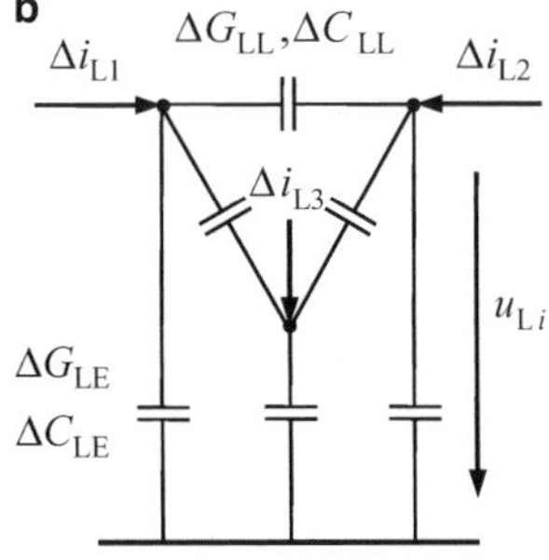

Abb. 8.1 Induktiv und kapazitiv verkettete Leitungsabschnitte ($i = 1, 2, 3$)

Symmetrie vorausgesetzt, lauten die Gleichungen für diese Abschnitte:

$$\begin{bmatrix} \Delta L_s & \Delta L_g & \Delta L_g \\ \Delta L_g & \Delta L_s & \Delta L_g \\ \Delta L_g & \Delta L_g & \Delta L_s \end{bmatrix} \begin{bmatrix} \dot{i}_{L1} \\ \dot{i}_{L2} \\ \dot{i}_{L3} \end{bmatrix} + \begin{bmatrix} \Delta R_s & \Delta R_g & \Delta R_g \\ \Delta R_g & \Delta R_s & \Delta R_g \\ \Delta R_g & \Delta R_g & \Delta R_s \end{bmatrix} \begin{bmatrix} i_{L1} \\ i_{L2} \\ i_{L3} \end{bmatrix} = \begin{bmatrix} \Delta u_{L1} \\ \Delta u_{L2} \\ \Delta u_{L3} \end{bmatrix} \tag{8.27}$$

$$\begin{bmatrix} \Delta C_s & \Delta C_g & \Delta C_g \\ \Delta C_g & \Delta C_s & \Delta C_g \\ \Delta C_g & \Delta C_g & \Delta C_s \end{bmatrix} \begin{bmatrix} \dot{u}_{L1} \\ \dot{u}_{L2} \\ \dot{u}_{L3} \end{bmatrix} + \begin{bmatrix} \Delta G_s & \Delta G_g & \Delta G_g \\ \Delta G_g & \Delta G_s & \Delta G_g \\ \Delta G_g & \Delta G_g & \Delta G_s \end{bmatrix} \begin{bmatrix} u_{L1} \\ u_{L2} \\ u_{L3} \end{bmatrix} = \begin{bmatrix} \Delta i_{L1} \\ \Delta i_{L2} \\ \Delta i_{L3} \end{bmatrix} \tag{8.28}$$

$$\begin{aligned} \Delta R_s &= \Delta R_L + \Delta R_E; \quad & \Delta R_g &= \Delta R_E \\ \Delta C_s &= \Delta C_{LE} + 2\Delta C_{LL}; \quad & \Delta C_g &= -\Delta C_{LL} \\ \Delta G_s &= \Delta G_{LE} + 2\Delta G_{LL}; \quad & \Delta G_g &= -\Delta G_{LL} \end{aligned}$$

wobei ΔR_L der Leiterwiderstand, ΔR_E der Erdwiderstand, ΔC_{LL} die Leiter-Leiter-Kapazität, ΔC_{LE} die Leiter-Erde-Kapazität, ΔG_{LL} der Leiter-Leiter-Leitwert und ΔG_{LE} der Leiter-Erde-Leitwert des Abschnittes bedeuten. Die Transformation in Raumzeigerkomponenten liefert:

$$\begin{bmatrix} \Delta L_1 & & \\ & \Delta L_2 & \\ & & \Delta L_0 \end{bmatrix} \begin{bmatrix} \dot{\underline{i}}_{sL} \\ \dot{\underline{i}}_{sL}^* \\ \dot{i}_{hL} \end{bmatrix} + \begin{bmatrix} \Delta R_1 & & \\ & \Delta R_2 & \\ & & \Delta R_0 \end{bmatrix} \begin{bmatrix} \underline{i}_{sL} \\ \underline{i}_{sL}^* \\ i_{hL} \end{bmatrix} = \begin{bmatrix} \Delta \underline{u}_{sL} \\ \Delta \underline{u}_{sL}^* \\ \Delta u_{hL} \end{bmatrix} \tag{8.29}$$

$$\begin{bmatrix} \Delta C_1 & & \\ & \Delta C_2 & \\ & & \Delta C_0 \end{bmatrix} \begin{bmatrix} \dot{\underline{u}}_{sL} \\ \dot{\underline{u}}_{sL}^* \\ \dot{u}_{hL} \end{bmatrix} + \begin{bmatrix} \Delta G_1 & & \\ & \Delta G_2 & \\ & & \Delta G_0 \end{bmatrix} \begin{bmatrix} \underline{u}_{sL} \\ \underline{u}_{sL}^* \\ u_{hL} \end{bmatrix} = \begin{bmatrix} \Delta \underline{i}_{sL} \\ \Delta \underline{i}_{sL}^* \\ \Delta i_{hL} \end{bmatrix} \tag{8.30}$$

mit den Eigenwerten der L-, R-, C- und G-Matrizen:

$$\begin{aligned} \Delta L_1 = \Delta L_2 &= \Delta L_s - \Delta L_g; \quad & \Delta L_0 &= \Delta L_s + 2\Delta L_g \\ \Delta R_1 = \Delta R_2 &= \Delta R_L; \quad & \Delta R_0 &= \Delta R_L + 3\Delta R_E \\ \Delta C_1 = \Delta C_2 &= \Delta C_{LE} + 3\Delta C_{LL}; \quad & \Delta C_0 &= \Delta C_{LE} \\ \Delta G_1 = \Delta G_2 &= \Delta G_{LE} + 3\Delta G_{LL}; \quad & \Delta G_0 &= \Delta G_{LE} \end{aligned}$$

Zu den Gln. 8.29 und 8.30 gehören die Ersatzschaltbilder in den Abb. 8.2 und 8.3.

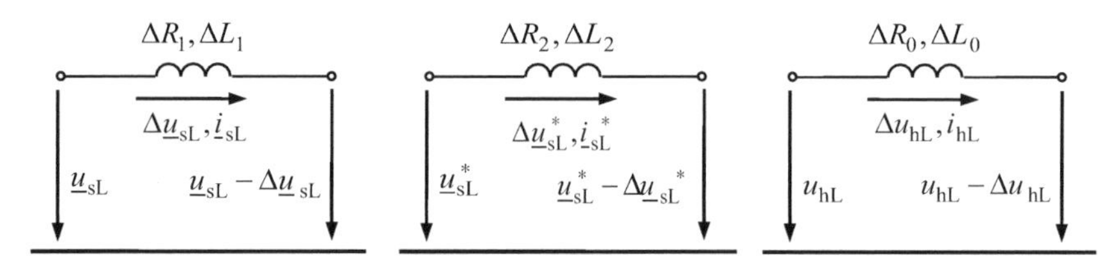

Abb. 8.2 Raumzeiger- und Nullsystemersatzschaltungen des induktiven Leitungsabschnitts

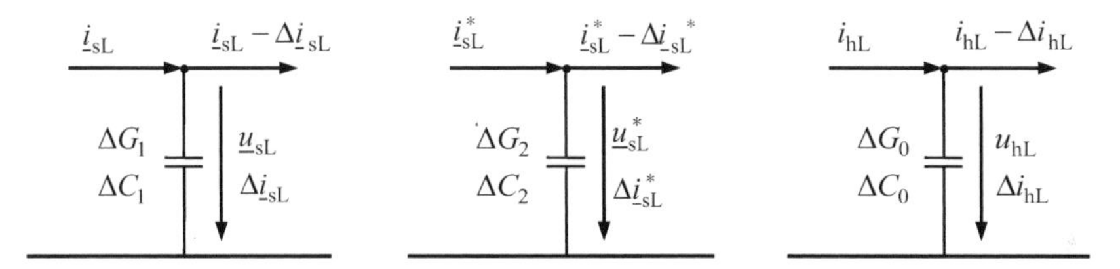

Abb. 8.3 Raumzeiger- und Nullsystemersatzschaltungen des kapazitiven Leitungsabschnitts

8.2.2 Leitungsmodell ohne Querglieder

Das einfachste Leitungsmodell besteht nur aus induktiv verketteten Längsgliedern. Es ist allerdings auch nur von geringer Genauigkeit und für die Untersuchung transienter Vorgänge nicht geeignet. Bestenfalls kann es für Kurzschlussstromberechnungen verwendet werden, wenn auch Wert auf die genaue Berechnung der Gleichglieder gelegt wird.

Mit den Klemmenbezeichnungen A und B und dem Spannungsabfall über der gesamten Leitung (der Index L für Leiter wird im Folgenden weggelassen):

$$\begin{bmatrix} \Delta \underline{u}_s \\ \Delta \underline{u}_s^* \\ \Delta u_h \end{bmatrix} = \begin{bmatrix} \underline{u}_{sA} \\ \underline{u}_{sA}^* \\ u_{hA} \end{bmatrix} - \begin{bmatrix} \underline{u}_{sB} \\ \underline{u}_{sB}^* \\ u_{hB} \end{bmatrix} \tag{8.31}$$

folgt aus der Gl. 8.29 für die Seite A:

$$\begin{bmatrix} L_1 & & \\ & L_2 & \\ & & L_0 \end{bmatrix} \begin{bmatrix} \dot{\underline{i}}_{sA} \\ \dot{\underline{i}}_{sA}^* \\ \dot{i}_{hA} \end{bmatrix} + \begin{bmatrix} R_1 & & \\ & R_2 & \\ & & R_0 \end{bmatrix} \begin{bmatrix} \underline{i}_{sA} \\ \underline{i}_{sA}^* \\ i_{hA} \end{bmatrix} = \begin{bmatrix} \underline{u}_{sA} \\ \underline{u}_{sA}^* \\ u_{hA} \end{bmatrix} - \begin{bmatrix} \underline{u}_{sB} \\ \underline{u}_{sB}^* \\ u_{hB} \end{bmatrix} \tag{8.32a}$$

$$\boldsymbol{L}_s \dot{\underline{\boldsymbol{i}}}_{sA} + \boldsymbol{R}_s \underline{\boldsymbol{i}}_{sA} = \underline{\boldsymbol{u}}_{sA} - \underline{\boldsymbol{u}}_{sB} \tag{8.32b}$$

und für die Seite B (die Klemmenströme sind entgegengesetzt gleich groß):

$$\begin{bmatrix} L_1 & & \\ & L_2 & \\ & & L_0 \end{bmatrix} \begin{bmatrix} \dot{\underline{i}}_{sB} \\ \dot{\underline{i}}^*_{sB} \\ \dot{i}_{hB} \end{bmatrix} + \begin{bmatrix} R_1 & & \\ & R_2 & \\ & & R_0 \end{bmatrix} \begin{bmatrix} \underline{i}_{sB} \\ \underline{i}^*_{sB} \\ i_{hB} \end{bmatrix} = \begin{bmatrix} \underline{u}_{sB} \\ \underline{u}^*_{sB} \\ u_{hB} \end{bmatrix} - \begin{bmatrix} \underline{u}_{sA} \\ \underline{u}^*_{sA} \\ u_{hA} \end{bmatrix} \tag{8.33a}$$

$$\boldsymbol{L}_s \dot{\underline{\boldsymbol{i}}}_{sB} + \boldsymbol{R}_s \underline{\boldsymbol{i}}_{sB} = \underline{\boldsymbol{u}}_{sB} - \underline{\boldsymbol{u}}_{sA} \tag{8.33b}$$

Die beiden Gleichungen werden zusammengefasst zu:

$$\begin{bmatrix} \boldsymbol{L}_s & \\ & \boldsymbol{L}_s \end{bmatrix} \begin{bmatrix} \dot{\underline{\boldsymbol{i}}}_{sA} \\ \dot{\underline{\boldsymbol{i}}}_{sB} \end{bmatrix} + \begin{bmatrix} \boldsymbol{R}_s & \\ & \boldsymbol{R}_s \end{bmatrix} \begin{bmatrix} \underline{\boldsymbol{i}}_{sA} \\ \underline{\boldsymbol{i}}_{sB} \end{bmatrix} = \begin{bmatrix} \boldsymbol{E} & -\boldsymbol{E} \\ -\boldsymbol{E} & \boldsymbol{E} \end{bmatrix} \begin{bmatrix} \underline{\boldsymbol{u}}_{sA} \\ \underline{\boldsymbol{u}}_{sB} \end{bmatrix} \tag{8.34}$$

und nach den Ableitungen aufgelöst:

$$\begin{aligned} \begin{bmatrix} \dot{\underline{\boldsymbol{i}}}_{sA} \\ \dot{\underline{\boldsymbol{i}}}_{sB} \end{bmatrix} = &-\begin{bmatrix} \boldsymbol{L}_s & \\ & \boldsymbol{L}_s \end{bmatrix}^{-1} \begin{bmatrix} \boldsymbol{R}_s & \\ & \boldsymbol{R}_s \end{bmatrix} \begin{bmatrix} \underline{\boldsymbol{i}}_{sA} \\ \underline{\boldsymbol{i}}_{sB} \end{bmatrix} \\ &+ \begin{bmatrix} \boldsymbol{L}_s & \\ & \boldsymbol{L}_s \end{bmatrix}^{-1} \begin{bmatrix} \boldsymbol{E} & -\boldsymbol{E} \\ -\boldsymbol{E} & \boldsymbol{E} \end{bmatrix} \begin{bmatrix} \underline{\boldsymbol{u}}_{sA} \\ \underline{\boldsymbol{u}}_{sB} \end{bmatrix} \end{aligned} \tag{8.35}$$

Nach der Einführung von Leitwerten und Quellenströmen

$$\begin{bmatrix} \boldsymbol{G}_s & \boldsymbol{0} \\ \boldsymbol{0} & \boldsymbol{G}_s \end{bmatrix} = \frac{1}{\omega_0} \begin{bmatrix} \boldsymbol{L}_s & \\ & \boldsymbol{L}_s \end{bmatrix}^{-1} \tag{8.36}$$

$$\begin{bmatrix} \underline{\boldsymbol{i}}_{sqA} \\ \underline{\boldsymbol{i}}_{sqB} \end{bmatrix} = -\begin{bmatrix} \boldsymbol{G}_s & \boldsymbol{0} \\ \boldsymbol{0} & \boldsymbol{G}_s \end{bmatrix} \begin{bmatrix} \boldsymbol{R}_s & \\ & \boldsymbol{R}_s \end{bmatrix} \begin{bmatrix} \underline{\boldsymbol{i}}_{sA} \\ \underline{\boldsymbol{i}}_{sB} \end{bmatrix} \tag{8.37}$$

nehmen die folgende Zustandsgleichung, Gl. 8.38, und Stromgleichung, Gl. 8.39, die für die L-Betriebsmittel vom Typ AB charakteristische Form der Gln. 8.23 und 8.24 an:

$$\begin{bmatrix} \dot{\underline{\boldsymbol{i}}}_{sA} \\ \dot{\underline{\boldsymbol{i}}}_{sB} \end{bmatrix} = \omega_0 \begin{bmatrix} \boldsymbol{G}_s & -\boldsymbol{G}_s \\ -\boldsymbol{G}_s & \boldsymbol{G}_s \end{bmatrix} \begin{bmatrix} \underline{\boldsymbol{u}}_{sA} \\ \underline{\boldsymbol{u}}_{sB} \end{bmatrix} + \omega_0 \begin{bmatrix} \underline{\boldsymbol{i}}_{sqA} \\ \underline{\boldsymbol{i}}_{sqB} \end{bmatrix} \tag{8.38}$$

$$\begin{bmatrix} \underline{\boldsymbol{i}}'_{sA} \\ \underline{\boldsymbol{i}}'_{sB} \end{bmatrix} = \begin{bmatrix} \boldsymbol{G}_s & -\boldsymbol{G}_s \\ -\boldsymbol{G}_s & \boldsymbol{G}_s \end{bmatrix} \begin{bmatrix} \underline{\boldsymbol{u}}_{sA} \\ \underline{\boldsymbol{u}}_{sB} \end{bmatrix} + \begin{bmatrix} \underline{\boldsymbol{i}}_{sqA} \\ \underline{\boldsymbol{i}}_{sqB} \end{bmatrix} \tag{8.39}$$

mit

$$\boldsymbol{G}_\mathrm{s} = \begin{bmatrix} X_1 & & \\ & X_2 & \\ & & X_0 \end{bmatrix}^{-1}; \quad \boldsymbol{R}_\mathrm{s} = \begin{bmatrix} R_1 & & \\ & R_2 & \\ & & R_0 \end{bmatrix} \tag{8.40}$$

$$X_1 = X_2 = X_\mathrm{s} - X_\mathrm{g}; \quad X_0 = X_\mathrm{s} + 2X_\mathrm{g}$$

$$R_1 = R_2 = R_\mathrm{L}; \quad R_0 = R_\mathrm{L} + 3R_\mathrm{E}$$

wobei X_s und X_g die Selbst- und Gegenreaktanzen der Leiter-Erde-Schleifen und R_L und R_E der Leiter- und Erdbodenwiderstand sind (s. auch Abschn. 2.1). Innere Quellenspannungen kommen nicht vor.

8.2.3 Leitungsmodell als T-Glied

Die Raumzeiger- und Nullgrößenersatzschaltungen in Form eines T-Gliedes sind in Abb. 8.4 dargestellt. Die Spannungen über den Kapazitäten sind innere Zustandsgrößen. Für sie gilt der Gl. 8.30 entsprechend:

$$\begin{bmatrix} C_1 & & \\ & C_2 & \\ & & C_0 \end{bmatrix} \begin{bmatrix} \dot{\underline{u}}_\mathrm{sC} \\ \dot{\underline{u}}^*_\mathrm{sC} \\ \dot{u}_\mathrm{hC} \end{bmatrix} + \begin{bmatrix} G_\mathrm{C1} & & \\ & G_\mathrm{C2} & \\ & & G_\mathrm{C0} \end{bmatrix} \begin{bmatrix} \underline{u}_\mathrm{sC} \\ \underline{u}^*_\mathrm{sC} \\ u_\mathrm{hC} \end{bmatrix} = \begin{bmatrix} \underline{i}_\mathrm{sA} \\ \underline{i}^*_\mathrm{sA} \\ i_\mathrm{hA} \end{bmatrix} + \begin{bmatrix} \underline{i}_\mathrm{sB} \\ \underline{i}^*_\mathrm{sB} \\ i_\mathrm{hB} \end{bmatrix} \tag{8.41a}$$

$$\boldsymbol{C}_\mathrm{s}\dot{\underline{\boldsymbol{u}}}_\mathrm{sC} + \boldsymbol{G}_\mathrm{sC}\underline{\boldsymbol{u}}_\mathrm{sC} = \underline{\boldsymbol{i}}_\mathrm{sA} + \underline{\boldsymbol{i}}_\mathrm{sB} \tag{8.41b}$$

Die inneren Zustandsgrößen gehen in den Quellenstromvektor wie folgt ein:

$$\begin{bmatrix} \underline{\boldsymbol{i}}_\mathrm{sqA} \\ \underline{\boldsymbol{i}}_\mathrm{sqB} \end{bmatrix} = -\begin{bmatrix} \Delta\boldsymbol{G}_\mathrm{s} & \boldsymbol{0} \\ \boldsymbol{0} & \Delta\boldsymbol{G}_\mathrm{s} \end{bmatrix} \left\{ \begin{bmatrix} \Delta\boldsymbol{R}_\mathrm{s} & \\ & \Delta\boldsymbol{R}_\mathrm{s} \end{bmatrix} \begin{bmatrix} \underline{\boldsymbol{i}}_\mathrm{sA} \\ \underline{\boldsymbol{i}}_\mathrm{sB} \end{bmatrix} + \begin{bmatrix} \underline{\boldsymbol{u}}_\mathrm{sC} \\ \underline{\boldsymbol{u}}_\mathrm{sC} \end{bmatrix} \right\} \tag{8.42}$$

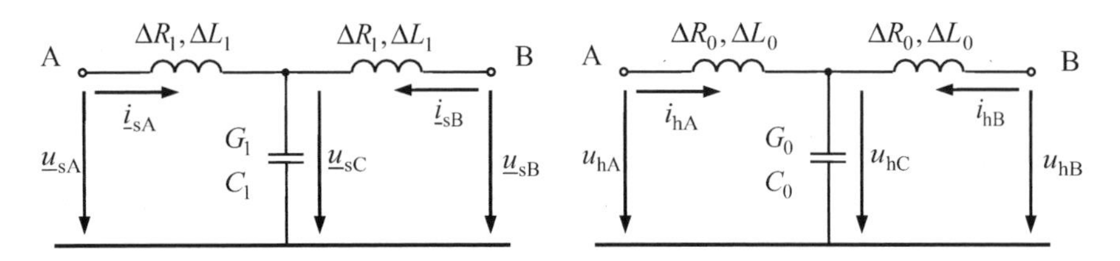

Abb. 8.4 Raumzeiger- und Nullgrößenersatzschaltbild der Leitung als T-Glied

Die Stromgleichung lautet:

$$\begin{bmatrix} \underline{\boldsymbol{i}}'_{\mathrm{sA}} \\ \underline{\boldsymbol{i}}'_{\mathrm{sB}} \end{bmatrix} = \begin{bmatrix} \Delta\boldsymbol{G}_{\mathrm{s}} & \mathbf{0} \\ \mathbf{0} & \Delta\boldsymbol{G}_{\mathrm{s}} \end{bmatrix} \begin{bmatrix} \underline{\boldsymbol{u}}_{\mathrm{sA}} \\ \underline{\boldsymbol{u}}_{\mathrm{sB}} \end{bmatrix} + \begin{bmatrix} \underline{\boldsymbol{i}}_{\mathrm{sqA}} \\ \underline{\boldsymbol{i}}_{\mathrm{sqB}} \end{bmatrix} \tag{8.43}$$

$$\Delta\boldsymbol{G}_{\mathrm{s}} = 2\begin{bmatrix} X_1 & & \\ & X_1 & \\ & & X_0 \end{bmatrix}^{-1} \; ; \quad \Delta\boldsymbol{R}_{\mathrm{s}} = \frac{1}{2}\begin{bmatrix} R_1 & & \\ & R_1 & \\ & & R_0 \end{bmatrix} \tag{8.44}$$

Die Zustandsgleichungen für die Klemmenströme sind um die explizite Form der Gl. 8.41 zu erweitern.

$$\begin{bmatrix} \dot{\underline{\boldsymbol{i}}}_{\mathrm{sA}} \\ \dot{\underline{\boldsymbol{i}}}_{\mathrm{sB}} \end{bmatrix} = \omega_0 \begin{bmatrix} \Delta\boldsymbol{G}_{\mathrm{s}} & \mathbf{0} \\ \mathbf{0} & \Delta\boldsymbol{G}_{\mathrm{s}} \end{bmatrix} \begin{bmatrix} \underline{\boldsymbol{u}}_{\mathrm{sA}} \\ \underline{\boldsymbol{u}}_{\mathrm{sB}} \end{bmatrix} + \omega_0 \begin{bmatrix} \underline{\boldsymbol{i}}_{\mathrm{sqA}} \\ \underline{\boldsymbol{i}}_{\mathrm{sqB}} \end{bmatrix} \tag{8.45}$$

$$\dot{\underline{\boldsymbol{u}}}_{\mathrm{sC}} = -\boldsymbol{C}_{\mathrm{s}}^{-1}\boldsymbol{G}_{\mathrm{sC}}\underline{\boldsymbol{u}}_{\mathrm{sC}} + \boldsymbol{C}_{\mathrm{s}}^{-1}\left(\underline{\boldsymbol{i}}_{\mathrm{sA}} + \underline{\boldsymbol{i}}_{\mathrm{sB}}\right) \tag{8.46}$$

8.2.4 Leitungsmodell als T-Kettenschaltung

Bei der Kettenschaltung aus mehreren T-Gliedern mit m kapazitiven und $m+1$ induktiven Abschnitten (Abb. 8.5) gehen die erste und m-te Kapazitätsspannung in die Quellenströme ein:

$$\begin{bmatrix} \underline{\boldsymbol{i}}_{\mathrm{sqA}} \\ \underline{\boldsymbol{i}}_{\mathrm{sqB}} \end{bmatrix} = -\begin{bmatrix} \Delta\boldsymbol{G}_{\mathrm{s}} & \mathbf{0} \\ \mathbf{0} & \Delta\boldsymbol{G}_{\mathrm{s}} \end{bmatrix} \left\{ \begin{bmatrix} \Delta\boldsymbol{R}_{\mathrm{s}} & \\ & \Delta\boldsymbol{R}_{\mathrm{s}} \end{bmatrix} \begin{bmatrix} \underline{\boldsymbol{i}}_{\mathrm{sA}} \\ \underline{\boldsymbol{i}}_{\mathrm{sB}} \end{bmatrix} + \begin{bmatrix} \underline{\boldsymbol{u}}_{\mathrm{sC1}} \\ \underline{\boldsymbol{u}}_{\mathrm{sCm}} \end{bmatrix} \right\} \tag{8.47}$$

Das Zustandsdifferentialgleichungssystem für die inneren Zustandsgrößen hat folgende implizite Form, die sich ohne Weiteres in die explizite Form auflösen lässt. Auf die Angabe

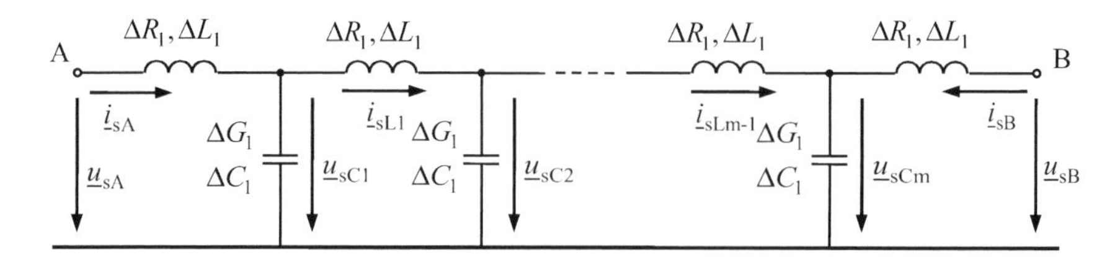

Abb. 8.5 Raumzeigerersatzschaltbild der Leitung als T-Kettenschaltung (Nullsystem analog)

der expliziten Form wird hier aber aus Platzgründen verzichtet.

$$\left[\begin{array}{cccc|cccc} \Delta\boldsymbol{C}_\mathrm{s} & & & & & & & \\ & \Delta\boldsymbol{C}_\mathrm{s} & & & & & & \\ & & \ddots & & & & & \\ & & & \Delta\boldsymbol{C}_\mathrm{s} & & & & \\ \hline & & & & \Delta\boldsymbol{L}_\mathrm{s} & & & \\ & & & & & \Delta\boldsymbol{L}_\mathrm{s} & & \\ & & & & & & \ddots & \\ & & & & & & & \Delta\boldsymbol{L}_\mathrm{s} \end{array}\right] \left[\begin{array}{c} \dot{\underline{\boldsymbol{u}}}_\mathrm{sC1} \\ \dot{\underline{\boldsymbol{u}}}_\mathrm{sC2} \\ \vdots \\ \dot{\underline{\boldsymbol{u}}}_\mathrm{sCm} \\ \hline \dot{\underline{\boldsymbol{i}}}_\mathrm{sL1} \\ \dot{\underline{\boldsymbol{i}}}_\mathrm{sL2} \\ \vdots \\ \dot{\underline{\boldsymbol{i}}}_\mathrm{sLm-1} \end{array}\right]$$

$$+\left[\begin{array}{cccc|cccc} \Delta\boldsymbol{G}_\mathrm{s} & & & & \boldsymbol{E} & \boldsymbol{0} & \dots & \boldsymbol{0} \\ & \Delta\boldsymbol{G}_\mathrm{s} & & & -\boldsymbol{E} & \boldsymbol{E} & \dots & \boldsymbol{0} \\ & & \ddots & & \vdots & \vdots & \ddots & \vdots \\ & & & \Delta\boldsymbol{G}_\mathrm{s} & \boldsymbol{0} & \boldsymbol{0} & \dots & -\boldsymbol{E} \\ \hline -\boldsymbol{E} & \boldsymbol{E} & \cdots & \boldsymbol{0} & \Delta\boldsymbol{R}_\mathrm{s} & & & \\ \boldsymbol{0} & -\boldsymbol{E} & \cdots & \boldsymbol{0} & & \Delta\boldsymbol{R}_\mathrm{s} & & \\ \vdots & \vdots & \ddots & \vdots & & & \ddots & \\ \boldsymbol{0} & \boldsymbol{0} & \cdots & \boldsymbol{E} & & & & \Delta\boldsymbol{R}_\mathrm{s} \end{array}\right] \left[\begin{array}{c} \underline{\boldsymbol{u}}_\mathrm{sC1} \\ \underline{\boldsymbol{u}}_\mathrm{sC2} \\ \vdots \\ \underline{\boldsymbol{u}}_\mathrm{sCm} \\ \hline \underline{\boldsymbol{i}}_\mathrm{sL1} \\ \underline{\boldsymbol{i}}_\mathrm{sL2} \\ \vdots \\ \underline{\boldsymbol{i}}_\mathrm{sLm-1} \end{array}\right] = \left[\begin{array}{c} \underline{\boldsymbol{i}}_\mathrm{sA} \\ \boldsymbol{0} \\ \vdots \\ \underline{\boldsymbol{i}}_\mathrm{sB} \\ \hline \boldsymbol{0} \\ \boldsymbol{0} \\ \vdots \\ \boldsymbol{0} \end{array}\right] \tag{8.48}$$

Die Stromgleichung behält ihre Form bei:

$$\begin{bmatrix} \dot{\underline{\boldsymbol{i}}}_\mathrm{sA} \\ \dot{\underline{\boldsymbol{i}}}_\mathrm{sB} \end{bmatrix} = \omega_0 \begin{bmatrix} \Delta\boldsymbol{G}_\mathrm{s} & \boldsymbol{0} \\ \boldsymbol{0} & \Delta\boldsymbol{G}_\mathrm{s} \end{bmatrix} \begin{bmatrix} \underline{\boldsymbol{u}}_\mathrm{sA} \\ \underline{\boldsymbol{u}}_\mathrm{sB} \end{bmatrix} + \omega_0 \begin{bmatrix} \underline{\boldsymbol{i}}_\mathrm{sqA} \\ \underline{\boldsymbol{i}}_\mathrm{sqB} \end{bmatrix} \tag{8.49}$$

Für die Matrizen der $m+1$ induktiven und m kapazitiven Leitungsabschnitte gilt:

$$\Delta\boldsymbol{G}_\mathrm{s} = (m+1)\,\boldsymbol{G}_\mathrm{s}; \quad \Delta\boldsymbol{L}_\mathrm{s} = \frac{1}{m+1}\boldsymbol{L}_\mathrm{s}; \quad \Delta\boldsymbol{R}_\mathrm{s} = \frac{1}{m+1}\boldsymbol{R}_\mathrm{s}; \quad \Delta\boldsymbol{C}_\mathrm{s} = \frac{1}{m}\boldsymbol{C}_\mathrm{s};$$
$$\Delta\boldsymbol{G}_\mathrm{sC} = \frac{1}{m}\boldsymbol{G}_\mathrm{sC}$$

Für $m = 1$ gehen die Gleichungen in die des einfachen T-Gliedes über.

8.2.5 Leitungsmodell als Π-Glied

Für die Klemmengrößen der Π-Ersatzschaltungen in Abb. 8.6 ergibt sich folgendes Gleichungssystem mit den induktiven Strömen in der Funktion als Quellengrößen:

$$\begin{bmatrix} \underline{i}_{sA} \\ \underline{i}_{sB} \end{bmatrix} = \begin{bmatrix} \Delta \boldsymbol{G}_{sC} & \\ & \Delta \boldsymbol{G}_{sC} \end{bmatrix} \begin{bmatrix} \underline{\boldsymbol{u}}_{sA} \\ \underline{\boldsymbol{u}}_{sB} \end{bmatrix} + \begin{bmatrix} \Delta \boldsymbol{C}_{s} & \\ & \Delta \boldsymbol{C}_{s} \end{bmatrix} \begin{bmatrix} \dot{\underline{\boldsymbol{u}}}_{sA} \\ \dot{\underline{\boldsymbol{u}}}_{sB} \end{bmatrix} + \begin{bmatrix} \underline{i}_{sL} \\ -\underline{i}_{sL} \end{bmatrix} \tag{8.50}$$

$$\dot{\underline{i}}_{sL} = -\boldsymbol{L}_{s}^{-1} \boldsymbol{R}_{s} \underline{i}_{sL} + \boldsymbol{L}_{s}^{-1} \left(\underline{\boldsymbol{u}}_{sA} - \underline{\boldsymbol{u}}_{sB} \right) \tag{8.51}$$

8.2.6 Leitungsmodell als Π-Kettenschaltung

Bei der Π-Kettenschaltung mit m Induktivitäten und $m + 1$ Kapazitäten nach Abb. 8.7 gehen die Ströme durch die erste und m-te Induktivität als Quellenströme in die Klemmengleichung ein:

$$\begin{bmatrix} \underline{i}_{sA} \\ \underline{i}_{sB} \end{bmatrix} = \begin{bmatrix} \boldsymbol{G}_{s} & \\ & \boldsymbol{G}_{s} \end{bmatrix} \begin{bmatrix} \underline{\boldsymbol{u}}_{sA} \\ \underline{\boldsymbol{u}}_{sB} \end{bmatrix} + \begin{bmatrix} \boldsymbol{C}_{s} & \\ & \boldsymbol{C}_{s} \end{bmatrix} \begin{bmatrix} \dot{\underline{\boldsymbol{u}}}_{sA} \\ \dot{\underline{\boldsymbol{u}}}_{sB} \end{bmatrix} + \begin{bmatrix} \underline{i}_{sL1} \\ -\underline{i}_{sLm} \end{bmatrix} \tag{8.52}$$

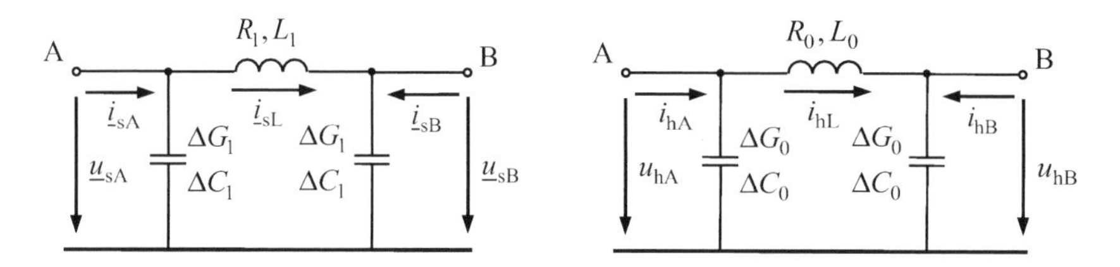

Abb. 8.6 Raumzeiger- und Nullgrößenersatzschaltbild der Leitung als Π-Glied

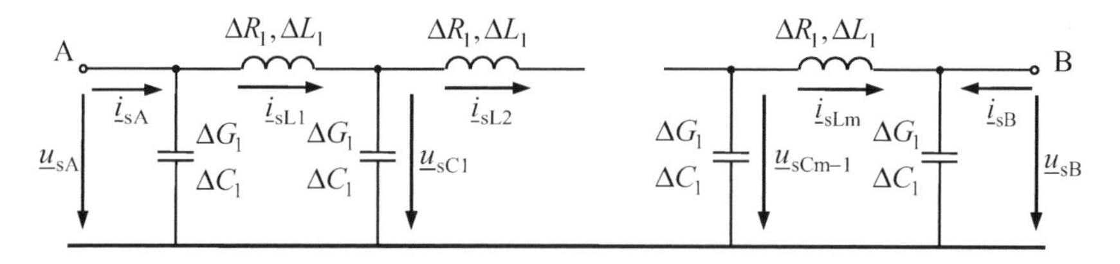

Abb. 8.7 Raumzeigerersatzschaltbild der Leitung als Π-Kettenleiter (Nullsystem analog)

Die Klemmenspannungen sind Eingangsgrößen für die Differentialgleichung der inneren Ströme und Spannungen:

$$
\left[\begin{array}{cccc|cccc}
\Delta\boldsymbol{L}_\mathrm{s} & & & & & & & \\
 & \Delta\boldsymbol{L}_\mathrm{s} & & & & & & \\
 & & \ddots & & & & & \\
 & & & \Delta\boldsymbol{L}_\mathrm{s} & & & & \\
\hline
 & & & & \Delta\boldsymbol{C}_\mathrm{s} & & & \\
 & & & & & \Delta\boldsymbol{C}_\mathrm{s} & & \\
 & & & & & & \ddots & \\
 & & & & & & & \Delta\boldsymbol{C}_\mathrm{s}
\end{array}\right]
\left[\begin{array}{c}
\dot{\underline{i}}_\mathrm{sL1} \\ \dot{\underline{i}}_\mathrm{sL2} \\ \vdots \\ \dot{\underline{i}}_\mathrm{sLm} \\ \hline \dot{\underline{u}}_\mathrm{sC1} \\ \dot{\underline{u}}_\mathrm{sC2} \\ \vdots \\ \dot{\underline{u}}_\mathrm{sCm-1}
\end{array}\right]
+
\left[\begin{array}{cccc|cccc}
\Delta\boldsymbol{R}_\mathrm{s} & & & & \boldsymbol{E} & \boldsymbol{0} & \cdots & \boldsymbol{0} \\
 & \Delta\boldsymbol{R}_\mathrm{s} & & & -\boldsymbol{E} & \boldsymbol{E} & \cdots & \boldsymbol{0} \\
 & & \ddots & & \vdots & \vdots & \ddots & \vdots \\
 & & & \Delta\boldsymbol{R}_\mathrm{s} & \boldsymbol{0} & \boldsymbol{0} & \cdots & -\boldsymbol{E} \\
\hline
-\boldsymbol{E} & \boldsymbol{E} & \cdots & \boldsymbol{0} & \Delta\boldsymbol{G}_\mathrm{sC} & & & \\
\boldsymbol{0} & -\boldsymbol{E} & \cdots & \boldsymbol{0} & & \Delta\boldsymbol{G}_\mathrm{sC} & & \\
\vdots & \vdots & \ddots & \vdots & & & \ddots & \\
\boldsymbol{0} & \boldsymbol{0} & \cdots & \boldsymbol{E} & & & & \Delta\boldsymbol{G}_\mathrm{sC}
\end{array}\right]
\left[\begin{array}{c}
\underline{i}_\mathrm{sL1} \\ \underline{i}_\mathrm{sL2} \\ \vdots \\ \underline{i}_\mathrm{sLm} \\ \hline \underline{u}_\mathrm{sC1} \\ \underline{u}_\mathrm{sC2} \\ \vdots \\ \underline{u}_\mathrm{sCm-1}
\end{array}\right]
=
\left[\begin{array}{c}
\underline{u}_\mathrm{sA} \\ \mathbf{0} \\ \vdots \\ -\underline{u}_\mathrm{sB} \\ \hline \mathbf{0} \\ \mathbf{0} \\ \vdots \\ \mathbf{0}
\end{array}\right]
\tag{8.53}
$$

mit den Untermatrizen:

$$
\Delta\boldsymbol{G}_\mathrm{s} = (m+1)\,\boldsymbol{G}_\mathrm{s}; \quad \Delta\boldsymbol{L}_\mathrm{s} = \frac{1}{m+1}\boldsymbol{L}_\mathrm{s}; \quad \Delta\boldsymbol{R}_\mathrm{s} = \frac{1}{m+1}\boldsymbol{R}_\mathrm{s}; \quad \Delta\boldsymbol{C}_\mathrm{s} = \frac{1}{m}\boldsymbol{C}_\mathrm{s};
$$

$$
\Delta\boldsymbol{G}_\mathrm{sC} = \frac{1}{m}\boldsymbol{G}_\mathrm{sC}
$$

8.2.7 Anfangswerte für die Zustandsgrößen

Unter der vorausgesetzten Symmetrie sind die Anfangswerte der Nullsystemgrößen Null. Die Anfangswerte für die Raumzeiger der Klemmengrößen können aus einer Leistungsflussberechnung übernommen werden, indem man die dort erhaltenen Zeiger mit Wurzel 2 multipliziert (siehe Abschn. 1.4).

Für die Bestimmung der Anfangswerte für die Raumzeiger der inneren Zustandsvariablen bei den verschiedenen Leitungsmodellen ist folgendes zu beachten. Die Leistungsflussberechnung wird gewöhnlich mit einfachen Π-Ersatzschaltungen für die Leitungen durchgeführt. Wird die anschließende Berechnung im transienten Modell ebenfalls mit der einfachen Π-Ersatzschaltungen für die Leitungen durchgeführt, so kann der Anfangswert für den Strom durch das Längsglied einfach aus der Differenz der Klemmenspannungen

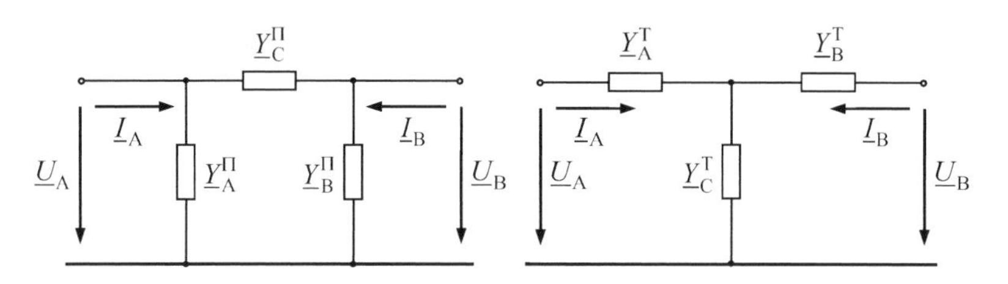

Abb. 8.8 Zur Anpassung der Parameter von Π- und T-Ersatzschaltung

und der Admittanz des Längsgliedes berechnet werden. Sollen die Leitungen im transienten Modell jedoch durch einfache T-Ersatzschaltungen nachgebildet werden, so muss ein Anpassungsschritt der Parameter an die der Π-Ersatzschaltung erfolgen, weil es sonst zur Anregung von unmotivierten Ausgleichsvorgängen kommt. Bei der Leitungsnachbildung mit Kettenschaltungen aus mehreren Π- oder T-Gliedern können die Anfangswerte der Raumzeiger für die inneren Zustandsgrößen über die Zustandsdifferentialgleichungen für den eingeschwungenen Zustand ausgehend von den Klemmengrößen ohne Anpassungsschritt berechnet werden.

Die Anpassung der Parameter der T-Ersatzschaltung an die der Π-Ersatzschaltung erfolgt durch den Vergleich der Elemente beider Admittanzmatrizen.

Man erhält für die symmetrischen Vierpole in Abb. 8.8 mit $\underline{Y}_B^\Pi = \underline{Y}_A^\Pi$ und $\underline{Y}_B^T = \underline{Y}_A^T$:

$$\underline{\boldsymbol{Y}}_\Pi = \begin{bmatrix} \underline{Y}_A^\Pi + \underline{Y}_C^\Pi & -\underline{Y}_A^\Pi \\ -\underline{Y}_A^\Pi & \underline{Y}_A^\Pi + \underline{Y}_C^\Pi \end{bmatrix} \tag{8.54}$$

und

$$\underline{\boldsymbol{Y}}_T = \frac{\underline{Y}_A^T}{2\underline{Y}_A^T + \underline{Y}_C^T} \begin{bmatrix} \underline{Y}_A^T + \underline{Y}_C^T & -\underline{Y}_A^T \\ -\underline{Y}_A^T & \underline{Y}_A^T + \underline{Y}_C^T \end{bmatrix} \tag{8.55}$$

Aus dem Vergleich der Elemente folgt:

$$\underline{Y}_A^T = \underline{Y}_A^\Pi + 2\underline{Y}_C^\Pi \tag{8.56}$$

$$\underline{Y}_C^T = \underline{Y}_A^\Pi \left(\frac{\underline{Y}_A^\Pi}{\underline{Y}_C^\Pi} + 2 \right) \tag{8.57}$$

Beispiel 8.1

Für die Π-Ersatzschaltung mit $\underline{Y}_C^\Pi = 1/(0{,}3+\mathrm{j}0{,}4\,\Omega) = (1{,}2-\mathrm{j}1{,}6)$ S und $\underline{Y}_A^\Pi = \mathrm{j}0{,}1\cdot 10^{-3}$ S ergeben sich als äquivalente T-Ersatzschaltungsparameter nach den Gln. 8.56 und 8.57

$$\underline{Y}_A^T = (2{,}4000 - \mathrm{j}3{,}1999)\ \mathrm{S} \quad \text{und} \quad \underline{Y}_C^T = \left(-3\cdot 10^{-9} + \mathrm{j}0{,}199996\cdot 10^{-3}\right)\ \mathrm{S}$$

Diese Werte liegen noch dicht bei den Näherungsausdrücken:

$$\underline{Y}_{\mathrm{A}}^{\mathrm{T}} = 2 \cdot \underline{Y}_{\mathrm{C}}^{\Pi} = (2{,}4 - \mathrm{j}3{,}2)\ \mathrm{S} \quad \text{und} \quad \underline{Y}_{\mathrm{C}}^{\mathrm{T}} = 2 \cdot \underline{Y}_{\mathrm{A}}^{\Pi} = \mathrm{j}0{,}2 \cdot 10^{-3}\ \mathrm{S}$$

Vergrößert man jedoch $\underline{Y}_{\mathrm{A}}^{\Pi}$ z. B. um drei Zehnerpotenzen auf $\underline{Y}_{\mathrm{A}}^{\Pi} = \mathrm{j}1 \cdot 10^{-1}\ \mathrm{S}$ (unabhängig, ob diese Parameterkonstellation noch der Realität entspricht), so ergibt sich schon eine deutliche Abweichung von den Näherungsbeziehungen:

$$\underline{Y}_{\mathrm{A}}^{\mathrm{T}} = (2{,}4 - \mathrm{j}3{,}19)\ \mathrm{S} \quad \text{und} \quad \underline{Y}_{\mathrm{C}}^{\mathrm{T}} = (-0{,}00003 + \mathrm{j}0{,}01996)\ \mathrm{S}$$

Der negative Realteil bei $\underline{Y}_{\mathrm{C}}^{\mathrm{T}}$ muss u. U. vernachlässigt werden, damit es nicht zur Schwingungsanfachung kommt. Er wird kleiner oder geht in einen positiven Wert über, wenn in der Π-Ersatzschaltung Leitwerte für die Ableitungen berücksichtigt sind, wie dies folgende Rechnung mit

$$\underline{Y}_{\mathrm{C}}^{\Pi} = 1/(0{,}3 + \mathrm{j}0{,}4\ \Omega) = (1{,}2 - \mathrm{j}1{,}6)\ \mathrm{S} \quad \text{und} \quad \underline{Y}_{\mathrm{A}}^{\Pi} = \left(0{,}1 \cdot 10^{-6} + \mathrm{j}0{,}1 \cdot 10^{-3}\right)\ \mathrm{S}$$

zeigt:

$$\underline{Y}_{\mathrm{A}}^{\mathrm{T}} = (2{,}4000 - \mathrm{j}3{,}1999)\ \mathrm{S} \quad \text{und} \quad \underline{Y}_{\mathrm{C}}^{\mathrm{T}} = \left(1{,}96992 \cdot 10^{-7} + \mathrm{j}0{,}199996 \cdot 10^{-3}\right)\ \mathrm{S}$$

8.3 Transformatoren

Ausgangspunkt der folgenden systematischen Herleitung der Raumzeigergleichungen für alle Schaltgruppen (außer denen mit Zickzackschaltung, die einer gesonderten Behandlung bedürfen) sind die Differentialgleichungen der Momentanwerte für die Wicklungsströme wie sie allen Schaltgruppen gemeinsam zugrunde liegen. Das weitere Vorgehen ist analog zum Abschn. 2.2. Zunächst werden die Differentialgleichungen des Einphasentransformators formuliert und zum Gleichungssystem für die Drehstrom-Zweiwicklungstransformatoren erweitert. Auf dieses wird dann die Raumzeigertransformation angewendet. Die für die Schaltgruppen maßgebenden Strom-Spannungsbeziehungen werden ebenfalls ausgehend von den Momentanwerten aufgestellt und in Raumzeigerkomponenten transformiert.

Aus den Gleichungssystemen für die Wicklungsgrößen und den Schaltverbindungen zu den Klemmen werden dann schließlich die Zustandsdifferentialgleichung und die modifizierte Stromgleichung für das Erweiterte Knotenpunktverfahren in allgemeingültiger Form angegeben.

8.3.1 Zustandsgleichungen des Einphasentransformators

Aus der Ersatzschaltung in Abb. 8.9 liest man für die beiden Maschen über die Hauptfeldinduktivität folgende Zustandsdifferentialgleichungen mit dem Primärstrom und dem

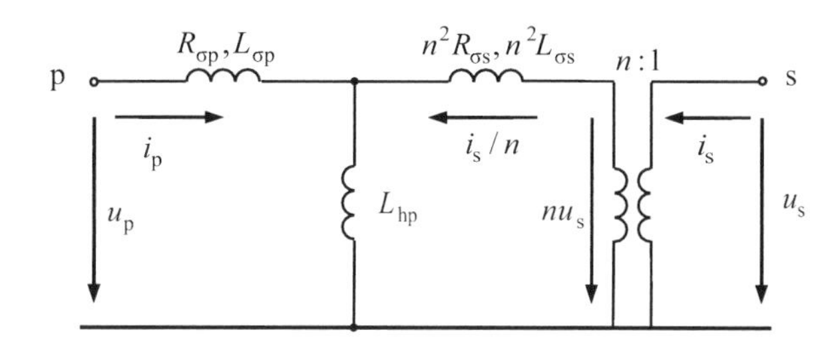

Abb. 8.9 T-Ersatzschaltungen des Einphasentransformators mit auf die Primärseite umgerechneten Sekundärgrößen

auf die Primärseite umgerechneten Sekundärstrom als Zustandsgrößen ab. Der Eisenverlustwiderstand wird vernachlässigt. Anderenfalls würde der Magnetisierungsstrom als dritte Zustandsgröße hinzukommen.

$$\begin{bmatrix} L_p & L_{hp} \\ L_{hp} & n^2 L_s \end{bmatrix} \begin{bmatrix} \dot{i}_p \\ \dot{i}_s/n \end{bmatrix} + \begin{bmatrix} R_p & 0 \\ 0 & n^2 R_s \end{bmatrix} \begin{bmatrix} i_p \\ i_s/n \end{bmatrix} = \begin{bmatrix} u_p \\ n u_s \end{bmatrix} \tag{8.58}$$

Es bedeuten (s. auch Abschn. 2.2.1):

$$n = \frac{w_p}{w_s} \tag{8.59}$$

$$L_p = L_{hp} + L_{\sigma p} \tag{8.60}$$

$$L_s = L_{hs} + L_{\sigma s} \tag{8.61}$$

Die Klemmengrößen sind beim Einphasentransformator mit den Wicklungsgrößen identisch.

8.3.2 Zustandsgleichungen für die Wicklungsgrößen der Drehstromtransformatoren

Die Gl. 8.58 des Einphasentransformators gilt auch für jeden Transformator einer Drehstrombank und jeden Schenkel der Zweiwicklungs-Drehstromtransformatoren, wenn man bei diesen die geringe magnetische Unsymmetrie des Drei- oder Fünfschenkelkerns vernachlässigt.

Durch Zusammenfassung der drei Gleichungen für den Einphasentransformator entsteht das folgende implizites Zustandsdifferential-Gleichungssystem für die Zweiwicklungs-Drehstromtransformatoren mit den Wicklungsströmen der Primärseite und den umgerechneten Sekundärströmen als Zustandsgrößen. Es gilt für alle Schaltgruppen ohne

Zickzackschaltung:

$$\left[\begin{array}{ccc|ccc} L_{\mathrm{p}} & & & L_{\mathrm{hp}} & & \\ & L_{\mathrm{p}} & & & L_{\mathrm{hp}} & \\ & & L_{\mathrm{p}} & & & L_{\mathrm{hp}} \\ \hline L_{\mathrm{hp}} & & & n^2 L_{\mathrm{s}} & & \\ & L_{\mathrm{hp}} & & & n^2 L_{\mathrm{s}} & \\ & & L_{\mathrm{hp}} & & & n^2 L_{\mathrm{s}} \end{array}\right] \left[\begin{array}{c} \dot{i}_{\mathrm{p1}} \\ \dot{i}_{\mathrm{p2}} \\ \dot{i}_{\mathrm{p3}} \\ \hline \dot{i}_{\mathrm{s1}}/n \\ \dot{i}_{\mathrm{s2}}/n \\ \dot{i}_{\mathrm{s3}}/n \end{array}\right] + \left[\begin{array}{ccc|ccc} R_{\mathrm{p}} & & & 0 & & \\ & R_{\mathrm{p}} & & & 0 & \\ & & R_{\mathrm{p}} & & & 0 \\ \hline 0 & & & n^2 R_{\mathrm{s}} & & \\ & 0 & & & n^2 R_{\mathrm{s}} & \\ & & 0 & & & n^2 R_{\mathrm{s}} \end{array}\right] \left[\begin{array}{c} i_{\mathrm{p1}} \\ i_{\mathrm{p2}} \\ i_{\mathrm{p3}} \\ \hline i_{\mathrm{s1}}/n \\ i_{\mathrm{s2}}/n \\ i_{\mathrm{s3}}/n \end{array}\right] = \left[\begin{array}{c} u_{\mathrm{p1}} \\ u_{\mathrm{p2}} \\ u_{\mathrm{p3}} \\ \hline n u_{\mathrm{s1}} \\ n u_{\mathrm{s2}} \\ n u_{\mathrm{s3}} \end{array}\right] \tag{8.62}$$

Die Transformation der Gl. 8.62 in Raumzeigerkomponenten ergibt:

$$\left[\begin{array}{ccc|ccc} L_{1\mathrm{p}} & & & L_{1\mathrm{hp}} & & \\ & L_{2\mathrm{p}} & & & L_{2\mathrm{hp}} & \\ & & L_{0\mathrm{p}} & & & L_{0\mathrm{hp}} \\ \hline L_{1\mathrm{hp}} & & & n^2 L_{\mathrm{s}} & & \\ & L_{2\mathrm{hp}} & & & n^2 L_{\mathrm{s}} & \\ & & L_{0\mathrm{hp}} & & & n^2 L_{\mathrm{s}} \end{array}\right] \left[\begin{array}{c} \dot{\underline{i}}_{\mathrm{sp}} \\ \dot{\underline{i}}^*_{\mathrm{sp}} \\ \dot{i}_{\mathrm{hp}} \\ \hline \dot{\underline{i}}_{\mathrm{ss}}/n \\ \dot{\underline{i}}^*_{\mathrm{ss}}/n \\ \dot{i}_{\mathrm{hs}}/n \end{array}\right] + \left[\begin{array}{ccc|ccc} R_{1\mathrm{p}} & & & 0 & & \\ & R_{2\mathrm{p}} & & & 0 & \\ & & R_{0\mathrm{p}} & & & 0 \\ \hline 0 & & & n^2 R_{1\mathrm{s}} & & \\ & 0 & & & n^2 R_{1\mathrm{s}} & \\ & & 0 & & & n^2 R_{0\mathrm{s}} \end{array}\right] \left[\begin{array}{c} \underline{i}_{\mathrm{sp}} \\ \underline{i}^*_{\mathrm{sp}} \\ \underline{i}_{\mathrm{hp}} \\ \hline \underline{i}_{\mathrm{ss}}/n \\ \underline{i}^*_{\mathrm{ss}}/n \\ \underline{i}_{\mathrm{hs}}/n \end{array}\right] = \left[\begin{array}{c} \underline{u}_{\mathrm{sp}} \\ \underline{u}^*_{\mathrm{sp}} \\ \underline{u}_{\mathrm{hp}} \\ \hline n\underline{u}_{\mathrm{ss}} \\ n\underline{u}^*_{\mathrm{ss}} \\ n\underline{u}_{\mathrm{hs}} \end{array}\right] \tag{8.63a}$$

mit der Kurzform:

$$\begin{bmatrix} \boldsymbol{L}_{\mathrm{sp}} & \boldsymbol{L}_{\mathrm{shp}} \\ \boldsymbol{L}_{\mathrm{shp}} & n^2 \boldsymbol{L}_{\mathrm{ss}} \end{bmatrix} \begin{bmatrix} \dot{\underline{\boldsymbol{i}}}_{\mathrm{sp}} \\ \dot{\underline{\boldsymbol{i}}}_{\mathrm{ss}}/n \end{bmatrix} + \begin{bmatrix} \boldsymbol{R}_{\mathrm{sp}} & \boldsymbol{0} \\ \boldsymbol{0} & n^2 \boldsymbol{R}_{\mathrm{ss}} \end{bmatrix} \begin{bmatrix} \underline{\boldsymbol{i}}_{\mathrm{sp}} \\ \underline{\boldsymbol{i}}_{\mathrm{ss}}/n \end{bmatrix} = \begin{bmatrix} \underline{\boldsymbol{u}}_{\mathrm{sp}} \\ n\underline{\boldsymbol{u}}_{\mathrm{ss}} \end{bmatrix} \tag{8.63b}$$

Die Induktivitäten und Widerstände des Gegen- und Mitsystems[2] sind identisch. Die Hauptinduktivität des Nullsystems hängt von der Kernbauart ab (s. Abschn. 2.2.1). Der

[2] Die Bezeichnungen für die Parameter der Raumzeigerkomponenten werden von den Symmetrischen Komponenten übernommen.

Wirkwiderstand im Nullsystem wird normalerweise dem des Mitsystems gleichgesetzt. Er erhält hier lediglich aus formalen Gründen auch den Index 0. Die Induktivitäten und Widerstände werden nach Abschn. 2.2.5 erhalten. Die Gl. 8.63 ist noch unvollständig, da die Schaltverbindungen zu den zu den Klemmen noch nicht berücksichtigt sind.

8.3.3 Beziehungen zwischen den Wicklungs- und Klemmengrößen

Die Strom- Spannungsbeziehungen zwischen den Wicklungs- und Klemmengrößen können aus Abschn. 2.2.2 übernommen werden. Die dort aus den Kirchhoffschen Sätzen hergeleiteten Gleichungen für die Zeigergrößen gelten in gleicher Weise auch für die Momentanwerte.

Sternschaltung

$$\begin{bmatrix} u_{W1} \\ u_{W2} \\ u_{W3} \end{bmatrix} + \begin{bmatrix} u_M \\ u_M \\ u_M \end{bmatrix} = \begin{bmatrix} u_{L1} \\ u_{L2} \\ u_{L3} \end{bmatrix} \tag{8.64}$$

Die Sternpunkt-Erde-Spannung über einer widerstandbehafteten Spule ergibt sich aus:

$$u_M = \begin{bmatrix} R_M & R_M & R_M \end{bmatrix} \begin{bmatrix} i_{W1} \\ i_{W2} \\ i_{W3} \end{bmatrix} + \begin{bmatrix} L_M & L_M & L_M \end{bmatrix} \begin{bmatrix} \dot{i}_{W1} \\ \dot{i}_{W2} \\ \dot{i}_{W3} \end{bmatrix} \tag{8.65}$$

Durch Einsetzen von u_M in die Gl. 8.64 geht diese über in:

$$\begin{bmatrix} u_{W1} \\ u_{W2} \\ u_{W3} \end{bmatrix} + \begin{bmatrix} R_M & R_M & R_M \\ R_M & R_M & R_M \\ R_M & R_M & R_M \end{bmatrix} \begin{bmatrix} i_{W1} \\ i_{W2} \\ i_{W3} \end{bmatrix} + \begin{bmatrix} L_M & L_M & L_M \\ L_M & L_M & L_M \\ L_M & L_M & L_M \end{bmatrix} \begin{bmatrix} \dot{i}_{W1} \\ \dot{i}_{W2} \\ \dot{i}_{W3} \end{bmatrix} = \begin{bmatrix} u_{L1} \\ u_{L2} \\ u_{L3} \end{bmatrix} \tag{8.66}$$

Für die Ströme gilt:

$$\begin{bmatrix} i_{W1} \\ i_{W2} \\ i_{W3} \end{bmatrix} = \begin{bmatrix} i_{L1} \\ i_{L2} \\ i_{L3} \end{bmatrix} \tag{8.67}$$

und in Raumzeigerkomponenten:

$$\begin{bmatrix} \underline{u}_{sW} \\ \underline{u}_{sW}^* \\ \underline{u}_{hW} \end{bmatrix} + \begin{bmatrix} 0 & 0 & 0 \\ 0 & 0 & 0 \\ 0 & 0 & 3L_M \end{bmatrix} \begin{bmatrix} \underline{i}_{sW} \\ \underline{i}_{sW}^* \\ \underline{i}_{hW} \end{bmatrix} + \begin{bmatrix} 0 & 0 & 0 \\ 0 & 0 & 0 \\ 0 & 0 & 3L_M \end{bmatrix} \begin{bmatrix} \dot{\underline{i}}_{sW} \\ \dot{\underline{i}}_{sW}^* \\ \dot{\underline{i}}_{hW} \end{bmatrix} = \begin{bmatrix} \underline{u}_{sL} \\ \underline{u}_{sL}^* \\ \underline{u}_{hL} \end{bmatrix} \tag{8.68}$$

oder, wenn man aus systematischen Gründen die Spannungsabfälle über der Sternpunkt-Erde-Verbindung der Wicklungsspannung im Nullsystem zuschlägt (Index +):

$$\begin{bmatrix} \underline{u}_{\mathrm{sW}} \\ \underline{u}^*_{\mathrm{sW}} \\ \underline{u}^+_{\mathrm{hW}} \end{bmatrix} = \begin{bmatrix} 1 & 0 & 0 \\ 0 & 1 & 0 \\ 0 & 0 & 1 \end{bmatrix} \begin{bmatrix} \underline{u}_{\mathrm{sL}} \\ \underline{u}^*_{\mathrm{sL}} \\ \underline{u}_{\mathrm{hL}} \end{bmatrix} \tag{8.69}$$

$$\begin{bmatrix} \underline{i}_{\mathrm{sW}} \\ \underline{i}^*_{\mathrm{sW}} \\ \underline{i}_{\mathrm{hW}} \end{bmatrix} = \begin{bmatrix} 1 & 0 & 0 \\ 0 & 1 & 0 \\ 0 & 0 & 1 \end{bmatrix} \begin{bmatrix} \underline{i}_{\mathrm{sL}} \\ \underline{i}^*_{\mathrm{sL}} \\ \underline{i}_{\mathrm{hL}} \end{bmatrix} \tag{8.70}$$

Dreieckschaltung

Für die Schaltung nach Abb. 2.9a erhält man (die Matrizen der Schaltung in Abb. 2.9b sind transponiert zu den hier angegebenen):

$$\begin{bmatrix} u_{\mathrm{W1}} \\ u_{\mathrm{W2}} \\ u_{\mathrm{W3}} \end{bmatrix} = \begin{bmatrix} -1 & 0 & 1 \\ 1 & -1 & 0 \\ 0 & 1 & -1 \end{bmatrix} \begin{bmatrix} u_{\mathrm{L1}} \\ u_{\mathrm{L2}} \\ u_{\mathrm{L3}} \end{bmatrix} \tag{8.71}$$

$$\begin{bmatrix} i_{\mathrm{L1}} \\ i_{\mathrm{L2}} \\ i_{\mathrm{L3}} \end{bmatrix} = \begin{bmatrix} -1 & 1 & 0 \\ 0 & -1 & 1 \\ 1 & 0 & -1 \end{bmatrix} \begin{bmatrix} i_{\mathrm{W1}} \\ i_{\mathrm{W2}} \\ i_{\mathrm{W3}} \end{bmatrix} \tag{8.72}$$

und in Raumzeigerkomponenten:

$$\begin{aligned} \begin{bmatrix} \underline{u}_{\mathrm{sW}} \\ \underline{u}^*_{\mathrm{sW}} \\ \underline{u}_{\mathrm{hW}} \end{bmatrix} &= \begin{bmatrix} \underline{\mathrm{a}}-1 & 0 & 0 \\ 0 & \underline{\mathrm{a}}^2-1 & 0 \\ 0 & 0 & 0 \end{bmatrix} \begin{bmatrix} \underline{u}_{\mathrm{sL}} \\ \underline{u}^*_{\mathrm{sL}} \\ \underline{u}_{\mathrm{hL}} \end{bmatrix} = \sqrt{3} \begin{bmatrix} \mathrm{e}^{\mathrm{j}5\pi/6} & 0 & 0 \\ 0 & \mathrm{e}^{-\mathrm{j}5\pi/6} & 0 \\ 0 & 0 & 0 \end{bmatrix} \begin{bmatrix} \underline{u}_{\mathrm{sL}} \\ \underline{u}^*_{\mathrm{sL}} \\ \underline{u}_{\mathrm{hL}} \end{bmatrix} \\ &= \begin{bmatrix} \underline{m}_5 & 0 & 0 \\ 0 & \underline{m}^*_5 & 0 \\ 0 & 0 & 0 \end{bmatrix} \begin{bmatrix} \underline{u}_{\mathrm{sL}} \\ \underline{u}^*_{\mathrm{sL}} \\ \underline{u}_{\mathrm{hL}} \end{bmatrix} \end{aligned} \tag{8.73}$$

$$\begin{aligned} \begin{bmatrix} \underline{i}_{\mathrm{sL}} \\ \underline{i}^*_{\mathrm{sL}} \\ \underline{i}_{\mathrm{hL}} \end{bmatrix} &= \begin{bmatrix} \underline{\mathrm{a}}^2-1 & 0 & 0 \\ 0 & \underline{\mathrm{a}}-1 & 0 \\ 0 & 0 & 0 \end{bmatrix} \begin{bmatrix} \underline{i}_{\mathrm{sW}} \\ \underline{i}^*_{\mathrm{sW}} \\ \underline{i}_{\mathrm{hW}} \end{bmatrix} = \sqrt{3} \begin{bmatrix} \mathrm{e}^{-\mathrm{j}5\pi/6} & 0 & 0 \\ 0 & \mathrm{e}^{\mathrm{j}5\pi/6} & 0 \\ 0 & 0 & 0 \end{bmatrix} \begin{bmatrix} \underline{i}_{\mathrm{sW}} \\ \underline{i}^*_{\mathrm{sW}} \\ \underline{i}_{\mathrm{hW}} \end{bmatrix} \\ &= \begin{bmatrix} \underline{m}^*_5 & 0 & 0 \\ 0 & \underline{m}_5 & 0 \\ 0 & 0 & 0 \end{bmatrix} \begin{bmatrix} \underline{i}_{\mathrm{sW}} \\ \underline{i}^*_{\mathrm{sW}} \\ \underline{i}_{\mathrm{hW}} \end{bmatrix} \end{aligned} \tag{8.74}$$

Tab. 8.2 Schaltungsmatrizen für die Verbindung der Klemmengrößen mit den Wicklungsgrößen in Stern- oder Dreieckschaltung

Schaltungsmatrix	Sternschaltung nach Abb. 2.7	Dreieckschaltung nach Abb. 2.9a	Dreieckschaltung nach Abb. 2.9b
$\underline{\boldsymbol{K}}_{\mathrm{s}}$	$\begin{bmatrix} 1 & & \\ & 1 & \\ & & 1 \end{bmatrix}$	$\begin{bmatrix} \underline{m}_5^* & 0 & 0 \\ 0 & \underline{m}_5 & 0 \\ 0 & 0 & 0 \end{bmatrix}$ $\underline{m}_5 = \sqrt{3}\mathrm{e}^{\mathrm{j}5\pi/6}$	$\begin{bmatrix} \underline{m}_5 & 0 & 0 \\ 0 & \underline{m}_5^* & 0 \\ 0 & 0 & 0 \end{bmatrix}$

Allgemein
Die vorstehenden Beziehungen können mit Schaltungsmatrizen wie im Abschn. 2.2 allgemein formuliert werden, wenn man die Nullsysteme beider Wicklungen formal um die Elemente $3R_{\mathrm{MA}}$, $3L_{\mathrm{MA}}$, $3R_{\mathrm{MB}}$ und $3L_{\mathrm{MB}}$ hinsichtlich möglicher Sternpunkt-Erde-Verbindungen bei Sternschaltung erweitert (Index $+$). Sollte eine oder beide Wicklungsseite nicht im Stern geschaltet sein, so entfallen die entsprechenden Elemente.

$$\underline{\boldsymbol{i}}_{\mathrm{sL}} = \underline{\boldsymbol{K}}_{\mathrm{s}}\underline{\boldsymbol{i}}_{\mathrm{sW}} \tag{8.75}$$

$$\underline{\boldsymbol{u}}_{\mathrm{sW}}^{+} = \underline{\boldsymbol{K}}_{\mathrm{s}}^{*}\underline{\boldsymbol{u}}_{\mathrm{sL}} \tag{8.76}$$

Die Schaltungsmatrizen $\underline{\boldsymbol{K}}_{\mathrm{s}}$ sind in der Tab. 8.2 zusammengestellt.

8.3.4 Zustandsgleichungen und modifizierte Stromgleichungen für die Schaltgruppen Yy0, Yd5 und Dy5

Mit den erweiterten Nullsystemgrößen:

$$L_{0\mathrm{p}}^{+} = L_{0\mathrm{hp}} + L_{\sigma\mathrm{p}} + 3L_{\mathrm{MA}} = L_{0\mathrm{hp}} + L_{\sigma\mathrm{p}}^{+}; \quad R_{0\mathrm{p}}^{+} = R_{0\mathrm{p}} + 3R_{\mathrm{MA}} \tag{8.77}$$

$$L_{0\mathrm{s}}^{+} = L_{0\mathrm{hs}} + L_{\sigma\mathrm{s}} + 3L_{\mathrm{MB}} = L_{0\mathrm{hs}} + L_{\sigma\mathrm{s}}^{+}; \quad R_{0\mathrm{s}}^{+} = R_{0\mathrm{s}} + 3R_{\mathrm{MB}} \tag{8.78}$$

nimmt die Gl. 8.63 die folgende Form an:

$$\begin{bmatrix} \boldsymbol{L}_{\mathrm{sp}}^{+} & \boldsymbol{L}_{\mathrm{shp}} \\ \boldsymbol{L}_{\mathrm{shp}} & n^2\boldsymbol{L}_{\mathrm{ss}}^{+} \end{bmatrix} \begin{bmatrix} \dot{\underline{\boldsymbol{i}}}_{\mathrm{sp}} \\ \dot{\underline{\boldsymbol{i}}}_{\mathrm{ss}}/n \end{bmatrix} + \begin{bmatrix} \boldsymbol{R}_{\mathrm{sp}}^{+} & \boldsymbol{0} \\ \boldsymbol{0} & n^2\boldsymbol{R}_{\mathrm{ss}}^{+} \end{bmatrix} \begin{bmatrix} \underline{\boldsymbol{i}}_{\mathrm{sp}} \\ \underline{\boldsymbol{i}}_{\mathrm{ss}}/n \end{bmatrix} = \begin{bmatrix} \underline{\boldsymbol{u}}_{\mathrm{sp}} \\ n\underline{\boldsymbol{u}}_{\mathrm{ss}} \end{bmatrix} + \begin{bmatrix} \underline{\boldsymbol{u}}_{\mathrm{sMA}} \\ n\underline{\boldsymbol{u}}_{\mathrm{sMB}} \end{bmatrix} = \begin{bmatrix} \underline{\boldsymbol{u}}_{\mathrm{sp}}^{+} \\ n\underline{\boldsymbol{u}}_{\mathrm{ss}}^{+} \end{bmatrix} \tag{8.79}$$

Die Auflösung der Gl. 8.79 nach den Stromänderungen ergibt unter zunächst vorausgesetzten endlichen Hauptfeldinduktivitäten und Sternpunkt-Erde Induktivitäten und nach

Einführung von Leitwerten:

$$\begin{bmatrix} \dot{\underline{i}}_{\mathrm{sp}} \\ \dot{\underline{i}}_{\mathrm{ss}}/n \end{bmatrix} = \omega_0 \begin{bmatrix} \boldsymbol{G}_{\mathrm{spp}} & \boldsymbol{G}_{\mathrm{sps}} \\ \boldsymbol{G}_{\mathrm{ssp}} & \boldsymbol{G}_{\mathrm{sss}} \end{bmatrix} \begin{bmatrix} \underline{\boldsymbol{u}}_{\mathrm{sp}}^{+} \\ n\underline{\boldsymbol{u}}_{\mathrm{ss}}^{+} \end{bmatrix} - \omega_0 \begin{bmatrix} \boldsymbol{G}_{\mathrm{spp}} & \boldsymbol{G}_{\mathrm{sps}} \\ \boldsymbol{G}_{\mathrm{ssp}} & \boldsymbol{G}_{\mathrm{sss}} \end{bmatrix} \begin{bmatrix} \boldsymbol{R}_{\mathrm{sp}}^{+} & \boldsymbol{0} \\ \boldsymbol{0} & n^2\boldsymbol{R}_{\mathrm{ss}}^{+} \end{bmatrix} \begin{bmatrix} \underline{i}_{\mathrm{sp}} \\ \underline{i}_{\mathrm{ss}}/n \end{bmatrix} \tag{8.80}$$

$$\begin{bmatrix} \boldsymbol{G}_{\mathrm{spp}} & \boldsymbol{G}_{\mathrm{sps}} \\ \boldsymbol{G}_{\mathrm{ssp}} & \boldsymbol{G}_{\mathrm{sss}} \end{bmatrix} = \begin{bmatrix} \boldsymbol{X}_{\mathrm{sp}}^{+} & \boldsymbol{X}_{\mathrm{shp}} \\ \boldsymbol{X}_{\mathrm{shp}} & n^2\boldsymbol{X}_{\mathrm{ss}}^{+} \end{bmatrix}^{-1} = \frac{1}{\omega_0} \begin{bmatrix} \boldsymbol{L}_{\mathrm{sp}}^{+} & \boldsymbol{L}_{\mathrm{shp}} \\ \boldsymbol{L}_{\mathrm{shp}} & n^2\boldsymbol{L}_{\mathrm{ss}}^{+} \end{bmatrix}^{-1} \tag{8.81}$$

Zieht man das Windungszahlverhältnis noch an die Matrizen heran, so erhält man die allgemeine Zustandsdifferentialgleichung aller Schaltgruppen ohne Zickzackschaltung mit den Wicklungsströmen als Zustandsvariable.

$$\begin{bmatrix} \dot{\underline{i}}_{\mathrm{sp}} \\ \dot{\underline{i}}_{\mathrm{ss}} \end{bmatrix} = \omega_0 \begin{bmatrix} \boldsymbol{G}_{\mathrm{spp}} & n\boldsymbol{G}_{\mathrm{sps}} \\ n\boldsymbol{G}_{\mathrm{ssp}} & n^2\boldsymbol{G}_{\mathrm{sss}} \end{bmatrix} \begin{bmatrix} \underline{\boldsymbol{u}}_{\mathrm{sp}}^{+} \\ \underline{\boldsymbol{u}}_{\mathrm{ss}}^{+} \end{bmatrix} - \omega_0 \begin{bmatrix} \boldsymbol{G}_{\mathrm{spp}} & n\boldsymbol{G}_{\mathrm{sps}} \\ n\boldsymbol{G}_{\mathrm{ssp}} & n^2\boldsymbol{G}_{\mathrm{sss}} \end{bmatrix} \begin{bmatrix} \boldsymbol{R}_{\mathrm{sp}}^{+} & \boldsymbol{0} \\ \boldsymbol{0} & \boldsymbol{R}_{\mathrm{ss}}^{+} \end{bmatrix} \begin{bmatrix} \underline{i}_{\mathrm{sp}} \\ \underline{i}_{\mathrm{ss}} \end{bmatrix} \tag{8.82}$$

Durch Multiplikation der Gl. 8.82 mit $1/\omega_0$ erhält man folgende modifizierte Stromgleichung in der für ein L-Betriebsmittel vom Typ AB typischen Form (s. Gl. 8.23), allerdings noch mit den Wicklungsgrößen:

$$\frac{1}{\omega_0} \begin{bmatrix} \dot{\underline{i}}_{\mathrm{sp}} \\ \dot{\underline{i}}_{\mathrm{ss}} \end{bmatrix} = \begin{bmatrix} \underline{i}'_{\mathrm{sp}} \\ \underline{i}'_{\mathrm{ss}} \end{bmatrix} = \begin{bmatrix} \boldsymbol{G}_{\mathrm{spp}} & n\boldsymbol{G}_{\mathrm{sps}} \\ n\boldsymbol{G}_{\mathrm{ssp}} & n^2\boldsymbol{G}_{\mathrm{sss}} \end{bmatrix} \begin{bmatrix} \underline{\boldsymbol{u}}_{\mathrm{sp}}^{+} \\ \underline{\boldsymbol{u}}_{\mathrm{ss}}^{+} \end{bmatrix} - \begin{bmatrix} \boldsymbol{G}_{\mathrm{spp}} & n\boldsymbol{G}_{\mathrm{sps}} \\ n\boldsymbol{G}_{\mathrm{ssp}} & n^2\boldsymbol{G}_{\mathrm{sss}} \end{bmatrix} \begin{bmatrix} \boldsymbol{R}_{\mathrm{sp}}^{+} & \boldsymbol{0} \\ \boldsymbol{0} & \boldsymbol{R}_{\mathrm{ss}}^{+} \end{bmatrix} \begin{bmatrix} \underline{i}_{\mathrm{sp}} \\ \underline{i}_{\mathrm{ss}} \end{bmatrix} \tag{8.83a}$$

Die Untermatrizen der Leitwertmatrix sind wieder Diagonalmatrizen mit den in Tab. 8.3 angegebenen Elementen, so dass die ausführliche Form von Gl. 8.83a wie folgt aussieht.

$$\begin{bmatrix} \underline{i}'_{\mathrm{sp}} \\ \underline{i}'^{*}_{\mathrm{sp}} \\ i'_{\mathrm{hp}} \\ \hline \underline{i}'_{\mathrm{ss}} \\ \underline{i}'^{*}_{\mathrm{ss}} \\ i'_{\mathrm{hs}} \end{bmatrix} = \omega_0 \left[\begin{array}{ccc|ccc} G_{1\mathrm{pp}} & & & nG_{1\mathrm{ps}} & & \\ & G_{2\mathrm{pp}} & & & nG_{2\mathrm{ps}} & \\ & & G_{0\mathrm{p}} & & & nG_{0\mathrm{ps}} \\ \hline nG_{1\mathrm{sp}} & & & n^2G_{1\mathrm{ss}} & & \\ & nG_{2\mathrm{sp}} & & & n^2G_{2\mathrm{ss}} & \\ & & nG_{0\mathrm{sp}} & & & n^2G_{0\mathrm{ss}} \end{array}\right] \begin{bmatrix} \underline{u}_{\mathrm{sp}} \\ \underline{u}^{*}_{\mathrm{sp}} \\ u^{+}_{\mathrm{hp}} \\ \hline \underline{u}_{\mathrm{ss}} \\ \underline{u}^{*}_{\mathrm{ss}} \\ u^{+}_{\mathrm{hs}} \end{bmatrix}$$

$$- \omega_0 \left[\begin{array}{ccc|ccc} G_{1\mathrm{pp}} & & & nG_{1\mathrm{ps}} & & \\ & G_{2\mathrm{pp}} & & & nG_{2\mathrm{ps}} & \\ & & G_{0\mathrm{p}} & & & nG_{0\mathrm{ps}} \\ \hline nG_{1\mathrm{sp}} & & & n^2G_{1\mathrm{ss}} & & \\ & nG_{2\mathrm{sp}} & & & n^2G_{2\mathrm{ss}} & \\ & & nG_{0\mathrm{sp}} & & & n^2G_{0\mathrm{ss}} \end{array}\right] \left[\begin{array}{ccc|ccc} R_{1\mathrm{p}} & & & 0 & & \\ & R_{2\mathrm{p}} & & & 0 & \\ & & R^{+}_{0\mathrm{p}} & & & 0 \\ \hline 0 & & & R_{1\mathrm{s}} & & \\ & 0 & & & R_{1\mathrm{s}} & \\ & & 0 & & & R^{+}_{0\mathrm{s}} \end{array}\right] \begin{bmatrix} \underline{i}_{\mathrm{sp}} \\ \underline{i}^{*}_{\mathrm{sp}} \\ i_{\mathrm{hp}} \\ \hline \underline{i}_{\mathrm{ss}} \\ \underline{i}^{*}_{\mathrm{ss}} \\ i_{\mathrm{hs}} \end{bmatrix} \tag{8.83b}$$

Tab. 8.3 Elemente der Leitwertmatrix in Gl. 8.83a

Komponente	$G_{i\mathrm{pp}}$	$G_{i\mathrm{ps}} = G_{i\mathrm{sp}}$	$G_{i\mathrm{ss}}$
Mit- und Gegensystem	$\frac{X_{1\mathrm{hp}} + n^2 X_{\sigma\mathrm{s}}}{X_1^2}$	$-\frac{X_{1\mathrm{hp}}}{X_1^2}$	$\frac{X_{1\mathrm{hp}} + X_{\sigma\mathrm{p}}}{X_1^2}$
	$X_1^2 = X_{1\mathrm{hp}}(X_{\sigma\mathrm{p}} + n^2 X_{\sigma\mathrm{s}}) + X_{\sigma\mathrm{p}} n^2 X_{\sigma\mathrm{s}}$		
Nullsystem	$\frac{X_{0\mathrm{hp}} + n^2 X_{\sigma\mathrm{s}}^+}{X_0^2}$	$-\frac{X_{0\mathrm{hp}}}{X_0^2}$	$\frac{X_{0\mathrm{hp}} + X_{\sigma\mathrm{p}}^+}{X_0^2}$
	$X_0^2 = X_{0\mathrm{hp}}(X_{\sigma\mathrm{p}}^+ + n^2 X_{\sigma\mathrm{s}}^+) + X_{\sigma\mathrm{p}}^+ n^2 X_{\sigma\mathrm{s}}^+$ $X_{\sigma\mathrm{p}}^+ = X_{\sigma\mathrm{p}} + 3X_{\mathrm{MA}}, X_{\sigma\mathrm{s}}^+ = X_{\sigma\mathrm{s}} + 3X_{\mathrm{MB}}$		

Tab. 8.4 Elemente der Leitwertmatrix in Gl. 8.83a für $X_{i\mathrm{hp}} \to \infty$

Komponente	$G_{i\mathrm{pp}} = G_{i\mathrm{ss}}$	$G_{i\mathrm{ps}} = G_{i\mathrm{sp}}$
Mit- und Gegensystem	$\frac{1}{X_{\sigma\mathrm{p}} + n^2 X_{\sigma\mathrm{s}}}$	$-\frac{1}{X_{\sigma\mathrm{p}} + n^2 X_{\sigma\mathrm{s}}}$
Nullsystem	$\frac{1}{X_{\sigma\mathrm{p}}^+ + n^2 X_{\sigma\mathrm{s}}^+}$	$-\frac{1}{X_{\sigma\mathrm{p}}^+ + n^2 X_{\sigma\mathrm{s}}^+}$
	$X_{\sigma\mathrm{p}}^+ = X_{\sigma\mathrm{p}} + 3X_{\mathrm{MA}}, X_{\sigma\mathrm{s}}^+ = X_{\sigma\mathrm{s}} + 3X_{\mathrm{MB}}$	

Bei Vernachlässigung des Magnetisierungsstromes ist in den Ausdrücken in Tab. 8.3 der Grenzübergang $X_{i\mathrm{hp}} \to \infty$ vorzunehmen. Es ergeben sich dann die in Tab. 8.4 eingetragenen Leitwerte.

Sind die Sternpunkte nicht geerdet, so gelten die in Tab. 8.5 angegebenen Ausdrücke für die Leitwerte des Nullsystems. Die Wirkwiderstände R_{MA} oder R_{MB} der nicht geerdeten Sternpunkte sind dann Null zusetzen.

Für die Berücksichtigung der von den Schaltgruppen abhängigen Beziehungen zwischen den Wicklungs- und Klemmengrößen beider Seiten mit Hilfe der Schaltungsmatrizen aus Abschn. 8.3.3 bieten sich zwei Varianten an.

Variante 1

Die Wicklungsgrößen werden mit Hilfe der Gln. 8.75 und 8.76 durch die Klemmengrößen ersetzt. Dabei ist vorausgesetzt, dass die Primärseite mit der Oberspannungsseite identisch

Tab. 8.5 Nullsystemelemente in Abhängigkeit von der Sternpunkterdung

Schaltgruppe	X_{M}	$G_{0\mathrm{pp}}$	$G_{0\mathrm{ps}} = G_{0\mathrm{sp}}$	$G_{0\mathrm{ss}}$
Yy0	$X_{\mathrm{MA}} \to \infty$	0	0	$\frac{1}{X_{0\mathrm{hp}} + X_{\sigma\mathrm{p}}^+}$
	$X_{\mathrm{MB}} \to \infty$	$\frac{1}{X_{0\mathrm{hp}} + n^2 X_{\sigma\mathrm{s}}^+}$	0	0
Yd5	$X_{\mathrm{MA}} \to \infty$	0	0	0
Dy5	$X_{\mathrm{MB}} \to \infty$	0	0	0

ist und die Klemmengrößen der Oberspannungsseite mit dem Index A bezeichnet werden (s. auch Abschn. 2.2.4). Diese Vereinbarung ist insofern nötig, als die Transformatorparameter für die Oberspannungsseite bereitgestellt wurden.

Mit

$$\begin{bmatrix} \underline{i}_{\mathrm{sA}} \\ \underline{i}_{\mathrm{sB}} \end{bmatrix} = \begin{bmatrix} \underline{\boldsymbol{K}}_{\mathrm{sA}} & \mathbf{0} \\ \mathbf{0} & \underline{\boldsymbol{K}}_{\mathrm{sB}} \end{bmatrix} \begin{bmatrix} \underline{i}_{\mathrm{sp}} \\ \underline{i}_{\mathrm{ss}} \end{bmatrix} \tag{8.84}$$

$$\begin{bmatrix} \underline{u}_{\mathrm{sp}}^{+} \\ \underline{u}_{\mathrm{ss}}^{+} \end{bmatrix} = \begin{bmatrix} \underline{\boldsymbol{K}}_{\mathrm{sA}}^{*} & \mathbf{0} \\ \mathbf{0} & \underline{\boldsymbol{K}}_{\mathrm{sB}}^{*} \end{bmatrix} \begin{bmatrix} \underline{u}_{\mathrm{sA}} \\ \underline{u}_{\mathrm{sB}} \end{bmatrix} \tag{8.85}$$

folgt aus Gl. 8.83a

$$\begin{aligned} \begin{bmatrix} \underline{i}_{\mathrm{sA}}' \\ \underline{i}_{\mathrm{sB}}' \end{bmatrix} &= \begin{bmatrix} \underline{\boldsymbol{K}}_{\mathrm{sA}} & \mathbf{0} \\ \mathbf{0} & \underline{\boldsymbol{K}}_{\mathrm{sB}} \end{bmatrix} \begin{bmatrix} \boldsymbol{G}_{\mathrm{spp}} & n\boldsymbol{G}_{\mathrm{sps}} \\ n\boldsymbol{G}_{\mathrm{ssp}} & n^2\boldsymbol{G}_{\mathrm{sss}} \end{bmatrix} \begin{bmatrix} \underline{\boldsymbol{K}}_{\mathrm{sA}}^{*} & \mathbf{0} \\ \mathbf{0} & \underline{\boldsymbol{K}}_{\mathrm{sB}}^{*} \end{bmatrix} \begin{bmatrix} \underline{u}_{\mathrm{sA}} \\ \underline{u}_{\mathrm{sB}} \end{bmatrix} \\ &- \begin{bmatrix} \underline{\boldsymbol{K}}_{\mathrm{sA}} & \mathbf{0} \\ \mathbf{0} & \underline{\boldsymbol{K}}_{\mathrm{sB}} \end{bmatrix} \begin{bmatrix} \boldsymbol{G}_{\mathrm{spp}} & n\boldsymbol{G}_{\mathrm{sps}} \\ n\boldsymbol{G}_{\mathrm{ssp}} & n^2\boldsymbol{G}_{\mathrm{sss}} \end{bmatrix} \begin{bmatrix} \boldsymbol{R}_{\mathrm{sp}}^{+} & \mathbf{0} \\ \mathbf{0} & \boldsymbol{R}_{\mathrm{ss}}^{+} \end{bmatrix} \begin{bmatrix} \underline{i}_{\mathrm{sp}} \\ \underline{i}_{\mathrm{ss}} \end{bmatrix} \end{aligned} \tag{8.86}$$

Durch Einführung der üblichen Abkürzungen nimmt die Gl. 8.86 die aus Abschn. 8.1 bekannte Grundform eines L-Betriebsmittels vom Typ AB an, jedoch mit der Besonderheit, dass bei Transformatoren mit phasendrehender Schaltgruppe Elemente der Leitwertmatrix komplex sind und dem Quellenstromvektor noch Schaltungsmatrizen beigeordnet sind:

$$\begin{bmatrix} \underline{i}_{\mathrm{sA}}' \\ \underline{i}_{\mathrm{sB}}' \end{bmatrix} = \begin{bmatrix} \underline{\boldsymbol{G}}_{\mathrm{sAA}} & \underline{\boldsymbol{G}}_{\mathrm{sAB}} \\ \underline{\boldsymbol{G}}_{\mathrm{sBA}} & \underline{\boldsymbol{G}}_{\mathrm{sBB}} \end{bmatrix} \begin{bmatrix} \underline{u}_{\mathrm{sA}} \\ \underline{u}_{\mathrm{sB}} \end{bmatrix} + \begin{bmatrix} \underline{i}_{\mathrm{sqA}} \\ \underline{i}_{\mathrm{sqB}} \end{bmatrix} \tag{8.87}$$

mit:

$$\begin{bmatrix} \underline{\boldsymbol{G}}_{\mathrm{sAA}} & \underline{\boldsymbol{G}}_{\mathrm{sAB}} \\ \underline{\boldsymbol{G}}_{\mathrm{sBA}} & \underline{\boldsymbol{G}}_{\mathrm{sBB}} \end{bmatrix} = \begin{bmatrix} \underline{\boldsymbol{K}}_{\mathrm{sA}}\underline{\boldsymbol{K}}_{\mathrm{sA}}^{*}\boldsymbol{G}_{\mathrm{spp}} & \underline{\boldsymbol{K}}_{\mathrm{sA}}\underline{\boldsymbol{K}}_{\mathrm{sB}}^{*}n\boldsymbol{G}_{\mathrm{sps}} \\ \underline{\boldsymbol{K}}_{\mathrm{sB}}\underline{\boldsymbol{K}}_{\mathrm{sA}}^{*}n\boldsymbol{G}_{\mathrm{ssp}} & \underline{\boldsymbol{K}}_{\mathrm{sB}}\underline{\boldsymbol{K}}_{\mathrm{sB}}^{*}n^2\boldsymbol{G}_{\mathrm{sss}} \end{bmatrix} \tag{8.88}$$

und

$$\begin{bmatrix} \underline{i}_{\mathrm{sqA}} \\ \underline{i}_{\mathrm{sqB}} \end{bmatrix} = - \begin{bmatrix} \underline{\boldsymbol{K}}_{\mathrm{sA}} & \mathbf{0} \\ \mathbf{0} & \underline{\boldsymbol{K}}_{\mathrm{sB}} \end{bmatrix} \begin{bmatrix} \boldsymbol{G}_{\mathrm{spp}} & n\boldsymbol{G}_{\mathrm{sps}} \\ n\boldsymbol{G}_{\mathrm{ssp}} & n^2\boldsymbol{G}_{\mathrm{sss}} \end{bmatrix} \begin{bmatrix} \boldsymbol{R}_{\mathrm{sp}}^{+} & \mathbf{0} \\ \mathbf{0} & \boldsymbol{R}_{\mathrm{ss}}^{+} \end{bmatrix} \begin{bmatrix} \underline{i}_{\mathrm{sp}} \\ \underline{i}_{\mathrm{ss}} \end{bmatrix} \tag{8.89}$$

Die Leitwertmatrizen der Gl. 8.87 enthält die Tab. 8.6. Die Schaltungsmatrizen der Seiten A und B kann man der Tab. 8.7 (wie Tab. 2.5) entnehmen.

Geht man für alle Schaltgruppen von äquivalenten Sterngrößen für die Leitwerte aus (die Umrechnung der Sekundärgrößen auf die Primärwicklung erfolgt dann mit dem Übersetzungsverhältnis), so kann die Leitwertmatrix mit den Übersetzungsmatrizen und Übersetzungsverhältnissen aus Tab. 8.8. wie folgt formuliert werden.

$$\underline{\boldsymbol{\ddot{U}}}_{\mathrm{s}} = \begin{bmatrix} \underline{\ddot{u}}_1 & & \\ & \underline{\ddot{u}}_1^{*} & \\ & & \ddot{u}_0 \end{bmatrix} = \ddot{u} \begin{bmatrix} \mathrm{e}^{\mathrm{j}k\cdot\pi/6} & & \\ & \mathrm{e}^{-\mathrm{j}k\cdot\pi/6} & \\ & & 1 \end{bmatrix} \tag{8.90}$$

Tab. 8.6 Leitwertmatrizen der Gln. 8.87 und 8.89 für die Schaltgruppen Yy0, Yd5 und Dy5

SG	$\underline{G}_{\mathrm{sAA}}$	$\underline{G}_{\mathrm{sAB}}$	$\underline{G}_{\mathrm{sBA}}$	$\underline{G}_{\mathrm{sBB}}$
Yy0	$\begin{bmatrix} G_{1\mathrm{pp}} & & \\ & G_{1\mathrm{pp}} & \\ & & G_{0\mathrm{pp}} \end{bmatrix}$	$n\begin{bmatrix} G_{1\mathrm{sp}} & & \\ & G_{1\mathrm{sp}} & \\ & & G_{0\mathrm{sp}} \end{bmatrix}$	$n\begin{bmatrix} G_{1\mathrm{sp}} & & \\ & G_{1\mathrm{sp}} & \\ & & G_{0\mathrm{sp}} \end{bmatrix}$	$n^2\begin{bmatrix} G_{1\mathrm{ss}} & & \\ & G_{1\mathrm{ss}} & \\ & & G_{0\mathrm{ss}} \end{bmatrix}$
Yd5[a]	$\begin{bmatrix} G_{1\mathrm{pp}} & & \\ & G_{1\mathrm{pp}} & \\ & & G_{0\mathrm{pp}} \end{bmatrix}$	$n\begin{bmatrix} \underline{m}_5 G_{1\mathrm{ps}} & & \\ & \underline{m}_5^* G_{1\mathrm{ps}} & \\ & & 0 \end{bmatrix}$	$n\begin{bmatrix} \underline{m}_5^* G_{1\mathrm{sp}} & & \\ & \underline{m}_5 G_{1\mathrm{sp}} & \\ & & 0 \end{bmatrix}$	$3n^2\begin{bmatrix} G_{1\mathrm{ss}} & & \\ & G_{1\mathrm{ss}} & \\ & & 0 \end{bmatrix}$
Dy5[b]	$\begin{bmatrix} 3G_{1\mathrm{pp}}^{\Delta} & & \\ & 3G_{1\mathrm{pp}}^{\Delta} & \\ & & 0 \end{bmatrix}$	$\frac{n}{3}\begin{bmatrix} \underline{m}_5 3G_{1\mathrm{ps}}^{\Delta} & & \\ & \underline{m}_5^* 3G_{1\mathrm{ps}}^{\Delta} & \\ & & 0 \end{bmatrix}$	$\frac{n}{3}\begin{bmatrix} \underline{m}_5^* 3G_{1\mathrm{sp}}^{\Delta} & & \\ & \underline{m}_5 3G_{1\mathrm{sp}}^{\Delta} & \\ & & 0 \end{bmatrix}$	$\frac{n^2}{3}\begin{bmatrix} 3G_{1\mathrm{ss}}^{\Delta} & & \\ & 3G_{1\mathrm{ss}}^{\Delta} & \\ & & 3G_{0\mathrm{ss}}^{\Delta} \end{bmatrix}$

[a] Die Sekundärwicklung ist im Dreieck geschaltet. Die Umrechnung ihrer Streureaktanz auf die Primärwicklung erfolgt in Tab. 8.3 mit n^2. Geht man von der äquivalenten Sternschaltungsgröße aus, so ist diese mit $\ddot{u}^2$ auf die Primärseite umzurechnen. Gewöhnlich wird $n^2 X_{\sigma\mathrm{s,\,Dreieck}} = \ddot{u}^2 X_{\sigma\mathrm{s,\,Stern}} = X_{\sigma\mathrm{p,\,Stern}}$ gesetzt.

[b] Die Sekundärwicklung ist im Stern geschaltet. Die Umrechnung ihrer Streureaktanz mit n^2 auf die im Dreieck geschaltete Primärwicklung ergibt eine Dreieckschaltungsgröße. Folglich stellen alle Primärleitwerte Dreieckschaltungsgrößen dar. Da üblicherweise mit Sternschaltungsgrößen (dreifacher Leitwert) gerechnet wird, wurde überall der Faktor 3 an die Leitwerte der Dreieckswicklung herangezogen, wodurch diese zu äquivalenten Sternschaltungsgrößen werden.

Tab. 8.7 Schaltmatrizen für die Schaltgruppen Yy0, Yd5 und Dy5

Schaltgruppe	Yy0	Yd5	Dy5
$\underline{\boldsymbol{K}}_{\mathrm{sA}}$	$\begin{bmatrix} 1 & & \\ & 1 & \\ & & 1 \end{bmatrix}$	$\begin{bmatrix} 1 & & \\ & 1 & \\ & & 1 \end{bmatrix}$	$\begin{bmatrix} \underline{m}_5 & & \\ & \underline{m}_5^* & \\ & & 0 \end{bmatrix}$
$\underline{\boldsymbol{K}}_{\mathrm{sB}}$	$\begin{bmatrix} 1 & & \\ & 1 & \\ & & 1 \end{bmatrix}$	$\begin{bmatrix} \underline{m}_5^* & & \\ & \underline{m}_5 & \\ & & 0 \end{bmatrix}$	$\begin{bmatrix} 1 & & \\ & 1 & \\ & & 1 \end{bmatrix}$

Tab. 8.8 Übersetzungsverhältnisse für die Schaltgruppen Yy0, Yd5 und Dy5

Übersetzungsverhältnis	Yy0	Yd5	Dy5
$\underline{ü}_1$	n	$n\underline{m}_5 = \frac{w_\mathrm{p}}{w_\mathrm{s}}\sqrt{3}\mathrm{e}^{\mathrm{j}5\pi/6}$	$\frac{n}{3}\underline{m}_5 = \frac{w_\mathrm{p}}{w_\mathrm{s}}\frac{1}{\sqrt{3}}\mathrm{e}^{\mathrm{j}5\pi/6}$
$ü_0$	n	$n\sqrt{3} = \frac{w_\mathrm{p}}{w_\mathrm{s}}\sqrt{3}$	$\frac{n}{\sqrt{3}} = \frac{w_\mathrm{p}}{w_\mathrm{s}}\frac{1}{\sqrt{3}}$

Dabei ist k die Kennzahl der Schaltgruppe und $ü$ das Verhältnis der oberspannungsseitigen zur unterspannungsseitigen Bemessungsspannung.

$$\begin{bmatrix} \underline{\boldsymbol{G}}_{\mathrm{sAA}} & \underline{\boldsymbol{G}}_{\mathrm{sAB}} \\ \underline{\boldsymbol{G}}_{\mathrm{sBA}} & \underline{\boldsymbol{G}}_{\mathrm{sBB}} \end{bmatrix} = \begin{bmatrix} \boldsymbol{G}_{\mathrm{spp}} & \underline{\ddot{U}}_\mathrm{s}\boldsymbol{G}_{\mathrm{sps}} \\ \underline{\ddot{U}}_\mathrm{s}^*\boldsymbol{G}_{\mathrm{ssp}} & \ddot{U}^2\boldsymbol{G}_{\mathrm{sss}} \end{bmatrix} \tag{8.91}$$

Variante 2

Die Zusammenhänge zwischen den Wicklungs- und Klemmengrößen in Form der Schaltungsmatrizen werden nicht wie der Variante 1 in die Gl. 8.83a eingearbeitet, sondern erst bei der Zusammenschaltung der Transformatoren mit anderen Betriebsmitteln in der dafür zuständigen Knoten-Klemmen-Matrix berücksichtigt (s. Kap. 9), die dann allerdings bei Transformatoren mit phasendrehender Schaltgruppe anstelle von Einsen komplexe Elemente aufweist.

Der Vorteil gegenüber der Variante 1 besteht darin, dass für alle Transformatoren, unabhängig von der Schaltgruppe mit Gl. 8.83a eine einheitliche Stromgleichung verwendet wird, bei der wie bei den anderen L-Betriebsmitteln in der Gleichung für den Quellenstromvektor die gleiche Leitwertmatrix wie in der Stromgleichung vorkommt. Es ist aber auch hier zu beachten, dass die Primärgrößen der Oberspannungsseite zugeordnet sind.

8.3.5 Anfangswerte für die Zustandsvariablen

Die Anfangswerte für die Nullsystemgrößen sind bei symmetrischem Anfangszustand Null. Für die Raumzeiger der Wicklungsströme erhält man durch Umkehrung der ersten

Tab. 8.9 Anfangswerte für die Raumzeiger der Wicklungsströme

Schaltgruppe	Yy0	Yd5	Dy5
$\underline{i}_{sp}$	$\underline{i}_{sA}$	$\underline{i}_{sA}$	$\frac{1}{\underline{m}_5}\underline{i}_{sA}$
$\underline{i}_{ss}$	$\underline{i}_{sB}$	$\frac{1}{\underline{m}_5^*}\underline{i}_{sB}$	$\underline{i}_{sB}$

mit:

$$\underline{i}_{sA} = \sqrt{2}\underline{I}_{1A}, \quad \underline{i}_{sB} = \sqrt{2}\underline{I}_{1B}$$

wobei die Mitsystemströme $\underline{I}_{1A}$ und $\underline{I}_{1B}$ von einer Leistungsflussberechnung übernommen werden.

Zeile der Gl. 8.84 mit den Schaltmatrizen in Tab. 8.7 die in Tab. 8.9 zusammengestellten Beziehungen zu den Raumzeigern der Klemmenströme.

8.4 Synchrongeneratoren

Ausgehend vom Park'schen Zweiachsenmodell werden zunächst die ausführlichen Zustandsdifferentialgleichungen in der für das erweiterte Knotenpunktverfahren geeigneten Form mit Raumzeigern für die Ständergrößen hergeleitet.

Für stationäre und auch quasistationäre Betriebszustände besteht ein Zusammenhang zwischen den Raumzeigern und den Symmetrischen Komponenten. Zur Beschreibung dieser Betriebszustände wird das ausführliche Gleichungssystem in Gleichungen für das Mit- Gegen- und Nullsystem überführt. Die entsprechenden Modelle werden auch als quasistationär und stationär bezeichnet.

Die angegeben Gleichungen gelten sinngemäß auch für Synchronmotoren.

8.4.1 Gleichungssystem in dq0-Koordinaten

Das allgemeine Gleichungssystem der Synchronmaschine enthält aufgrund der elektromagnetischen Unsymmetrie des Läufers in den Flussverkettungsgleichungen drehwinkelabhängige Induktivitäten. Durch Transformation der Ständergrößen[3] in das dq-Läuferkoordinatensystem (s. Abschn. 1.3.2) wird die Drehwinkelabhängigkeit der Induktivitäten eliminiert und eine Entkopplung der Ständerflussverkettungen erzielt. Die Verwendung der dq0-Ständergrößen geht auf die Arbeiten von Park zurück [11], in denen jedoch der Begriff der modalen Komponenten noch nicht vorkommt. Die Einführung der dq-Komponenten als Ergebnis einer Modaltransformation ist in [12] ausführlich beschrieben.

[3] Es wird eine Innenpolmaschine vorausgesetzt, bei der der Ständer die Drehstromwicklungen enthält.

In der Literatur (s. z. B. [13]) sind die Gleichungen der Synchronmaschinen mit unterschiedlichen Zählpfeilen, unterschiedlichen bezogenen Größen und unterschiedlicher Orientierung der d-q-Koordinaten angegeben.

Im Folgenden wird das Gleichungssystem im Verbraucherzählpfeilsystem mit auf die dq-Ständerwicklungen umgerechneten Läufergrößen bei Anordnung der q-Achse um 90° gegenüber der d-Achse in Drehrichtung verwendet [10].

Spannungsgleichungen der Ständer- und Läuferwicklungen:

$$\begin{bmatrix} u_\mathrm{d} \\ u_\mathrm{q} \\ u_0 \end{bmatrix} = \begin{bmatrix} R_\mathrm{a} & & \\ & R_\mathrm{a} & \\ & & R_0 \end{bmatrix} \begin{bmatrix} i_\mathrm{d} \\ i_\mathrm{q} \\ i_0 \end{bmatrix} + \begin{bmatrix} 0 & -\omega_\mathrm{L} & 0 \\ \omega_\mathrm{L} & 0 & 0 \\ 0 & 0 & 0 \end{bmatrix} \begin{bmatrix} \psi_\mathrm{d} \\ \psi_\mathrm{q} \\ \psi_0 \end{bmatrix} + \begin{bmatrix} \dot{\psi}_\mathrm{d} \\ \dot{\psi}_\mathrm{q} \\ \dot{\psi}_0 \end{bmatrix} \tag{8.92}$$

$$\begin{bmatrix} u_\mathrm{f} \\ 0 \\ 0 \end{bmatrix} = \begin{bmatrix} R_\mathrm{f} & & \\ & R_\mathrm{D} & \\ & & R_\mathrm{Q} \end{bmatrix} \begin{bmatrix} i_\mathrm{f} \\ i_\mathrm{D} \\ i_\mathrm{Q} \end{bmatrix} + \begin{bmatrix} \dot{\psi}_\mathrm{f} \\ \dot{\psi}_\mathrm{D} \\ \dot{\psi}_\mathrm{Q} \end{bmatrix} \tag{8.93}$$

Flussverkettungsgleichungen der Ständer- und Läuferwicklungen:

$$\begin{bmatrix} \psi_\mathrm{d} \\ \psi_\mathrm{q} \\ \psi_0 \end{bmatrix} = \begin{bmatrix} L_\mathrm{d} & & \\ & L_\mathrm{q} & \\ & & L_0 \end{bmatrix} \begin{bmatrix} i_\mathrm{d} \\ i_\mathrm{q} \\ i_0 \end{bmatrix} + \begin{bmatrix} L_\mathrm{hd} & L_\mathrm{hd} & 0 \\ 0 & 0 & L_\mathrm{hq} \\ 0 & 0 & 0 \end{bmatrix} \begin{bmatrix} i_\mathrm{f} \\ i_\mathrm{D} \\ i_\mathrm{Q} \end{bmatrix} \tag{8.94}$$

$$\begin{bmatrix} \psi_\mathrm{f} \\ \psi_\mathrm{D} \\ \psi_\mathrm{Q} \end{bmatrix} = \begin{bmatrix} L_\mathrm{f} & L_\mathrm{hd} + L_{\sigma\mathrm{L}} & 0 \\ L_\mathrm{hd} + L_{\sigma\mathrm{L}} & L_\mathrm{D} & 0 \\ 0 & 0 & L_\mathrm{Q} \end{bmatrix} \begin{bmatrix} i_\mathrm{f} \\ i_\mathrm{D} \\ i_\mathrm{Q} \end{bmatrix} + \begin{bmatrix} L_\mathrm{hd} & 0 & 0 \\ L_\mathrm{hd} & 0 & 0 \\ 0 & L_\mathrm{hq} & 0 \end{bmatrix} \begin{bmatrix} i_\mathrm{d} \\ i_\mathrm{q} \\ i_0 \end{bmatrix} \tag{8.95}$$

mit den folgenden Ausdrücken für die Induktivitäten, getrennt nach Haupt- und Streuinduktivitäten:

$$\begin{aligned} L_\mathrm{d} &= L_\mathrm{hd} + L_\sigma; & L_\mathrm{q} &= L_\mathrm{hq} + L_\sigma \\ L_\mathrm{f} &= L_\mathrm{hd} + L_{\sigma\mathrm{L}} + L_{\sigma\mathrm{f}}; & L_\mathrm{D} &= L_\mathrm{hd} + L_{\sigma\mathrm{L}} + L_{\sigma\mathrm{D}} \\ L_\mathrm{Q} &= L_\mathrm{hq} + L_{\sigma\mathrm{Q}} \end{aligned}$$

Bewegungsgleichung:

$$\begin{bmatrix} \Delta\dot{\omega}_\mathrm{L} \\ \Delta\dot{\vartheta}_\mathrm{L} \end{bmatrix} = \begin{bmatrix} 0 & 0 \\ 1 & 0 \end{bmatrix} \begin{bmatrix} \Delta\omega_\mathrm{L} \\ \Delta\vartheta_\mathrm{L} \end{bmatrix} + \begin{bmatrix} k_\mathrm{m}\,(m_\mathrm{m} + m_\mathrm{e}) \\ 0 \end{bmatrix} \tag{8.96}$$

mit:

$$k_\mathrm{m} = \frac{p}{J} = \frac{\omega_0}{T_\mathrm{m}} \cdot \frac{\Omega_0}{S_\mathrm{rG}} \tag{8.97}$$

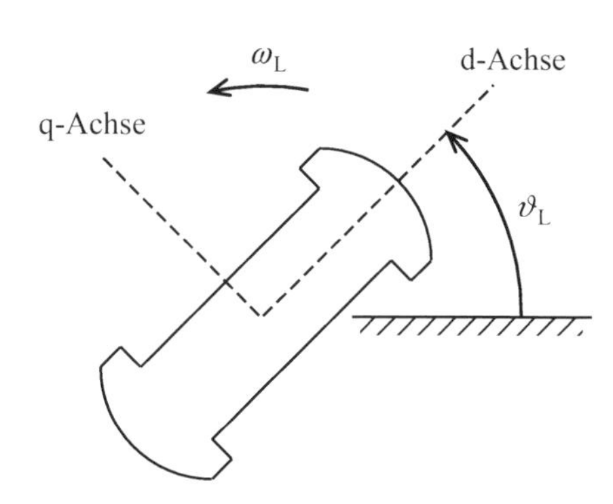

Abb. 8.10 Koordinatensysteme und Winkelbeziehungen

wobei

$$T_m = \frac{J\Omega_0^2}{S_{rG}} \tag{8.98}$$

die elektromechanische Zeitkonstante, p die Polpaarzahl, J das Massenträgheitsmoment und $\Omega_0 = \omega_0/p$ die räumliche synchrone Winkelgeschwindigkeit sind. Der Winkel ϑ_L beschreibt die Lage der d-Achse des Läuferkoordinatensystems gegenüber der reellen Achse des Ständerkoordinatensystems (Abb. 8.10).

Das elektrische Luftspaltdrehmoment berechnet sich aus:

$$m_e = -\frac{3}{2}p\mathrm{Im}\left(\underline{\psi}_r \underline{i}_r^*\right) = \frac{3}{2}p\left(\psi_d i_q - \psi_q i_d\right) \tag{8.99}$$

Für das mechanische Drehmoment gilt im Generatorbetrieb:

$$m_m = \frac{P_T}{\Omega_L} \tag{8.100}$$

wobei P_T die Turbinenleistung ist.

8.4.2 Transientes Modell mit Raumzeigern für die Ständergrößen

Das transiente Modell ist das vollständige Modell. Es besteht aus Zustandsdifferentialgleichungen für das Verhalten der Ständer- und Läuferwicklungen, sowie für die Drehbewegung. Für die Wahl der Zustandsgrößen gibt es bekanntlich mehrere Möglichkeiten. Im Hinblick auf die Verknüpfung mit anderen Betriebsmitteln werden für die Ständerwicklung die Raumzeiger der Ströme in Ständerkoordinaten als Zustandsgröße gewählt.

Bei der Wahl der Zustandsgrößen für die Läuferwicklungen ist man völlig frei. Hier werden die trägen Läuferflussverkettungen gegenüber den Läuferströmen bevorzugt, was sich später bei der Herleitung vereinfachter Modelle als zweckmäßig erweist (s. Abschn. 8.4.4).

Zur Einführung der Läuferflussverkettungen als Zustandsgröße müssen die Läuferströme in den Spannungsgleichungen der Läuferwicklungen und in den Flussverkettungsgleichungen der Läufer- und Ständerwicklung eliminiert werden. Dazu erhält man aus der Gl. 8.95 zunächst:

$$\begin{bmatrix} i_\mathrm{f} \\ i_\mathrm{D} \\ i_\mathrm{Q} \end{bmatrix} = \begin{bmatrix} \dfrac{L_\mathrm{D}}{L^2} & -\dfrac{L_\mathrm{hd}+L_{\sigma\mathrm{L}}}{L^2} & 0 \\ -\dfrac{L_\mathrm{hd}+L_{\sigma\mathrm{L}}}{L^2} & \dfrac{L_\mathrm{f}}{L^2} & 0 \\ 0 & 0 & \dfrac{1}{L_\mathrm{Q}} \end{bmatrix} \begin{bmatrix} \psi_\mathrm{f} \\ \psi_\mathrm{D} \\ \psi_\mathrm{Q} \end{bmatrix} - \begin{bmatrix} \dfrac{L_\mathrm{hd}L_{\sigma\mathrm{D}}}{L^2} & 0 & 0 \\ \dfrac{L_\mathrm{hd}L_{\sigma\mathrm{f}}}{L^2} & 0 & 0 \\ 0 & \dfrac{L_\mathrm{hq}}{L_\mathrm{Q}} & 0 \end{bmatrix} \begin{bmatrix} i_\mathrm{d} \\ i_\mathrm{q} \\ i_0 \end{bmatrix} \tag{8.101}$$

mit der Abkürzung

$$L^2 = (L_\mathrm{hd} + L_{\sigma\mathrm{L}})\,(L_{\sigma\mathrm{D}} + L_{\sigma\mathrm{f}}) + L_{\sigma\mathrm{D}}L_{\sigma\mathrm{f}} \tag{8.102}$$

Mit der Gl. 8.101 gehen die Flussverkettungsgleichungen der Ständerwicklungen und die Spannungsgleichungen der Läuferwicklungen über in:

$$\begin{bmatrix} \psi_\mathrm{d} \\ \psi_\mathrm{q} \\ \psi_0 \end{bmatrix} = \begin{bmatrix} L_\mathrm{d}'' & & \\ & L_\mathrm{q}'' & \\ & & L_0 \end{bmatrix} \begin{bmatrix} i_\mathrm{d} \\ i_\mathrm{q} \\ i_0 \end{bmatrix} + \begin{bmatrix} k_\mathrm{f} & k_\mathrm{D} & 0 \\ 0 & 0 & k_\mathrm{Q} \\ 0 & 0 & 0 \end{bmatrix} \begin{bmatrix} \psi_\mathrm{f} \\ \psi_\mathrm{D} \\ \psi_\mathrm{Q} \end{bmatrix} \tag{8.103}$$

und

$$\begin{bmatrix} \dot\psi_\mathrm{f} \\ \dot\psi_\mathrm{D} \\ \dot\psi_\mathrm{Q} \end{bmatrix} = \begin{bmatrix} -\dfrac{1}{T_\mathrm{ff}} & \dfrac{1}{T_\mathrm{fD}} & 0 \\ \dfrac{1}{T_\mathrm{Df}} & -\dfrac{1}{T_\mathrm{DD}} & 0 \\ 0 & 0 & -\dfrac{1}{T_\mathrm{Q}} \end{bmatrix} \begin{bmatrix} \psi_\mathrm{f} \\ \psi_\mathrm{D} \\ \psi_\mathrm{Q} \end{bmatrix} + \begin{bmatrix} k_\mathrm{f}R_\mathrm{f} & 0 & 0 \\ k_\mathrm{D}R_\mathrm{D} & 0 & 0 \\ 0 & k_\mathrm{Q}R_\mathrm{Q} & 0 \end{bmatrix} \begin{bmatrix} i_\mathrm{d} \\ i_\mathrm{q} \\ i_0 \end{bmatrix} + \begin{bmatrix} u_\mathrm{f} \\ 0 \\ 0 \end{bmatrix} \tag{8.104}$$

In die Gln. 8.103 wurden die *subtransienten Induktivitäten* L''_d und L''_q der Längs- und Querachse, sowie die *Koppelfaktoren* k_f, k_D und k_Q und eingeführt:

$$\begin{aligned} L''_\mathrm{d} &= L_\mathrm{d} - \frac{L_\mathrm{hd}^2 \left(L_{\sigma\mathrm{f}} + L_{\sigma\mathrm{D}}\right)}{\left(L_\mathrm{hd} + L_{\sigma\mathrm{L}}\right)\left(L_{\sigma\mathrm{D}} + L_{\sigma\mathrm{f}}\right) + L_{\sigma\mathrm{D}} L_{\sigma\mathrm{f}}} \\ &= L_\mathrm{d} - \left(k_\mathrm{D} + k_\mathrm{f}\right) L_\mathrm{hd} = L_\sigma + \left(1 - k_\mathrm{D} - k_\mathrm{f}\right) L_\mathrm{hd} \end{aligned} \tag{8.105}$$

$$L''_\mathrm{q} = L_\mathrm{q} - \frac{L_\mathrm{hq}^2}{L_\mathrm{hd} + L_{\sigma\mathrm{Q}}} = L_\mathrm{q} - k_\mathrm{Q} L_\mathrm{hq} = L_\sigma + \left(1 - k_\mathrm{Q}\right) L_\mathrm{hq} \tag{8.106}$$

$$k_\mathrm{D} = \frac{L_\mathrm{hd} L_{\sigma\mathrm{f}}}{\left(L_\mathrm{hd} + L_{\sigma\mathrm{L}}\right)\left(L_{\sigma\mathrm{D}} + L_{\sigma\mathrm{f}}\right) + L_{\sigma\mathrm{D}} L_{\sigma\mathrm{f}}} \tag{8.107}$$

$$k_\mathrm{f} = \frac{L_\mathrm{hd} L_{\sigma\mathrm{D}}}{\left(L_\mathrm{hd} + L_{\sigma\mathrm{L}}\right)\left(L_{\sigma\mathrm{D}} + L_{\sigma\mathrm{f}}\right) + L_{\sigma\mathrm{D}} L_{\sigma\mathrm{f}}} \tag{8.108}$$

$$k_\mathrm{Q} = \frac{L_\mathrm{hq}}{L_\mathrm{hq} + L_{\sigma\mathrm{Q}}} \tag{8.109}$$

Die Kehrwerte der Zeitkonstanten in Gl. 8.104 ergeben sich aus:

$$\frac{1}{T_\mathrm{ff}} = \frac{R_\mathrm{f} L_\mathrm{D}}{\left(L_\mathrm{hd} + L_{\sigma\mathrm{L}}\right)\left(L_{\sigma\mathrm{D}} + L_{\sigma\mathrm{f}}\right) + L_{\sigma\mathrm{D}} L_{\sigma\mathrm{f}}} = \frac{R_\mathrm{f} k_\mathrm{D} L_\mathrm{D}}{L_{\sigma\mathrm{f}} L_\mathrm{hd}} = \frac{k_\mathrm{D} L_\mathrm{D}}{T_{\sigma\mathrm{f}} L_\mathrm{hd}} \tag{8.110}$$

$$\frac{1}{T_\mathrm{DD}} = \frac{R_\mathrm{D} L_\mathrm{f}}{\left(L_\mathrm{hd} + L_{\sigma\mathrm{L}}\right)\left(L_{\sigma\mathrm{D}} + L_{\sigma\mathrm{f}}\right) + L_{\sigma\mathrm{D}} L_{\sigma\mathrm{f}}} = \frac{R_\mathrm{D} k_\mathrm{f} L_\mathrm{f}}{L_{\sigma\mathrm{D}} L_\mathrm{hd}} = \frac{k_\mathrm{f} L_\mathrm{f}}{T_{\sigma\mathrm{D}} L_\mathrm{hd}} \tag{8.111}$$

$$\frac{1}{T_\mathrm{fD}} = \frac{R_\mathrm{f} \left(L_\mathrm{hd} + L_{\sigma\mathrm{L}}\right)}{\left(L_\mathrm{hd} + L_{\sigma\mathrm{L}}\right)\left(L_{\sigma\mathrm{D}} + L_{\sigma\mathrm{f}}\right) + L_{\sigma\mathrm{D}} L_{\sigma\mathrm{f}}} = \frac{R_\mathrm{f} k_\mathrm{D} \left(L_\mathrm{hd} + L_{\sigma\mathrm{L}}\right)}{L_{\sigma\mathrm{f}} L_\mathrm{hd}} = \frac{k_\mathrm{D} \left(L_\mathrm{hd} + L_{\sigma\mathrm{L}}\right)}{T_{\sigma\mathrm{f}} L_\mathrm{hd}} \tag{8.112}$$

$$\frac{1}{T_\mathrm{Df}} = \frac{R_\mathrm{D} \left(L_\mathrm{hd} + L_{\sigma\mathrm{L}}\right)}{\left(L_\mathrm{hd} + L_{\sigma\mathrm{L}}\right)\left(L_{\sigma\mathrm{D}} + L_{\sigma\mathrm{f}}\right) + L_{\sigma\mathrm{D}} L_{\sigma\mathrm{f}}} = \frac{R_\mathrm{D} k_\mathrm{f} \left(L_\mathrm{hd} + L_{\sigma\mathrm{L}}\right)}{L_{\sigma\mathrm{D}} L_\mathrm{hd}} = \frac{k_\mathrm{f} \left(L_\mathrm{hd} + L_{\sigma\mathrm{L}}\right)}{T_{\sigma\mathrm{D}} L_\mathrm{hd}} \tag{8.113}$$

$$\frac{1}{T_\mathrm{Q}} = \frac{R_\mathrm{Q}}{L_\mathrm{Q}} = \frac{k_\mathrm{Q} R_\mathrm{Q}}{L_\mathrm{hq}} \tag{8.114}$$

Die Berechnung der Koppelfaktoren und Zeitkonstanten aus den üblichen Generatorparametern ist im Abschn. 8.4.7 angegeben.

Unter der Annahme zeitlich konstanter Induktivitäten und Koppelfaktoren gilt Gl. 8.103 auch für die zeitlichen Ableitungen der enthaltenden Größen. Nach Einsetzen der Gl. 8.103 und ihrer Ableitung in die Spannungsgleichungen der Ständerwicklungen erhält man:

$$\begin{bmatrix} L''_\mathrm{d} & & \\ & L''_\mathrm{q} & \\ & & L_0 \end{bmatrix} \begin{bmatrix} \dot{i}_\mathrm{d} \\ \dot{i}_\mathrm{q} \\ \dot{i}_0 \end{bmatrix} + \begin{bmatrix} R_\mathrm{a} & -\omega_\mathrm{L} L''_\mathrm{q} & 0 \\ \omega_\mathrm{L} L''_\mathrm{d} & R_\mathrm{a} & 0 \\ 0 & 0 & R_0 \end{bmatrix} \begin{bmatrix} i_\mathrm{d} \\ i_\mathrm{q} \\ i_0 \end{bmatrix} + \begin{bmatrix} u''_\mathrm{d} \\ u''_\mathrm{q} \\ 0 \end{bmatrix} = \begin{bmatrix} u_\mathrm{d} \\ u_\mathrm{q} \\ u_0 \end{bmatrix} \tag{8.115}$$

mit den folgenden Ausdrücken für die in Gl. 8.115 eingeführten Komponenten der *subtransienten Spannung*:

$$u''_{\mathrm{d}} = -\omega_{\mathrm{L}} k_{\mathrm{Q}} \psi_{\mathrm{Q}} + \left(k_{\mathrm{f}} \dot{\psi}_{\mathrm{f}} + k_{\mathrm{D}} \dot{\psi}_{\mathrm{D}}\right) \tag{8.116}$$

$$u''_{\mathrm{q}} = \omega_{\mathrm{L}} \left(k_{\mathrm{f}} \psi_{\mathrm{f}} + k_{\mathrm{D}} \psi_{\mathrm{D}}\right) + k_{\mathrm{Q}} \dot{\psi}_{\mathrm{Q}} \tag{8.117}$$

Mit Hilfe der Transformationsbeziehungen (s. Abschn. 1.3.2):

$$\begin{bmatrix} g_{\mathrm{d}} \\ g_{\mathrm{q}} \\ g_0 \end{bmatrix} = \frac{1}{2} \begin{bmatrix} 1 & 1 & 0 \\ -\mathrm{j} & \mathrm{j} & 0 \\ 0 & 0 & 1 \end{bmatrix} \begin{bmatrix} \underline{g}_{\mathrm{r}} \\ \underline{g}_{\mathrm{r}}^* \\ g_{\mathrm{h}} \end{bmatrix} \tag{8.118}$$

und

$$\begin{bmatrix} \underline{g}_{\mathrm{r}} \\ \underline{g}_{\mathrm{r}}^* \\ g_{\mathrm{h}} \end{bmatrix} = \begin{bmatrix} 1 & \mathrm{j} & 0 \\ 1 & -\mathrm{j} & 0 \\ 0 & 0 & 2 \end{bmatrix} \begin{bmatrix} g_{\mathrm{d}} \\ g_{\mathrm{q}} \\ g_0 \end{bmatrix} \tag{8.119}$$

($g = u, i, \psi$) werden die dq0-Komponenten in Gl. 8.115 durch Raumzeiger in Läuferkoordinaten (Index r) und die dazu konjugiert komplexen Raumzeiger (zusätzlicher Index *) sowie doppelte Nullsystemgrößen (Index h) ersetzt:

$$\begin{bmatrix} L''_{\mathrm{d}} - L''_{\Delta} & L''_{\Delta} & 0 \\ L''_{\Delta} & L''_{\mathrm{d}} - L''_{\Delta} & 0 \\ 0 & 0 & L_0 \end{bmatrix} \begin{bmatrix} \dot{\underline{i}}_{\mathrm{r}} \\ \dot{\underline{i}}_{\mathrm{r}}^* \\ \dot{i}_{\mathrm{h}} \end{bmatrix} + \begin{bmatrix} R_{\mathrm{a}} + \mathrm{j}\omega_{\mathrm{L}} \left(L''_{\mathrm{d}} - L''_{\Delta}\right) & \mathrm{j}\omega_{\mathrm{L}} L''_{\Delta} & 0 \\ -\mathrm{j}\omega_{\mathrm{L}} L''_{\Delta} & R_{\mathrm{a}} - \mathrm{j}\omega_{\mathrm{L}} \left(L''_{\mathrm{d}} - L''_{\Delta}\right) & 0 \\ 0 & 0 & R_0 \end{bmatrix} \begin{bmatrix} \underline{i}_{\mathrm{r}} \\ \underline{i}_{\mathrm{r}}^* \\ i_{\mathrm{h}} \end{bmatrix} + \begin{bmatrix} \underline{u}''_{\mathrm{r}} \\ \underline{u}''^*_{\mathrm{r}} \\ 0 \end{bmatrix} = \begin{bmatrix} \underline{u}_{\mathrm{r}} \\ \underline{u}_{\mathrm{r}}^* \\ u_{\mathrm{h}} \end{bmatrix} \tag{8.120}$$

mit dem Raumzeiger der subtransienten Spannung in Läuferkoordinaten:

$$\underline{u}''_{\mathrm{r}} = u''_{\mathrm{d}} + \mathrm{j}u''_{\mathrm{q}} = \mathrm{j}\omega_{\mathrm{L}} \left(k_{\mathrm{f}} \psi_{\mathrm{f}} + k_{\mathrm{D}} \psi_{\mathrm{D}} + \mathrm{j}k_{\mathrm{Q}} \psi_{\mathrm{Q}}\right) + k_{\mathrm{f}} \dot{\psi}_{\mathrm{f}} + k_{\mathrm{D}} \dot{\psi}_{\mathrm{D}} + \mathrm{j}k_{\mathrm{Q}} \dot{\psi}_{\mathrm{Q}} \tag{8.121}$$

und der Abkürzung

$$L''_{\Delta} = \frac{1}{2} \left(L''_{\mathrm{d}} - L''_{\mathrm{q}}\right)$$

Für den Sonderfall $L''_\text{d} = L''_\text{q}$ vereinfacht sich Gl. 8.120 zu:

$$\begin{bmatrix} L''_\text{d} & 0 & 0 \\ 0 & L''_\text{d} & 0 \\ 0 & 0 & L_0 \end{bmatrix} \begin{bmatrix} \dot{\underline{i}}_\text{r} \\ \dot{\underline{i}}^*_\text{r} \\ \dot{i}_\text{h} \end{bmatrix} + \begin{bmatrix} R_\text{a} + \text{j}\omega_\text{L} L''_\text{d} & 0 & 0 \\ 0 & R_\text{a} - \text{j}\omega_\text{L} L''_\text{d} & 0 \\ 0 & 0 & R_0 \end{bmatrix} \begin{bmatrix} \underline{i}_\text{r} \\ \underline{i}^*_\text{r} \\ i_\text{h} \end{bmatrix} + \begin{bmatrix} \underline{u}''_\text{r} \\ \underline{u}''^*_\text{r} \\ 0 \end{bmatrix} = \begin{bmatrix} \underline{u}_\text{r} \\ \underline{u}^*_\text{r} \\ u_\text{h} \end{bmatrix} \tag{8.122}$$

In die Spannungsgleichung für das doppelte Nullsystem gehen die Induktivität und der Widerstand einer Sternpunkt-Erde-Verbindung mit ihrem dreifachen Wert ein:

$$(L_0 + 3L_\text{M})\,\dot{i}_\text{h} + (R_0 + 3R_\text{M})\,i_\text{h} = u_\text{h} \tag{8.123}$$

Für das elektrische Drehmoment erhält man unter Verwendung der Gl. 8.103 den Ausdruck:

$$m_\text{e} = p\frac{3}{2}\left[(k_\text{D}\psi_\text{D} + k_\text{f}\psi_\text{f})\,i_\text{q} - k_\text{Q}\psi_\text{Q} i_\text{d} + L''_\Delta i_\text{d} i_\text{q}\right] \tag{8.124}$$

In den Gleichungen für die subtransiente Spannung und das elektrische Drehmoment kommen die Läuferflussverkettungen und ihre Ableitungen im Produkt mit den Koppelfaktoren vor. Es bietet sich deshalb an, die mit den Koppelfaktoren multiplizierten Flussverkettungen direkt als Zustandsgröße zu verwenden. Anstelle der Gln. 8.104 tritt dann folgendes Gleichungssystem:

$$\begin{bmatrix} k_\text{f}\dot{\psi}_\text{f} \\ k_\text{D}\dot{\psi}_\text{D} \\ k_\text{Q}\dot{\psi}_\text{Q} \end{bmatrix} = \begin{bmatrix} -\dfrac{1}{T_\text{ff}} & \dfrac{k_\text{f}}{k_\text{D}}\dfrac{1}{T_\text{fD}} & 0 \\ \dfrac{k_\text{D}}{k_\text{f}}\dfrac{1}{T_\text{Df}} & -\dfrac{1}{T_\text{DD}} & 0 \\ 0 & 0 & -\dfrac{1}{T_\text{Q}} \end{bmatrix} \begin{bmatrix} k_\text{f}\psi_\text{f} \\ k_\text{D}\psi_\text{D} \\ k_\text{Q}\psi_\text{Q} \end{bmatrix} + \begin{bmatrix} k_\text{f}^2 R_\text{f} & 0 & 0 \\ k_\text{D}^2 R_\text{D} & 0 & 0 \\ 0 & k_\text{Q}^2 R_\text{Q} & 0 \end{bmatrix} \begin{bmatrix} i_\text{d} \\ i_\text{q} \\ i_\text{h} \end{bmatrix} + \begin{bmatrix} k_\text{f} u_\text{f} \\ 0 \\ 0 \end{bmatrix} \tag{8.125}$$

Mit den Beziehungen zwischen den Raumzeigern ($g = u, i, \psi$) und ihren Ableitungen in Läufer- und Ständerkoordinaten (Index s) (s. Abschn. 1.3.2):

$$\underline{g}_\text{r} = \underline{g}_\text{s}\,\text{e}^{-\text{j}\vartheta_\text{L}} \tag{8.126}$$

$$\dot{\underline{g}}_\text{r} = \dot{\underline{g}}_\text{s}\,\text{e}^{-\text{j}\vartheta_\text{L}} - \text{j}\dot{\vartheta}_\text{L}\underline{g}_\text{r} = \dot{\underline{g}}_\text{s}\,\text{e}^{-\text{j}\vartheta_\text{L}} - \text{j}\omega_\text{L}\underline{g}_\text{r} \tag{8.127}$$

kann die Gl. 8.120 in Ständerkoordinaten transformiert werden:

$$\begin{bmatrix} L''_d - L''_\Delta & L''_\Delta e^{j2\vartheta_L} & 0 \\ L''_\Delta e^{-j2\vartheta_L} & L''_d - L''_\Delta & 0 \\ 0 & 0 & L_0 \end{bmatrix} \begin{bmatrix} \dot{\underline{i}}_s \\ \dot{\underline{i}}^*_s \\ \dot{i}_h \end{bmatrix} + \begin{bmatrix} R_a & j\omega_L 2L''_\Delta e^{j2\vartheta_L} & 0 \\ -j\omega_L 2L''_\Delta e^{-j2\vartheta_L} & R_a & 0 \\ 0 & 0 & R_0 \end{bmatrix} \begin{bmatrix} \underline{i}_s \\ \underline{i}^*_s \\ i_h \end{bmatrix} + \begin{bmatrix} \underline{u}''_s \\ \underline{u}''^*_s \\ 0 \end{bmatrix} = \begin{bmatrix} \underline{u}_s \\ \underline{u}^*_s \\ u_h \end{bmatrix} \tag{8.128}$$

mit

$$\begin{aligned} \underline{u}''_s &= \underline{u}''_r e^{j\vartheta_L} = \left(u''_d + ju''_q\right) e^{j\vartheta_L} \\ &= \left[j\omega_L \left(k_f\psi_f + k_D\psi_D + jk_Q\psi_Q\right) + k_f\dot{\psi}_f + k_D\dot{\psi}_D + jk_Q\dot{\psi}_Q\right] e^{j\vartheta_L} \end{aligned} \tag{8.129}$$

und

$$L''_\Delta = \left(L''_d - L''_q\right)/2$$

Für $L''_q = L''_d$ vereinfacht sich Gl. 8.128 zu:

$$\begin{bmatrix} L''_d & 0 & 0 \\ 0 & L''_d & 0 \\ 0 & 0 & L_0 \end{bmatrix} \begin{bmatrix} \dot{\underline{i}}_s \\ \dot{\underline{i}}^*_s \\ \dot{i}_h \end{bmatrix} + \begin{bmatrix} R_a & 0 & 0 \\ 0 & R_a & 0 \\ 0 & 0 & R_0 \end{bmatrix} \begin{bmatrix} \underline{i}_s \\ \underline{i}^*_s \\ i_h \end{bmatrix} + \begin{bmatrix} \underline{u}''_s \\ \underline{u}''^*_s \\ 0 \end{bmatrix} = \begin{bmatrix} \underline{u}_s \\ \underline{u}^*_s \\ u_h \end{bmatrix} \tag{8.130}$$

Die Gln. 8.128, 8.125 und 8.96 mit 8.124 bilden ein vollständiges Zustandsdifferential-Gleichungssystem der Synchronmaschine mit $k_f\psi_f$, $k_D\psi_D$, $k_Q\psi_Q$, $\Delta\omega_L$, ϑ_L, $\underline{i}_s$, $\underline{i}^*_s$ und i_h als Zustandsgröße.

Die in den Gln. 8.124 und 8.125 noch vorkommenden dq-Komponenten der Ständerströme erhält man aus dem Real- und Imaginärteil des in Läuferkoordinaten zurück transformierten Raumzeigers:

$$i_d = \mathrm{Re}\left(\underline{i}_r\right) = \mathrm{Re}\left(\underline{i}_s e^{-j\vartheta_L}\right) \tag{8.131}$$

$$i_q = \mathrm{Im}\left(\underline{i}_r\right) = \mathrm{Im}\left(\underline{i}_s e^{-j\vartheta_L}\right) \tag{8.132}$$

Für die Einbeziehung der Ständergleichung, Gl. 8.128 in das Netzgleichungssystem nach dem Erweiterten Knotenpunktverfahren (s. Kap. 9) wird die Gl. 8.128 noch nach den Ableitungen der Zustandsgrößen aufgelöst und in jeder Zeile mit $1/\omega_0$ erweitert:

$$\begin{bmatrix} \underline{i}'_s \\ \underline{i}'^*_s \\ i'_h \end{bmatrix} = \begin{bmatrix} G_{11} & -G_{12}e^{j2\vartheta_L} & 0 \\ -G_{21}e^{-j2\vartheta_L} & G_{11} & 0 \\ 0 & 0 & G_0 \end{bmatrix} \begin{bmatrix} \underline{u}_s \\ \underline{u}^*_s \\ u_h \end{bmatrix} + \begin{bmatrix} \underline{i}_{sq} \\ \underline{i}^*_{sq} \\ i_{hq} \end{bmatrix} \tag{8.133}$$

mit dem Vektor der *Quellenströme*:

$$\begin{bmatrix} \underline{i}_{\text{sq}} \\ \underline{i}^*_{\text{sq}} \\ i_{\text{hq}} \end{bmatrix} = -\begin{bmatrix} G_{11} & -G_{12}\text{e}^{\text{j}2\vartheta_{\text{L}}} & 0 \\ -G_{21}\text{e}^{-\text{j}2\vartheta_{\text{L}}} & G_{11} & 0 \\ 0 & 0 & G_0 \end{bmatrix} \times \left\{ \begin{bmatrix} R_{\text{a}} & \text{j}\omega_{\text{L}}2L''_{\Delta}\text{e}^{\text{j}2\vartheta_{\text{L}}} & 0 \\ -\text{j}\omega_{\text{L}}2L''_{\Delta}\text{e}^{-\text{j}2\vartheta_{\text{L}}} & R_{\text{a}} & 0 \\ 0 & 0 & R_0 \end{bmatrix} \begin{bmatrix} \underline{i}_{\text{s}} \\ \underline{i}^*_{\text{s}} \\ i_{\text{h}} \end{bmatrix} + \begin{bmatrix} \underline{u}''_{\text{s}} \\ \underline{u}''^*_{\text{s}} \\ 0 \end{bmatrix} \right\} \tag{8.134}$$

und den *Leitwerten*:

$$G_{11} = \frac{X''_{\text{d}} + X''_{\text{q}}}{2X''_{\text{d}}X''_{\text{q}}}; \quad G_{12} = G_{21} = \frac{X''_{\text{d}} - X''_{\text{q}}}{2X''_{\text{d}}X''_{\text{q}}}; \quad G_0 = \frac{1}{X_0} \tag{8.135}$$

Im Fall gleicher subtransienter Induktivitäten vereinfachen sich die Gln. 8.133 und 8.134 mit

$$G_1 = \frac{1}{X''_{\text{d}}}$$

zu:

$$\begin{bmatrix} \underline{i}'_{\text{s}} \\ \underline{i}'^*_{\text{s}} \\ i'_{\text{h}} \end{bmatrix} = \begin{bmatrix} G_1 & 0 & 0 \\ 0 & G_1 & 0 \\ 0 & 0 & G_0 \end{bmatrix} \begin{bmatrix} \underline{u}_{\text{s}} \\ \underline{u}^*_{\text{s}} \\ u_{\text{h}} \end{bmatrix} + \begin{bmatrix} \underline{i}_{\text{sq}} \\ \underline{i}^*_{\text{sq}} \\ i_{\text{hq}} \end{bmatrix} \tag{8.136}$$

$$\begin{bmatrix} \underline{i}_{\text{sq}} \\ \underline{i}^*_{\text{sq}} \\ i_{\text{hq}} \end{bmatrix} = -\begin{bmatrix} G_1 & 0 & 0 \\ 0 & G_1 & 0 \\ 0 & 0 & G_0 \end{bmatrix} \left\{ \begin{bmatrix} R_{\text{a}} & 0 & 0 \\ 0 & R_{\text{a}} & 0 \\ 0 & 0 & R_0 \end{bmatrix} \begin{bmatrix} \underline{i}_{\text{s}} \\ \underline{i}^*_{\text{s}} \\ i_{\text{h}} \end{bmatrix} + \begin{bmatrix} \underline{u}''_{\text{s}} \\ \underline{u}''^*_{\text{s}} \\ 0 \end{bmatrix} \right\} \tag{8.137}$$

Nach der Klassifikation in Abschn. 8.1 entspricht die Gl. 8.136 den Raumzeigergleichungen eines L-Betriebsmittels vom Typ A (s. Gl. 8.17).

8.4.3 Anfangswerte für die Zustandsgrößen

Im vorausgesetzten stationären symmetrischen Anfangszustand bei synchroner Drehzahl sind die Läuferflussverkettungen und die dq-Komponenten der Ständergrößen konstant. Ein Nullsystem tritt nicht auf. Somit erhält man aus der Gl. 8.125 für die Anfangswerte der erweiterten Läuferflussverkettungen:

$$\begin{bmatrix} k_f\psi_f \\ k_D\psi_D \\ k_Q\psi_Q \end{bmatrix} = -\begin{bmatrix} -\dfrac{1}{T_{ff}} & \dfrac{k_f}{k_D}\dfrac{1}{T_{fD}} & 0 \\ \dfrac{k_D}{k_f}\dfrac{1}{T_{Df}} & -\dfrac{1}{T_{DD}} & 0 \\ 0 & 0 & -\dfrac{1}{T_Q} \end{bmatrix}^{-1} \left\{ \begin{bmatrix} k_f^2 R_f & 0 & 0 \\ k_D^2 R_D & 0 & 0 \\ 0 & k_Q^2 R_Q & 0 \end{bmatrix} \begin{bmatrix} i_d \\ i_q \\ 0 \end{bmatrix} + \begin{bmatrix} k_f u_f \\ 0 \\ 0 \end{bmatrix} \right\} \tag{8.138}$$

Um die in Gl. 8.138 benötigten Anfangswerte der dq-Komponenten für die Ströme und die Erregerspannung zu berechnen, geht man von der Generatorspannung $\underline{U}_1$ und der Leistung $\underline{S}$ aus. Beide Größen werden aus einer Leistungsflussberechnung übernommen. Für den Generatorstrom ergibt sich dann im Verbraucherzählpfeilsystem:

$$\underline{I}_1 = \frac{\underline{S}^*}{3\underline{U}_1^*}$$

Über die in der q-Achse liegende Hilfsspannung

$$\underline{U}_X = \underline{U}_1 - \left(R_a + jX_q\right)\underline{I}_1 = U_X e^{j\varphi_{uX}}$$

findet man den Anfangswert für den Läuferwinkel

$$\vartheta_L = \varphi_{uX} - \pi/2$$

Die Drehzahldifferenz $\Delta\omega_L$ ist im Synchronlauf Null.

Im stationären symmetrischen Betrieb ist der Raumzeiger mit dem Amplitudenzeiger des Leiters L1 identisch. Bei $t = 0$ gilt dann:

$$\underline{i}_s = \hat{\underline{i}}_1 = \sqrt{2}\underline{I}_1$$

Die Anfangswerte der dq-Komponenten der Ströme lassen sich mit jetzt mit den Gln. 8.131 und 8.132 berechnen.

Den Anfangswert der Erregerspannung erhält man aus der Polradspannung für die gilt (s. Abschn. 8.4.6):

$$\underline{U}_p = \underline{U}_X - j\left(X_d - X_q\right)\underline{I}_d$$

Schließlich ergeben sich die Erregerspannung und das mechanische Drehmoment aus:

$$u_f = R_f i_f = R_f \frac{\sqrt{2}U_p}{X_{hd}}$$

$$m_m = -m_e = -\frac{P_e}{\Omega_0} = -\frac{3\mathrm{Re}\left(\underline{U}_1\underline{I}_1^* - R_a I_1^2\right)}{\Omega_0}$$

8.4.4 Quasistationäres Modell mit subtransienter Spannung

Die quasistationären Modelle der Synchronmaschine sind vereinfachte (reduzierte) Modelle, bei denen nur noch Zustandsgrößen für die Läufergrößen (Flussverkettungen, Winkelgeschwindigkeit und Winkel) vorkommen. Die Ständergrößen werden durch Zeiger beschrieben, so dass die Modelle zur Zeigerdarstellung des gesamten Netzes in Symmetrischen Komponenten passen.

Bei der Beschreibung des Netzzustandes durch Zeiger werden die zu Beginn eines Ausgleichsvorganges von den Netzinduktivitäten (einschließlich der Ständerinduktivitäten) und Netzkapazitäten hervorgebrachten freien Anteile vernachlässigt. Das Netz wird trägheitsfrei angenommen. Damit stellen sich bei Zustandsänderungen im Netz, hervorgerufen durch Fehler oder Schalthandlungen, sofort die neuen Wechselanteile ein. Die entsprechenden Zeiger springen in den neuen Zustand.

Der Vernachlässigung der schnell abklingenden freien Anteile liegt die Überlegung zu Grunde, dass sie sowohl die trägen Läuferflussverkettungen als auch den trägen Läufer in ihrem Verhalten kaum beeinflussen.

Wie im Folgenden gezeigt wird, hängt die zeitliche Änderung der subtransienten Spannung im Wesentlichen von den Mitsystemkomponenten der Ständerströme ab. Drehzahländerungen werden durch Änderungen der Luftspaltleistung, die sich hauptsächlich aus den Mitsystemgrößen ergibt, hervorgerufen. Aufgrund der Größenordnung der elektromechanischen Zeitkonstante und der Läuferzeitkonstanten führen auch sprungartige Änderungen der Mitsystemgrößen, wie sie etwa durch Fehler hervorgerufen werden, nur zu relativ langsamen Änderungen der Flussverkettungen und Läuferwinkel. Diese wiederum führen zu einer langsamen Änderung der subtransienten Spannung im Betrag und Winkel, die sich auf alle Netzgrößen überträgt.

Es muss nur vorausgesetzt werden, dass die Änderungen der subtransienten Spannung so langsam (quasistationär) erfolgen, dass sie keine nennenswerten Ausgleichsvorgänge im Netz verursachen, das Netz sich also stets im angenommenen eingeschwungenen Zustand befindet, und somit die Verwendung von Zeigergrößen weiterhin gerechtfertigt ist. Aufgrund des großen Trägheitsmomentes der Generator- und Turbinenläufer ist die Voraussetzung dafür in der Regel gegeben.

Die Beschränkung auf die Wechselanteile der Netzgrößen hat nicht nur den Vorteil, dass das gesamte Netz einschließlich der Ständerwicklungen in gewohnter Weise durch die Symmetrischen Komponenten beschrieben werden kann, sondern führt auch dazu, dass das verbleibende Zustandsdifferentialgleichungssystem mit wesentlich größeren Schrittweiten integriert werden kann.

Gleichungen für das Mitsystem

Nach Gl. 1.67 besteht folgender Zusammenhang zwischen den Raumzeigern in Läuferkoordinaten und den Zeigern des Mitsystems, wenn jetzt die Winkeländerung gegenüber dem Zeigerkoordinatensystem berücksichtigt wird (s. Abb. 7.4):

$$\underline{g}_{r1} = \underline{\hat{g}}_1 e^{-j\vartheta_L} = \sqrt{2}\underline{G}_1 e^{-j(\vartheta_0+\Delta\vartheta_L)} = \sqrt{2}\underline{G}_1 e^{-j\delta_L} \tag{8.139}$$

und für die Ableitung:

$$\dot{\underline{g}}_{r1} = \sqrt{2}\dot{\underline{G}}_1 e^{-j\delta_L} - j\dot{\delta}_L\sqrt{2}\underline{G}_1 e^{-j\delta_L} \tag{8.140}$$

Unter den genannten quasistationären Voraussetzungen gilt für die Gl. 8.140 die Näherung:

$$\dot{\underline{g}}_{r1} = -j\dot{\delta}_L\sqrt{2}\underline{G}_1 e^{-j\delta_L} \tag{8.141}$$

Weiter folgt für die dq-Komponenten:

$$g_{d1} + jg_{q1} = \sqrt{2}\underline{G}_1 e^{-j\delta_L} \tag{8.142}$$

und

$$g_{d1}e^{j\delta_L} + jg_{q1}e^{j\delta_L} = \sqrt{2}\underline{G}_{d1} + \sqrt{2}\underline{G}_{q1} = \sqrt{2}\underline{G}_1 \tag{8.143}$$

mit

$$\sqrt{2}\underline{G}_{d1} = g_{d1}e^{j\delta_L} \tag{8.144}$$

$$\sqrt{2}\underline{G}_{q1} = jg_{q1}e^{j\delta_L} \tag{8.145}$$

Umgekehrt gilt dann:

$$g_{d1} = \sqrt{2}\underline{G}_{d1}e^{-j\delta_L} \tag{8.146}$$

$$g_{q1} = -j\sqrt{2}\underline{G}_{q1}e^{-j\delta_L} \tag{8.147}$$

und

$$\dot{g}_{d1} \approx -j\dot{\delta}_L\sqrt{2}\underline{G}_{d1}e^{-j\delta_L} \tag{8.148}$$

$$\dot{g}_{q1} \approx -\dot{\delta}_L\sqrt{2}\underline{G}_{q1}e^{-j\delta_L} \tag{8.149}$$

Mit den Gln. 8.146 bis 8.149 folgt aus den Gln. 8.115 bis 8.117 (oder direkt aus den Gln. 8.120 und 8.121 unter Beachtung von $\underline{i}^*_{r1} = i_{d1} - ji_{q1} = \sqrt{2}(\underline{I}_{d1} - \underline{I}_{q1})e^{-j\delta_L}$):

$$-j\dot{\delta}_L L''_d \underline{I}_{d1} + R_a\underline{I}_{d1} + j\omega_L L''_q\underline{I}_{q1} + j\omega_L k_Q\underline{\Psi}_{Q1} - j\dot{\delta}_L\left(k_f\underline{\Psi}_{f1} + k_D\underline{\Psi}_{D1}\right) = \underline{U}_{d1} \tag{8.150}$$

$$-\dot{\delta}_L L''_q\underline{I}_{q1} - jR_a\underline{I}_{q1} + \omega_L L''_d\underline{I}_{d1} - \dot{\delta}_L k_Q\underline{\Psi}_{Q1} + \omega_L\left(k_f\underline{\Psi}_{f1} + k_D\underline{\Psi}_{D1}\right) = -j\underline{U}_{q1} \tag{8.151}$$

Die Gl. 8.151 wird mit j multipliziert und zu Gl. 8.150 addiert. Man erhält mit $\omega_L - \dot{\delta}_L = \omega_0$:

$$\underline{U}_{d1} + \underline{U}_{q1} = R_a\left(\underline{I}_{d1} + \underline{I}_{q1}\right) + jX''_d\underline{I}_{d1} + jX''_q\underline{I}_{q1} + j\omega_0\left(k_f\underline{\Psi}_{f1} + k_D\underline{\Psi}_{D1}\right) + j\omega_0 k_Q\underline{\Psi}_{Q1} \tag{8.152}$$

und nach erweitern mit $\pm \mathrm{j} X_\mathrm{d}'' \underline{I}_{\mathrm{q}1}$

$$\underline{U}_1 = \left(R_\mathrm{a} + \mathrm{j} X_\mathrm{d}''\right) \underline{I}_1 + \mathrm{j} \left(X_\mathrm{q}'' - X_\mathrm{d}''\right) \underline{I}_{\mathrm{q}1} + \mathrm{j}\omega_0 \left(k_\mathrm{f} \underline{\Psi}_{\mathrm{f}1} + k_\mathrm{D} \underline{\Psi}_{\mathrm{D}1}\right) + \mathrm{j}\omega_0 k_\mathrm{Q} \underline{\Psi}_{\mathrm{Q}1} \quad (8.153)$$

Die zeitlichen Änderungen der Läuferflussverkettungen berechnen sich aus der Gl. 8.125, die hier mit den Großbuchstaben und dem Index 1 für das Mitsystem die folgende spezielle Form annimmt:

$$\begin{bmatrix} k_\mathrm{f} \dot{\Psi}_{\mathrm{f}1} \\ k_\mathrm{D} \dot{\Psi}_{\mathrm{D}1} \\ k_\mathrm{Q} \dot{\Psi}_{\mathrm{Q}1} \end{bmatrix} = \begin{bmatrix} -\dfrac{1}{T_\mathrm{ff}} & \dfrac{k_\mathrm{f}}{k_\mathrm{D}} \dfrac{1}{T_\mathrm{fD}} & 0 \\ \dfrac{k_\mathrm{D}}{k_\mathrm{f}} \dfrac{1}{T_\mathrm{Df}} & -\dfrac{1}{T_\mathrm{DD}} & 0 \\ 0 & 0 & -\dfrac{1}{T_\mathrm{Q}} \end{bmatrix} \begin{bmatrix} k_\mathrm{f} \Psi_{\mathrm{f}1} \\ k_\mathrm{D} \Psi_{\mathrm{D}1} \\ k_\mathrm{Q} \Psi_{\mathrm{Q}1} \end{bmatrix} + \begin{bmatrix} k_\mathrm{f} & k_\mathrm{f}^2 R_\mathrm{f} & 0 \\ 0 & k_\mathrm{D}^2 R_\mathrm{D} & 0 \\ 0 & 0 & k_\mathrm{Q}^2 R_\mathrm{Q} \end{bmatrix} \begin{bmatrix} k_\mathrm{f} U_\mathrm{f} \\ I_{\mathrm{d}1} \\ I_{\mathrm{q}1} \end{bmatrix} \quad (8.154)$$

Übernimmt man die Komponenten der Läuferflussverkettungen direkt in die Gl. 8.153 anstelle deren Zeiger, so geht diese über in:

$$\underline{U}_1 = \left(R_\mathrm{a} + \mathrm{j} X_\mathrm{d}''\right) \underline{I}_1 + \mathrm{j} \left(X_\mathrm{q}'' - X_\mathrm{d}''\right) \underline{I}_{\mathrm{q}1} + \mathrm{j}\omega_0 \left[k_\mathrm{f} \Psi_{\mathrm{f}1} + k_\mathrm{D} \Psi_{\mathrm{D}1} + \mathrm{j} k_\mathrm{Q} \Psi_{\mathrm{Q}1}\right] \mathrm{e}^{\mathrm{j}\delta_\mathrm{L}} \quad (8.155)$$

und kürzer:

$$\underline{U}_1 = \underline{Z}_1'' \underline{I}_1 + \mathrm{j} \left(X_\mathrm{q}'' - X_\mathrm{d}''\right) \underline{I}_{\mathrm{q}1} + \underline{U}_1'' \quad (8.156)$$

wobei mit

$$\underline{Z}_1'' = R_\mathrm{a} + \mathrm{j} X_\mathrm{d}'' \quad (8.157)$$

die *subtransiente Mitsystemimpedanz* und mit

$$\underline{U}_1'' = \mathrm{j}\omega_0 \left[k_\mathrm{f} \Psi_{\mathrm{f}1} + k_\mathrm{D} \Psi_{\mathrm{D}1} + \mathrm{j} k_\mathrm{Q} \Psi_{\mathrm{Q}1}\right] \mathrm{e}^{\mathrm{j}\delta_\mathrm{L}} = \left(U_\mathrm{d}'' + \mathrm{j} U_\mathrm{q}''\right) \mathrm{e}^{\mathrm{j}\delta_\mathrm{L}} = \underline{U}_\mathrm{d}'' + \underline{U}_\mathrm{q}'' \quad (8.158)$$

die *subtransiente Spannung* eingeführt wurden.

Der Ausdruck $\mathrm{j}(X_\mathrm{q}'' - X_\mathrm{d}'')\underline{I}_{\mathrm{q}1}$ in Gl. 8.156 ist die sog. *subtransiente Schenkeligkeit*. Er erschwert die Berechnung, da er nur iterativ berücksichtigt werden kann. Vernachlässigt man die subtransiente Schenkeligkeit, so vereinfacht sich Gl. 8.156 zu der gewöhnlich angegebenen Spannungsgleichung für das Mitsystem:

$$\underline{U}_1 = \underline{Z}_1'' \underline{I}_1 + \underline{U}_1'' \quad (8.159)$$

Da die subtransiente Spannung nur von Zustandsgrößen abhängt, ist sie während des Überganges vom stationären zum subtransienten Zustand hinsichtlich ihres Betrages und Winkels konstant. Ihren Anfangswert berechnet man aus der umgestellten Gl. 8.159 mit den aus dem Leistungsfluss bekannten stationären Werten für $\underline{U}_1$ und $\underline{I}_1$:

$$\underline{U}_1'' = \underline{U}_1 - \underline{Z}_1'' \underline{I}_1 \quad (8.160)$$

Die Konstanz der subtransienten Spannung bestimmt die Wechselanteile (Zeiger) der Ströme und Spannungen im Netz unmittelbar nach Eintritt einer Störung. So ergibt sich beispielsweise der Anfangs-Kurzschlusswechselstrom für den dreipoligen Kurzschluss unmittelbar aus Gl. 8.160 mit $\underline{U}_1 = 0$:

$$\underline{I}''_{k3} = -\frac{\underline{U}''_1}{\underline{Z}''_1} \tag{8.161}$$

Aus der Gl. 8.158 ist der eingangs geschilderte Einfluss der Änderung des Läuferwinkels und der Läuferflussverkettungen auf die subtransiente Spannung, die als langsam veränderliche Quellenspannung im Mitsystem (s. Gl. 8.159) wirksam wird, ersichtlich.

Gleichungen für das Gegensystem

Aus der Gl. 1.67 folgt für den Zusammenhang des Raumzeigers in dq-Koordinaten mit dem Zeiger eines Gegensystems der Symmetrischen Komponenten:

$$\underline{g}_{r2} = \underline{\hat{g}}^*_2 e^{-j\vartheta_L} = \sqrt{2}\underline{G}^*_2 e^{-j(2\omega_0 t+\vartheta_0+\Delta\vartheta)} \approx \sqrt{2}\underline{G}^*_2 e^{-j(2\omega_0 t+\vartheta_0)} \tag{8.162}$$

Die Änderung des Läuferwinkels kann jetzt gegenüber $2\omega_0 t$ vernachlässigt werden. Für die zeitliche Ableitung folgt dann:

$$\dot{\underline{g}}_{r2} = \sqrt{2}\dot{\underline{G}}^*_2 e^{-j(2\omega_0 t+\vartheta_0)} - j2\omega_0\sqrt{2}\underline{G}^*_2 e^{-j(2\omega_0 t+\vartheta_0)} \approx -j2\omega_0\sqrt{2}\underline{G}^*_2 e^{-j(2\omega_0 t+\vartheta_0)} \tag{8.163}$$

Der durch ein Gegensystem hervorgebrachte Raumzeiger rotiert mit $2\omega_0$ im Uhrzeigersinn im dq-Läuferkoordinatensystem. Seine dq-Komponenten sind demzufolge Wechselgrößen mit der Kreisfrequenz $2\omega_0$:

$$g_{d2} + jg_{q2} = \sqrt{2}\underline{G}^*_2 e^{-j(2\omega_0 t+\vartheta_0)} \tag{8.164}$$

Für die weitere Rechnung ist es zweckmäßig die Änderung der Komponenten durch Amplitudenzeiger $\underline{\hat{g}}_{d2}$ und $\underline{\hat{g}}_{q2}$, die mit der Frequenz $2\omega_0$ rotieren, zu beschreiben:

$$g_{d2} = \mathrm{Re}\left\{\sqrt{2}\underline{G}^*_2 e^{-j(2\omega_0 t+\vartheta_0)}\right\} = \mathrm{Re}\left\{\underline{\hat{g}}_{d2}\right\} = \frac{1}{2}\left(\underline{\hat{g}}_{d2} + \underline{\hat{g}}^*_{d2}\right) \tag{8.165}$$

$$g_{q2} = \mathrm{Im}\left\{\sqrt{2}\underline{G}^*_2 e^{-j(2\omega_0 t+\vartheta_0)}\right\} = \mathrm{Re}\left\{\underline{\hat{g}}_{q2}\right\} = \frac{1}{2}\left(\underline{\hat{g}}_{q2} + \underline{\hat{g}}^*_{q2}\right) \tag{8.166}$$

Wegen

$$\mathrm{Im}\left\{\sqrt{2}\underline{G}^*_2 e^{-j(2\omega_0 t+\vartheta_0)}\right\} = \mathrm{Re}\left\{j\sqrt{2}\underline{G}^*_2 e^{-j(2\omega_0 t+\vartheta_0)}\right\}$$

gilt noch:

$$\underline{\hat{g}}_{q2} = j\underline{\hat{g}}_{d2} \tag{8.167}$$

und damit

$$\underline{g}_{r2} = g_{d2} + jg_{q2} = \underline{\hat{g}}^*_{d2} \tag{8.168}$$

Die Änderungen der Läuferflussverkettungen gegenüber einem Gegensystem ergeben sich im eingeschwungenen Zustand aus der zu Gl. 8.125 gehörenden Zeigergleichung:

$$\begin{bmatrix} j2\omega_0 + \dfrac{1}{T_{ff}} & -\dfrac{k_f}{k_D}\dfrac{1}{T_{fD}} & 0 \\ -\dfrac{k_D}{k_f}\dfrac{1}{T_{Df}} & j2\omega_0 + \dfrac{1}{T_{DD}} & 0 \\ 0 & 0 & j2\omega_0 + \dfrac{1}{T_Q} \end{bmatrix} \begin{bmatrix} k_f\underline{\hat{\psi}}_{f2} \\ k_D\underline{\hat{\psi}}_{D2} \\ k_Q\underline{\hat{\psi}}_{Q2} \end{bmatrix} = \begin{bmatrix} k_f^2 R_f \underline{\hat{i}}_{d2} \\ k_D^2 R_D \underline{\hat{i}}_{d2} \\ k_Q^2 R_Q \underline{\hat{i}}_{q2} \end{bmatrix} \tag{8.169}$$

Wegen der Dominanz der Diagonalelemente $j2\omega_0$ gilt näherungsweise:

$$\begin{bmatrix} k_f\underline{\hat{\psi}}_{f2} \\ k_D\underline{\hat{\psi}}_{D2} \\ k_Q\underline{\hat{\psi}}_{Q2} \end{bmatrix} = -\frac{j}{2\omega_0} \begin{bmatrix} k_f^2 R_f \underline{\hat{i}}_{d2} \\ k_D^2 R_D \underline{\hat{i}}_{d2} \\ k_Q^2 R_Q \underline{\hat{i}}_{q2} \end{bmatrix} \tag{8.170}$$

Aus der Gl. 8.170 folgt, dass sich auch die Komponenten der subtransienten Spannung (s. Gln. 8.116 und 8.117 durch Zeiger ausdrücken lassen, wobei $\omega_L = \omega_0$ gesetzt wurde:

$$\underline{\hat{u}}''_{d2} = \frac{j}{2} k_Q^2 R_Q \underline{\hat{i}}_{q2} + \left(k_f^2 R_f + k_D^2 R_D\right) \underline{\hat{i}}_{d2} \tag{8.171}$$

$$\underline{\hat{u}}''_{q2} = -\frac{j}{2}\left(k_f^2 R_f + k_D^2 R_D\right) \underline{\hat{i}}_{d2} + k_Q^2 R_Q \underline{\hat{i}}_{q2} \tag{8.172}$$

Die beiden ersten Zeilen der Gl. 8.115 können somit auch als Zeigergleichungen geschrieben werden. Ersetzt man darin die Zeiger der subtransienten Spannungskomponenten durch die Gln. 8.171 und 8.172, so erhält man unter Berücksichtigung von Gl. 8.167:

$$\left[R_a + k_f^2 R_f + k_D^2 R_D - \frac{1}{2} k_Q^2 R_Q + j\left(2X''_d - X''_q\right)\right] \underline{\hat{i}}_{d2} = \underline{\hat{u}}_{d2} \tag{8.173}$$

$$j\left[R_a + k_Q^2 R_Q - \frac{1}{2}\left(k_f^2 R_f + k_D^2 R_D\right) + j\left(2X''_q - X''_d\right)\right] \underline{\hat{i}}_{d2} = \underline{\hat{u}}_{q2} \tag{8.174}$$

Aus den Gln. 8.173 und 8.174 ist ersichtlich, dass für die Ständerspannungskomponenten aufgrund der Läuferunsymmetrie offensichtlich nicht mehr die Gl. 8.167 gilt. Der Raumzeiger der Ständerspannung in Läuferkoordinaten ergibt sich dann allgemein mit den Gln. 8.165 und 8.166 aus:

$$\underline{u}_\mathrm{r} = u_\mathrm{d2} + \mathrm{j}u_\mathrm{q2} = \frac{1}{2}\left(\hat{\underline{u}}_\mathrm{d2} + \hat{\underline{u}}^*_\mathrm{d2}\right) + \mathrm{j}\frac{1}{2}\left(\hat{\underline{u}}_\mathrm{q2} + \hat{\underline{u}}^*_\mathrm{q2}\right) \tag{8.175}$$

$$\begin{aligned}\underline{u}_\mathrm{r} = &\left[R_\mathrm{a} + \frac{1}{4}\left(k_\mathrm{f}^2 R_\mathrm{f} + k_\mathrm{D}^2 R_\mathrm{D} + k_\mathrm{Q}^2 R_\mathrm{Q}\right) - \mathrm{j}\frac{1}{2}\left(X''_\mathrm{d} + X''_\mathrm{q}\right)\right]\hat{\underline{i}}^*_\mathrm{d2} \\ &+ \left[\frac{3}{4}\left(k_\mathrm{f}^2 R_\mathrm{f} + k_\mathrm{D}^2 R_\mathrm{D} - k_\mathrm{Q}^2 R_\mathrm{Q}\right) - \mathrm{j}\frac{3}{2}\left(X''_\mathrm{q} - X''_\mathrm{d}\right)\right]\hat{\underline{i}}_\mathrm{d2}\end{aligned} \tag{8.176}$$

Der erste Term in Gl. 8.176 gehört zu einem Gegensystem

$$\underline{u}_\mathrm{r2} = \left[R_\mathrm{a} + \frac{1}{4}\left(k_\mathrm{f}^2 R_\mathrm{f} + k_\mathrm{D}^2 R_\mathrm{D} + k_\mathrm{Q}^2 R_\mathrm{Q}\right) - \mathrm{j}\frac{1}{2}\left(X''_\mathrm{d} + X''_\mathrm{q}\right)\right]\hat{\underline{i}}^*_\mathrm{d2} \tag{8.177}$$

Mit den Gln. 8.162 und 8.168 und 8.163 schreibt er sich:

$$\begin{aligned}&\sqrt{2}\underline{U}^*_2 \mathrm{e}^{-\mathrm{j}(2\omega_0 t + \vartheta_0)} \\ &= \left[R_\mathrm{a} + \frac{1}{4}\left(k_\mathrm{f}^2 R_\mathrm{f} + k_\mathrm{D}^2 R_\mathrm{D} + k_\mathrm{Q}^2 R_\mathrm{Q}\right) - \mathrm{j}\frac{1}{2}\left(X''_\mathrm{d} + X''_\mathrm{q}\right)\right]\sqrt{2}\underline{I}^*_2 \mathrm{e}^{-\mathrm{j}(2\omega_0 t + \vartheta_0)}\end{aligned} \tag{8.178}$$

so dass schließlich folgt:

$$\underline{U}_2 = \left[R_\mathrm{a} + \frac{1}{4}\left(k_\mathrm{f}^2 R_\mathrm{f} + k_\mathrm{D}^2 R_\mathrm{D} + k_\mathrm{Q}^2 R_\mathrm{Q}\right) + \mathrm{j}\frac{1}{2}\left(X''_\mathrm{d} + X''_\mathrm{q}\right)\right]\underline{I}_2 \tag{8.179}$$

Der zweite Term in Gl. 8.176

$$\left[\frac{3}{4}\left(k_\mathrm{f}^2 R_\mathrm{f} + k_\mathrm{D}^2 R_\mathrm{D} - k_\mathrm{Q}^2 R_\mathrm{Q}\right) - \mathrm{j}\frac{3}{2}\left(X''_\mathrm{q} - X''_\mathrm{d}\right)\right]\sqrt{2}\underline{I}_2 \mathrm{e}^{\mathrm{j}(2\omega_0 t + \vartheta_0)}$$

ruft einen Spannungsraumzeiger hervor, der mit $2\omega_0$ gegenüber dem Läuferkoordinatensystem und mit $3\omega_0$ gegenüber dem Ständerkoordinatensystem in Drehrichtung rotiert. Zu ihm gehört ein Mitsystem der Ständerspannungen dreifacher Grundfrequenz. Da das quasistationäre Modell nur die Grundschwingung der Wechselanteile berücksichtigt, muss der Anteil vernachlässigt werden.

Die Gl. 8.179 bildet dann die Spannungsgleichung für das Gegensystem in der gewohnten Form:

$$\underline{U}_2 = \underline{Z}_2 \underline{I}_2 \tag{8.180}$$

mit der *Gegensystemimpedanz*:

$$\underline{Z}_2 = R_\mathrm{a} + \frac{1}{4}\left(k_\mathrm{f}^2 R_\mathrm{f} + k_\mathrm{D}^2 R_\mathrm{D} + k_\mathrm{Q}^2 R_\mathrm{Q}\right) + \mathrm{j}\frac{1}{2}\left(X''_\mathrm{d} + X''_\mathrm{q}\right) = R_2 + \mathrm{j}X_2 \tag{8.181}$$

Gleichungen für das Nullsystem

Die letzte Zeile in Gl. 8.115 kann bei fester Frequenz unmittelbar in eine Zeigergleichung für das Nullsystem überführt werden:

$$(R_0 + \mathrm{j}\omega_0 L_0)\,\underline{I}_0 = \underline{U}_0 \tag{8.182}$$

oder

$$\underline{U}_0 = \underline{Z}_0 \underline{I}_0 \tag{8.183}$$

Gleichungen für die Läuferbewegung

Für das elektrische Drehmoment gilt allgemein die Gl. 8.99. Mit den Anteilen der Raumzeiger und deren Komponenten herrührend von Mit- und Gegensystem folgt daraus:

$$\begin{aligned} m_\mathrm{e} &= -\frac{3}{2}p\mathrm{Im}\left\{\underline{\psi}_\mathrm{r}\underline{i}_\mathrm{r}^*\right\} = -\frac{3}{2}p\mathrm{Im}\left\{\left(\underline{\psi}_\mathrm{r1} + \underline{\psi}_\mathrm{r2}\right)\left(\underline{i}_\mathrm{r1}^* + \underline{i}_\mathrm{r2}^*\right)\right\} = m_\mathrm{e11} + m_\mathrm{e12} + m_\mathrm{e22} \\ &= \frac{3}{2}p\left[\left(\psi_\mathrm{d1}i_\mathrm{q1} - \psi_\mathrm{q1}i_\mathrm{d1}\right) + \left(\psi_\mathrm{d1}i_\mathrm{q2} + \psi_\mathrm{d2}i_\mathrm{q1} - \psi_\mathrm{q1}i_\mathrm{d2} - \psi_\mathrm{q2}i_\mathrm{d1}\right) + \left(\psi_\mathrm{d2}i_\mathrm{q2} - \psi_\mathrm{q2}i_\mathrm{d2}\right)\right] \end{aligned} \tag{8.184}$$

Ersetzt man nun die zum Gegensystem gehörenden Raumzeigerkomponenten wieder durch rotierende Amplitudenzeiger und deren konjugiert komplexe Zeiger, so erkennt man schon, dass der zweite, vom Mit- und Gegensystem verursachte Term m_e12 in Gl. 8.184 einen mit $2\omega_0$ schwingenden Drehmomentenanteil und der dritte, nur vom Gegensystem verursachte Term m_e22 einen mit $4\omega_0$ schwingenden und einen konstanten Drehmomentenanteil hervorrufen. Die mit $2\omega_0$ und $4\omega_0$ schwingenden Anteile können aufgrund der Trägheit des Läufers in den meisten Fällen vernachlässigt werden. Um den konstanten Anteil im dritten Term zu bestimmen, wird dieser nach Einführung der Zeiger näher betrachtet.

$$\begin{aligned} m_\mathrm{e22} &= \frac{3}{2}p\left(\psi_\mathrm{d2}i_\mathrm{q2} - \psi_\mathrm{q2}i_\mathrm{d2}\right) \\ &= \frac{3}{8}p\left[\left(\hat{\underline{\psi}}_\mathrm{d2} + \hat{\underline{\psi}}_\mathrm{d2}^*\right)\left(\hat{\underline{i}}_\mathrm{q2} + \hat{\underline{i}}_\mathrm{q2}^*\right) - \left(\hat{\underline{\psi}}_\mathrm{q2} + \hat{\underline{\psi}}_\mathrm{q2}^*\right)\left(\hat{\underline{i}}_\mathrm{d2} + \hat{\underline{i}}_\mathrm{d2}^*\right)\right] \end{aligned} \tag{8.185}$$

Die Zeiger für die Ständerflussverkettungen werden mit Hilfe der Gl. 8.170 ersetzt durch:

$$\hat{\underline{\psi}}_\mathrm{d2} = L_\mathrm{d}''\hat{\underline{i}}_\mathrm{d2} + k_\mathrm{f}\hat{\underline{\psi}}_\mathrm{f2} + k_\mathrm{D}\hat{\underline{\psi}}_\mathrm{D2} = \left[L_\mathrm{d}'' - \frac{\mathrm{j}}{2\omega_0}\left(k_\mathrm{f}^2 R_\mathrm{f} + k_\mathrm{D}^2 R_\mathrm{D}\right)\right]\hat{\underline{i}}_\mathrm{d2} \tag{8.186}$$

$$\hat{\underline{\psi}}_\mathrm{q2} = L_\mathrm{q}''\hat{\underline{i}}_\mathrm{q2} + k_\mathrm{Q}\hat{\underline{\psi}}_\mathrm{Q2} = \left[L_\mathrm{q}'' - \frac{\mathrm{j}}{2\omega_0}k_\mathrm{Q}^2 R_\mathrm{Q}\right]\hat{\underline{i}}_\mathrm{q2} \tag{8.187}$$

so dass sich mit $\hat{\underline{i}}_{q2} = j\hat{\underline{i}}_{d2}$ entsprechend Gl. 8.167 ergibt:

$$\begin{aligned} m_{e22} &= \frac{3}{8}p\left\{\left[\frac{1}{2\omega_0}\left(k_f^2 R_f + k_D^2 R_D - k_Q^2 R_Q\right) + j\left(L''_d - L''_q\right)\right]\hat{\underline{i}}_{d2}^2 + \right. \\ &\quad + \left[\frac{1}{2\omega_0}\left(k_f^2 R_f + k_D^2 R_D - k_Q^2 R_Q\right) - j\left(L''_d - L''_q\right)\right]\hat{\underline{i}}_{d2}^{*2} \\ &\quad \left. - \frac{1}{\omega_0}\left(k_f^2 R_f + k_D^2 R_D + k_Q^2 R_Q\right)\hat{i}_2^2\right\} \\ &= \frac{3}{8}\frac{p}{\omega_0}\left\{2\mathrm{Re}\left\{\left[\frac{1}{2}\left(k_f^2 R_f + k_D^2 R_D - k_Q^2 R_Q\right) + j\left(X''_d - X''_q\right)\right]\hat{\underline{i}}_{d2}^2\right\}\right. \\ &\quad \left. - \left(k_f^2 R_f + k_D^2 R_D + k_Q^2 R_Q\right)\hat{i}_2^2\right\} \end{aligned} \tag{8.188}$$

Der durch das Mitsystem entstehende Drehmomentenanteil

$$m_{e11} = \frac{3}{2}p\left(\psi_{d1} i_{q1} - \psi_{q1} i_{d1}\right) = 3p\left(\Psi_{d1} I_{q1} - \Psi_{q1} I_{d1}\right)$$

kann mit (s. Gln. 8.103 und 8.158):

$$\begin{aligned} \Psi_{d1} &= L''_d I_{d1} + k_f \Psi_{f1} + k_D \Psi_{D1} = \frac{1}{\omega_0}\left(X''_d I_{d1} + U''_q\right) \\ \Psi_{q1} &= L''_q I_{q1} + k_Q \Psi_{Q1} = \frac{1}{\omega_0}\left(X''_q I_{q1} - U''_d\right) \end{aligned}$$

noch umgeformt werden zu:

$$m_{e11} = \frac{3}{\Omega_0}\left[U''_d I_{d1} + U''_q I_{q1} + \left(X''_d - X''_q\right) I_{d1} I_{q1}\right] \tag{8.189}$$

Bei Vernachlässigung der schwingenden Anteile erhält man für das restliche Drehmoment, das durch einen Großbuchstaben bezeichnet wird:

$$M_e = \frac{3}{\Omega_0}\left[U''_d I_{d1} + U''_q I_{q1} + \left(X''_d - X''_q\right) I_{d1} I_{q1} - \frac{1}{4}\left(k_f^2 R_f + k_D^2 R_D + k_Q^2 R_Q\right) I_2^2\right] \tag{8.190}$$

Das Gegensystem erzeugt durch die Verluste in den Läuferwicklungen einen konstanten negativen (bremsenden) Drehmomentenanteil. Für eine subtransient symmetrische Maschine kann man Gl. 8.190 noch wie folgt schreiben:

$$M_e = \frac{3}{\Omega_0}\mathrm{Re}\left\{\left(U''_d + jU''_q\right)\left(I_{d1} - jI_{q1}\right) - \frac{1}{4}\left(k_f^2 R_f + k_D^2 R_D + k_Q^2 R_Q\right) I_2^2\right\} \tag{8.191}$$

oder:

$$M_e = \frac{3}{\Omega_0} \mathrm{Re} \left\{ \underline{U}_1'' \underline{I}_1^* - \frac{1}{4} \left(k_f^2 R_f + k_D^2 R_D + k_Q^2 R_Q \right) I_2^2 \right\} \tag{8.192}$$

oder:

$$M_e = \frac{3}{\Omega_0} \mathrm{Re} \left\{ \underline{U}_1 \underline{I}_1^* - R_a I_1^2 - \frac{1}{4} \left(k_f^2 R_f + k_D^2 R_D + k_Q^2 R_Q \right) I_2^2 \right\} \tag{8.193}$$

wobei $3\mathrm{Re}\{\underline{U}_1 \underline{I}_1^*\}$ die Klemmenleistung im Mitsystem ist.

8.4.5 Quasistationäres Modell mit konstanter transienter Spannung

Die im Mitsystem als Quellenspannung auftretende subtransiente Spannung kann nur für wenige Millisekunden nach Eintritt einer Störung noch als konstant angesehen werden. Danach setzt eine Änderung, die durch die Änderung der Läuferflussverkettungen und des Läuferwinkels gegenüber dem synchron rotierenden Koordinatensystem verursacht wird, ein.

Die zuerst einsetzende Änderung wird durch die Änderung der Flussverkettung in der Dämpferlängsachsenwicklung, die die kleinste Zeitkonstante der Läuferwicklungen aufweist, hervorgerufen. Nimmt man nun an, dass die durch eine Störung veranlassten Ausgleichsvorgänge in der Dämpferlängsachsenwicklung abgeklungen sind, dann folgt aus der zweiten Zeile von Gl. 8.125 mit $k_D \dot{\Psi}_{D1} = 0$:

$$k_D \Psi_{D1} = \frac{k_D}{k_f} \frac{T_{DD}}{T_{Df}} k_f \Psi_{f1} + T_{DD} k_D^2 I_{d1} \tag{8.194}$$

und mit den Gln. 8.111 und 8.113 für die Zeitkonstanten und $k_D / k_f = L_{\sigma f} / L_{\sigma D}$:

$$k_D \Psi_{D1} = \frac{k_D}{k_f} \frac{(L_{hd} + L_{\sigma L})}{L_f} k_f \Psi_{f1} + L_{\sigma f} \frac{L_{hd}}{L_f} k_D I_{d1} \tag{8.195}$$

Während die d-Komponente der Ständerspannung unverändert bleibt, folgt für die q-Komponente mit Gl. 8.195:

$$\begin{aligned} U_{q1} &= R_a I_{q1} + L_d'' I_{d1} + \omega_0 k_f \Psi_{f1} + \omega_0 k_D \Psi_{D1} \\ &= R_a I_{q1} + \omega_0 \left(1 + \frac{k_D}{k_f} \frac{(L_{hd} + L_{\sigma L})}{L_f} \right) k_f \Psi_{f1} + \omega_0 \left(L_d'' + L_{\sigma f} \frac{L_{hd}}{L_f} k_D \right) I_{d1} \end{aligned} \tag{8.196}$$

oder abgekürzt

$$U_{q1} = R_a I_{q1} + \omega_0 k_f' \Psi_{f1} + \omega_0 L_d' I_{d1} \tag{8.197}$$

mit

$$k'_\mathrm{f} = k_\mathrm{f} + k_\mathrm{D}\frac{L_\mathrm{hd} + L_{\sigma\mathrm{L}}}{L_\mathrm{f}} = \frac{L_\mathrm{hd}}{L_\mathrm{f}} \tag{8.198}$$

und der *transienten* Längsinduktivität:

$$L'_\mathrm{d} = L''_\mathrm{d} + L_{\sigma\mathrm{f}}\frac{L_\mathrm{hd}}{L_\mathrm{f}}k_\mathrm{D} = L_\sigma + \left[1 - k_\mathrm{f} - k_\mathrm{D}\left(1 - \frac{L_{\sigma\mathrm{f}}}{L_\mathrm{f}}\right)\right]L_\mathrm{hd} = L_\sigma + \left(1 - k'_\mathrm{f}\right)L_\mathrm{hd}$$
$$= L_\sigma + \frac{\left(L_{\sigma\mathrm{L}} + L_{\sigma\mathrm{f}}\right)L_\mathrm{hd}}{L_\mathrm{f}} \tag{8.199}$$

Durch Zusammenfassen der Spannungskomponenten und Transformation in das Zeigerkoordinatensystem erhält man anstelle der Gl. 8.155:

$$\underline{U}_1 = \left(R_\mathrm{a} + \mathrm{j}X'_\mathrm{d}\right)\underline{I}_1 + \mathrm{j}\left(X''_\mathrm{q} - X'_\mathrm{d}\right)\underline{I}_{\mathrm{q}1} + \mathrm{j}\omega_0\left(k'_\mathrm{f}\Psi_{\mathrm{f}1} + \mathrm{j}k_\mathrm{Q}\Psi_{\mathrm{Q}1}\right)\mathrm{e}^{\mathrm{j}\delta_\mathrm{L}} \tag{8.200}$$

und kürzer:

$$\underline{U}_1 = \underline{Z}'_1\underline{I}_1 + \mathrm{j}\left(X''_\mathrm{q} - X'_\mathrm{d}\right)\underline{I}_{\mathrm{q}1} + \underline{U}'_1 \tag{8.201}$$

mit

$$\underline{Z}'_1 = R_\mathrm{a} + \mathrm{j}X'_\mathrm{d} \tag{8.202}$$

der *transienten* Mitsystemimpedanz und der *transienten* Spannung:

$$\underline{U}'_1 = \mathrm{j}\omega_0\left(k'_\mathrm{f}\Psi_{\mathrm{f}1} + \mathrm{j}k_\mathrm{Q}\Psi_{\mathrm{Q}1}\right)\mathrm{e}^{\mathrm{j}\delta_\mathrm{L}} = \left(U'_\mathrm{d} + \mathrm{j}U'_\mathrm{q}\right)\mathrm{e}^{\mathrm{j}\delta_\mathrm{L}} = \underline{U}'_\mathrm{d} + \underline{U}'_\mathrm{q} \tag{8.203}$$

Für das Drehmoment ergibt sich analog zu Gl. 8.190 und 8.192:

$$M_\mathrm{e} = \frac{3}{\Omega_0}\left[U'_\mathrm{d}I_{\mathrm{d}1} + U'_\mathrm{q}I_{\mathrm{q}1} + \left(X'_\mathrm{d} - X''_\mathrm{q}\right)I_{\mathrm{d}1}I_{\mathrm{q}1} - \frac{1}{4}\left(k_\mathrm{f}^2R_\mathrm{f} + k_\mathrm{D}^2R_\mathrm{D} + k_\mathrm{Q}^2R_\mathrm{Q}\right)I_2^2\right] \tag{8.204}$$

bzw.:

$$M_\mathrm{e} = \frac{3}{\Omega_0}\left[\mathrm{Re}\{\underline{U}'_1\underline{I}_1^*\} + \left(X'_\mathrm{d} - X''_\mathrm{q}\right)I_{\mathrm{d}1}I_{\mathrm{q}1} - \frac{1}{4}\left(k_\mathrm{f}^2R_\mathrm{f} + k_\mathrm{D}^2R_\mathrm{D} + k_\mathrm{Q}^2R_\mathrm{Q}\right)I_2^2\right] \tag{8.205}$$

Da sich in der Folge einer Störung die Flussverkettungen der Erreger- und Dämpferquerachsenwicklung deutlich langsamer als die der Dämpferlängsachsenwicklung ändern, kann man sie in einem Zeitbereich bis etwa 1 Sekunde näherungsweise noch als konstant ansehen. Das bedeutet, dass die transiente Spannung in dieser Zeit konstant ist und fest im Läuferkoordinatensystem liegen bleibt. Ihre Winkeländerung im Zeigerkoordinatensystem beschreibt dann gleichzeitig die Winkeländerung des Läufers gegenüber dem Synchronlauf.

Auf der Annahme einer betragskonstanten transienten Spannung beruht das klassische Modell zur Berechnung der transienten Stabilität, wobei zur weiteren Vereinfachung noch $X''_{\mathrm{q}} = X'_{\mathrm{d}}$ gesetzt wird (s. Abschn. 7.2). Den Anfangswert der transienten Spannung berechnet man aus der Gl. 8.201.

8.4.6 Stationäres Modell mit Polradspannung

Im symmetrischen stationären Zustand mit synchroner Winkelgeschwindigkeit sind die Ströme in den Dämpferwicklungen Null und die Läuferflussverkettungen sowie die dq-Komponenten der Ständergrößen konstant. Es gilt zwar weiterhin die Gl. 8.156

$$\underline{U}_1 = \underline{Z}''_1 \underline{I}_1 + \mathrm{j}\left(X''_{\mathrm{q}} - X''_{\mathrm{d}}\right) \underline{I}_{\mathrm{q}1} + \underline{U}''_1 \tag{8.206}$$

mit der subtransienten Spannung nach Gl. 8.158:

$$\underline{U}''_1 = \mathrm{j}\omega_0 \left[(k_{\mathrm{f}} \Psi_{\mathrm{f}0} + k_{\mathrm{D}} \Psi_{\mathrm{D}0}) + \mathrm{j} k_{\mathrm{Q}} \Psi_{\mathrm{Q}0} \right] \tag{8.207}$$

jedoch eignet sich die Gl. 8.156 nicht für die Berechnung weiterer stationärer Zustände, da zu jedem stationären Zustand andere Werte für die Läuferflussverkettungen gehören. Sie kann lediglich dazu dienen für den (einen) stationären Zustand unmittelbar vor einer Störung den Anfangswert der subtransienten Spannung zu bestimmen.

Zur Berechnung symmetrischer stationärer Zustände geht man von den Gln. 8.92 und 8.94 für das Mitsystem aus:

$$U_{\mathrm{d}1} = R_{\mathrm{a}} I_{\mathrm{d}1} - \omega_0 \Psi_{\mathrm{q}1} = R_{\mathrm{a}} I_{\mathrm{d}1} - X_{\mathrm{q}} I_{\mathrm{q}1} \tag{8.208}$$

$$U_{\mathrm{q}1} = R_{\mathrm{a}} I_{\mathrm{q}1} + \omega_0 \Psi_{\mathrm{d}1} = R_{\mathrm{a}} I_{\mathrm{q}1} + X_{\mathrm{d}} I_{\mathrm{d}1} + X_{\mathrm{hd}} \frac{1}{\sqrt{2}} i_{\mathrm{f}} \tag{8.209}$$

Mit den Gln. 8.146 und 8.147 für $\Delta\vartheta_{\mathrm{L}} = 0$ folgt weiter:

$$\underline{U}_{\mathrm{d}1} = R_{\mathrm{a}} \underline{I}_{\mathrm{d}1} - X_{\mathrm{q}} \underline{I}_{\mathrm{q}1} \tag{8.210}$$

$$\underline{U}_{\mathrm{q}1} = R_{\mathrm{a}} \underline{I}_{\mathrm{q}1} + \mathrm{j} X_{\mathrm{d}} \underline{I}_{\mathrm{d}1} + \mathrm{j} X_{\mathrm{hd}} \frac{1}{\sqrt{2}} i_{\mathrm{f}} \mathrm{e}^{\mathrm{j}\vartheta_0} \tag{8.211}$$

Die Addition der beiden Gleichungen ergibt:

$$\underline{U}_1 = R_{\mathrm{a}} \underline{I}_1 + \mathrm{j} X_{\mathrm{d}} \underline{I}_{\mathrm{d}1} - X_{\mathrm{q}} \underline{I}_{\mathrm{q}1} + \mathrm{j} X_{\mathrm{hd}} \frac{1}{\sqrt{2}} i_{\mathrm{f}} \mathrm{e}^{\mathrm{j}\vartheta_0} \tag{8.212}$$

und nach Erweitern mit $\mp X_\mathrm{d}\underline{I}_\mathrm{q1}$ und Einführung der nur vom Erregerstrom abhängigen *Polradspannung*:

$$\underline{U}_\mathrm{p} = \mathrm{j}X_\mathrm{hd}\frac{1}{\sqrt{2}}i_\mathrm{f}\mathrm{e}^{\mathrm{j}\vartheta_0} \tag{8.213}$$

$$\underline{U}_1 = (R_\mathrm{a} + \mathrm{j}X_\mathrm{d})\,\underline{I}_1 + \left(X_\mathrm{d} - X_\mathrm{q}\right)\underline{I}_\mathrm{q1} + \underline{U}_\mathrm{p} \tag{8.214}$$

Erweitert man Gl. 8.212 dagegen mit $\mp X_\mathrm{d}\underline{I}_\mathrm{q1}$, so erhält man:

$$\underline{U}_1 = \left(R_\mathrm{a} + \mathrm{j}X_\mathrm{q}\right)\underline{I}_1 + \mathrm{j}\left(X_\mathrm{d} - X_\mathrm{q}\right)\underline{I}_\mathrm{d1} + \underline{U}_\mathrm{p} \tag{8.215}$$

Diese Gleichung eignet sich zur Bestimmung der Lage des dq-Koordinatensystems, wovon in Abschn. 8.4.3 bereits Gebrauch gemacht wurde. Da der Zeiger $\underline{I}_\mathrm{d1}$ in der Längsachse und der der Polradspannung in der q-Achse liegt, muss die Hilfsspannung

$$\underline{U}_\mathrm{X} = \underline{U}_1 - \left(R_\mathrm{a} + \mathrm{j}X_\mathrm{q}\right)\underline{I}_1 = U_\mathrm{X}\mathrm{e}^{\mathrm{j}(\vartheta_0 + \pi/2)} \tag{8.216}$$

ebenfalls in der q-Achse liegen, deren Position man somit gefunden hat.

Das elektrische Drehmoment berechnet sich mit der Polradspannung aus:

$$\begin{aligned} M_\mathrm{e} &= p3\left(\Psi_\mathrm{d1}I_\mathrm{q1} - \Psi_\mathrm{q1}I_\mathrm{d1}\right) = \frac{3}{\Omega_0}\left[X_\mathrm{hd}\frac{1}{\sqrt{2}}i_\mathrm{fd}I_\mathrm{q1} + \left(X_\mathrm{d} - X_\mathrm{q}\right)I_\mathrm{d1}I_\mathrm{q1}\right] \\ &= \frac{3}{\Omega_0}\mathrm{Re}\left\{\mathrm{j}X_\mathrm{hd}\frac{1}{\sqrt{2}}i_\mathrm{fd}\left(I_\mathrm{d1} - \mathrm{j}I_\mathrm{q1}\right) + \left(X_\mathrm{d} - X_\mathrm{q}\right)I_\mathrm{d1}I_\mathrm{q1}\right\} \\ &= \frac{3}{\Omega_0}\mathrm{Re}\left\{\underline{U}_\mathrm{p}\underline{I}_1^* + \left(X_\mathrm{d} - X_\mathrm{q}\right)I_\mathrm{d1}I_\mathrm{q1}\right\} \end{aligned} \tag{8.217}$$

Für die Vollpolmaschine mit $X_\mathrm{q} = X_\mathrm{d}$ vereinfachen sich die Gln. 8.214, 8.215 und 8.217 zu:

$$\underline{U}_1 = (R_1 + \mathrm{j}X_\mathrm{d})\,\underline{I}_1 + \underline{U}_\mathrm{p} \tag{8.218}$$

$$M_\mathrm{e} = \frac{3}{\Omega_0}\mathrm{Re}\left\{\underline{U}_\mathrm{p}\underline{I}_1^*\right\} \tag{8.219}$$

8.4.7 Berechnung der Modellparameter aus den Maschinenparametern

Von den Maschinenparametern werden als bekannt vorausgesetzt:

$$x_\mathrm{d},\quad x'_\mathrm{d},\quad x''_\mathrm{d},\quad x''_\mathrm{q},\quad x_\sigma,\quad x_{\sigma\mathrm{L}},\quad x_0,\quad T'_\mathrm{d},\quad T''_\mathrm{d},\quad T''_\mathrm{q}\quad \text{und}\quad T_\mathrm{g}$$

Es ergibt sich dann folgender Rechengang mit x_1, x_2, x_3, T_1, T_2, a und b als Zwischengrößen.

$$r_a = 2\frac{x''_d x''_q}{x''_d + x''_q} \cdot \frac{1}{\omega_0 T_g}$$

$$x_{hd} = x_d - x_\sigma; \quad x_{hq} = x_q - x_\sigma$$

$$x_1 = x_{hd} + x_{\sigma L}; \quad x_2 = x_1 - \frac{x_{hd}^2}{x_d}$$

$$x_3 = \frac{x_2 - x_1 \frac{x''_d}{x_d}}{1 - \frac{x''_d}{x_d}}$$

$$T_1 = \frac{x_d}{x'_d} T'_d + \left(1 - \frac{x_d}{x'_d} + \frac{x_d}{x''_d}\right) T''_d; \quad T_2 = T'_d + T''_d$$

$$a = \frac{x_2 T_1 - x_1 T_2}{x_1 - x_2}; \quad b = \frac{x_3}{x_3 - x_2} T'_d \cdot T''_d$$

$$T_{\sigma f} = -\frac{a}{2} + \sqrt{\frac{a^2}{4} - b}; \quad T_{\sigma D} = -\frac{a}{2} - \sqrt{\frac{a^2}{4} - b}$$

$$x_{\sigma f} = \frac{T_{\sigma f} - T_{\sigma D}}{\frac{T_1 - T_2}{x_1 - x_2} + \frac{T_{\sigma D}}{x_3}}; \quad x_{\sigma D} = \frac{T_{\sigma D} - T_{\sigma f}}{\frac{T_1 - T_2}{x_1 - x_2} + \frac{T_{\sigma f}}{x_3}}$$

$$x_{\sigma Q} = x_{hq} \frac{x''_q - x_\sigma}{x_q - x''_q}$$

$$r_f = \frac{x_{\sigma f}}{\omega_0 T_{\sigma f}}; \quad r_D = \frac{x_{\sigma D}}{\omega_0 T_{\sigma D}}$$

$$r_Q = \frac{x''_q}{x_q} \cdot \frac{x_Q}{\omega_0 T''_q}$$

$$k_f = \frac{x_{hd} x_{\sigma D}}{(x_{hd} + x_{\sigma L})(x_{\sigma D} + x_{\sigma f}) + x_{\sigma D} x_{\sigma f}}; \quad k_D = \frac{x_{hd} x_{\sigma f}}{(x_{hd} + x_{\sigma L})(x_{\sigma D} + x_{\sigma f}) + x_{\sigma D} x_{\sigma f}}$$

$$k_Q = \frac{x_{hq}}{x_{hq} + x_{\sigma Q}}$$

$$\frac{1}{T_{DD}} = \omega_0 \frac{r_D x_f}{(x_{hd} + x_{\sigma L})(x_{\sigma D} + x_{\sigma f}) + x_{\sigma D} x_{\sigma f}} = \frac{x_f}{x_{hd}} \frac{k_f}{T_{\sigma D}}$$

$$\frac{1}{T_{Df}} = \omega_0 \frac{r_D (x_{hd} + x_{\sigma L})}{(x_{hd} + x_{\sigma L})(x_{\sigma D} + x_{\sigma f}) + x_{\sigma D} x_{\sigma f}} = \frac{x_{hd} + x_{\sigma L}}{x_{hd}} \cdot \frac{k_f}{T_{\sigma D}}$$

$$\frac{1}{T_{ff}} = \omega_0 \frac{r_f x_D}{(x_{hd} + x_{\sigma L})(x_{\sigma D} + x_{\sigma f}) + x_{\sigma D} x_{\sigma f}} = \frac{x_D}{x_{hd}} \cdot \frac{k_D}{T_{\sigma f}}$$

$$\frac{1}{T_{fD}} = \omega_0 \frac{r_f (x_{hd} + x_{\sigma L})}{(x_{hd} + x_{\sigma L})(x_{\sigma D} + x_{\sigma f}) + x_{\sigma D} x_{\sigma f}} = \frac{(x_{hd} + x_{\sigma L})}{x_{hd}} \cdot \frac{k_D}{T_{\sigma f}}$$

$$\frac{1}{T_Q} = \frac{x''_q}{x_q} \cdot \frac{1}{T''_q}$$

Beispiel 8.2
Für den Turbogenerator mit den Systemparametern (Reaktanzen in p. u.):

S_r/MW	U_r/kV	x_d	x_q	x'_d	x''_d	x''_q	x_σ	$x_{\sigma L}$	T'_d/s	T''_d/s	T''_q/s	T_g/s
125	10,5	1,8	1,5	0,25	0,15	0,2	0,1	0	1,0	0,05	0,1	0,15

ergeben sich folgende Modellparameter (Reaktanzen in p. u.).

x_{hd}	x_{hq}	$x_{\sigma f}$	$x_{\sigma D}$	$x_{\sigma Q}$	x_σ	$x_{\sigma L}$	R_f/mΩ	R_D/mΩ	R_Q/mΩ	R_a/mΩ
1,7	1,4	0,1772	0,0726	0,1077	0,1	0	0,7726	7,4391	5,6438	3,2086

und daraus abgeleitet:

k_f	k_D	k_Q	T_f/s	T_D/s	T_Q/s	T_{ff}/s	T_{fD}/s	T_{Df}/s	T_{DD}/s	T_{QQ}/s
0,2822	0,6884	0,9286	6,821	0,669	0,75	0,8969	0,9352	0,09713	0,08796	0,75

8.5 Asynchronmaschinen

Asynchronmaschinen werden überwiegend als Motoren eingesetzt. Asynchrongeneratoren kommen in Windenergieanlagen und Kleinwasserkraftwerken zum Einsatz. Moderne Windenergieanlagen sind mit doppeltgespeisten Asynchrongeneratoren ausgerüstet. Bei doppeltgespeisten Asynchrongeneratoren wird der Läuferwicklung über einen Frequenzumrichter Leistung aus dem Ständerkreis zugeführt oder in den Ständerkreis zurückgespeist, wodurch die Drehzahl der Windgeschwindigkeit angepasst werden kann. Mit der sog. feldorientierten Regelung wird die Phasenlage der Läuferspannung so ausgerichtet, dass über die Läuferspeisung das Drehmoment und die Blindleistung unabhängig voneinander eingestellt werden können. Damit die folgenden Gleichungen allgemein für jede der genannten Anwendungen gelten, wird nicht wie sonst üblich von einer kurzgeschlossenen Läuferwicklung ausgegangen, sondern die Läuferspannung als Eingangsgröße für die feldorientierte Regelung mitgenommen. Die Läufer- und Ständerwicklungen werden als symmetrisch ausgeführte Drehstromwicklungen vorausgesetzt. Es werden wie bei der Synchronmaschine die ausführlichen Raumzeigergleichungen für das erweiterte Knotenpunktverfahren angegeben, sowie auf die Symmetrischen Komponenten zugeschnittene Modelle für die Berechnung quasistationärer und stationärer Zustände daraus hergeleitet.

8.5.1 Allgemeines Gleichungssystem mit Raumzeigern

Es wird zunächst das Gleichungssystem mit Raumzeigern für die Ständer- und Läufergrößen in beliebigen mit ω_K rotierenden Koordinaten angegeben.[4] Die Spannungs- und

[4] Wegen der Beliebigkeit der Koordinaten erhalten die Raumzeiger zunächst keinen diesbezüglichen Index.

Flussverkettungsgleichungen lauten mit auf den Ständer (S) umgerechneten Läufergrößen (L) [14]:

$$\underline{u}_\mathrm{S} = R_\mathrm{S}\underline{i}_\mathrm{S} + \mathrm{j}\omega_\mathrm{K}\underline{\psi}_\mathrm{S} + \underline{\dot{\psi}}_\mathrm{S} \tag{8.220}$$

$$\underline{u}_\mathrm{L} = R_\mathrm{L}\underline{i}_\mathrm{L} + \mathrm{j}\left(\omega_\mathrm{K} - \omega_\mathrm{L}\right)\underline{\psi}_\mathrm{L} + \underline{\dot{\psi}}_\mathrm{L} \tag{8.221}$$

$$\underline{\psi}_\mathrm{S} = L_\mathrm{S}\underline{i}_\mathrm{S} + L_\mathrm{h}\underline{i}_\mathrm{L} \tag{8.222}$$

$$\underline{\psi}_\mathrm{L} = L_\mathrm{L}\underline{i}_\mathrm{L} + L_\mathrm{h}\underline{i}_\mathrm{S} \tag{8.223}$$

mit der Hauptfeldinduktivität L_h und den Eigeninduktivitäten L_S und L_L, die sich wie folgt aus der Hauptfeldinduktivität und den Streuinduktivitäten zusammensetzen.

$$L_\mathrm{S} = L_\mathrm{h} + L_{\sigma\mathrm{S}} \tag{8.224}$$

$$L_\mathrm{L} = L_\mathrm{h} + L_{\sigma\mathrm{L}} \tag{8.225}$$

Die Läuferwinkelgeschwindigkeit ergibt sich aus:

$$J\frac{\dot{\omega}_\mathrm{L}}{p} = m_\mathrm{e} + m_\mathrm{m} \tag{8.226}$$

wobei J das Massenträgheitsmoment, p die Polpaarzahl, m_m das mechanische Drehmoment und m_e das elektrische Drehmoment ist, für das gilt:

$$m_\mathrm{e} = -p\frac{3}{2}\mathrm{Im}\left\{\underline{\psi}_\mathrm{S}\underline{i}_\mathrm{S}^*\right\} = p\frac{3}{2}\mathrm{Im}\left\{\underline{\psi}_\mathrm{L}\underline{i}_\mathrm{L}^*\right\} \tag{8.227}$$

Im Motorbetrieb wird das mechanische Drehmoment durch die Arbeitsmaschinen und im Generatorbetrieb durch den Antrieb bestimmt.

8.5.2 Transientes Modell mit Raumzeigern in Ständerkoordinaten

Die Vorgehensweise ist analog zur Herleitung des transienten Modells der Synchronmaschine im Abschn. 8.4.2. Aufgrund der Läufersymmetrie nehmen die Gleichungen jedoch deutlich einfachere Formen an und können gleich im Ständerkoordinatensystem formuliert werden. Für dieses gilt $\omega_\mathrm{K} = 0$, womit die Spannungsgleichungen, Gln. 8.220 und 8.221, übergehen in:

$$\underline{u}_\mathrm{sS} = R_\mathrm{S}\underline{i}_\mathrm{sS} + \underline{\dot{\psi}}_\mathrm{sS} \tag{8.228}$$

$$\underline{u}_\mathrm{sL} = R_\mathrm{L}\underline{i}_\mathrm{sL} - \mathrm{j}\omega_\mathrm{L}\underline{\psi}_\mathrm{sL} + \underline{\dot{\psi}}_\mathrm{sL} \tag{8.229}$$

Die Flussverkettungsgleichungen, Gln. 8.222 und 8.223 haben in allen Koordinaten die gleiche Form und bekommen lediglich auch den Index s für die Raumzeiger in Ständerkoordinaten.

Mit dem Läuferstrom aus der Gl. 8.223:

$$\underline{i}_{\mathrm{sL}} = \frac{1}{L_{\mathrm{L}}}\underline{\psi}_{\mathrm{sL}} - \frac{L_{\mathrm{h}}}{L_{\mathrm{L}}}\underline{i}_{\mathrm{sS}} = \frac{1}{L_{\mathrm{L}}}\underline{\psi}_{\mathrm{sL}} - k_{\mathrm{L}}\underline{i}_{\mathrm{sS}} \tag{8.230}$$

kann man diesen in den Gln. 8.221 und 8.222 eliminieren und erhält so:

$$\underline{u}_{\mathrm{sL}} = -k_{\mathrm{L}} R_{\mathrm{L}} \underline{i}_{\mathrm{sS}} + \left(\frac{1}{T_{\mathrm{L}}} - \mathrm{j}\omega_{\mathrm{L}}\right)\underline{\psi}_{\mathrm{sL}} + \dot{\underline{\psi}}_{\mathrm{sL}} \tag{8.231}$$

$$\underline{\psi}_{\mathrm{sS}} = \left(L_{\mathrm{S}} - \frac{L_{\mathrm{h}}^2}{L_{\mathrm{L}}}\right)\underline{i}_{\mathrm{sS}} + k_{\mathrm{L}}\underline{\psi}_{\mathrm{sL}} = L'_{\mathrm{S}}\underline{i}_{\mathrm{sS}} + k_{\mathrm{L}}\underline{\psi}_{\mathrm{sL}} \tag{8.232}$$

Die Gl. 8.232 wird unter der Annahme, dass L'_{S} und k_{L} konstant sind, differenziert und in Gl. 8.228 eingesetzt:

$$\underline{u}_{\mathrm{sS}} = R_{\mathrm{S}}\underline{i}_{\mathrm{sS}} + L'_{\mathrm{S}}\dot{\underline{i}}_{\mathrm{sS}} + k_{\mathrm{L}}\dot{\underline{\psi}}_{\mathrm{sL}} = R_{\mathrm{S}}\underline{i}_{\mathrm{sS}} + L'_{\mathrm{S}}\dot{\underline{i}}_{\mathrm{sS}} + \underline{u}'_{\mathrm{sS}} \tag{8.233}$$

In den vorstehenden Gleichungen wurden der Koppelfaktor des Läufers, die Läuferzeitkonstante, die transiente Induktivität und die transiente Spannung des Ständers eingeführt:

$$k_{\mathrm{L}} = \frac{L_{\mathrm{h}}}{L_{\mathrm{L}}} = \frac{L_{\mathrm{h}}}{L_{\mathrm{h}} + L_{\sigma\mathrm{L}}} \tag{8.234}$$

$$T_{\mathrm{L}} = \frac{L_{\mathrm{L}}}{R_{\mathrm{L}}} \tag{8.235}$$

$$L'_{\mathrm{S}} = \left(1 - \frac{L_{\mathrm{h}}^2}{L_{\mathrm{R}}L_{\mathrm{S}}}\right)L_{\mathrm{S}} = (1 - k_{\mathrm{S}}k_{\mathrm{L}})\,L_{\mathrm{S}} = \sigma L_{\mathrm{S}} = L_{\sigma\mathrm{S}} + \frac{L_{\mathrm{h}}L_{\sigma\mathrm{L}}}{L_{\mathrm{h}} + L_{\sigma\mathrm{L}}} \approx L_{\sigma\mathrm{S}} + L_{\sigma\mathrm{L}} \tag{8.236}$$

$$\underline{u}'_{\mathrm{sS}} = k_{\mathrm{L}}\dot{\underline{\psi}}_{\mathrm{sL}} \tag{8.237}$$

Aus der Gl. 8.233 folgt nach Erweiterung um die konjugiert komplexe Gleichung und Hinzufügen der Spannungsgleichung für das doppelte Nullsystem:

$$\begin{bmatrix} L'_{\mathrm{S}} & 0 & 0 \\ 0 & L'_{\mathrm{S}} & 0 \\ 0 & 0 & L_0 \end{bmatrix}\begin{bmatrix} \dot{\underline{i}}_{\mathrm{sS}} \\ \dot{\underline{i}}^*_{\mathrm{sS}} \\ \dot{i}_{\mathrm{hS}} \end{bmatrix} + \begin{bmatrix} R_{\mathrm{S}} & 0 & 0 \\ 0 & R_{\mathrm{S}} & 0 \\ 0 & 0 & R_0 \end{bmatrix}\begin{bmatrix} \underline{i}_{\mathrm{sS}} \\ \underline{i}^*_{\mathrm{sS}} \\ i_{\mathrm{hS}} \end{bmatrix} + \begin{bmatrix} \underline{u}'_{\mathrm{sS}} \\ \underline{u}'^*_{\mathrm{sS}} \\ 0 \end{bmatrix} = \begin{bmatrix} \underline{u}_{\mathrm{sS}} \\ \underline{u}^*_{\mathrm{sS}} \\ u_{\mathrm{hS}} \end{bmatrix} \tag{8.238}$$

Die Gl. 8.231 wird noch mit k_{L} multipliziert und umgestellt und dient so zur Berechnung der transienten Spannung:

$$k_{\mathrm{L}}\dot{\underline{\psi}}_{\mathrm{sL}} = \left(-\frac{1}{T_{\mathrm{L}}} + \mathrm{j}\omega_{\mathrm{L}}\right)k_{\mathrm{L}}\underline{\psi}_{\mathrm{sL}} + k_{\mathrm{L}}^2 R_{\mathrm{L}}\underline{i}_{\mathrm{sS}} + k_{\mathrm{L}}\underline{u}_{\mathrm{sL}} \tag{8.239}$$

Die Gl. 8.227 für das elektrische Drehmoment geht mit Gl. 8.232 über in:

$$m_{\mathrm{e}} = -p\frac{3}{2}\mathrm{Im}\left\{k_{\mathrm{L}}\underline{\psi}_{\mathrm{sL}}\underline{i}^*_{\mathrm{sS}}\right\} \tag{8.240}$$

Die Stromgleichung für das erweiterte Knotenpunktverfahren erhält man durch Multiplikation der Gl. 8.238 mit $1/\omega_0$ und Einführung der Leitwerte (ohne den Index S):

$$G_1 = \frac{1}{\omega_0 L'_S} = \frac{1}{X'_S} \tag{8.241}$$

$$G_0 = \frac{1}{\omega_0 L'_0} = \frac{1}{X_0} \tag{8.242}$$

$$\begin{bmatrix} \underline{i}'_s \\ \underline{i}'^*_s \\ \underline{i}'_h \end{bmatrix} = \begin{bmatrix} G_1 & 0 & 0 \\ 0 & G_1 & 0 \\ 0 & 0 & G_0 \end{bmatrix} \begin{bmatrix} \underline{u}_s \\ \underline{u}^*_s \\ u_h \end{bmatrix} + \begin{bmatrix} \underline{i}_{sq} \\ \underline{i}^*_{sq} \\ i_{hq} \end{bmatrix} \tag{8.243}$$

$$\begin{bmatrix} \underline{i}_{sq} \\ \underline{i}^*_{sq} \\ i_{hq} \end{bmatrix} = - \begin{bmatrix} G_1 & 0 & 0 \\ 0 & G_1 & 0 \\ 0 & 0 & G_0 \end{bmatrix} \left\{ \begin{bmatrix} R_S & 0 & 0 \\ 0 & R_S & 0 \\ 0 & 0 & R_0 \end{bmatrix} \begin{bmatrix} \underline{i}_s \\ \underline{i}^*_s \\ i_h \end{bmatrix} + \begin{bmatrix} \underline{u}'_s \\ \underline{u}'^*_s \\ 0 \end{bmatrix} \right\} \tag{8.244}$$

Die Gl. 8.243 entspricht der eines L-Betriebsmittels vom Typ A (s. Gl. 8.17).

8.5.3 Anfangswerte für die Raumzeiger

Bei der Asynchronmaschine ohne Läuferspeisung können nicht wie bei der Synchronmaschine die Spannung *und* die Leistung nach Wirk- und Blindanteil vorgegeben werden, da bei vorgegebener Spannung die Blindleistung durch die Maschinenparameter und die Drehzahl bestimmt wird. Neben der Klemmenspannung wird deshalb lediglich das elektrische Drehmoment oder die Wirkleistung vorgegeben.

Ist das elektrische Drehmoment M_e oder das Verhältnis M_e/M_r vorgegeben, so wird zunächst das Kippmoment an den aktuellen Spannungswert U (Leiter-Leiter-Spannung) angepasst (s. Gl. 8.284 bzw. 8.285):

$$\frac{M_k}{M_{kr}} = \left(\frac{U}{U_r}\right)^2 \tag{8.245}$$

Dann wird mit Hilfe der Gl. 8.284 ein Anfangswert für den Schlupf berechnet:

$$s_\nu = s_k \frac{M_k}{M_e} \left[1 - \sqrt{1 - \left(\frac{M_e}{M_k}\right)^2} \right] \tag{8.246}$$

mit dem nach den Gln. 8.259 und 8.260 erste Werte für den Ständerstrom und die transiente Spannung erhalten werden:

$$\begin{bmatrix} \underline{I}_{S,\nu} \\ \underline{U}'_{S,\nu} \end{bmatrix} = \begin{bmatrix} R_S + jX'_S & 1 \\ j\omega_0 k_L^2 R_L & -\dfrac{1}{T_L} - js_\nu\omega_0 \end{bmatrix}^{-1} \begin{bmatrix} \underline{U}_{S,\nu} \\ 0 \end{bmatrix} \tag{8.247}$$

Mit diesen Werten wird das elektrische Drehmoment nach Gl. 8.240 auf den Vorgabewert hin kontrolliert:

$$M_{e,\nu} = \frac{1}{\Omega_0} 3\mathrm{Re}\left\{\underline{U}'_{S,\nu} \underline{I}^*_{S,\nu}\right\} \tag{8.248}$$

Stimmen beide Drehmomente nicht überein, so wird der Schlupf an der linearisierten Drehmomentenkennlinie, Gl. 8.284, korrigiert

$$s_{\nu+1} = s_\nu \frac{M_{e,\nu+1}}{M_{e,\nu}} \tag{8.249}$$

und mit dem verbesserten Schlupfwert zurück in die Gl. 8.246 gegangen bis das nach Gl. 8.248 berechnete Drehmoment mit der Vorgabe übereinstimmt.

Am Ende der Iteration ergeben sich die Anfangswerte für die Raumzeiger zu:

$$\underline{i}_{sS}(0) = \sqrt{2}\underline{I}_{S,\nu} \tag{8.250}$$

$$k_L \underline{\psi}_{sL}(0) = \frac{\sqrt{2}\underline{U}'_{S,\nu}}{j\omega_0} \tag{8.251}$$

8.5.4 Quasistationäres Modell mit transienter Spannung

Quasistationäre Vorgänge können durch Zeigergleichungen beschrieben werden. Für die Behandlung von Fehlern und Unsymmetriezuständen werden die Symmetrischen Komponenten herangezogen. Die Symmetrischen Komponenten werden ausgehend von den folgenden Raumzeigergleichungen in mit ω_0 rotierenden Netzkoordinaten (n) eingeführt.

$$\underline{u}_{nS} = \left(R_S + j\omega_0 L'_S\right) \underline{i}_{nS} + j\omega_0 k_L \underline{\psi}_{nL} + k_L \dot{\underline{\psi}}_{nL} + L'_S \dot{\underline{i}}_{nS} \tag{8.252}$$

$$k_L \dot{\underline{\psi}}_{nL} = -\left[\frac{1}{T_L} + j(\omega_0 - \omega_L)\right] k_L \underline{\psi}_{nL} + k_L^2 R_L \underline{i}_{nS} + k_L \underline{u}_{nL} \tag{8.253}$$

Gleichungen für das Mitsystem

Zwischen den Raumzeigern in Netzkoordinaten und den Zeigern des Mitsystems besteht der Zusammenhang:

$$\underline{g}_{n1} = \hat{\underline{g}}_1 e^{-j\vartheta_N} = \sqrt{2}\underline{G}_1 e^{-j\vartheta_0} \tag{8.254}$$

wobei ϑ_0 ein beliebiger konstanter Verdrehungswinkel zwischen den Netzkoordinaten und dem Koordinatensystem der Zeiger ist. Gl. 8.254 eingesetzt in die Gln. 8.252 und 8.253 ergibt:

$$\underline{U}_{1S} = \left(R_S + j\omega_0 L'_S\right) \underline{I}_{1S} + j\omega_0 k_L \underline{\Psi}_{1L} + k_L \dot{\underline{\Psi}}_{1L} + L'_S \dot{\underline{I}}_{1S} \tag{8.255}$$

$$k_L \dot{\underline{\Psi}}_{1L} = -\left[\frac{1}{T_L} + j(\omega_0 - \omega_L)\right] k_L \underline{\Psi}_{1L} + k_L^2 R_L \underline{I}_{1S} + k_L \underline{U}_{1L} \tag{8.256}$$

Die Differentiale des Ständerstromes und der Läuferflussverkettung in Gl. 8.255 werden unter der Voraussetzung quasistationärer Änderungen vernachlässigt, mit dem Ziel das Netz einschließlich der Ständergleichungen mit algebraischen Zeigergleichungen beschreiben zu können. Die Läufergleichung bleibt davon unberührt.

Nach Einführung der transienten Motorspannung und des Schlupfes:

$$\underline{U}'_{1S} = \mathrm{j}\omega_0 k_L \underline{\Psi}_{1L} \tag{8.257}$$

$$s = \frac{\omega_0 - \omega_L}{\omega_0} \tag{8.258}$$

lautet dann das Gleichungssystem für das Mitsystem:

$$\underline{U}_{1S} = \left(R_S + \mathrm{j}X'_S\right) \underline{I}_{1S} + \underline{U}'_{1S} = \left(R_1 + \mathrm{j}X_1\right) \underline{I}_{1S} + \underline{U}'_{1S} \tag{8.259}$$

$$\underline{\dot{U}}'_{1S} = -\left(\frac{1}{T_L} + \mathrm{j}s\omega_0\right) \underline{U}'_{1S} + \mathrm{j}\omega_0 k_L^2 R_L \underline{I}_{1S} + \mathrm{j}\omega_0 k_L \underline{U}_{1L} \tag{8.260}$$

Gleichungen für das Gegensystem

Zwischen den Raumzeigern in Netzkoordinaten und den Zeigern des Gegensystems besteht im stationären Zustand die Beziehung (s. Abschn. 1.4):

$$\underline{g}_{n2} = \sqrt{2}\underline{G}_2^* \mathrm{e}^{-\mathrm{j}(2\omega_0 t + \vartheta_0)} \tag{8.261}$$

und für die Ableitung:

$$\underline{\dot{g}}_{n2} = \sqrt{2}\underline{\dot{G}}_2^* \mathrm{e}^{-\mathrm{j}(2\omega_0 t + \vartheta_0)} - \mathrm{j}2\omega_0 \sqrt{2}\underline{G}_2^* \mathrm{e}^{-\mathrm{j}(2\omega_0 t + \vartheta_0)} \tag{8.262}$$

Damit folgt aus den Gln. 8.252 und 8.253 mit $\underline{U}_{2L} = 0$:

$$\underline{U}_{2S} = \left(R_S + \mathrm{j}\omega_0 L'_S\right) \underline{I}_{2S} + \mathrm{j}\omega_0 k_L \underline{\Psi}_{2L} \tag{8.263}$$

$$\left[\frac{1}{T_L} + \mathrm{j}\left(2 - s\right)\omega_0\right] k_L \underline{\Psi}_{2L} = k_L^2 R_L \underline{I}_{2S} \tag{8.264}$$

Setzt man nun noch die Läuferflussverkettung aus Gl. 8.264 unter Vernachlässigung von $1/T_L$ in Gl. 8.263 ein, so erhält man für die Gegensystem-Spannungsgleichung des Ständers:

$$\underline{U}_{2S} = \left(R_S + \frac{k_L^2 R_L}{2 - s} + \mathrm{j}\omega_0 L'_S\right) \underline{I}_{2S} = \left(R_2 + \mathrm{j}X_2\right) \underline{I}_2 \tag{8.265}$$

Elektrisches Drehmoment

Für das elektrische Drehmoment ergibt sich aus der Gl. 8.240 mit den Raumzeigeranteilen des Mit- und Gegensystems:

$$m_e = -\frac{3}{2} p \mathrm{Im}\left\{k_L \underline{\psi}_{nL} \underline{i}_{nS}^*\right\} = -\frac{3}{2} p \mathrm{Im}\left\{k_L \left(\underline{\psi}_{nL1} + \underline{\psi}_{nL2}\right)\left(\underline{i}_{nS1}^* + \underline{i}_{nS2}^*\right)\right\} \tag{8.266}$$

und nach Einführung der entsprechenden Zeigergrößen:

$$\begin{aligned} m_\text{e} &= -3p\text{Im}\left\{k_\text{L}\left(\underline{\Psi}_{1\text{L}}\text{e}^{-\text{j}\vartheta_0} + \underline{\Psi}^*_{2\text{L}}\text{e}^{-\text{j}(2\omega_0 t+\vartheta_0)}\right)\left(\underline{I}^*_{1\text{S}}\text{e}^{\text{j}\vartheta_0} + \underline{I}_{2\text{S}}\text{e}^{+\text{j}(2\omega_0 t+\vartheta_0)}\right)\right\} \\ &= -3p\text{Im}\left\{k_\text{L}\left(\underline{\Psi}_{1\text{L}}\underline{I}^*_{1\text{S}} + \underline{\Psi}_{1\text{L}}\underline{I}_{2\text{S}}\text{e}^{\text{j}2\omega_0 t} + \underline{\Psi}^*_{2\text{L}}\text{e}^{-\text{j}2\omega_0 t}\underline{I}^*_{1\text{S}} + \underline{\Psi}^*_{2\text{L}}\underline{I}_{2\text{S}}\right)\right\} \\ &= m_{\text{e}11} + m_{\text{e}12} + m_{\text{e}22} \end{aligned} \tag{8.267}$$

Die mit $2\omega_0$ schwingenden Anteile werden vernachlässigt. Die verbleibenden, vom Mit- und Gegensystem herrührenden Anteile werden mit der Gl. 8.264:

$$M_\text{e} = -3p\text{Im}\left\{k_\text{L}\left(\underline{\Psi}_{1\text{L}}\underline{I}^*_{1\text{S}} + \underline{\Psi}^*_{2\text{L}}\underline{I}_{2\text{S}}\right)\right\} = -3p\text{Im}\left\{k_\text{L}\underline{\Psi}_{1\text{L}}\underline{I}^*_{1\text{S}} + \text{j}\frac{k_\text{L}^2 R_\text{L}\underline{I}^*_{2\text{S}}}{(2-s)\,\omega_0}\underline{I}_{2\text{S}}\right\} \tag{8.268}$$

und mit Gl. 8.257:

$$M_\text{e} = 3\frac{p}{\omega_0}\text{Re}\left\{\underline{U}'_{1\text{S}}\underline{I}^*_{1\text{S}}\right\} - 3\frac{p}{\omega_0}\frac{k_\text{L}^2 R_\text{L}}{2-s}I^2_{2\text{S}} = \frac{1}{\Omega_0}3\text{Re}\left\{\underline{U}'_{1\text{S}}\underline{I}^*_{1\text{S}} - \frac{k_\text{L}^2 R_\text{L}}{2-s}I^2_{2\text{S}}\right\} \tag{8.269}$$

oder mit Gl. 8.259:

$$M_\text{e} = \frac{1}{\Omega_0}3\text{Re}\left\{\underline{U}_{1\text{S}}\underline{I}^*_{1\text{S}} - R_\text{S}I^2_{1\text{S}} - \frac{k_\text{L}^2 R_\text{L}}{2-s}I^2_{2\text{S}}\right\} \tag{8.270}$$

In der Nähe der Bemessungsdrehzahl ist der Schlupf so klein, dass er gegenüber der 2 im Nenner des vom Gegensystem verursachten Anteil im Drehmoment vernachlässigt werden kann. Die Gl. 8.270 ist dann mit der Gl. 8.193 der Synchronmaschine mit symmetrischem Läufer ($k_\text{f}^2 R_\text{f} + k_\text{D}^2 R_\text{D} = k_\text{Q}^2 R_\text{Q} = k_\text{L}^2 R_\text{L}$) vergleichbar.

8.5.5 Stationäres Modell

Im stationären Zustand ist die Änderung der Läuferflussverkettung in der Läufergleichung, Gl. 8.260 Null. Damit lässt sich diese nach der transienten Spannung auflösen:

$$\underline{U}'_{1\text{S}} = \frac{\text{j}\omega_0 k_\text{L}^2 R_\text{L}\underline{I}_{1\text{S}}}{\frac{1}{T_\text{L}} + \text{j}s\omega_0} + \frac{\text{j}\omega_0 k_\text{L}\underline{U}_{1\text{L}}}{\frac{1}{T_\text{L}} + \text{j}s\omega_0} = \frac{\text{j}X_\text{L}k_\text{L}^2}{\frac{R_\text{L}}{s} + \text{j}X_\text{L}}\cdot\frac{R_\text{L}}{s}\underline{I}_{1\text{S}} + \frac{\text{j}X_\text{L}k_\text{L}}{\frac{R_\text{L}}{s} + \text{j}X_\text{L}}\cdot\frac{\underline{U}_{1\text{L}}}{s} \tag{8.271}$$

und in der Ständergleichung die transiente Spannung eliminieren:

$$\underline{U}_{1\text{S}} = \left[R_1 + \text{j}\left(X'_\text{S} + \frac{X_\text{L}k_\text{L}^2}{\frac{R_\text{L}}{s} + \text{j}X_\text{L}}\cdot\frac{R_\text{L}}{s}\right)\right]\underline{I}_{1\text{S}} + \frac{\text{j}X_\text{L}k_\text{L}}{\frac{R_\text{L}}{s} + \text{j}X_\text{L}}\cdot\frac{\underline{U}_{1\text{L}}}{s} \tag{8.272}$$

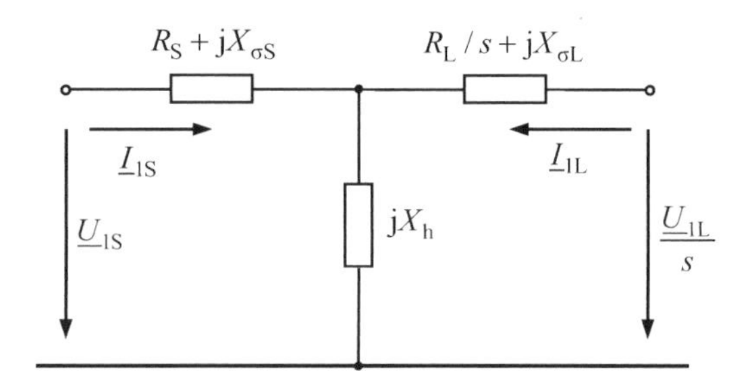

Abb. 8.11 Mitsystemersatzschaltung der Asynchronmaschine im stationären Zustand

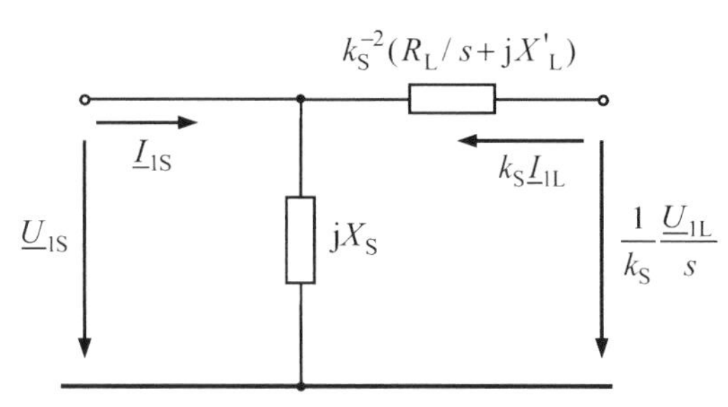

Abb. 8.12 Modifizierte Mitsystemersatzschaltung der Asynchronmaschine im stationären Zustand

Mit X_S' nach Gl. 8.236 kann die Gl. 8.272 noch weiter umgeformt werden zu:

$$\begin{aligned}\underline{U}_{1S} &= \left[R_S + jX_{\sigma S} + j\frac{X_h\left(\frac{R_L}{s} + jX_{\sigma L}\right)}{\frac{R_L}{s} + jX_L} \right] \underline{I}_{1S} + \frac{jX_h}{\frac{R_L}{s} + jX_L} \cdot \frac{\underline{U}_{1L}}{s} \\ &= \underline{Z}_1(s)\, \underline{I}_{1S} + \underline{U}_{1S1}(s)\end{aligned} \tag{8.273}$$

Die Gl. 8.273 kann auch aus der allgemein bekannten Ersatzschaltung des Mitsystems in Abb. 8.11 abgelesen werden, wobei $\underline{Z}_1(s)$ die Innenimpedanz und $\underline{U}_{1S1}(s)$ die Leerlaufspannung an den Ständerklemmen ist.

Unter Vernachlässigung des Ständerwirkwiderstandes lässt sich die Ersatzschaltung in Abb. 8.11 noch in eine Form bringen, die für die Gewinnung von geschlossenen Ausdrücken für das elektrische Drehmoment und die komplexe Leistung an den Ständerklemmen nützlich ist.

Aus der linken Masche folgt mit $R_S = 0$:

$$\underline{I}_{1S} = \frac{\underline{U}_{1S}}{j(X_{\sigma S} + X_S)} - \frac{X_h}{X_{\sigma S} + X_S}\underline{I}_{1L} = -j\frac{\underline{U}_{1S}}{X_S} - k_S\underline{I}_{1L} \tag{8.274}$$

Mit dieser Gleichung wird der Ständerstrom in der Gleichung für die rechte Masche eliminiert:

$$\frac{\underline{U}_{1L}}{s} = \left[\frac{R_L}{s} + jX_L(1 - k_S k_L)\right]\underline{I}_{1L} + k_S\underline{U}_{1S} = \left[\frac{R_L}{s} + jX_L'\right]\underline{I}_{1L} + k_S\underline{U}_{1S} \tag{8.275}$$

und nach Division mit k_S:

$$\frac{1}{k_S}\frac{\underline{U}_{1L}}{s} = \frac{1}{k_S^2}\left[\frac{R_L}{s} + jX'_L\right]k_S\underline{I}_{1L} + \underline{U}_{1S} \tag{8.276}$$

Die Gln. 8.274 und 8.276 erfüllen die Ersatzschaltung in Abb. 8.12.

Für die komplexe Klemmenleistung folgt aus der modifizierten Ersatzschaltung:

$$\underline{S}_1 = 3\underline{U}_{1S}\underline{I}_{1S}^* = 3\underline{U}_{1S}\left(j\frac{\underline{U}_{1S}^*}{X_S} - k_S\underline{I}_{1L}^*\right) = 3\left(j\frac{U_{1S}^2}{X_S} - k_S\underline{U}_{1S}\underline{I}_{1L}^*\right) \tag{8.277}$$

und mit dem Läuferstrom aus Gl. 8.275

$$\underline{I}_{1L} = \frac{\dfrac{\underline{U}_{1L}}{s} - k_S\underline{U}_{1S}}{\dfrac{R_L}{s} + jX'_L} = \frac{\dfrac{\underline{U}_{1L}}{s} - k_S\underline{U}_{1S}}{X'_L}\cdot\frac{s\,(s_k - js)}{s^2 + s_k^2} \tag{8.278}$$

$$\underline{S}_{1S} = 3\left(j\frac{U_{1S}^2}{X_S} + \frac{k_S^2U_{1S}^2 - k_S\underline{U}_{1S}\dfrac{\underline{U}_{1L}^*}{s}}{X'_L}\cdot\frac{s\,(s_k + js)}{s^2 + s_k^2}\right) = P_{1S} + jQ_{1S} \tag{8.279}$$

und

$$P_{1S} = \mathrm{Re}\left\{\underline{S}_{1S}\right\} = \frac{3k_S^2U_{1S}^2}{X'_L}\cdot\frac{ss_k}{s^2 + s_k^2} - 3\frac{k_S}{X'_L}\cdot\frac{1}{s^2 + s_k^2}\mathrm{Re}\left\{\underline{U}_{1S}\underline{U}_{1L}^*\,(s_k + js)\right\} \tag{8.280}$$

$$Q_{1S} = \mathrm{Im}\left\{\underline{S}_1\right\} = \frac{3U_{1S}^2}{X_S} + \frac{3k_S^2U_{1S}^2}{X'_L}\cdot\frac{s^2}{s^2 + s_k^2} - 3\frac{k_S}{X'_L}\cdot\frac{1}{s^2 + s_k^2}\mathrm{Im}\left\{\underline{U}_{1S}\underline{U}_{1L}^*\,(s_k + js)\right\} \tag{8.281}$$

wobei mit

$$s_k = \frac{R_L}{X'_L} \tag{8.282}$$

und

$$X'_L = X_L\left(1 - k_S\frac{X_h}{X_L}\right) = X_L\,(1 - k_Sk_L) \tag{8.283}$$

der Kippschlupf und die transiente Reaktanz der Läuferwicklung definiert sind.

Bei vernachlässigtem Ständerwirkwiderstand sind Klemmen- und Luftspaltleistung gleich, so dass man für den vom Mitsystem verursachten Drehmomentenanteil (Luftspaltdrehmoment) aus der Gl. 8.280 bei $\underline{U}_{1L} = 0$ erhält:

$$M_{e1} = \frac{3k_S^2U_{1S}^2}{2\Omega_0X'_L}\cdot\frac{2ss_k}{s^2 + s_k^2} = M_k\frac{2ss_k}{s^2 + s_k^2} \tag{8.284}$$

Für $X_\mathrm{h} \to \infty$ vereinfacht sich Gl. 8.284 noch zu der bekannten Kloss'schen Beziehung:

$$M_\mathrm{el} = \frac{3U_\mathrm{1S}^2}{2\Omega_0 X'} \cdot \frac{2ss_\mathrm{k}}{s^2 + s_\mathrm{k}^2} = M_\mathrm{k} \frac{2ss_\mathrm{k}}{s^2 + s_\mathrm{k}^2} \tag{8.285}$$

mit

$$X' = X_{\sigma\mathrm{S}} + X_{\sigma\mathrm{L}} \tag{8.286}$$

$$s_\mathrm{k} = \frac{R_\mathrm{L}}{X'} \tag{8.287}$$

8.5.6 Berechnung der Modellparameter aus den Maschinendaten

Die in den vorangegangenen Abschnitten vorgestellten Modelle enthalten folgende Parameter:

Ständer- und Läuferwicklungswiderstand (umgerechnet auf die Ständerwicklung) R_S und R_L, Ständer- und Läuferstreureaktanz (umgerechnet auf die Ständerwicklung) $X_{\sigma\mathrm{S}}$ und $X_{\sigma\mathrm{L}}$ sowie die Hauptfeldreaktanz X_h für die Ständerseite.

Normalerweise sind die Modellparameter dem Datenblatt oder Prüfprotokoll des Motorherstellers zu entnehmen. Damit lassen sich dann alle anderen Größen wie die Koppelfaktoren, Reaktanzen und der Kippschlupf berechnen. Sind die Modellparameter nicht bekannt, so können sie zumindest genähert wie folgt aus dem bezogenen Anlaufstrom i_A, dem Kippschlupf s_k, der Bemessungsdrehzahl n_r und dem Kosinusphi $\cos\varphi_\mathrm{r}$ bestimmt werden.

$$X'_\mathrm{S} = \frac{U_\mathrm{r}}{\sqrt{3}I_\mathrm{r}} \cdot \frac{1}{i_\mathrm{A}}$$

$$X'_\mathrm{L} = X'_\mathrm{S}$$

$$R_\mathrm{L} = s_\mathrm{k} X'_\mathrm{S}$$

$$R_\mathrm{S} = R_\mathrm{L}$$

$$s_\mathrm{r} = \frac{n_0 - n_\mathrm{r}}{n_0}$$

Aus Gln. 8.281 und 8.280 für $\underline{U}_\mathrm{1L} = 0$:

$$\tan\varphi_\mathrm{r} = \frac{\sqrt{1-\cos^2\varphi_\mathrm{r}}}{\cos\varphi_\mathrm{r}} = \frac{Q_\mathrm{1Sr}}{P_\mathrm{1Sr}} = \frac{X'_\mathrm{L}}{k_\mathrm{S}^2 X_\mathrm{S}}(s_\mathrm{r}/s_\mathrm{k} + s_\mathrm{k}/s_\mathrm{r}) + s_\mathrm{r}/s_\mathrm{k}$$

$$k_\mathrm{S}^2 X_\mathrm{S} = X_\mathrm{S} - X'_\mathrm{S} = X_\mathrm{h} + X_{\sigma\mathrm{S}} - X'_\mathrm{S}$$

$$X_\mathrm{h} = X'_\mathrm{L} \frac{s_\mathrm{r}/s_\mathrm{k} + s_\mathrm{k}/s_\mathrm{r}}{\tan\varphi_\mathrm{r} - s_\mathrm{r}/s_\mathrm{k}} + X'_\mathrm{S} - X_{\sigma\mathrm{S}} \approx X'_\mathrm{L} \frac{s_\mathrm{r}/s_\mathrm{k} + s_\mathrm{k}/s_\mathrm{r}}{\tan\varphi_\mathrm{r} - s_\mathrm{r}/s_\mathrm{k}} + \frac{1}{2}X'_\mathrm{S}$$

$$X_{\sigma\mathrm{S}} = -\frac{2X_\mathrm{h} - X'_\mathrm{S}}{2}\left\{1 - \sqrt{1 + \frac{4X_\mathrm{h}X'_\mathrm{S}}{(2X_\mathrm{h} - X'_\mathrm{S})^2}}\right\} \approx \frac{X'_\mathrm{S}}{2}\left(1 + \frac{X'_\mathrm{S}}{4X_\mathrm{h}}\right) \approx \frac{X'_\mathrm{S}}{2}$$

$$X_{\sigma\mathrm{L}} = X_{\sigma\mathrm{S}}$$

Ist auch noch das Kippmoment bekannt, so kann es zur Kontrolle dienen. Sollte das mit den vorstehenden Daten berechnete Kippmoment nicht mit dem bekannten Kippmoment übereinstimmen, so *passt* der Anlaufstrom nicht zum Kippmoment und ist ggf. für eine erneute Parameterberechnung zu korrigieren.[5]

Beispiel 8.3

Für einen Asynchronmotor mit den folgenden Daten:

$$U_\mathrm{r} = 6{,}3\,\mathrm{kV}, \quad P_\mathrm{r} = 5{,}6\,\mathrm{MW}, \quad n_\mathrm{r} = 1493\,\mathrm{min}^{-1}, \quad \eta_\mathrm{r} = 0{,}973, \quad \cos\varphi_\mathrm{r} = 0{,}88,$$
$$s_\mathrm{k} = 0{,}023, \quad I_\mathrm{a}/I_\mathrm{r} = 5{,}8$$

erhält man folgende Modellparameter:

$$R_\mathrm{S} = R_\mathrm{L} = 0{,}0241\,\Omega, \quad X_{\sigma\mathrm{S}} = X_{\sigma\mathrm{L}} = 0{,}5315\,\Omega, \quad X_\mathrm{h} = 16{,}4626\,\Omega,$$
$$X'_\mathrm{S} = 1{,}0463\,\Omega, \quad k_\mathrm{S} = k_\mathrm{L} = 0{,}9687$$

Die Iterationsschritte zur Ermittlung des Arbeitspunktes nach Abschn. 8.5.3 bei $U = 6\,\mathrm{kV}$ und $M_\mathrm{e}/M_\mathrm{r} = 0{,}9$ liefern:

ν	s	$M_\mathrm{e}/\mathrm{kN\,m}$
0	0,0034616	30,05994
1	0,0037122	32,11529
2	0,0037261	32,22913
3	0,0037269	32,23567
4	0,0037270	32,23605
5	0,0037270	32,23607

Mit dem Schlupf $s = 0{,}0037270$ erhält man für den Ständerstrom und die transiente Spannung im Arbeitspunkt bei Lage der Klemmenspannung in der reellen Achse:

$$\underline{I}_\mathrm{S} = (489{,}5 - \mathrm{j}281{,}4)\,\mathrm{A}$$
$$\underline{U}'_\mathrm{S} = (3{,}1579 - \mathrm{j}0{,}5054)\,\mathrm{kV}$$

8.6 Nichtmotorische Lasten

Die Lasten an den Netzknoten des Hochspannungsnetzes setzen sich aus der Vielzahl der verschiedensten Abnehmer zusammen. Die Aufschlüsselung in einzelne Abnehmer mit unterschiedlichem Verhalten ist nicht möglich und wäre davon abgesehen, vom Aufwand

[5] Die transiente Reaktanz ist sättigungsabhängig. Es kann deshalb beim Anlauf ein anderer Wert als in der Nähe des Bemessungsbetriebes auftreten.

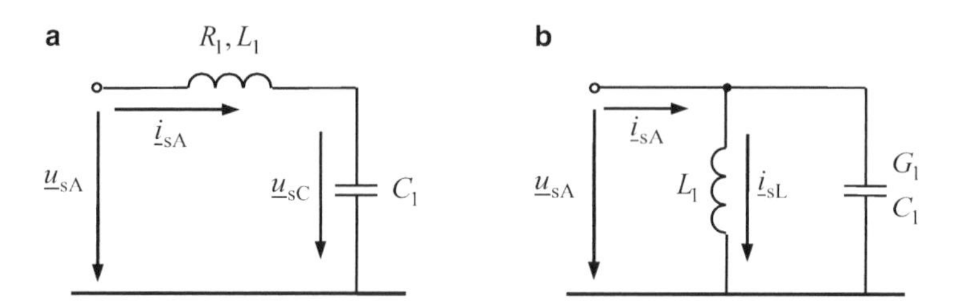

Abb. 8.13 Ersatzschaltungen für die nichtmotorischen Lasten. **a** Reihenschaltung, **b** Parallelschaltung

her auch nicht zu bewältigen. Man bildet deshalb die Summenlasten durch sog. aggregierte Modelle nach. Die einfachste Form derartiger Modelle beruht auf den in Abb. 8.13 dargestellten Ersatzschaltungen. Durch Hinzunahme weiterer Schaltelemente könnten die Modelle zwar noch verfeinert werden, vorausgesetzt man kennt das Übertragungsverhalten der Lasten.

Die Reihenschaltung in Abb. 8.13a ist ein L-Betriebsmittel vom Typ A mit folgendem Zustandsdifferentialgleichungssystem für die Raumzeiger- und Nullsystemgrößen:

$$\begin{bmatrix} \dot{\underline{\boldsymbol{i}}}_{sA} \\ \dot{\underline{\boldsymbol{u}}}_{sC} \end{bmatrix} = \begin{bmatrix} -\boldsymbol{L}_s^{-1}\boldsymbol{R}_s & -\boldsymbol{L}_s^{-1} \\ \boldsymbol{C}_s^{-1} & \boldsymbol{0} \end{bmatrix} \begin{bmatrix} \underline{\boldsymbol{i}}_{sA} \\ \underline{\boldsymbol{u}}_{sC} \end{bmatrix} + \begin{bmatrix} \boldsymbol{L}_s^{-1} & \boldsymbol{0} \\ \boldsymbol{0} & \boldsymbol{0} \end{bmatrix} \begin{bmatrix} \underline{\boldsymbol{u}}_{sA} \\ \mathbf{o} \end{bmatrix} \tag{8.288}$$

und der Stromgleichung:

$$\underline{\boldsymbol{i}}'_{sA} = \boldsymbol{G}_{sA}\underline{\boldsymbol{u}}_{sC} + \boldsymbol{i}_{sqA} \tag{8.289}$$

$$\underline{\boldsymbol{i}}_{sqA} = -\boldsymbol{G}_{sA}\left(\boldsymbol{R}_s\underline{\boldsymbol{i}}_{sA} + \underline{\boldsymbol{u}}_{sC}\right) \tag{8.290}$$

Die Zustandsgleichung für die Ströme (1. Zeile in Gl. 8.288) kann unter Verwendung der Leitwertmatrix und des Quellenstromvektors auch geschrieben werden als:

$$\dot{\underline{\boldsymbol{i}}}_{sA} = \omega_0\left(\boldsymbol{G}_{sA}\underline{\boldsymbol{u}}_{sA} + \underline{\boldsymbol{i}}_{sqA}\right) \tag{8.291}$$

mit den Leitwerten:

$$G_{1A} = \frac{1}{X_1} = \frac{1}{\omega_0 L_1} \tag{8.292}$$

$$G_{2A} = \frac{1}{X_2} = \frac{1}{\omega_0 L_2} \tag{8.293}$$

$$G_{0A} = \frac{1}{X_0} = \frac{1}{\omega_0 L_0} \tag{8.294}$$

Die Parallelschaltung in Abb. 8.13b ist ein C-Betriebsmittel vom Typ A, für das gilt:

$$\underline{\boldsymbol{i}}_{sA} = \boldsymbol{G}_{sC}\underline{\boldsymbol{u}}_{sA} + \boldsymbol{C}_s\dot{\underline{\boldsymbol{u}}}_{sA} + \underline{\boldsymbol{i}}_{sL} \tag{8.295}$$

$$\dot{\underline{\boldsymbol{i}}}_{sL} = \boldsymbol{L}_s^{-1}\underline{\boldsymbol{u}}_{sA} \tag{8.296}$$

Die Parameter der Raumzeigerersatzschaltung können aus der Leistungsflussberechnung ermittelt werden. Ist die von der Last im stationären Zustand aufgenommene Leistung:

$$\underline{S}_{\mathrm{A}} = 3\underline{U}_{\mathrm{A}}\underline{I}_{\mathrm{A}}^{*} = P_{\mathrm{A}} + \mathrm{j}Q_{\mathrm{A}} \tag{8.297}$$

bekannt, so folgt für die Reihenschaltung mit ihrer Impedanz:

$$\underline{Z}_{1\mathrm{A}} = R_1 + \mathrm{j}\omega L_1 - \mathrm{j}\frac{1}{\omega C_1} = R_1 + \mathrm{j}\omega L_1\left(1 - \frac{1}{\omega^2 L_1 C_1}\right) = R_1 + \mathrm{j}\omega L_1\left[1 - \left(\frac{\omega_{\mathrm{e0}}}{\omega}\right)^2\right] \tag{8.298}$$

$$\underline{S}_{\mathrm{A}} = 3\underline{Z}_{1\mathrm{A}} I_{1\mathrm{A}}^2 = 3R_1 I_{1\mathrm{A}}^2 + \mathrm{j}3\omega L_1\left[1 - \left(\frac{\omega_{\mathrm{e0}}}{\omega}\right)^2\right] I_{1\mathrm{A}}^2 = P_{\mathrm{A}} + \mathrm{j}Q_{\mathrm{A}} \tag{8.299}$$

$$R_1 = \frac{P_{\mathrm{A}}}{3I_{1\mathrm{A}}^2} \tag{8.300}$$

$$X_1 = \frac{|Q_{\mathrm{A}}|}{3I_{1\mathrm{A}}^2} \cdot \frac{1}{1 - \left(\frac{\omega_{\mathrm{e0}}}{\omega}\right)^2} \quad \text{für } Q_{\mathrm{A}} > 0 \quad \text{und} \quad \left(\frac{\omega_{\mathrm{e0}}}{\omega}\right)^2 < 1 \tag{8.301}$$

$$X_1 = \frac{|Q_{\mathrm{A}}|}{3I_{1\mathrm{A}}^2} \cdot \frac{1}{\left(\frac{\omega_{\mathrm{e0}}}{\omega}\right)^2 - 1} \quad \text{für } Q_{\mathrm{A}} < 0 \quad \text{und} \quad \left(\frac{\omega_{\mathrm{e0}}}{\omega}\right)^2 > 1 \tag{8.302}$$

$$\omega C_1 = \frac{1}{X_1} \cdot \frac{1}{\left(\frac{\omega_{\mathrm{e0}}}{\omega}\right)^2} \tag{8.303}$$

Während der Wirkwiderstand eindeutig durch die Wirkleistung bestimmt ist, hängt die Reaktanz vom Vorzeichen der Blindleistung und vom Verhältnis der ungedämpften Eigenkreisfrequenz ω_{e0} zur Kreisfrequenz des Netzes ab. Die Eigenkreisfrequenz ist der Imaginärteil der Eigenwerte. Diese ergeben für jede Komponente aus der Zustandsdifferentialgleichung, Gl. 8.288, zu:

$$\lambda_{1,2} = -\frac{1}{2}\frac{R_i}{L_i} \pm \mathrm{j}\frac{1}{\sqrt{L_i C_i}}\sqrt{1 - \frac{R_i^2}{4}\frac{C_i}{L_i}} = -\delta \pm \mathrm{j}\omega_{\mathrm{e0}}\sqrt{1 - \left(\frac{\delta}{\omega_{\mathrm{e0}}}\right)^2} = -\delta \pm \mathrm{j}\omega_{\mathrm{e}} \tag{8.304}$$

Über die Festlegung der Eigenkreisfrequenz kann man der Lastnachbildung eine bestimmte Dynamik verleihen (s. Tab. 8.10 und Beispiel 8.4).

Für die Parallelschaltung erhält man die zur Reihenschaltung dualen Beziehungen:

$$\underline{Y}_{1\mathrm{A}} = G_1 + \mathrm{j}\omega C_1 - \mathrm{j}\frac{1}{\omega L_1} = G_1 + \mathrm{j}\omega C_1\left(1 - \frac{1}{\omega^2 L_1 C_1}\right) = G_1 + \mathrm{j}\omega C_1\left[1 - \left(\frac{\omega_{\mathrm{e0}}}{\omega}\right)^2\right] \tag{8.305}$$

$$\underline{S}_{\mathrm{A}} = 3\underline{Y}_{1\mathrm{A}}^{*} U_{1\mathrm{A}}^2 = 3G_1 U_{1\mathrm{A}}^2 - \mathrm{j}3\omega C_1\left[1 - \left(\frac{\omega_{\mathrm{e0}}}{\omega}\right)^2\right] U_{1\mathrm{A}}^2 = P_{\mathrm{A}} + \mathrm{j}Q_{\mathrm{A}} \tag{8.306}$$

Tab. 8.10 Anwendungsbereiche der Lastmodelle nach Abb. 8.13

Eigenfrequenz	$Q_A > 0$	$Q_A < 0$
$\left(\frac{\omega_{e0}}{\omega}\right) < 1$	Reihenschaltung	Parallelschaltung
$\left(\frac{\omega_{e0}}{\omega}\right) > 1$	Parallelschaltung	Reihenschaltung

$$G_1 = \frac{P_A}{3U_{1A}^2} \tag{8.307}$$

$$\omega C_1 = \frac{|Q_A|}{3U_{1A}^2} \cdot \frac{1}{1-\left(\frac{\omega_{e0}}{\omega}\right)^2} \quad \text{für } Q_A < 0 \quad \text{und } \left(\frac{\omega_{e0}}{\omega}\right)^2 < 1 \tag{8.308}$$

$$\omega C_1 = \frac{|Q_A|}{3U_{1A}^2} \cdot \frac{1}{\left(\frac{\omega_{e0}}{\omega}\right)^2 - 1} \quad \text{für } Q_A > 0 \quad \text{und } \left(\frac{\omega_{e0}}{\omega}\right)^2 > 1 \tag{8.309}$$

$$X_1 = \frac{1}{\omega C_1} \cdot \frac{1}{\left(\frac{\omega_{e0}}{\omega}\right)^2} \tag{8.310}$$

$$\lambda_{1,2} = -\frac{1}{2}\frac{G_i}{C_i} \pm \mathrm{j}\frac{1}{\sqrt{L_i C_i}}\sqrt{1-\frac{G_i^2}{4}\frac{L_i}{C_i}} = -\delta \pm \mathrm{j}\omega_{e0}\sqrt{1-\left(\frac{\delta}{\omega_{e0}}\right)^2} = -\delta \pm \mathrm{j}\omega_e \tag{8.311}$$

In der folgenden Tabelle sind die Anwendungsbereiche der Lastmodelle in Abhängigkeit von dem Vorzeichen der Blindleistung und dem Verhältnis der ungedämpften Eigenkreisfrequenz zur Eigenkreisfrequenz der Grundschwingung nochmals zusammengestellt.

Angaben zu den Parametern des Nullsystems sind bei den hier zu Grunde gelegten aggregierten Lastmodellen schwierig zu machen. Sie hängen auch davon ab, ob einzelne Sternpunkte der Lasten geerdet sind oder nicht.

Beispiel 8.4

Verhalten der Lastnachbildung als Reihenschaltung von R_1, L_1 und C_1 bei sprungförmiger Spannungsabsenkung um 20 % bei $t = 0{,}1$ s mit dem Anfangszustand: $P = 4$ MW, $Q = 3$ Mvar, $U = 10{,}5$ kV.

Im Fall $\omega_{e0}/\omega = 0{,}1$ ist $R_1 = 16\,\Omega$, $X_1 = 12{,}12\,\Omega$ und $\omega C_1 = 8{,}25$ S. Die Eigenwerte sind negativ reell und betragen:

$$\lambda_1 = -412{,}30\,\mathrm{s}^{-1} \quad \text{und} \quad \lambda_2 = -2{,}39\,\mathrm{s}^{-1}$$

Dementsprechend gehen die Kurven für P_A und Q_A asymptotisch in den neuen stationären Zustand über (Abb. 8.14).

Für $\omega_{e0}/\omega = 0{,}9$ ergibt sich $R_1 = 16\,\Omega$, $X_1 = 63{,}16\,\Omega$ und $\omega C_1 = 0{,}0195$ S. Die Eigenwerte sind konjugiert komplex:

$$\lambda_{1,2} = (-39{,}79 \pm \mathrm{j}279{,}93)\,\mathrm{s}^{-1},$$

so dass sich der neue stationäre Zustand schwingend einstellt.

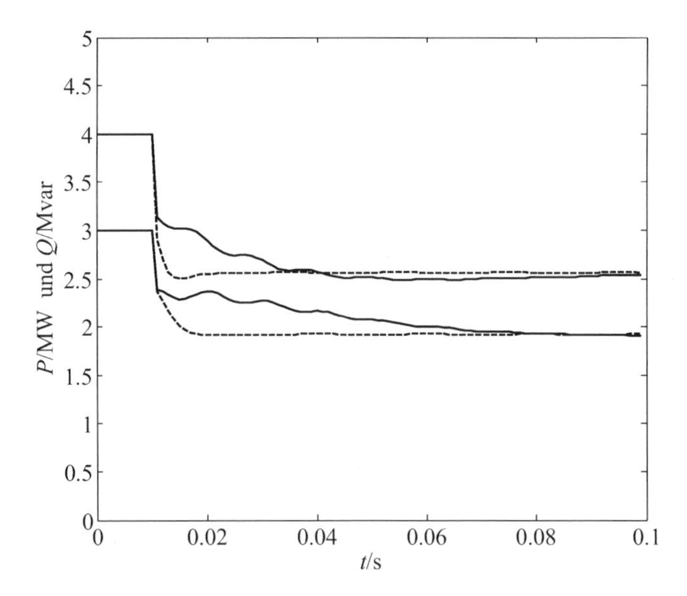

Abb. 8.14 Wirk- und Blindleistungsverlauf bei einer Spannungsabsenkung um 20 % bei Nachbildung der Last mit der Reihenschaltung mit $\omega_{e0}/\omega = 0{,}1$ (*gestrichelte Linie*) und 0,9

Der Sprung zu Beginn der Leistungsänderungen ist durch den Spannungssprung bei zunächst noch unveränderlichem Strom (der Strom ist Zustandsgröße) begründet. Der weitere Verlauf der Leistungen entspricht der zeitlichen Stromänderung, für den die Eigenwerte maßgebend sind.

9 Erweitertes Knotenpunktverfahren

Das Erweiterte Knotenpunktverfahren (EKPV) ermöglicht die Formulierung eines Netzgleichungssystems in natürlichen oder modalen Koordinaten (hier in Raumzeigerkoordinaten) *ausschließlich* auf der Grundlage der Knotenpunktsätze in Analogie zur Aufstellung des Knotenspannungs-Gleichungssystems in Symmetrischen Komponenten im Kap. 3.

Im Ergebnis wird ein Algebro-Differentialgleichungssystem erhalten, das wechselseitig durch numerische Integration mit einem geeigneten Verfahren gelöst werden kann. In den meisten Anwendungsfällen wurde mit dem expliziten Runge-Kutta-Gill-Verfahren gute Erfahrung gemacht.

Neben der einfachen Formulierung des Gleichungssystems ohne Verwendung von Maschensätzen hat das EKPV den Vorteil, dass die Knotenspannungen, für die sich der Netzberechner besonders interessiert, direkt bei der Lösung anfallen.

Durch Einarbeiten der algebraischen Gleichung kann das Algebro-Differentialgleichungssystem in ein explizites Differentialgleichungssystem überführt werden, anhand dessen auch die Netzeigenwerte berechnet werden können.

Ein weiterer Vorteil des EKPV besteht darin, dass das in Kap. 6 vorgestellte Fehlermatrizenverfahren sinngemäß auf das Algebro-Differentialgleichungssystem übertragen werden kann, womit diese einfache, systematische Methode zur Berechnung beliebiger Einfach- und Mehrfachfehler auch im Zeitbereich zur Anwendung kommt.

Die Formulierung des Algebro-Differentialgleichungssystems geht von der Unterteilung der Betriebsmittel nach ihrem Klemmenverhalten in L-, R- und C-Betriebsmittel, wie sie im Kap. 8 vorgenommen wurde, aus. Für die Verknüpfung der Betriebsmittel an den Netzknoten mit Hilfe der Knotenpunktsätze werden die Knotenpunkte je nach Vorkommen der verschiedenen Betriebsmitteltypen in L-, R- und C-Knoten eingeteilt.

B.R. Oswald, *Berechnung von Drehstromnetzen*, DOI 10.1007/978-3-658-14405-0_9

9.1 Klemmengleichungen der Betriebsmittel

Die im Kap. 8 bereitgestellten Gleichungen für die Klemmenströme der L-, R- und C-Betriebsmittel werden in der folgenden Matrizengleichung geordnet zusammengefasst.[1]

$$\begin{bmatrix} \underline{i}'_{\mathrm{sL}} \\ \underline{i}_{\mathrm{sR}} \\ \underline{i}_{\mathrm{sC}} \end{bmatrix} = \begin{bmatrix} \underline{\boldsymbol{G}}_{\mathrm{sL}} & & \\ & \boldsymbol{G}_{\mathrm{sR}} & \\ & & \boldsymbol{G}_{\mathrm{sC}} \end{bmatrix} \begin{bmatrix} \underline{u}_{\mathrm{sL}} \\ \underline{u}_{\mathrm{sR}} \\ \underline{u}_{\mathrm{sC}} \end{bmatrix} + \begin{bmatrix} \underline{i}_{\mathrm{sqL}} \\ \underline{i}_{\mathrm{sqR}} \\ \underline{i}_{\mathrm{sqC}} \end{bmatrix} + \begin{bmatrix} \mathbf{o} \\ \mathbf{o} \\ \boldsymbol{C}_{\mathrm{s}}\dot{\underline{u}}_{\mathrm{sC}} \end{bmatrix} \tag{9.1}$$

Die Leitwertmatrizen $\underline{\boldsymbol{G}}_{\mathrm{sL}}$, $\boldsymbol{G}_{\mathrm{sR}}$, $\boldsymbol{G}_{\mathrm{sC}}$ haben blockdiagonale Form. Für die Quellenströme der L-Betriebsmittel gilt[2]:

$$\underline{i}_{\mathrm{sqL}} = -\underline{\boldsymbol{K}}\boldsymbol{G}_{\mathrm{sL}}\left(\boldsymbol{R}_{\mathrm{sL}}\underline{i}_{\mathrm{sL}} + \underline{u}_{\mathrm{sqL}}\right) \tag{9.2}$$

9.2 Knotenspezifikation und Knotenpunktsätze

Die Netzknotenpunkte werden wie die Betriebsmittel (BM) unterteilt in induktive oder L-Knoten, kapazitive oder C-Knoten und resistive oder R-Knoten. Ihre Definition geht aus Tab. 9.1 hervor.

An einem L-Knoten sind *ausschließlich* L-BM angeschlossen. An einem R-Knoten ist mindestens ein R-BM vorhanden. Daneben können auch L-BM, aber *keine* C-BM vorkommen. An einem C-Knoten ist mindestens ein C-BM vorhanden. Zusätzlich *können* R- *und* L-BM angeschlossen sein.

Tab. 9.1 Knotenspezifikation

	L-BM	R-BM	C-BM
L-Knoten	⊗		
R-Knoten	⊕	⊗	
C-Knoten	⊕	⊕	⊗

⊗ am Knoten notwendiger Betriebsmitteltyp.
⊕ zusätzlich möglicher Betriebsmitteltyp.

[1] Bei Verwendung der Gl. 8.87 für die Transformatoren enthält die Leitwertmatrix $\underline{\boldsymbol{G}}_{\mathrm{sL}}$ komplexe Elemente, sofern Transformatoren mit phasendrehender Schaltgruppe vorkommen. Sie wird deshalb allgemein als komplex gekennzeichnet.

[2] Bei Verwendung der Gl. 8.87 für die Transformatoren unterscheidet sich, sofern Transformatoren mit phasendrehender Schaltgruppe vorkommen, die reelle Leitwertmatrix $\boldsymbol{G}_{\mathrm{sL}}$ in Gl. 9.2 von der komplexen Leitwertmatrix $\underline{\boldsymbol{G}}_{\mathrm{sL}}$ in Gl. 9.1. Für die Schaltgruppe Yy0 oder bei Verwendung der Gl. 8.83a für die Transformatoren wird die K-Matrix wie für die anderen L-Betriebsmittel zur Einheitsmatrix und beide Leitwertmatrizen werden reell und gleich (s. Abschn. 8.3.4).

Mit der nach Knoten- und Betriebsmittel-Typen geordneten Knoten-Klemmen-Matrix (Knoten-Tor-Matrix) nehmen die Knotenpunktsätze folgende Form an[3]:

$$\begin{array}{l} \\ \text{L-Knoten} \\ \text{R-Knoten} \\ \text{C-Knoten} \end{array} \begin{array}{c} \begin{array}{ccc} \text{L-BM} & \text{R-BM} & \text{C-BM} \end{array} \\ \begin{bmatrix} \underline{\boldsymbol{K}}_{\text{LL}} & \mathbf{0} & \mathbf{0} \\ \underline{\boldsymbol{K}}_{\text{RL}} & \underline{\boldsymbol{K}}_{\text{RR}} & \mathbf{0} \\ \underline{\boldsymbol{K}}_{\text{CL}} & \underline{\boldsymbol{K}}_{\text{CR}} & \underline{\boldsymbol{K}}_{\text{CC}} \end{bmatrix} \end{array} \begin{bmatrix} \underline{\boldsymbol{i}}_{\text{sL}} \\ \underline{\boldsymbol{i}}_{\text{sR}} \\ \underline{\boldsymbol{i}}_{\text{sC}} \end{bmatrix} = \mathbf{o} \tag{9.3}$$

Die Nullmatrizen in der 1. und 2. Zeile ergeben sich daraus, dass per definitionem (s. die leeren Felder in Tab. 9.1) an einem L-Knoten weder ein R- noch ein C-BM und an einem R-Knoten kein C-BM angeschlossen sein kann.

Die Gl. 9.3 wird wie folgt umgestellt:

$$\begin{bmatrix} \underline{\boldsymbol{K}}_{\text{LL}} & \mathbf{0} & \mathbf{0} \\ \mathbf{0} & \underline{\boldsymbol{K}}_{\text{RR}} & \mathbf{0} \\ \mathbf{0} & \underline{\boldsymbol{K}}_{\text{CR}} & \underline{\boldsymbol{K}}_{\text{CC}} \end{bmatrix} \begin{bmatrix} \underline{\boldsymbol{i}}_{\text{sL}} \\ \underline{\boldsymbol{i}}_{\text{sR}} \\ \underline{\boldsymbol{i}}_{\text{sC}} \end{bmatrix} = - \begin{bmatrix} \mathbf{o} \\ \underline{\boldsymbol{K}}_{\text{RL}} \\ \underline{\boldsymbol{K}}_{\text{CL}} \end{bmatrix} \underline{\boldsymbol{i}}_{\text{sL}} \tag{9.4}$$

Nun ist es möglich, die 1. Zeile von Gl. 9.4 zu differenzieren, ohne dass die beiden anderen Zeilen davon betroffen sind. Da die Ströme der L-BM stetig sind, sind sie auch differenzierbar. Nach anschließender Division der 1. Zeile mit ω_0 treten so für die L-BM die in Gl. 9.1 enthaltenen modifizierten Ströme

$$\underline{\boldsymbol{i}}'_{\text{sL}} = \frac{1}{\omega_0} \dot{\underline{\boldsymbol{i}}}_{\text{sL}} \tag{9.5}$$

an die Stelle von $\underline{\boldsymbol{i}}_{\text{sL}}$:

$$\begin{bmatrix} \underline{\boldsymbol{K}}_{\text{LL}} & \mathbf{0} & \mathbf{0} \\ \mathbf{0} & \underline{\boldsymbol{K}}_{\text{RR}} & \mathbf{0} \\ \mathbf{0} & \underline{\boldsymbol{K}}_{\text{CR}} & \underline{\boldsymbol{K}}_{\text{CC}} \end{bmatrix} \begin{bmatrix} \underline{\boldsymbol{i}}'_{\text{sL}} \\ \underline{\boldsymbol{i}}_{\text{sR}} \\ \underline{\boldsymbol{i}}_{\text{sC}} \end{bmatrix} = - \begin{bmatrix} \mathbf{o} \\ \underline{\boldsymbol{K}}_{\text{RL}} \\ \underline{\boldsymbol{K}}_{\text{CL}} \end{bmatrix} \underline{\boldsymbol{i}}_{\text{sL}} \tag{9.6}$$

Der Zusammenhang zwischen den Klemmenspannungen der BM und den Knotenspannungen ist durch die transponierte konjugiert komplexe Knoten-Klemmen-Matrix gegeben:

$$\begin{bmatrix} \underline{\boldsymbol{u}}_{\text{sL}} \\ \underline{\boldsymbol{u}}_{\text{sR}} \\ \underline{\boldsymbol{u}}_{\text{sC}} \end{bmatrix} = \begin{bmatrix} \underline{\boldsymbol{K}}_{\text{LL}}^{\text{T}*} & \underline{\boldsymbol{K}}_{\text{RL}}^{\text{T}*} & \underline{\boldsymbol{K}}_{\text{CL}}^{\text{T}*} \\ \mathbf{0} & \underline{\boldsymbol{K}}_{\text{RR}}^{\text{T}} & \underline{\boldsymbol{K}}_{\text{CR}}^{\text{T}*} \\ \mathbf{0} & \mathbf{0} & \underline{\boldsymbol{K}}_{\text{CC}}^{\text{T}*} \end{bmatrix} \begin{bmatrix} \underline{\boldsymbol{u}}_{\text{sLK}} \\ \underline{\boldsymbol{u}}_{\text{sRK}} \\ \underline{\boldsymbol{u}}_{\text{sCK}} \end{bmatrix} \tag{9.7}$$

[3] Bei Verwendung der Gl. 8.83a für die Transformatoren werden Elemente der Matrix komplex, sobald Transformatoren mit phasendrehender Schaltgruppe vorkommen (s. das Beispiel 9.1). Die Matrizen werden deshalb allgemein als komplex gekennzeichnet.

9.3 Netzgleichungssysteme des EKPV

Die Bildung des Netzgleichungssystems, das die einzelnen Betriebsmittel miteinander verknüpft, erfolgt analog zur Bildung des Knotenspannungs-Gleichungssystems in Kap. 3.

Zunächst werden die BM-Ströme aus Gl. 9.1 in Gl. 9.6 eingesetzt. Anschließend werden die Knotenspannungen mit Hilfe der Gl. 9.7 eingeführt. Man erhält so mit Gl. 9.2:

$$\begin{bmatrix} \underline{\boldsymbol{G}}_{\text{sLL}} & \underline{\boldsymbol{G}}_{\text{sLR}} & \underline{\boldsymbol{G}}_{\text{sLC}} \\ \boldsymbol{0} & \underline{\boldsymbol{G}}_{\text{sRR}} & \underline{\boldsymbol{G}}_{\text{sRC}} \\ \boldsymbol{0} & \underline{\boldsymbol{G}}_{\text{sCR}} & \underline{\boldsymbol{G}}_{\text{sCC}} \end{bmatrix} \begin{bmatrix} \underline{\boldsymbol{u}}_{\text{sLK}} \\ \underline{\boldsymbol{u}}_{\text{sRK}} \\ \underline{\boldsymbol{u}}_{\text{sCK}} \end{bmatrix}$$
$$= \begin{bmatrix} -\underline{\boldsymbol{K}}_{\text{LL}}\underline{\boldsymbol{G}}_{\text{sL}} & \boldsymbol{0} & \boldsymbol{0} \\ \boldsymbol{0} & \underline{\boldsymbol{K}}_{\text{RR}} & \boldsymbol{0} \\ \boldsymbol{0} & \underline{\boldsymbol{K}}_{\text{CR}} & \underline{\boldsymbol{K}}_{\text{CC}} \end{bmatrix} \begin{bmatrix} \underline{\boldsymbol{u}}_{\text{sqL}} \\ \underline{\boldsymbol{i}}_{\text{sqR}} \\ \underline{\boldsymbol{i}}_{\text{sqC}} \end{bmatrix} - \begin{bmatrix} \boldsymbol{o} \\ \boldsymbol{o} \\ \underline{\boldsymbol{C}}_{\text{sKK}}\dot{\underline{\boldsymbol{u}}}_{\text{sCK}} \end{bmatrix} + \begin{bmatrix} -\underline{\boldsymbol{K}}_{\text{LL}}\underline{\boldsymbol{G}}_{\text{sL}}\boldsymbol{R}_{\text{sL}} \\ \underline{\boldsymbol{K}}_{\text{RL}} \\ \underline{\boldsymbol{K}}_{\text{CL}} \end{bmatrix} \underline{\boldsymbol{i}}_{\text{sL}} \tag{9.8}$$

mit der Knotenleitwertmatrix[4]

$$\begin{bmatrix} \underline{\boldsymbol{G}}_{\text{sLL}} & \underline{\boldsymbol{G}}_{\text{sLR}} & \underline{\boldsymbol{G}}_{\text{sLC}} \\ \boldsymbol{0} & \underline{\boldsymbol{G}}_{\text{sRR}} & \underline{\boldsymbol{G}}_{\text{sRC}} \\ \boldsymbol{0} & \underline{\boldsymbol{G}}_{\text{sCR}} & \underline{\boldsymbol{G}}_{\text{sCC}} \end{bmatrix}$$
$$= -\begin{bmatrix} \underline{\boldsymbol{K}}_{\text{LL}} & \boldsymbol{0} & \boldsymbol{0} \\ \boldsymbol{0} & \underline{\boldsymbol{K}}_{\text{RR}} & \boldsymbol{0} \\ \boldsymbol{0} & \underline{\boldsymbol{K}}_{\text{CR}} & \underline{\boldsymbol{K}}_{\text{CC}} \end{bmatrix} \begin{bmatrix} \underline{\boldsymbol{G}}_{\text{sL}} & & \\ & \boldsymbol{G}_{\text{sR}} & \\ & & \boldsymbol{G}_{\text{sC}} \end{bmatrix} \begin{bmatrix} \underline{\boldsymbol{K}}_{\text{LL}}^{\text{T}*} & \underline{\boldsymbol{K}}_{\text{RL}}^{\text{T}*} & \underline{\boldsymbol{K}}_{\text{CL}}^{\text{T}*} \\ \boldsymbol{0} & \underline{\boldsymbol{K}}_{\text{RR}}^{\text{T}*} & \underline{\boldsymbol{K}}_{\text{CR}}^{\text{T}*} \\ \boldsymbol{0} & \boldsymbol{0} & \underline{\boldsymbol{K}}_{\text{CC}}^{\text{T}*} \end{bmatrix}$$
$$= -\begin{bmatrix} \underline{\boldsymbol{K}}_{\text{LL}}\underline{\boldsymbol{G}}_{\text{sL}}\underline{\boldsymbol{K}}_{\text{LL}}^{\text{T}*} & \underline{\boldsymbol{K}}_{\text{LL}}\underline{\boldsymbol{G}}_{\text{sL}}\underline{\boldsymbol{K}}_{\text{RL}}^{\text{T}*} & \underline{\boldsymbol{K}}_{\text{LL}}\underline{\boldsymbol{G}}_{\text{sL}}\underline{\boldsymbol{K}}_{\text{CL}}^{\text{T}*} \\ \boldsymbol{0} & \underline{\boldsymbol{K}}_{\text{RR}}\boldsymbol{G}_{\text{sR}}\underline{\boldsymbol{K}}_{\text{RR}}^{\text{T}*} & \underline{\boldsymbol{K}}_{\text{RR}}\boldsymbol{G}_{\text{sR}}\underline{\boldsymbol{K}}_{\text{CR}}^{\text{T}*} \\ \boldsymbol{0} & \underline{\boldsymbol{K}}_{\text{CR}}\boldsymbol{G}_{\text{sR}}\underline{\boldsymbol{K}}_{\text{RR}}^{\text{T}*} & \underline{\boldsymbol{K}}_{\text{CC}}\boldsymbol{G}_{\text{sC}}\underline{\boldsymbol{K}}_{\text{CC}}^{\text{T}*} + \underline{\boldsymbol{K}}_{\text{CR}}\boldsymbol{G}_{\text{sR}}\underline{\boldsymbol{K}}_{\text{CR}}^{\text{T}*} \end{bmatrix} \tag{9.9}$$

und der Knotenkapazitätsmatrix

$$\underline{\boldsymbol{C}}_{\text{sKK}} = -\underline{\boldsymbol{K}}_{\text{CC}}\boldsymbol{C}_{\text{s}}\underline{\boldsymbol{K}}_{\text{CC}}^{\text{T}*} \tag{9.10}$$

Die Gl. 9.8 kann in eine algebraische Gleichung für die Berechnung der Spannungen an den L- und R-Knoten und in eine Differentialgleichung für die Spannungen an den C-Knoten zerlegt werden:

$$\begin{bmatrix} \underline{\boldsymbol{G}}_{\text{sLL}} & \underline{\boldsymbol{G}}_{\text{sLR}} \\ \boldsymbol{0} & \underline{\boldsymbol{G}}_{\text{sRR}} \end{bmatrix} \begin{bmatrix} \underline{\boldsymbol{u}}_{\text{sLK}} \\ \underline{\boldsymbol{u}}_{\text{sRK}} \end{bmatrix} = \begin{bmatrix} -\underline{\boldsymbol{K}}_{\text{LL}}\underline{\boldsymbol{G}}_{\text{sL}} & \boldsymbol{0} \\ \boldsymbol{0} & \underline{\boldsymbol{K}}_{\text{RR}} \end{bmatrix} \begin{bmatrix} \underline{\boldsymbol{u}}_{\text{sqL}} \\ \underline{\boldsymbol{i}}_{\text{sqR}} \end{bmatrix}$$
$$+ \begin{bmatrix} -\underline{\boldsymbol{K}}_{\text{LL}}\underline{\boldsymbol{G}}_{\text{sL}}\boldsymbol{R}_{\text{sL}} & -\underline{\boldsymbol{G}}_{\text{sLC}} \\ \underline{\boldsymbol{K}}_{\text{RL}} & -\underline{\boldsymbol{G}}_{\text{sRC}} \end{bmatrix} \begin{bmatrix} \underline{\boldsymbol{i}}_{\text{sL}} \\ \underline{\boldsymbol{u}}_{\text{sCK}} \end{bmatrix} \tag{9.11}$$

$$\underline{\boldsymbol{C}}_{\text{sKK}}\dot{\underline{\boldsymbol{u}}}_{\text{sCK}} = -\underline{\boldsymbol{G}}_{\text{sCC}}\underline{\boldsymbol{u}}_{\text{sCK}} - \underline{\boldsymbol{G}}_{\text{sCR}}\underline{\boldsymbol{u}}_{\text{sRK}} + \underline{\boldsymbol{K}}_{\text{CL}}\underline{\boldsymbol{i}}_{\text{sL}} + \underline{\boldsymbol{K}}_{\text{CR}}\underline{\boldsymbol{i}}_{\text{sqR}} + \underline{\boldsymbol{K}}_{\text{CC}}\underline{\boldsymbol{i}}_{\text{sqC}} \tag{9.12}$$

[4] Das Vorzeichen wird analog zur Definition der Knotenadmittanzmatrix in Gl. 3.12 gewählt.

Tab. 9.2 Innere Zustandsgrößen der Betriebsmittel

Betriebsmittel	Modell	Innere Zustandsgrößen	Bezug
Synchronmaschine	8. Ordnung	$k_f\psi_f,\ k_D\psi_D,\ k_Q\psi_Q,\ \Delta\omega_L,\ \Delta\vartheta_L$	Gl. 8.134
Asynchronmaschine	5. Ordnung	$k_L\underline{\psi}_{sL},\ \omega_L$	Gl. 8.244
nichtmotorische Last	R-L-C-Reihenschaltung	$\underline{u}_{sC},\ \underline{u}^*_{sC},\ u_{hC}$	Gl. 8.290
	G-C-L-Parallelschaltung	$\underline{i}_{sL},\ \underline{i}^*_{sL},\ i_{hL}$	Gl. 8.295
Leitung	Π-Glied	$\underline{i}_{sL},\ \underline{i}^*_{sL},\ i_{hL}$	Abb. 8.6
	Π-Kette	$\underline{\boldsymbol{i}}_{sL1}\cdots\underline{\boldsymbol{i}}_{sLm},\ \underline{\boldsymbol{u}}_{sC1}\cdots\underline{\boldsymbol{u}}_{sCm-1}$	Gl. 8.53
	T-Glied	$\underline{u}_{sC},\ \underline{u}^*_{sC},\ u_{hC}$	Abb. 8.4
	T-Kette	$\underline{\boldsymbol{u}}_{sC1}\cdots\underline{\boldsymbol{u}}_{sCm},\ \underline{\boldsymbol{i}}_{sL1}\cdots\underline{\boldsymbol{i}}_{sLm-1}$	Gl. 8.48

Das Gleichungssystem wird vervollständigt durch die Differentialgleichung für die Berechnung der Ströme der L-Betriebsmittel und die Differentialgleichung für die inneren Zustandsgrößen der Betriebsmittel:

$$\dot{\underline{\boldsymbol{i}}}_{sL} = \omega_0\underline{\boldsymbol{G}}_{sL}\left(-\boldsymbol{R}_{sL}\underline{\boldsymbol{i}}_{sL} - \underline{\boldsymbol{u}}_{sqL} + \underline{\boldsymbol{K}}^{T*}_{LL}\underline{\boldsymbol{u}}_{sLK} + \underline{\boldsymbol{K}}^{T*}_{RL}\underline{\boldsymbol{u}}_{sRK} + \underline{\boldsymbol{K}}^{T*}_{CL}\underline{\boldsymbol{u}}_{sCK}\right) \tag{9.13}$$

$$\dot{\underline{\boldsymbol{z}}}_i = \underline{\boldsymbol{f}}_i\left(\underline{\boldsymbol{z}}_i, \boldsymbol{x}_i, \underline{\boldsymbol{u}}_{sLK}, \underline{\boldsymbol{u}}_{sRK}, \underline{\boldsymbol{u}}_{sCK}, \underline{\boldsymbol{i}}_{sL}\right) \tag{9.14}$$

Die in $\boldsymbol{x}_i$ zusammengefassten Größen sind die Systemeingangsgrößen, wie beispielsweise die Erregerspannung oder die Turbinenleistung bei den Synchronmaschinen.

Die Gln. 9.11, 9.12 und 9.13 sind über die „Quellengrößen" mit den inneren Zustandsgrößen verknüpft:

$$\underline{\boldsymbol{i}}_{sqC} = \underline{\boldsymbol{f}}_C\left(\underline{\boldsymbol{z}}_i\right) \tag{9.15}$$

$$\underline{\boldsymbol{u}}_{sqL} = \underline{\boldsymbol{f}}_L\left(\underline{\boldsymbol{z}}_i\right) \tag{9.16}$$

Die Quellenströme der R-Betriebsmittel (Leitungen als Wellenmodell) hängen nicht von inneren Zustandsgrößen ab, sie sind lediglich Funktionen von den gegenüberliegenden Klemmengrößen:

$$\underline{\boldsymbol{i}}_{sqR} = \underline{\boldsymbol{f}}_R\left(\underline{\boldsymbol{u}}_{sRK}, \underline{\boldsymbol{u}}_{sCK}, \underline{\boldsymbol{i}}_{sR}, \underline{\boldsymbol{i}}_{sC}\right) \tag{9.17}$$

In der folgenden Tab. 9.2 sind die inneren Zustandsgrößen der Betriebsmittel nochmals zusammengestellt.

Aus den Gln. 9.11, 9.12 und 9.13 kann noch die Knotenspannungen an den R-Knoten eliminiert werden. Man erhält aus der zweiten Zeile von Gl. 9.11:

$$\underline{\boldsymbol{u}}_{sRK} = \underline{\boldsymbol{G}}^{-1}_{sRR}\left(\underline{\boldsymbol{K}}_{RR}\underline{\boldsymbol{i}}_{sqR} + \underline{\boldsymbol{K}}_{RL}\underline{\boldsymbol{i}}_{sL} - \underline{\boldsymbol{G}}_{sRC}\underline{\boldsymbol{u}}_{sCK}\right) \tag{9.18}$$

und nach Einsetzen in die erste Zeile von Gl. 9.11:

$$\begin{aligned}\underline{\boldsymbol{G}}_{\mathrm{sLL}}\underline{\boldsymbol{u}}_{\mathrm{sLK}} = {} & \left(\underline{\boldsymbol{G}}_{\mathrm{sLR}}\underline{\boldsymbol{G}}_{\mathrm{sRR}}^{-1}\underline{\boldsymbol{G}}_{\mathrm{sRC}} - \underline{\boldsymbol{G}}_{\mathrm{sLC}}\right)\underline{\boldsymbol{u}}_{\mathrm{sCK}} - \left(\underline{\boldsymbol{K}}_{\mathrm{LL}}\underline{\boldsymbol{G}}_{\mathrm{sL}}\boldsymbol{R}_{\mathrm{sL}} + \underline{\boldsymbol{G}}_{\mathrm{sLR}}\underline{\boldsymbol{G}}_{\mathrm{sRR}}^{-1}\underline{\boldsymbol{K}}_{\mathrm{RL}}\right)\underline{\boldsymbol{i}}_{\mathrm{sL}} \\ & - \underline{\boldsymbol{K}}_{\mathrm{LL}}\underline{\boldsymbol{G}}_{\mathrm{sL}}\underline{\boldsymbol{u}}_{\mathrm{sqL}} - \underline{\boldsymbol{G}}_{\mathrm{sLR}}\underline{\boldsymbol{G}}_{\mathrm{sRR}}^{-1}\underline{\boldsymbol{K}}_{\mathrm{RR}}\underline{\boldsymbol{i}}_{\mathrm{sqR}}\end{aligned} \tag{9.19}$$

und in Gl. 9.12 und 9.13:

$$\begin{aligned}\underline{\boldsymbol{C}}_{\mathrm{sKK}}\underline{\dot{\boldsymbol{u}}}_{\mathrm{sCK}} = {} & \left(\underline{\boldsymbol{G}}_{\mathrm{sCR}}\underline{\boldsymbol{G}}_{\mathrm{sRR}}^{-1}\underline{\boldsymbol{G}}_{\mathrm{sRC}} - \underline{\boldsymbol{G}}_{\mathrm{sCC}}\right)\underline{\boldsymbol{u}}_{\mathrm{sCK}} + \underline{\boldsymbol{K}}_{\mathrm{CC}}\underline{\boldsymbol{i}}_{\mathrm{sqC}} \\ & + \left(\underline{\boldsymbol{K}}_{\mathrm{CR}} - \underline{\boldsymbol{G}}_{\mathrm{sCR}}\underline{\boldsymbol{G}}_{\mathrm{sRR}}^{-1}\underline{\boldsymbol{K}}_{\mathrm{RR}}\right)\underline{\boldsymbol{i}}_{\mathrm{sqR}} + \left(\underline{\boldsymbol{K}}_{\mathrm{CL}} - \underline{\boldsymbol{G}}_{\mathrm{sCR}}\underline{\boldsymbol{G}}_{\mathrm{sRR}}^{-1}\underline{\boldsymbol{K}}_{\mathrm{RL}}\right)\underline{\boldsymbol{i}}_{\mathrm{sL}}\end{aligned} \tag{9.20}$$

$$\begin{aligned}\underline{\dot{\boldsymbol{i}}}_{\mathrm{sL}} = {} & \omega_0\boldsymbol{G}_{\mathrm{sL}}\Big[\left(\underline{\boldsymbol{K}}_{\mathrm{RL}}^{\mathrm{T}*}\underline{\boldsymbol{G}}_{\mathrm{sRR}}^{-1}\underline{\boldsymbol{K}}_{\mathrm{RL}} - \boldsymbol{R}_{\mathrm{sL}}\right)\underline{\boldsymbol{i}}_{\mathrm{sL}} - \underline{\boldsymbol{u}}_{\mathrm{sqL}} \\ & + \underline{\boldsymbol{K}}_{\mathrm{LL}}^{\mathrm{T}*}\underline{\boldsymbol{u}}_{\mathrm{sLK}} + \left(\underline{\boldsymbol{K}}_{\mathrm{CL}}^{\mathrm{T}*} - \underline{\boldsymbol{K}}_{\mathrm{RL}}^{\mathrm{T}*}\underline{\boldsymbol{G}}_{\mathrm{sRR}}^{-1}\underline{\boldsymbol{G}}_{\mathrm{sRC}}\right)\underline{\boldsymbol{u}}_{\mathrm{sCK}} + \underline{\boldsymbol{K}}_{\mathrm{RL}}^{\mathrm{T}*}\underline{\boldsymbol{G}}_{\mathrm{sRR}}^{-1}\underline{\boldsymbol{K}}_{\mathrm{RR}}\underline{\boldsymbol{i}}_{\mathrm{sqR}}\Big]\end{aligned} \tag{9.21}$$

Die Gln. 9.19 bis 9.21 werden noch etwas geordnet:

$$\begin{aligned}\underline{\boldsymbol{G}}_{\mathrm{sLL}}\underline{\boldsymbol{u}}_{\mathrm{sLK}} = {} & \left[\begin{array}{c|c} -\underline{\boldsymbol{K}}_{\mathrm{LL}}\underline{\boldsymbol{G}}_{\mathrm{sL}}\boldsymbol{R}_{\mathrm{sL}} - \underline{\boldsymbol{G}}_{\mathrm{sLR}}\underline{\boldsymbol{G}}_{\mathrm{sRR}}^{-1}\underline{\boldsymbol{K}}_{\mathrm{RL}} & \underline{\boldsymbol{G}}_{\mathrm{sLR}}\underline{\boldsymbol{G}}_{\mathrm{sRR}}^{-1}\underline{\boldsymbol{G}}_{\mathrm{sRC}} - \underline{\boldsymbol{G}}_{\mathrm{sLC}}\end{array}\right]\begin{bmatrix}\underline{\boldsymbol{i}}_{\mathrm{sL}} \\ \underline{\boldsymbol{u}}_{\mathrm{sCK}}\end{bmatrix} \\ & - \left[\begin{array}{c|c|c}\underline{\boldsymbol{K}}_{\mathrm{LL}}\underline{\boldsymbol{G}}_{\mathrm{sL}} & \underline{\boldsymbol{G}}_{\mathrm{sLR}}\underline{\boldsymbol{G}}_{\mathrm{sRR}}^{-1}\underline{\boldsymbol{K}}_{\mathrm{RR}} & \boldsymbol{0}\end{array}\right]\begin{bmatrix}\underline{\boldsymbol{u}}_{\mathrm{sqL}} \\ \underline{\boldsymbol{i}}_{\mathrm{sqR}} \\ \underline{\boldsymbol{i}}_{\mathrm{sqC}}\end{bmatrix}\end{aligned} \tag{9.22}$$

$$\begin{aligned}&\begin{bmatrix}\underline{\dot{\boldsymbol{i}}}_{\mathrm{sL}} \\ \underline{\boldsymbol{C}}_{\mathrm{sKK}}\underline{\dot{\boldsymbol{u}}}_{\mathrm{sCK}}\end{bmatrix} \\ &= \begin{bmatrix}\omega_0\underline{\boldsymbol{G}}_{\mathrm{sL}}\left(\underline{\boldsymbol{K}}_{\mathrm{RL}}^{\mathrm{T}*}\underline{\boldsymbol{G}}_{\mathrm{sRR}}^{-1}\underline{\boldsymbol{K}}_{\mathrm{RL}} - \boldsymbol{R}_{\mathrm{sL}}\right) & \omega_0\underline{\boldsymbol{G}}_{\mathrm{sL}}\left(\underline{\boldsymbol{K}}_{\mathrm{CL}}^{\mathrm{T}*} - \underline{\boldsymbol{K}}_{\mathrm{RL}}^{\mathrm{T}*}\underline{\boldsymbol{G}}_{\mathrm{sRR}}^{-1}\underline{\boldsymbol{G}}_{\mathrm{sRC}}\right) \\ \underline{\boldsymbol{K}}_{\mathrm{CL}} - \underline{\boldsymbol{G}}_{\mathrm{sCR}}\underline{\boldsymbol{G}}_{\mathrm{sRR}}^{-1}\underline{\boldsymbol{K}}_{\mathrm{RL}} & \underline{\boldsymbol{G}}_{\mathrm{sCR}}\underline{\boldsymbol{G}}_{\mathrm{sRR}}^{-1}\underline{\boldsymbol{G}}_{\mathrm{sRC}} - \underline{\boldsymbol{G}}_{\mathrm{sCC}}\end{bmatrix}\begin{bmatrix}\underline{\boldsymbol{i}}_{\mathrm{sL}} \\ \underline{\boldsymbol{u}}_{\mathrm{sCK}}\end{bmatrix} \\ &\quad + \left[\begin{array}{c|c|c} -\omega_0\boldsymbol{G}_{\mathrm{sL}} & \omega_0\underline{\boldsymbol{G}}_{\mathrm{sL}}\underline{\boldsymbol{K}}_{\mathrm{RL}}^{\mathrm{T}*}\underline{\boldsymbol{G}}_{\mathrm{sRR}}^{-1}\underline{\boldsymbol{K}}_{\mathrm{RR}} & \boldsymbol{0} \\ \boldsymbol{0} & \underline{\boldsymbol{K}}_{\mathrm{CR}} - \underline{\boldsymbol{G}}_{\mathrm{sCR}}\underline{\boldsymbol{G}}_{\mathrm{sRR}}^{-1}\underline{\boldsymbol{K}}_{\mathrm{RR}} & \underline{\boldsymbol{K}}_{\mathrm{CC}}\end{array}\right]\begin{bmatrix}\underline{\boldsymbol{u}}_{\mathrm{sqL}} \\ \underline{\boldsymbol{i}}_{\mathrm{sqR}} \\ \underline{\boldsymbol{i}}_{\mathrm{sqC}}\end{bmatrix} + \begin{bmatrix}\omega_0\underline{\boldsymbol{G}}_{\mathrm{sL}}\underline{\boldsymbol{K}}_{\mathrm{LL}}^{\mathrm{T}*}\underline{\boldsymbol{u}}_{\mathrm{sLK}} \\ \boldsymbol{o}\end{bmatrix}\end{aligned} \tag{9.23}$$

Die Abb. 9.1 veranschaulicht die Struktur der Gln. 9.22 und 9.23. Die Spannungen an den R-Knoten sind Ausgabegrößen. Mit ihnen können die Ströme der R-Betriebsmittel berechnet werden. Der Signalfluss in Abb. 9.1 enthält keine algebraischen Schleifen, so dass die Lösung auch bei nichtlinearen L-BM ohne Iterationen auskommt, solange keine impliziten Integrationsverfahren angewendet werden. Eine weitere vorteilhafte Besonderheit des Gleichungssystems besteht darin, dass die Gleichungen aller L-Betriebsmittel und C-Knoten parallel (in Abb. 9.1 jeweils nur durch einen Block vertreten) angeordnet sind. Dies ermöglicht einen objektorientierten Rechenprogrammaufbau und eine weitgehende parallele Verarbeitung.

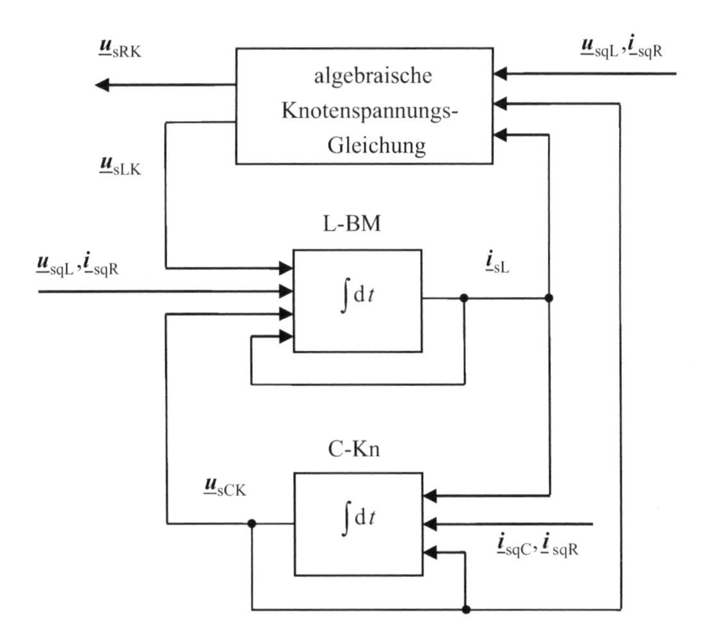

Abb. 9.1 Struktur des Algebro-Differentialgleichungssystems nach dem EKPV

9.3.1 Gleichungssystem für ein L-C-Netz

Für den Fall, dass keine R-Betriebsmittel vorkommen, vereinfachen sich die Gln. 9.22 und 9.23 zu:

$$\underline{G}_{sLL}\underline{u}_{sLK} = \left[-\underline{K}_{LL}\underline{G}_{sL}\boldsymbol{R}_{sL} \mid -\underline{G}_{sLC} \right] \begin{bmatrix} \underline{i}_{sL} \\ \underline{u}_{sCK} \end{bmatrix} + \left[-\underline{K}_{LL}\underline{G}_{sL} \mid \mathbf{0} \right] \begin{bmatrix} \underline{u}_{sqL} \\ \underline{i}_{sqC} \end{bmatrix} \tag{9.24}$$

$$\begin{bmatrix} \dot{\underline{i}}_{sL} \\ \underline{C}_{sKK}\dot{\underline{u}}_{sCK} \end{bmatrix} = \begin{bmatrix} -\omega_0\underline{G}_{sL}\boldsymbol{R}_{sL} & \omega_0\underline{G}_{sL}\underline{K}_{CL}^{T*} \\ \underline{K}_{CL} & -\underline{G}_{sCC} \end{bmatrix} \begin{bmatrix} \underline{i}_{sL} \\ \underline{u}_{sCK} \end{bmatrix} + \begin{bmatrix} -\omega_0\underline{G}_{sL} & \mathbf{0} \\ \mathbf{0} & \underline{K}_{CC} \end{bmatrix} \begin{bmatrix} \underline{u}_{sqL} \\ \underline{i}_{sqC} \end{bmatrix} + \begin{bmatrix} \omega_0\underline{G}_{sL}\underline{K}_{LL}^{T*}\underline{u}_{sLK} \\ \mathbf{o} \end{bmatrix} \tag{9.25}$$

Dieser Fall liegt beispielsweise vor, wenn die Leitungen in der Π-Ersatzschaltung oder Π-Kettenschaltung modelliert werden.

Beispiel 9.1

Für die Anordnung in Abb. 9.2 soll das Gleichungssystem nach dem EKPV aufgestellt werden. Der Transformator soll die Schaltgruppe Yd5 haben und auf der Oberspannungsseite starr geerdet sein. Der Magnetisierungsstrom soll vernachlässigt werden.

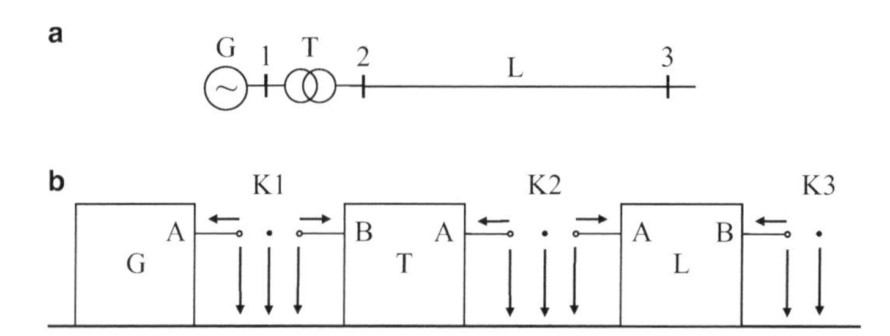

Abb. 9.2 Beispielnetz für die Formulierung des Algebro-Differential-Gleichungssystems nach dem EKPV. **a** Netzplan **b** Ersatzschaltungen der Raumzeigerkomponenten für die Betriebsmittel

Der Einfachheit halber (hier steht die Formulierung des Gleichungssystems im Vordergrund) wird der Generator durch eine Spannungsquelle mit der subtransienten Spannung hinter der subtransienten Induktivität nachgebildet. Die Leitung soll durch eine Π-Ersatzschaltung nachgebildet werden. Diese Nachbildung reicht beispielsweise aus, wenn Kurzschlussstromverläufe berechnet werden sollen. Die Parameter der Betriebsmittel sind in der Tab. 9.3 zusammengestellt.

Durch die Nachbildung der Leitung als Π-Ersatzschaltung wird die Leitung zum C-Betriebsmittel. Der Generator und Transformator sind L-Betriebsmittel. Demzufolge ist der Knoten 1 ein L-Knoten, während die Knoten 2 und 3 C-Knoten sind. Da keine R-Betriebsmittel vorkommen, handelt es sich um ein L-C-Netz. Für die Transformatornachbildung wird die Variante 2 (s. Abschn. 8.3.4) gewählt.

Die der Gl. 9.3 entsprechende Knoten-Klemmen-Matrix hat folgenden Aufbau:

$$\boldsymbol{K}_{\mathrm{sKT}} = \begin{array}{c} \\ \mathrm{K1} \\ \mathrm{K2} \\ \mathrm{K3} \end{array} \begin{array}{c} \begin{array}{ccccc} \mathrm{G} & \mathrm{TA} & \mathrm{TB} & \mathrm{LA} & \mathrm{LB} \end{array} \\ \left[\begin{array}{ccc|cc} \boldsymbol{E} & \boldsymbol{0} & \underline{\boldsymbol{K}}_{\mathrm{sB}} & \boldsymbol{0} & \boldsymbol{0} \\ \hline \boldsymbol{0} & \boldsymbol{E} & \boldsymbol{0} & \boldsymbol{E} & \boldsymbol{0} \\ \boldsymbol{0} & \boldsymbol{0} & \boldsymbol{0} & \boldsymbol{0} & \boldsymbol{E} \end{array}\right] \end{array} = \begin{bmatrix} \underline{\boldsymbol{K}}_{\mathrm{LL}} & \boldsymbol{0} \\ \boldsymbol{K}_{\mathrm{CL}} & \boldsymbol{K}_{\mathrm{CC}} \end{bmatrix}$$

Tab. 9.3 Parameter der Netzelemente in Abb. 9.2

Parameter	Generator	Transformator[a]	Leitung
	100 MV A	100 MV A, $\ddot{u} = 10$	110 kV, 20 km
R_1/Ω	0,01	1	5
R_0/Ω	0	1	10
X_1/Ω	0,25	20	10
X_0/Ω	0,02	20	25
G_1/nS	–	–	0
G_0/nS	–	–	0
C_1/nF	–	–	200
C_0/nF	–	–	150

[a] Daten für die Oberspannungsseite.

mit der Schaltungsmatrix für die Dreieckswicklung nach Tab. 8.6:

$$\underline{\boldsymbol{K}}_{\mathrm{sB}} = \begin{bmatrix} \underline{m}_5^* & & \\ & \underline{m}_5 & \\ & & 0 \end{bmatrix} = \begin{bmatrix} \sqrt{3}\mathrm{e}^{-\mathrm{j}5\pi/6} & & \\ & \sqrt{3}\mathrm{e}^{\mathrm{j}5\pi/6} & \\ & & 0 \end{bmatrix}$$

$$= \begin{bmatrix} -1{,}5 - \mathrm{j}0{,}866 & & \\ & -1{,}5 + \mathrm{j}0{,}866 & \\ & & 0 \end{bmatrix}$$

Die nach L- und C-Betriebsmitteln geordnete Betriebsmittel-Leitwertmatrix der Gl. 9.1 lautet:

$$\boldsymbol{G}_{\mathrm{sB}} = \left[\begin{array}{ccc|cc} \boldsymbol{G}_{\mathrm{sG}} & & & & \\ & \boldsymbol{G}_{\mathrm{spp}} & n\boldsymbol{G}_{\mathrm{sps}} & & \\ & n\boldsymbol{G}_{\mathrm{ssp}} & n^2\boldsymbol{G}_{\mathrm{sss}} & & \\ \hline & & & \boldsymbol{G}_{\mathrm{sLAA}} & \\ & & & & \boldsymbol{G}_{\mathrm{sLBB}} \end{array}\right] = \left[\begin{array}{c|c} \boldsymbol{G}_{\mathrm{sL}} & \\ \hline & \boldsymbol{G}_{\mathrm{sC}} \end{array}\right]$$

mit den Untermatrizen für den Transformator, Generator und die Leitung mit $n = n_{\mathrm{Yd5}} = \ddot{u}/\sqrt{3}$:

$$\boldsymbol{G}_{\mathrm{sT}} = \begin{bmatrix} \boldsymbol{G}_{\mathrm{spp}} & n\boldsymbol{G}_{\mathrm{sps}} \\ n\boldsymbol{G}_{\mathrm{ssp}} & n^2\boldsymbol{G}_{\mathrm{sss}} \end{bmatrix}$$

$$= \left[\begin{array}{ccc|ccc} 0{,}05 & & & -n\cdot 0{,}05 & & \\ & 0{,}05 & & & -n\cdot 0{,}05 & \\ & & 0{,}05 & & & -n\cdot 0{,}05 \\ \hline -n\cdot 0{,}05 & & & n^2\cdot 0{,}05 & & \\ & -n\cdot 0{,}05 & & & n^2\cdot 0{,}05 & \\ & & -n\cdot 0{,}05 & & & n^2\cdot 0{,}05 \end{array}\right]\mathrm{S}$$

$$\boldsymbol{G}_{\mathrm{sG}} = \begin{bmatrix} 4 & & \\ & 4 & \\ & & 50 \end{bmatrix}\mathrm{S} \quad \boldsymbol{G}_{\mathrm{sC}} = \begin{bmatrix} \boldsymbol{G}_{\mathrm{sLAA}} & \\ & \boldsymbol{G}_{\mathrm{sLAA}} \end{bmatrix} = \left[\begin{array}{ccc|ccc} 0 & & & & & \\ & 0 & & & & \\ & & 0 & & & \\ \hline & & & 0 & & \\ & & & & 0 & \\ & & & & & 0 \end{array}\right]$$

Die Gl. 9.24 für die Berechnung der Spannungen am L-Knoten (hier Knoten 1)

$$-\underline{\boldsymbol{K}}_{\mathrm{LL}}\boldsymbol{G}_{\mathrm{sL}}\underline{\boldsymbol{K}}_{\mathrm{LL}}^{\mathrm{T}*}\underline{\boldsymbol{u}}_{\mathrm{sLK}} = -\underline{\boldsymbol{K}}_{\mathrm{LL}}\boldsymbol{G}_{\mathrm{sL}}\boldsymbol{R}_{\mathrm{sL}}\underline{\boldsymbol{i}}_{\mathrm{sL}} + \underline{\boldsymbol{K}}_{\mathrm{LL}}\boldsymbol{G}_{\mathrm{sL}}\underline{\boldsymbol{K}}_{\mathrm{CL}}^{\mathrm{T}*}\underline{\boldsymbol{u}}_{\mathrm{sCK}} - \underline{\boldsymbol{K}}_{\mathrm{LL}}\boldsymbol{G}_{\mathrm{sL}}\underline{\boldsymbol{u}}_{\mathrm{sqL}}$$

lautet ausführlich (Leitwerte in S):

$$
-\begin{bmatrix} 9 & & \\ & 9 & \\ & & 50 \end{bmatrix}
\begin{bmatrix} \underline{u}_{\mathrm{sK1}} \\ \underline{u}^*_{\mathrm{sK1}} \\ u_{\mathrm{hK1}} \end{bmatrix}
$$

$$
= -10^{-2} \times \left[\begin{array}{ccc|ccc|ccc}
4 & & & 21{,}65+\mathrm{j}12{,}50 & & & -3{,}75-\mathrm{j}2,17 & & \\
 & 4 & & & 21{,}65-\mathrm{j}12{,}50 & & & -3{,}75+\mathrm{j}2{,}17 & \\
 & & 0 & & & 0 & & & 0
\end{array}\right]
\left[\begin{array}{c}
\underline{i}_{\mathrm{sG}} \\ \underline{i}^*_{\mathrm{sG}} \\ i_{\mathrm{hG}} \\ \hline
\underline{i}_{\mathrm{sTA}} \\ \underline{i}^*_{\mathrm{sTA}} \\ i_{\mathrm{hTA}} \\ \hline
\underline{i}_{\mathrm{sTB}} \\ \underline{i}^*_{\mathrm{sTB}} \\ i_{\mathrm{hTB}}
\end{array}\right]
$$

$$
+ \left[\begin{array}{ccc|ccc}
0{,}433+\mathrm{j}0{,}25 & & & 0 & & \\
 & 0{,}433-\mathrm{j}0{,}25 & & & 0 & \\
 & & 0 & & & 0
\end{array}\right]
\left[\begin{array}{c}
\underline{u}_{\mathrm{sK2}} \\ \underline{u}^*_{\mathrm{sK2}} \\ u_{\mathrm{hK2}} \\ \hline
\underline{u}_{\mathrm{sK3}} \\ \underline{u}^*_{\mathrm{sK3}} \\ u_{\mathrm{hK3}}
\end{array}\right]
$$

$$
- \left[\begin{array}{ccc|ccc|ccc}
4 & & & 0{,}433+\mathrm{j}0{,}25 & & & -2{,}5-\mathrm{j}1{,}4434 & & \\
 & 4 & & & 0{,}433-\mathrm{j}0{,}25 & & & -2{,}5+\mathrm{j}1{,}4434 & \\
 & & 50 & & & 0 & & & 0
\end{array}\right]
\left[\begin{array}{c}
\underline{u}_{\mathrm{sqG}} \\ \underline{u}^*_{\mathrm{sqG}} \\ 0 \\ \hline
0 \\ 0 \\ 0 \\ \hline
0 \\ 0 \\ 0
\end{array}\right]
$$

Die erste Zeile der Gl. 9.25

$$
\dot{\underline{\boldsymbol{i}}}_{\mathrm{sL}} = -\omega_0 \boldsymbol{G}_{\mathrm{sL}} \boldsymbol{R}_{\mathrm{sL}} \underline{\boldsymbol{i}}_{\mathrm{sL}} - \omega_0 \boldsymbol{G}_{\mathrm{sL}} \underline{\boldsymbol{u}}_{\mathrm{sqL}} + \omega_0 \boldsymbol{G}_{\mathrm{sL}} \underline{\boldsymbol{K}}^{\mathrm{T}*}_{\mathrm{LL}} \underline{\boldsymbol{u}}_{\mathrm{sLK}} + \omega_0 \boldsymbol{G}_{\mathrm{sL}} \underline{\boldsymbol{K}}^{\mathrm{T}*}_{\mathrm{CL}} \underline{\boldsymbol{u}}_{\mathrm{sCK}}
$$

hat die ausführliche Form (Leitwerte in S):

$$
\begin{bmatrix} \dot{\underline{i}}_{\mathrm{sG}} \\ \dot{\underline{i}}^*_{\mathrm{sG}} \\ \dot{i}_{\mathrm{hG}} \\ \hline \dot{\underline{i}}_{\mathrm{sTA}} \\ \dot{\underline{i}}^*_{\mathrm{sTA}} \\ \dot{i}_{\mathrm{hTA}} \\ \hline \dot{\underline{i}}_{\mathrm{sTB}} \\ \dot{\underline{i}}^*_{\mathrm{sTB}} \\ \dot{i}_{\mathrm{hTB}} \end{bmatrix}
= -\,\omega_0
\left[\begin{array}{ccc|ccc|ccc}
0{,}04 & & & & & & & & \\
 & 0{,}04 & & & & & & & \\
 & & 0 & & & & & & \\ \hline
 & & & 0{,}025 & & & -0{,}0043 & & \\
 & & & & 0{,}025 & & & -0{,}0043 & \\
 & & & & & 0{,}025 & & & -0{,}0043 \\ \hline
 & & & -0{,}1443 & & & 0{,}025 & & \\
 & & & & -0{,}1443 & & & 0{,}025 & \\
 & & & & & -0{,}1443 & & & 0{,}025
\end{array}\right]
\begin{bmatrix} \underline{i}_{\mathrm{sG}} \\ \underline{i}^*_{\mathrm{sG}} \\ i_{\mathrm{hG}} \\ \hline \underline{i}_{\mathrm{sTA}} \\ \underline{i}^*_{\mathrm{sTA}} \\ i_{\mathrm{hTA}} \\ \hline \underline{i}_{\mathrm{sTB}} \\ \underline{i}^*_{\mathrm{sTB}} \\ i_{\mathrm{hTB}} \end{bmatrix}
$$

$$
-\,\omega_0
\left[\begin{array}{ccc|ccc|ccc}
4 & & & & & & & & \\
 & 4 & & & & & & & \\
 & & 50 & & & & & & \\ \hline
 & & & 0{,}05 & & & -0{,}2887 & & \\
 & & & & 0{,}05 & & & -0{,}2887 & \\
 & & & & & 0{,}05 & & & -0{,}2887 \\ \hline
 & & & -0{,}2887 & & & 1{,}6667 & & \\
 & & & & -0{,}2887 & & & 1{,}6667 & \\
 & & & & & -0{,}2887 & & & 1{,}6667
\end{array}\right]
\begin{bmatrix} \underline{u}_{\mathrm{sqG}} \\ \underline{u}^*_{\mathrm{sG}} \\ 0 \\ \hline 0 \\ 0 \\ 0 \\ \hline 0 \\ 0 \\ 0 \end{bmatrix}
$$

$$
+\,\omega_0
\left[\begin{array}{ccc}
4 & & \\
 & 4 & \\
 & & 50 \\ \hline
0{,}433 - \mathrm{j}0{,}25 & & \\
 & 0{,}433 + \mathrm{j}0{,}25 & \\
 & & 0 \\ \hline
-2{,}5 + \mathrm{j}\,1{,}4434 & & \\
 & -2{,}5 - \mathrm{j}1{,}4434 & \\
 & & 0
\end{array}\right]
\begin{bmatrix} \underline{u}_{\mathrm{sK1}} \\ \underline{u}^*_{\mathrm{sK1}} \\ u_{\mathrm{hK1}} \end{bmatrix}
$$

$$
+\,\omega_0
\left[\begin{array}{ccc|ccc}
0 & & & 0 & & \\
 & 0 & & & 0 & \\
 & & 0 & & & 0 \\ \hline
0{,}05 & & & 0 & & \\
 & 0{,}05 & & & 0 & \\
 & & 0{,}05 & & & 0 \\ \hline
-0{,}2887 & & & 0 & & \\
 & -0{,}2887 & & & 0 & \\
 & & -0{,}2887 & & & 0
\end{array}\right]
\begin{bmatrix} \underline{u}_{\mathrm{sK2}} \\ \underline{u}^*_{\mathrm{sK2}} \\ u_{\mathrm{hK2}} \\ \hline \underline{u}_{\mathrm{sK3}} \\ \underline{u}^*_{\mathrm{sK3}} \\ u_{\mathrm{hK3}} \end{bmatrix}
$$

Schließlich lautet die zweite Zeile von Gl. 9.25

$$-\underline{\boldsymbol{K}}_{\mathrm{CC}}\boldsymbol{C}_{\mathrm{s}}\underline{\boldsymbol{K}}_{\mathrm{CC}}^{\mathrm{T}*}\dot{\underline{\boldsymbol{u}}}_{\mathrm{sCK}} = \underline{\boldsymbol{K}}_{\mathrm{CC}}\boldsymbol{G}_{\mathrm{sC}}\underline{\boldsymbol{K}}_{\mathrm{CC}}^{\mathrm{T}*}\underline{\boldsymbol{u}}_{\mathrm{sCK}} + \underline{\boldsymbol{K}}_{\mathrm{CC}}\underline{\boldsymbol{i}}_{\mathrm{sqC}} + \underline{\boldsymbol{K}}_{\mathrm{CL}}\underline{\boldsymbol{i}}_{\mathrm{sL}}$$

$$-10^{-7}\times\left[\begin{array}{ccc|ccc} 1 & & & & & \\ & 1 & & & & \\ & & 0{,}75 & & & \\ \hline & & & 1 & & \\ & & & & 1 & \\ & & & & & 0{,}75 \end{array}\right]\left[\begin{array}{c} \dot{\underline{u}}_{\mathrm{sK2}} \\ \dot{\underline{u}}_{\mathrm{sK2}}^{*} \\ \dot{u}_{\mathrm{hK2}} \\ \hline \dot{\underline{u}}_{\mathrm{sK3}} \\ \dot{\underline{u}}_{\mathrm{sK3}}^{*} \\ \dot{u}_{\mathrm{hK3}} \end{array}\right]$$

$$= \left[\begin{array}{ccc|ccc} 0 & & & & & \\ & 0 & & & & \\ & & 0 & & & \\ \hline & & & 0 & & \\ & & & & 0 & \\ & & & & & 0 \end{array}\right]\left[\begin{array}{c} \underline{u}_{\mathrm{sK2}} \\ \underline{u}_{\mathrm{sK2}}^{*} \\ u_{\mathrm{hK2}} \\ \hline \underline{u}_{\mathrm{sK3}} \\ \underline{u}_{\mathrm{sK3}}^{*} \\ u_{\mathrm{hK3}} \end{array}\right] + \left[\begin{array}{ccc|ccc} 1 & & & & & \\ & 1 & & & & \\ & & 1 & & & \\ \hline & & & 1 & & \\ & & & & 1 & \\ & & & & & 1 \end{array}\right]\left[\begin{array}{c} \underline{i}_{\mathrm{sqCA}} \\ \underline{i}_{\mathrm{sqCA}}^{*} \\ i_{\mathrm{hqCA}} \\ \hline \underline{i}_{\mathrm{sqCB}} \\ \underline{i}_{\mathrm{sqCB}}^{*} \\ i_{\mathrm{hqCB}} \end{array}\right]$$

$$+ \left[\begin{array}{ccc|ccc|ccc} 0 & & & 1 & & & 0 & & \\ & 0 & & & 1 & & & 0 & \\ & & 0 & & & 1 & & & 0 \\ \hline 0 & & & 0 & & & 0 & & \\ & 0 & & & 0 & & & 0 & \\ & & 0 & & & 0 & & & 0 \end{array}\right]\left[\begin{array}{c} \underline{i}_{\mathrm{sG}} \\ \underline{i}_{\mathrm{sG}}^{*} \\ i_{\mathrm{hG}} \\ \hline \underline{i}_{\mathrm{sTA}} \\ \underline{i}_{\mathrm{sTA}}^{*} \\ i_{\mathrm{hTA}} \\ \hline \underline{i}_{\mathrm{sTB}} \\ \underline{i}_{\mathrm{sTB}}^{*} \\ i_{\mathrm{hTB}} \end{array}\right]$$

Innere Zustandsgröße sind die Längsströme der Leitung. Für sie gilt nach Gl. 9.14:

$$\left[\begin{array}{c} \dot{\underline{z}}_{\mathrm{si}} \\ \dot{\underline{z}}_{\mathrm{si}}^{*} \\ \dot{z}_{\mathrm{hi}} \end{array}\right] = -\,\omega_0 \left[\begin{array}{ccc} 0,5 & & \\ & 0,5 & \\ & & 0,4 \end{array}\right]\left[\begin{array}{c} \underline{z}_{\mathrm{si}} \\ \underline{z}_{\mathrm{si}}^{*} \\ z_{\mathrm{hi}} \end{array}\right]$$

$$+\,\omega_0 \left[\begin{array}{ccc} 0,1 & & \\ & 0,1 & \\ & & 0,04 \end{array}\right]\left[\begin{array}{ccc|ccc} 1 & & & -1 & & \\ & 1 & & & -1 & \\ & & 1 & & & -1 \end{array}\right]\left[\begin{array}{c} \underline{u}_{\mathrm{sK2}} \\ \underline{u}_{\mathrm{sK2}}^{*} \\ u_{\mathrm{hK2}} \\ \hline \underline{u}_{\mathrm{sK3}} \\ \underline{u}_{\mathrm{sK3}}^{*} \\ u_{\mathrm{hK3}} \end{array}\right]$$

Der Gl. 9.15 entspricht die Gleichung:

$$\begin{bmatrix} \underline{i}_{\text{sqCA}} \\ \underline{i}^*_{\text{sqCA}} \\ i_{\text{hqCA}} \\ \hline \underline{i}_{\text{sqCB}} \\ \underline{i}^*_{\text{sqCB}} \\ i_{\text{hqCB}} \end{bmatrix} = \begin{bmatrix} 1 & & \\ & 1 & \\ & & 1 \\ \hline -1 & & \\ & -1 & \\ & & -1 \end{bmatrix} \begin{bmatrix} \underline{z}_{\text{si}} \\ \underline{z}^*_{\text{si}} \\ z_{\text{hi}} \end{bmatrix}$$

9.3.2 Gleichungssystem für ein L-Netz

Sind auch keine C-Betriebsmittel vorhanden, so vereinfachen sich die Gln. 9.24 und 9.25 weiter zu:

$$\underline{\boldsymbol{G}}_{\text{sLL}}\underline{\boldsymbol{u}}_{\text{sLK}} = -\underline{\boldsymbol{K}}_{\text{LL}}\underline{\boldsymbol{G}}_{\text{sL}}\boldsymbol{R}_{\text{sL}}\underline{\boldsymbol{i}}_{\text{sL}} - \underline{\boldsymbol{K}}_{\text{LL}}\underline{\boldsymbol{G}}_{\text{sL}}\underline{\boldsymbol{u}}_{\text{sqL}} = -\underline{\boldsymbol{K}}_{\text{LL}}\underline{\boldsymbol{G}}_{\text{sL}}\left(\boldsymbol{R}_{\text{sL}}\underline{\boldsymbol{i}}_{\text{sL}} + \underline{\boldsymbol{u}}_{\text{sqL}}\right) \quad (9.26)$$

$$\dot{\underline{\boldsymbol{i}}}_{\text{sL}} = -\omega_0\underline{\boldsymbol{G}}_{\text{sL}}\left(\boldsymbol{R}_{\text{sL}}\underline{\boldsymbol{i}}_{\text{sL}} + \underline{\boldsymbol{u}}_{\text{sqL}}\right) + \omega_0\underline{\boldsymbol{G}}_{\text{sL}}\underline{\boldsymbol{K}}^{\text{T}*}_{\text{LL}}\underline{\boldsymbol{u}}_{\text{sLK}} \quad (9.27)$$

Dieser Fall liegt dann vor, wenn die Leitungen durch T-Glieder oder T-Kettenschaltungen und die nichtmotorischen Lasten durch R-L-C-Reihenschaltungen nachgebildet werden.

Beispiel 9.2

Für die Anordnung in Abb. 9.2 soll das Gleichungssystem nach dem EKPV aufgestellt werden.

Im Unterschied zu Beispiel 9.1 soll die Leitung jedoch als T-Glied modelliert werden, wodurch nur noch L-Betriebsmittel vorkommen und das Netz zum L-Netz wird.

Die Knoten-Terminal-Matrix ändert sich im Aufbau gegenüber Beispiel 9.1 nicht:

$$\underline{\boldsymbol{K}}_{\text{sKT}} = \begin{matrix} \\ \text{K1} \\ \text{K2} \\ \text{K3} \end{matrix} \begin{matrix} \begin{matrix} \text{G} & \text{TA} & \text{TB} & \text{LA} & \text{LB} \end{matrix} \\ \begin{bmatrix} \boldsymbol{E} & \boldsymbol{0} & \underline{\boldsymbol{K}}_{\text{sB}} & \boldsymbol{0} & \boldsymbol{0} \\ \boldsymbol{0} & \boldsymbol{E} & \boldsymbol{0} & \boldsymbol{E} & \boldsymbol{0} \\ \boldsymbol{0} & \boldsymbol{0} & \boldsymbol{0} & \boldsymbol{0} & \boldsymbol{E} \end{bmatrix} \end{matrix} = \underline{\boldsymbol{K}}_{\text{LL}}$$

Die Gl. 9.26

$$\underline{\boldsymbol{G}}_{\text{sLL}}\underline{\boldsymbol{u}}_{\text{sLK}} = -\underline{\boldsymbol{K}}_{\text{LL}}\underline{\boldsymbol{G}}_{\text{sL}}\boldsymbol{R}_{\text{sL}}\underline{\boldsymbol{i}}_{\text{sL}} - \underline{\boldsymbol{K}}_{\text{LL}}\underline{\boldsymbol{G}}_{\text{sL}}\underline{\boldsymbol{u}}_{\text{sqL}}$$

lautet ausführlich:

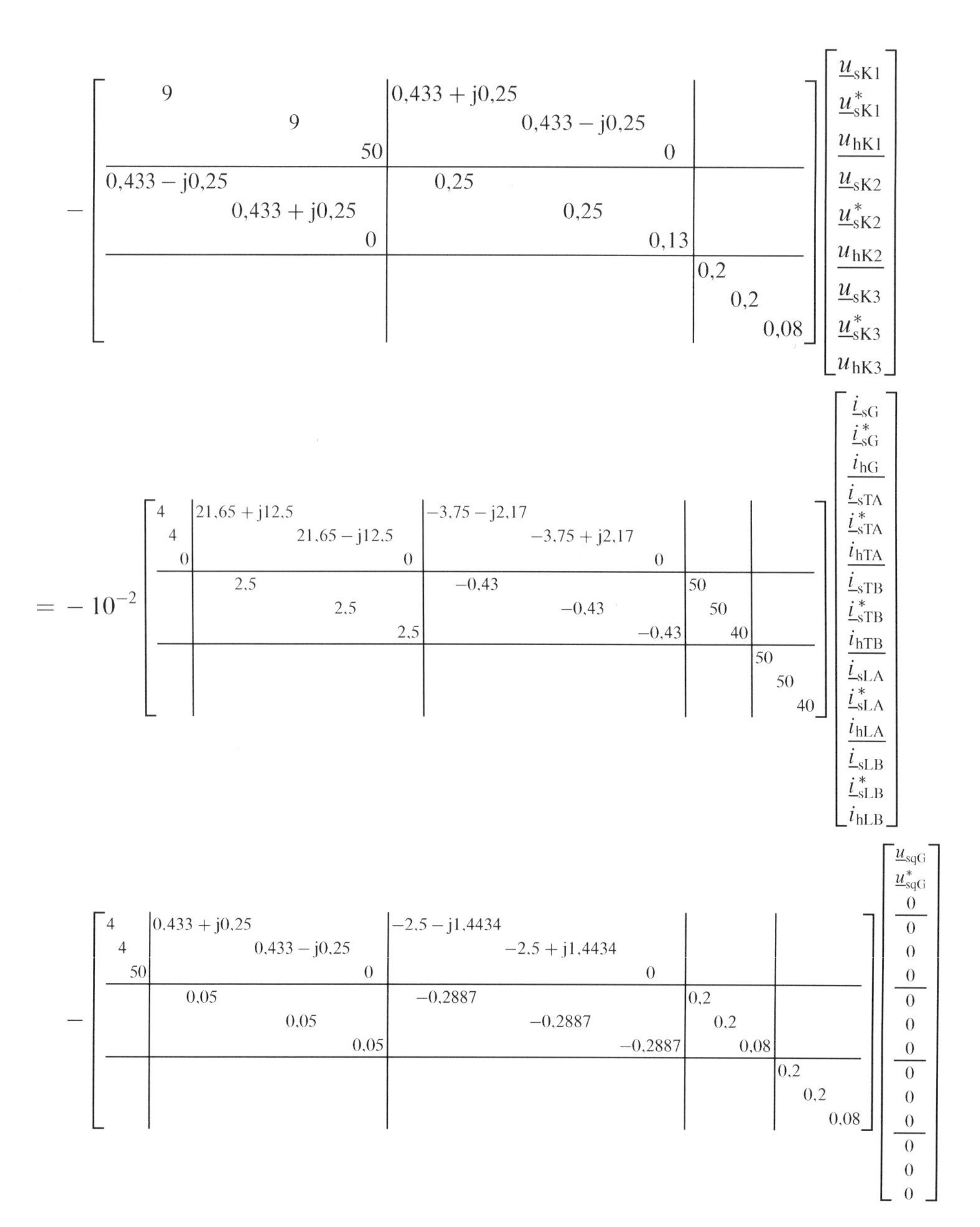

Die Elemente der Gl. 9.27

$$\dot{\underline{\boldsymbol{i}}}_{\mathrm{sL}} = -\omega_0 \underline{\boldsymbol{G}}_{\mathrm{sL}} \boldsymbol{R}_{\mathrm{sL}} \underline{\boldsymbol{i}}_{\mathrm{sL}} - \omega_0 \underline{\boldsymbol{G}}_{\mathrm{sL}} \underline{\boldsymbol{u}}_{\mathrm{sqL}} + \omega_0 \underline{\boldsymbol{G}}_{\mathrm{sL}} \underline{\boldsymbol{K}}_{\mathrm{LL}}^{\mathrm{T}*} \underline{\boldsymbol{u}}_{\mathrm{sLK}}$$

sind:

$$
\begin{bmatrix} \dot{\underline{i}}_{\mathrm{sG}} \\ \dot{\underline{i}}^*_{\mathrm{sG}} \\ \dot{i}_{\mathrm{hG}} \\ \dot{\underline{i}}_{\mathrm{sTA}} \\ \dot{\underline{i}}^*_{\mathrm{sTA}} \\ \dot{i}_{\mathrm{hTA}} \\ \dot{\underline{i}}_{\mathrm{sTB}} \\ \dot{\underline{i}}^*_{\mathrm{sTB}} \\ \dot{i}_{\mathrm{hTB}} \\ \dot{\underline{i}}_{\mathrm{sLA}} \\ \dot{\underline{i}}^*_{\mathrm{sLA}} \\ \dot{i}_{\mathrm{hLA}} \\ \dot{\underline{i}}_{\mathrm{sLB}} \\ \dot{\underline{i}}^*_{\mathrm{sLB}} \\ \dot{i}_{\mathrm{hLB}} \end{bmatrix}
= -10^{-2}\omega_0
\left[\begin{array}{ccc|ccc|ccc|ccc|ccc}
4 & & & & & & & & & & & & & & \\
 & 4 & & & & & & & & & & & & & \\
 & & 0 & & & & & & & & & & & & \\ \hline
 & & & 2{,}5 & & & -0{,}43 & & & & & & & & \\
 & & & & 2{,}5 & & & -0{,}43 & & & & & & & \\
 & & & & & 2{,}5 & & & -0{,}43 & & & & & & \\ \hline
 & & & -14{,}43 & & & 2{,}5 & & & & & & & & \\
 & & & & -14{,}43 & & & 2{,}5 & & & & & & & \\
 & & & & & -14{,}43 & & & 2{,}5 & & & & & & \\ \hline
 & & & & & & & & & 50 & & & & & \\
 & & & & & & & & & & 50 & & & & \\
 & & & & & & & & & & & 40 & & & \\ \hline
 & & & & & & & & & & & & 50 & & \\
 & & & & & & & & & & & & & 50 & \\
 & & & & & & & & & & & & & & 40
\end{array}\right]
\begin{bmatrix} \underline{i}_{\mathrm{sG}} \\ \underline{i}^*_{\mathrm{sG}} \\ i_{\mathrm{hG}} \\ \underline{i}_{\mathrm{sTA}} \\ \underline{i}^*_{\mathrm{sTA}} \\ i_{\mathrm{hTA}} \\ \underline{i}_{\mathrm{sTB}} \\ \underline{i}^*_{\mathrm{sTB}} \\ i_{\mathrm{hTB}} \\ \underline{i}_{\mathrm{sLA}} \\ \underline{i}^*_{\mathrm{sLA}} \\ i_{\mathrm{hLA}} \\ \underline{i}_{\mathrm{sLB}} \\ \underline{i}^*_{\mathrm{sLB}} \\ i_{\mathrm{hLB}} \end{bmatrix}
$$

$$
-\,\omega_0
\left[\begin{array}{ccc|ccc|ccc|ccc|ccc}
4 & & & & & & & & & & & & & & \\
 & 4 & & & & & & & & & & & & & \\
 & & 50 & & & & & & & & & & & & \\ \hline
 & & & 0{,}05 & & & -0{,}2887 & & & & & & & & \\
 & & & & 0{,}05 & & & -0{,}2887 & & & & & & & \\
 & & & & & 0{,}05 & & & -0{,}2887 & & & & & & \\ \hline
 & & & -0{,}2887 & & & 1{,}6667 & & & & & & & & \\
 & & & & -0{,}2887 & & & 1{,}6667 & & & & & & & \\
 & & & & & -0{,}2887 & & & 1{,}6667 & & & & & & \\ \hline
 & & & & & & & & & 0{,}2 & & & & & \\
 & & & & & & & & & & 0{,}2 & & & & \\
 & & & & & & & & & & & 0{,}08 & & & \\ \hline
 & & & & & & & & & & & & 0{,}2 & & \\
 & & & & & & & & & & & & & 0{,}2 & \\
 & & & & & & & & & & & & & & 0{,}08
\end{array}\right]
\begin{bmatrix} \underline{u}_{\mathrm{sqG}} \\ \underline{u}^*_{\mathrm{sqG}} \\ 0 \\ 0 \\ 0 \\ 0 \\ 0 \\ 0 \\ 0 \\ \underline{u}_{\mathrm{sqL}} \\ \underline{u}^*_{\mathrm{sqL}} \\ u_{\mathrm{hqL}} \\ \underline{u}_{\mathrm{sqL}} \\ \underline{u}^*_{\mathrm{sqL}} \\ u_{\mathrm{hqL}} \end{bmatrix}
$$

$$
+\,\omega_0
\left[\begin{array}{ccc|ccc|ccc}
4 & & & & & & & & \\
 & 4 & & & & & & & \\
 & & 50 & & & & & & \\ \hline
0{,}433-\mathrm{j}0{,}25 & & & 0{,}05 & & & & & \\
 & 0{,}433+\mathrm{j}0{,}25 & & & 0{,}05 & & & & \\
 & & 0 & & & 0{,}05 & & & \\ \hline
-2{,}5+\mathrm{j}1{,}4434 & & & -0{,}2887 & & & & & \\
 & -2{,}5-\mathrm{j}1{,}4434 & & & -0{,}2887 & & & & \\
 & & 0 & & & -0{,}2887 & & & \\ \hline
 & & & 0{,}2 & & & & & \\
 & & & & 0{,}2 & & & & \\
 & & & & & 0{,}08 & & & \\ \hline
 & & & & & & 0{,}2 & & \\
 & & & & & & & 0{,}2 & \\
 & & & & & & & & 0{,}08
\end{array}\right]
\begin{bmatrix} \underline{u}_{\mathrm{sK1}} \\ \underline{u}^*_{\mathrm{sK1}} \\ u_{\mathrm{hK1}} \\ \underline{u}_{\mathrm{sK2}} \\ \underline{u}^*_{\mathrm{sK2}} \\ u_{\mathrm{hK2}} \\ \underline{u}_{\mathrm{sK3}} \\ \underline{u}^*_{\mathrm{sK3}} \\ u_{\mathrm{hK3}} \end{bmatrix}
$$

Die Gl. 9.14 für die inneren Zustandsgrößen (Spannungen über dem Querglied der Leitung) und die Gl. 9.15 für die Quellenspannungen der Leitung haben die Form:

$$\begin{bmatrix} \dot{\underline{z}}_{\mathrm{si}} \\ \dot{\underline{z}}^*_{\mathrm{si}} \\ \dot{z}_{\mathrm{hi}} \end{bmatrix} = \begin{bmatrix} 0 & & \\ & 0 & \\ & & 0 \end{bmatrix} \begin{bmatrix} \underline{z}_{\mathrm{si}} \\ \underline{z}^*_{\mathrm{si}} \\ z_{\mathrm{hi}} \end{bmatrix} + 10^6 \times \begin{bmatrix} 5 & & \\ & 5 & \\ & & 6{,}6667 \end{bmatrix} \left\{ \begin{bmatrix} \underline{i}_{\mathrm{sLA}} \\ \underline{i}^*_{\mathrm{sLA}} \\ i_{\mathrm{hLA}} \end{bmatrix} + \begin{bmatrix} \underline{i}_{\mathrm{sLB}} \\ \underline{i}^*_{\mathrm{sLB}} \\ i_{\mathrm{hLB}} \end{bmatrix} \right\}$$

$$\begin{bmatrix} \underline{u}_{\mathrm{sqLA}} \\ \underline{u}^*_{\mathrm{sqLA}} \\ u_{\mathrm{hqLA}} \\ \hline \underline{u}_{\mathrm{sqLB}} \\ \underline{u}^*_{\mathrm{sqLB}} \\ u_{\mathrm{hqLB}} \end{bmatrix} = \begin{bmatrix} 1 & & \\ & 1 & \\ & & 1 \\ \hline 1 & & \\ & 1 & \\ & & 1 \end{bmatrix} \begin{bmatrix} \underline{z}_{\mathrm{si}} \\ \underline{z}^*_{\mathrm{si}} \\ z_{\mathrm{hi}} \end{bmatrix}$$

9.3.3 Gleichungssystem für ein C-Netz

Im C-Netz sind alle Knotenspannungen Zustandsgröße. Dieser Sonderfall tritt dann auf, wenn die Leitungen als Pi-Glied oder Pi-Kettenschaltung und die nichtmotorischen Lasten als G-C-L-Reihenschaltung modelliert werden. Einspeisungen können dann nur in Form von Stromquellen berücksichtigt werden. Die Gl. 9.23 vereinfacht sich zu:

$$\underline{\boldsymbol{C}}_{\mathrm{sKK}} \dot{\underline{\boldsymbol{u}}}_{\mathrm{sCK}} = -\underline{\boldsymbol{G}}_{\mathrm{sCC}} \underline{\boldsymbol{u}}_{\mathrm{sCK}} + \underline{\boldsymbol{K}}_{\mathrm{CC}} \underline{\boldsymbol{i}}_{\mathrm{sqC}} \tag{9.28}$$

9.4 Berechnung der Netzeigenwerte nach dem EKPV

Das EKPV ermöglicht auch die Berechnung der Netzeigenwerte. Dazu wird das aus den Gln. 9.22 und 9.23 bestehende Algebro-Differentialgleichungssystem in eine reine Differentialgleichung überführt, indem auch die Spannungen der L-Knoten eliminiert werden. Man erhält nach Einsetzen der L-Knotenspannungen aus Gl. 9.22 in die Gl. 9.23 eine Differentialgleichung der Form (auf die ausführliche Schreibweise wird hier verzichtet, zumal man die Rechenschritte ohnehin dem Computer überlassen würde):

$$\begin{bmatrix} \dot{\underline{\boldsymbol{i}}}_{\mathrm{sL}} \\ \dot{\underline{\boldsymbol{u}}}_{\mathrm{sKC}} \end{bmatrix} = \begin{bmatrix} \underline{\boldsymbol{A}}_{\mathrm{LL}} & \underline{\boldsymbol{A}}_{\mathrm{LC}} \\ \underline{\boldsymbol{A}}_{\mathrm{CL}} & \underline{\boldsymbol{A}}_{\mathrm{CC}} \end{bmatrix} \begin{bmatrix} \underline{\boldsymbol{i}}_{\mathrm{sL}} \\ \underline{\boldsymbol{u}}_{\mathrm{sKC}} \end{bmatrix} + \left[\begin{array}{c|c|c} \underline{\boldsymbol{B}}_{\mathrm{LL}} & \underline{\boldsymbol{B}}_{\mathrm{LR}} & \boldsymbol{0} \\ \boldsymbol{0} & \underline{\boldsymbol{B}}_{\mathrm{CR}} & \underline{\boldsymbol{B}}_{\mathrm{CC}} \end{array}\right] \begin{bmatrix} \underline{\boldsymbol{u}}_{\mathrm{sqL}} \\ \underline{\boldsymbol{i}}_{\mathrm{sqR}} \\ \underline{\boldsymbol{i}}_{\mathrm{sqC}} \end{bmatrix} \tag{9.29}$$

Von der Eigenwertberechnung muss das Wellenmodell der Leitungen ausgeschlossen werden. Es entfallen dann die Quellenströme der R-Betriebsmittel. Die Gl. 9.29 ist gewöhnlich linear, so dass unter Berücksichtigung von $\underline{i}_{\mathrm{sqR}} = \mathbf{o}$ auch gilt:

$$\begin{bmatrix} \Delta\dot{\underline{i}}_{\mathrm{sL}} \\ \Delta\dot{\underline{u}}_{\mathrm{sKC}} \end{bmatrix} = \begin{bmatrix} \underline{A}_{\mathrm{LL}} & \underline{A}_{\mathrm{LC}} \\ \underline{A}_{\mathrm{CL}} & \underline{A}_{\mathrm{CC}} \end{bmatrix} \begin{bmatrix} \Delta\underline{i}_{\mathrm{sL}} \\ \Delta\underline{u}_{\mathrm{sKC}} \end{bmatrix} + \begin{bmatrix} \underline{B}_{\mathrm{LL}} & \mathbf{0} \\ \mathbf{0} & \underline{B}_{\mathrm{CC}} \end{bmatrix} \begin{bmatrix} \Delta\underline{u}_{\mathrm{sqL}} \\ \Delta\underline{i}_{\mathrm{sqC}} \end{bmatrix} \tag{9.30}$$

Die Gln. 9.14 bis 9.16 für die inneren Zustandsgrößen und Quellengrößen sind dagegen im Allgemeinen nichtlinear und müssen für die Eigenwertberechnung linearisiert werden. Sie nehmen dann nach Elimination der Knotenspannungen die folgende Form an:

$$\Delta\dot{\underline{z}}_{\mathrm{i}} = \underline{A}_{\mathrm{ii}}\Delta\underline{z}_{\mathrm{i}} + \underline{B}_{\mathrm{ii}}\Delta\boldsymbol{x}_{\mathrm{i}} + \underline{K}_{\mathrm{iC}}\Delta\underline{u}_{\mathrm{sKC}} + \underline{K}_{\mathrm{iL}}\Delta\underline{i}_{\mathrm{sL}} \tag{9.31}$$

$$\Delta\underline{i}_{\mathrm{sqC}} = \underline{F}_{\mathrm{C}}\Delta\underline{z}_{\mathrm{i}} \tag{9.32}$$

$$\Delta\underline{u}_{\mathrm{sqL}} = \underline{F}_{\mathrm{L}}\Delta\underline{z}_{\mathrm{i}} \tag{9.33}$$

In zusammengefasster Form lauten dann die Gln. 9.30 bis 9.33

$$\left[\begin{array}{c} \Delta\dot{\underline{i}}_{\mathrm{sL}} \\ \Delta\dot{\underline{u}}_{\mathrm{sKC}} \\ \hline \Delta\dot{\underline{z}}_{\mathrm{i}} \end{array}\right] = \left[\begin{array}{cc|c} \underline{A}_{\mathrm{LL}} & \underline{A}_{\mathrm{LC}} & \underline{B}_{\mathrm{LL}}\underline{F}_{\mathrm{L}} \\ \underline{A}_{\mathrm{CL}} & \underline{A}_{\mathrm{CC}} & \underline{B}_{\mathrm{CC}}\underline{F}_{\mathrm{C}} \\ \hline \underline{K}_{\mathrm{iL}} & \underline{K}_{\mathrm{iC}} & \underline{A}_{\mathrm{ii}} \end{array}\right] \left[\begin{array}{c} \Delta\underline{i}_{\mathrm{sL}} \\ \Delta\underline{u}_{\mathrm{sKC}} \\ \hline \Delta\underline{z}_{\mathrm{i}} \end{array}\right] + \left[\begin{array}{c} \mathbf{o} \\ \mathbf{o} \\ \hline \underline{B}_{\mathrm{ii}}\Delta\boldsymbol{x}_{\mathrm{i}} \end{array}\right] \tag{9.34}$$

Die Systemmatrix der Gl. 9.34 weist beim Vorhandensein von L-Betriebsmitteln neben den eigentlichen Eigenwerten eine bestimmte Anzahl von Nulleigenwerten ohne Bedeutung auf. Das ist darauf zurückzuführen, dass an den L-Knoten eine algebraische Abhängigkeit zwischen den Strömen der L-Betriebsmittel besteht.

Beispiel 9.3

Für das L-C-Netz nach Abb. 9.2 sollen die Eigenwerte für den ungestörten Zustand berechnet werden.

Dazu wird das aus den Gln. 9.24 und 9.25 bestehende Algebro-Differentialgleichungssystem wie folgt in ein reines Differentialgleichungssystem überführt. Aus der Gl. 9.24 erhält man für die Spannungen der L-Knoten:

$$\underline{u}_{\mathrm{sLK}} = -\underline{G}_{\mathrm{sLL}}^{-1}\underline{K}_{\mathrm{LL}}\underline{G}_{\mathrm{sL}}\boldsymbol{R}_{\mathrm{sL}}\underline{i}_{\mathrm{sL}} - \underline{G}_{\mathrm{sLL}}^{-1}\underline{G}_{\mathrm{sLC}}\underline{u}_{\mathrm{sCK}} - \underline{G}_{\mathrm{sLL}}^{-1}\underline{K}_{\mathrm{LL}}\underline{G}_{\mathrm{sL}}\underline{u}_{\mathrm{sqL}}$$

und nach Einsetzen dieser Beziehung in Gl. 9.25:

$$\begin{bmatrix} \dot{\underline{i}}_{\mathrm{sL}} \\ \underline{C}_{\mathrm{sKK}}\dot{\underline{u}}_{\mathrm{sCK}} \end{bmatrix}$$
$$= \begin{bmatrix} -\omega_0\underline{G}_{\mathrm{sL}}\left(\boldsymbol{E} + \underline{K}_{\mathrm{LL}}^{\mathrm{T}*}\underline{G}_{\mathrm{sLL}}^{-1}\underline{K}_{\mathrm{LL}}\underline{G}_{\mathrm{sL}}\right)\boldsymbol{R}_{\mathrm{sL}} & \omega_0\underline{G}_{\mathrm{sL}}\left(\underline{K}_{\mathrm{CL}}^{\mathrm{T}*} - \underline{K}_{\mathrm{LL}}^{\mathrm{T}*}\underline{G}_{\mathrm{sLL}}^{-1}\underline{G}_{\mathrm{sLC}}\right) \\ \underline{K}_{\mathrm{CL}} & -\underline{G}_{\mathrm{sCC}} \end{bmatrix} \begin{bmatrix} \underline{i}_{\mathrm{sL}} \\ \underline{u}_{\mathrm{sCK}} \end{bmatrix}$$
$$+ \begin{bmatrix} -\omega_0\underline{G}_{\mathrm{sL}}\left(\boldsymbol{E} + \underline{K}_{\mathrm{LL}}^{\mathrm{T}*}\underline{G}_{\mathrm{sLL}}^{-1}\underline{K}_{\mathrm{LL}}\underline{G}_{\mathrm{sL}}\right) & \mathbf{0} \\ \mathbf{0} & \underline{K}_{\mathrm{CC}} \end{bmatrix} \begin{bmatrix} \underline{u}_{\mathrm{sqL}} \\ \underline{i}_{\mathrm{sqC}} \end{bmatrix}$$

Hinzu kommen noch die Gleichungen für die inneren Zustandsgröße (Längsströme) und die Quellenströme der Leitung:

$$\begin{aligned}\dot{\underline{z}}_{\mathrm{si}} &= -\boldsymbol{L}_{\mathrm{s}}^{-1}\left(\boldsymbol{R}_{\mathrm{s}}\underline{\boldsymbol{z}}_{\mathrm{si}} - \boldsymbol{K}_{\mathrm{siC}}\underline{\boldsymbol{u}}_{\mathrm{sCK}}\right)\\ \underline{\boldsymbol{i}}_{\mathrm{sqC}} &= \boldsymbol{K}_{\mathrm{siC}}^{\mathrm{T}}\underline{\boldsymbol{z}}_{\mathrm{si}}\end{aligned}$$

mit der Matrix $\boldsymbol{K}_{\mathrm{iC}} = [\ \boldsymbol{E} \quad -\boldsymbol{E}\ ]$, in der $\boldsymbol{E}$ die Einheitsmatrix dritter Ordnung ist.

Nach Zusammenfassen der vorstehenden Gleichungen ergibt sich:

$$\begin{aligned}&\begin{bmatrix}\dot{\underline{\boldsymbol{i}}}_{\mathrm{sL}}\\ \dot{\underline{\boldsymbol{u}}}_{\mathrm{sCK}}\\ \dot{\underline{\boldsymbol{z}}}_{\mathrm{si}}\end{bmatrix}\\ &= \begin{bmatrix}-\omega_0\underline{\boldsymbol{G}}_{\mathrm{sL}}\left(\boldsymbol{E}+\underline{\boldsymbol{K}}_{\mathrm{LL}}^{\mathrm{T}*}\underline{\boldsymbol{G}}_{\mathrm{sLL}}^{-1}\underline{\boldsymbol{K}}_{\mathrm{LL}}\underline{\boldsymbol{G}}_{\mathrm{sL}}\right)\boldsymbol{R}_{\mathrm{sL}} & \omega_0\underline{\boldsymbol{G}}_{\mathrm{sL}}\left(\underline{\boldsymbol{K}}_{\mathrm{CL}}^{\mathrm{T}*}-\underline{\boldsymbol{K}}_{\mathrm{LL}}^{\mathrm{T}*}\underline{\boldsymbol{G}}_{\mathrm{sLL}}^{-1}\underline{\boldsymbol{G}}_{\mathrm{sLC}}\right) & \boldsymbol{0}\\ \underline{\boldsymbol{C}}_{\mathrm{sKK}}^{-1}\underline{\boldsymbol{K}}_{\mathrm{CL}} & -\underline{\boldsymbol{C}}_{\mathrm{sKK}}^{-1}\underline{\boldsymbol{G}}_{\mathrm{sCC}} & \underline{\boldsymbol{C}}_{\mathrm{sKK}}^{-1}\underline{\boldsymbol{K}}_{\mathrm{CC}}\boldsymbol{K}_{\mathrm{siC}}^{\mathrm{T}}\\ \boldsymbol{0} & \boldsymbol{L}_{\mathrm{s}}^{-1}\boldsymbol{K}_{\mathrm{siC}} & -\boldsymbol{L}_{\mathrm{s}}^{-1}\boldsymbol{R}_{\mathrm{s}}\end{bmatrix}\begin{bmatrix}\underline{\boldsymbol{i}}_{\mathrm{sL}}\\ \underline{\boldsymbol{u}}_{\mathrm{sCK}}\\ \underline{\boldsymbol{z}}_{\mathrm{si}}\end{bmatrix}\\ &\quad+\begin{bmatrix}-\omega_0\underline{\boldsymbol{G}}_{\mathrm{sL}}\left(\boldsymbol{E}+\underline{\boldsymbol{K}}_{\mathrm{LL}}^{\mathrm{T}*}\underline{\boldsymbol{G}}_{\mathrm{sLL}}^{-1}\underline{\boldsymbol{K}}_{\mathrm{LL}}\underline{\boldsymbol{G}}_{\mathrm{sL}}\right)\\ \boldsymbol{0}\\ \boldsymbol{0}\end{bmatrix}\underline{\boldsymbol{u}}_{\mathrm{sqL}}\end{aligned}$$

Die Systemmatrix dieser Gleichung hat folgende konjugiert komplexe Eigenwertpaare (Werte in s^{-1}) und 6 Nulleigenwerte.

„Mitsystem“	„Gegensystem“	„Nullsystem“
$-74 \pm j25.791$	$-74 \pm j25.791$	$-44 \pm j21.676$
$-11 \pm j5742$	$-11 \pm j5742$	$-27 \pm j8642$

Aufgrund der Entkopplung der Raumzeigergleichungen im ungestörten Zustand lassen sich die Eigenwerte dem „Mit-, Gegensystem“ und „Nullsystem“ zuordnen.[5] Die Eigenwerte des Mit- und Gegensystems sind aufgrund der symmetrisch aufgebauten Betriebsmittel jeweils gleich. Drei der 6 Nulleigenwerte sind durch den L-Knoten begründet. Die anderen drei entstehen dadurch, dass der Magnetisierungsstrom des Transformators vernachlässigt wurde, wodurch die primär- und umgerechneten Sekundärströme bis auf das Vorzeichen gleich sind.

Beispiel 9.4

Für das L-Netz im Beispiel 9.2 sollen die Eigenwerte berechnet werden.

Aus Gl. 9.26 folgt für die Knotenpunktspannungen:

$$\underline{\boldsymbol{u}}_{\mathrm{sLK}} = -\underline{\boldsymbol{G}}_{\mathrm{sLL}}^{-1}\underline{\boldsymbol{K}}_{\mathrm{LL}}\underline{\boldsymbol{G}}_{\mathrm{sL}}\boldsymbol{R}_{\mathrm{sL}}\underline{\boldsymbol{i}}_{\mathrm{sL}} - \underline{\boldsymbol{G}}_{\mathrm{sLL}}^{-1}\underline{\boldsymbol{K}}_{\mathrm{LL}}\underline{\boldsymbol{G}}_{\mathrm{sL}}\underline{\boldsymbol{u}}_{\mathrm{sqL}}$$

[5] Die Bezeichnung der Eigenwerte wird von den Symmetrischen Komponenten übernommen.

und nach Einsetzen in die Gl. 9.27:

$$\begin{aligned}\dot{\underline{\boldsymbol{i}}}_{\mathrm{sL}} = &-\omega_0 \underline{\boldsymbol{G}}_{\mathrm{sL}} \left(\boldsymbol{R}_{\mathrm{sL}} + \underline{\boldsymbol{K}}_{\mathrm{LL}}^{\mathrm{T}*} \underline{\boldsymbol{G}}_{\mathrm{sLL}}^{-1} \underline{\boldsymbol{K}}_{\mathrm{LL}} \underline{\boldsymbol{G}}_{\mathrm{sL}} \boldsymbol{R}_{\mathrm{sL}}\right) \underline{\boldsymbol{i}}_{\mathrm{sL}} \\ &-\omega_0 \underline{\boldsymbol{G}}_{\mathrm{sL}} \left(\boldsymbol{E} + \underline{\boldsymbol{K}}_{\mathrm{LL}}^{\mathrm{T}*} \underline{\boldsymbol{G}}_{\mathrm{sLL}}^{-1} \underline{\boldsymbol{K}}_{\mathrm{LL}} \underline{\boldsymbol{G}}_{\mathrm{sL}}\right) \underline{\boldsymbol{u}}_{\mathrm{sqL}}\end{aligned}$$

Für die inneren Zustandsgrößen und die Quellenströme der Leitung gilt:

$$\begin{aligned}\dot{\underline{\boldsymbol{z}}}_{\mathrm{si}} &= -\boldsymbol{C}_{\mathrm{s}}^{-1} \boldsymbol{G}_{\mathrm{s}} \underline{\boldsymbol{z}}_{\mathrm{si}} + \boldsymbol{C}_{\mathrm{s}}^{-1} \boldsymbol{K}_{\mathrm{siL}} \underline{\boldsymbol{i}}_{\mathrm{sL}} \\ \underline{\boldsymbol{i}}_{\mathrm{sqC}} &= \boldsymbol{K}_{\mathrm{siL}}^{\mathrm{T}} \underline{\boldsymbol{z}}_{\mathrm{si}}\end{aligned}$$

Der Quellenspannungsvektor wird aufgespaltet in einen Vektor, der die eingeprägten Quellenspannungen des Generators enthält und in einen Vektor der aus den Spannungen über den Quergliedern der Leitung, die die inneren Zustandsgrößen bilden, besteht:

$$\underline{\boldsymbol{u}}_{\mathrm{sqL}} = \begin{bmatrix} \boldsymbol{E} & \boldsymbol{0} & \boldsymbol{0} & \boldsymbol{0} & \boldsymbol{0} \end{bmatrix}^{\mathrm{T}} \underline{\boldsymbol{u}}_{\mathrm{sqG}} + \begin{bmatrix} \boldsymbol{0} & \boldsymbol{0} & \boldsymbol{0} & \boldsymbol{E} & \boldsymbol{E} \end{bmatrix}^{\mathrm{T}} \underline{\boldsymbol{z}}_{\mathrm{si}} = \boldsymbol{K}_{\mathrm{sqG}}^{\mathrm{T}} \underline{\boldsymbol{u}}_{\mathrm{sqG}} + \boldsymbol{K}_{\mathrm{siL}}^{\mathrm{T}} \underline{\boldsymbol{z}}_{\mathrm{si}}$$

Zusammengefasst lautet das Differentialgleichungssystem:

$$\begin{aligned}\begin{bmatrix} \dot{\underline{\boldsymbol{i}}}_{\mathrm{sL}} \\ \dot{\underline{\boldsymbol{z}}}_{\mathrm{si}} \end{bmatrix} = &\begin{bmatrix} -\omega_0 \underline{\boldsymbol{G}}_{\mathrm{sL}} \left(\boldsymbol{R}_{\mathrm{sL}} + \underline{\boldsymbol{K}}_{\mathrm{LL}}^{\mathrm{T}*} \underline{\boldsymbol{G}}_{\mathrm{sLL}}^{-1} \underline{\boldsymbol{K}}_{\mathrm{LL}} \underline{\boldsymbol{G}}_{\mathrm{sL}} \boldsymbol{R}_{\mathrm{sL}}\right) & -\omega_0 \underline{\boldsymbol{G}}_{\mathrm{sL}} \left(\boldsymbol{E} + \underline{\boldsymbol{K}}_{\mathrm{LL}}^{\mathrm{T}*} \underline{\boldsymbol{G}}_{\mathrm{sLL}}^{-1} \underline{\boldsymbol{K}}_{\mathrm{LL}} \underline{\boldsymbol{G}}_{\mathrm{sL}}\right) \boldsymbol{K}_{\mathrm{siL}}^{\mathrm{T}} \\ \boldsymbol{C}_{\mathrm{s}}^{-1} \boldsymbol{K}_{\mathrm{siL}} & -\boldsymbol{C}_{\mathrm{s}}^{-1} \boldsymbol{G}_{\mathrm{s}} \end{bmatrix} \begin{bmatrix} \underline{\boldsymbol{i}}_{\mathrm{sL}} \\ \underline{\boldsymbol{z}}_{\mathrm{si}} \end{bmatrix} \\ &- \begin{bmatrix} \omega_0 \underline{\boldsymbol{G}}_{\mathrm{sL}} \left(\boldsymbol{E} + \underline{\boldsymbol{K}}_{\mathrm{LL}}^{\mathrm{T}*} \underline{\boldsymbol{G}}_{\mathrm{sLL}}^{-1} \underline{\boldsymbol{K}}_{\mathrm{LL}} \underline{\boldsymbol{G}}_{\mathrm{sL}}\right) \boldsymbol{K}_{\mathrm{sqG}}^{\mathrm{T}} \\ \boldsymbol{0} \end{bmatrix} \underline{\boldsymbol{u}}_{\mathrm{sqG}}\end{aligned}$$

Die Systemmatrix dieser Gleichung hat folgende konjugiert komplexe Eigenwertpaare (Werte in s^{-1}) und 12 Nulleigenwerte.

„Mitsystem“	„Gegensystem“	„Nullsystem“
$-14{,}1 \pm \mathrm{j}5605$	$-14{,}1 \pm \mathrm{j}5605$	$-29{,}0 \pm \mathrm{j}8028$

Die 12 Nulleigenwerte entstehen durch die algebraischen Abhängigkeiten der Ströme an den Knoten 1 und 2, den Leerlaufzustand am Knoten 3 und die Vernachlässigung des Magnetisierungsstromes des Transformators.

Im Vergleich zur Nachbildung der Leitung mit einem Pi-Glied in den Beispielen 9.1 und 9.3, treten die hohen Eigenwerte in der Größenordnung von 20 kHz bei der Nachbildung der Leitung mit einem T-Glied nicht auf. Diese sind offensichtlich den Maschen innerhalb der Pi-Ersatzschaltung zuzuordnen. Die „kleinen“ Eigenwerte stimmen mit den hier berechneten Werten relativ gut überein.

Andererseits zeigt der Vergleich der Eigenwerte in den Beispielen 9.3 und 9.4 auch, dass die Nachbildung der Leitung durch einfache Π- oder T-Glieder lediglich die kleinen Eigenwerte annähernd richtig wiedergibt.

Fehlermatrizenverfahren in Raumzeigerkomponenten 10

Das im Kap. 6 vorgestellte Fehlermatrizenverfahren zur Berechnung beliebiger Einfach- und Mehrfachfehler lässt sich in analoger Weise vorteilhaft auch auf das Algebro-Differentialgleichungssystem des EKPV anwenden. Es ist lediglich zu beachten, dass im Zeitbereich der Zeitpunkt eines Fehlereintritts oder einer Fehleraufhebung so gewählt werden muss, dass die physikalischen Stetigkeitsbedingungen der Spannungen und Ströme an der Fehlerstelle nicht verletzt werden. Das bedeutet beispielsweise, dass Kurzschlüsse an L-Knoten zu jedem beliebigen Zeitpunkt, an C-Knoten aber nur im Spannungsnulldurchgang des betroffenen Leiters eingeleitet werden dürfen. Andererseits darf die Kurzschlussaufhebung am L-Knoten nur im Stromnulldurchgang, am C-Knoten dagegen zu jedem beliebigen Zeitpunkt erfolgen.

10.1 Fehlerbedingungen und Fehlermatrizen

Für die Fehlermatrizen der Raumzeigerkomponenten und deren konjugiert komplexe transponierten Matrizen gilt analog zu den Gln. 6.23 und 6.26:

$$\underline{\boldsymbol{F}}_{\mathrm{s}} = \underline{\boldsymbol{A}}^{-1}\left(\underline{\boldsymbol{T}}_{\mathrm{s}}^{-1}\boldsymbol{F}'\underline{\boldsymbol{T}}_{\mathrm{s}}\right)\underline{\boldsymbol{A}} = \underline{\boldsymbol{A}}^{-1}\underline{\boldsymbol{F}}_{\mathrm{s}}'\underline{\boldsymbol{A}} = \underline{\boldsymbol{F}}_{\mathrm{S}} \tag{10.1}$$

$$\underline{\boldsymbol{F}}_{\mathrm{s}}^{*\mathrm{T}} = \underline{\boldsymbol{A}}^{-1}\underline{\boldsymbol{F}}_{\mathrm{s}}^{\prime *\mathrm{T}}\underline{\boldsymbol{A}} = \underline{\boldsymbol{F}}_{\mathrm{S}}^{*\mathrm{T}} \tag{10.2}$$

Aufgrund der bis auf einen Faktor gleichen Transformationsmatrizen zwischen den Leitergrößen und den Symmetrischen Komponenten sowie den Leitergrößen und den Raumzeigerkomponenten (s. Kap. 1) sind die Fehlermatrizen für die Raumzeigerkomponenten und Symmetrischen Komponenten identisch.[1]

[1] Obwohl die Fehlermatrizen für die Symmetrischen Komponenten (Index groß S) und die der Raumzeigerkomponenten identisch sind, wird hier der Index klein s für die der Raumzeigerkomponenten verwendet.

B.R. Oswald, *Berechnung von Drehstromnetzen*, DOI 10.1007/978-3-658-14405-0_10

Tab. 10.1 Fehlermatrizen für die Hauptfehler in Leiterkoordinaten

1-pol. EKS L1-E 1-pol. UB L1	2-pol. EKS L2-L3-E 2-pol. UB L2 und L3	3-pol. EKS L1-L2-L3-E 3-pol. Unterbrechung
$\begin{bmatrix} 0 & 0 & 0 \\ 0 & 1 & 0 \\ 0 & 0 & 1 \end{bmatrix}$	$\begin{bmatrix} 1 & 0 & 0 \\ 0 & 0 & 0 \\ 0 & 0 & 0 \end{bmatrix}$	$\begin{bmatrix} 0 & 0 & 0 \\ 0 & 0 & 0 \\ 0 & 0 & 0 \end{bmatrix}$
ohne Kurzschluss ohne Unterbrechung	2-pol. KS L2-L3	3-pol. KS L1-L2-L3
$\begin{bmatrix} 1 & 0 & 0 \\ 0 & 1 & 0 \\ 0 & 0 & 1 \end{bmatrix}$	$\begin{bmatrix} 1 & 0 & 0 \\ 0 & 1 & 1 \\ 0 & 0 & 0 \end{bmatrix}$	$\begin{bmatrix} 1 & 1 & 1 \\ 0 & 0 & 0 \\ 0 & 0 & 0 \end{bmatrix}$

Tab. 10.2 Elemente der Matrix $\underline{\boldsymbol{A}}$ für die verschiedenen Fehlerkonstellationen

Fehlerart	1-polig	2-polig	$\underline{\alpha}$
Betroffene Leiter	L1	L2 und L3	1
	L2	L3 und L1	$\underline{a}^2$
	L3	L1 und L2	$\underline{a}$

In Gl. 10.1 ist

$$\underline{\boldsymbol{F}}'_{\mathrm{s}} = \underline{\boldsymbol{T}}_{\mathrm{s}}^{-1} \boldsymbol{F}' \underline{\boldsymbol{T}}_{\mathrm{s}} = \underline{\boldsymbol{F}}'_{\mathrm{S}} \tag{10.3}$$

die Fehlermatrix für die Hauptfehler in Raumzeigerkoordinaten und $\boldsymbol{F}'$ die Fehlermatrix für die Hauptfehler in Leiterkoordinaten nach Tab. 6.2, die hier nochmals als Tab. 10.1 wiedergegeben ist.

Die Diagonalmatrix

$$\underline{\boldsymbol{A}} = \begin{bmatrix} \underline{\alpha} & & \\ & \underline{\alpha}^* & \\ & & 1 \end{bmatrix} \tag{10.4}$$

in den Gln. 10.1 und 10.2 berücksichtigt die von den Hauptfehlern abweichende Fehlerlage. Ihre Elemente kann man der Tab. 10.2, die der Tab. 6.3 entspricht, entnehmen.

Mit den vorstehenden (für Symmetrische Komponenten und Raumzeigerkomponenten gleichen) Fehlermatrizen lauten die Fehlerbedingungen für die Raumzeigerkomponenten analog zu den Gln. 6.15 bis 6.18.

Kurzschlüsse:

$$\underline{\boldsymbol{F}}_{\mathrm{s}} \begin{bmatrix} \underline{i}_{\mathrm{sF}} \\ \underline{i}^*_{\mathrm{sF}} \\ i_{\mathrm{hF}} \end{bmatrix} = \underline{\boldsymbol{F}}_{\mathrm{s}} \underline{\boldsymbol{i}}_{\mathrm{sF}} = \mathbf{o} \tag{10.5}$$

$$\left(\boldsymbol{E} - \underline{\boldsymbol{F}}_{\mathrm{s}}^{\mathrm{T}*}\right) \begin{bmatrix} \underline{u}_{\mathrm{sL}} \\ \underline{u}^*_{\mathrm{sL}} \\ u_{\mathrm{hL}} \end{bmatrix} = \left(\boldsymbol{E} - \underline{\boldsymbol{F}}_{\mathrm{s}}^{\mathrm{T}*}\right) \underline{\boldsymbol{u}}_{\mathrm{sL}} = \mathbf{o} \tag{10.6}$$

Tab. 10.3 Fehlermatrizen in Raumzeigerkomponenten

Fehler	1-pol. EKS und 1-pol. UB	2-pol. EKS und 2-pol. UB	2-pol. KS ohne Erde	3-pol. KS ohne Erde
$\underline{\boldsymbol{F}}_\mathrm{s}$	$\frac{1}{3}\begin{bmatrix} 2 & -\underline{\alpha} & -\underline{\alpha}^* \\ -\underline{\alpha}^* & 2 & -\underline{\alpha} \\ -\underline{\alpha} & -\underline{\alpha}^* & 2 \end{bmatrix}$	$\frac{1}{3}\begin{bmatrix} 1 & \underline{\alpha} & \underline{\alpha}^* \\ \underline{\alpha}^* & 1 & \underline{\alpha} \\ \underline{\alpha} & \underline{\alpha}^* & 1 \end{bmatrix}$	$\frac{1}{3}\begin{bmatrix} 2+\underline{\mathrm{a}}^2 & \underline{\alpha}\left(2+\underline{\mathrm{a}}^2\right) & \underline{\alpha}^*\left(1+2\underline{\mathrm{a}}\right) \\ \underline{\alpha}^*\left(2+\underline{\mathrm{a}}\right) & 2+\underline{\mathrm{a}} & \underline{\alpha}\left(1+2\underline{\mathrm{a}}^2\right) \\ 0 & 0 & 3 \end{bmatrix}$	$\begin{bmatrix} 0 & 0 & 1 \\ 0 & 0 & 1 \\ 0 & 0 & 1 \end{bmatrix}$
$\boldsymbol{E}-\underline{\boldsymbol{F}}_\mathrm{s}^{*\mathrm{T}}$	$\frac{1}{3}\begin{bmatrix} 1 & \underline{\alpha} & \underline{\alpha}^* \\ \underline{\alpha}^* & 1 & \underline{\alpha} \\ \underline{\alpha} & \underline{\alpha}^* & 1 \end{bmatrix}$	$\frac{1}{3}\begin{bmatrix} 2 & -\underline{\alpha} & -\underline{\alpha}^* \\ -\underline{\alpha}^* & 2 & -\underline{\alpha} \\ -\underline{\alpha} & -\underline{\alpha}^* & 2 \end{bmatrix}$	$\frac{1}{3}\begin{bmatrix} 1-\underline{\mathrm{a}} & -\underline{\alpha}\left(2+\underline{\mathrm{a}}^2\right) & 0 \\ -\underline{\alpha}^*\left(2+\underline{\mathrm{a}}\right) & 1-\underline{\mathrm{a}}^2 & 0 \\ -\underline{\alpha}\left(1+2\underline{\mathrm{a}}^2\right) & -\underline{\alpha}^*\left(1+2\underline{\mathrm{a}}\right) & 0 \end{bmatrix}$	$\begin{bmatrix} 1 & 0 & 0 \\ 0 & 1 & 0 \\ -1 & -1 & 0 \end{bmatrix}$

Faktor $\underline{\alpha}$ nach Tab. 10.2

Unterbrechungen:

$$\underline{\boldsymbol{F}}_{\mathrm{s}} \begin{bmatrix} \underline{u}_{\mathrm{sF}} \\ \underline{u}_{\mathrm{sF}}^{*} \\ u_{\mathrm{hF}} \end{bmatrix} = \underline{\boldsymbol{F}}_{\mathrm{s}} \underline{\boldsymbol{u}}_{\mathrm{sF}} = \mathbf{o} \tag{10.7}$$

$$\left(\boldsymbol{E} - \underline{\boldsymbol{F}}_{\mathrm{s}}^{\mathrm{T}*}\right) \begin{bmatrix} \underline{i}_{\mathrm{sL}} \\ \underline{i}_{\mathrm{sL}}^{*} \\ i_{\mathrm{hL}} \end{bmatrix} = \left(\boldsymbol{E} - \underline{\boldsymbol{F}}_{\mathrm{s}}^{\mathrm{T}*}\right) \underline{\boldsymbol{i}}_{\mathrm{sL}} = \mathbf{o} \tag{10.8}$$

Die allgemeinen Ausdrücke für die Fehlermatrizen bei beliebiger Fehlerlage sind in der folgenden Tab. 10.3, die von der Tab. 6.4 übernommen wurde, nochmals zusammengestellt.

10.2 Nachbildung von Kurzschlüssen an L- und R-Knoten

Das Fehlermatrizenverfahren wird auf die algebraische Gleichung, Gl. 9.11, in ähnlicher Weise wie auf das Knotenspannungs-Gleichungssystem in Abschn. 6.3 angewendet. Zunächst wird die Gl. 9.11 um einen Fehlerstromvektor für alle Knoten erweitert, wobei zu beachten ist, dass dieser für die L-Knoten die modifizierten Fehlerströme

$$\underline{\boldsymbol{i}}'_{\mathrm{sFLK}} = \frac{1}{\omega_0} \dot{\underline{\boldsymbol{i}}}_{\mathrm{sFLK}} \tag{10.9}$$

enthält.

$$\begin{bmatrix} \underline{\boldsymbol{G}}_{\mathrm{sLL}} & \underline{\boldsymbol{G}}_{\mathrm{sLR}} \\ \mathbf{0} & \underline{\boldsymbol{G}}_{\mathrm{sRR}} \end{bmatrix} \begin{bmatrix} \underline{\boldsymbol{u}}_{\mathrm{sLK}} \\ \underline{\boldsymbol{u}}_{\mathrm{sRK}} \end{bmatrix}$$
$$= \begin{bmatrix} -\underline{\boldsymbol{K}}_{\mathrm{LL}} \underline{\boldsymbol{G}}_{\mathrm{sL}} & \mathbf{0} \\ \mathbf{0} & \underline{\boldsymbol{K}}_{\mathrm{RR}} \end{bmatrix} \begin{bmatrix} \underline{\boldsymbol{u}}_{\mathrm{sqL}} \\ \underline{\boldsymbol{i}}_{\mathrm{sqR}} \end{bmatrix} + \begin{bmatrix} -\underline{\boldsymbol{K}}_{\mathrm{LL}} \underline{\boldsymbol{G}}_{\mathrm{sL}} \boldsymbol{R}_{\mathrm{sL}} & -\underline{\boldsymbol{G}}_{\mathrm{sLC}} \\ \underline{\boldsymbol{K}}_{\mathrm{RL}} & -\underline{\boldsymbol{G}}_{\mathrm{sRC}} \end{bmatrix} \begin{bmatrix} \underline{\boldsymbol{i}}_{\mathrm{sL}} \\ \underline{\boldsymbol{u}}_{\mathrm{sCK}} \end{bmatrix} + \begin{bmatrix} \underline{\boldsymbol{i}}'_{\mathrm{sFLK}} \\ \underline{\boldsymbol{i}}_{\mathrm{sFRK}} \end{bmatrix} \tag{10.10}$$

Die Fehlerbedingungen nach Gl. 10.5 für die L-Knoten werden differenziert (die Ströme an den L-Knoten sind stetig) und zusammen mit den Fehlerbedingungen für die R-Knoten in der Matrix

$$\begin{bmatrix} \underline{\boldsymbol{F}}_{\mathrm{sLK}} & \\ & \underline{\boldsymbol{F}}_{\mathrm{sRK}} \end{bmatrix} \begin{bmatrix} \underline{\boldsymbol{i}}'_{\mathrm{sFLK}} \\ \underline{\boldsymbol{i}}_{\mathrm{sFRK}} \end{bmatrix} = \mathbf{o} \tag{10.11}$$

angeordnet, deren Untermatrizen $\underline{\boldsymbol{F}}_{\mathrm{sLK}}$ und $\underline{\boldsymbol{F}}_{\mathrm{sRK}}$ blockdiagonale Form mit den 3×3-Fehlermatrizen für die einzelnen L- und R-Knoten in Analogie zur Gl. 6.40 aufweisen.

Ebenso wird die Gl. 10.6 auf alle L- und R-Knoten erweitert:

$$\begin{bmatrix} \boldsymbol{E}_{\mathrm{LK}} - \underline{\boldsymbol{F}}_{\mathrm{sLK}}^{\mathrm{T}*} & \\ & \boldsymbol{E}_{\mathrm{RK}} - \underline{\boldsymbol{F}}_{\mathrm{sRK}}^{\mathrm{T}*} \end{bmatrix} \begin{bmatrix} \underline{\boldsymbol{u}}_{\mathrm{sLK}} \\ \underline{\boldsymbol{u}}_{\mathrm{sRK}} \end{bmatrix} = \mathbf{o} \tag{10.12}$$

Im fehlerfreien Zustand ist die Matrix in Gl. 10.11 eine Einheitsmatrix und die Matrix in Gl. 10.12 eine Nullmatrix jeweils von der Ordnung, die der dreifachen Anzahl der L- und R-Knoten entspricht. Tritt dagegen an einem oder mehreren Knoten ein Kurzschluss auf, so ist an diesen Stellen die entsprechende 3×3 Fehlermatrix und deren konjugiert komplex transponierte Matrix einzusetzen.

Der weitere Rechengang ist für alle Fehler gleich und analog zum Fehlermatrizenverfahren in Abschn. 6.3 ohne Fehlerimpedanzen. Die Gl. 10.10 wird von links mit der Fehlermatrix aus Gl. 10.11 multipliziert, wodurch der Fehlerstromvektor verschwindet.

$$\begin{aligned} &\begin{bmatrix} \underline{\boldsymbol{F}}_{\mathrm{sLK}} & \\ & \underline{\boldsymbol{F}}_{\mathrm{sRK}} \end{bmatrix} \begin{bmatrix} \underline{\boldsymbol{G}}_{\mathrm{sLL}} & \underline{\boldsymbol{G}}_{\mathrm{sLR}} \\ \mathbf{0} & \underline{\boldsymbol{G}}_{\mathrm{sRR}} \end{bmatrix} \begin{bmatrix} \underline{\boldsymbol{u}}_{\mathrm{sLK}} \\ \underline{\boldsymbol{u}}_{\mathrm{sRK}} \end{bmatrix} \\ &= \begin{bmatrix} \underline{\boldsymbol{F}}_{\mathrm{sLK}} & \\ & \underline{\boldsymbol{F}}_{\mathrm{sRK}} \end{bmatrix} \left\{ \begin{bmatrix} -\underline{\boldsymbol{K}}_{\mathrm{LL}}\underline{\boldsymbol{G}}_{\mathrm{sL}} & \mathbf{0} \\ \mathbf{0} & \underline{\boldsymbol{K}}_{\mathrm{RR}} \end{bmatrix} \begin{bmatrix} \underline{\boldsymbol{u}}_{\mathrm{sqL}} \\ \underline{\boldsymbol{i}}_{\mathrm{sqR}} \end{bmatrix} \right. \\ &\quad \left. + \begin{bmatrix} -\underline{\boldsymbol{K}}_{\mathrm{LL}}\underline{\boldsymbol{G}}_{\mathrm{sL}}\boldsymbol{R}_{\mathrm{sL}} & -\underline{\boldsymbol{G}}_{\mathrm{sLC}} \\ \underline{\boldsymbol{K}}_{\mathrm{RL}} & -\underline{\boldsymbol{G}}_{\mathrm{sRC}} \end{bmatrix} \begin{bmatrix} \underline{\boldsymbol{i}}_{\mathrm{sL}} \\ \underline{\boldsymbol{u}}_{\mathrm{sCK}} \end{bmatrix} \right\} \end{aligned} \tag{10.13}$$

Die Gl. 10.12 wird von links mit der Leitwertmatrix aus Gl. 10.10 multipliziert und von der Gl. 10.13 subtrahiert:

$$\begin{aligned} \begin{bmatrix} \underline{\boldsymbol{G}}_{\mathrm{sLL}}^{\mathrm{k}} & \underline{\boldsymbol{G}}_{\mathrm{sLR}}^{\mathrm{k}} \\ \mathbf{0} & \underline{\boldsymbol{G}}_{\mathrm{sRR}}^{\mathrm{k}} \end{bmatrix} \begin{bmatrix} \underline{\boldsymbol{u}}_{\mathrm{sLK}} \\ \underline{\boldsymbol{u}}_{\mathrm{sRK}} \end{bmatrix} &= \begin{bmatrix} \underline{\boldsymbol{F}}_{\mathrm{sLK}} & \\ & \underline{\boldsymbol{F}}_{\mathrm{sRK}} \end{bmatrix} \left\{ \begin{bmatrix} -\underline{\boldsymbol{K}}_{\mathrm{LL}}\underline{\boldsymbol{G}}_{\mathrm{sL}} & \mathbf{0} \\ \mathbf{0} & \underline{\boldsymbol{K}}_{\mathrm{RR}} \end{bmatrix} \begin{bmatrix} \underline{\boldsymbol{u}}_{\mathrm{sqL}} \\ \underline{\boldsymbol{i}}_{\mathrm{sqR}} \end{bmatrix} \right. \\ &\quad \left. + \begin{bmatrix} -\underline{\boldsymbol{K}}_{\mathrm{LL}}\underline{\boldsymbol{G}}_{\mathrm{sL}}\boldsymbol{R}_{\mathrm{sL}} & -\underline{\boldsymbol{G}}_{\mathrm{sLC}} \\ \underline{\boldsymbol{K}}_{\mathrm{RL}} & -\underline{\boldsymbol{G}}_{\mathrm{sRC}} \end{bmatrix} \begin{bmatrix} \underline{\boldsymbol{i}}_{\mathrm{sL}} \\ \underline{\boldsymbol{u}}_{\mathrm{sCK}} \end{bmatrix} \right\} \end{aligned} \tag{10.14}$$

mit der durch die Fehler modifizierten, in der Ordnung aber gleich gebliebenen Leitwertmatrix:

$$\begin{aligned} \begin{bmatrix} \underline{\boldsymbol{G}}_{\mathrm{sLL}}^{\mathrm{k}} & \underline{\boldsymbol{G}}_{\mathrm{sLR}}^{\mathrm{k}} \\ \mathbf{0} & \underline{\boldsymbol{G}}_{\mathrm{sRR}}^{\mathrm{k}} \end{bmatrix} &= \begin{bmatrix} \underline{\boldsymbol{F}}_{\mathrm{sLK}} & \\ & \underline{\boldsymbol{F}}_{\mathrm{sRK}} \end{bmatrix} \begin{bmatrix} \underline{\boldsymbol{G}}_{\mathrm{sLL}} & \underline{\boldsymbol{G}}_{\mathrm{sLR}} \\ \mathbf{0} & \underline{\boldsymbol{G}}_{\mathrm{sRR}} \end{bmatrix} - \begin{bmatrix} \underline{\boldsymbol{G}}_{\mathrm{sLL}} & \underline{\boldsymbol{G}}_{\mathrm{sLR}} \\ \mathbf{0} & \underline{\boldsymbol{G}}_{\mathrm{sRR}} \end{bmatrix} \\ &\quad + \begin{bmatrix} \underline{\boldsymbol{G}}_{\mathrm{sLL}} & \underline{\boldsymbol{G}}_{\mathrm{sLR}} \\ \mathbf{0} & \underline{\boldsymbol{G}}_{\mathrm{sRR}} \end{bmatrix} \begin{bmatrix} \underline{\boldsymbol{F}}_{\mathrm{sLK}}^{\mathrm{T}*} & \\ & \underline{\boldsymbol{F}}_{\mathrm{sRK}}^{\mathrm{T}*} \end{bmatrix} \end{aligned} \tag{10.15}$$

Die Auflösung der Gl. 10.14 nach den Knotenspannungen ergibt:

$$\begin{bmatrix} \underline{\boldsymbol{u}}_{\mathrm{sLK}} \\ \underline{\boldsymbol{u}}_{\mathrm{sRK}} \end{bmatrix} = \begin{bmatrix} \underline{\boldsymbol{G}}_{\mathrm{sLL}}^{\mathrm{k}} & \underline{\boldsymbol{G}}_{\mathrm{sLR}}^{\mathrm{k}} \\ \mathbf{0} & \underline{\boldsymbol{G}}_{\mathrm{sRR}}^{\mathrm{k}} \end{bmatrix}^{-1} \begin{bmatrix} \underline{\boldsymbol{F}}_{\mathrm{sLK}} & \\ & \underline{\boldsymbol{F}}_{\mathrm{sRK}} \end{bmatrix} \left\{ \begin{bmatrix} -\underline{\boldsymbol{K}}_{\mathrm{LL}}\underline{\boldsymbol{G}}_{\mathrm{sL}} & \mathbf{0} \\ \mathbf{0} & \underline{\boldsymbol{K}}_{\mathrm{RR}} \end{bmatrix} \begin{bmatrix} \underline{\boldsymbol{u}}_{\mathrm{sqL}} \\ \underline{\boldsymbol{i}}_{\mathrm{sqR}} \end{bmatrix} + \begin{bmatrix} -\underline{\boldsymbol{K}}_{\mathrm{LL}}\underline{\boldsymbol{G}}_{\mathrm{sL}}\boldsymbol{R}_{\mathrm{sL}} & -\underline{\boldsymbol{G}}_{\mathrm{sLC}} \\ \underline{\boldsymbol{K}}_{\mathrm{RL}} & -\underline{\boldsymbol{G}}_{\mathrm{sRC}} \end{bmatrix} \begin{bmatrix} \underline{\boldsymbol{i}}_{\mathrm{sL}} \\ \underline{\boldsymbol{u}}_{\mathrm{sCK}} \end{bmatrix} \right\} \tag{10.16}$$

Die Einbeziehung von Kurzschlüssen an L- oder/und R-Knoten verändert die Form des Algebro-Differentialgleichungssystems offensichtlich nicht. Während der zeitschrittweisen Lösung sind bei Kurzschlusseintritt lediglich einmal die in Gl. 10.16 auf der rechten Seite stehenden Matrizen neu zu berechnen. Der Aufwand hierfür ist relativ gering, da die meisten Untermatrizen nur schwach besetzt sind. Die Kurzschlussströme ergeben sich aus:

$$\begin{bmatrix} \underline{\boldsymbol{i}}_{\mathrm{sFLK}} \\ \underline{\boldsymbol{i}}_{\mathrm{sFRK}} \end{bmatrix} = -\begin{bmatrix} \underline{\boldsymbol{K}}_{\mathrm{LL}} & \mathbf{0} \\ \underline{\boldsymbol{K}}_{\mathrm{RL}} & \underline{\boldsymbol{K}}_{\mathrm{RR}} \end{bmatrix} \begin{bmatrix} \underline{\boldsymbol{i}}_{\mathrm{sL}} \\ \underline{\boldsymbol{i}}_{\mathrm{sR}} \end{bmatrix} \tag{10.17}$$

Beispiel 10.1

Für das L-C- Netz aus Beispiel 9.1 sollen die Kurzschlussströme am Knoten 1 bei dreipoligem Kurzschluss mit Erdberührung und zweipoligem Kurzschluss in den Leitern L1 und L2 ohne Erdberührung berechnet werden. Die Leitung ist durch ein Π-Glied nachgebildet. Demzufolge ist der Knoten 1 ein L-Knoten und die Knoten 2 und 3 werden zu C-Knoten.

Die Gleichungen für das fehlerfreie Netz sind im Beispiel 9.1 ausführlich angegeben. Für Kurzschlüsse an L-Knoten tritt lediglich an die Stelle der Gl. 9.24 die erste Zeile der Gl. 10.16 (ein R-Knoten ist nicht vorhanden):

$$\underline{\boldsymbol{u}}_{\mathrm{sLK}} = \left(\underline{\boldsymbol{G}}_{\mathrm{sLL}}^{\mathrm{k}}\right)^{-1} \underline{\boldsymbol{F}}_{\mathrm{sLK}} \left(-\underline{\boldsymbol{K}}_{\mathrm{LL}}\underline{\boldsymbol{G}}_{\mathrm{sL}}\underline{\boldsymbol{u}}_{\mathrm{sqL}} - \underline{\boldsymbol{K}}_{\mathrm{LL}}\underline{\boldsymbol{G}}_{\mathrm{sL}}\boldsymbol{R}_{\mathrm{sL}}\underline{\boldsymbol{i}}_{\mathrm{sL}} - \underline{\boldsymbol{G}}_{\mathrm{sLC}}\underline{\boldsymbol{u}}_{\mathrm{sCK}}\right)$$

mit

$$\underline{\boldsymbol{G}}_{\mathrm{sLL}}^{\mathrm{k}} = \underline{\boldsymbol{F}}_{\mathrm{sLK}}\underline{\boldsymbol{G}}_{\mathrm{sLL}} - \underline{\boldsymbol{G}}_{\mathrm{sLL}} + \underline{\boldsymbol{G}}_{\mathrm{sL}}\underline{\boldsymbol{F}}_{\mathrm{sLK}}^{\mathrm{T*}}$$

Die detaillierten Ausdrücke für die Matrizen können dem Beispiel 9.1 entnommen werden.

Für den *dreipoligen Erdkurzschluss* am Knoten 1 gilt:

$$\underline{\boldsymbol{F}}_{\mathrm{sLK}} = \begin{bmatrix} 0 & & \\ & 0 & \\ & & 0 \end{bmatrix}$$

so dass $\underline{\boldsymbol{u}}_{\mathrm{sLK}} = \mathbf{o}$ wird, was man natürlich auch sofort ohne die Gl. 10.16 hinschreiben kann.

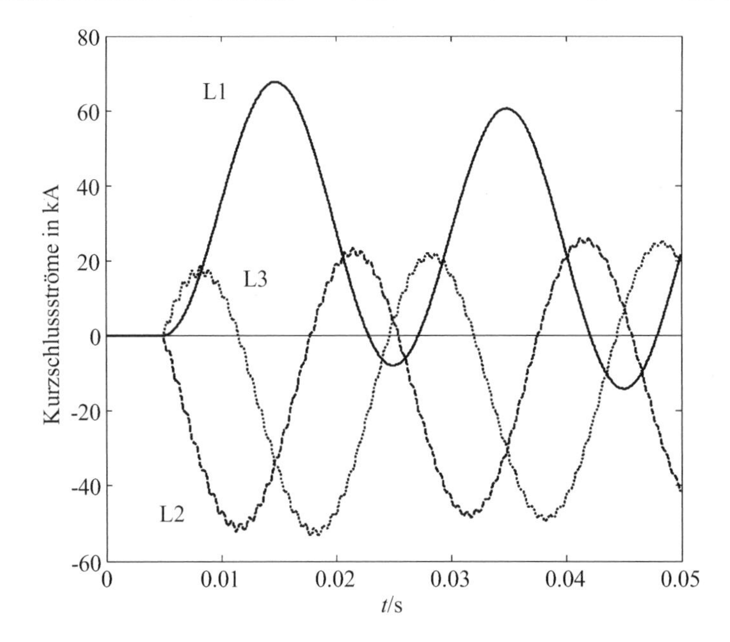

Abb. 10.1 Verlauf der Kurzschlussströme bei dreipoligem Kurzschluss am Knoten 1 (L-Knoten) bei Kurzschlusseintritt im Spannungsnulldurchgang im Leiter L1 nach 5 ms

Die Anfangswerte der Raumzeiger zum Zeitpunkt 0 in Abb. 10.1 sind:

Größe	Maßzahl	Einheit
Generatorquellenspannung	$\sqrt{2} \cdot 11/\sqrt{3}$	kV
Generatorstrom	$-0 - j0{,}5660$	kA
Transformatorstrom US-Seite	$0 + j0{,}0566$	kA
Transformatorstrom OS-Seite	$0{,}0028 + j0{,}0049$	kA
Transformatorwicklungsstrom Sekundärseite	$-0{,}0163 - j0{,}0283$	kA
Transformatorwicklungsstrom Primärseite	$0{,}0028 + j0{,}0049$	kA
Längsstrom der Leitung	$-0{,}0014 - j0{,}0025$	kA
Spannung am Knoten 1	$8{,}9956 - j0{,}0006$	kV
Spannung am Knoten 2	$-77{,}9966 + j45{,}0445$	kV
Spannung am Knoten 3	$-78{,}0141 + j45{,}0709$	kV

Der Kurzschlussstrom im Leiter L1, für den die Spannung im Moment des Kurzschlusseintritts gerade Null ist, weist folgerichtig das maximale Gleichglied auf. Die höherfrequenten Anteile in den beiden anderen Leitern entstehen durch die Entladung der Leitungskapazitäten auf die Kurzschlussstelle.

Die Ortskurve des Raumzeigers des Kurzschlussstromes in Abb. 10.2 beschreibt einen Kreis, um den sich eine abklingende Girlande schlingt. Der Durchmesser des

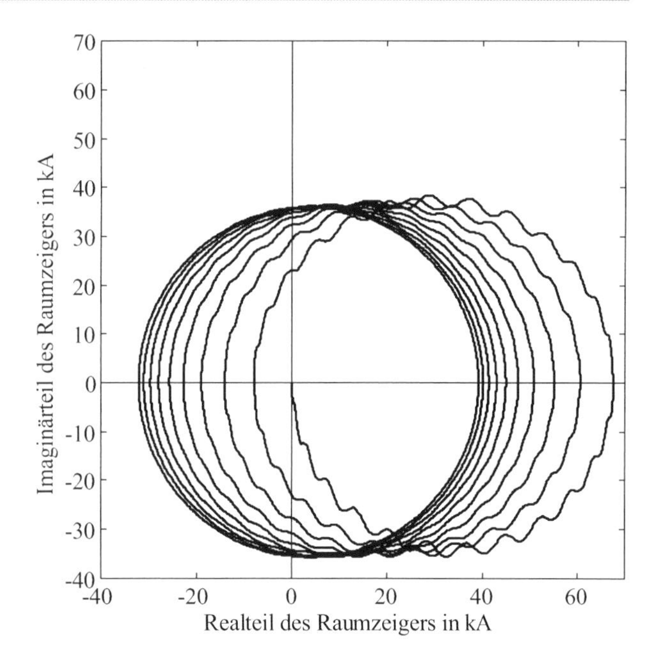

Abb. 10.2 Ortskurve des Kurzschlussstrom-Raumzeigers bei dreipoligem Kurzschluss am Knoten 1 (L-Knoten) bei Kurzschlusseintritt im Spannungsnulldurchgang im Leiter L1 während 20 ms

Kreises entspricht der Amplitude des Wechselanteils, der hier durch die vereinfachte Generatornachbildung mit betragskonstanter subtransienter Spannung ebenfalls konstant ist. Die Girlande gehört zu den höherfrequenten Entladeströmen der Leitungskapazitäten. Durch die Gleichglieder in den Kurzschlussströmen ist der Kreis zunächst aus dem Nullpunkt verschoben und wandert im Laufe der Zeit mit dem Abklingen des Gleichanteils in den Koordinatenursprung. Im vorliegenden Beispiel ist der Kreis im Moment des Kurzschlusseintrittes auf der reellen Achse verschoben, so dass sich das maximale Gleichglied im Leiter L1 einstellt (der Strom im Leiter L1 ergibt sich aus der Projektion des Raumzeigers auf die reelle Achse, siehe Abb. 1.6).

Für den *zweipoligen Kurzschluss ohne Erdberührung* in den Leitern L1 und L2 am Knoten 1 ändert sich gegenüber dem dreipoligen Kurzschluss mit Erdberührung im Gleichungssystem lediglich die Fehlermatrix in (s. Tab. 10.3 mit $\underline{\alpha} = \underline{a}$):

$$\underline{\boldsymbol{F}}_{\mathrm{sLK}} = \frac{1}{3}\begin{bmatrix} 2+\underline{a}^2 & \underline{a}\left(2+\underline{a}^2\right) & \underline{a}^2\left(1+2\underline{a}\right) \\ \underline{a}^2\left(2+\underline{a}\right) & 2+\underline{a} & \underline{a}\left(1+2\underline{a}^2\right) \\ 0 & 0 & 3 \end{bmatrix}$$

Die Abb. 10.3 und 10.4 zeigen die Kurzschlussstromverläufe und die Ortskurve des Raumzeigers während der ersten 50 ms. Die Ortskurve ist zu einer Geraden entartet, die durch die Gleichglieder zunächst aus dem Koordinatenursprung verschoben ist. Sie ist um $-30°$ gegenüber der reellen Achse geneigt, so dass die Ströme in den Leitern L1 und L2 entgegengesetzt gleich werden, wie es die Fehlerbedingung fordert. Durch den

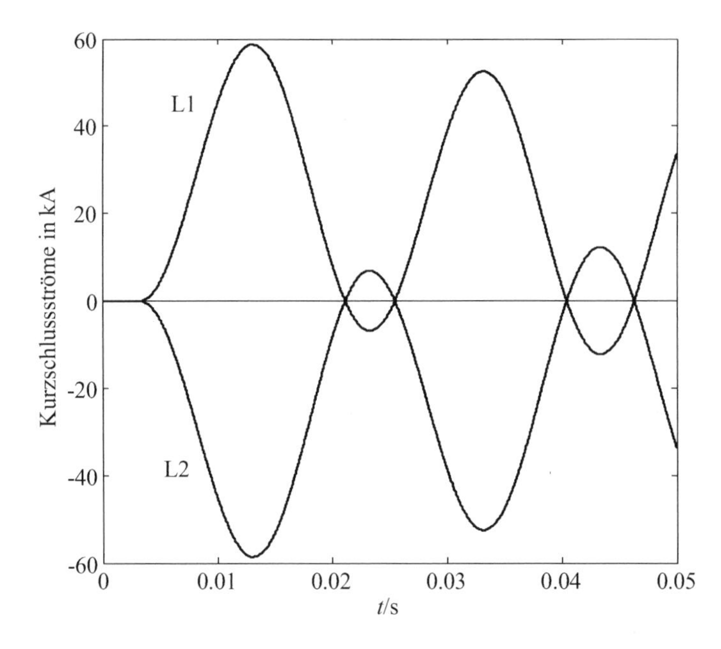

Abb. 10.3 Verlauf der Kurzschlussströme bei zweipoligem Kurzschluss ohne Erdberührung in den Leitern L1 und L2 am Knoten 1 (L-Knoten) bei Kurzschlusseintritt im Nulldurchgang der Spannung u_{L1L2} nach 20/6 ms

Abb. 10.4 Ortskurve des Kurzschlussstrom-Raumzeigers während der ersten 50 ms bei zweipoligem Kurzschluss in den Leitern L1 und L2 am Knoten 1 (L-Knoten) bei Kurzschlusseintritt im Nulldurchgang der Spannung u_{L1L2} nach 20/6 ms

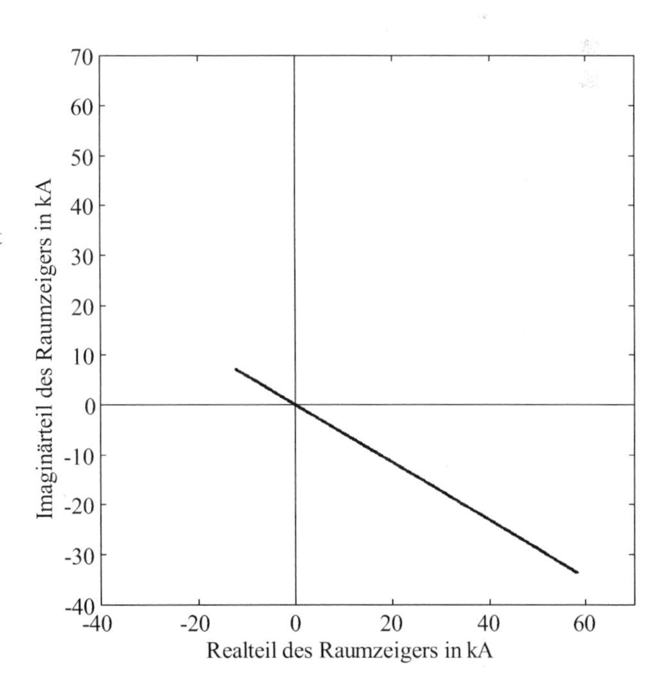

Kurzschlusseintritt im Nulldurchgang der Spannung u_{L1L2} weisen die Ströme das maximale Gleichglied auf.

Beispiel 10.2

Berechnung des Erdschlussstromes am Knoten 2 bei Erdschlusseintritt im Spannungsmaximum von Leiter L1 für das Netz im Beispiel 9.2. Die Leitung muss für diesen Fall als T-Glied nachgebildet werden, da ein Π-Glied keinen Spannungssprung zulässt. Durch die Nachbildung der Leitung als T-Glied wird das Netz zu einem L-Netz.

Der Transformatorsternpunkt ist jetzt nicht geerdet Im Gleichungssystem wird dies durch Nullsetzen des entsprechenden Leitwert im Nullsystem der Stromgleichung berücksichtigt (s. Tab. 8.5).

Die Fehlermatrix für die drei L-Knoten besteht aus (s. Tab. 10.3 mit $\underline{\alpha} = 1$):

$$\underline{\boldsymbol{F}}_{\mathrm{sLK}} = \left[\begin{array}{ccc|ccc|ccc} 1 & & & & & & & & \\ & 1 & & & & & & & \\ & & 1 & & & & & & \\ \hline & & & 2/3 & -1/3 & -1/3 & & & \\ & & & -1/3 & 2/3 & -1/3 & & & \\ & & & -1/3 & -1/3 & 2/3 & & & \\ \hline & & & & & & 1 & & \\ & & & & & & & 1 & \\ & & & & & & & & 1 \end{array}\right]$$

Der Erdschlussstrom weist neben dem Grundschwingungsanteil zwei abklingende höherfrequente Anteile, die zur sog. Entlade- und Aufladeschwingung gehören, auf (Abb. 10.5).

Die Spannungen an den gesunden Leitern nehmen im eingeschwungenen Zustand den Wurzel-3-fachen Wert gegenüber dem fehlerfreien Zustand an. Diesem Endwert ist die Aufladeschwingung überlagert (Abb. 10.6).

Die Leitungsströme am Fehlerknoten setzen sich im Leiter L1 aus der Entladeschwingung (die Leitungskapazitäten des fehlerhaften Leiters entladen sich über die Erdschlussverbindung) und in den gesunden Leitern L2 und L3 aus den Anteilen des grundfrequenten Erdschlussstromes sowie der Aufladeschwingung zusammen (Abb. 10.7).[2]

Die oberspannungsseitigen Transformatorströme (Abb. 10.8) besteht in den Leitern L2 und L3 neben dem grundfrequenten Anteil des Erdschlussstromes aus den Anteilen der Aufladeschwingung, die sich im Transformatorsternpunkt zum Strom im Leiter L1 addieren.

[2] Die Dämpfung der Entlade- und Aufladeschwingung hängt maßgebend vom Erdbodenwiderstand ab. Dieser ist frequenzabhängig. Um die zu geringe Dämpfung im vereinfachten Leitungsmodell mit konstanten Parametern zu erhöhen, wurde im Beispiel (empirisch) mit einer 10-fachen Nullresistanz der Leitung gerechnet.

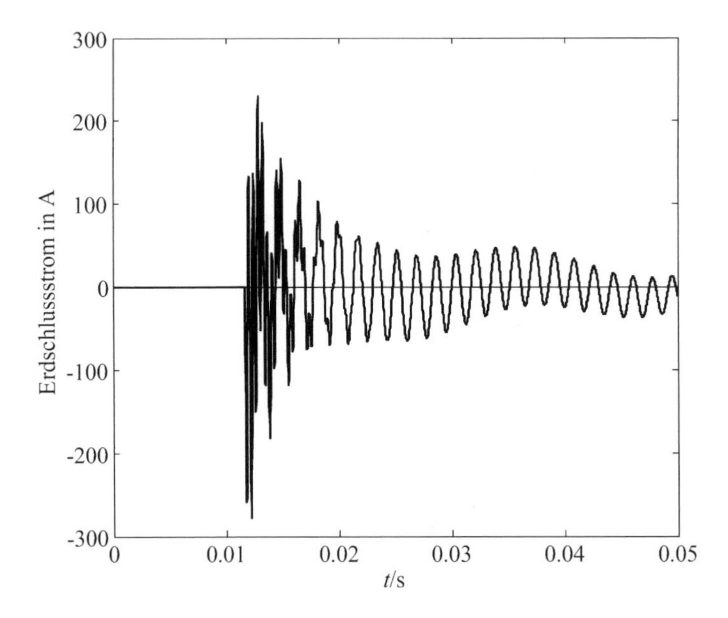

Abb. 10.5 Erdschlussstrom im Leiter L1 am Knoten 2 (Erdschlusseintritt im Spannungsnulldurchgang)

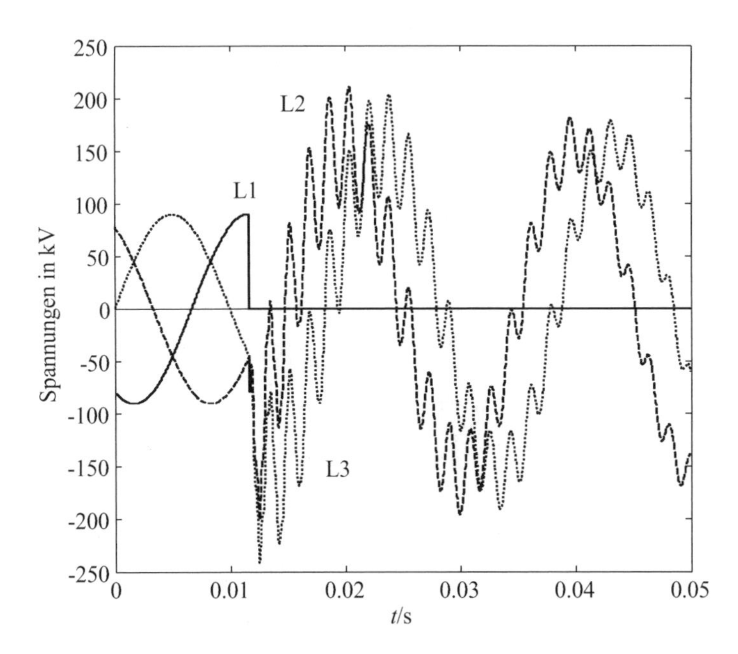

Abb. 10.6 Spannungen an der Erdschlussstelle (Knoten 2)

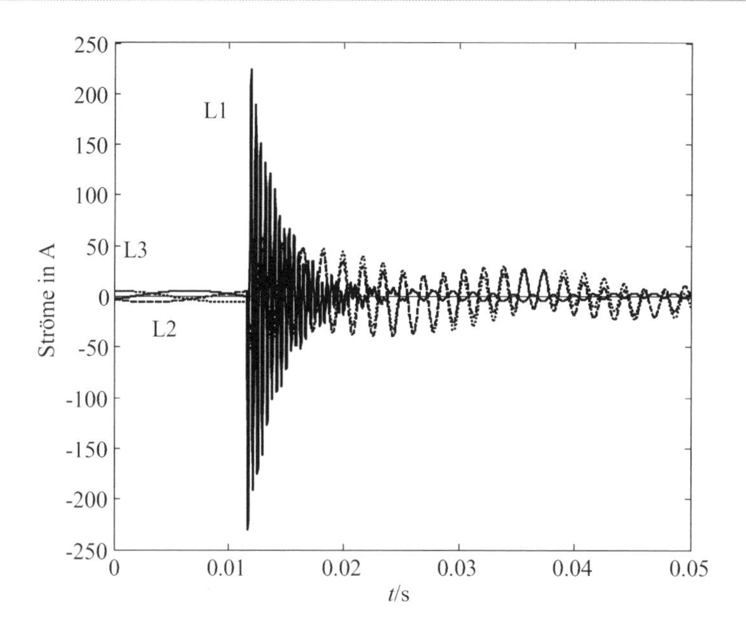

Abb. 10.7 Leitungsströme am Knoten 2 (Fehlerknoten)

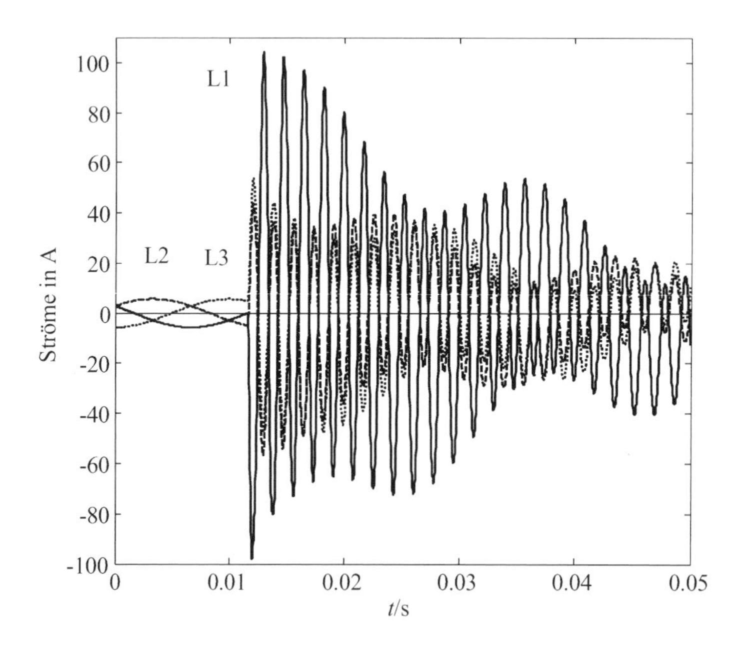

Abb. 10.8 Oberspannungsseitige Transformatorströme am Knoten 2 (Fehlerknoten)

10.3 Nachbildung von Kurzschlüssen an C-Knoten

Die Nachbildung von Kurzschlüssen erfolgt an der um einen Fehlerstromvektor erweiterten Gl. 9.12:

$$\underline{\boldsymbol{C}}_{\mathrm{sKK}}\dot{\underline{\boldsymbol{u}}}_{\mathrm{sCK}} = -\underline{\boldsymbol{G}}_{\mathrm{sCC}}\underline{\boldsymbol{u}}_{\mathrm{sCK}} - \underline{\boldsymbol{G}}_{\mathrm{sCR}}\underline{\boldsymbol{u}}_{\mathrm{sRK}} + \underline{\boldsymbol{K}}_{\mathrm{CL}}\underline{\boldsymbol{i}}_{\mathrm{sL}} + \underline{\boldsymbol{K}}_{\mathrm{CR}}\underline{\boldsymbol{i}}_{\mathrm{sqR}} + \underline{\boldsymbol{K}}_{\mathrm{CC}}\underline{\boldsymbol{i}}_{\mathrm{sqC}} + \underline{\boldsymbol{i}}_{\mathrm{sFCK}} \quad (10.18)$$

Die auf alle C-Knoten erweiterten Fehlerbedingungen sind:

$$\underline{\boldsymbol{F}}_{\mathrm{sCK}}\underline{\boldsymbol{i}}_{\mathrm{sFCK}} = \mathbf{o} \quad (10.19)$$

$$\left(\boldsymbol{E}_{\mathrm{CK}} - \underline{\boldsymbol{F}}_{\mathrm{sCK}}^{\mathrm{T}*}\right)\underline{\boldsymbol{u}}_{\mathrm{sCK}} = \mathbf{o} \quad (10.20)$$

Gl. 10.20 wird differenziert (die Spannungen an den C-Knoten sind stetig) und von links mit der Knotenkapazitätsmatrix multipliziert:

$$\underline{\boldsymbol{C}}_{\mathrm{sKK}}\left(\boldsymbol{E}_{\mathrm{CK}} - \underline{\boldsymbol{F}}_{\mathrm{sCK}}^{\mathrm{T}*}\right)\dot{\underline{\boldsymbol{u}}}_{\mathrm{sCK}} = \mathbf{o} \quad (10.21)$$

Schließlich wird die Gl. 10.18 linksseitig mit der Fehlermatrix multipliziert und davon die Gl. 10.21 abgezogen. Das Ergebnis ist:

$$\underline{\boldsymbol{C}}_{\mathrm{sKK}}^{\mathrm{k}}\dot{\underline{\boldsymbol{u}}}_{\mathrm{sCK}} = \underline{\boldsymbol{F}}_{\mathrm{sCK}}\left(-\underline{\boldsymbol{G}}_{\mathrm{sCC}}\underline{\boldsymbol{u}}_{\mathrm{sCK}} - \underline{\boldsymbol{G}}_{\mathrm{sCR}}\underline{\boldsymbol{u}}_{\mathrm{sRK}} + \underline{\boldsymbol{K}}_{\mathrm{CL}}\underline{\boldsymbol{i}}_{\mathrm{sL}} + \underline{\boldsymbol{K}}_{\mathrm{CR}}\underline{\boldsymbol{i}}_{\mathrm{sqR}} + \underline{\boldsymbol{K}}_{\mathrm{CC}}\underline{\boldsymbol{i}}_{\mathrm{sqC}}\right) \quad (10.22)$$

und in expliziter Form:

$$\dot{\underline{\boldsymbol{u}}}_{\mathrm{sCK}} = \underline{\boldsymbol{C}}_{\mathrm{sKK}}^{\mathrm{k}-1}\underline{\boldsymbol{F}}_{\mathrm{sCK}}\left(-\underline{\boldsymbol{G}}_{\mathrm{sCC}}\underline{\boldsymbol{u}}_{\mathrm{sCK}} - \underline{\boldsymbol{G}}_{\mathrm{sCR}}\underline{\boldsymbol{u}}_{\mathrm{sRK}} + \underline{\boldsymbol{K}}_{\mathrm{CL}}\underline{\boldsymbol{i}}_{\mathrm{sL}} + \underline{\boldsymbol{K}}_{\mathrm{CR}}\underline{\boldsymbol{i}}_{\mathrm{sqR}} + \underline{\boldsymbol{K}}_{\mathrm{CC}}\underline{\boldsymbol{i}}_{\mathrm{sqC}}\right) \quad (10.23)$$

mit der modifizierten Knotenkapazitätsmatrix:

$$\underline{\boldsymbol{C}}_{\mathrm{sKK}}^{\mathrm{k}} = \underline{\boldsymbol{F}}_{\mathrm{sCK}}\underline{\boldsymbol{C}}_{\mathrm{sKK}} - \underline{\boldsymbol{C}}_{\mathrm{sKK}} + \underline{\boldsymbol{C}}_{\mathrm{sKK}}\underline{\boldsymbol{F}}_{\mathrm{sCK}}^{\mathrm{T}*} \quad (10.24)$$

Die Matrix $\underline{\boldsymbol{C}}_{\mathrm{sKK}}^{\mathrm{k}-1}\underline{\boldsymbol{F}}_{\mathrm{sCK}}$ in Gl. 10.23 ist nur einmal bei Kurzschlusseintritt neu zu berechnen. Vorteilhaft ist auch hier, dass die Form der ursprünglichen Gl. 10.18 durch die Kurzschlüsse nicht verändert wird.

Die Kurzschlussströme werden aus den Knotenpunktsätzen erhalten (s. Gl. 9.3):

$$\underline{\boldsymbol{i}}_{\mathrm{sFCK}} = -\begin{bmatrix} \underline{\boldsymbol{K}}_{\mathrm{CL}} & \underline{\boldsymbol{K}}_{\mathrm{CR}} & \underline{\boldsymbol{K}}_{\mathrm{CC}} \end{bmatrix}\begin{bmatrix} \underline{\boldsymbol{i}}_{\mathrm{sL}} \\ \underline{\boldsymbol{i}}_{\mathrm{sR}} \\ \underline{\boldsymbol{i}}_{\mathrm{sC}} \end{bmatrix} \quad (10.25)$$

Die Ströme $\underline{\boldsymbol{i}}_{\mathrm{sR}}$ und $\underline{\boldsymbol{i}}_{\mathrm{sC}}$ der R- und C-Betriebsmittel fallen bei der Lösung des Algebro-Differentialgleichungssystems allerdings nicht direkt an. Sie müssen aus den im Kap. 8

bereitgestellten Betriebsmittelgleichungen berechnet werden:

$$\begin{bmatrix} \underline{i}_{\mathrm{sR}} \\ \underline{i}_{\mathrm{sC}} \end{bmatrix} = \begin{bmatrix} \boldsymbol{G}_{\mathrm{sR}} & \\ & \boldsymbol{G}_{\mathrm{sC}} \end{bmatrix} \begin{bmatrix} \underline{u}_{\mathrm{sR}} \\ \underline{u}_{\mathrm{sC}} \end{bmatrix} + \begin{bmatrix} \mathbf{o} \\ \boldsymbol{C}_{\mathrm{s}} \dot{\underline{u}}_{\mathrm{sC}} \end{bmatrix} + \begin{bmatrix} \underline{i}_{\mathrm{sqR}} \\ \underline{i}_{\mathrm{sqC}} \end{bmatrix}$$
$$= \begin{bmatrix} \boldsymbol{G}_{\mathrm{sR}} & \\ & \boldsymbol{G}_{\mathrm{sC}} \end{bmatrix} \begin{bmatrix} \underline{\boldsymbol{K}}_{\mathrm{RR}}^{\mathrm{T}} & \underline{\boldsymbol{K}}_{\mathrm{CR}}^{\mathrm{T}*} \\ \mathbf{0} & \underline{\boldsymbol{K}}_{\mathrm{CC}}^{\mathrm{T}*} \end{bmatrix} \begin{bmatrix} \underline{u}_{\mathrm{sRK}} \\ \underline{u}_{\mathrm{sCK}} \end{bmatrix} + \begin{bmatrix} \mathbf{o} \\ \boldsymbol{C}_{\mathrm{s}} \underline{\boldsymbol{K}}_{\mathrm{CC}}^{\mathrm{T}*} \dot{\underline{u}}_{\mathrm{sCK}} \end{bmatrix} + \begin{bmatrix} \underline{i}_{\mathrm{sqR}} \\ \underline{i}_{\mathrm{sqC}} \end{bmatrix} \tag{10.26}$$

Der Differentialquotient der Spannungen an den C-Knoten ist durch Gl. 10.23 gegeben.

Beispiel 10.3

Für das bereits im Beispiel 10.1 betrachtete Netz aus dem Beispiel 9.1 soll der einpolige Kurzschluss im Leiter L1 am Knoten 2 bei starrer Transformatorsternpunkterdung berechnet werden. Da es sich beim Knoten 2 um einen C-Knoten handelt (die Leitung ist durch ein Π-Glied nachgebildet), kann der Kurzschluss ohne Verletzung der Stetigkeitsbedingungen der Spannungen an Kapazitäten nur im Nulldurchgang der Spannung im Leiter L1 eingeleitet werden (s. Abb. 10.9).

Die Fehlermatrix für die beiden C-Knoten 2 und 3 besteht aus (s. Tab. 10.3 mit $\underline{\alpha} = 1$):

$$\underline{\boldsymbol{F}}_{\mathrm{sCK}} = \left[\begin{array}{ccc|ccc} 2/3 & -1/3 & -1/3 & & & \\ -1/3 & 2/3 & -1/3 & & & \\ -1/3 & -1/3 & 2/3 & & & \\ \hline & & & 1 & & \\ & & & & 1 & \\ & & & & & 1 \end{array}\right]$$

Die folgenden Abb. 10.9 bis 10.13 zeigen die Verläufe der Spannungen und der Ströme an der Kurzschlussstelle sowie der Ströme auf der Oberspannungsseite des Transformators, in der Leitung an der Kurzschlussstelle und in den Generatorwicklungen.

Der Erdkurzschlussstrom in Abb. 10.10 zeigt den typischen Verlauf mit maximalem Gleichglied. Die aus Abb. 10.11 ersichtlichen geringen Ströme der Entlade- und Aufladeschwingung kommen gegenüber dem sehr viel größeren 50-Hz-Anteil nicht zum Vorschein. Die Entlade- und Aufladeschwingung sind zudem im Vergleich zum Erdschluss im Beispiel 10.2 deutlich schwächer ausgeprägt, da die Leitungskapazität in dem vom Erdkurzschluss betroffenen Leiter im Moment des Kurzschlusseintritts gerade nahezu entladen ist und sich die stationären Werte der Spannungen der vom Kurzschluss nicht betroffenen Leiter nur geringfügig ändern.

Der Verlauf des Teilkurzschlussstromes auf der Oberspannungsseite des Transformators in Abb. 10.12 entspricht demzufolge dem des Erdkurzschlussstromes.

Durch die Dreieckschaltung des Transformators auf der Unterspannungsseite verteilt sich der Wicklungsstrom des Transformators auf die beiden Leiter L1 und L3 des Generators (Abb. 10.13).

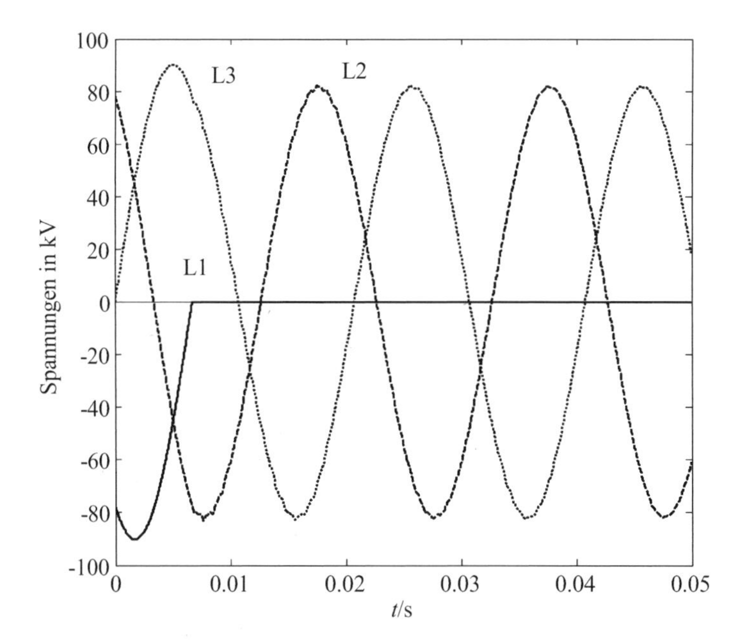

Abb. 10.9 Spannungen am Knoten 2 (C-Knoten) bei einpoligem Kurzschluss im Leiter L1 im Nulldurchgang der Spannung (Transformatorsternpunkt starr geerdet)

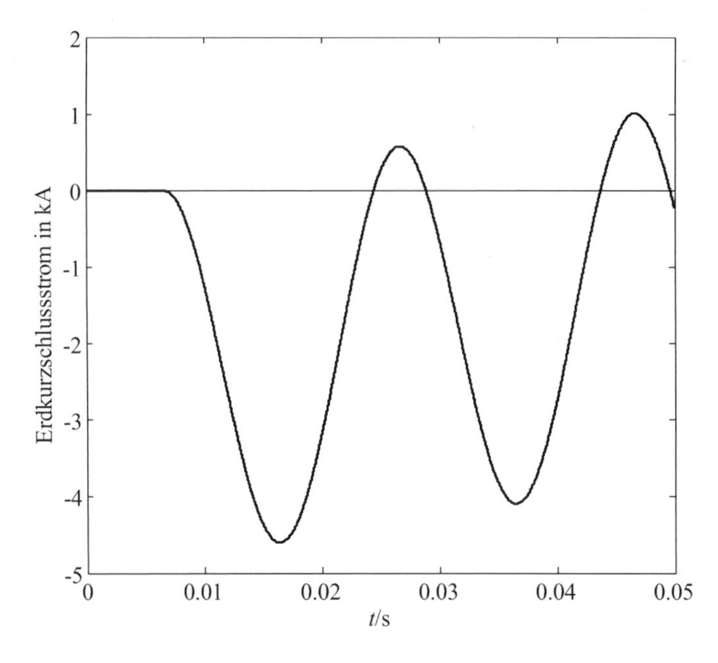

Abb. 10.10 Verlauf des Erdkurzschlussstromes bei einpoligem Kurzschluss im Leiter L1 am Knoten 2 (C-Knoten)

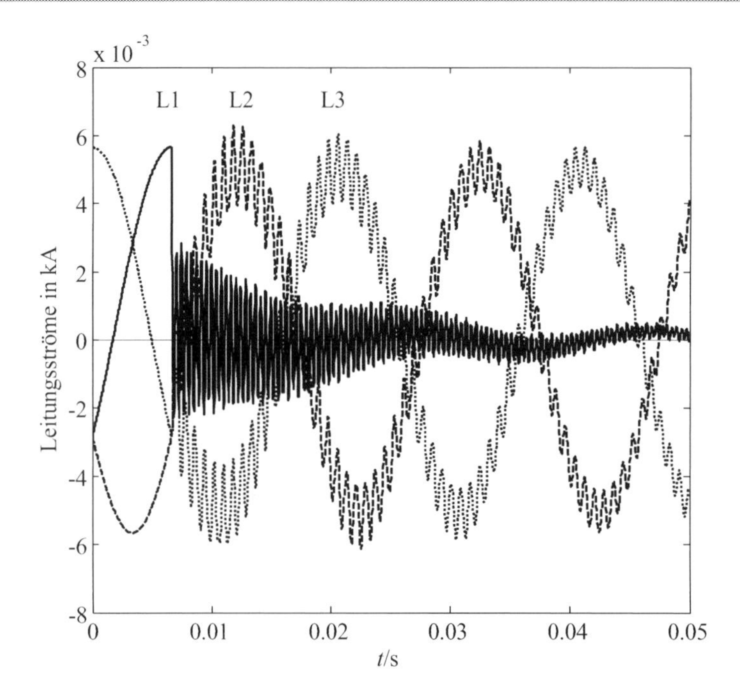

Abb. 10.11 Verlauf der Leitungsströme am Fehlerknoten bei einpoligem Kurzschluss im Leiter L1 am Knoten 2 (C-Knoten)

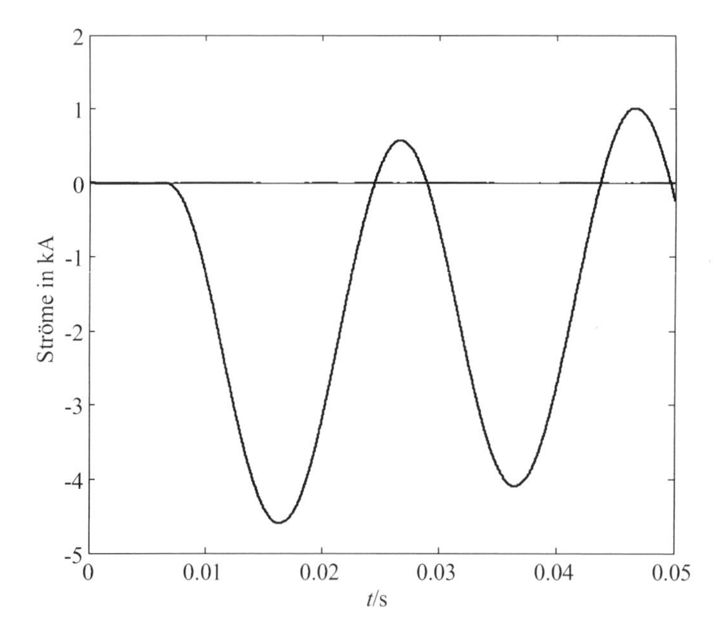

Abb. 10.12 Verlauf des Transformatorstromes im Leiter L1 auf der Oberspannungsseite bei einpoligem Kurzschluss im Leiter L1 am Knoten 2 (C-Knoten)

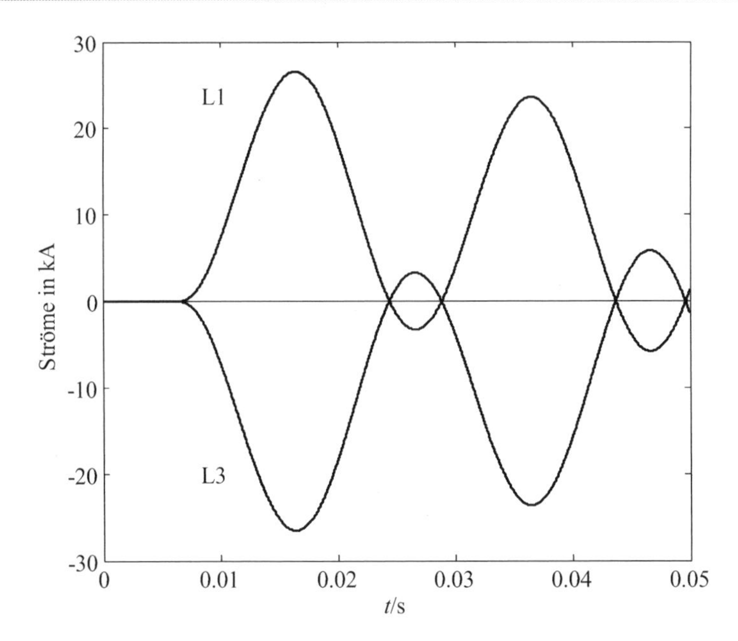

Abb. 10.13 Verlauf der Generatorströme bei einpoligem Kurzschluss am Knoten 2 (C-Knoten) im Leiter L1 im Spannungsnulldurchgang

10.4 Nachbildung von Unterbrechungen an Betriebsmitteln

Beim Abschalten (Unterbrechen) von Betriebsmitteln muss man zwischen den in Kap. 8 definierten Typen der Betriebsmittel unterscheiden. An R- und C-Betriebsmitteln ist die Unterbrechung der Ströme zu jedem beliebigen Zeitpunkt möglich, während die Ströme an L-Betriebsmitteln aufgrund der Stetigkeitsbedingung nur in ihrem Nulldurchgang unterbrochen werden dürfen. Mehrpolige Unterbrechung müssen deshalb sequentiell Leiter für Leiter vorgenommen werden. Ansonsten ist der Rechengang analog zum Abschn. 6.6.

Im Folgenden soll beispielhaft die Abschaltung eines L-Betriebsmittels vom Typ AB (Einfachleitung oder Zweiwicklungstransformator) behandelt werden.

Die Fehlerbedingungen in Raumzeigerkomponenten für die Seite A und B nach den Gln. 10.7 und 10.8 werden zusammengefasst zu:

$$\begin{bmatrix} \underline{\boldsymbol{F}}_{\mathrm{sA}} & \mathbf{0} \\ \mathbf{0} & \underline{\boldsymbol{F}}_{\mathrm{sB}} \end{bmatrix} \begin{bmatrix} \Delta\underline{\boldsymbol{u}}_{\mathrm{sA}} \\ \Delta\underline{\boldsymbol{u}}_{\mathrm{sB}} \end{bmatrix} = \mathbf{o} \tag{10.27}$$

$$\begin{bmatrix} \boldsymbol{E} - \underline{\boldsymbol{F}}_{\mathrm{sA}} & \mathbf{0} \\ \mathbf{0} & \boldsymbol{E} - \underline{\boldsymbol{F}}_{\mathrm{sB}} \end{bmatrix} \begin{bmatrix} \underline{\boldsymbol{i}}_{\mathrm{sA}} \\ \underline{\boldsymbol{i}}_{\mathrm{sB}} \end{bmatrix} = \mathbf{o} \tag{10.28}$$

mit den Fehlermatrizen nach Tab. 10.3. Für die dreipolige Unterbrechung besteht die entsprechende Fehlermatrix aus der 3×3-Nullmatrix.

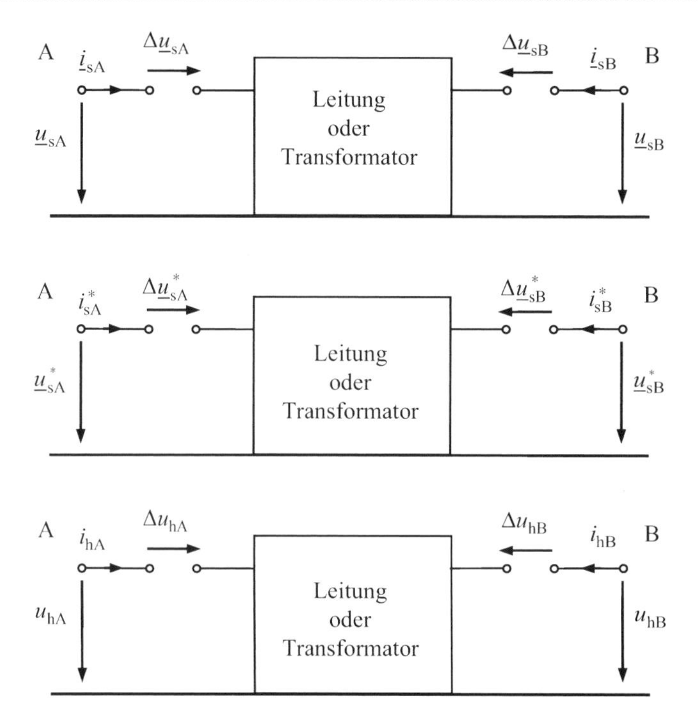

Abb. 10.14 Ersatzschaltbilder der Raumzeigerkomponenten für ein L-Betriebsmittel mit Unterbrechungsstellen

Die modifizierten Stromgleichungen für die Seite A und B, Gl. 8.43 wird um die Spannungen an den Unterbrechungen (s. Abb. 10.14) erweitert und lautet dann:

$$\begin{bmatrix} \underline{\boldsymbol{i}}'_{sA} \\ \underline{\boldsymbol{i}}'_{sB} \end{bmatrix} = \begin{bmatrix} \Delta\boldsymbol{G}_s & \boldsymbol{0} \\ \boldsymbol{0} & \Delta\boldsymbol{G}_s \end{bmatrix} \left\{ \begin{bmatrix} \underline{\boldsymbol{u}}_{sA} \\ \underline{\boldsymbol{u}}_{sB} \end{bmatrix} - \begin{bmatrix} \Delta\underline{\boldsymbol{u}}_{sA} \\ \Delta\underline{\boldsymbol{u}}_{sB} \end{bmatrix} \right\} + \begin{bmatrix} \underline{\boldsymbol{i}}_{sqA} \\ \underline{\boldsymbol{i}}_{sqB} \end{bmatrix} \tag{10.29}$$

Nach Multiplikation der Gl. 10.29 mit der Fehlerbedingung, Gl. 10.28 ergibt sich nach Umordnen:

$$\begin{aligned} &\begin{bmatrix} \boldsymbol{E} - \underline{\boldsymbol{F}}_{sA} & \boldsymbol{0} \\ \boldsymbol{0} & \boldsymbol{E} - \underline{\boldsymbol{F}}_{sB} \end{bmatrix} \begin{bmatrix} \Delta\boldsymbol{G}_s & \boldsymbol{0} \\ \boldsymbol{0} & \Delta\boldsymbol{G}_s \end{bmatrix} \begin{bmatrix} \Delta\underline{\boldsymbol{u}}_{sA} \\ \Delta\underline{\boldsymbol{u}}_{sB} \end{bmatrix} \\ &= \begin{bmatrix} \boldsymbol{E} - \underline{\boldsymbol{F}}_{sA} & \boldsymbol{0} \\ \boldsymbol{0} & \boldsymbol{E} - \underline{\boldsymbol{F}}_{sB} \end{bmatrix} \begin{bmatrix} \Delta\boldsymbol{G}_s & \boldsymbol{0} \\ \boldsymbol{0} & \Delta\boldsymbol{G}_s \end{bmatrix} \begin{bmatrix} \underline{\boldsymbol{u}}_{sA} \\ \underline{\boldsymbol{u}}_{sB} \end{bmatrix} \\ &\quad + \begin{bmatrix} \boldsymbol{E} - \underline{\boldsymbol{F}}_{sA} & \boldsymbol{0} \\ \boldsymbol{0} & \boldsymbol{E} - \underline{\boldsymbol{F}}_{sB} \end{bmatrix} \begin{bmatrix} \underline{\boldsymbol{i}}_{sqA} \\ \underline{\boldsymbol{i}}_{sqB} \end{bmatrix} \end{aligned} \tag{10.30}$$

Indem zur Gl. 10.30 noch die Gl. 10.27 addiert wird, erhält man analog zur Gl. 6.89 eine Beziehung zur Berechnung der Spannungen an den Unterbrechungsstellen:

$$\left\{\begin{bmatrix} \underline{\boldsymbol{F}}_{\mathrm{sA}} & \mathbf{0} \\ \mathbf{0} & \underline{\boldsymbol{F}}_{\mathrm{sB}} \end{bmatrix} + \begin{bmatrix} \boldsymbol{E} - \underline{\boldsymbol{F}}_{\mathrm{sA}} & \mathbf{0} \\ \mathbf{0} & \boldsymbol{E} - \underline{\boldsymbol{F}}_{\mathrm{sB}} \end{bmatrix} \begin{bmatrix} \Delta\boldsymbol{G}_{\mathrm{s}} & \mathbf{0} \\ \mathbf{0} & \Delta\boldsymbol{G}_{\mathrm{s}} \end{bmatrix}\right\} \begin{bmatrix} \Delta\underline{\boldsymbol{u}}_{\mathrm{sA}} \\ \Delta\underline{\boldsymbol{u}}_{\mathrm{sB}} \end{bmatrix}$$
$$= \begin{bmatrix} \boldsymbol{E} - \underline{\boldsymbol{F}}_{\mathrm{sA}} & \mathbf{0} \\ \mathbf{0} & \boldsymbol{E} - \underline{\boldsymbol{F}}_{\mathrm{sB}} \end{bmatrix} \begin{bmatrix} \Delta\boldsymbol{G}_{\mathrm{s}} & \mathbf{0} \\ \mathbf{0} & \Delta\boldsymbol{G}_{\mathrm{s}} \end{bmatrix} \begin{bmatrix} \underline{\boldsymbol{u}}_{\mathrm{sA}} \\ \underline{\boldsymbol{u}}_{\mathrm{sB}} \end{bmatrix}$$
$$+ \begin{bmatrix} \boldsymbol{E} - \underline{\boldsymbol{F}}_{\mathrm{sA}} & \mathbf{0} \\ \mathbf{0} & \boldsymbol{E} - \underline{\boldsymbol{F}}_{\mathrm{sB}} \end{bmatrix} \begin{bmatrix} \underline{\boldsymbol{i}}_{\mathrm{sqA}} \\ \underline{\boldsymbol{i}}_{\mathrm{sqB}} \end{bmatrix} \tag{10.31}$$

und in abgekürzter expliziter Form:

$$\begin{bmatrix} \Delta\underline{\boldsymbol{u}}_{\mathrm{sA}} \\ \Delta\underline{\boldsymbol{u}}_{\mathrm{sB}} \end{bmatrix} = \begin{bmatrix} \underline{\boldsymbol{K}}_{\mathrm{sAA}} & \mathbf{0} \\ \mathbf{0} & \underline{\boldsymbol{K}}_{\mathrm{sBB}} \end{bmatrix} \begin{bmatrix} \underline{\boldsymbol{u}}_{\mathrm{sA}} \\ \underline{\boldsymbol{u}}_{\mathrm{sB}} \end{bmatrix} + \begin{bmatrix} \underline{\boldsymbol{R}}_{\mathrm{sAA}} & \mathbf{0} \\ \mathbf{0} & \underline{\boldsymbol{R}}_{\mathrm{sBB}} \end{bmatrix} \begin{bmatrix} \underline{\boldsymbol{i}}_{\mathrm{sqA}} \\ \underline{\boldsymbol{i}}_{\mathrm{sqB}} \end{bmatrix} \tag{10.32}$$

Aufgrund der blockdiagonalen Form der Matrizen in Gl. 10.31 haben die Matrizen in Gl. 10.32 und die folgenden Matrizen ebenfalls eine blockdiagonale Form.

Nach Einsetzen der Gl. 10.32 in die Gl. 10.29 geht diese über in:

$$\begin{bmatrix} \underline{\boldsymbol{i}}'_{\mathrm{sA}} \\ \underline{\boldsymbol{i}}'_{\mathrm{sB}} \end{bmatrix} = \begin{bmatrix} \Delta\boldsymbol{G}_{\mathrm{s}}\left(\boldsymbol{E} - \underline{\boldsymbol{K}}_{\mathrm{sAA}}\right) & \mathbf{0} \\ \mathbf{0} & \Delta\boldsymbol{G}_{\mathrm{s}}\left(\boldsymbol{E} - \underline{\boldsymbol{K}}_{\mathrm{sBB}}\right) \end{bmatrix} \begin{bmatrix} \underline{\boldsymbol{u}}_{\mathrm{sA}} \\ \underline{\boldsymbol{u}}_{\mathrm{sB}} \end{bmatrix}$$
$$+ \begin{bmatrix} \boldsymbol{E} - \Delta\boldsymbol{G}_{\mathrm{s}}\underline{\boldsymbol{R}}_{\mathrm{sAA}} & \mathbf{0} \\ \mathbf{0} & \boldsymbol{E} - \Delta\boldsymbol{G}_{\mathrm{s}}\underline{\boldsymbol{R}}_{\mathrm{sBB}} \end{bmatrix} \begin{bmatrix} \underline{\boldsymbol{i}}_{\mathrm{sqA}} \\ \underline{\boldsymbol{i}}_{\mathrm{sqB}} \end{bmatrix} \tag{10.33}$$

oder in abgekürzter Form mit dem oberen Index u für unterbrochen:

$$\begin{bmatrix} \underline{\boldsymbol{i}}'_{\mathrm{sA}} \\ \underline{\boldsymbol{i}}'_{\mathrm{sB}} \end{bmatrix} = \begin{bmatrix} \Delta\boldsymbol{G}^{\mathrm{u}}_{\mathrm{sA}} & \mathbf{0} \\ \mathbf{0} & \Delta\boldsymbol{G}^{\mathrm{u}}_{\mathrm{sB}} \end{bmatrix} \begin{bmatrix} \underline{\boldsymbol{u}}_{\mathrm{sA}} \\ \underline{\boldsymbol{u}}_{\mathrm{sB}} \end{bmatrix} + \begin{bmatrix} \underline{\boldsymbol{i}}^{\mathrm{u}}_{\mathrm{sqA}} \\ \underline{\boldsymbol{i}}^{\mathrm{u}}_{\mathrm{sqB}} \end{bmatrix} \tag{10.34}$$

Die Gl. 10.34 hat wieder die Form der unterbrechungsfreien Leitungsgleichung, Gl. 8.43, jedoch mit dem Unterschied, dass die Untermatrizen für die Leitwerte der Seiten A und B jetzt unterschiedlich sein können.

Der Einbau der Gl. 10.34 in das Netzgleichungssystem erfolgt wie für eine unterbrechungsfreie Leitung.

Die Zustandsgleichungen für die Klemmenströme ergeben sich aus der Gl. 10.33 durch Multiplikation mit der Kreisfrequenz:

$$\begin{bmatrix} \dot{\underline{\boldsymbol{i}}}_{\mathrm{sA}} \\ \dot{\underline{\boldsymbol{i}}}_{\mathrm{sB}} \end{bmatrix} = \omega_0 \begin{bmatrix} \underline{\boldsymbol{i}}'_{\mathrm{sA}} \\ \underline{\boldsymbol{i}}'_{\mathrm{sB}} \end{bmatrix} \tag{10.35}$$

Beispiel 10.4

Für die Leitung aus Beispiel 10.2 soll die Gl. 10.33 bei Unterbrechung im Leiter L1 an der Klemme A angegeben werden. Die Fehlerbedingungen, Gl. 10.27 lauten für diesen Fall:

$$\underline{\boldsymbol{F}}_{\mathrm{sAB}} = \left[\begin{array}{ccc|ccc} 2/3 & -1/3 & -1/3 & & & \\ -1/3 & 2/3 & -1/3 & & & \\ -1/3 & -1/3 & 2/3 & & & \\ \hline & & & 1 & & \\ & & & & 1 & \\ & & & & & 1 \end{array}\right]$$

Für die Spannungen an den Unterbrechungsstellen ergibt sich nach Gl. 10.32:

$$\begin{bmatrix} \Delta\underline{u}_{\mathrm{sA}} \\ \Delta\underline{u}^*_{\mathrm{sA}} \\ \Delta u_{\mathrm{hA}} \\ \hline \Delta\underline{u}_{\mathrm{sB}} \\ \Delta\underline{u}^*_{\mathrm{sB}} \\ \Delta u_{\mathrm{hB}} \end{bmatrix} = \left[\begin{array}{ccc|ccc} 0{,}4167 & 0{,}4167 & 0{,}1667 & 0 & & \\ 0{,}4167 & 0{,}4167 & 0{,}1667 & & 0 & \\ 0{,}4167 & 0{,}4167 & 0{,}1667 & & & 0 \\ \hline 0 & & & 0 & & \\ & 0 & & & 0 & \\ & & 0 & & & 0 \end{array}\right] \begin{bmatrix} \underline{u}_{\mathrm{sA}} \\ \underline{u}^*_{\mathrm{sA}} \\ u_{\mathrm{hA}} \\ \hline \underline{u}_{\mathrm{sB}} \\ \underline{u}^*_{\mathrm{sB}} \\ u_{\mathrm{hB}} \end{bmatrix}$$

$$+ \left[\begin{array}{ccc|ccc} 2{,}0833 & 2{,}0833 & 2{,}0833 & 0 & & \\ 2{,}0833 & 2{,}0833 & 2{,}0833 & & 0 & \\ 2{,}0833 & 2{,}0833 & 2{,}0833 & & & 0 \\ \hline 0 & & & 0 & & \\ & 0 & & & 0 & \\ & & 0 & & & 0 \end{array}\right] \begin{bmatrix} \underline{i}_{\mathrm{sqA}} \\ \underline{i}^*_{\mathrm{sqA}} \\ i_{\mathrm{hqA}} \\ \hline \underline{i}_{\mathrm{sqB}} \\ \underline{i}^*_{\mathrm{sqB}} \\ i_{\mathrm{hqB}} \end{bmatrix}$$

und nach Rücktransformation in Leitergrößen:

$$\begin{bmatrix} \Delta u_{\mathrm{A1}} \\ \Delta u_{\mathrm{A2}} \\ \Delta u_{\mathrm{A3}} \\ \hline \Delta u_{\mathrm{B1}} \\ \Delta u_{\mathrm{B2}} \\ \Delta u_{\mathrm{B3}} \end{bmatrix} = \left[\begin{array}{ccc|ccc} 1 & -0{,}25 & -0{,}25 & 0 & & \\ 0 & 0 & 0 & & 0 & \\ 0 & 0 & 0 & & & 0 \\ \hline 0 & & & 0 & & \\ & 0 & & & 0 & \\ & & 0 & & & 0 \end{array}\right] \begin{bmatrix} u_{\mathrm{A1}} \\ u_{\mathrm{A2}} \\ u_{\mathrm{A3}} \\ \hline u_{\mathrm{B1}} \\ u_{\mathrm{B2}} \\ u_{\mathrm{B3}} \end{bmatrix}$$

$$+ \left[\begin{array}{ccc|ccc} 6{,}25 & & & 0 & & \\ & 0 & & & 0 & \\ & & 0 & & & 0 \\ \hline 0 & & & 0 & & \\ & 0 & & & 0 & \\ & & 0 & & & 0 \end{array}\right] \begin{bmatrix} i_{\mathrm{qA1}} \\ i_{\mathrm{qA2}} \\ i_{\mathrm{qA3}} \\ \hline i_{\mathrm{qB1}} \\ i_{\mathrm{qB2}} \\ i_{\mathrm{qB3}} \end{bmatrix}$$

Die Stromgleichung, Gl. 10.33 hat die Form:

$$
\begin{bmatrix} i'_{\mathrm{sA}} \\ \underline{i}'^{*}_{\mathrm{sA}} \\ i'_{\mathrm{hA}} \\ \hline i'_{\mathrm{sB}} \\ \underline{i}'^{*}_{\mathrm{sB}} \\ i'_{\mathrm{hB}} \end{bmatrix}
=
\left[\begin{array}{ccc|ccc} 0{,}1167 & -0{,}0833 & -0{,}0333 & 0 & & \\ -0{,}0833 & 0{,}1167 & -0{,}0333 & & 0 & \\ -0{,}0333 & -0{,}0333 & 0{,}0667 & & & 0 \\ \hline 0 & & & 0 & & \\ & 0 & & & 0 & \\ & & 0 & & & 0 \end{array}\right]
\begin{bmatrix} \underline{u}_{\mathrm{sA}} \\ \underline{u}^{*}_{\mathrm{sA}} \\ u_{\mathrm{hA}} \\ \hline \underline{u}_{\mathrm{sB}} \\ \underline{u}^{*}_{\mathrm{sB}} \\ u_{\mathrm{hB}} \end{bmatrix}
+
\left[\begin{array}{ccc|ccc} 0{,}5833 & -0{,}4167 & -0{,}4167 & 0 & & \\ -0{,}4167 & 0{,}5833 & -0{,}4167 & & 0 & \\ -0{,}1667 & -0{,}1677 & 0{,}8333 & & & 0 \\ \hline 0 & & & 0 & & \\ & 0 & & & 0 & \\ & & 0 & & & 0 \end{array}\right]
\begin{bmatrix} \underline{i}_{\mathrm{sqA}} \\ \underline{i}^{*}_{\mathrm{sqA}} \\ i_{\mathrm{hqA}} \\ \hline \underline{i}_{\mathrm{sqB}} \\ \underline{i}^{*}_{\mathrm{sqB}} \\ i_{\mathrm{hqB}} \end{bmatrix}
$$

und in Leitergrößen:

$$
\begin{bmatrix} i_{\mathrm{A1}} \\ i_{\mathrm{A2}} \\ i_{\mathrm{A3}} \\ \hline i_{\mathrm{B1}} \\ i_{\mathrm{B2}} \\ i_{\mathrm{B3}} \end{bmatrix}
=
\left[\begin{array}{ccc|ccc} 0 & 0 & 0 & 0 & & \\ 0 & 0{,}15 & -0{,}05 & & 0 & \\ 0 & -0{,}05 & 0{,}15 & & & 0 \\ \hline 0 & & & 0{,}16 & -0{,}04 & -0{,}04 \\ & 0 & & -0{,}04 & 0{,}16 & -0{,}04 \\ & & 0 & -0{,}04 & -0{,}04 & 0{,}16 \end{array}\right]
\begin{bmatrix} u_{\mathrm{A1}} \\ u_{\mathrm{A2}} \\ u_{\mathrm{A3}} \\ \hline u_{\mathrm{B1}} \\ u_{\mathrm{B2}} \\ u_{\mathrm{B3}} \end{bmatrix}
+
\left[\begin{array}{ccc|ccc} 0 & 0 & 0 & 0 & & \\ 0{,}25 & 1 & 0 & & 0 & \\ 0{,}25 & 0 & 1 & & & 0 \\ \hline 0 & & & 1 & & \\ & 0 & & & 1 & \\ & & 0 & & & 1 \end{array}\right]
\begin{bmatrix} i_{\mathrm{qA1}} \\ i_{\mathrm{qA2}} \\ i_{\mathrm{qA3}} \\ \hline i_{\mathrm{qB1}} \\ i_{\mathrm{qB2}} \\ i_{\mathrm{qB3}} \end{bmatrix}
$$

Für das Abschalten von R-Betriebsmitteln ergibt sich der gleiche Rechengang an der Stromgleichung, Gl. 8.5.

Die Nachbildung von Abschaltungen (Unterbrechungen) an C-Betriebsmitteln, für die hier die Leitung als Π-Glied oder Π-Kettenschaltung steht, kann ebenfalls mit dem FMV erfolgen, ist aber weniger elegant als für die L- und R-Betriebsmittel. Das liegt daran, dass die Klemmenkapazitäten der unterbrochenen Leiter aus der Knotenkapazitätsmatrix $\underline{C}_{\mathrm{KK}}$ herausfallen und die Spannungen über diesen Klemmenkapazitäten neue Zustandsgrößen bilden. Zudem kann es zum Wechsel des Knotentyps kommen, wenn nämlich das letzte C-Betriebsmittel am C-Knoten abgeschaltet wird. Da das Leitungsmodell mit konzentrierten Parametern ohnehin nur bedingt für die Simulation von Schaltvorgängen geeignet ist, wird hier nicht weiter auf die Nachbildung von Unterbrechungen an C-Betriebsmitteln eingegangen.

Netzzustandsschätzung 11

Die Netzzustandsschätzung oder *State Estimation* dient der Bereitstellung eines konsistenten (widerspruchsfreien) Datensatzes zur Beschreibung des stationären Netzzustandes. Ein konsistenter Datensatz ist nichtredundant und in sich schlüssig, er bildet einen Zustandsvektor des Netzes. Aus dem Zustandsvektor können zusammen mit den Netzdaten weitere abhängige Größen berechnet werden. Die Knotenspannungen nach Betrag und Winkel bilden einen solchen Zustandsvektor.

Sind alle n komplexen Knotenspannungen bekannt, so lassen sich mit Hilfe der Betriebsmittelparameter und der Netztopologie (sofern diese nicht fehlerhaft sind) alle weiteren interessierenden Größen berechnen und zu Zwecken der Überwachung des aktuellen Betriebszustandes und der Netzsicherheit beim Ausfall von Betriebsmitteln sowie der Überprüfung der Kurzschlussfestigkeit heranziehen.

Bei der Netzsicherheitsüberwachung wird ausgehend vom aktuellen Netzzustand sukzessive der Ausfall einzelner Betriebsmittel simuliert. Werden im aktuellen Betriebszustand oder bei der Ausfallsimulation Grenzwertverletzungen festgestellt, so befindet sich das Netz in einem verletzbaren Zustand, der durch die Einleitung von netztechnischen Gegenmaßnahmen möglichst schnell zu beheben ist.

Die Überprüfung der Kurzschlussfestigkeit erfolgt durch die Simulation von Kurzschlüssen an ausgewählten Netzknoten auf der Grundlage des Änderungszustandes des Überlagerungsverfahrens (s. Abschn. 6.11) unter Berücksichtigung der aktuellen Knotenspannungen (Zustandsgrößen).

Die gleichzeitige, fehlerfreie Messung aller Knotenspannungen ist praktisch nicht möglich. Auch sind die Spannungswinkel als Messgrößen wenig geeignet, da sie sich nur unwesentlich voneinander unterscheiden und wegen Oberschwingungsanteilen schwierig zu bestimmen sind.

Bei der Zustandsschätzung geht man deshalb so vor, dass man möglichst viele geeignete und leicht zugängige Messgrößen, wie Wirk- und Blindleistungsflüsse, Abnah-

B.R. Oswald, *Berechnung von Drehstromnetzen*, DOI 10.1007/978-3-658-14405-0_11

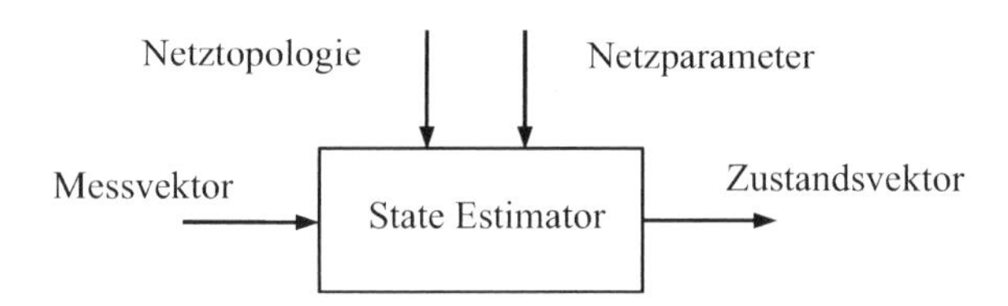

Abb. 11.1 Prinzip der Zustandsschätzung

me und Einspeiseleistungen und Spannungsbeträge erfasst und aus diesem redundanten Satz abhängiger Messgrößen mit Hilfe des mathematischen Modells des Netzes nach der Gaußschen Ausgleichsrechnung Schätzwerte für die Beträge und Winkel der Knotenspannungen bestimmt. Das Prinzip der Zustandsschätzung zeigt die Abb. 11.1.

11.1 Messwerte und Messfehler

Die Messwerte werden in einem Vektor, dem sog. Messvektor zusammengefasst:

$$\boldsymbol{z}' = \begin{bmatrix} \boldsymbol{p}_{ik}'^{\mathrm{T}} & \boldsymbol{q}_{ik}'^{\mathrm{T}} & \boldsymbol{p}_{i}'^{\mathrm{T}} & \boldsymbol{q}_{i}'^{\mathrm{T}} & \boldsymbol{u}_{i}'^{\mathrm{T}} & \boldsymbol{i}_{i}'^{\mathrm{T}} \end{bmatrix}^{\mathrm{T}} \tag{11.1}$$

Die Messwerte sind fehlerhaft und werden zur Unterscheidung von den wahren Werten mit einem Strich gekennzeichnet. Die Zusammensetzung des redundanten Messvektors wird Messtopologie genannt. Die Mehrzahl der insgesamt m Messgrößen sind Wirk- und Blindleistungsflüsse P_{ik}' und Q_{ik}' (etwa 75 %), gefolgt von den Knotenleistungen P_i' und Q_i' (etwa 20 %) und den Knotenspannungen U_i' (etwa 5 %). Ströme werden gewöhnlich nicht als Messgrößen herangezogen, da sie das Konvergenzverhalten des Schätzalgorithmus ungünstig beeinflussen.

Mit der Ordnung m des Messvektors und der Ordnung $2n-1$ des Zustandsvektors (Knotenspannungsvektors nach Winkel und Betrag, wobei ein Spannungswinkel vorgegeben werden kann) lässt sich die erforderliche Redundanz des Messvektors wie folgt ausdrücken:

$$r = \frac{m}{2n-1} - 1 \tag{11.2}$$

Redundanz $r = 1$ bedeutet demnach doppelt so viele Messgrößen wie Zustandsgrößen, was im Allgemeinen als ausreichend angesehen wird.

Zwischen den fehlerhaft gemessenen Größen und den tatsächlichen Größen $\boldsymbol{z}$ besteht folgender Zusammenhang:

$$\boldsymbol{z}' = \boldsymbol{z} + \Delta\boldsymbol{z} \tag{11.3}$$

wobei $\Delta\boldsymbol{z}$ der sog. Messfehlervektor ist.

$$\Delta\boldsymbol{z} = \begin{bmatrix} \Delta z_1 & \Delta z_2 & \cdots & \Delta z_i & \cdots & \Delta z_{\mathrm{m}} \end{bmatrix}^{\mathrm{T}} \tag{11.4}$$

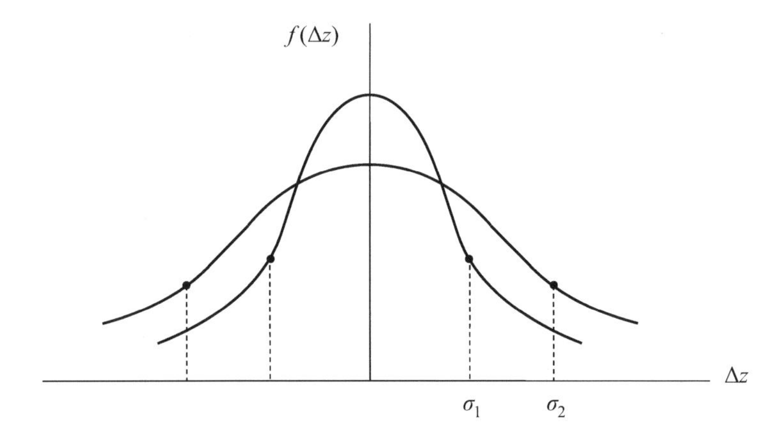

Abb. 11.2 Normalverteilung der Messfehler. Dichtefunktionen mit zwei verschiedenen Streuungen $\sigma_2 > \sigma_1$

Die Messfehler Δz_i sind Zufallsgrößen. Sie hängen von der Messgröße und dem Messverfahren ab. Es kann angenommen werden, dass die Messfehler der einzelnen Größen unabhängig voneinander sind und einer Normalverteilung mit der folgenden Dichtefunktion unterliegen (Abb. 11.2).

$$f\left(\Delta z_i\right) = \frac{1}{\sigma_i \sqrt{2\pi}} e^{\frac{\Delta z_i^2}{2\pi\sigma_i^2}} \tag{11.5}$$

Um zu erreichen, dass Größen mit kleinem Messfehler die Schätzwerte stärker beeinflussen als solche mit großem Messfehler, werden die Messfehler auf die entsprechende Streuung bezogen und als gewichtete Messfehler bezeichnet:

$$\Delta z_{\mathrm{g}i} = \frac{\Delta z_i}{\sigma_i} \tag{11.6}$$

Fasst man die Streuungen in der folgenden Diagonalmatrix zusammen

$$\boldsymbol{S} = \operatorname{diag}\begin{pmatrix} \sigma_1 & \sigma_2 & \cdots & \sigma_i & \cdots & \sigma_{\mathrm{m}} \end{pmatrix} \tag{11.7}$$

so kann man den gewichteten Messfehlervektor wie folgt schreiben:

$$\Delta \boldsymbol{z}_{\mathrm{g}} = \boldsymbol{S}^{-1} \Delta \boldsymbol{z} = \begin{bmatrix} \frac{\Delta z_1}{\sigma_1} & \frac{\Delta z_2}{\sigma_2} & \cdots & \frac{\Delta z_i}{\sigma_i} & \cdots & \frac{\Delta z_{\mathrm{m}}}{\sigma_{\mathrm{m}}} \end{bmatrix}^{\mathrm{T}} \tag{11.8}$$

11.2 Gleichungssystem zur Bestimmung des Zustandsvektors

Der Zustandsvektor setzt sich bei n Netzknoten aus den $2n - 1$ Winkeln und den n Beträgen der Knotenspannungen zusammen, da ein Spannungswinkel, hier z. B. $\delta_1 = 0$ beliebig vorgegeben werden kann:

$$\boldsymbol{x} = \left[\begin{array}{ccc|cccc} \delta_2 & \cdots & \delta_\mathrm{n} & U_1 & U_2 & \cdots & U_\mathrm{n} \end{array}\right]^\mathrm{T} \tag{11.9}$$

Da die Schätzwerte des Zustandsvektors ebenfalls fehlerbehaftet sind, werden sie auch mit einem Strich gekennzeichnet.

$$\boldsymbol{x}' = \left[\begin{array}{ccc|cccc} \delta_2' & \cdots & \delta_\mathrm{n}' & U_1' & U_2' & \cdots & U_\mathrm{n}' \end{array}\right]^\mathrm{T} \tag{11.10}$$

Zwischen den wahren Werten des Mess- und Zustandsvektors besteht ein mathematischer Zusammenhang in Form der Netzgleichungen, hier auch Messmodell genannt. Dieser ist teilweise nichtlinear, da die Leistungen quadratisch von den Spannungen abhängen. Es gilt deshalb allgemein:

$$\boldsymbol{z} = \boldsymbol{h}(\boldsymbol{x}) \tag{11.11}$$

Die Gl. 11.11 wird in die Gl. 11.3 eingesetzt und diese nach dem Fehlervektor aufgelöst:

$$\Delta \boldsymbol{z} = \boldsymbol{z}' - \boldsymbol{h}(\boldsymbol{x}) \tag{11.12}$$

und in gewichteter Form:

$$\Delta \boldsymbol{z}_\mathrm{g} = \boldsymbol{S}^{-1} \Delta \boldsymbol{z} = \boldsymbol{S}^{-1} \left[\boldsymbol{z}' - \boldsymbol{h}(\boldsymbol{x})\right] \tag{11.13}$$

Um den Schätzwert des Zustandsvektors zu bestimmen, ist die aus der Summe der gewichteten Messfehler gebildete Fehlerfunktion zu minimieren:

$$\begin{aligned} F_\mathrm{g} &= \left(\frac{\Delta z_1}{\sigma_1}\right)^2 + \left(\frac{\Delta z_2}{\sigma_2}\right)^2 + \cdots + \left(\frac{\Delta z_i}{\sigma_i}\right)^2 + \cdots \left(\frac{\Delta z_\mathrm{m}}{\sigma_\mathrm{m}}\right)^2 = \Delta \boldsymbol{z}_\mathrm{g}^\mathrm{T} \Delta \boldsymbol{z}_\mathrm{g} \\ &= \Delta \boldsymbol{z}^\mathrm{T} \boldsymbol{R}^{-1} \Delta \boldsymbol{z} \rightarrow \mathrm{Min} \end{aligned} \tag{11.14}$$

Mit der Gl. 11.12 folgt weiter:

$$\begin{aligned} F_\mathrm{g} &= \left[\boldsymbol{z}' - \boldsymbol{h}(\boldsymbol{x})\right]^\mathrm{T} \boldsymbol{R}^{-1} \left[\boldsymbol{z}' - \boldsymbol{h}(\boldsymbol{x})\right] = \left[\boldsymbol{z}'^\mathrm{T} - \boldsymbol{h}^\mathrm{T}(\boldsymbol{x})\right] \boldsymbol{R}^{-1} \left[\boldsymbol{z}' - \boldsymbol{h}(\boldsymbol{x})\right] \\ &= \boldsymbol{z}'^\mathrm{T} \boldsymbol{R}^{-1} \boldsymbol{z}' - 2\boldsymbol{h}^\mathrm{T}(\boldsymbol{x}) \boldsymbol{R}^{-1} \boldsymbol{z}' + \boldsymbol{h}^\mathrm{T}(\boldsymbol{x}) \boldsymbol{R}^{-1} \boldsymbol{h}(\boldsymbol{x}) \end{aligned} \tag{11.15}$$

wobei die Diagonalmatrix

$$\boldsymbol{R}^{-1} = \boldsymbol{S}^{-2} \tag{11.16}$$

eingeführt wurde.

Um das Minimum der Fehlerfunktion zu bestimmen, ist deren erste Ableitung nach den Elementen des Zustandsvektors Null zu setzen. Die Ableitung nach dem i-ten Element des Zustandsvektors ergibt:

$$\begin{aligned}\left.\frac{\partial F_{\mathrm{g}}}{\partial x_i}\right|_{x_i'} &= -2\left.\frac{\partial \boldsymbol{h}^{\mathrm{T}}(\boldsymbol{x})}{\partial x_i}\right|_{x_i'} \boldsymbol{R}^{-1}z' + \left.\frac{\partial \boldsymbol{h}^{\mathrm{T}}(\boldsymbol{x})}{\partial x_i}\right|_{x_i'} \boldsymbol{R}^{-1}\boldsymbol{h}(\boldsymbol{x}') + \boldsymbol{h}^{\mathrm{T}}(\boldsymbol{x}')\left.\frac{\partial \boldsymbol{h}(\boldsymbol{x})}{\partial x_i}\right|_{x_i'} \\ &= -2\left.\frac{\partial \boldsymbol{h}^{\mathrm{T}}(\boldsymbol{x})}{\partial x_i}\right|_{x_i'} \boldsymbol{R}^{-1}\left[z_{\mathrm{g}}' - \boldsymbol{h}_{\mathrm{g}}(\boldsymbol{x}')\right] = 0 \end{aligned} \tag{11.17}$$

Durch Zusammenfassen aller $2n-1$ Ableitungen erhält man folgende Bestimmungsgleichung für $\boldsymbol{x}'$, wobei der Faktor -2 weggelassen werden kann:

$$\boldsymbol{H}^{\mathrm{T}}(\boldsymbol{x}')\boldsymbol{R}^{-1}[z' - \boldsymbol{h}(\boldsymbol{x}')] = \mathbf{o} \tag{11.18}$$

Die Matrix $\boldsymbol{H}^{\mathrm{T}}(\boldsymbol{x}')$ hat folgenden Aufbau:

$$\boldsymbol{H}^{\mathrm{T}}(\boldsymbol{x}') = \begin{bmatrix} \frac{\partial \boldsymbol{h}^{\mathrm{T}}(\boldsymbol{x}')}{\partial x_1} \\ \frac{\partial \boldsymbol{h}^{\mathrm{T}}(\boldsymbol{x}')}{\partial x_2} \\ \vdots \\ \frac{\partial \boldsymbol{h}^{\mathrm{T}}(\boldsymbol{x}')}{\partial x_i} \\ \vdots \\ \frac{\partial \boldsymbol{h}^{\mathrm{T}}(\boldsymbol{x}')}{\partial x_{2\mathrm{n}-1}} \end{bmatrix} = \begin{bmatrix} \frac{\partial h_1^{\mathrm{T}}(\boldsymbol{x}')}{\partial x_1} & \frac{\partial h_2^{\mathrm{T}}(\boldsymbol{x}')}{\partial x_1} & \cdots & \frac{\partial h_i^{\mathrm{T}}(\boldsymbol{x}')}{\partial x_1} & \cdots & \frac{\partial h_{\mathrm{m}}^{\mathrm{T}}(\boldsymbol{x}')}{\partial x_1} \\ \frac{\partial h_1^{\mathrm{T}}(\boldsymbol{x}')}{\partial x_2} & \frac{\partial h_2^{\mathrm{T}}(\boldsymbol{x}')}{\partial x_2} & \cdots & \frac{\partial h_i^{\mathrm{T}}(\boldsymbol{x}')}{\partial x_2} & \cdots & \frac{\partial h_{\mathrm{m}}^{\mathrm{T}}(\boldsymbol{x}')}{\partial x_2} \\ \vdots & \vdots & \ddots & \vdots & \ddots & \vdots \\ \frac{\partial h_1^{\mathrm{T}}(\boldsymbol{x}')}{\partial x_i} & \frac{\partial h_2^{\mathrm{T}}(\boldsymbol{x}')}{\partial x_i} & \cdots & \frac{\partial h_i^{\mathrm{T}}(\boldsymbol{x}')}{\partial x_i} & \cdots & \frac{\partial h_{\mathrm{m}}^{\mathrm{T}}(\boldsymbol{x}')}{\partial x_i} \\ \vdots & \vdots & \ddots & \vdots & \ddots & \vdots \\ \frac{\partial h_1^{\mathrm{T}}(\boldsymbol{x}')}{\partial x_{2\mathrm{n}-1}} & \frac{\partial h_2^{\mathrm{T}}(\boldsymbol{x}')}{\partial x_{2\mathrm{n}-1}} & \cdots & \frac{\partial h_i^{\mathrm{T}}(\boldsymbol{x}')}{\partial x_{2\mathrm{n}-1}} & \cdots & \frac{\partial h_{\mathrm{m}}^{\mathrm{T}}(\boldsymbol{x}')}{\partial x_{2\mathrm{n}-1}} \end{bmatrix} \tag{11.19}$$

Die Gl. 11.18 ist nichtlinear. Zu ihrer iterativen Lösung wird der Vektor $\boldsymbol{h}(\boldsymbol{x}')$ durch eine Taylor-Reihe mit Abbruch nach dem 2. Glied linearisiert. Der Index ν gibt den Iterationsschritt, beginnend mit $\nu = 0$ an.

$$\boldsymbol{h}\left(\boldsymbol{x}_{\nu+1}'\right) = \boldsymbol{h}\left(\boldsymbol{x}_{\nu}'\right) + \Delta\boldsymbol{h}\left(\boldsymbol{x}_{\nu+1}'\right) = \boldsymbol{h}\left(\boldsymbol{x}_{\nu}'\right) + \frac{\partial \boldsymbol{h}\left(\boldsymbol{x}_{\nu}'\right)}{\partial \boldsymbol{x}'}\Delta\boldsymbol{x}_{\nu+1}' = \boldsymbol{h}\left(\boldsymbol{x}_{\nu}'\right) + \boldsymbol{H}\left(\boldsymbol{x}_{\nu}'\right)\Delta\boldsymbol{x}_{\nu+1}' \tag{11.20}$$

Nach Einsetzen dieser Gleichung in Gl. 11.18 und Umordnen erhält man:

$$\boldsymbol{H}^{\mathrm{T}}(\boldsymbol{x}')\boldsymbol{R}^{-1}\boldsymbol{H}\left(\boldsymbol{x}_{\nu}'\right)\Delta\boldsymbol{x}_{\nu+1}' = \boldsymbol{H}^{\mathrm{T}}\left(\boldsymbol{x}_{\nu}'\right)\boldsymbol{R}^{-1}\left[z' - \boldsymbol{h}\left(\boldsymbol{x}_{\nu}'\right)\right] = \boldsymbol{H}^{\mathrm{T}}\left(\boldsymbol{x}_{\nu}'\right)\boldsymbol{R}^{-1}\Delta z' \tag{11.21}$$

oder kürzer:

$$\boldsymbol{A}_{\nu}\Delta\boldsymbol{x}_{\nu+1}' = \Delta\boldsymbol{y}_{\nu} \tag{11.22}$$

Im folgenden Beispiel wird gezeigt, wie man den Aufbau der Matrix $\boldsymbol{A}$ effizient gestalten kann.

11.3 Messmodell

Das durch die Gl. 11.11 beschriebene Messmodell besteht aus den Anteilen des Messvektors, die eine Funktion der Zustandsgrößen sind.

$$z = h(x) = \begin{bmatrix} p_{ik} \\ q_{ik} \\ \hline p_i \\ q_i \\ \hline u_i \\ i_i \end{bmatrix} = \begin{bmatrix} h_{\text{Pik}}(x) \\ h_{\text{Qik}}(x) \\ \hline h_{\text{Pi}}(x) \\ h_{\text{Qi}}(x) \\ \hline h_{\text{Ui}}(x) \\ h_{\text{Ii}}(x) \end{bmatrix} \tag{11.23}$$

Die einzelnen Matrixfunktionen sollen im Folgenden näher betrachtet werden.

Leistungsflüsse als Funktion von x

Die Leitungen und Transformatoren werden durch eine Π-Ersatzschaltung für das Mitsystem nachgebildet (s. Abb. 11.3). Für die Transformatoren ist dabei vorausgesetzt, dass das Übersetzungsverhältnis reell, wie bei der Schaltgruppe Yy0 ist. Diese Annahme ist insofern berechtigt, als die Leistungsflüsse unabhängig von der Art der Schaltgruppe sind. Das Übersetzungsverhältnis ist in den Admittanzen der Ersatzschaltung enthalten (s. Gl. 2.114). Es sei daran erinnert, dass die Seite A die Oberspannungsseite ist.

Für die Leistung am Klemmenpaar i gilt:

$$\underline{S}_{ik} = 3\underline{U}_i\underline{I}_i^* = P_{ik} + \text{j}Q_{ik} \tag{11.24}$$

und mit den Klemmenstrom:

$$\underline{I}_i = \left(\underline{Y}_{i0} + \underline{Y}_{ik}\right)\underline{U}_i - \underline{Y}_{ik}\underline{U}_k = \underline{Y}_{ii}\underline{U}_i - \underline{Y}_{ik}\underline{U}_k \tag{11.25}$$

$$\underline{S}_{ik} = 3\underline{U}_i\underline{Y}_{ii}^*\underline{U}_i^* - 3\underline{U}_i\underline{Y}_{ik}^*\underline{U}_k^* \tag{11.26}$$

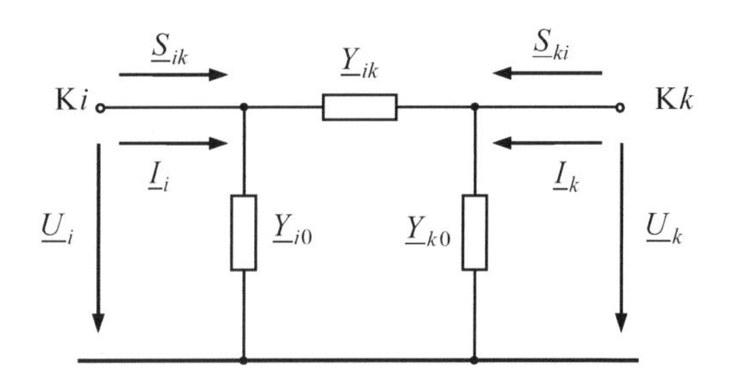

Abb. 11.3 Π-Ersatzschaltungen für die Leitungen und Transformatoren zwischen den Knoten i und k

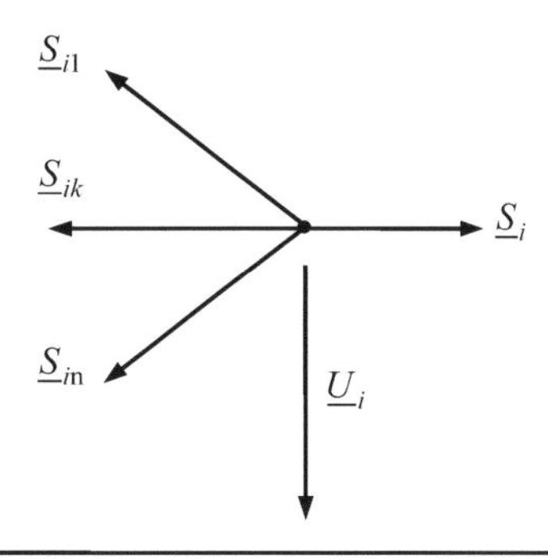

Abb. 11.4 Knotenleistung als negative Summe der Leistungsflüsse der am Knoten angeschlossenen Leitungen und Transformatoren

Weiter folgt mit:

$$\underline{U}_i = U_i \mathrm{e}^{\mathrm{j}\delta_i} \tag{11.27}$$

$$\underline{Y}^*_{ik} = Y_{ik}\mathrm{e}^{-\mathrm{j}\alpha_{ik}} = Y_{ik}\mathrm{e}^{\mathrm{j}\varphi_{ik}} \tag{11.28}$$

$$\underline{S}_{ik} = 3Y_{ii}U_i^2\mathrm{e}^{\mathrm{j}\varphi_{ii}} - 3U_iY_{ik}U_k\mathrm{e}^{\mathrm{j}(\delta_i-\delta_k+\varphi_{ik})} = P_{ik} + \mathrm{j}Q_{ik} \tag{11.29}$$

$$P_{ik} = 3Y_{ii}U_i^2\cos\varphi_{ii} - 3U_iY_{ik}U_k\cos(\delta_i - \delta_k + \varphi_{ik}) = h_{\mathrm{Pik}}(\boldsymbol{x}) \tag{11.30}$$

$$Q_{ik} = 3Y_{ii}U_i^2\sin\varphi_{ii} - 3U_iY_{ik}U_k\sin(\delta_i - \delta_k + \varphi_{ik}) = h_{\mathrm{Qik}}(\boldsymbol{x}) \tag{11.31}$$

Für das Klemmenpaar k gelten analoge Ausdrücke, die man durch Vertauschen der Indizes i und k erhält.

Knotenleistungen als Funktion von x

Die Knotenleistungen $\underline{S}_i$ ergeben sich aus der negativen Summe der vorhandenen Leistungsflüsse $\underline{S}_{ij}$ zu den anderen $n-1$ Knoten (Abb. 11.4):

$$\underline{S}_i = -\sum_{\substack{k=1\\k\neq i}}^{\mathrm{n}} \underline{S}_{ik} = P_i + \mathrm{j}Q_i \tag{11.32}$$

und mit Gl. 11.30 und 11.31:

$$P_i = -3U_i^2\sum_{\substack{k=1\\k\neq i}}^{\mathrm{n}}(Y_{ii,k}\cos\varphi_{ii,k}) + 3U_i\sum_{\substack{k=1\\k\neq i}}^{\mathrm{n}}Y_{ik}U_k\cos(\delta_i - \delta_k + \varphi_{ik}) = h_{\mathrm{P}i}(\boldsymbol{x}) \tag{11.33}$$

$$Q_i = -3U_i^2\sum_{\substack{k=1\\k\neq i}}^{\mathrm{n}}(Y_{ii,k}\sin\varphi_{ii,k}) + 3U_i\sum_{\substack{k=1\\k\neq i}}^{\mathrm{n}}Y_{ik}U_k\sin(\delta_i - \delta_k + \varphi_{ik}) = h_{\mathrm{Q}i}(\boldsymbol{x}) \tag{11.34}$$

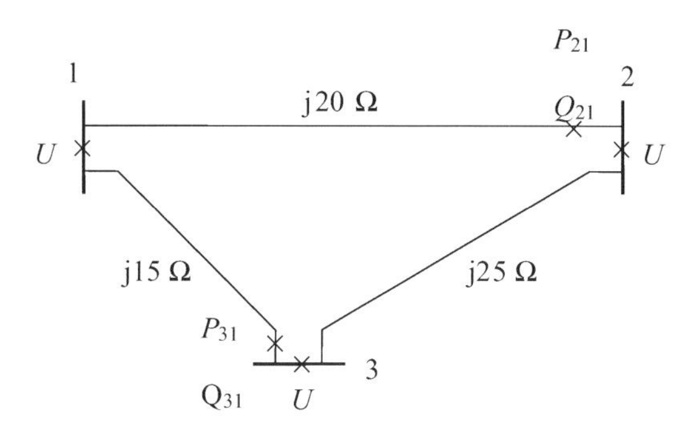

Abb. 11.5 Beispielnetz zur Zustandsschätzung mit Messstellen (×)

Die Ausdrücke sind identisch mit der jeweils i-ten Zeile der Gl. 4.21 bei der Leistungsflussberechnung, wobei dort steht

$$3U_i^2 Y_{ii} \cos \alpha_{ii} \quad \text{für} \quad -3U_i^2 \sum_{\substack{k=1 \\ k \neq i}}^{n} Y_{ii,k} \cos \varphi_{ii,k} \quad \text{und}$$

$$-3U_i^2 Y_{ii} \sin \alpha_{ii} \quad \text{für} \quad -3U_i^2 \sum_{\substack{k=1 \\ k \neq i}}^{n} Y_{ii,k} \sin \varphi_{ii,k}$$

und parallele Leitungen bereits in den Nichtdiagonalelementen enthalten sind.

Knotenspannungen als Funktion von x

$$U_i = U_i = h_{\mathrm{Ui}}(\boldsymbol{x}) \tag{11.35}$$

Leitungsströme als Funktion von x

Aus der Gl. 11.25 folgt für den Betrag der Leitungsströme

$$\begin{aligned} I_{ik} &= \sqrt{\mathrm{Re}^2\left(\underline{I}_{ik}\right) + \mathrm{Im}^2\left(\underline{I}_{ik}\right)} \\ &= \sqrt{(Y_{ii}U_i)^2 + (Y_{ik}U_k)^2 - 2Y_{ii}U_iY_{ik}U_k \cos\left(\delta_i - \delta_k + \varphi_{ik} - \varphi_{ii}\right)} = h_{\mathrm{I}ik}(\boldsymbol{x}) \end{aligned} \tag{11.36}$$

Beispiel 11.1

Für das in Abb. 11.5 dargestellte 3-Knoten-Netz soll der Zustandsvektor

$$\boldsymbol{x} = \left[\begin{array}{cc|ccc} \delta_2 & \delta_3 & U_1 & U_2 & U_3 \end{array}\right]^{\mathrm{T}}$$

ausgehend von den im Bild eingezeichneten Messstellen (×) geschätzt werden.

Als Referenzlösung liegen aus einer Leistungsflussberechnung für die Vorgaben

$$U_1 = 115\,\mathrm{kV}/\sqrt{3} \quad S_2 = 60\,\mathrm{MW} + \mathrm{j}20\,\mathrm{MVar} \quad S_3 = 30\,\mathrm{MW} + \mathrm{j}10\,\mathrm{MVar}$$

(Abnahmeleistungen)

folgende fehlerfreien Größen an den Messstellen vor.

$$P_{21} = -47{,}492\,\text{MW} \qquad Q_{21} = -15{,}626\,\text{MVar}$$
$$P_{31} = -42{,}508\,\text{MW} \qquad Q_{31} = -14{,}724\,\text{MVar}$$
$$U_2 = 111{,}893/\sqrt{3}\,\text{kV} \qquad \delta_2 = -4{,}2332°$$
$$U_3 = 112{,}905/\sqrt{3}\,\text{kV} \qquad \delta_3 = -2{,}8148°$$

Als fehlerhafte Messwerte sollen vorliegen:

$$P'_{21} = -47\,\text{MW} \qquad Q'_{21} = -16\,\text{MVar}$$
$$P'_{31} = -42\,\text{MW} \qquad Q'_{31} = -15\,\text{MVar}$$
$$U'_1 = 116/\sqrt{3}\,\text{kV} \qquad U'_2 = 111/\sqrt{3}\,\text{kV} \qquad U'_3 = 114/\sqrt{3}\,\text{kV}$$

Die Streuungen werden als 1 MW, 1 MVar und 1 kV angenommen. Der fehlerhafte Messvektor setzt sich wie folgt zusammen.

$$z' = \left[\begin{array}{cc|cc|ccc} P'_{21} & P'_{31} & Q'_{21} & Q'_{31} & U'_1 & U'_2 & U'_3 \end{array}\right]^{\text{T}}$$

Die Gl. 11.12 nimmt die spezielle Form an:

$$\Delta \boldsymbol{z} = \begin{bmatrix} \Delta P_{21} \\ \Delta P_{31} \\ \hline \Delta Q_{21} \\ \Delta Q_{31} \\ \hline \Delta U_1 \\ \Delta U_2 \\ \Delta U_3 \end{bmatrix} = \begin{bmatrix} P'_{21} \\ P'_{31} \\ \hline Q'_{21} \\ Q'_{31} \\ \hline U'_1 \\ U'_2 \\ U'_3 \end{bmatrix} - \begin{bmatrix} h_{\text{P21}}(\boldsymbol{x}) \\ h_{\text{P31}}(\boldsymbol{x}) \\ \hline h_{\text{Q21}}(\boldsymbol{x}) \\ h_{\text{Q31}}(\boldsymbol{x}) \\ \hline h_{\text{U1}}(\boldsymbol{x}) \\ h_{\text{U2}}(\boldsymbol{x}) \\ h_{\text{U3}}(\boldsymbol{x}) \end{bmatrix} = \boldsymbol{z}' - \boldsymbol{h}(\boldsymbol{x})$$

mit der Matrixfunktion:

$$\boldsymbol{h}(\boldsymbol{x}) = \begin{bmatrix} h_{\text{P21}}(\boldsymbol{x}) \\ h_{\text{P31}}(\boldsymbol{x}) \\ \hline h_{\text{Q21}}(\boldsymbol{x}) \\ h_{\text{Q31}}(\boldsymbol{x}) \\ \hline h_{\text{U1}}(\boldsymbol{x}) \\ h_{\text{U2}}(\boldsymbol{x}) \\ h_{\text{U3}}(\boldsymbol{x}) \end{bmatrix} = \begin{bmatrix} P_{21} \\ P_{31} \\ \hline Q_{21} \\ Q_{31} \\ \hline U_1 \\ U_2 \\ U_3 \end{bmatrix} = \begin{bmatrix} -3Y_{21}U_2U_1\cos(\delta_2 + \pi/2) \\ -3Y_{31}U_3U_1\cos(\delta_3 + \pi/2) \\ \hline -3Y_{21}U_2U_1\sin(\delta_2 + \pi/2) + 3Y_{21}U_2^2 \\ -3Y_{31}U_3U_1\sin(\delta_3 + \pi/2) + 3Y_{31}U_3^2 \\ \hline U_1 \\ U_2 \\ U_3 \end{bmatrix}$$

Die Linearisierung der Matrixfunktion in der Umgebung der Schätzwerte für den Zustandsvektor entsprechend Gl. 11.20 ergibt (die Indizes ν und $\nu + 1$ wurden an den ausführlichen Matrizen weggelassen):

$$
\begin{aligned}
\boldsymbol{h}(\boldsymbol{x}'_{\nu+1}) &= \boldsymbol{h}(\boldsymbol{x}'_{\nu}) + \boldsymbol{H}(\boldsymbol{x}'_{\nu})\Delta\boldsymbol{x}'_{\nu+1} \\
&= \left[\begin{array}{c} P_{21} \\ P_{31} \\ \hline Q_{21} \\ Q_{31} \\ \hline U'_1 \\ U'_2 \\ U'_3 \end{array}\right] + \left[\begin{array}{cc|ccc}
\frac{\partial P_{21}}{\partial \delta_2} & \frac{\partial P_{21}}{\partial \delta_3} & \frac{\partial P_{21}}{\partial U_1} & \frac{\partial P_{21}}{\partial U_2} & \frac{\partial P_{21}}{\partial U_3} \\
\frac{\partial P_{31}}{\partial \delta_2} & \frac{\partial P_{31}}{\partial \delta_3} & \frac{\partial P_{31}}{\partial U_1} & \frac{\partial P_{31}}{\partial U_2} & \frac{\partial P_{31}}{\partial U_3} \\ \hline
\frac{\partial Q_{21}}{\partial \delta_2} & \frac{\partial Q_{21}}{\partial \delta_3} & \frac{\partial Q_{21}}{\partial U_1} & \frac{\partial Q_{21}}{\partial U_2} & \frac{\partial Q_{21}}{\partial U_3} \\
\frac{\partial Q_{31}}{\partial \delta_2} & \frac{\partial Q_{31}}{\partial \delta_3} & \frac{\partial Q_{31}}{\partial U_1} & \frac{\partial Q_{31}}{\partial U_2} & \frac{\partial Q_{31}}{\partial U_3} \\ \hline
\frac{\partial U_1}{\partial \delta_2} & \frac{\partial U_1}{\partial \delta_3} & \frac{\partial U_1}{\partial U_1} & \frac{\partial U_1}{\partial U_2} & \frac{\partial U_1}{\partial U_3} \\
\frac{\partial U_2}{\partial \delta_2} & \frac{\partial U_2}{\partial \delta_3} & \frac{\partial U_2}{\partial U_1} & \frac{\partial U_2}{\partial U_2} & \frac{\partial U_2}{\partial U_3} \\
\frac{\partial U_3}{\partial \delta_2} & \frac{\partial U_3}{\partial \delta_3} & \frac{\partial U_3}{\partial U_1} & \frac{\partial U_3}{\partial U_2} & \frac{\partial U_3}{\partial U_3}
\end{array}\right] \left[\begin{array}{c} \Delta\delta'_2 \\ \Delta\delta'_3 \\ \hline \Delta U'_2 \\ \Delta U'_2 \\ \Delta U'_3 \end{array}\right]
\end{aligned}
$$

Aus rechentechnischer Sicht ist es sinnvoll, im Zustandsvektor die Spannungsänderungen ähnlich wie bei der Leistungsflussberechnung nach dem Newton-Verfahren (s. Abschn. 4.3) auf die jeweilige Spannung des vorangegangenen Iterationsschrittes zu beziehen. Die Einführung des so geänderten Zustandsvektors $\Delta\overline{\boldsymbol{x}}'_{\nu+1}$ in die Gl. 11.21 kann formal mit Hilfe einer Diagonalmatrix $\boldsymbol{V}(\boldsymbol{u}_\nu)$ erfolgen:

$$
\begin{aligned}
\Delta\boldsymbol{x}'_{\nu+1} &= \left[\begin{array}{cc|ccc}
1 & 0 & 0 & 0 & 0 \\
0 & 1 & 0 & 0 & 0 \\ \hline
0 & 0 & U'_{1\nu} & 0 & 0 \\
0 & 0 & 0 & U'_{2\nu} & 0 \\
0 & 0 & 0 & 0 & U'_{3\nu}
\end{array}\right] \left[\begin{array}{c} \Delta\delta'_{2\nu+1} \\ \Delta\delta'_{3\nu+1} \\ \hline \frac{\Delta U'_{1\nu+1}}{U'_{1\nu}} \\ \frac{\Delta U'_{2\nu+1}}{U'_{2\nu}} \\ \frac{\Delta U'_{3\nu+1}}{U'_{3\nu}} \end{array}\right] \\
&= \left[\begin{array}{cc|ccc}
1 & 0 & 0 & 0 & 0 \\
0 & 1 & 0 & 0 & 0 \\ \hline
0 & 0 & U'_{1\nu} & 0 & 0 \\
0 & 0 & 0 & U'_{2\nu} & 0 \\
0 & 0 & 0 & 0 & U'_{3\nu}
\end{array}\right] \left[\begin{array}{c} \Delta\delta'_{2\nu+1} \\ \Delta\delta'_{3\nu+1} \\ \hline \Delta u'_{1\nu+1} \\ \Delta u'_{2\nu+1} \\ \Delta u'_{3\nu+1} \end{array}\right] = \boldsymbol{V}(\boldsymbol{u}_\nu)\,\Delta\overline{\boldsymbol{x}}'_{\nu+1}
\end{aligned}
$$

Tab. 11.1 Iterationsschritte bei der Lösung der Gl. 11.37 (Wurzel-3-fache Spannungen)

Iterationsschritt	δ_2'/grd	δ_3'/grd	U_1'/kV	U_2'/kV	U_3'/kV
Start	0	0	116	111	114
1	−4,1828	−2,7296	115,2544	112,4194	113,2722
2	−4,1611	−2,7612	115,4195	112,2514	113,3038
3	−4,1612	−2,7612	115,4187	112,2500	113,3030

Tab. 11.2 Relative Fehler gegenüber der Referenzlösung

Fehler	Δu_1	Δu_2	Δu_3
Messfehler	0,87 %	−0,80 %	0,97 %
Fehler des ZV	0,36 %	0,32 %	0,35 %

Im Produkt $\boldsymbol{H}(\boldsymbol{x}'_\nu)\Delta\boldsymbol{x}'_{\nu+1} = \boldsymbol{H}(\boldsymbol{x}'_\nu)\boldsymbol{V}_\nu\Delta\overline{\boldsymbol{x}}'_{\nu+1}$ der Gl. 11.21 wird die Matrix $\boldsymbol{V}(\boldsymbol{u}_\nu)$ an die Matrix $\boldsymbol{H}(\boldsymbol{x}'_\nu)$ herangezogen, wodurch diese übergeht in:

$$\boldsymbol{H}(\boldsymbol{x}'_\nu)\boldsymbol{V}(\boldsymbol{u}_\nu) = \overline{\boldsymbol{H}}(\boldsymbol{x}'_\nu)$$

$$= \left[\begin{array}{cc|ccc} -Q_{21} + 3Y_{21}U_2'^2 & 0 & P_{21} & P_{21} & 0 \\ 0 & -Q_{31} + 3Y_{31}U_3'^2 & P_{31} & 0 & P_{31} \\ \hline P_{21} & 0 & Q_{21} - 3Y_{21}U_2'^2 & Q_{21} + 3Y_{21}U_2'^2 & 0 \\ 0 & P_{31} & Q_{31} - 3Y_{31}U_3'^2 & 0 & Q_{31} + 3Y_{31}U_3'^2 \\ \hline 0 & 0 & U_1' & 0 & 0 \\ 0 & 0 & 0 & U_2' & 0 \\ 0 & 0 & 0 & 0 & U_3' \end{array}\right]$$

Mit

$$\boldsymbol{H}^{\mathrm{T}}(\boldsymbol{x}') = \left[\overline{\boldsymbol{H}}(\boldsymbol{x}')\boldsymbol{V}(\boldsymbol{u}_\nu)^{-1}\right]^{\mathrm{T}} = \boldsymbol{V}(\boldsymbol{u}_\nu)^{-1}\overline{\boldsymbol{H}}^{\mathrm{T}}(\boldsymbol{x}'_\nu)$$

schreibt sich dann die Gl. 11.21:

$$\boldsymbol{V}(\boldsymbol{u}_\nu)^{-1}\overline{\boldsymbol{H}}^{\mathrm{T}}(\boldsymbol{x}')\boldsymbol{R}^{-1}\overline{\boldsymbol{H}}(\boldsymbol{x}'_\nu)\Delta\overline{\boldsymbol{x}}'_{\nu+1} = \boldsymbol{V}(\boldsymbol{u}_\nu)^{-1}\overline{\boldsymbol{H}}^{\mathrm{T}}(\boldsymbol{x}'_\nu)\boldsymbol{R}^{-1}\left[\boldsymbol{z}' - \boldsymbol{h}(\boldsymbol{x}'_\nu)\right]$$

und nach Multiplikation mit $\boldsymbol{V}(\boldsymbol{u}_\nu)$ von links:

$$\overline{\boldsymbol{H}}^{\mathrm{T}}(\boldsymbol{x}')\boldsymbol{R}^{-1}\overline{\boldsymbol{H}}(\boldsymbol{x}'_\nu)\Delta\overline{\boldsymbol{x}}'_{\nu+1} = \overline{\boldsymbol{H}}^{\mathrm{T}}(\boldsymbol{x}'_\nu)\boldsymbol{R}^{-1}\left[\boldsymbol{z}' - \boldsymbol{h}(\boldsymbol{x}'_\nu)\right] \tag{11.37}$$

Diese Gleichung hat gegenüber der Gl. 11.21 den Vorteil, dass in $\boldsymbol{h}(\boldsymbol{x}'_\nu)$ und $\overline{\boldsymbol{H}}(\boldsymbol{x}'_\nu)$ bis auf die Terme $3Y_{ik}U_i'^2$ die gleichen Ausdrücke vorkommen, wodurch unnötige Rechnungen mit der Sinus- und Kosinusfunktion vermieden werden.

Die Iterative Lösung der Gl. 11.21 liefert die Ergebnisse in Tab. 11.1.

Tab. 11.2 gibt eine Übersicht über die (angenommenen) Messfehler und die Fehler des geschätzten Zustandsvektors (ZV) gegenüber den Referenzwerten aus der Leistungsflussberechnung.

Anhang

A.1 MATLAB-Programme Leistungsflussberechnung

```
%Berechnung des Leistungsflusses nach dem Newton-Verfahren
clear all
clc
format short
%Laden der extern berechneten Knotenadmittanzmatrix YKK
load d:\matlab\daten\YKK
%Knotendaten 9-Knoten-Netz
%           KntNam    Un       Typ   P0    Q0    p    q
DatKnt   = {'K1'    17.16     'S'     0     0    0    0
            'K2'    18.45     'PU'  -163    0    0    0
            'K3'    14.145    'PU'   -85    0    0    0
            'K4'     230      'PQ'     0    0    0    0
            'K5'     230      'PQ'   125   50    0    0
            'K6'     230      'PQ'    90   30    0    0
            'K7'     230      'PQ'     0    0    0    0
            'K8'     230      'PQ'   100   35    0    0
            'K9'     230      'PQ'     0    0    0    0};
disp(' '); disp(' ')
disp(' Berechnung des Leistungsflusses nach dem Newtonverfah-
ren')
disp('
________________________________________________________________')
%Aufruf der function LoadFlow
[uK,iK,sK,PV,QV,AnzIter,dxMax] = LoadFlow(Y1KK,0.0001)

%Ergebnisausgabe
A = full([abs(uK) angle(uK)*180/pi   real(sK)  imag(sK)]);
disp('       U/kV        Delta/Grad         P/MW          Q/Mvar')
disp('     _____________________________________________________')
disp(sprintf('   %10.4f     %10.4f    %10.4f    %10.4f\n',A.'))
disp(sprintf('      Verluste                  = %10.4f MW
```


B.R. Oswald, *Berechnung von Drehstromnetzen*, DOI 10.1007/978-3-658-14405-0

```
',full(PV)))
disp(sprintf('      Blindleistungsbedarf = %10.4f MVa-
r',full(QV)))

function[uK,iK,sK,PV,QV,AnzIter,dxMax] = LoadFlow(YKK,epsilon)
%Lastfluß nach dem NEWTONverfahren in Polarkoordinaten
%Rechnung mit und Wurzel-3-fachen Spannungen und Strömen
%Funktion gibt verkettete Spannungen auf uK zurück

global DatKnt

KntNam = DatKnt(:,1)';
uK0    = [DatKnt{:,2}]';          %Eingabespannungen
KntTyp = DatKnt(:,3)';
p0     = [DatKnt{:,4}]';          %Knotenwirkleistung
q0     = [DatKnt{:,5}]';          %Knotenblindleistung
p      = [DatKnt{:,6}]';          %Wirkleistungsexponent
q      = [DatKnt{:,7}]';          %Blindleistungsexponent
n      = length(KntNam);          %Anzahl Knoten
%Ermitteln des Slack und der Generatorknoten
s         = find(strcmp(KntTyp,'S'));
GenKnt    = find(strcmp(KntTyp,'PU'));
AnzGenKnt = length(GenKnt);

%Anfangswerte (leerlaufendes Netz)
Us           = uK0(s);
YKKr         = YKK;
yKs          = YKK(:,s);
YKKr(:,s)    = 0;
YKKr(s,:)    = 0;
YKKr(s,s)    =-YKK(s,s);
uK           =-inv(YKKr)*yKs*Us;
Delta        = angle(uK);
x(1:n)       = Delta;            %Spannungswinkel
x(n+1:2*n)   = 1;                %bezogene Spannungsbeträge
uK           = uK0.*exp(j*Delta);

%Iterationsschleife
AnzIter = 0;
dxMax   = 2*epsilon;
while dxMax > epsilon
  %Berechnung der Jacobi-Matrix und der Rechten Seite
  UK = sparse(diag(uK));
  SJ = UK*conj(YKK*UK);
  H  = imag(SJ); N = real(SJ);
  M  =-N;        L = H;
  u  = abs(uK)./uK0;
  pK = p0.*u.^p;                 %Knotenwirkleistunq
  qK = q0.*u.^q;                 %Knotenblindleistung
```

```
  pN = sum(N,2);                  %Netzwirkleistung
  qN = sum(H,2);                  %Netzblindleistung
  H  = H - diag(qN);  N = N + diag(pN) - diag(p.*pK);
  M  = M + diag(pN);  L = L + diag(qN) - diag(q.*qK);
  J  = sparse([H  N; M  L]);
  y  =-[pN-pK; qN-qK];            %Rechte Seite
  %Nullsetzen der Zeilen und Spalten für den Slack. Die Dia-
  %gonalelemente werden 1 und die zugehörigen rechten Seiten
  %Null gesetzt.Die Ordnung von J bleibt so erhalten.
  J(s,:) = 0; J(n+s,:)   = 0;
  J(:,s) = 0; J(:,n+s)   = 0;
  J(s,s) = 1; J(n+s,n+s) = 1;
  y(s)   = 0; y(n+s)     = 0;

  %Nullsetzen der Zeilen und Spalten für die Generatorknoten.
  %Die Diagonalelemente werden 1 und die zugehörigen rechten
  %Seiten Null gesetzt. Die Ordnung von J bleibt so erhalten.
  for i=1:AnzGenKnt
   k = GenKnt(i);
   J(n+k, : ) = 0;
   J( : ,n+k) = 0;
   J(n+k,n+k) = 1;
   y(n+k)     = 0;
  end

  %Lösung des Gleichungssystems
  dx = J\ y;
  for i = 1:n
   x(i)   = x(i) + dx(i);
   x(n+i) = 1 + dx(n+i);
   uK(i)  = abs(uK(i))*x(i+n)*exp(j*x(i));
  end
  %Abbruchkriterium
  dxMax   = max(abs(dx));
  AnzIter = AnzIter+1;
end %of while

%Knotenströme und Knotenleistungen
iK = YKK*uK;
sK = diag(uK)*conj(iK);
pK = real(sK);
qK = imag(sK);

%Verluste und Blindleistungsbedarf
PV =-sum(pK);
QV =-sum(qK);
```

Anmerkung: Die Spannungsexponenten p und q können für den Slackknoten und die Generatorknoten beliebig, so auch mit Null wie im Beispiel 4.1 eingegeben werden.

Dreipolige Leistungsflussberechnung nach dem Knotenpunktverfahren. Das aufrufende Programm übergibt die spärliche Knotenadmittanzmatrix in symmetrischen Komponenten und die Genauigkeitsgrenze

```
function[uK,iK,sK,PV,QB,AnzIter,dxmax] = ...
                        LoadFlow3_KPV(YSKK,epsilon)
global DatKnt

KntNam = DatKnt(:,1);
u0     = [DatKnt{:,2}];    %Eingabespannungen
KntTyp = DatKnt(:,3);
p0L1   = [DatKnt{:,4}];    %Knotenwirkleistung L1
p0L2   = [DatKnt{:,5}];    %Knotenwirkleistung L2
p0L3   = [DatKnt{:,6}];    %Knotenwirkleistung L3
q0L1   = [DatKnt{:,7}];    %Knotenblindleistung L1
q0L2   = [DatKnt{:,8}];    %Knotenblindleistung L2
q0L3   = [DatKnt{:,9}];    %Knotenblindleistung L3
pL1    = [DatKnt{:,10}];   %Wirkleistungsexponent L1
pL2    = [DatKnt{:,11}];   %Wirkleistungsexponent L2
pL3    = [DatKnt{:,12}];   %Wirkleistungsexponent L3
qL1    = [DatKnt{:,13}];   %Blindleistungsexponent L1
qL2    = [DatKnt{:,14}];   %Blindleistungsexponent L2
qL3    = [DatKnt{:,15}];   %Blindleistungsexponent L3
n      = length(KntNam);   %Anzahl Knoten

n3  = 3*n;
pK0 = zeros(n3,1); qK0 = zeros(n3,1);
p   = zeros(n3,1); q   = zeros(n3,1);
pK0(1:3:end) = p0L1; pK0(2:3:end) = p0L2; pK0(3:3:end) = p0L3;
qK0(1:3:end) = q0L1; qK0(2:3:end) = q0L2; qK0(3:3:end) = q0L3;
p(1:3:end)   = pL1;  p(2:3:end)   = pL2;  p(3:3:end)   = pL3;
q(1:3:end)   = qL1;  q(2:3:end)   = qL2;  q(3:3:end)   = qL3;

%Ermitteln des Slack
s = find(strcmp(KntTyp,'S'));

%Knotenleistungen und Spannungsexponenten
n3  = 3*n;
pK0 = zeros(n3,1); qK0 = zeros(n3,1);
p   = zeros(n3,1); q   = zeros(n3,1);

pK0(1:3:end) = p0L1; pK0(2:3:end) = p0L2; pK0(3:3:end) = p0L3;
qK0(1:3:end) = q0L1; qK0(2:3:end) = q0L2; qK0(3:3:end) = q0L3;
p(1:3:end)   = pL1;  p(2:3:end)   = pL2;  p(3:3:end)   = pL3;
q(1:3:end)   = qL1;  q(2:3:end)   = qL2;  q(3:3:end)   = qL3;

%Transformationsmatrizen der Symmetrische Komponenten
a   = exp(j*2*pi/3);
TS  = [1 1 1;a^2 a 1;a a^2 1];
```

```
TSi = inv(TS);

%Erweitern der Transformationsmatrix für alle Knoten
TSK = sparse(n3,n3); TSKi = sparse(n3,n3);
for i = 1:n
    k = 3*i-2;
    TSK(k:k+2,k:k+2)  = TS(1:3,1:3);
    TSKi(k:k+2,k:k+2) = TSi(1:3,1:3);
end

%Modifikation der Knotenadmittanzmatrix
s3 = 3*s;
YSKKmod = YSKK;
%Nullsetzen der zum Slack gehörenden Spalten
YSKKmod(:,s3-2:s3) = 0;
%Nullsetzen der zum Slack gehörenden Zeilen
YSKKmod(s3-2:s3,:) = 0;
%zum Slack gehörende Spalten
YSKKmods = YSKK(:,s3-2:s3);
%Einbau der Einheitsmatrix in die Submatrizen des Slack
YSKKmod(s3-2:s3,s3-2:s3) =-eye(3);
YSKKmods(s3-2:s3,:) = eye(3);

ZSKKmod = inv(YSKKmod);

%Spannungen am Slack
U1s = u0(s)/sqrt(3);
uSs = [U1s 0 0].';  %in SK

%Bezugsspannungen für die Knotenspannungen
uSK0            = zeros(n3,1);
uSK0(1:3:end) = u0/sqrt(3);
uK0             = abs(TSK*uSK0);
%Anfängliche Lastadmittanzen
YL  = diag((pK0-j*qK0)./uK0.^2);
YSL = TSKi*YL*TSK;

%Anfangswerte Knotenspannungen
uSK = zeros(n3,1);
uSK =-(YSKKmod-YSL)\YSKKmods*uSs;
x   = abs(uSK);

%Iterationsschleife
dxmax   = 2*epsilon;
AnzIter = 0;

while dxmax > epsilon
   uK   = TSK*uSK;                 %in LK
   u    = abs(uK)./uK0;
```

```
   pK   = pK0.*u.^p;            %in LK
   qK   = qK0.*u.^q;            %in LK
   iK   = (pK-j*qK)./conj(uK);  %in LK
   iSK  = TSKi*iK;              %in SK
   uSK  = ZSKKmod*(iSK-YSKKmods*uSs);
   %Abbruchkriterium
   dx = abs(uSK)-x;
   dxmax = max(abs(dx));
   x = abs(uSK);
   AnzIter = AnzIter+1;
   if AnzIter > 20
     disp('  Anzahl der Iterationen größer als 20')
     stop
   end
end

%Knotenströme in SK und LK
iSK = YSKK*uSK;
iK  = TSK*iSK;

%Knotenspannung in LK
uK  = TSK*uSK;
%Knotenleistungen
sK  = uK.*conj(iK);
pK  = real(sK);
qK  = imag(sK);

%Verluste und Blindleistungsbedarf
PV =-sum(pK);
QB =-sum(qK);
```

Dreipolige Leistungsflussberechnung nach dem Newtonverfahren. Das aufrufende Programm übergibt die spärliche Knotenadmittanzmatrix in symmetrischen Komponenten und die Genauigkeitsgrenze

```
function[uK,iK,sK,PV,QB,AnzIter,dxmax] = ...
                           LoadFlow3_NV(YSKK,epsilon)
global DatKnt

KntNam = DatKnt(:,1);
u0     = [DatKnt{:,2}];      %Eingabespannungen
KntTyp = DatKnt(:,3);
p0L1   = [DatKnt{:,4}];     %Knotenwirkleistung L1
p0L2   = [DatKnt{:,5}];     %Knotenwirkleistung L2
p0L3   = [DatKnt{:,6}];     %Knotenwirkleistung L3
q0L1   = [DatKnt{:,7}];     %Knotenblindleistung L1
q0L2   = [DatKnt{:,8}];     %Knotenblindleistung L2
q0L3   = [DatKnt{:,9}];     %Knotenblindleistung L3
```

```
pL1    = [DatKnt{:,10}];   %Wirkleistungsexponent L1
pL2    = [DatKnt{:,11}];   %Wirkleistungsexponent L2
pL3    = [DatKnt{:,12}];   %Wirkleistungsexponent L3
qL1    = [DatKnt{:,13}];   %Blindleistungsexponent L1
qL2    = [DatKnt{:,14}];   %Blindleistungsexponent L2
qL3    = [DatKnt{:,15}];   %Blindleistungsexponent L3
n      = length(KntNam);   %Anzahl Knoten

%Ermitteln des Slack und der Generatorknoten
s         = find(strcmp(KntTyp,'S'));
GenKnt    = find(strcmp(KntTyp,'PU'));
AnzGenKnt = length(GenKnt)


%Knotenleistungen und Spannungsexponenten
n3  = 3*n;
pK0 = zeros(n3,1); qK0 = zeros(n3,1);
p   = zeros(n3,1); q   = zeros(n3,1);
pK0(1:3:end) = p0L1; pK0(2:3:end) = p0L2; pK0(3:3:end) = p0L3;
qK0(1:3:end) = q0L1; qK0(2:3:end) = q0L2; qK0(3:3:end) = q0L3;
p(1:3:end)   = pL1;  p(2:3:end)   = pL2;  p(3:3:end)   = pL3;
q(1:3:end)   = qL1;  q(2:3:end)   = qL2;  q(3:3:end)   = qL3;

%Transformationsmatrizen der Symmetrische Komponenten
a   = exp(j*2*pi/3);
TS  = [1 1 1; a^2 a 1; a a^2 1];
TSi = inv(TS);


%Erweitern der Transformationsmatrix für alle Knoten
TSK = sparse(n3,n3); TSKi = sparse(n3,n3);
for i = 1:n
    k = 3*i-2;
    TSK(k:k+2,k:k+2)  = TS(1:3,1:3);
    TSKi(k:k+2,k:k+2) = TSi(1:3,1:3);
end

%Knotenadmittanzmatrix in Leiterkoordinaten
YKK = TSK*YSKK*TSKi;

%Modifikation der Knotenadmittanzmatrix
s3 = 3*s;
YSKKmod = YSKK;
%Nullsetzen der zum Slack gehörenden Spalten
YSKKmod(:,s3-2:s3) = 0;
%Nullsetzen der zum Slack gehörenden Zeilen
YSKKmod(s3-2:s3,:) = 0;
%zum Slack gehörende Spalten
YSKKmods = YSKK(:,s3-2:s3);
```

```
%Einbau der Einheitsmatrix in die Submatrizen des Slack
YSKKmod(s3-2:s3,s3-2:s3) =-eye(3);
YSKKmods(s3-2:s3,:) = eye(3);

%Spannungen am Slack
U1s = u0(s)/sqrt(3);
uSs = [U1s 0 0].';  %in SK
us  = TS*uSs;

%Bezugsspannungen für die Knotenspannungen
uSK0          = zeros(n3,1);
uSK0(1:3:end) = u0/sqrt(3)      %Mitsystemspannungen
uK0           = TSK*uSK0;
uK0B          = abs(uK0);

%Anfängliche Lastadmittanzen
pK0(s3-2:s3) = 0; qK0(s3-2:s3) = 0;
YL = diag((pK0-j*qK0)./uK0B.^2);
YSL = TSKi*YL*TSK;

%Anfangswerte Knotenspannungen
uSK   =-(YSKKmod-YSL)\YSKKmods*uSs;
uK    = TSK*uSK;
Delta = angle(uK);

if AnzGenKnt > 0;
   for i = 1:AnzGenKnt
     g  = GenKnt(i)
     g3 = 3*g;
     uK(g3-2:g3) = uK0B(g3-2:g3).*exp(j*Delta(g3-2:g3));
   end
end

x(1:n3)     = Delta;             %Spannungswinkel
x(n3+1:n3)  = 1;                 %bezogene Spannungsbeträge

%Iterationsschleife
AnzIter = 0;
dxmax   = 2*epsilon;

while dxmax >epsilon
  %Jakobi-Matrix und Rechte Seite
  UK = sparse(diag(uK));
  SJ = sparse(UK*conj(YKK*UK));
  H  = imag(SJ);
  N  = real(SJ);
  M  =-N;
  L  = H;
  u  = abs(uK)./uK0B;
```

```
  pK = pK0.*u.^p;
  qK = qK0.*u.^q;
  pN = sum(N,2);          %Spaltensumme
  qN = sum(H,2);          %Spaltensumme
  H  = H-diag(qN);
  N  = N+diag(pN)-diag(p.*pK);
  M  = M+diag(pN);
  L  = L+diag(qN)-diag(q.*qK);
  J  = [H N; M L];
  y  =-[pN-pK; qN-qK];   %Rechte Seite
  %Nullsetzen der Zeilen und Spalten für den Slack. Die Dia-
  %gonalelemente werden 1 und die zugehörigen rechten Seiten
  %Null gesetzt. Die Ordnung von J bleibt so erhalten.
  J(s3-2:s3,:) = 0;
  J(:,s3-2:s3) = 0;
  J(n3+s3-2:n3+s3,:) = 0;
  J(:,n3+s3-2:n3+s3) = 0;
  J(s3-2:s3,s3-2:s3) = eye(3);
  J(n3+s3-2:n3+s3,n3+s3-2:n3+s3) = eye(3);
  y(s3-2:s3) = 0;
  y(n3+s3-2:n3+s3) = 0;
  %Nullsetzen der Zeilen und Spalten für die Generatorknoten.
  %Die Diagonalelemente werden 1 und die zugehörigen rechten
  %Seiten Null gesetzt. Die Ordnung von J bleibt so erhalten.
  for i = 1:AnzGenKnt
    g  = GenKnt(i);
    g3 = 3*g;
    J(n3+g3-2:n3+g3,:) = 0;
    J(:,n3+g3-2:n3+g3) = 0;
    J(n3+g3-2:n3+g3,n3+g3-2:n3+g3) = eye(3);
    y(n3+g3-2:n3+g3) = zeros(3,1);
  end
  %Lösung des Gleichungssystems
  dx = J\y;
  for i = 1:n3
    x(i)    = x(i)+dx(i);     %Spannungswinkel
    x(n3+i) = 1+dx(n3+i);
    uK(i)   = abs(uK(i))*x(n3+i)*exp(j*x(i));
  end
  %Abbruchkriterium
  dxmax   = max(abs(dx));
  AnzIter = AnzIter+1;
  if AnzIter > 20
     disp('  Anzahl der Iterationen größer als 20')
     stop
  end
end %of while

%Knotenströme und -leistungen
```

```
iK = YKK*uK;
sK = diag(uK)*conj(iK);
pK = real(sK);
qK = imag(sK);

%Verluste und Blindleistungsbedarf
PV =-sum(pK);
QB =-sum(qK);
```

Dreipolige Leistungsflussberechnung nach dem Fehlermatrizenverfahren. Das aufrufende Programm übergibt die spärliche Knotenadmittanzmatrix in symmetrischen Komponenten und die Genauigkeitsgrenze

```
function[uK,iK,sK,PV,QB,AnzIter,dxmax] = ...
                        LoadFlow3_FMV(YSKK,epsilon)
global DatKnt

KntNam = DatKnt(:,1);
u0     = [DatKnt{:,2}];     %Eingabespannungen
KntTyp = DatKnt(:,3);
p0L1   = [DatKnt{:,4}];     %Knotenwirkleistung L1
p0L2   = [DatKnt{:,5}];     %Knotenwirkleistung L2
p0L3   = [DatKnt{:,6}];     %Knotenwirkleistung L3
q0L1   = [DatKnt{:,7}];     %Knotenblindleistung L1
q0L2   = [DatKnt{:,8}];     %Knotenblindleistung L2
q0L3   = [DatKnt{:,9}];     %Knotenblindleistung L3
pL1    = [DatKnt{:,10}];    %Wirkleistungsexponent L1
pL2    = [DatKnt{:,11}];    %Wirkleistungsexponent L2
pL3    = [DatKnt{:,12}];    %Wirkleistungsexponent L3
qL1    = [DatKnt{:,13}];    %Blindleistungsexponent L1
qL2    = [DatKnt{:,14}];    %Blindleistungsexponent L2
qL3    = [DatKnt{:,15}];    %Blindleistungsexponent L3
n      = length(KntNam);    %Anzahl Knoten

n3  = 3*n;
pK0 = zeros(n3,1); qK0 = zeros(n3,1);
p   = zeros(n3,1); q   = zeros(n3,1);
pK0(1:3:end) = p0L1; pK0(2:3:end) = p0L2; pK0(3:3:end) = p0L3;
qK0(1:3:end) = q0L1; qK0(2:3:end) = q0L2; qK0(3:3:end) = q0L3;
p(1:3:end)   = pL1; p(2:3:end)    = pL2;  p(3:3:end)   = pL3;
q(1:3:end)   = qL1; q(2:3:end)    = qL2;  q(3:3:end)   = qL3;

%Ermitteln des Slack
s  = find(strcmp(KntTyp,'S'));
s3 = 3*s;

%Knotenleistungen und Spannungsexponenten
pK0 = zeros(n3,1); qK0 = zeros(n3,1);
```

```
p   = zeros(n3,1); q   = zeros(n3,1);
pK0(1:3:end) = p0L1; pK0(2:3:end) = p0L2; pK0(3:3:end) = p0L3;
qK0(1:3:end) = q0L1; qK0(2:3:end) = q0L2; qK0(3:3:end) = q0L3;
p(1:3:end)   = pL1;  p(2:3:end)   = pL2;  p(3:3:end)   = pL3;
q(1:3:end)   = qL1;  q(2:3:end)   = qL2;  q(3:3:end)   = qL3;

%Transformationsmatrizen der Symmetrische Komponenten
a   = exp(j*2*pi/3);
TS  = [1 1 1;a^2 a 1;a a^2 1];
TSi = inv(TS);

%Erweitern der Transformationsmatrix für alle Knoten
TSK = sparse(n3,n3); TSKi = sparse(n3,n3);
for i = 1:n
    k = 3*i-2;
    TSK(k:k+2,k:k+2)  = TS(1:3,1:3);
    TSKi(k:k+2,k:k+2) = TSi(1:3,1:3);
end

EK    = speye(n3);
FK    = EK;
ZF    = zeros(n3);

%Spannungen am Slack
U1s = u0(s)/sqrt(3);
uSs = [U1s 0 0].';  %in SK

%Bezugsspannungen für die Knotenspannungen
uSK0         = zeros(n3,1);
uSK0(1:3:end) = u0/sqrt(3);
uK0          = abs(TSK*uSK0);

%Anfängliche Lastadmittanzen
YL  = diag((pK0-j*qK0)./uK0.^2);

%Fehlermatrix
LK     = find(YL);                %Lastknoten
FK(LK) = 0;
FSK    = sparse(TSKi*FK*TSK);   %in Symmetrischen Komponenten

%Iterationsschleife
dxmax   = 2*epsilon;
AnzIter = 0;
x       = abs(uSK0);

while dxmax > epsilon
   %Fehlerimpedanzen
   ZF(LK) = 1./YL(LK);
   ZSF    = sparse(TSKi*ZF*TSK);
```

```
   %Knotenadmittanzmatrix
   YSKKF = FSK*YSKK-(EK-FSK')*(EK-ZSF*YSKK);
   %Modifikation der Knotenadmittanzmatrix
   YSKKFmod = YSKKF;
   %Nullsetzen der zum Slack gehörenden Spalten
   YSKKFmod(:,s3-2:s3) = 0;
   %Nullsetzen der zum Slack gehörenden Zeilen
   YSKKFmod(s3-2:s3,:) = 0;
   %zum Slack gehörende Spalten
   YSKKFmods = YSKKF(:,s3-2:s3);
   %Einbau der Einheitsmatrix in die Submatrizen des Slack
   YSKKFmod(s3-2:s3,s3-2:s3) =-eye(3);
   YSKKFmods(s3-2:s3,:) = eye(3);
   %Knotenspannungen
   uSK =-YSKKFmod\YSKKFmods*uSs;  %in SK
   %Knotenleistungen
   uKB = abs(TSK*uSK);
   u   = uKB./uK0;
   pK  = pK0.*u.^p;
   qK  = qK0.*u.^q;
   %Lastadmittanzen
   YL  = diag((pK-j*qK)./uKB.^2);
   %Abbruchkriterium
   dx      = abs(uSK)-x;
   dxmax   = max(abs(dx));
   x       = abs(uSK);
   AnzIter = AnzIter+1;
   if AnzIter > 20
      disp('  Anzahl der Iterationen größer als 20')
      stop
   end
end

%Knotenströme in SK und LK
iSK = YSKK*uSK;
iK  = TSK*iSK;

%Knotenspannung in LK
uK  = TSK*uSK;

%Knotenleistungen
sK  = uK.*conj(iK);
pK  = real(sK);
qK  = imag(sK);

%Verluste und Blindleistungsbedarf
PV =-sum(pK);
QB =-sum(qK);
```

A.2 MATLAB-Programm Fehlermatrizenverfahren

Mit dem Programm Fehlermatrizenverfahren können nach dem im Abschn. 6.3 beschriebenen Algorithmus symmetrische und unsymmetrische Kurzschlüsse in beliebiger Kombination und Leiterlage mit Original-Drehstromgrößen oder in Symmetrischen oder anderen modalen Komponenten berechnet werden.

Kernstück ist die function `FehlerMatrizenVerfahren.m` in der die entsprechenden Fehlermatrizen bereitgestellt werden und die Knotenadmittanzmatrix mit dieser modifiziert wird.

An die function `FehlerMatrizenVerfahren.m` werden übergeben:

→ die Knotenadmittanzmatrix des fehlerfreien Netzes in den gewählten Koordinaten[1] (hier in Symmetrischen Komponenten in der Form der Gl. 3.14 mit den negativen Admittanzen der aktiven Betriebsmittel vom Typ A in der Diagonale (Beispiele 6.3 und 6.4)).
→ der Knotenstromvektor mit den Quellenströmen der Betriebsmittel vom Typ A in den gewählten Koordinaten (hier in Symmetrischen Komponenten)
→ die Transformationsmatrix der modalen Komponenten (hier der Symmetrischen Komponenten)
→ ein Vektor (cell array) mit den Knotennamen in alphanumerischer Form (global)
→ die Anzahl der Knoten (global)
→ der Fehlerstromvektor (cell array) mit den Angaben zu den Fehlerknoten, der Kurzschlussart und der Leiterlage.

Die Eingabeform der Kurzschlussarten und der Leiterlage geht aus Tab. A.1 hervor.

Die function `FehlerMatrizenVerfahren.m` gibt zurück:

← die modifizierte Knotenadmittanzmatrix in den gewählten Koordinaten (hier in Symmetrischen Komponenten)
← den Vektor der Knotenspannungen in den gewählten Koordinaten (hier in Symmetrischen Komponenten)
← den Vektor der Fehlerströme in den gewählten Koordinaten (hier in Symmetrischen Komponenten)

Tab. A.1 Eingabe der Kurzschlussarten und der betroffenen Leiter

Kurzschluss	KS-Art	Leiter
fehlerfrei	`'ohne'`	`' '`
1-polig	`'k1'`	`'L1'` oder `'L2'` oder `'L3'`
2-polig mit Erdberührung	`'k2E'`	`'L1L2'` oder `'L2L3'` oder `'L3L1'` oder
2-polig ohne Erdberührung	`'k2'`	`'L2L1'` oder `'L3L2'` oder `'L1L3'`
3-polig mit Erdberührung	`'k3E'`	`' '`
3-polig ohne Erdberührung	`'k3'`	`' '`

[1] Unter Koordinaten wird hier die Darstellung in Original- oder modalen Größen verstanden.

Anschließend erfolgt noch die Rücktransformation (hier aus den Symmetrischen Komponenten) mit der function `Ruecktransformation.m`. Auf eine besondere Ausgabefunktion wurde hier verzichtet.

```
function[Y3KKF,u3KF,i3KF] = ...
        FehlerMatrizenVerfahren(Y3KK,i3Q,Tm,FehlerVektor)

global AnzahlKnoten KnotenNamen

Y3KKF        = sparse(3*AnzahlKnoten,3*AnzahlKnoten);
F3           = speye(3*AnzahlKnoten);
AnzahlFehler = length(FehlerVektor(:,1));
FehlerKnoten = FehlerVektor(:,1);
Fehlerart    = FehlerVektor(:,2);
L            = FehlerVektor(:,3);
TmInvers     = inv(Tm);
%Bereitstellen der Fehlermatrizen nach Fehlerart und Leiterlage
for i=1:AnzahlFehler
  n = find(strcmpi(KnotenNamen,FehlerKnoten(i)));
  k = 3*n-2;
  if strcmpi(Fehlerart(i),'ohne'); F = [1 0 0; 0 1 0; 0 0 1];
end
  if strcmpi(Fehlerart(i),'k3E');  F = [0 0 0; 0 0 0; 0 0 0];
end
  if strcmpi(Fehlerart(i),'k3');   F = [1 1 1; 0 0 0; 0 0 0];
end
  if strcmpi(Fehlerart(i),'k2E')
    if strcmp(L(i),'L1L2')||strcmp(L(i),'L2L1');
      F = [0 0 0; 0 0 0; 0 0 1]; end
    if strcmp(L(i),'L2L3')||strcmp(L(i),'L3L2');
      F = [1 0 0; 0 0 0; 0 0 0]; end
    if strcmp(L(i),'L3L1')||strcmp(L(i),'L1L3');
      F = [0 0 0; 1 0 0; 0 0 0]; end
  end
  if strcmpi(Fehlerart(i),'k2')
    if strcmp(L(i),'L1L2')||strcmp(L(i),'L2L1');
      F = [1 1 0; 0 0 0; 0 0 1]; end
    if strcmp(L(i),'L2L3')||strcmp(L(i),'L3L2');
      F = [1 0 0; 0 1 1; 0 0 0]; end
    if strcmp(L(i),'L3L1')||strcmp(L(i),'L1L3');
      F = [0 0 0; 0 1 0; 1 0 1]; end
  end
  if strcmpi(Fehlerart(i),'k1')
    if strcmp(L(i),'L1');  F= [0 0 0; 0 1 0; 0 0 1]; end
    if strcmp(L(i),'L2');  F= [1 0 0; 0 0 0; 0 0 1]; end
    if strcmp(L(i),'L3');  F= [1 0 0; 0 1 0; 0 0 0]; end
  end
  %Fehlermatrix in modalen Koordinaten
  Fm = TmInvers*F*Tm;
  F3(k:k+2,k:k+2) = Fm(1:3,1:3);
```

```
end
%Modifizierte Admittanzmatrix
Y3KKF = F3*Y3KK -Y3KK +Y3KK*F3';
%Knotenspannungen und Fehlerströme
u3KF  = inv(Y3KKF)*F3*i3Q;
i3KF  = Y3KK*u3KF-i3Q;

function[Vn] = Ruecktransformation(Vm,Tm)
%Vm Vektor oder Matrix von Spaltenvektoren der modalen Größen
%Vn Vektor oder Matrix von Spaltenvektoren der natürlichen Grö-
ßen
n   = length(Vm(:,1))/3;
TmM = sparse(3*n,3*n);
for i=1:n
  k=3*i-2; TmM(k:k+2,k:k+2) = Tm(1:3,1:3);
end
Vn = TmM*Vm;
```

Das aufrufende Programm hat folgende Struktur

```
%Berechnung von Kurzschlüssen in modalen Koordinaten nach
dem FMV
clear
clc
format compact

global AnzahlKnoten KnotenNamen
%Dateneingabe
AnzahlKnoten = 4
KnotenNamen  = {'K1'  'K2'  'K3'  'K4'}
.
.
%Transformationsmatrix Symmetrische Komponenten
a  = exp(j*2*pi/3);
TS = [1 1 1;a^2 a 1;a a^2 1];

%Aufbau der Knotenadmittanzmatrix ohne Fehler
YSKK = ...
%Knotenstromvektor
iSQ = ...
%Fehlervektor (Kurzschlüsse an Knoten)
%                 Knoten  KS-Art   Leiter
 FehlerVektor = {'K2'    'k1'     'L1'
                 'K3'    'k1'     'L2'};
%Aufruf der function Fehlermatrizenverfahren
[Y3KKF,u3KF,i3KF]=FehlerMatrizenVerfahren(YSKK,iSQ,TS,FehlerVek
tor);

%Aufruf der function Rücktransformation
uK  = Ruecktransformation(u3KF,TS)
iF  = Ruecktransformation(i3KF,TS)
```

A.3 Ergänzung zu den Fehlermatrizen

Neben den in den Tab. 6.2 und 6.4 angegebenen Fehlermatrizen für die zwei- und dreipoligen Kurzschlüsse ohne Erdberührung sind noch weitere Formen möglich. Sie sind in den folgenden Tab. A.2 und A.3 zusammengestellt. Dabei sind die nochmals aufgeführten Fehlermatrizen aus den Tab. 6.2 und 6.4 mit Form 1 und die alternativen Formen mit Form 2 bzw. Form 3 bezeichnet.

Die Fehlermatrizen der verschiedenen Formen führen selbstverständlich auf das gleiche Ergebnis, da sie alle die Fehlerbedingungen der Gln. 6.1 und 6.2 erfüllen.

Schreibt man die Gl. 6.48 beispielsweise für die Formen 1 und 2 der Fehlerbedingungen

$$\left(\underline{\boldsymbol{F}}_{\mathrm{SK(1)}}\underline{\boldsymbol{Y}}_{\mathrm{SKK}} - \underline{\boldsymbol{Y}}_{\mathrm{SKK}} + \underline{\boldsymbol{Y}}_{\mathrm{SKK}}\underline{\boldsymbol{F}}^{\mathrm{T*}}_{\mathrm{SK(1)}}\right)\underline{\boldsymbol{u}}_{\mathrm{SK}} = \underline{\boldsymbol{Y}}^{\mathrm{k}}_{\mathrm{SKK(1)}}\underline{\boldsymbol{u}}_{\mathrm{SK}} = \underline{\boldsymbol{F}}_{\mathrm{SK(1)}}\underline{\boldsymbol{i}}_{\mathrm{SQ}} \tag{A.1}$$

Tab. A.2 Fehlermatrizen für die zweipoligen Kurzschlüsse ohne Erdberührung

2-pol. KS		L2-L3	L3-L1	L1-L2
Form 1	$\boldsymbol{F}$	$\begin{bmatrix} 1 & 0 & 0 \\ 0 & 1 & 1 \\ 0 & 0 & 0 \end{bmatrix}$	$\begin{bmatrix} 0 & 0 & 0 \\ 0 & 1 & 0 \\ 1 & 0 & 1 \end{bmatrix}$	$\begin{bmatrix} 1 & 1 & 0 \\ 0 & 0 & 0 \\ 0 & 0 & 1 \end{bmatrix}$
	$\underline{\boldsymbol{F}}_{\mathrm{S}}$	$\underline{\alpha} = 1$	$\underline{\alpha} = \underline{a}^2$	$\underline{\alpha} = \underline{a}$
		$\frac{1}{3}\begin{bmatrix} 2+\underline{a}^2 & \underline{\alpha}\left(2+\underline{a}^2\right) & \underline{\alpha}^*\left(1+2\underline{a}\right) \\ \underline{\alpha}^*\left(2+\underline{a}\right) & 2+\underline{a} & \underline{\alpha}\left(1+2\underline{a}^2\right) \\ 0 & 0 & 3 \end{bmatrix}$		
Form 2	$\boldsymbol{F}$	$\begin{bmatrix} 1 & 0 & 0 \\ 0 & 0 & 0 \\ 0 & 1 & 1 \end{bmatrix}$	$\begin{bmatrix} 1 & 0 & 1 \\ 0 & 1 & 0 \\ 0 & 0 & 0 \end{bmatrix}$	$\begin{bmatrix} 0 & 0 & 0 \\ 1 & 1 & 0 \\ 0 & 0 & 1 \end{bmatrix}$
	$\underline{\boldsymbol{F}}_{\mathrm{S}}$	$\underline{\alpha} = 1$	$\underline{\alpha} = \underline{a}^2$	$\underline{\alpha} = \underline{a}$
		$\frac{1}{3}\begin{bmatrix} 2+\underline{a} & \underline{\alpha}\left(2+\underline{a}\right) & \underline{\alpha}^*\left(1+2\underline{a}^2\right) \\ \underline{\alpha}^*\left(2+\underline{a}^2\right) & 2+\underline{a}^2 & \underline{\alpha}\left(1+2\underline{a}\right) \\ 0 & 0 & 3 \end{bmatrix}$		

Tab. A.3 Fehlermatrizen für die dreipoligen Kurzschlüsse ohne Erdberührung

	Form 1	Form 2	Form 3
$\boldsymbol{F}$	$\begin{bmatrix} 1 & 1 & 1 \\ 0 & 0 & 0 \\ 0 & 0 & 0 \end{bmatrix}$	$\begin{bmatrix} 0 & 0 & 0 \\ 1 & 1 & 1 \\ 0 & 0 & 0 \end{bmatrix}$	$\begin{bmatrix} 0 & 0 & 0 \\ 0 & 0 & 0 \\ 1 & 1 & 1 \end{bmatrix}$
$\underline{\boldsymbol{F}}_{\mathrm{S}}$	$\begin{bmatrix} 0 & 0 & 1 \\ 0 & 0 & 1 \\ 0 & 0 & 1 \end{bmatrix}$	$\begin{bmatrix} 0 & 0 & \underline{a} \\ 0 & 0 & \underline{a}^2 \\ 0 & 0 & 0 \end{bmatrix}$	$\begin{bmatrix} 0 & 0 & \underline{a}^2 \\ 0 & 0 & \underline{a} \\ 0 & 0 & 0 \end{bmatrix}$

und

$$\left(\underline{\boldsymbol{F}}_{\mathrm{SK(2)}}\underline{\boldsymbol{Y}}_{\mathrm{SKK}} - \underline{\boldsymbol{Y}}_{\mathrm{SKK}} + \underline{\boldsymbol{Y}}_{\mathrm{SKK}}\underline{\boldsymbol{F}}_{\mathrm{SK(2)}}^{\mathrm{T*}}\right)\underline{\boldsymbol{u}}_{\mathrm{SK}} = \underline{\boldsymbol{Y}}_{\mathrm{SKK(2)}}^{\mathrm{k}}\underline{\boldsymbol{u}}_{\mathrm{SK}} = \underline{\boldsymbol{F}}_{\mathrm{SK(2)}}\underline{\boldsymbol{i}}_{\mathrm{SQ}} \tag{A.2}$$

so gilt bei Gleichheit der Knotenspannungen in beiden beide Fällen:

$$\left(\underline{\boldsymbol{Y}}_{\mathrm{SKK(1)}}^{\mathrm{k}}\right)^{-1}\underline{\boldsymbol{F}}_{\mathrm{SK(1)}} = \left(\underline{\boldsymbol{Y}}_{\mathrm{SKK(2)}}^{\mathrm{k}}\right)^{-1}\underline{\boldsymbol{F}}_{\mathrm{SK(2)}} \tag{A.3}$$

Aus der Gl. A.3 folgt

$$\underline{\boldsymbol{F}}_{\mathrm{SK(2)}} = \underline{\boldsymbol{Y}}_{\mathrm{SKK(2)}}^{\mathrm{k}}\left(\underline{\boldsymbol{Y}}_{\mathrm{SKK(1)}}^{\mathrm{k}}\right)^{-1}\underline{\boldsymbol{F}}_{\mathrm{SK(1)}} \tag{A.4}$$

was man leicht nachprüfen kann, da die Fehlermatrizen $\underline{\boldsymbol{F}}_{\mathrm{SK(1)}}$ und $\underline{\boldsymbol{F}}_{\mathrm{SK(2)}}$ bekannt sind.

Setzt man Gl. A.4 in Gl. A.2 ein, so erhält man

$$\underline{\boldsymbol{Y}}_{\mathrm{SKK(2)}}^{\mathrm{k}}\underline{\boldsymbol{u}}_{\mathrm{SK}} = \underline{\boldsymbol{Y}}_{\mathrm{SKK(2)}}^{\mathrm{k}}\left(\underline{\boldsymbol{Y}}_{\mathrm{SKK(1)}}^{\mathrm{k}}\right)^{-1}\underline{\boldsymbol{F}}_{\mathrm{SK(1)}}\underline{\boldsymbol{i}}_{\mathrm{SQ}} \tag{A.5}$$

Nach Multiplikation von links mit $(\underline{\boldsymbol{Y}}_{\mathrm{SKK(2)}}^{\mathrm{k}})^{-1}$ und anschließend mit $\underline{\boldsymbol{Y}}_{\mathrm{SKK(1)}}^{\mathrm{k}}$ geht so die ursprüngliche Gl. A.2 über in die Gl. A.1.

Für die Fehlermatrizen in beliebigen modalen Koordinaten gilt:

$$\underline{\boldsymbol{F}}_{\mathrm{m}} = \underline{\boldsymbol{T}}_{\mathrm{m}}^{-1}\boldsymbol{F}\,\underline{\boldsymbol{T}}_{\mathrm{m}} \tag{A.6}$$

und

$$\underline{\boldsymbol{T}}_{\mathrm{m}}^{-1}\left(\boldsymbol{E} - \boldsymbol{F}^{\mathrm{T}}\right)\underline{\boldsymbol{T}}_{\mathrm{m}} = \boldsymbol{E} - \underline{\boldsymbol{T}}_{\mathrm{m}}^{-1}\boldsymbol{F}^{\mathrm{T}}\underline{\boldsymbol{T}}_{\mathrm{m}} \tag{A.7}$$

Für (und nur für)

$$\underline{\boldsymbol{T}}_{\mathrm{m}}^{-1} = k\underline{\boldsymbol{T}}_{\mathrm{m}}^{\mathrm{T*}} \tag{A.8}$$

folgt aus Gl. A.7 weiter

$$\boldsymbol{E} - \underline{\boldsymbol{T}}_{\mathrm{m}}^{-1}\boldsymbol{F}^{\mathrm{T}}\underline{\boldsymbol{T}}_{\mathrm{m}} = \boldsymbol{E} - k\underline{\boldsymbol{T}}_{\mathrm{m}}^{\mathrm{T*}}\boldsymbol{F}^{\mathrm{T}}\frac{1}{k}\underline{\boldsymbol{T}}_{\mathrm{m}}^{-1\mathrm{T*}} = \boldsymbol{E} - \left(\underline{\boldsymbol{T}}_{\mathrm{m}}^{-1}\boldsymbol{F}^{\mathrm{T}}\underline{\boldsymbol{T}}_{\mathrm{m}}\right)^{\mathrm{T*}} = \boldsymbol{E} - \underline{\boldsymbol{F}}_{\mathrm{m}}^{\mathrm{T*}} \tag{A.9}$$

Die Bedingung der Gl. A.8 ist erfüllt für alle leistungsinvarianten Transformationen ($k = 1$), aber auch für die bezugsleiter-invariante Form der Symmetrischen Komponenten nach Gl. 1.24 ($k = 1/3$) und bezugsleiter-invariante Form der Raumzeigerkomponenten nach Gl. 1.34 ($k = 4/3$).

A.4 Impedanzen von Einleiterkabeln mit Cross-Bonding

Unter Cross-Bonding versteht man das zyklische Auskreuzen der Kabelschirme von Einleiterkabeln zur Vermeidung hoher Schirmströme und der damit verbundenen Stromwärmeverluste bei beidseitiger Erdung der Kabelschirme (Abb. A.1).

Auf jedem der drei Cross-Bonding-Unterabschnitte I, II und III gilt für die induktive Verkettung der Leiter und Schirme untereinander sowie gegenseitig pro km:

$$\underline{\boldsymbol{Z}}'_{\mathrm{LL}} = \begin{bmatrix} \underline{Z}'_{\mathrm{L1L1}} & \underline{Z}'_{\mathrm{L1L2}} & \underline{Z}'_{\mathrm{L1L3}} \\ \underline{Z}'_{\mathrm{L2L1}} & \underline{Z}'_{\mathrm{L2L2}} & \underline{Z}'_{\mathrm{L2L3}} \\ \underline{Z}'_{\mathrm{L3L1}} & \underline{Z}'_{\mathrm{L3L2}} & \underline{Z}'_{\mathrm{L3L3}} \end{bmatrix} \tag{A.10}$$

$$\underline{\boldsymbol{Z}}'_{\mathrm{SS}} = \begin{bmatrix} \underline{Z}'_{\mathrm{S1S1}} & \underline{Z}'_{\mathrm{S1S2}} & \underline{Z}'_{\mathrm{S1S3}} \\ \underline{Z}'_{\mathrm{S2S1}} & \underline{Z}'_{\mathrm{S2S2}} & \underline{Z}'_{\mathrm{S2S3}} \\ \underline{Z}'_{\mathrm{S3S1}} & \underline{Z}'_{\mathrm{S3S2}} & \underline{Z}'_{\mathrm{S3S3}} \end{bmatrix} \tag{A.11}$$

$$\underline{\boldsymbol{Z}}'_{\mathrm{LS}} = \begin{bmatrix} \underline{Z}'_{\mathrm{L1S1}} & \underline{Z}'_{\mathrm{L1S2}} & \underline{Z}'_{\mathrm{L1S3}} \\ \underline{Z}'_{\mathrm{L2S1}} & \underline{Z}'_{\mathrm{L2S2}} & \underline{Z}'_{\mathrm{L2S3}} \\ \underline{Z}'_{\mathrm{L3S1}} & \underline{Z}'_{\mathrm{L3S2}} & \underline{Z}'_{\mathrm{L3S3}} \end{bmatrix} \tag{A.12}$$

$$\underline{\boldsymbol{Z}}'_{\mathrm{SL}} = \begin{bmatrix} \underline{Z}'_{\mathrm{S1L1}} & \underline{Z}'_{\mathrm{S1L2}} & \underline{Z}'_{\mathrm{S1L3}} \\ \underline{Z}'_{\mathrm{S2L1}} & \underline{Z}'_{\mathrm{S2L2}} & \underline{Z}'_{\mathrm{S2L3}} \\ \underline{Z}'_{\mathrm{S3L1}} & \underline{Z}'_{\mathrm{S3L2}} & \underline{Z}'_{\mathrm{S3L3}} \end{bmatrix} = \underline{\boldsymbol{Z}}'^{\mathrm{T}}_{\mathrm{SL}} \tag{A.13}$$

Die 4 Matrizen sind symmetrisch. Ihre Diagonalelemente sind jeweils gleich.

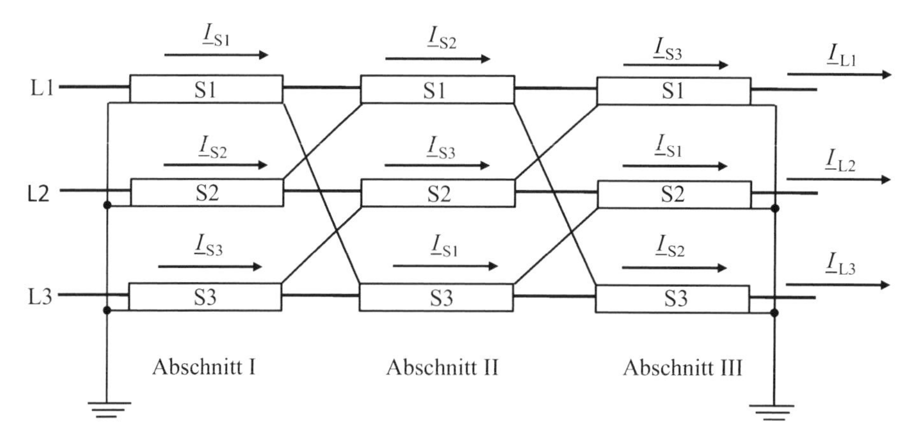

Abb. A.1 Cross-Bonding Hauptabschnitt der Länge l mit drei Unterabschnitten der Länge $l/3$

Die Elemente berechnet man aus:

$$\underline{Z}'_{\mathrm{L}i\mathrm{L}i} = R_{\mathrm{L}} + \omega\frac{\mu_0}{8} + \mathrm{j}\omega\frac{\mu_0}{2\pi}\left(\ln\frac{\delta_{\mathrm{E}}}{r_{\mathrm{L}}} + \frac{1}{4}\right) \tag{A.14}$$

$$\underline{Z}'_{\mathrm{L}i\mathrm{L}k} = \omega\frac{\mu_0}{8} + \mathrm{j}\omega\frac{\mu_0}{2\pi}\ln\frac{\delta_{\mathrm{E}}}{d_{ik}} \quad k \neq i \tag{A.15}$$

$$\underline{Z}'_{\mathrm{S}i\mathrm{S}i} = R_{\mathrm{S}} + \omega\frac{\mu_0}{8} + \mathrm{j}\omega\frac{\mu_0}{2\pi}\ln\frac{\delta_{\mathrm{E}}}{r_{\mathrm{S}}} \tag{A.16}$$

$$\underline{Z}'_{\mathrm{S}i\mathrm{S}k} = \omega\frac{\mu_0}{8} + \mathrm{j}\omega\frac{\mu_0}{2\pi}\ln\frac{\delta_{\mathrm{E}}}{d_{ik}} \quad k \neq i \tag{A.17}$$

$$\underline{Z}'_{\mathrm{L}i\mathrm{S}i} = \omega\frac{\mu_0}{8} + \mathrm{j}\omega\frac{\mu_0}{2\pi}\ln\frac{\delta_{\mathrm{E}}}{r_{\mathrm{S}}} \tag{A.18}$$

$$\underline{Z}'_{\mathrm{L}i\mathrm{S}k} = \omega\frac{\mu_0}{8} + \mathrm{j}\omega\frac{\mu_0}{2\pi}\ln\frac{\delta_{\mathrm{E}}}{d_{ik}} \quad k \neq i \tag{A.19}$$

mit der Erdstromtiefe

$$\delta_{\mathrm{E}} = \frac{1{,}8514}{\sqrt{\omega\mu_0\kappa_{\mathrm{E}}}} \approx 932\,\mathrm{m} \tag{A.20}$$

Die Spannungen über den 3 Leitern, gerichtet wie die Leiterströme, ergeben sich aus der Summe der Teilspannungen längs der Abschnitte 1 bis 3:

$$\begin{aligned}
\begin{bmatrix} \Delta\underline{U}_{\mathrm{L}1} \\ \Delta\underline{U}_{\mathrm{L}2} \\ \Delta\underline{U}_{\mathrm{L}3} \end{bmatrix} &= \begin{bmatrix} \Delta\underline{U}^{\mathrm{I}}_{\mathrm{L}1} \\ \Delta\underline{U}^{\mathrm{I}}_{\mathrm{L}2} \\ \Delta\underline{U}^{\mathrm{I}}_{\mathrm{L}3} \end{bmatrix} + \begin{bmatrix} \Delta\underline{U}^{\mathrm{II}}_{\mathrm{L}1} \\ \Delta\underline{U}^{\mathrm{II}}_{\mathrm{L}2} \\ \Delta\underline{U}^{\mathrm{II}}_{\mathrm{L}3} \end{bmatrix} + \begin{bmatrix} \Delta\underline{U}^{\mathrm{III}}_{\mathrm{L}1} \\ \Delta\underline{U}^{\mathrm{III}}_{\mathrm{L}2} \\ \Delta\underline{U}^{\mathrm{III}}_{\mathrm{L}3} \end{bmatrix} \\
&= \frac{l}{3}\underline{\boldsymbol{Z}}'_{\mathrm{LL}}\left\{\begin{bmatrix} \underline{I}_{\mathrm{L}1} \\ \underline{I}_{\mathrm{L}2} \\ \underline{I}_{\mathrm{L}3} \end{bmatrix} + \begin{bmatrix} \underline{I}_{\mathrm{L}1} \\ \underline{I}_{\mathrm{L}2} \\ \underline{I}_{\mathrm{L}3} \end{bmatrix} + \begin{bmatrix} \underline{I}_{\mathrm{L}1} \\ \underline{I}_{\mathrm{L}2} \\ \underline{I}_{\mathrm{L}3} \end{bmatrix}\right\} \\
&\quad + \frac{l}{3}\underline{\boldsymbol{Z}}'_{\mathrm{LS}}\left\{\begin{bmatrix} \underline{I}_{\mathrm{S}1} \\ \underline{I}_{\mathrm{S}2} \\ \underline{I}_{\mathrm{S}3} \end{bmatrix} + \begin{bmatrix} \underline{I}_{\mathrm{S}2} \\ \underline{I}_{\mathrm{S}3} \\ \underline{I}_{\mathrm{S}1} \end{bmatrix} + \begin{bmatrix} \underline{I}_{\mathrm{S}3} \\ \underline{I}_{\mathrm{S}1} \\ \underline{I}_{\mathrm{S}2} \end{bmatrix}\right\}
\end{aligned} \tag{A.21}$$

$$\begin{bmatrix} \underline{I}_{\mathrm{S}2} \\ \underline{I}_{\mathrm{S}3} \\ \underline{I}_{\mathrm{S}1} \end{bmatrix} = \begin{bmatrix} 0 & 1 & 0 \\ 0 & 0 & 1 \\ 1 & 0 & 0 \end{bmatrix}\begin{bmatrix} \underline{I}_{\mathrm{S}1} \\ \underline{I}_{\mathrm{S}2} \\ \underline{I}_{\mathrm{S}3} \end{bmatrix} = \boldsymbol{D}\underline{\boldsymbol{i}}_{\mathrm{S}} \tag{A.22}$$

$$\begin{bmatrix} \underline{I}_{\mathrm{S}3} \\ \underline{I}_{\mathrm{S}1} \\ \underline{I}_{\mathrm{S}2} \end{bmatrix} = \begin{bmatrix} 0 & 0 & 1 \\ 1 & 0 & 0 \\ 0 & 1 & 0 \end{bmatrix}\begin{bmatrix} \underline{I}_{\mathrm{S}1} \\ \underline{I}_{\mathrm{S}2} \\ \underline{I}_{\mathrm{S}3} \end{bmatrix} = \boldsymbol{D}^{\mathrm{T}}\underline{\boldsymbol{i}}_{\mathrm{S}} \tag{A.23}$$

Mit den in Gl. A.22 und A.23 definierten Matrizen schreibt sich Gl. A.21 kürzer:

$$\Delta\underline{\boldsymbol{u}}_{\mathrm{L}} = l\,\underline{\boldsymbol{Z}}'_{\mathrm{LL}}\underline{\boldsymbol{i}}_{\mathrm{L}} + \frac{l}{3}\underline{\boldsymbol{Z}}'_{\mathrm{LS}}\left(\boldsymbol{E} + \boldsymbol{D} + \boldsymbol{D}^{\mathrm{T}}\right)\underline{\boldsymbol{i}}_{\mathrm{S}} = \underline{\boldsymbol{Z}}_{\mathrm{LL}}\underline{\boldsymbol{i}}_{\mathrm{L}} + \underline{\boldsymbol{Z}}_{\mathrm{LS}}\boldsymbol{M}\underline{\boldsymbol{i}}_{\mathrm{S}} = \underline{\boldsymbol{Z}}_{\mathrm{LL}}\underline{\boldsymbol{i}}_{\mathrm{L}} + \underline{\boldsymbol{Z}}^{\mathrm{CB}}_{\mathrm{LS}}\underline{\boldsymbol{i}}_{\mathrm{S}} \tag{A.24}$$

$$\boldsymbol{M} = \frac{1}{3}\left(\boldsymbol{E} + \boldsymbol{D} + \boldsymbol{D}^{\mathrm{T}}\right) = \frac{1}{3}\begin{bmatrix} 1 & 1 & 1 \\ 1 & 1 & 1 \\ 1 & 1 & 1 \end{bmatrix} \tag{A.25}$$

Für die Schirmspannungen erhält man:

$$\Delta\underline{\boldsymbol{u}}_{\mathrm{S}} = \mathbf{o} = l\,\boldsymbol{M}\underline{\boldsymbol{Z}}'_{\mathrm{SL}}\underline{\boldsymbol{i}}_{\mathrm{L}} + \frac{l}{3}\left(\underline{\boldsymbol{Z}}'_{\mathrm{SS}} + \boldsymbol{D}^{\mathrm{T}}\underline{\boldsymbol{Z}}'_{\mathrm{SS}}\boldsymbol{D} + \boldsymbol{D}\underline{\boldsymbol{Z}}'_{\mathrm{SS}}\boldsymbol{D}^{\mathrm{T}}\right)\underline{\boldsymbol{i}}_{\mathrm{S}} = \underline{\boldsymbol{Z}}^{\mathrm{CB}}_{\mathrm{SL}}\underline{\boldsymbol{i}}_{\mathrm{L}} + \underline{\boldsymbol{Z}}^{\mathrm{CB}}_{\mathrm{SS}}\underline{\boldsymbol{i}}_{\mathrm{S}} \tag{A.26}$$

Die Matrizen $\underline{\boldsymbol{Z}}^{\mathrm{CB}}_{\mathrm{LS}}$ und $\underline{\boldsymbol{Z}}^{\mathrm{CB}}_{\mathrm{SL}}$ lauten ausführlich:

$$\begin{aligned} &\underline{\boldsymbol{Z}}^{\mathrm{CB}}_{\mathrm{LS}} = l\,\underline{\boldsymbol{Z}}'_{\mathrm{LS}}\boldsymbol{M} \\ &= l\begin{bmatrix} \underline{Z}'_{\mathrm{L1S1}} + \underline{Z}'_{\mathrm{L1S2}} + \underline{Z}'_{\mathrm{L1S3}} & \underline{Z}'_{\mathrm{L1S1}} + \underline{Z}'_{\mathrm{L1S2}} + \underline{Z}'_{\mathrm{L1S3}} & \underline{Z}'_{\mathrm{L1S1}} + \underline{Z}'_{\mathrm{L1S2}} + \underline{Z}'_{\mathrm{L1S3}} \\ \underline{Z}'_{\mathrm{L2S1}} + \underline{Z}'_{\mathrm{L2S2}} + \underline{Z}'_{\mathrm{L2S3}} & \underline{Z}'_{\mathrm{L2S1}} + \underline{Z}'_{\mathrm{L2S2}} + \underline{Z}'_{\mathrm{L2S3}} & \underline{Z}'_{\mathrm{L2S1}} + \underline{Z}'_{\mathrm{L2S2}} + \underline{Z}'_{\mathrm{L2S3}} \\ \underline{Z}'_{\mathrm{L3S1}} + \underline{Z}'_{\mathrm{L3S2}} + \underline{Z}'_{\mathrm{L3S3}} & \underline{Z}'_{\mathrm{L3S1}} + \underline{Z}'_{\mathrm{L3S2}} + \underline{Z}'_{\mathrm{L3S3}} & \underline{Z}'_{\mathrm{L3S1}} + \underline{Z}'_{\mathrm{L3S2}} + \underline{Z}'_{\mathrm{L3S3}} \end{bmatrix} \end{aligned} \tag{A.27}$$

$$\begin{aligned} &\underline{\boldsymbol{Z}}^{\mathrm{CB}}_{\mathrm{SL}} = l\,\boldsymbol{M}\underline{\boldsymbol{Z}}'_{\mathrm{SL}} = \left(\underline{\boldsymbol{Z}}^{\mathrm{CB}}_{\mathrm{LS}}\right)^{\mathrm{T}} \\ &= l\begin{bmatrix} \underline{Z}'_{\mathrm{S1L1}} + \underline{Z}'_{\mathrm{S2L1}} + \underline{Z}'_{\mathrm{S3L1}} & \underline{Z}_{\mathrm{S1L2}} + \underline{Z}_{\mathrm{S2L2}} + \underline{Z}_{\mathrm{S3L2}} & \underline{Z}_{\mathrm{S1L3}} + \underline{Z}_{\mathrm{S2L3}} + \underline{Z}_{\mathrm{S3L3}} \\ \underline{Z}'_{\mathrm{S1L1}} + \underline{Z}'_{\mathrm{S2L1}} + \underline{Z}'_{\mathrm{S3L1}} & \underline{Z}_{\mathrm{S1L2}} + \underline{Z}_{\mathrm{S2L2}} + \underline{Z}_{\mathrm{S3L2}} & \underline{Z}_{\mathrm{S1L3}} + \underline{Z}_{\mathrm{S2L3}} + \underline{Z}_{\mathrm{S3L3}} \\ \underline{Z}'_{\mathrm{S1L1}} + \underline{Z}'_{\mathrm{S2L1}} + \underline{Z}'_{\mathrm{S3L1}} & \underline{Z}_{\mathrm{S1L2}} + \underline{Z}_{\mathrm{S2L2}} + \underline{Z}_{\mathrm{S3L2}} & \underline{Z}_{\mathrm{S1L3}} + \underline{Z}_{\mathrm{S2L3}} + \underline{Z}_{\mathrm{S3L3}} \end{bmatrix} \end{aligned} \tag{A.28}$$

Die Matrix

$$\underline{\boldsymbol{Z}}^{\mathrm{CB}}_{\mathrm{SS}} = \frac{l}{3}\left(\underline{\boldsymbol{Z}}'_{\mathrm{SS}} + \boldsymbol{D}^{\mathrm{T}}\underline{\boldsymbol{Z}}'_{\mathrm{SS}}\boldsymbol{D} + \boldsymbol{D}\underline{\boldsymbol{Z}}'_{\mathrm{SS}}\boldsymbol{D}^{\mathrm{T}}\right) = l\begin{bmatrix} \underline{Z}'_{\mathrm{Ss}} & \underline{Z}'_{\mathrm{Sg}} & \underline{Z}'_{\mathrm{Sg}} \\ \underline{Z}'_{\mathrm{Sg}} & \underline{Z}'_{\mathrm{Ss}} & \underline{Z}'_{\mathrm{Sg}} \\ \underline{Z}'_{\mathrm{Sg}} & \underline{Z}'_{\mathrm{Sg}} & \underline{Z}'_{\mathrm{Ss}} \end{bmatrix} \tag{A.29}$$

ist diagonal-zyklisch symmetrisch mit den Elementen:

$$\underline{Z}_{\mathrm{Ss}'} = \frac{1}{3}\left(\underline{Z}'_{\mathrm{S1S1}} + \underline{Z}'_{\mathrm{S2S2}} + \underline{Z}'_{\mathrm{S3S3}}\right) = R_{\mathrm{S}} + \omega\frac{\mu_0}{8} + \mathrm{j}\omega\frac{\mu_0}{2\pi}\ln\frac{\delta_{\mathrm{E}}}{r_{\mathrm{S}}} \tag{A.30}$$

$$\underline{Z}_{\mathrm{Sg}'} = \frac{1}{3}\left(\underline{Z}'_{\mathrm{S1S2}} + \underline{Z}'_{\mathrm{S2S3}} + \underline{Z}'_{\mathrm{S3S1}}\right) = \omega\frac{\mu_0}{8} + \mathrm{j}\omega\frac{\mu_0}{2\pi}\ln\frac{\delta_{\mathrm{E}}}{\sqrt[3]{d_{12}d_{23}d_{31}}} \tag{A.31}$$

Ihre Inverse ist ebenfalls diagonal-zyklisch symmetrisch:

$$\left(\underline{\boldsymbol{Z}}_{\mathrm{SS}}^{\mathrm{CB}}\right)^{-1} = \frac{1}{l\left(\underline{Z}'_{\mathrm{Ss}} - \underline{Z}'_{\mathrm{Sg}}\right)\left(\underline{Z}_{\mathrm{Ss}} + 2\underline{Z}'_{\mathrm{Sg}}\right)} \begin{bmatrix} \underline{Z}'_{\mathrm{Ss}} + \underline{Z}'_{\mathrm{Sg}} & -\underline{Z}'_{\mathrm{Sg}} & -\underline{Z}'_{\mathrm{Sg}} \\ -\underline{Z}'_{\mathrm{Sg}} & \underline{Z}'_{\mathrm{Ss}} + \underline{Z}'_{\mathrm{Sg}} & -\underline{Z}'_{\mathrm{Sg}} \\ -\underline{Z}'_{\mathrm{Sg}} & -\underline{Z}'_{\mathrm{Sg}} & \underline{Z}'_{\mathrm{Ss}} + \underline{Z}'_{\mathrm{Sg}} \end{bmatrix} \tag{A.32}$$

Die Schirmströme werden:

$$\underline{\boldsymbol{i}}_{\mathrm{s}} = -\left(\underline{\boldsymbol{Z}}_{\mathrm{SS}}^{\mathrm{CB}}\right)^{-1} \underline{\boldsymbol{Z}}_{\mathrm{SL}}^{\mathrm{CB}} \underline{\boldsymbol{i}}_{\mathrm{L}} \tag{A.33}$$

Für die Anordnung in Abb. A.1 mit $d_{12} = d_{23} = d$ und $d_{13} = 2d$ wird bei symmetrischen Leiterströmen:

$$\underline{\boldsymbol{i}}_{\mathrm{L}} = \begin{bmatrix} 1 & \underline{\mathrm{a}}^2 & \underline{\mathrm{a}} \end{bmatrix}^{\mathrm{T}} \underline{I}_{\mathrm{L1}} \tag{A.34}$$

$$\underline{I}_{\mathrm{S1}} = \underline{I}_{\mathrm{S2}} = \underline{I}_{\mathrm{S3}} = -\frac{\underline{\mathrm{a}}^2\left(\underline{Z}'_{\mathrm{S1L2}} - \underline{Z}'_{\mathrm{S1L3}}\right)}{3\underline{Z}'_{0\mathrm{S}}} \underline{I}_{\mathrm{L1}} = -\mathrm{j}\underline{\mathrm{a}}^2 \frac{\omega_0 \mu_0 \ln 2}{2\pi 3 \underline{Z}'_{0\mathrm{S}}} \underline{I}_{\mathrm{L1}} \tag{A.35}$$

$$\underline{Z}'_{0\mathrm{S}} = R_{\mathrm{S}} + 3\frac{\omega_0 \mu_0}{2\pi} + \mathrm{j}3\frac{\omega_0 \mu_0}{2\pi} \ln \frac{\delta_{\mathrm{E}}}{\sqrt[3]{r_{\mathrm{S}} d^2}} \tag{A.36}$$

Für ein 110-kV-Kabel mit $R_{\mathrm{S}} = 0{,}2747\,\Omega/\mathrm{km}$, $r_{\mathrm{S}} = 37{,}05\,\mathrm{mm}$ und $d = 250\,\mathrm{mm}$ erhält man

$$\underline{Z}'_{0\mathrm{S}} = (0{,}4228 + \mathrm{j}2{,}9431)\,\Omega/\mathrm{km} \tag{A.37}$$

und

$$\frac{I_{\mathrm{S1}}}{I_{\mathrm{L1}}} = \frac{\omega_0 \mu_0 \ln 2}{2\pi 3 Z'_{0\mathrm{S}}} = 0{,}0049 \tag{A.38}$$

Formelzeichen und Nebenzeichen

Die Formelzeichen werden bei ihrer Einführung im Text erläutert. Grundsätzlich gilt folgende Systematik:

g Momentanwert (einer Größe)
$\hat{g}$ Amplitudenwert
G Effektivwert
$\underline{\hat{g}}$ rotierender Amplitudenzeiger
$\underline{G}$ ruhender Effektivwertzeiger
$\underline{g}_\mathrm{s}$ Raumzeiger in ruhenden Koordinaten
$\underline{g}_\mathrm{r}$ Raumzeiger in rotierenden Koordinaten

Konjugiert komplexe Größen werden durch einen hochgestellten Stern gekennzeichnet:

$$\underline{\hat{g}}^*, \quad \underline{G}^*, \quad \underline{g}_\mathrm{s}^*, \quad \underline{g}_\mathrm{r}^*$$

Matrizen, Spalten- und Zeilenvektoren werden halbfett geschrieben:

$$\boldsymbol{A} = \begin{bmatrix} a_{11} & a_{12} & a_{13} \\ a_{21} & a_{22} & a_{23} \\ a_{31} & a_{32} & a_{33} \end{bmatrix} \qquad \text{Matrix}$$

$$\boldsymbol{a} = \begin{bmatrix} a_1 \\ a_2 \\ a_3 \end{bmatrix} \qquad \text{Spaltenvektor}$$

$$\boldsymbol{b} = \begin{bmatrix} a_1 & a_2 & a_3 \end{bmatrix} \qquad \text{Zeilenvektor}$$

Komplexe Matrizen, Spalten- und Zeilenvektoren werden unterstrichen:

$$\underline{\boldsymbol{A}}, \quad \underline{\boldsymbol{a}}, \quad \underline{\boldsymbol{b}}$$

Konjugiert komplexe Matrizen, Spalten- und Zeilenvektoren werden durch einen hochgestellten Stern gekennzeichnet:

$$\underline{\boldsymbol{A}}^*, \quad \underline{\boldsymbol{a}}^*, \quad \underline{\boldsymbol{b}}^*$$

Transponierte Matrizen, Spalten- und Zeilenvektoren werden durch ein hochgestelltes T gekennzeichnet:

$$\underline{\boldsymbol{A}}^\mathrm{T}, \quad \underline{\boldsymbol{a}}^\mathrm{T}, \quad \underline{\boldsymbol{b}}^\mathrm{T}$$

Nebenzeichen, links unten

a Anker-
A Klemmenbezeichnung, Kurzschlussort bei Doppelfehlern
B Klemmenbezeichnung, Kurzschlussort bei Doppelfehlern
d Reelle Komponente des Raumzeigers in Läuferkoordinaten
D Dämpferlängs-
E Erde
f Feld-(Erreger-)
F Fehler-
g Gegen-
G Generator-
h homopolar, Haupt-
i Innere
i Laufindex
k Laufindex
k Kurzschluss-
K Knoten-, Koordinate
L Leiter, Läufer-
m modale Komponenten, Magnetisierungs-
M Mittelpunkt-
n Knotenanzahl
N Netz-
OS Oberspannungs-
p Primär-
q Imaginäre Komponente des Raumzeigers in Läuferkoordinaten, Quellen-
Q Dämpferquer-, Quellen-
r Bemessungs-
s Raumzeiger in ruhenden Koordinaten, Selbst-, Sekundär-
S Symmetrische Komponenten, Ständer-
r Raumzeiger in rotierenden Koordinaten
T Tor (Klemmen-), Transformator-
US Unterspannungs-
w Wellen-
W Wicklungs-
x Ortskoordinate
α Reelle Komponente der Diagonalkomponenten
β Imaginäre Komponente der Diagonalkomponenten
σ Streu-
ν Iterationsindex

1 Mitsystem
2 Gegensystem
0 Nullsystem, Arbeitspunkt

Nebenzeichen, rechts oben

b Zustand vor Fehlereintritt
F Fehlerzustand
k Kurzschlusszustand
T transponiert
u Unterbrechungszustand
Δ Änderungszustand
′ transient, längenbezogen
″ subtransient

Literatur

1. DIN IEC 62428: 2008. Elektrische Energietechnik – Modale Komponenten in Drehstromsystemen – Größen und Transformationen (IEC 62428: 2008)
2. Koettnitz, H., Pundt, H.: Mathematische Grundlagen und Netzparameter. In: Berechnung elektrischer Energieversorgungsnetze, Bd. I. VEB Deutscher Verlag für Grundstoffindustrie, Leipzig (1973)
3. Oeding, D., Oswald, B.R.: Elektrische Kraftwerke und Netze, 8. Aufl. Springer Verlag (2016)
4. Kovács, K.P., Rácz, I.: Transiente Vorgänge in Wechselstrommaschinen. Verlag der Ungarischen Akademie der Wissenschaften, Budapest (1959)
5. Hochrainer, A.: Symmetrische Komponente in Drehstromsystemen. Springer Verlag (1957)
6. Anderson, P.M., Fouad, A.A.: Power System Control and Stability. IEEE Press (1994)
7. Schultheiß, F., Weßnigk, K.-D.: Übertragungsberechnung. In: Berechnung elektrischer Energieversorgungsnetze, Bd. II. VEB Deutscher Verlag für Grundstoffindustrie, Leipzig (1971)
8. Pai, M.A.: Power System Stability. North-Holland Publishing Company (1981)
9. Hofmann, L.: Effiziente Berechnung von Ausgleichsvorgängen in ausgedehnten Elektroenergiesystemen. Habilitationsschrift, Universität Hannover, Shaker Verlag (2003)
10. Oswald, B., Siegmund, D.: Berechnung von Ausgleichsvorgängen in Elektroenergiesystemen. Deutscher Verlag für Grundstoffindustrie (1991)
11. Park, R.H.: Two-Reaction Theory of Synchronous Machines. Part I, AIEE Trans. **48**(2), 716–730 (1929). Part II, AIEE Trans. **52**(2), 352–355 (1933)
12. Hoy, Ch., Oswald, B.: Das Gleichungssystem der Synchronmaschine in dq0-Koordinaten als Ergebnis einer Modaltransformation. ELEKTRIE **35**(11), 548–549 (1961)
13. Müller, G.: Beitrag zur Theorie der Synchronmaschine. Wiss. Zeitschrift der Technischen Hochschule Dresden **9**(4), 999–1023 (1959/60)
14. Müller, G.: Elektrische Maschinen. Theorie rotierender elektrischer Maschinen. VEB Verlag Technik, Berlin (1966)
15. IEC 60909-0: 2001. Short-circuit currents in three-phase AC systems – Part 0: Calculation of currents
16. DIN EN 60909-0 (VDE 0102): 2002. Kurzschlussströme in Drehstromnetzen, Teil 0: Berechnung der Ströme
17. Aschmoneit, F.: Ein Beitrag zur optimalen Schätzung des Lastflusses in Hochspannungsnetzen. Dissertation, RWTH Aachen (1974)
18. Handschin, E.: Elektrische Energieübertragungssysteme, Teil I: Stationärer Betriebszustand. Dr. Alfred Hüthig Verlag, Heidelberg (1983)
19. Koettnitz, H., Winkler, G., Weßnigk, K.-D.: Grundlagen elektrischer Betriebsvorgänge in Elektroenergiesystemen. VEB Deutscher Verlag für Grundstoffindustrie, Leipzig (1986)

Sachverzeichnis

Printed in the United States
By Bookmasters